U0189668

第七版

专业烘焙

PROFESSIONAL
BAKING

SEVENTH
EDITION

WAYNE GISSLEN

[美] 韦恩·吉斯伦 著

丛龙岩　王艳　译

 中国轻工业出版社

图书在版编目（CIP）数据

专业烘焙：第七版 /（美）韦恩·吉斯伦著；丛龙岩，王艳译. —北京：中国轻工业出版社，2021.12

ISBN 978-7-5184-3711-5

Ⅰ.①专… Ⅱ.①韦…②丛…③王… Ⅲ.①烘焙 Ⅳ.①TS205

中国版本图书馆CIP数据核字（2021）第220222号

责任编辑：马　妍　张浅予

策划编辑：马　妍　　　　责任终审：白　洁　　　封面设计：伍毓泉

版式设计：锋尚设计　　　责任校对：宋绿叶　　　责任监印：张　可

出版发行：中国轻工业出版社（北京东长安街6号，邮编：100740）

印　　刷：鸿博昊天科技有限公司

经　　销：各地新华书店

版　　次：2021年12月第1版第1次印刷

开　　本：889×1194　1/16　印张：46.25

字　　数：1300千字

书　　号：ISBN 978-7-5184-3711-5　定价：298.00元

邮购电话：010-65241695

发行电话：010-85119835　传真：85113293

网　　址：http://www.chlip.com.cn

Email：club@chlip.com.cn

如发现图书残缺请与我社邮购联系调换

200768J4X101ZYW

序 言
preface

　　《专业烘焙（第七版）》一书中文简体版即将出版发行，这对中国焙烤食品行业的健康可持续发展和焙烤界同仁技术水平的提升都是一件幸事。受出版方中国轻工业出版社的委托为此书写一序言，既感高兴又觉压力，若有表述不周之处还请海涵。

　　《专业烘焙（第七版）》英文版由国际知名教育出版机构WILEY出版集团出版，是美国各大院校烘焙课程中广泛使用的教科书。作者韦恩·吉斯伦是国际烹饪专业协会（IACP）获奖的畅销图书作家，已出版《专业烘焙》《专业烹饪》和《厨师的艺术：家庭四星烹饪的秘密》等多部经典著作。作者毕业于美国烹饪学院（Culinary Institute of America），曾担任餐厅厨师、厨房主管以及多家食品公司顾问，具有丰富的烹饪工作经验。

　　中国轻工业出版社引进出版的《专业烘焙（第七版）》，邀请经验丰富的行业专家组织翻译和审定，确保图书内容专业性、严谨性、准确性。该书共26章，从烘焙历史、专业基础技能、烘焙原理、烘焙原料和器具到面包、蛋糕、塔、派、饼干、慕斯、布丁、巧克力、糖艺、糖霜、盘式甜点、冷冻甜点、甜点组装、特殊膳食烘焙食品制作等，涵盖烘焙食品的方方面面，理论部分深入浅出，实践部分有900余款烘焙食品制作方法和配方。特殊膳食烘焙食品章节专门介绍低脂、低糖、无麸质烘焙食品制作原理和配方，满足当前行业和消费者关注健康的需求。全书采用彩色印刷，图文并茂，便于读者理解，可作为大学、职业院校的烘焙专业辅助教材和生产企业在岗培训的教材，同时也可作为专业面包师和糕点师实用的参考资料，还可供爱好烘焙的家庭制作者学习实践。

　　烘焙又称焙烤，来自西方"baking"一词，虽然烘焙概念由西方传入，但我国糕点制作早在商周时期就已经出现，不过由于中式糕点主要作为加餐和节日食品，且以手工制作为主，故未形成一定的产业化。在欧洲，随着18世纪工业革命的发展，和面机、烤炉等设备的出现，烘焙行业进入工业化和现代化的迅速发展阶段。面包等烘焙食品在西方普遍作为主食，且产品创新频繁，已经具备一定的规模。现代烘焙业在我国内地起步较晚，于20世纪80年代引入，2000年后，随着我国人均消费水平的增长、餐饮消费结构的调整以及生活节奏的变化，具备营养健康、快捷便利等优点的烘焙食品在我国步入快速增长的时期，产业规模持续扩大，行业生产技术、管理水平，以及从业人员综合素质持续提高。据国家统计局统计数据显示，2020年我国焙烤食品行业规模以上企业营业收入达2398亿元，"十三五"期间平均增长率在6.78%，高于同期食品工业整体增长水平。"十四五"期间，随着我国新型城镇化、乡村振兴战略的持

续推进，双循环格局将推动我国国内消费潜力的不断释放，为焙烤食品行业的持续高质量发展提供有效支撑，行业规模有望稳步增长。

推动焙烤行业技能人才队伍建设，是协会的重要使命，也是行业高质量发展的必要前提，而高质量的专业培训教材是人才培养的基础，极为重要。协会于2002年受国家劳动部委托，组织起草了《糕点面包烘焙工》国家职业标准及相关教材，并逐步开展行业培训与评价工作，截至2019年参与培训人员近3万人次。协会自2000年开始举办全国焙烤职业技能竞赛，至今已连续举办二十一届，历年来合计参与人数近4万人次。为了加强国际技术交流，协会也积极主办、参与各项国际赛事，经过这些年行业高技能人才的刻苦钻研及竞赛经验积累，已在各国面前崭露头角，夺得一系列重要国际赛事的冠军，例如2018年德国IBA世界面包师大赛冠军、2018年UIBC世界青年糖艺师大赛冠军、2019年第48届国际青年烘焙师大赛冠军、2019年第四届亚洲西点师竞技大赛冠军、2020年烘焙世界杯冠军等称号，在全球焙烤同仁面前展示了我国从业人员的风采。通过这些竞赛，让一批批高素质、高水平的技能人才脱颖而出，让一场场高规格、高质量的大赛赋能行业，极大地推动了行业技能人才的快速成长。

2021年5月，人社部、财政部等部门共同印发了《关于全面推行中国特色企业新型学徒制 加强技能人才培养的指导意见》。随着国家重视程度的提高和相关政策的出台，社会对职业教育的认可度和接受度逐渐提高，对职业技能培训教材质量的要求也越来越高。

中国焙烤食品糖制品工业协会将继续与高校、企业共同研究和完善人才培养体系，共同推动高等院校、科研机构和企业联合培养专业技能人才的平台建设，加快建立覆盖行业、地区、企业三个层次的职业培训体系。

第46届世界技能大赛将于2022年在中国上海举办，我国烘焙行业和人才培养也将迎来更大的发展机遇，相信会有更多的青年人投身到烘焙事业中。《专业烘焙（第七版）》的出版对传播先进烘焙理念和技术，推动我国烘焙教育和培训事业的发展，具有非常深远的影响和重要价值。

中国焙烤食品糖制品工业协会

执行理事长

前 言
preface

　　《专业烘焙》自首次出版以来，已经成为千万学生广泛使用的教学用书。随着人们对手工烘焙兴趣的日益浓厚，烘焙行业也随之得到了长足发展。随着每一次新版本的推出，《专业烘焙》不断地更新变化着，以满足人们新的需求。因此，当教师和学生们已经可以获得新的技术资源的时候，教学的艺术性和科学性也得到了迅速发展。

　　《专业烘焙（第七版）》中的内容，已经重新组织编排，以充分整合纸书籍中的内容（这些丰富的资源在本引言的后面会有更加详细地描述）。

　　然而，即便有了这些长足的进展，本书专注点仍然是基础知识，并且以一种言简意赅和一目了然的风格呈现出来。

　　本书的目标是为学生和大厨在烘焙制作过程中提供扎实的烘焙理论知识和实用性的基础知识，包括原材料的精挑细选，恰如其分的搅拌和烘烤技法，精益求精的美化和组装技法，以及构思巧妙和富有想象力的装饰和装盘技法等。本书是大学、烹饪学校、私房烘焙主、社会烘焙课程和在岗培训的教材，同时也为专业面包师和糕点师提供实用的参考资料，还可供爱好烘焙的家庭制作者学习。

　　本书专注于理解能力和执行能力的培养。实用性的素材基于对基本理论知识和原材料相关信息的系统性描述，以确保读者充分认识到，什么技术有用，为什么会有用。基础的面包和糕点面团、蛋糕混合、奶油打发，以及糖霜制作构成了这些素材的核心内容。正文的大部分内容都将重点放在制作步骤和工艺上。制作工艺通过一目了然的配方来呈现，帮助读者通过大量或少量的工作就能够提高技术能力。

内容构成

　　本书内容的组织主要考虑以下两个因素：首先是前面提到的本书的双重强调，即理解能力和执行能力。仅向读者展示配方是远远不够的，也不是给他们烘焙理论的归纳总结就可以。配方和理论必须一起提供给读者，而且两者之间的联系必须清晰无误。这样，当学生在操作时，理论学习有助于他们理解自己在做什么，为什么要这样做，以及如何达到最好的结果。同时，他们制备的每一个配方都有助于加强他们对基本原理的理解。

　　第二个因素是面包师的大部分活动可以分为两类：（1）搅拌，制作面团、面糊、馅料、奶油以及糖霜等，然后烘烤；（2）将材料组装为成品（例如，烘烤好的蛋糕分层，填入馅料，以及涂抹糖霜等）。第一类工作需要精心地挑选原材料，精确称量，密切关注搅拌和烘烤的整个过程。本书中使用指南和制作步骤都对这个过程进行了很好的说明。第二类工作，整合已准备好的材料，体现了制作者的手工技能和艺术水平。

配方

本书提供了近900款最受欢迎的面包、蛋糕、糕点、甜品配方。这些配方是经过精心挑选，认真研发和反复检验过的，以帮助学生掌握和强化正在学习的技术，加深他们对基本原理的理解。其目的是让学生们不仅对本书中的配方，而且是对他们遇到的所有配方做到完全理解和灵活运用。

本书中的配方是指导性的，其目的不仅在于指导烘焙食品制作，也为实践应用提供机会，使用具体的原材料，研究的是常规性的原理。配方中的说明通常会使用缩写。例如，书中并没有详细说明每种使用直接发酵法制作的面团，而是让学生参考前面对制作过程的讨论。通过这样的认真思考和反复练习，学生可以从他们的研究工作中获得更加丰富的学习经验。

本书在许多配方后面都附有引申的**各种变化**内容。这些实际上都是以简洁的方式列出的完整配方，鼓励学生们了解类似甜品在准备工作期间的异同点。例如，在派章节中，列出奶油派馅料配方，在糕点章节列出用于闪电泡芙和拿破仑蛋糕的卡仕达馅料配方，以及在布丁章节中分别为每种风味的奶油布丁单独列出配方。面包师的技能依赖于积累的知识，以及判断和运用知识的能力，而不仅仅是机械地照搬配方。判断能力在烹饪领域至关重要，在烘焙领域更是如此，因为在烘焙制作过程中最微小的变化也会对成品产生很大的影响。

本书中的配方将会通过要求学生去思考一般的制作步骤和特定产品之间的关系来开发出他们良好的判断能力。

鸣谢

如果没有许多人士的大力帮助，我是不可能编写出这本书籍的，我想向他们表达我的衷心谢意。首先他们之中最重要的是许多教师和厨师，他们在第一版出版之后便不断给我和出版社写信，提出批评和建议，帮助我改进这本书。他们中的许多人都是后面所列出的审稿人。我可能会无意中漏掉一些名字，但我在这里感谢每一位与我探讨过这本书或者写信给我并给我改进这本书想法的老师们。

此外，我要特别感谢吉姆·史密斯，他所拍摄的照片自第一版以来就一直是这些文本资源中如此重要的一部分内容，还有安迪·切里巴纳、里克·福帕尔、大卫·艾森赖希、朱莉·沃尔什和劳伦特·杜切尼这些大厨们。他们的艺术性和创造力在这本书的许多照片中都体现得淋漓尽致。

如果没有大厨安布罗什·卢莱，大厨克劳斯·滕柏格，大厨梅利纳·凯尔森，大厨 丽萨·布雷弗尔的现场表演，Wiley PLUS提供的技术视频不可能完成得如此成功。尤其是大厨安迪·切尔班纳，安迪的角色在脚本编写、计划执行以及确保每个视频满足专业厨房标准方面起到的作用是不可估量的。非常感谢肯德尔学院和杜佩吉学院在许多技术视频的拍摄过程中无条件的使用了他们的厨房。

最后，我要感谢约翰·威利父子出版公司为这个项目付出了辛勤努力的每一位员工：詹姆斯·梅茨格，温迪·阿森伯格，贝丝·特里普马赫，加布里埃尔·卡拉斯科，梅丽莎·爱德华兹，林恩·马沙拉·巴舍，特别是我的编辑们，乔安娜·特里涛波和安德烈·布雷西亚。

审稿人

我要感谢以下各位教师，他们通过建议修改和补充，为本书的第七版做出了贡献。

罗伯特·L.安德森
艾奥瓦州，安科尼，得梅因地区社区学院

安妮·巴尔季奇
加利福尼亚州，阿普托斯，卡布利洛学院

玛丽·巴顿
马萨诸塞州，波士顿，邦克山社区学院

托马斯·贝克曼
伊利诺伊州，芝加哥，芝加哥烹饪和旅游学院

卡拉·V.博特尔
爱荷华州，安克尼，得梅因社区大学

艾瑞克·布雷科夫
弗吉尼亚州，里士满，J.萨金特雷诺兹社区学院

贝琳达·布鲁克斯
伊利诺伊州，芝加哥，肯德尔学院

安迪·赤里巴那
伊利诺伊州，朱丽叶市，朱丽叶专科学校

乔安妮·克劳夫利
纽约州，科布莱斯基，纽约州立大学科布莱斯基分校

马克·S.科尔
德克萨斯州，科珀斯克里斯蒂，德尔玛学院

玛萨·克劳福德
罗得岛州，普罗维登斯，约翰逊和威尔士大学

克里斯·克罗思韦特
俄勒冈州，尤金，莱恩社区大学

理查德·埃克斯利
亚利桑那州，斯科茨代尔，斯科茨代尔法国蓝带烹饪艺术学院

约翰·R.法里斯
密歇根州，兰辛，兰辛社区大学

苏珊·菲斯特
威斯康星州，密尔沃基，密尔沃基地区技术学院

道格拉斯·弗利克
堪萨斯州，欧弗兰公园，约翰逊郡社区大学

约瑟夫·D.福特
纽约州，纽约，纽约餐饮和酒店管理

卡丽·弗兰岑
明尼苏达州，明尼阿波利斯，明尼阿波利斯－法国蓝带

罗伯特·J.洛韦
明尼苏达州，明尼阿波利斯，邓伍迪工业学院

大卫·吉布森
加拿大，安大略省，尼亚加拉瀑布，尼亚加拉应用艺术与技术学院

凯瑟琳·戈登
纽约州，纽约，纽约艺术学院

克里斯汀·格里森
佛罗里达州，代托纳比奇，代顿州立大学

吉恩·哈塞尔
俄亥俄州，扬斯敦，扬斯敦州立大学

艾瑞斯·A. 赫弗斯顿
佛罗里达州，塔拉哈西州教育部

南希·A. 希金
乔治亚州，亚特兰大，亚特兰大艺术学院

罗杰·奥尔登
密歇根州，布卢姆菲尔德山，奥克兰社区大学

卡拉林·豪斯
北卡罗来纳州，罗利，维克技术社区学院

乔治·杰克
伊利诺伊州，芝加哥，芝加哥烹饪和旅游学院

乔安妮·杰克斯
纽约州，布鲁克林，纽约城市技术学院

迈克·荣格
明尼苏达州，布鲁克林公园，亨内平技术学院

格琳·史莱克·柯比
内布拉斯加州，林肯，东南社区大学

弗雷德里克·格伦·奈特
佛罗里达州，圣奥古斯丁，东南烹饪艺术学院

保罗·克雷布斯
纽约州，斯克内克塔迪，斯克内克塔迪郡社区学院

杰弗里·C. 拉巴格
北卡罗来纳州，夏洛特，中央皮埃蒙特社区学院

玛丽·拉索雷拉
俄亥俄州，辛辛那提，辛辛那提州立大学

弗雷德·莱梅兹
佛罗里达州，圣彼得斯堡，圣彼得斯堡职业技术学院

劳雷尔·莱斯利
夏威夷州，檀香山，卡比奥拉尼社区学院

珍妮特·莱特兹
马萨诸塞州，布鲁克莱恩，纽伯里学院

瓦莱里亚·S. 梅森
佛罗里达州，吉纳斯维尔州教育部

伊丽莎白·麦吉汉
新墨西哥州，阿尔伯克基，新墨西哥中部社区学院

约翰·厄克斯纳
乔治亚州，亚特兰大，亚特兰大艺术学院

菲利普·潘扎里诺
纽约州，布鲁克林，纽约城市技术学院

杰恩·皮尔森
康涅狄格州，曼彻斯特，曼彻斯特社区大学

肯尼斯·佩里
明尼苏达州，明尼阿波利斯，法国蓝带

理查德·佩特雷洛
佛罗里达州，因弗内斯，拉库奇职业技术中心

威廉·H. 皮弗
华盛顿州，贝灵汉，贝灵汉技术学院

甘特·蕾姆
加利福尼亚州，科斯塔梅萨，橙色海岸学院

肯特·R. 里格比
马里兰州，巴尔的摩，巴尔的摩国际学院

卢·萨基特
宾夕法尼亚州，哈里斯堡，多芬国家技术学校

安东尼·萨迪纳
佛罗里达州，奥兰多，瓦伦西亚社区学院

金伯利·申克
加利福尼亚州，普莱森特希尔，迪亚布洛山谷学院

彼得·舒尔茨
加拿大，安大略省，多伦多，乔治布朗学院

乔治·索斯威克
密苏里州，斯普林菲尔德，欧扎克理工社区学院

西农·史蒂文森
康涅狄格州，萨菲尔德，康涅狄格州烹饪学院

帕特里克·斯威尼
堪萨斯州，欧弗兰公园，约翰逊县社区大学

克里斯·蒂尔曼
伊利诺伊州，格伦埃林，杜佩吉学院

安德烈·图坦健
纽约州，纽约烹饪教育学院

大卫·瓦加斯基
南卡罗来纳州，查尔斯顿，查尔斯顿烹饪学院的三叉戟技术学院

奥普·沃尔本
明尼苏达州，明尼阿波利斯，明尼苏达艺术学院

F．H. 瓦斯基
得克萨斯州，休斯敦，休斯敦大学

J．威廉·怀特
佛罗里达州，圣彼得堡，皮内拉斯郡学校系统

罗纳德·扎巴基维奇
佛罗里达州，博因顿海滩，南方技术教育中心

烹饪媒体库评审员

马尔科·阿多内托
俄亥俄州，赞斯维尔，赞恩州立大学

查尔顿·阿尔瓦雷斯
加拿大，安大略省，多伦多，乔治布朗学院

艾伦·布朗
加拿大，安大略省，多伦多，乔治布朗学院

迪恩·科布勒
俄亥俄州，哥伦布市，哥伦布州立社区学院

罗德尼·多尼
加拿大，安大略省，多伦多，乔治布朗学院

科伦·恩格尔
佛罗里达州，迈阿密，迈阿密烹饪学院

艾伯特·I. M. 艾明
伊利诺伊州，朱丽叶市，朱丽叶专科学校

乔安妮·雅库斯
纽约州，布鲁克林，纽约城市技术学院

威廉·乔利
华盛顿，莱克伍德，克拉弗帕克技术学院

约翰·卡普斯塔
宾夕法尼亚州，印第安纳，宾夕法尼亚印第安纳大学

阿米德·拉马切
加拿大，安大略省，多伦多，乔治布朗学院

罗宾·迈伊
纽约州，布鲁克林，金世葆社区学院

伊莱娜·拉沃
加拿大，安大略省，汉密尔顿，联络学院

克里斯·蒂尔曼
伊利诺伊州，格伦埃林，杜佩吉学院

珍妮·伊夫·文德维尔
乔治亚州，萨凡纳，萨凡纳技术学院

克里斯汀·沃克
加拿大，安大略省，多伦多，乔治布朗学院

目 录
contents

配方索引
recipe contents

19　卡仕达酱、布丁、慕斯和舒芙蕾 / 493

20　冷冻甜品类 / 525

专业烘焙

（第七版）

1

烘焙行业概论

读完本章内容，你应该能够：

1. 描述从史前时期至今烘焙行业的主要事件。
2. 描述不同类型的烘焙和糕点职业，以及如何取得成功。

烘焙是人类最古老的职业之一。自从人类从游牧的猎人过渡到有固定居所者和农民，谷物一直是维持人类生活最重要的食物。烘焙职业包括手工面包和精美的糕点及甜品，始于数千年前，人们收获的野草种子，并在石头间研磨这些种子。

如今，面包师和糕点师职业发展迅速，变化日新月异，每年需要成千上万的技术人才。烘焙行业为人们提供了找到满意工作的机会，既极具挑战性，又有丰厚的回报。

在开始学习本书前，首先应该了解一些关于烘焙职业的信息。这一章会带来一个关于烘焙行业的简要概述，包括它们的发展进程。

烘焙历史

从史前时代起，谷物一直是人类饮食中最重要的主食，所以说烘焙几乎是与人类的历史一样久远，这一说法只是略微有一点夸大而已。

第一批谷物类食品

在人类学会种植之前，他们以采集野生食物为生。各种野草的种子，是现代谷物的祖先，营养丰富，被史前人类视为重要的食物。与现代谷物不同的是，这些种子有紧紧附着在它们上面的外壳。人们了解到，可以通过烘烤种子（或许是在热的石头上）使其外壳松脱，然后使用木制工具敲打种子来除掉外壳。

早期谷物食物的开发也许发生在地中海东部地区，在那里，野生谷物种类似乎特别丰富。

在人类历史的这个阶段，几乎没有什么烹调器具可以使用，所以很有可能最早的谷物制作包括将谷物烤干，用石头把它们捣碎成饭食，然后用水把饭食混合成糊状。谷粒通过烘烤已经成熟了，所以去掉外壳后，这种糊不需要再进一步的加热烹调。后来，人们发现，如果将这种糊状物放到靠近火源的热的石头上，就会变成比普通糊状物更加美味的面饼。在许多国家的饮食文化中，未经过发酵的面饼（如玉米饼），仍然是很重要的食物。由谷物糊制成的没有经过发酵的面饼是面包发展的第一个阶段。

要想了解面包是如何进化而来的，还必须了解一点谷物是如何被开发的。第4章将学习到，现代酵母发酵面包依赖于特定蛋白质的组合来形成它们的内部结构。从实际使用效果来看，只有小麦和它的近亲含有这些足够的蛋白质，这些蛋白质会形成一种弹性物质，称为面筋。其他一些谷物中也会含有面筋蛋白质，但它们不会像小麦面筋蛋白质那样形成强力的结构。

此外，这些蛋白质必须是生的，才能形成面筋。因为最早的野生谷物必须经过加热才能使其脱去外壳，所以只能用来制作谷物糊或者粥，而不是真正意义上的面包。随着时间的推移，史前的人们学会了播种；到了最后，他们只种植那些最容易加工处理的植物种子。因此，杂交品种应运而生，它们的外壳可以在不用给谷物加热的情况下被除去。没有这种进步，现代面包不可能出现。

古代发酵的面包

放置一段时间的谷物面糊迟早会从空气中收集到野生酵母菌（产生二氧化碳气体的微生物），然后开始发酵。这是发酵（或者称为涨发）面包的开端，尽管在人类历史的大部分时间里，酵母的出现大多是偶然的。但最终，人们知道了他们可以将当天的一小部分面团留存下来用作第二天面团的发酵。

由谷物面糊制成的扁平的或堆集起来的小饼，无论是经过发酵的还是未经过发酵的，都可以在热的石块上或其他热的、平坦的表面加热成熟，也可以把它们盖起来放在火堆的旁边或火的余烬中加热成熟。古埃及人开发出在模具中烹饪发酵面团的艺术——这是第一种面包烤盘模具。先将模具加热，然后填入面团，盖上盖子，堆放在一个加热的空间里。这可能是第一次大批量生产的面包。使用小麦面粉制作的面包价格非常昂贵，只有富人们才负担得起。绝大多数人吃的是使用大麦和其他谷物制成的面包。

到了大约公元500年或600年的古希腊时期，人们开始使用真正意义上的封闭式烤箱。这些烤箱是在里面生火进行预热。烤箱在前面有一个可以关闭的门，可以在不损失太多热量的情况下放入面包和取出烤好的面包。

不过，大多数情况下，使用这些烤箱烤出来的面包，只不过是将谷物面糊与前一天剩下的，用来提供发酵用的野生酵母菌面糊混合在一起烘烤而成的。这种扁平状的或略微隆起的面包被称为"马沙（maza）"。马沙，特别是那些使用大麦制成的马沙，是当时的主食。事实上，在古希腊，所有食物都被分为两大类，马沙和爱普森（opson），其意思是与马沙一起吃的食物。爱普森包括了蔬菜、奶酪、鱼、肉，或者说是除了面包以外的所有食物。通常情况下，爱普森是指放在扁平面包上面的食物，它是现代披萨的鼻祖。

在古希腊的著作中描述了多达80种由专业面包师们制作的面包和其他烘焙谷物产品。这其中一些可以被称为真正的面包，而不是面饼或马沙。因为它们是由含有小麦面粉的揉制面团制成的，而小麦面粉提供了面筋蛋白质。

几个世纪以后，古罗马人慢慢地开发出面包。直到来自希腊的面包师们来到这里，制作出的谷物食品远远超越了粥和简单的面饼。因此，到了罗马帝国后期，烘焙已经成为一项重要的产业。面包店通常由希腊移民经营。

被罗马人征服的欧洲民族高卢人给罗马烘焙业引

进了一项重要的创新。高卢人，现代法国人的祖先，发明了用啤酒制作面包。他们发现，将啤酒中的泡沫加入到面包面团中，可以制作成特别松软、发酵效果极佳的面包。泡沫中含有来自啤酒发酵产生的酵母菌，这个过程标志着开始使用可控的酵母来制作面包面团。

罗马面包师们制作的许多产品都含有大量蜂蜜和油，这些食物更应该被称为糕点而不是面包。但是，由于主要脂肪来源是油，这限制了可以制作糕点的种类。只有像黄油这样的固体油脂才能使糕点师制作出我们今天所熟悉的那种硬质面团，例如，塔派面团和酥皮糕点等。

中世纪的烘焙业

罗马帝国灭亡后，烘焙作为一种职业几乎销声匿迹。直到中世纪后期，烘焙和糕点制作才开始作为为贵族服务的重要职业而重新出现。面包继续由专业面包师而不是家庭主妇来制作，由于它使用几乎需要不间断加热的烤箱。有引起火灾的危险，烤箱通常与其他建筑物分开，放置在城墙之外。

在欧洲大部分地区，操作烤箱和制作面包面团是分开运营的。烤箱看管人负责维护烤箱，并监督面包烘烤的过程。在早期，烤箱不在面包师的工作坊附近，一个烤箱通常可满足几个面包师的烘焙需求。有趣的是，在今天的许多面店，特别是在较大的面包店，这种劳动分工仍然存在。照看烤箱的厨师会烘烤交给他或者她的醒发好了的面团和其他产品，并且可能不会参与这些产品的混合和制作成型等任何部分的工作。

中世纪时期，面包师的工作任务之一就是过筛，将顾客给他送来的全麦面粉过筛。使用粗筛过筛只能除去部分麸皮，而使用细筛过筛能够除去大部分或全部麸皮，从而制成更白的面粉。因此，白面包的产量更低，如此一来，也就更加昂贵了，普通人购买不起。直到大约公元1650年，面包师才开始从磨坊购买筛好的面粉。

因为面包是当时最重要的食物，这一时期通过了许多法规来规范生产，例如面粉过筛率、面包原材料和面包大小等。也是在中世纪时期，法国面包师和糕点师成立了协会来保护和发展他们的面包作品艺术。公会条例规定，除了认证的面包师以外，其他不能烘焙出售面包，而公会有权将认证范围限制在自己的会员内。公会，以及在16世纪建立的学徒制度，提供了一种将面包师行业知识代代相传下去的方式。

想要成为面包大师，工人们必须经历一段时间的学徒期，并获得证明他们已经掌握必要技能的证书。经过认证的面包大师可以自己开店。由学徒辅助面包大师工作，学徒学习手艺，所以没有报酬，而对于学徒期满的熟练工，会成为有薪酬的工人，他们可能已经完成了学徒生涯，但还没有拿到面包大师的资格证书。

糖与糕点制作

面包师还会使用含有蜂蜜或其他甜味的原材料，例如，带有水果果脯的面团或面糊来制作蛋糕。这其中的许多蛋糕都具有宗教意义，只有在特殊场合才烘烤，比如圣诞节后烘烤的第十二夜蛋糕。这类产品几乎总是质地稠密，不像现在的蛋糕那样质地轻盈。不加糖的油酥面团也被用来制作肉类馅饼等产品。

15世纪，法国糕点师成立了他们自己的公司，并从面包师手中接管了糕点制作。从那时候起，糕点制作行业迅速发展，面包师们发明了许多新的糕点产品。

在当时，蜂蜜是最重要的甜味品，因为对欧洲人来说，糖是一种珍稀而昂贵的奢侈品。甘蔗，是制作精制糖的原材料，原产于印度，生长在亚洲南部地区。糖要运往欧洲，必须经过许多国家，而且每一个陆路停留站都要向原本就已经十分昂贵的运输费用中增加税金和通行费用。

1492年，欧洲人抵达美洲，引发了一场糕点制作的革命。加勒比群岛被证明是种植糖的理想之地，这导致了糖的供应量增加并且价格降低。可可和巧克力，原产于新大陆，也首次在旧大陆出现。一旦这些新颖的原料变得唾手可得，烘焙和糕点就变得越来越精致美观，并且许多新的配方被开发出来。到了18世纪和19世纪，我们今天所熟知的许多糕点产品，包括层压或分层的面团，例如酥皮糕点面团和丹麦面包面团，就已经被制作出来了。同样是在18世纪，制造商学会了如何从甜菜中精炼出糖。欧洲人终于可以在当地种植制糖原料了。

从第一家餐厅到卡莱姆

现代餐饮服务据说是在18世纪中期之后不久才开始的。如同面包师和糕点厨师必须要得到许可才能成为公会成员一样，餐饮商、烤肉师、猪肉屠宰者和其他食品工人也必须成为得到许可的公会成员。例如，一家旅馆老板要想给客人提供饭菜，他必须从那些获得许可的原材料供应商那里购买原材料。客人们几乎没有选择的余地。他们只能吃那顿饭里所提供的食物。

在1765年，一位名叫A.布朗格（Boulanger，他名字的意思是bread baker，面包烘焙师的意思）的巴黎人，开始在他的商店招牌上做广告，说他可以提供汤，称其为餐厅（restaurant，餐厅这个词来源于法语单词restourer，恢复的意思）。根据这个故事，他给客人提供的菜肴其中一道是奶油酱汁羊蹄。炖肉师协会在法庭上对他提出了质疑，但布朗格声称自己没有把羊蹄放在酱汁里炖，而是和酱汁一起上桌的，从而胜诉。在挑战公会规则的过程中，布朗格改变了餐饮服务的历史进程。

对于面包师来说，这一时期有两件重要的事件，一是关于面包制作的第一本重要书籍的出版：保罗·雅克·马鲁因于1775年编写的《磨坊主、面包师和意大利面制作的艺术》，1778年，安东尼·奥古斯汀·帕门蒂尔编写了《完美面包师》。

19世纪不仅出现了餐饮服务的革命，而且出现了我们所已知的现代烘焙业的长足发展。1789年法国大革命之后，许多曾经在贵族家庭里当仆人的面包师和糕点厨师开始了不受约束的生意。这些手艺精湛的人们以产品的质量来争夺顾客，而普通大众，不仅仅是贵族和富人，都能购买到精美的糕点。在此期间开始营业的一些糕点店至今仍然在为巴黎人提供服务。

18世纪的一项发明永久性地改变了商业厨房的组织形式，这个发明就是火炉，它提供了一个可以进一步进行控制的热源。不久，商业厨房被分成了三个部门，每个部门都是基于一台设备来划分的：炉灶，由厨师或厨师长来操作；烤肉炉，由肉类厨师或烤肉厨师来操作；以及烤箱，由糕点厨师或糕点师来操作。糕点厨师和肉类厨师向厨师长汇报工作，厨师长也被称为chef de cuisine，意思是"厨房里的头"。虽然炉灶是这种重新构建的厨房里的新特色，但面包师长期使用的烤箱仍然是用砖砌成的烧木材的烤箱。

19世纪早期最著名的厨师是玛丽-安东尼·卡莱姆，也被称为安东尼·卡莱姆（1784—1833年），他制作的引人入胜的糖艺作品和糕点作品为他赢得了崇高的声誉，他还把厨师和糕点师的职业提升到受人尊敬的地位。卡莱姆的书《皇家糕点师》是第一本系统地诠释了糕点师艺术的书籍。

具有讽刺意味的是，卡莱姆大部分的职业生涯都是为贵族和皇室服务，而在那个时代，面包师和糕点师的手工艺作品对普通公民来说越来越习以为常。卡莱姆与商业性的烘焙和零售方面的烘焙关系不大。

尽管他的成就和名望是作为糕点师取得的，卡莱姆主要的工作首先不是一位面包师，而是一名厨师长。在他年轻的时候，很快就学会了各个方面的烹饪知识，并将自己的职业生涯奉献给了烹饪技术的进步。在他的许多著作里，都包含第一次系统性地叙述烹饪原理、配方和菜单策划等方面的内容。

现代烘焙与现代食品加工技术

19世纪是烘焙行业技术取得巨大进步的时代。自动化流水线使面包师可以用机器来完成许多以前需要大量手工劳动的工作。这些技术进步中最重要的是轧辊研磨技术的发展。在此之前，面粉是通过在两块石头之间研磨谷物来磨碎的，得到的面粉必须要过筛，常常是通过多次过筛将麸皮分离开。这个过程非常缓慢。轧辊研磨技术，在第4章中有描述，被证明是更加快速和更加高效的研磨技术。这对烘焙业的发展起到巨大的推动作用。

另外一个重要的发展期是来自北美小麦种植区新面粉的供应。这些小麦品种中的蛋白质含量高于北欧种植的品种，它们出口到欧洲促进了白面包的大规模生产。

在20世纪，技术的进步，从冷藏到精密的烤箱，再到能够将新鲜的原材料运送到世界各地的航空运输，对烘焙和糕点制作做出了不可估量的贡献。同样地，保鲜技术也使一些曾经非常罕见并且价格昂贵的

▲ 玛丽-安东尼·卡莱姆肖像，选自M.A.卡莱姆《19世纪法国美食的艺术》。优雅与实践的结合，1833

（康奈尔大学图书馆，珍本和手稿收藏部）

原材料变得容易获得并购买得起。

此外，要感谢现代食品保鲜技术，现在可以在装运之前做完一部分或大部分食品制备工作和加工工作，而不用在面包店或餐饮服务经营单位自己制作。因此，方便食品应运而生。如今，通过购买方便产品，可以避免许多劳动密集型的加工工序，例如制作酥皮糕点等，成为了切实可行的方式。

现代设备的使用也帮助提高了生产工艺和生产进度。例如，面团压片机可以加快丹麦面包面团等分层面团的生产，制作出规格更加统一的产品。延缓醒发箱可以将酵母面团控制延缓发酵一整晚的时间，然后将它们进行醒发，这样就可以在第二天早上快速进行烘烤。

现代烹饪风格

所有的这些发展进程推动了烹饪风格和饮食习惯的改变。烹饪和烘焙方面的演变已经持续了几百年，并一直延续到今天。探索餐厅烹饪风格的转变是非常有益的，因为发生在烘焙和糕点方面的转变也遵循着相似的进程。

在埃斯科菲尔之后的一代厨师中，20世纪中期最有影响力的厨师是弗尔南多·波迪（1897—1955年）。在他位于法国维也纳的金字塔餐厅里，他心无旁骛、脚踏实地地工作着，波迪优化了古典烹饪体系。

波迪的许多徒弟，例如保罗·博古斯、琴和皮埃尔·特罗伊斯格罗斯以及阿兰·查普尔，后来都成为了现代烹饪界里伟大的明星。

20世纪60年代和70年代初期，他们和其他同时代的厨师们一起，以一种被称为"新式烹饪法"的烹饪风格而闻名于世。他们进一步发扬了波迪的清淡烹饪法，通过提倡使用更加简单、自然的风味和制备工作，辅以清淡的酱汁和调味料，以及更加短暂的烹饪时间。在传统的古典烹饪中，许多菜肴都是由服务员在餐厅里装盘的。

相比较之下，新式烹饪法则强调在厨房里由厨师艺术性地完成对菜肴的装盘展示。在糕点厨师工作的部门里，这一做法标志着现代甜品装盘的开始。

乔治·奥古斯特·埃斯科菲尔

乔治-奥古斯特·埃斯科菲尔（1847—1935年），他是那个时代最伟大的厨师，至今仍被厨师和美食家尊为20世纪烹饪之父。他的主要贡献是：（1）简化了古典式菜单；（2）使烹饪方法变得条理化；（3）重组了厨房的组织结构。

如今，埃斯科菲尔的书籍和配方仍然是专业厨师们的重要参考。我们今天所学习的基本烹饪方法和制备工作都是基于他的理念。埃斯科菲尔的《烹饪指南》，目前仍然被广泛使用，基于主要原材料和烹饪方法以系统的方式来安排配方，极大地简化了从卡莱姆传承下来的更加复杂的体系。根据埃斯科菲尔所述，要学习古典烹饪，首先要从掌握菜肴制作的基本步骤，并了解其中关键原材料开始。

虽然埃斯科菲尔不是面包师，但他将制作菜肴的灵感应用到甜品制作中，发明的甜点，例如蜜桃梅尔巴，直到今天仍然被供应给顾客。

▲ 乔治-奥古斯特·埃斯科菲尔
（由盖蒂图片社提供）

在现代北美烹饪史上的一个里程碑事件是在1971年，爱丽丝·沃特斯在加州伯克利开设的餐厅——"潘尼斯之家"的开业。沃特斯的哲学是，好的食物取决于好的原材料，所以她开始着手四处寻找最高品质的蔬菜、水果和肉类食材，并用最简单的方法制作。在接下来的几十年里，许多厨师和餐馆老板们都跟随着她的脚步，去寻找最好的当季、当地种植的有机食物。

在20世纪后期，随着旅行变得更加容易，越来越多的来自世界各地的移民开始到达欧洲和北美，对地方菜肴的认识和品味也有所提高。为了满足这些不断扩张的口味需求，厨师们变得更加博学，不仅了解欧洲其他地区相关的传统烹饪，而且还了解亚洲、拉丁美洲和其他地方的烹饪美食。今天，许多最富有创意的厨师都是受到这些烹饪文化的启发，并运用到它们的一些技术和原材料。糕点厨师长，如加斯顿·利诺尔让精美糕点艺术的魅力焕发出来，并启发和教导了一代的专业厨师。

在一道菜肴中使用来自多个地区烹饪文化中的原材料和烹饪技法被称为融合菜肴。然而，融合菜肴，因为它不符合真正意义上的任何一种烹饪文化，变得过于混淆不清，可能会产生糟糕的结果。20世纪80年代，当时融合菜肴的想法还是一个崭新的概念。厨师们常常把各种原材料和烹饪技法混杂在一起，却没有真正理解每种原材料是如何相互起作用的。其结果是有时候在口味上造成了主次不分。幸运的是，从早期的融合菜肴开始，那些花费大量的时间研究美食和文化的厨师们，给烹调方法和餐厅菜单带来了新的变化。特别是在糕点部门，百香果、芒果和柠檬草等曾经被认为是难得一见和具有异国风情的原材料，现在则是随处可见。

对现代风格的讨论必须包括行业趋势、时尚潮流和流行方式。对新鲜事物充满兴趣一直都是专业厨师们所关注的问题，但是随着现代通信的快速发展和社交媒体的广泛使用，行业趋势似乎比以前的任何时候来得更加迅猛。最近非常流行的杯子蛋糕就是一个例子。人们突然之间对杯子蛋糕的需求如此之大，以至于面包店除了各种各样的杯子蛋糕之外什么也不卖了，这种情况比比皆是。等到大型连锁商店在他们的产品中加入了杯子蛋糕进行售卖时，这种流行方式

已经过时，许多原来售卖杯子蛋糕的面包店已经关门了。提供数十种甜甜圈的新店面取代了它们，以占据下一个行业发展优势。

对于无麸质饮食充满兴趣的人，是另外一个例子。为了满足顾客的需求，面包师必须学习新的技术，开发出新的配方，甚至留出部分生产区域作为无麸质产品的工作场地。时尚潮流和行业趋势对现代面包师既是机遇也是挑战。为了迅速适应行业发展趋势，面包师们需要在烘焙技术方面打下一个坚实的基础，这样才能制作出高品质的产品，与此同时，在流行方式发生变化时，可以随时随地做好准备，继续跟进。

现代面包的演变

自从19世纪以来，面包烘焙的发展说明了技术是如何深刻地影响食物生产。有两项创造改变了面包的制作方式，第一次使面包大规模生产成为可能：搅拌机的广泛使用和现代酵母的成功开发。搅拌机虽然早在几十年前就已经发明了，但是直到20世纪20年代才开始真正流行起来。仅仅在几年之后，效果更加强劲的商业化生产酵母出现了，这意味着面包师不再需要依靠缓慢发酵的中种发酵法和酸面团酵头来发酵面包。现在，在几个小时之内，大量的面包可以被混合、发酵和烘烤好。

到了20世纪50年代和60年代，大多数面包都是被大批量生产出来的。令人遗憾的是，大部分的面包都是索然无味的。为了弥补快速搅拌和生产过程的不足，面包师们不得不在他们的产品中添加面团柔软剂和其他的添加剂。但是，高品质面包中的大部分风味来自长时间的酵母发酵，所以新的发酵法意味着为了速度而牺牲风味。其结果是，面包变成了用来装三明治馅料或者把黄油和果酱送进嘴里的工具。即使是在法国，法式面包也已经变得平淡无奇且毫无吸引力了。

20世纪面包革命中最重要的人物是来自法国巴黎的烘焙教授雷蒙德·卡尔维尔。卡尔维尔对面粉成分、发酵作用和面包制作的其他方面进行了广泛而深入的研究，目的是恢复面包的品质和风味，并且他只生产使用天然原材料的面包。他的作品刺激了复古风格的面粉和更传统的混合技法的回归。不仅如此，他还研发出了新的技术，如自动分解法，使面包师能够生产出美味的手工面包，而不必像早期那样每天需要面包师12~16小时的重体力劳动。关于卡尔维尔发起的面包革命中更多的相关信息，在第7章里的"面包混合：历史视角"中有详细介绍。卡尔维尔的书《面包

▲ 潘尼斯之家的爱丽丝·沃特斯

的味道》是当今手工面包师们最重要的参考书籍之一。

这种让面包重拾昔日风味的努力也体现在其他烘焙食品上，包括各种各样的糕点和甜品等。同样是这些手工面包房，他们出售美味的老式面包，但是现在也用更高品质的丹麦面包、布里欧面包和牛角面包来吸引顾客，这些面包都是使用许多重新挖掘出来的技术制成的。在餐厅的甜品菜单里，这一趋势在使用最好的原材料自制的风味甜点中一目了然，它们与风靡一时的糕点在一起展示。

莱昂内尔·普瓦兰

比雷蒙德·卡尔维尔年轻一代的巴黎面包师莱昂内尔·普瓦兰将从父亲那里继承的烘焙业务发展为世界著名的面包厂，向世界各地运送标志性的2千克重，使用酵头发酵的圆形面包。除了使用搅拌机械外，他还依靠传统技术和原材料，如石磨面粉、燃烧木材的烤箱，使用酵头发酵来制作味道浓郁的面包。令人难过的是，普瓦兰在2002年的一次直升机失事中不幸身亡，但是他的女儿阿波罗妮娅今天仍在经营着他的生意。

--- 复习要点 ---

◆ 为什么在烘焙食品的发展中小麦是最重要的谷物？

◆ 自19世纪以来，新技术如何改变烘焙行业？

烘焙和糕点职业

21世纪初以来，优质面包和糕点的受欢迎程度一直在快速增长，进入烘焙或糕点制作行业的人们将在许多领域寻找到机会，从小型面包店、社区餐厅到大型酒店和经营批发业务的面包店等。

餐厅和酒店的餐饮服务

正如在本章前面所学习到的，埃斯科菲尔的重要成就之一就是对厨房工作重新分工。他根据厨房中的食物种类，把厨房分成几个工作部门或工作岗位。每个部门都任命一名岗位厨师负责。这个系统可以有许多变化，至今仍在使用，特别是在提供传统餐饮服务的大型酒店中。在小的餐厅里，岗位厨师可能是部门里的唯一工作人员。但是在一个大型厨房里，每一位岗位厨师可能会有几个助手。

在大型厨房里，岗位厨师包括酱汁厨师，他负责制作酱汁和煎炒工作；鱼类厨师，烤肉厨师；还有冷菜厨师等。甜品和糕点是由糕点厨师制备的。岗位厨师向行政总厨或厨师长汇报工作，行政总厨全面负责食品的加工制作。在超大型厨房里，行政总厨的工作职责主要是人员管理。事实上，行政总厨本人可能很少或根本不用亲自炒菜。副厨师长协助行政总厨工作，在菜肴制作过程中直接负责烹饪工作。

通常糕点厨房与热菜厨房是由隔断隔离开的，这有两个重要原因：首先，许多甜品和甜食必须在凉爽的环境下制作。其次，这种区分有助于防止奶油、糖霜和面糊等吸收到烤肉、铁扒和煎炒食品的芳香气味。

在中小型餐厅里，糕点厨师可能是一个人独自工作，制备所有的甜点菜肴。他或者她通常在清晨就上班，并在晚餐开餐前完成所有的工作。然后，另一名厨师或餐厅工作人员在开餐期间将甜品进行搭配和装盘。

在大型餐厅和酒店里，负责烘焙和甜点的厨师是糕点厨师长。这个管理岗位相当于热菜厨房的行政总厨。糕点厨师长，负责监督部门的工作人员，包括像面包师等的专业人员，负责准备酵母类制品，比如布里欧面包、牛角面包和丹麦面包等早餐品种；制作冰淇淋的厨师，负责制作冷冻甜品；装饰厨师，负责制备展示品、糖艺制品和装饰蛋糕等工作；还有甜食或糖果制作厨师。

在酒店里，烘焙和糕点部门的工作可以很广泛，不仅包括为所有餐厅、咖啡厅和送餐服务制备甜品和面包，还包括为宴会和餐饮部门制备早餐面包和糕点以及所有的烘焙食品，包括特色蛋糕和装饰性工作。如此大量的工作为希望获得不同工作经验的面包师提供了众多的机会。

餐饮承办商、机构业务（学校、医院、员工餐厅等）、行政餐厅，以及私人俱乐部也可能需要面包师

和糕点师的服务。各个机构所需的技能各不相同。一些人在家里制备顾客所需的烘焙食品，而另外一些人提供便利产品和烘焙食品批发。

面包房

零售面包房包括独立的面包店，以及食品商店里和超市里的面包烘烤部门等。特别是在高端超市，为创意面包师和糕点师提供了许多新的机会。在一些食品商店里甚至安装了燃烧木材的烤炉用来烘烤手工制作的艺术面包。

面包师厨师长是负责零售面包房生产的专业人员。他们负责管理员工，包括分担了大部分工作任务的面包师，在规模较大的面包房里，许多厨师在不同的部门工作，如面包和酵母产品，蛋糕和装饰工作等。甚至面包制作的任务也可能被分配给不同的员工，包括一些人负责混合、醒发、将面团整形，另外一些人负责烘烤面包和管理烤箱等。

虽然大多数独立的面包店提供种类非常齐全的烘焙产品，但有些面包房会以一到两种特色鲜明的产品而声名鹊起。比如杯子蛋糕或手工面包，并专注于这些产品。更加专业的是那些专门制作和装饰庆典蛋糕，比如婚礼蛋糕、生日蛋糕的面包房。

以批发方式经营的面包房与以零售为主的面包房所完成的工作任务大体相同，但他们的生产设备可能会更加自动化和工业化。搅拌机和烤箱等设备会用来处理大量的面团和烘焙食品。除了成品以外，以批发业务为主的面包店还可以生产半成品，如分好层的蛋糕、曲奇面团和酥皮面团等，用来出售给餐厅、酒店、餐饮承办商、超市，以及其他餐饮服务企业。

专业要求

怎样才能成为一个合格的面包师或糕点师？

餐饮服务教育的重点，无论是在烘焙和糕点还是在热菜厨房，都是要学习一套技能。但是在很多方面，态度比技能更加重要，因为良好的态度不仅会有助于学习技能，而且还能帮助学习者坚持不懈，克服职业生涯中可能要面对的种种困难。

熟练掌握技能当然是成功的关键因素。此外，对于刚刚毕业的糕点师或面包师来说，要想在这个行业中大展宏图，还有一些综合的个人素质也同样重要。下面几节将描述其中一些重要的特征。

热忱于工作

从事烘焙职业，对身体和心理要求都很高。到学生们毕业的时候，他们意识到在同学中，那些最努力工作的人，特别是那些主动寻求加班工作和抓住额外学习机会的人是最成功的。他们毕业后，继续付出最大努力工作的面包师和厨师进步最快。

对于新手厨师来说，最令人气馁的发现之一是这项工作千篇一律的重复性。他们必须日复一日地重复的做许多同样的事情，无论是每天做出几百个餐包，还是为了假日销售而制作的数以千计的曲奇。成功的面包师和厨师把重复性的工作当作培养技能，熟能生巧的机会，只有通过反复做一项烹饪工作，才能真正掌握它，真正明白每一个细微差别和可变因素。

压力是由重复性的繁重工作所引起的另外一个问题。克服压力需要对职业、同事、客户或顾客具有责任感和奉献精神。奉献还意味着坚持不懈地工作，抵制住每隔几个月就想从一家厨房跳槽到另外一家厨房的冲动。在一份工作上坚持至少一年或两年，可以向未来的雇主表明自身对自己的工作是认真的，可以值得信赖。

致力于学习

坚定的职业道德是由知识赋予的，所以作为一名烘焙专业人员，承诺继续接受教育是很重要的。随着新产品、新技术的开发和新工艺的引进，烘焙和餐饮服务行业在发生日新月异的变化。因此，持续不断地学习是成功的必要条件。阅读、研究、实验，与其他厨师建立联系，共享信息，加入学校的校友会，与其他毕业生保持联系。参加学校及商会提供的继续教育课程。通过参加比赛磨炼技能，并向竞争对手学习。学习管理能力和经商技巧，掌握所在领域的最新电脑软件。要记住，学习烘焙、烹饪和管理一间厨房或面包房是一个终生的过程。

一个行之有效的促进自己学习的方法是通过专业协会，例如美国烹饪联合会（ACF）、加拿大烹饪联合会（CCFCC）和美国零售面包师协会等。这些组织提供了一种途径，可以在当地分会和地区及国家贸易展会上与其他专业人士建立联系。此外，他们还主办职业认证项目来证明面包师的技能水平，并鼓励继续学习。

作为回报，帮助别人学习，分享知识，做一名学生的导师，教授一个班级，帮助一位同事，担任技能竞赛的评委，给专业研讨会投稿，竭尽所能提高你的专业技能水平。

尽心于服务

餐饮服务，顾名思义，就是为他人服务。专业的烘焙和烹饪意味着给客人带来美味的享受和幸福的感觉。提供优质的服务需要采购高质量的原材料，并小心与稳妥地处理它们；保护客人和同事的身体健康，致力于食品安全和卫生，尊重他人，让客人感到宾至如归，让同事感到不可或缺；以及保持一个整洁，极具吸引力的工作环境。关心他人，那么成功就会随之而来。

职业自豪感

专业人才对自己所从事的工作感到骄傲，并希望确保以自己的工作为自豪。一个专业的厨师总是会保持积极的态度，工作高效、整洁、安全，并始终以高质量为目标。虽然这听起来有点矛盾，但职业自豪感应该与超强的谦逊相对应，因为正是谦虚让厨师致力于努力工作、不断学习和尽心于服务。一个以自己工作为荣的专业人才，承认在领域内其他人的才华，并被他们的成就所鼓舞和激励。一个优秀的面包师或糕点师，反过来，也可以通过为他人树立好的榜样来展示自己的自豪感。

◆ **复习要点** ◆

◆ 在餐饮服务行业中，烘焙和糕点的主要职位是什么？在零售和批发面包店里主要职位是什么？

◆ 面包师和糕点师成功的重要个人特质是什么？

术语复习

A. Boulanger A. 布朗格　　　Marie-Antoine Carême 玛丽·安东尼·卡莱姆　　　saucier 酱汁厨师

glacier 冰激凌厨师　　　cuisinier 厨师　　　roller milling 碾磨

poissenier 鱼类厨师　　　confiseur 糖果厨师　　　rôtisseur 烤肉厨师

Georges-August Escoffier 乔治·奥古斯特·埃斯科菲尔　　　chef garde manger 冷菜厨师

décorateur 装饰厨师　　　pâtissier 糕点厨师　　　nouvelle cuisine 新式烹饪法

sous chef 副厨师长　　　head baker 面包房厨师长　　　boulanger 烘焙师

chef de cuisine 厨师长　　　fusion cuisine 融合菜肴

复习题

1. 现代小麦面粉的哪些特性使它能够制成富有筋力的酵母发酵面团？为什么史前的人们不可能用最早的野生谷物制作这种面团？

2. 哪个历史事件对糖的广泛供应起到了最大的作用？是如何做到的？

3. 啤酒对面包制作过程有什么贡献？

4. 简述在18世纪火炉发明之后商业厨房是如何组织安排的。

5. 什么是新式烹饪法？新式烹饪法是如何影响到餐厅供应的甜点风格的？

6. 描述一家大型的现代酒店厨房的组织结构。写出并描述在大型面包店里可能设置的专业职位。

2

基本专业技能

读完本章内容，你应该能够：

1. 描述烘焙配方的构成、用途和局限性。

2. 正确地称取原材料。

3. 根据烘焙百分比配方计算原材料的重量，并正确转换配方。

4. 计算配方的成本。

5. 描述在个人卫生和食品加工处理技术方面预防食源性疾病的步骤。

　　配方是厨房和面包店里的基本工具，它们标明了需要购买和储存的原材料，对所要生产的食品给出了所要称取的原材料和制作步骤的标准。并且它们是其他管理工具和技术的基础，包括修改数量和确定成本。

　　在本章中，通过讨论烘焙所必需的各种测量值、数学计算和几乎所有烘焙食品共有的基本工序，来介绍基本的面包店产品。

　　本章的最后一部分内容里，简要介绍了经营一家成功的面包店的另外一个至关重要的问题——卫生。

使用配方

制作某道菜肴的一组制作说明被称为"配方"。为了复制制备过程，有必要精确记录所使用的原材料及数量，以及它们混合和烹饪的方式。这就是使用配方的目的。

面包师们通常谈论的是配方而不是配方。如果对你来说，这听起来更像是化学实验室的行话，而不是食品生产设备，这是有充分理由的。制作过程中，以及混合、烘烤过程中发生的复杂化学反应需要科学准确性，面包房非常像一个化学实验室。

注意，在烘焙方面使用"配方"这个词没有严格意义上的规定（详见"配方和制作方法"侧边栏中的内容）。有些面包师只在面粉制品中使用这个术语，而在糕点奶油酱、水果馅料，以及甜品慕斯这样的食物品种时，他们会使用"配方"这个词。其他面包师习惯性地称所有的配方为"食谱"。还有一些面包师则一直坚持使用"配方"这个词。在本书中，在制作大多数产品时，我们使用"配方"这个词。

当然，配方的主要功能是提供制作产品的原材料和数量。但是配方也可以用于复述。书面形式的配方提供了修改数量、产量和确定成本的方法。这些功能需要运用到数学知识。

配方和制作方法

严格地讲，术语"配方"一词仅指原材料列表和数量。使用这些原材料的说明，在本书中称为"制作步骤"，也被许多厨师称为"制作方法"，或者称为MOP。相对较少的制作方法或制作过程，适用于面包房中几乎所有的产品。对于一名训练有素的面包师来说，这些制作方法都被理解得如此透彻，正如文中所述，他们不需要去对每一个配方都重复制作。

这本书的主要目的之一是熟悉面包店使用的主要制作步骤，学会这些后即可以应用专业配方了。

配方与配方的用途以及局限性

书面的配方有许多局限性，不管一个配方内容有多么详细，它都设定读者已经具备了一定的知识，比如理解它所使用的术语，以及知道如何称取原材料等。

在谈论明确的烘焙配方前，让我们简要地考虑一下常见的配方。许多人认为学习烹饪就是学习配方。另一方面，一名专业的厨师，通过掌握一系列基本的制作步骤来学会工作。配方是一种将基本的烹调技术应用到特定原材料上的方法。

学习基本的烹饪原理，主要目的不是没有配方就不能做菜，而在于理解所使用的配方。正如我们刚才所说的，每道配方都设定了读者具备了一定的知识，所以可以理解配方的制作步骤并能按照这些步骤正确地制作出来。

如果浏览过本书，就会知道它不仅仅是由配方和配方组成的。虽然它包含了数百道配方，但它们只是本书中一部分的内容。本书主要涉及的是教授基本的技法和制作步骤，以便学以致用到任何配方中。

面包师使用相对较少的基本混合技法来制备面团和面糊。为此，面包师的配方可能只包括了原材料清单、数量和混合方法。一名训练有素的面包师仅凭这些信息就能独自生产出最后的成品。事实上，通常混合方法的名称不是必要的，因为面包师可以从使用的原材料和它们的比例中辨别出需要使用哪种混合方法。为了使读者习惯于这种工作方式，强调学好基本混合方法的重要性，本书中大多数配方里都指出了所需使用的混合方法名称，没有重复每个配方的步骤。在每种情况下，在使用配方之前，应该根据需要回顾一下基本的制作步骤。

有些配方提供的信息很少，有些则提供了很多，但是无论配方的内容有多详细，书面写出的配方也不可能告诉你所有的东西，一定需要一些厨师自己的判断。在热菜厨房里尤其如此，在那里工作的厨师必须随时根据原材料产品的差异化做出调整，比如，有些胡萝卜会比另外一些味道更甜，有些生蚝会比其他的更咸，等等。

在面包房里，产品变化较少。具体来说，面粉、酵母、糖、黄油和其他基本的原材料都是非常一致的，尤其是在同一产地购买的情况下。然而，在编写配方的时候，许多其他的因素是不用考虑的。仅举两例：

- 面包房之间的设备各不相同。例如，不同的搅拌机加工处理面团的方式不同，烤箱的烘焙特性也不同。
- 要对许多制作过程给出确切的制作步骤是不可能的。例如，一个面包配方或许标明了混合时间，但特定批次需要的时间会有所不同。当面团膨胀到位时，面包师必须能够根据面团手感和质地来进行判断。

标准化配方

一个标准化的配方是一组制作步骤，描述了使用特定方式制备特定食品的方法。换句话说，它是一种定制的配方，由一家经营企业开发，供自己的厨师、糕点师和面包师使用，使用自己的设备，出售或服务给自己的顾客享用。

企业之间的标准化配方格式各不相同，但几乎他们所有的配方中都包含尽可能多的精确信息。配方里可以列出以下细节：

- 配方的名称
- 产量，包括总产量，份数和确切的分量
- 原材料和确切的数量，按使用顺序列出
- 所需要的设备器皿，包括称量器皿、烤盘尺寸、分份设备等
- 制备这道菜肴的说明，尽量简单易懂
- 制备时间和烹饪时间
- 制备上菜之间占用时间的说明
- 分份、装盘和装饰的说明
- 储存剩余食品的说明

这些要点更多地适用于餐厅里糕点或甜点岗位的工作，不适合以零售为主的面包房。例如，面包配方不需要说明如何装盘和进行装饰。然而，这些基本原则适用于面包房，也适用于餐厅厨房。

标准化配方的功能

一家经营企业本身的配方可以用来控制生产。他们通过两种方式做到这一点：首先控制质量。标准化配方和配方详细而具体。这是为了确保产品在每次制作和供应时都是一样的，而不用去管是谁制作的。其次控制数量。标明每一种原材料的精确数量，以及如何量取这些数量。其次，它们显示准确的产量和分量，以及如何量取和供应这些分量。

标准化配方的局限性

标准化配方和所有配方一样，都有同样的问题，如关于原材料、设备和含糊不清的制作步骤里的各种变化。这些问题可以通过认真仔细地书写配方来使其减少，但却不能被消除。

即使一家企业使用了经过验证的、标准化的配方，新员工第一次制作一道菜肴通常也需要一些监督，以确保他们能像其他员工一样理解制作步骤。这些局限性不会使标准化配方毫无价值。如果有什么不同，那就是它们能让精确的制作方法变得更加重要。但它们确实表明经验和知识仍然无可替代。

配方的指导意义

本书中的配方不是标准化的配方。要记住，标准化的配方是为特定企业定制的。在本书里的配方，并不能做到这一点。

标准化配方的目的是指导和管理特定食品的生产。制作方法必须尽可能完整和准确。相反，本书的教学用配方的目的是教会基本的烘焙和烹饪技法。

如果浏览过本书里的任何一个配方，就会发现它们与标准化配方的差异。

1. **制备步骤说明**：在大多数情况下，本书中的配方遵循着对基本制作步骤的讨论。配方的制作步骤中提供的信息主要是为了鼓励思考和学习一种技法，而不仅是照着步骤制作产品。当对制作步骤有疑问时，可咨询指导教师。

2. **各种变化和可供选择的原材料**：许多配方的后面都附有各种变化方面的内容。这实际上是以简写的术语形式给出的完整配方。可以将它们写成单独的、完整的配方。作为一次学习体验，鼓励在制备各种变化配方之前这样做。

再次强调，本书是学习技术，而不仅仅是学习配方。例如，椰子奶油派和巧克力布丁是由相同技巧在各种产品中的变化，而不是单独的、不相干的配方，当看到它们时，就会对制作的配方有更深刻的理解。

读懂配方

在制作产品前，必须认真读懂整道配方中的内容。以下是在阅读配方并开始准备制作产品时必须执行的一些工作任务。厨师把这些预先做好的准备工作称为"餐前准备工作"。做好餐前准备工作对于面包

店或餐厅的有效运作是至关重要的。

配方的修改

- 确定已制定好的配方产量，并决定是否需要修改。如果需要将配方转换为不同的产量（本章后面会讨论到），事先要做好所有的数学运算。
- 确定是否需要做任何其他的改变，例如原材料的替换等，以获得所需要的结果，并写下来。

原材料

- 归集并称取所有的原材料。如果所有的原材料都能提前称好，产品就能快速进行制作。此外，提前检查原材料是否够量，及时补充。
- 根据需要，准备好所有的原材料，例如将面粉过筛，将鸡蛋的蛋清和蛋黄分离开，将冷藏的黄油提前取出恢复到室温下。这样的步骤在配方中都会列出来，但是在有些配方里可能不会列出。专业配方通常会假定经验丰富的面包师知道如何做，例如，黄油应该提前从冰箱中取出。

制作步骤

- 仔细阅读全部制作步骤或制作方法，并确保全部理解了它的内容。
- 如果只标明了一种混合方法的名称，例如打发奶油法，如果忘记操作方法，可查阅并复习。确保理解了制作步骤中的每一步方法，以及如何将其应用到特定配方中。
- 查阅所有不知道的术语或关键词。

工具和设备

- 确定需要的设备。所需要的设备通常列在标准配方里，但不在那些其他来源的配方中。读懂制作步骤中的每一个步骤，并写下在每一个步骤中你需要的工具和设备。
- 将所有的工具和设备都配备到位。
- 根据需要准备好所使用的设备。例如，在烤盘内铺上油纸，在蛋糕模具里涂抹上油，预热烤箱等。

◆ 复习要点 ◆

◆ 这句话对吗："如果你有一个好的配方，你不需要知道怎么去烘焙，因为配方会告诉你该怎么做"？并解释这句话含义。

◆ 什么是标准化配方，如何使用？

学会计量

一个配方的主要功能之一是标明了用于制造产品的原材料及其正确的数量或重量。

在面包店里，原材料几乎都是称重的，而不是用体积来计量，因为用重量来计量更准确，也有一些例外，如下所述。准确的计量，在面包店中是至关重要的。不同于家庭烘焙配方，专业烘焙师的配方中不会出现"6杯面粉"这样的字样。

为了说明称重的重要性讲述用两种方法测量一杯面粉：① 筛取一些面粉，用勺子将其舀入一个干燥的量具中。把表面的面粉抹至平整，然后将面粉称重；② 将未经过筛的面粉舀取到同一个量具中，略微压实一些。把表面的面粉抹至平整，然后将面粉称重。注意它们之间的区别，家用配方通常用体积来测量干性原材料。

面包师用于称重原材料的术语是"称取"。

下列原材料，在某些情况下可以用体积来测量，以每千克1升的比例来量取：

- 水
- 牛奶
- 鸡蛋

制作小批次或中等批次面包时，水的重量经常使用容积来测量。一般来说，效果不错，然而，当准确度至关重要时，最好是称重。这是因为1品脱的水实际上的重量略大于1磅，或者大约是16.7盎司（这个数字随水温的变化而变化）。

计量单位：美制		
重量		
1磅	=	16 盎司
体积		
1加仑	=	4 夸脱
1夸脱	=	2 品脱或
		4 杯或 32 盎司 *
1品脱	=	2 杯或 16 盎司
1杯	=	8 盎司
1盎司	=	2 汤勺
1汤勺	=	3 茶匙
长度		
1英尺	=	12 英寸

*1 液体盎司通常简称为盎司，因为水的重量为 1 盎司，1 品脱水的重量大约为 1 磅。

为了方便起见，在烘焙糕点以外的产品中，会经常使用液体体积计量，例如酱汁、糖浆和卡仕达酱。

美国使用的计量制非常复杂。即使是用了一辈子的人有时也会记不住一些比如1夸脱等于多少盎司，1英里等于多少英尺等这样的换算关系。

计量单位：美制列表中列出了面包店和厨房中使用的度量单位之间的等量换算。建议记住这些换算，这样以后就不会浪费时间再来做计算。本书中使用的美制计量单位缩写表中列出了在书中使用的计量单位。

公制

美国是唯一使用复杂计量方式的国家。其他国家使用一种更简单的，称为"公制"的计量方式，在这里进行详细介绍。

基本单位

在公制中，每种计量都有一个基本单位：

"克"是重量的基本单位。

"升"是体积的基本单位。

"米"是长度的基本单位。

"摄氏度（℃）"是温度的基本单位。

较大或较小的换算单位可以通过简单的乘以或除以10，100，1000……来得到。这些分类用前缀表示。需要知道的是：

千克（kg）=1000克

十分之一=1/10，或者0.1

百分之一=1/100，或者0.01

千分之一=1/1000，或者0.001

一旦学会了这些基本的换算单位，就不需要复杂的换算表了。公制单位表总结了需要知道的公制单位。

换算成公制单位

大多数美国人认为学习公制比实际要困难得多。这是因为他们用美制单位。例如，当他们读到1盎司等于28.35克时，会认为自己永远也学不来这些度量标准。

大多数时候，不需要担心将美制单位换算成公制单位，反之亦然。这是需要记住的非常重要的一点，尤其是当觉得公制或许是很难学的时候。原因很简单：通常在一个度量体系或者另外一个体系内工作时很少需要从一个体系换算成另外一个体系。

本书中使用的美制计量单位缩写	
英镑	lb
盎司	oz
加仑	gal
夸脱	qt
品脱	pt
液体盎司	fl.oz（oz）
汤勺	tbsp.
茶勺	tsp
英寸	in.
英尺	ft

今天，许多现代设备，如电子秤，会以公制单位和美制单位计量，不需要换算。当需要换算时，可以参考换算表，例如附录2中的公制单位转换公式，不必记住精确的转换公式。

要习惯使用公制单位，对换算单位的大小有足够的认知是很有帮助的。以下这些不是精确的换算公式，如果需要精确的转换公式，请参阅附录2中的内容。

- 1千克比2磅略微多一点。
- 1克大约是1/30盎司。半茶勺面粉的重量几乎与1克相同。
- 1升比1夸脱略微多一点。
- 1分升比1/2杯略微少一点。
- 1毫升大约是2茶勺。
- 1米比3英尺略微长出一点。
- 1厘米大约是0.375英寸。
- 0℃是水的冰点（32°F）。

公制单位		
基本单位		
数量	**单位**	**缩写**
重量	克	g
体积	升	L
长度	米	m
温度	摄氏度	℃
分类和倍数		
前缀 / 示例	**含义**	**缩写**
千	1000	k
千克	1000 克	kg
十分之一	1/10	d
分升	0.1升	dL
百分之一	1/100	c
厘米	0.01米	cm
千分之一	1/1000	m
毫米	0.001米	mm

- 100℃是水的沸点（212℉）。
- 每升高或降低1℃等同于大约2℉。

公制配方

在大多数情况下，本书中的公制配方总产量接近于美制配方的产量，同时保持所使用原材料的比例相同。但令人遗憾的是，不可能总是保持完全相同的比例，因为美制计量单位不像公制计量单位那样以十进制为基础。在某些情况下，公制的数量由于比例的差异而会产生出略微不同的结果，但这些偏差通常都非常小。

专业级电子秤

通过重量称取

高质量的电子秤应该精确到0.25盎司，或者，如果是公制的电子秤，应准确到5克。重量小于0.25盎司的干性原材料可以通过物理方法将较大的量分割成相等的部分。例如，要称取0.06盎司，可以先称出0.25盎司，然后使用小刀将其分成相等的四份。

对于精细的糕点工作来说，采用电池供电的小型电子秤往往比大型电子秤更加实用。一个好的电子秤相对来说是比较便宜的。它可以即时的量取到最接近0.125盎司，或者最接近2克的数量值，还有价格高的更加灵敏的电子秤。

大多数电子秤都有一个"归零"，或者"皮重"按钮，可以将显示的重量设置为零。例如，可以在电子秤上放置一个容器，将重量设置为零，添加第一种原材料，再次将重量设置为零，添加第二种原材料，以此类推。举例而言，这加快了将干性原材料过筛到一起的称量速度。然而，使用这种方法时要小心，它与一次称取一种原材料的重量截然不同。如果你添加的原材料过多，可能不得不放弃整个混合物，而需重新开始。

当非常少量的原材料，例如在本书中的配方里所需要的香料，一个近似的体积等量（通常是一茶勺的一小部分）也包括在内。在一个精密的秤上认真称重是会更精准的。在附录4中给出了所选原材料体积等量的近似值。

为了使配方换算和计算更加容易，本书中在配方里的原材料表中出现的盎司分数都采用小数的形式书写。因此，$1\frac{1}{2}$盎司写成1.5盎司，1/4盎司写成0.25盎司。在附录3中包含了十进制等量换算列表。

司康饼粉

当需要少量泡打粉时，英国面包师有一种十分方便的测量泡打粉的方法。他们使用一种称为"司康饼粉"的混合物。要制作1磅司康饼粉，将15盎司面粉和1盎司泡打粉混合到一起，一起过筛三遍。

这样1盎司（1/16磅）的司康饼粉里就含有1/16（0.06盎司）泡打粉。对于配方中需要的每一份1/16盎司泡打粉，可以使用1盎司司康饼粉来代替配方中所要求的1盎司的面粉。

购买的重量（AP，毛重）与可食用部分的重量（EP，净重）

在热菜厨房里，厨师们经常关心蔬菜、水果、肉类和其他原材料经过修剪加工后的净料量（净重）。例如，1磅生的、整个的萝卜远远低于1磅经过修剪、去皮后的萝卜的净料量。在面包房里，面包师们不需要关心他们最常用的原材料净料量：面粉、糖、油脂等。但是，在处理新鲜水果时，能够进行适当的净料量计算是非常重要的。例如，如果需要5磅削皮后切成片的苹果，面包师必须订购多少磅整个的苹果？

水果或蔬菜的净料量百分比表明，平均而言，在经过修剪加工后，AP（作为购买的重量，毛重）能剩下多少用来生产半成品，或称EP（可食用部分的重量，净重）。

天平称的操作步骤：

面包师使用的天平秤原理很简单：天平在称取重量前必须经过平衡，并且称量后必须经过再次平衡。下面的步骤适用于最常用到的天平秤的类型：

1. 将秤勺或其他容器摆放在秤的左侧。

2. 通过在秤的右侧放置配重和/或通过调节单杠上的盎司重量来使称平衡。

3. 通过在秤的右侧放置重量和（或）移动盎司的重量来设置所需的重量。

例如，要设定称取1磅8盎司的秤，在右侧放置一个1磅的重量，并移动盎司重量到右边的8盎司处。如果重量已经超过8盎司，那么不能将其另外再移动8盎司，在秤的右侧增加2磅重，通过将盎司的重量8移动到左侧的位置上减去8盎司。结果仍然是1磅8盎司。

4. 将要称取的原材料添加到左侧，直到天平称保持平衡。

要确定一个水果的净重百分比，请按照以下步骤进行：

天平秤
由美国Cardinal Detecto提供

---

1. 在修剪加工前要先称一下水果，这是毛重（AP）。

2. 根据需要，将水果进行去皮和加工，得到可以食用的部分。

3. 将经过加工后的水果称重，这是净重（EP）。

4. 用EP除以AP。例如：

5磅经过加工后的水果重量（EP，净重）÷
10磅未经过加工的水果重量（AP，毛重）=0.5

5. 这个数乘以100%得到百分数（净料率，成品率）。例如，

$$0.5 \times 100 = 50\%$$

最准确的净料率百分比是面包师本人计算出来的结果，因为它们是基于面包店中实际使用的原材料。常用水果用量或平均用量产出百分比，请参阅第21章水果甜品类章节的内容。

当计算出来一种产品的用量百分比后，保存好该数字以供需要时使用。可以用这个数字来做两个最基本的计算。

1. 计算出净料重量。例如，10磅毛重的苹果，经过修剪加工后的净料率百分比是75%。净料重量是多少？

   a. 首先，通过将小数点左移两位，将百分比更改为小数。

   $$75\% = 0.75$$

   b. 用小数点乘以AP（毛重）得到EP（净重）。

   10磅 × 0.75=7.5磅 或者7磅8盎司

2. 计算出所需要的重量。例如，需要10磅净重的苹果片。需要多少毛重（未经过修整加工）的水果？

   a. 将百分数更改为小数。

   $$75\% = 0.75$$

   b. 将需要的EP（净重）除以这个数字就得到AP（毛重）。

   10磅 ÷ 0.75=13.33磅或13磅$5\frac{1}{3}$盎司

◆ 复习要点 ◆

◆ 大多数配方中的原材料是如何称取的？

◆ 在公制中，重量、体积和长度的计量单位分别是什么？

◆ 使用天平称的步骤是什么？

◆ 什么是AP用量和EP用量？解释如何进行用料量计算。

使用烘焙百分比配方

一份配方所传达的最重要信息是原材料之间的比例。例如，如果知道一份特定的面包面团需要的水正好是面粉的2/3，一定可以确定添加到面粉中的水的确切数量，而不管是大量的制作还是少量的制作。比例是配方中最简单、最基本的表达方式。

面包师使用一种简单而通用的百分比来表示原料用量。面包师的百分比是指每种原材料的用量占面粉用量的百分比。面粉是面包的基础，因为它几乎是所有烘焙食品的主要原材料。

换句话说，每种原材料的百分比就是它的总重量除以面粉的重量，再乘以100%，或者：

$$\frac{原材料的总重量}{面粉的总重量} \times 100\% = 原材料的百分比$$

这样的话，面粉总是100%。如果使用了两种面粉，那么它们的总量就是100%。任何重量与面粉用量相同的原材料都被列为100%。在后文列出的蛋糕配方原材料中，举例说明了这些百分比是如何使用的。核对这些数字和上面的等式，要确保完全理解了它们。

请记住，这些数字并不是指总产量的百分比。它们只是一种表达原材料比例的方式。这些百分比数字的总量肯定是大于100%。

百分比配方能够让我们一目了然地看出来原材料之间的比例，因此，也就能看出面团或面糊的基本结构和成分。此外，它们也使得配方适用于任何产量而变得非常容易，在后面的内容中将会体现这一点。第三个优点是单一的原材料可以有所变化，可以加入其他原材料，而无须改变整个配方。例如，可以在制作松饼的配方中加入葡萄干，同时保持其他所有的原材料的比例不变。

使用百分比配方是表达一个配方的最基本方式，因此它也是开发新配方的实用性工具。在制定新的配方时，面包师会考虑原材料的最佳比例，并用百分比表示。一旦确定了合适的比例，面包师就可以把它们转换成重量单位，这样就可以对配方进行测试了。本书中的大多数配方都是以这种方式进行设计的。

显然，以面粉重量为基础的百分比制配方只有在面粉是主要原材料时才能使用，如在面包、蛋糕和曲奇中。但是，这一原则也可以应用到其他配方中，只要选择一种主要成分，并将其确定为100%即可。许多面包师只在面粉产品中使用百分比制（面团和面糊），但是将此百分比制的好处扩展到其他产品中也是有益的。在本书中，只要使用面粉以外的其他原材料作为100%的基数，就会在配方顶部百分比一栏的上方注明。例如，参见杏仁馅料的配方。这些配方表明"杏仁酱占100%"，而糖、鸡蛋和其他原材料的重量以杏仁酱重量的百分比来表示（在本书中的某些配方里，特别是那些没有一种主要原材料的配方，不包括在百分比配方里）。

配方的产量

本书中配方的产量用两种方法来表示。在大多数情况下，产量以原材料数量的总和表示。例如，在本书部分配方中，产量告诉我们这个配方能够制作出多少蛋糕面糊。这是为了把称取的蛋糕面糊放进烤盘里所需要知道的准确数字。烘烤好的蛋糕的实际重量会因为烤盘大小、形状、烤箱温度等因素而有所不同。

这种类型的其他配方，其产量是原材料的总重量，包括面包面团、咖啡蛋糕馅料、糕点面团和曲奇面团等的配方。

然而，在某些配方中，产量与原料的总重量并不相同。例如，法式奶油酱配方，当糖和水被烧开制成糖浆时，大约有一半的水蒸发了。因此，实际产量要小于原料的总重量。

在本书中，当产量与原材料的总重量不一致时，

百分比

复习一下数学常识是有必要的，百分比是什么意思？

单词percent字面意思是"每一百"。100%，也可以写成100/100。同样地，10%也就是10/100，同样的分数，写成小数，就是0.1。

每当需要在数学问题中处理百分比时，必须首先将其更改为分数，就像在上面所做的那样。要做到这一点，只需将小数点左移两位。例如：15%=0.15；80%=0.80。或者，更加简单一些，0.8；100%=1.00；150%=1.50。

产量会在原材料表的上方而不是在下方进行标记。

此外，请注意，所有产量，包括百分比总计，是四舍五入到下一个较小的整数。这消除了不重要的小数部分，读起来更加容易。

基本的配方和配方的转换

除非工作单位中只使用企业自己的标准化配方，否则经常会被要求按照不同的用量对配方进行换算。例如，可能有一个20磅的面团配方，但只需要8磅的用量。

懂得如何转换配方和配方是一项非常重要的技能，会经常需要用到它。

对于写出的配方，没有"最好的"结果。因为每个单位、学校、个人都有不同的需求。本节中解释了换转配方产量的两种方法。

第一种，使用转换因子，可以应用于几乎所有的配方中，而不仅仅只是那些烘焙的配方。第二种方法使用烘焙的百分比，适用于本书中的大多数配方。

使用转换因子进行换算运算

几乎每个人都能本能地将一个配方进行加倍或减半运算。不过，把一个配方从10千克改为18千克，或从20夸脱改为12夸脱，似乎更加复杂。实际上，原理是完全一样的，将每种原材料，乘以一个称为转换因子的数字，就像这里给出的步骤一样。

本页中的步骤是通用性的，它被应用于热菜厨房的配方中。

使用百分比进行转换运算

使用烘焙师的百分比，简化配方和原材料的运算，以下两个运算步骤在面包店里会经常使用。

运算步骤： 使用转换因子进行转换运算

用期望的产量除以配方中规定的产量。这个公式可以写成数学计算的形式，如同在计算器上一样，也可以写成分数的形式：

数学计算：新的产量÷旧的产量=转换因子

分数：$\dfrac{新的产量}{旧的产量}$ = 转换因子

示例1： 有一道8份产量的配方，想要做出18份的产量。

$$18 \div 8 = 2.25$$

转换因子是2.25。如果用2.25乘以配方中的每种原材料，就会制备出18份，而不是原来的8份的产量。

示例2： 有一道制作4升酱汁的配方，想要制作出1升的酱汁。

$$1 \div 4 = 0.25$$

转换因子是0.25。也就是说，如果将每种原材料都乘以0.25，就只能制备出1升的酱汁。

注意，在第二个示例中，转换因子是一个小于1的数字。这是因为配方的产量降低了，配方变小了。这是检验数学常识的好方法。降低配方产量需要一个小于1的转换因子。增加配方的产量则需要一个大于1的转换因子。

运算步骤： 在已知面粉的重量时计算出一种原材料的重量

1. 通过将小数点向左移两位，将原材料百分比更改为小数形式。
2. 将面粉的重量乘以这个小数就得到了原材料的重量。

示例： 配方中需要20%的糖和10磅面粉，需要多少糖？

$$20\% = 0.20$$

$$10磅 \times 0.20 = 2磅糖$$

注意：在美制里，重量通常必须用一种单位来表

示，盎司或磅，这样才能计算出重量。除非数量非常大，通常用盎司表示重量最容易。

示例（美制）： 确定1磅8盎司的50%

$$1磅8盎司 = 24盎司$$

$$0.5 \times 24盎司 = 12盎司$$

示例（公制）： 一个配方中需要20%的糖，使用了5000克（5千克）面粉，需要多少糖？

$$20\% = 0.20$$

$$5000克 \times 0.20 = 1000克糖$$

运算步骤：将一个配方转换成新的产量

1. 通过将小数点向左移两位的方式，将配方中的总百分比更改为小数形式。
2. 用期望的产量除以这个小数就得到了所需要面粉的重量。
3. 如果有必要，把这个数字四舍五入到邻近的最高数字。这样做是考虑到了在混合、装饰和装入烤盘时的损失，并且计算起来将更加容易。
4. 使用面粉的重量和剩余原材料的百分比来计算出其他原材料的重量，就像前面的步骤一样。

示例：在下表的样品蛋糕配方中，如果需要6磅（或者3000克）的蛋糕面糊，需要多少面粉？

377.5%＝3.775

6磅＝96盎司

96盎司/3.775＝25.43盎司；四舍五入为，

26盎司（1磅10盎司）

3000克/3.775＝794.7克；四舍五入为，800克

原材料	美制重量	公制重量	%
蛋糕粉	5 磅	2500 克	100
糖	5 磅	2500 克	100
泡打粉	4 盎司	125 克	5
盐	2 盎司	63 克	2.5
乳化起酥油	2 磅 8 盎司	1250 克	50
脱脂牛奶	3 磅	1500 克	60
蛋清	3 磅	1500 克	60
总重量	18 磅 14 盎司	9438 克	377.5

配方转换中的问题

大多数情况下，将烘焙配方转换成不同的产量效果很好。只要原材料的比例保持不变，就可以制作出同样的面团或面糊。但是当要做非常大的转换时，比如，从2磅面团到100磅面团，可能会遇到问题。总的来说，主要的缺陷存在于以下类别中。

表面积和体积

如果学过几何学，可能会记得一个体积为1立方米的立方体顶部表面积是1平方米。但是如果把立方体的体积翻倍，顶部的表面积并没有翻倍，实际上只有1.5倍大。

这到底和烹饪有什么关系？考虑一下下面的例子。

假设有一个很好的，制作1/2加仑甜点酱汁的配方，这通常是在一个小号的酱汁锅里制作。但是现在想要制作16加仑的酱汁，所以要把所有的原材料乘以32的转换因子，然后在一个蒸汽锅里制作酱汁。这不仅得到了比预期更多的酱汁，而且它变得很稀薄，并且水分很多。发生了什么？

换算的配方由32倍的体积开始，但表面积并没有增加几乎一样多的数量。由于表面积与体积之比较小，蒸发也较小。这意味着焙煮了更少的酱汁，并且浓稠程度也不够，味道也没有那么浓郁。要解决这个问题，必须要么用小火加热更长的时间将酱汁煮浓，要么少使用一些液体。

表面积/体积的问题表现在家庭制作一条面包和在面包房里制作大量的面包之间的差别。家庭制作面包时，面包师使用温水制作面包面团，并且必须找到一种方法使面团保持足够的温度，这样它才能发酵到位。由于少量面团的表面积与体积的比值非常高，面团能迅速冷却。与此相反，商业企业的面包师在制作面团时通常使用冰水，以确保面团不会变得太热。表面积与体积的比值较低，面团保持了在混合时产生的热量。

在对配方的产量进行较大的调整时，还必须确定是否需要调整制作步骤或原材料的百分比。

设备器皿

当改变一个配方的规格时，必须时常使用不同的设备器皿。这通常意味着配方没有以相同的方式进行操作。面包师和厨师必须能够运用他们的判断力来预测到这些问题，并修改他们的制作步骤以避免这些问题。刚才所举的例子，在一个蒸汽锅里加热大量的甜品酱汁，是当更换烹调器具时可能出现的问题之一。

搅拌机或其他加工设备可能会引起其他的问题。例如，如果把一个面团配方分解开，只制作少量的面团，可能会发现搅拌机里的面团太少了，以至于搅拌器没法正常地混合原材料。

比如，制作松饼面糊时，通常会使用手工搅拌面糊。当你以非常大的用量制作配方时，会发现要使用手工制作的事情太多了。因此，可以使用搅拌机，但要保持搅拌时间相同。因为搅拌机的工作效率很高，如果过度搅拌面糊，最后得到的松饼质量会很差。

许多混合和搅拌工作只能用手工完成。这对于小批量的制作来说很容易，但对于大批量的制作就很难做到了，其结果往往是劣质产品。另一方面，一些手工制品在大批量生产时效果更好。例如，由于面团不能被恰当地擀开和折叠，所以很难做出小批量的酥皮。

原材料的挑选

除了准确地称取原材料外，面包店还有一个基本的精确度规则——使用指定的原材料。

第4章中将会学习到的，不同的面粉、起酥油和其他原材料的作用并不相同。烘焙师的配方针对特定的原材料进行了平衡。例如，不要使用面包粉来代替低筋面粉，也不要使用普通起酥油代替乳化起酥油。它们的使用效果不同。

也有一些可以进行替换，例如使用速溶干酵母代替新鲜酵母，但在不调整数量和重新调整配方的情况下，无法做到这一点。

成本核算

餐饮服务运营是做生意。厨师和面包师必须了解基本的食品成本核算，即使他们不负责预算管理、开具发票和出纳。本节讨论最基本的成本核算。

原材料的单位成本

需要进一步做的第一个简单计算是单位成本。供应商的发票常常显示出单位成本，例如，10磅杏，每磅$2.00美元，总计是$20.00美元（10×$2.00美元=$20.00美元）。在其他情况下，必须使用以下公式进行计算：

$$总成本 ÷ 单位数量 = 单位成本$$

示例1： 一箱15磅芒果售价$25.00美元。每磅成本是多少？

$$\$25.00 ÷ 15磅 = \$1.67/磅$$

示例2： 一袋45千克的特级面粉价格$20.00美元。每千克的成本是多少？

$$\$20.00 ÷ 45千克 = \$0.45每千克（四舍五入）$$

净重的单位成本

计算毛重和净重的数量对于确定配方和配方的数量，以及成本都是必要的。毕竟，当按重量购买新鲜水果时，即使扔掉果皮、果核和核，也要为整个水果买单。

在上面的第一个示例中，决定为每磅毛重芒果支付1.67美元。但是去掉了果皮和核，每磅净重芒果的成本大于1.67美元，可以用下面的公式来计算产量成本，或者净重的单位成本：

毛重单位成本 ÷ 产量百分比 = 净重单位成本

使用75%的百分比。可以用这个公式计算去皮去核后的芒果成本。首先，通过将小数点左移两位，将百分比调整为小数点：

$$75\% = 0.75$$

$$\$1.67 ÷ 0.75 = \$2.23每磅净重$$

配方成本

确定一个正在制备的配方或配方的成本，首先要确定每种原材料的成本。然后把所有原材料的成本加起来就得到了配方的总成本。

当计算完总成本后，就可以确定成品的单位成本了。单位可以是任何所需要的换算单位，每盎司，每千克或每一份（每一份的成本）等。

为了获得最准确的成本核算，应该确定实际销售的单位数量，而不是配方中的单位产量。请记住，由于漏撒或其他浪费而损失的成分或产品必须仍然统计在内并为此而付账。需要使用单位销售量或卖出的账目来计算这些成本。

详见下面的一般步骤解释了在计算配方成本时的基本步骤。

操作步骤： 计算配方的成本

1. 列出配方中的所有原材料和数量。
2. 确定每种原材料的净重单位成本。
3. 将配方中的数量转换为与净重成本相同的单位（例如，将盎司转换成磅，除以16，如下例所示）。
4. 用净重单位成本乘以所需要的单位数量计算出每种原材料的总成本。将分数的小数点四

舍五入到邻近的最高分数。
5. 添加原材料成本得到配方的总成本。
6. 要得到单位成本，用总成本除以所生产的单位数量（或者，为了更加准确，实际销售的单位数量，如文中所解释的）。将分数四舍五入到邻近的最高分数。

示例：一个配方的成本
产品：饼干面团

第二步

原材料	数量	换算单位总计	净重单位成本	总计
面包粉	1 磅 4 盎司	1.25 磅	$0.40/ 磅	$0.50
蛋糕粉	1 磅 4 盎司	1.25 磅	$0.38/ 磅	$0.48
盐	0.75 盎司	0.05 磅	$0.48/ 磅	$0.03
糖	2 盎司	0.125 磅	$0.55/ 磅	$0.07
泡打粉	2.5 盎司	2.5 盎司	$0.18/ 磅	$0.45
黄油	14 盎司	0.875 磅	$2.80/ 磅	$2.45
全脂牛奶	1 磅 10 盎司	1.625 磅	$0.40/ 磅	$0.65

第一步 ··· 第四步

第三步

第五步

总成本	$ 4.63
产量	5.3 磅
	或
	85 盎司
每单位成本	$0.88 每磅
	或
	$0.06 每盎司

第六步

─────── ◆ **复习要点** ◆ ───────

◆ 什么是百分比配方？
◆ 使用百分比配方，当已知面粉的重量时，计算一种原材料重量的步骤是什么？
◆ 使用百分比配方，把一个配方换算成一个新产量配方的步骤是什么？
◆ 计算配方成本的步骤有哪些？

食品安全与卫生

在第1章中讨论了在餐饮服务行业取得成功的一些要求，包括职业自豪感。展示职业自豪感最重要的方式之一就是厨房的卫生和安全。对品质的自豪感也体现在面包师的个人形象和工作习惯中。

此外，不良的食品加工步骤和脏乱不堪的厨房会导致顾客生病和不满，甚至可能会导致罚款，成为被告并引起诉讼。食品腐败变质增加了食品成本。最后，糟糕的卫生和安全习惯表明了面包师缺乏对顾客、同事和自己的尊重。

本节内容简要的介绍了面包店的食品安全和卫生指南，提供了足够的信息来建立基本的认识。但是，请注意，本书中所有的内容和课程的学习都是致力于食品安全和卫生的。

食品中的危害

预防食源性疾病是每个餐饮从业人员面临的严峻挑战之一。为了预防疾病，餐饮从业人员必须从认识和了解食源性疾病的来源开始。

大多数食源性疾病是由于食用了被污染的食物导致的。食品污染是指食品中含有原本不存在的有害物质。换句话说，被污染的食物是不纯净的。

我们从讨论能污染食物和引起疾病的物质开始这一节的讲述。接下来，要仔细考虑的是这些物质是如何进入到食物里并使其变质的，以及餐饮从业人员如何防止污染并避免给客人提供被污染的食物。

任何在食物中能够导致疾病或造成伤害的物质都被称为危害物质。食物危害有三种类型：生物危害、化学危害和物理危害。

生物危害

主要的生物危害是微生物引起的。微生物是一种使用显微镜才能看到的、微小的、单细胞生物。能引起疾病的微生物称为病原体。虽然这些生物有时候会成群出现，大到肉眼可见，但它们通常是不可见的。这是它们如此危险的原因之一。仅仅因为食物看起来诱人食欲并不意味着它就是安全的。

有四种微生物可以污染食物并引起疾病：细菌、病毒、真菌和寄生虫。大多数食源性疾病是由细菌引起的，这些就是我们关注的病原体。我们采取的许多保护食物不受细菌侵害的措施也有助于防止其他三种微生物。

细菌的滋生

细菌分裂成两半，反复繁殖。在理想的生长条件下，它们的繁殖数量可以每15～30分钟增加1倍。这意味着一个细菌可以在不到6小时内繁殖到100万。细菌生长需要以下条件：

1. **食物**：细菌需要食物才能生长。它们喜欢许多和我们一样的食物。含有足够蛋白质的食物最适合于细菌生长。这些食物包括肉类、家禽、鱼类、乳制品和蛋类，以及一些谷物和蔬菜等。

2. **水分**：细菌需要水才能吸收食物。干性食品不支持细菌生长。高盐或高糖含量的食物也是相对安全的，因为这些原材料使得细菌无法利用食物中的水分。

3. **温度**：细菌在温暖的温度条件下繁殖得最快。温度在5~37℃会促进致病细菌的生长。这个温度范围称为温度危险区或食品危险区。

4. **酸碱性**：一般来说，致病菌在中性环境中繁殖。一种物质的酸碱度是用pH来表示的。刻度范围在0（强酸性）～14（强碱性）。pH7是中性的。纯水的pH为7。

5. **氧气**：有些细菌需要氧气才能生长。它们被称为需氧菌。其他细菌是厌氧菌，这意味着它们只有在没有空气存在的情况下才能生长，比如在金属罐中。肉毒中毒是一种危险的食物中毒，由厌氧菌引起。第三类细菌可以在有氧或者无氧环境下生长。这些细菌称为兼性菌。食物中引起疾病的大多数细菌都是兼性菌。

6. **时间**：当细菌被引入一个新的环境中时，它们需要时间来适应环境才能开始滋生。这段时间称为迟滞期。如果其他情况良好，迟滞期可能会持续大约一个小时或更久的时间。

如果没有迟滞期，食源性疾病会比现在更常见。这种时间延迟使得将食物在室温下短时间保存成为可能，以便于对它们进行加工处理。

防止细菌

因为知道细菌是如何以及为什么生长的，所以我们能够阻止它们繁殖。同样，因为知道细菌如何从一个地方传染到另一个地方，我们应该知道如何防止它们进入到食物里。

保护食物不受细菌侵害有三个基本原则。

1. **防止细菌传播**：不要让食物接触任何可能含有致病细菌的东西，并保护食物免受空气中的细菌侵害。

2. **阻止细菌生长**：除去促使细菌生长的条件，

在厨房里，我们最好用的武器是温度。防止细菌生长最有效的方法是将食物的温度控制在5℃以下，或者57℃以上。这样的温度并不一定会杀死细菌，但可以大大减缓细菌的生长。

3. 杀死细菌：大多数致病菌在温度达到75℃持续30秒钟，或者在更高的温度下持续较短的时间后就会死亡。这使我们能够通过烹饪和加热来清洁餐具和设备，以保证食物的安全。"消毒"一词是指杀死致病细菌，某些化学物质也能杀死细菌，可用于给厨房设备消毒。

其他的生物危害

病毒甚至比细菌还要小。它们由被蛋白质层包围的遗传物质组成。病毒在体内繁殖时会引起疾病。它们不像细菌那样在食物中生长或繁殖。因此，食源性病毒性疾病通常是由直接接触受污染的人、食物接触面或水引起的。

寄生虫是一种只能依靠在另一个生物体上，与另一个生物体在一起或在另一个生物体内部生存的生物体。它们从与之共生或依附的生物体中获取营养。人类寄生虫通常很小，但比细菌大。尽管生水果和牛奶可能被污染，但大多数携带寄生虫的食物是在热菜厨房而不是面包店里发现的。

霉菌和酵母菌是真菌（fungi，真菌，单数形式：fungus），这些微生物通常与食物变质有关，而不是与食物传播疾病有关。某些真菌，如面包酵母菌，对我们很有价值。然而，有些霉菌会产生导致疾病的毒素。花生、坚果、玉米和牛奶可能携带一种严重的由霉菌产生的毒素，对一些人来说可能是致命的。

有些植物是天然带有毒性的，因为它们携带有植物毒素。最有名的植物毒素是在某些野生蘑菇中发现的毒素。避免植物毒素的唯一方法是避免有毒植物，以及用这些植物制作的产品。在某些情况下，毒素可以通过食用这种植物的奶牛转移到其产出的牛奶中。

有毒植物还有曼陀罗和蛇根草，以及从植物中采集花蜜的蜜蜂酿的蜂蜜（例如山月桂）。其他需要避免的有毒植物是大黄叶、毒芹、杏仁和龙葵。

过敏源是一种引起过敏反应的物质。过敏源只会影响一些人，而这些人会对特定的物质过敏。并不是所有的过敏源都是生物危害，能够引起有些人过敏的食物包括小麦制品、豆制品、花生和坚果、鸡蛋、乳和乳制品、鱼类和贝类海鲜。非生物过敏源包括食品添加剂，例如用于腌肉用的亚硝酸盐，以及味精（MSG），常用于亚洲食品中。这些产品对大多数人来说都很常见。餐饮服务人员，特别是餐厅员工，必须充分了解菜单中所有的菜品里使用的原材料，这样才能根据需要告知客人。在第26章中介绍了更加详细的信息。

化学和物理危害

特定种类的化学中毒是由于使用了有缺陷的或不适宜的设备，或者设备处理不当造成的。以下毒素（除了铅中毒）通常在食用有毒食物后30分钟内迅速出现症状。相比较之下，铅中毒的症状可能需要数年的时间才能显现出来，为了预防这些疾病，不要使用含有这些材料的食物容器。

1. 锑元素：在有裂口的灰色搪瓷器皿中储存或烹煮酸性食物。

2. 镉元素：由盛放冰块的镀镉盘或容器引起。

3. 氰化物：由含氰化物的银抛光剂引起。

4. 铅元素：由含铅的水管，含铅焊料或含铅器具引起。

5. 铜元素：由不干净或腐蚀的铜器，在没有衬里的铜器中加热烹调的酸性食物，或与铜管接触的碳酸饮料等引起。

6. 锌因素：由使用带锌餐具（镀锌）加热烹调食物引起。

其他化学污染是由食品接触餐饮机构使用的化学物质造成的。例如，清洁化合物、抛光化合物和杀虫剂。可以通过保持这些产品与食品的物理性隔离，不在食物周围使用它们，给所有容器贴上标签，彻底清洗清理过的设备等方式防止污染。

物理污染是指食物被无毒，但可能造成伤害或不适的物体污染。例如，打碎了的容器的玻璃碎片，未正确打开的罐子中的金属薄片，分类不当的干豆子中的石子，洗得不干净的水果表面的泥土、昆虫或头发等，正确的食物处理方式是必要的，以避免造成物理污染。

● **复习要点** ●

◆ 细菌生长必需的六种条件是什么？

◆ 哪三种方法可以防止细菌入侵？

◆ 除了细菌，还有什么危险因素会使食物不安全？

个人卫生及食物的安全处理方式

在本节前面部分的内容里，我们说过大多数食源性疾病是由细菌引起的。现在将这个说法展开一些，大多数食源性疾病是由食品工人传播的细菌引起的。

交叉污染

在这一节的开始，我们将污染定义为食物中原本不存在的有害物质。有些污染发生在我们接受交付的食物之前，这意味着正确的采购和交接步骤是食品卫生工作中的重要组成部分。但是大多数食品污染是由交叉污染造成的，交叉污染可定义为危险物质的转移，主要是微生物的转移，从其他食品或表面，例如设备、工作台或者双手上转移到食品上。

个人卫生

对于食品从业者来说，预防食源性疾病的第一步是保持良好的个人卫生。即便我们非常健康，但是皮肤、鼻子、嘴巴、眉毛和睫毛上都会带有细菌。其中有一些细菌，如果有机会在食物中生长，就会使人生病。为了降低发生这种情况的概率，需做到以下几点：

1. 如果有任何传染病或被感染，不要从事食品工作。
2. 每天洗澡或者淋浴。
3. 穿干净的工装和围裙。
4. 保持头发整洁，一定要戴上帽子或者发网。
5. 保持胡须修剪得整洁。最好是把胡须刮干净。
6. 取下所有珠宝：戒指，低挂耳环，手表，手镯。
7. 在工作前和工作期间，如有需要，应经常洗手和清洗暴露在外的手臂部位，包括进食、喝饮料或吸烟后，上完厕所后，在接触或处理任何可能被细菌污染的物品后。
8. 咳嗽或打喷嚏时要用手捂住口鼻，然后洗干净手。
9. 在处理食物时，双手远离面部、眼睛、头发和手臂。
10. 保持指甲整洁，不要涂指甲油。
11. 上班时不要吸烟或嚼口香糖。
12. 用干净的绷带包扎伤口或溃疡处。
13. 不要坐在工作台面上。

佩戴手套

如果正确使用，手套可以帮助保护食品避免交叉污染。如果使用不当，它们会像徒手一样容易污染食物。大多数地方的卫生部门要求在手和即食食品（无须进一步烹饪即可食用的食物）之间使用某种屏障。手套、夹子和其他服务用具，以及面包店或熟食店的纸巾都可以作为屏障。为了确保正确使用手套，请遵守以下指导原则。

操作步骤： 洗手

1. 用热的自来水湿润双手，但至少要达到38℃。
2. 涂抹足够的肥皂，形成丰富的泡沫。
3. 双手彻底搓洗20秒钟或更长时间，不仅要清洗双手，还要清洗手腕和前臂下部的位置。
4. 用指甲刷清洁指甲下面，以及手指之间的位置。
5. 用热水冲洗双手，如果可能的话，利用干净的纸巾把水关掉，以避免接触脏的水龙头而污染了手。
6. 使用干净的一次性纸巾或热风烘手机吹干双手。

使用指南： 使用一次性手套

1. 戴上手套或更换手套前都要洗手。手套不能代替正确的洗手。
2. 处理食物之后，取下手套并丢弃，洗净手，换干净的手套处理下一种食物。在处理生肉、家禽或海鲜后一定要更换手套。手套只能一次性使用。记住，戴手套的目的是避免交叉污染。
3. 如果手套因为接触不卫生的食物而破损、弄脏或被污染，请更换干净的手套。

食物的处理与制备

在处理和制备食物时，面临两大卫生问题。第一个是交叉污染，我们刚刚讨论过。第二个是当我们处理食物时，温度通常在5~57℃，或者在温度危险区域内。细菌生长的滞后期对食物有一定的保护作用，但为了安全起见，必须尽可能地使食品远离危险区域。方法如下：

1. 从信誉良好的供应商那里购买干净、合乎卫生标准的食品。购买国家有关部门检查过的乳制品和蛋制品。

2. 尽可能少地用双手处理食物。在可行的情况下，用夹子、铲子或其他器具代替双手操作。

3. 使用经过清洁，消毒的设备和工作台。

4. 在处理生食后，以及在处理其他食物之前，要对切割面和设备清洁和消毒。

5. 随时打扫卫生，不要一直等到全天工作结束时再打扫。

6. 彻底清洗生的水果。

7. 从冰箱中取出食物时，随用随取。

8. 保持食品覆盖，除非是即时使用。

9. 限制食品在温度危险区域停留的时间。

10. 以适当的方式品尝食物。用勺子或其他盛菜的工具，将少量食物盛入到一个小的盘子里，然后用一把干净的勺子品尝。品尝之后，不要再使用这个盘子和勺子。把它们送到餐具洗涤台，或使用一次性餐具，用完丢弃掉。

11. 不要把剩菜和新鲜的食物混在一起。

12. 快速并正确地冷却和冷冻食物，如下面的冷却食物指南解释的那样。通过将卡仕达酱、奶油馅料和其他容易腐坏变质的食物倒进浅的、消毒过的盘里，覆盖好，然后冷藏的方式，尽快将它们冷却。不要把这些盘子堆放到一起。

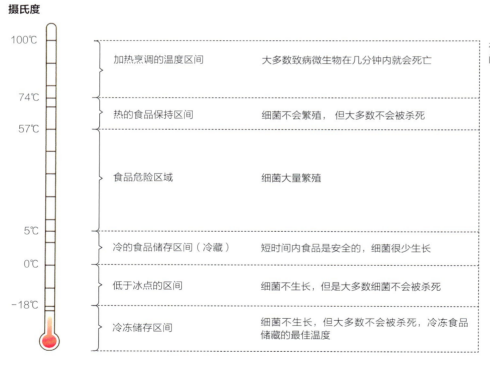

摄氏度

温度	区间	说明
100℃	加热烹调的温度区间	大多数致病微生物在几分钟内就会死亡
74℃		
57℃	热的食品保持区间	细菌不会繁殖，但大多数不会被杀死
	食品危险区域	细菌大量繁殖
5℃	冷的食品储存区间（冷藏）	短时间内食品是安全的，细菌很少生长
0℃	低于冰点的区间	细菌不生长，但是大多数细菌不会被杀死
-18℃	冷冻储存区间	细菌不生长，但大多数不会被杀死，冷冻食品储藏的最佳温度

在食品卫生和制备期间温度十分重要

地方卫生资源和条例

尽管国家制定了许多标准，但还有行业标准及地方执行标准，食品经营者有责任遵守当地的规定。温度危险区域的定义就是一个重要的例子。在美国，食品及药物管理局（FDA）根据2013年发布的规定制定了本文所述的标准（5~57℃），然而，许多州和郡政府有更加严格的标准，例如5~60℃或者4.5~60℃。

使用指南： 食品的冷却

1. 不要把热的食物直接放进冰箱里。它们不仅冷却得太慢，而且还会升高冰箱里其他食物的温度。
2. 如果有可能，在将食物放入到冷藏冰箱里之前，先使用速冷装置或风冷机将食物快速冷却。

3. 使用冰水槽快速降低热的食物的温度。
4. 在食物冷却的过程中进行搅拌，以便将食物中的热量重新调整，帮助食物冷却得更快。
5. 把大批量制作好的食物分成多份。这样可以增加食物的表面积，帮助它更快地冷却。将食物倒入平整的浅盘里也会增加表面积和冷却速度。

• **复习要点** •

◆ 什么是交叉污染？
◆ 个人卫生的重要规则是什么？尽可能多地列举。
◆ 什么是温度危险区域（食品危险区）？

设备卫生与安全

面包房里的食品在加工处理时，要求安全卫生地使用设备设施，包括从小型手动工具到大型烤箱和落地式搅拌机。除了本章中已经讨论的食品安全指南外，关于设备的使用，还应提出以下补充要点。

环境卫生

彻底、定期地清洗所有设备是非常有必要的。多数大型设备都可以部分地拆卸下来进行清洗。仔细阅读操作手册，应详细描述这些使用步骤，或从熟悉设备的人员那里获得相关信息。

在购买设备时，要选择那些已经通过认证机构审定的设备，例如，美国三个著名的机构是NSF国际（前身是国家卫生基金会），CSA 国际，以及保险商实验室，这些机构被美国国家标准协会（ANSI）认定为标准开发组织（SDOs）。他们也通过了ANSI认证，以证明那些已经被每个标准开发组织研发出来的设备（例如烘焙和其他商业食品设备）符合美国国家标准。这些标准，以及这三个机构的认证均得到国际认可。

符合这些机构检测要求的产品都有相应的标签或标记，如图示所示。标准用来控制设计和施工（例如，密封接头和接缝处，以及能接近的部件），使用的材料（例如，无毒材料和表面光滑易清洁材料），性能测试等。

安全

烘焙设备具有危险性，从大型搅拌机到刀具等小型手持工具，如果使用不当，面包店里的许多设备都可能造成严重的伤害。以下列出了两条安全使用指南：

• 使用设备前，要熟悉设备的操作和特性。必须学会识别机器是否正常运行，这样遇到问题时就可以立即关闭它，并将故障报告给主管。
• 请注意，并不是所有相同类型的设备操作都是一样的。例如，虽然所有的分层烤箱或者所有的立式搅拌机都按照相同的基本原理工作，但在开关的位置上，每个型号都会略有不同。最重要的是要学习每台设备的使用说明书。

3

烘焙设备与器具

读完本章内容，你应该能够：

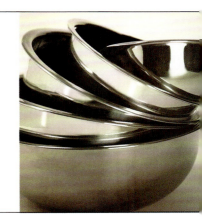

1. 学习辨认烘焙和糕点制作中的大型设备的主要部件，并说明它们的用途。

2. 认识烘焙和糕点制作中的主要烤盘、容器和模具，并说明它们的用途。

3. 识别烘焙和糕点制作中的主要手工工具和其他设备，并说明它们的用途。

　　想要成为一名成功的烘焙师，需要大量学习使用烘焙工具的技能。例如，一个裱花袋只不过是一块两端开口的锥形袋子而已。虽然它的构造十分简单，也不需要使用说明书来了解它是如何操作的，但要熟练地将裱花袋运用于装饰性的工作中，需要大量的练习时间。

　　另一个具有代表性的是大型机器，如落地式搅拌机，多种类型的烤箱和面团处理设备，如制模机、分割机、压面机等。在这些设备中，也许只有烤箱对烘焙师的工作来说是必不可少的。其他则是非常重要的、节省劳动力的设备，能够更快地大量生产产品。

　　如果没有这种设备，面包房的大部分产品在经济上是不划算的。

　　本章介绍了面包师和糕点师使用的设备，从大型设备到容器和模具，再到手工工具。除了这些工具，大多数面包房还包含了厨房常用设备，包括各种各样的锅、勺子、汤勺、抹刀、刀具等。学习使用这些工具是本书的主要内容。

大型设备

大型设备主要有搅拌机、烤箱和面团处理设备。

搅拌机

各种类型的搅拌机是面包房里必备的工具。虽然少量的面团和面糊可以使用手工混合制作，但是如果没有电动搅拌机，商业烘焙都几乎是不可能实现的。

在中小型面包店里主要使用两种类型的搅拌机：立式搅拌机和螺旋式搅拌机。其他专用设备则主要在大型工业化生产的面包房里使用。

立式搅拌机

立式搅拌机也被称为行星式搅拌机，立式搅拌机是烘焙，以及烹饪中最常用的搅拌器类型。行星一词用来描述搅拌器配件的运动轨迹，就像行星在绕着太阳旋转的同时也在绕着自己的轴自转一样，搅拌器配件也在绕着自己的轴旋转，以便搅拌到搅拌桶里面的所有位置。

台式搅拌机的容量在5~20升。落地式搅拌机可以达到130升。

立式搅拌机有三个主要的混合配件：

1. 桨状搅拌器配件是一种用于混合的平面型叶片。

2. 球形搅拌器（钢丝搅拌器）配件用于打发鸡蛋泡沫和奶油等。

3. 和面钩或者揉面钩配件用于混合和揉制酵母面团。和面钩可以是标准的J形钩或螺旋钩。

确保搅拌桶使用的是大小正确的搅拌器配件。在小的搅拌桶里使用大的桨状搅拌器配件会造成设备

的严重损坏。开机前，一定要确保搅拌桶和搅拌装置都已固定到位。在将搅拌桶边上的原材料向下刮取到搅拌桶里，或者将刮刀、勺子或手伸入到搅拌桶里之前，一定要先关闭机器的电源。

还可以使用其他特殊的配件，这些配件包括：

- 甜面团钩配件结合了面团钩配件和桨状搅拌器配件的工作原理，用于混合甜面团。
- 翼形搅拌器配件用于混合对于标准球形搅拌器配件来说过于厚重的原材料。
- 糕点搅拌器配件常用来混合油脂和面粉，例如制作塔派面团。

只需一台立式搅拌器，烘焙师就能生产出各种各样的面团、面糊、奶油、蛋白霜，以及其他产品。此外，立式搅拌机有一个附加接口，可以驱动许多其他的工具，例如研磨机和切片机。这使得立式搅拌机在厨房和在面包店里的使用价值极高。

螺旋式搅拌机

螺旋式搅拌机是为搅拌面团和浓稠面糊而设计的，主要用来大批量制作用于面包和百吉饼的酵母面团。与立式搅拌机不同，螺旋式搅拌机没有可互换的搅拌桶和搅拌臂。搅拌臂呈螺旋状，搅拌桶和搅拌臂同时旋转，将面团快速高效地揉制好。在特制的型号中，搅拌桶可以设置为向任意方向旋转。

由于螺旋式搅拌机专门用于混合面团，它们没有立式搅拌机那样的多功能性。但是，它们有几个重要的特点和优点，使它们成为烘焙师的首选搅拌机，其优点如下：

- 螺旋式搅拌机比立式搅拌机混合、揉制的面团更加高效，面团揉制得更加密实，所需时间更短，

小型台式搅拌机　　　　　大型落地式搅拌机　　　　搅拌机配件（从左到右）：球形搅拌器配件，桨状搅拌器配件，和面钩（揉面钩）配件

螺旋式搅拌机

（由TMB烘焙公司提供）

从而降低了机器的摩擦力和面团的温度。

- 搅拌桶和搅拌器的设计考虑到了每台机器的面团容量。例如，中型搅拌机可以处理少至4.5千克的面团，或者多达90千克的面团。相比较之下，一台立式搅拌机的搅拌桶只能处理重量小的面团，太大或太小的面团都不能均匀地搅拌好。
- 螺旋式搅拌机比立式搅拌机更结实、坚固。它们能加工处理更多的面团，使用寿命更长，需要更少的维修和保养。

螺旋式搅拌机有三个主要的种类可供选择：

1. **搅拌桶固定式搅拌机**：这一种类的搅拌机有不可拆卸的搅拌桶，面团必须用手拿出来。

2. **搅拌桶可拆卸式搅拌机**：这一种类的搅拌机有可以从搅拌机上拆卸下来的搅拌桶。通常是在轮式推车上。适合于大量原材料的操作，因为当上一批次面团被推离开后，一桶新的原材料可以被推到合适的位置上。

3. **倾斜式搅拌机**：在这些机器上，整个机器可以倾斜过来，将和好的面团倒入到托盘或者另一个容器里。

大多数螺旋式搅拌机会有两档运行速度，尽管有些专门的硬面团搅拌机只有一种速度。在一个标准的和面过程中，面包师使用第一挡速度用于第一阶段的面团混合，当原材料混合后，将开关调到第二挡速度上，用于后期面团揉制。

当原料混合时，面包师使用第一挡速度进行面团第一阶段发酵，然后转到第二挡速度进行面团后期发酵。自动控制的机器有定时器来控制和面过程中的每个阶段。

与螺旋搅拌机相似的是叉式搅拌机。与单一的螺旋搅拌器或球形搅拌器不同，这些机器有一个两齿形的叉式搅拌器，呈45°角进入搅拌桶里。与螺旋式搅拌机一样，叉式搅拌机是专门用来搅拌面包面团的。

卧式搅拌机

卧式搅拌机是工业规模的大型机器，一次能处理多达几千磅的面团。每个型号的卧式搅拌机都是为特定产品设计的，例如面包面团、油酥面团或软面团以及面糊等。对于这些特殊型号中的每种搅拌机来说，各种搅拌机的设计都各有不同。

许多卧式搅拌机在其搅拌容器的四周装有水套。所需温度的水在夹套中循环，使操作者能够非常精确地控制面团的温度。

卧式搅拌机

连续搅拌机

在大型面包房中使用的另外一种搅拌机是连续搅拌机。操作时，少量称好的原材料连续不断地从搅拌机的一端进入机器里。原材料在机器的运行过程中，经过混合、揉制后形成面团。最后完成的成型面团会在出现在机器的另一端。这些搅拌机的工作效率很高，因为它不用一次性将90千克的面粉混合成面团，可以每次加入2千克的面粉，使混合变得非常容易。

面团处理设备

面团醒发箱

这个设备是用于酵母面团发酵，少量的操作可以简单地用大搅拌盆来代替。

面团分割机

面团分割机通过附在液压或机械杠杆组件上的模具或切割器，将称好的面团切割成分量相等的部分。

例如，分割机可以把1.3千克的面团（称为一次挤压）切割成36块，每块重0.03千克，用来做面包卷。它们被分割后，每一块分割好的面团都必须使用手工揉圆。

分割搓圆一体机

这台机器和简单的分割机一样把面团分割开，然后自动将每块分割好的面团搓成圆形，大大加快了面团的成型速度。

面团压片机（开酥机，压面机）

面团压片机可以把一部分面团擀压成厚度均匀的片状，它由将面团传送到一对滚轴中的帆布传送带组成，用于将面团擀压成薄片状，面团通常必须经过几次的滚轴擀压。每次擀压过后，操作者都需要减小滚轴的间距。

压模机

压模机将块状的面包面团擀开并成型为标准的面

分割机

包、长棍面包和面包卷，这样就不需要手工制作了。

醒发箱

醒发箱是一个特制的箱子，在里面可以创造出发酵面团的理想条件。醒发箱保持着与面团相适应的温度和湿度。

延缓醒发箱（延迟醒发箱，冷藏醒发箱）

冷冻或冷藏酵母面团会减慢或延缓发酵速度，这样面团就可以被储存起来以备日后烘烤。延缓醒发箱是一种保持高湿度，防止面团干燥或形成硬皮的冰箱。

分割—搓圆一体机　　　　面团压片机　　　　压模机

延缓醒发——醒发箱

醒发箱是延缓醒发箱和醒发箱的结合产物。面团可以延缓至一段预设的时间，当机器切换到醒发模式时，就会加热至第二次预设的温度和相对湿度。例如，早餐面包可以在前一天制作好，然后延缓醒发，当第二天早上商店开门的时候，就可以将其完全醒发，并准备烘烤。

烤箱

烤箱是面包店和糕点店的主要设备，它们是制作面包、蛋糕、曲奇、糕点以及其他烘焙食品必需的设备。烤箱通常是用热空气加热食物的封闭空间（除了微波炉以外，它在面包店里不是特别实用）。

蒸汽在烘烤面包的过程中非常重要，面包店中使用的烤箱，包括多层烤箱、架式烤箱和机械式烤箱等，在烘烤过程中的部分时间段内，可能会有蒸汽喷入。

多层烤箱

之所以被称为多层烤箱，是因为要烘烤的食物要么是在烤盘里烘烤，要么像某些面包一样，不需要使用烤盘直接放在烤箱的底部烘烤。多层烤箱里没有放置烤盘的烤架。多层烤箱也被称为叠式烤炉，因为几个烤箱可能会堆叠在一起。面包直接在烤箱的底层烘烤，而不是在烤盘里烘烤，通常被称为炉底面包，所以这种烤箱的另一个名字是炉底烤箱。用于烘烤面包的多层烤箱装配有蒸汽喷射装置。

架式烤箱

架式烤箱是一种大型烤箱，装满烤盘的整个架子车可以推进烤箱里烘烤。通常情况下，面包师的架子车可以摆放8~24盘全尺寸的烤盘，但是专门为架式烤箱制作的架子车通常可以摆放放12~20盘烤盘。架式烤箱可以同时放置1~4个架子车。架式烤箱也会配备蒸汽喷射装置。

醒发箱

延缓醒发—醒发箱

多层烤箱

架式烤箱（搁架式烤箱，台车式烤箱）

燃木烤箱

用砖砌成的燃木烤箱在功能上和多层烤箱的相似之处是直接在烤箱的底层烘烤。这些烤箱常用来制作手工面包，也用于一些供应披萨和类似食品的餐厅。热量是由堆放在烤箱里的木柴燃烧产生的。火加热了底层和墙壁上的厚砖，保留了足够的热量来烘烤食物。用砖砌成的燃烧煤气烤箱与此相类似，但其内部的热量更容易得到控制。

机械式烤箱

在机械式烤箱中，食物在烘烤的同时也在运动。最常见的是旋转式烤箱，其机械装置类似于摩天轮。这一机械动作消除了热点问题，或者烘烤不均匀的问题，因为食物在整个烤箱里机械式地旋转。由于其大小的原因，机械式烤箱在大批量制作中特别实用。旋转式烘箱可配备蒸汽喷射装置。

典型的旋转式烤箱如图所示。在烤箱里的多个盘架上，每个都可以摆放一个或多个烤盘。操作员通过前面的窄门一次装卸一个盘架。

对流式烤箱

对流式烤箱装配有风扇，使空气得到循环，并且将热量迅速地在整个烤箱内部分布开。强制性的热空气，可以使食物在较低的温度下快速的成熟。然而，强制性的气流会将使用面糊和软面团制作而成的造型产品变形，而且气流的强度足以把油纸从烤盘里吹出去。因此，对面包师来说，对流式烤箱不像其他种类的烤箱那样有广泛的用途。

夹层汽锅

夹层汽锅又称蒸汽锅，蒸汽在双层锅壁间循环。锅里的液体被迅速高效地加热。虽然餐馆可能会使用大型落地式安装的夹层汽锅来制作高汤，但小型的台式汽锅在面包店里更加实用，可用于制作卡仕达酱、奶油和馅料等。

带有浇淋口的可倾斜式夹层汽锅称为耳锅。台式夹层汽锅容量范围从几升到40升不等。

油炸炉

面包房需要油炸炉来炸甜甜圈和其他油炸食品。小的烘焙店通常使用标准的油炸炉（甚至是使用炉灶加热的锅），但是如果大批量制作面包圈，较大一些的面包圈油炸炉是最合适的。它们与筛网一起使用，以便将面包圈距离油面更近地放入油锅里，并且炸好后可以将面包圈捞出。

在图中所示的油炸炉中，醒发好的面包圈被摆放在油炸炉右侧的筛网上。操作者通过握住两个凸起的手柄，用手将筛网降低至放入到热油中。插图还显示，在油炸炉的左侧，蛋糕甜甜圈的面糊存放桶。

旋转式烤箱

对流烤箱

夹层汽锅

甜甜圈油炸炉

锅，容器和模具

许多在热菜厨房里见到的各种锅也在面包店里使用。例如，酱汁锅常被用来熬煮糖浆、加热奶油和馅料等。模具有两种类型：一种是用来烘烤面团或面糊的，另一种是用来给冷藏食品，例如慕斯和冷冻甜点定形。其他的容器，例如搅拌盆也包括在内。

巴巴模具： 用于制作巴巴蛋糕的小的管状模具。

班内顿： 用弯曲的木材制成的篮子，有各种不同的形状，用于固定和给炉底面包面团醒发的时候定形。也可使用带有帆布衬里的篮子。

船形模具： 一种小的船形模具，用于制作花色小糕点和小塔派。

邦贝（炸弹）冰淇淋，冷冻甜点模具： 用于冷冻甜点的圆拱形模具。

布里欧面包模具： 带有花边的喇叭形模具，用来制作布里欧面包。

蛋糕模具： 大多数的蛋糕模具都是圆形的，但也有其他形状的，例如心形模具，可以用来制作特殊造型的蛋糕。蛋糕模具有许多不同大小的尺寸。

蛋糕圈： 见夏洛特圈中的内容。

夏洛特模具： 经典的夏洛特模具是圆形、锥形和平底的，靠近顶部边缘处有两个手柄。除了用这种模具烘烤烘夏洛特苹果以外，经典的夏洛特都是用巴伐利亚奶油作馅料，然后冷藏至凝固，而不经过烘烤。

夏洛特圈： 又称蛋糕圈，是各种不同直径和高度的不锈钢圈，最常用于制作成型的甜点，以及对由蛋糕、糕点和馅料制成的多层甜品进行塑形和支撑。馅料定形后，在服务客人或展示之前，需将夏洛特圈取下来。

巧克力模具： 用于制作各种各样的巧克力作品，从大型展示品到可以一口即食的巧克力松露。

玉米棒形模具： 特制的烤盘，上面有玉米穗状的凹槽。用于烘烤玉米面包。

弹性烤盘： 由弹性硅树脂材料制成的不粘烤盘。弹性烤盘有几十种不同的形状和大小，用来制作各种各样的产品，从松饼和快速面包到各种小西点等。

布菲盒（自助餐盒）： 由不锈钢制成的长方形平底盘。用于在餐厅服务台盛放食物，也可以用于烘烤

（1）　　　　　　　　（2）

模具　　　　　　　　　　　　　　　船形模具

（1）巴巴模具　　（2）班内顿

夏洛特模具　　　　　全尺寸和1/2尺寸（半幅尺寸）布菲盒

和蒸，通常用于烘烤食品，例如面包布丁。标准尺寸是32厘米×53厘米。1/2，1/3等的布菲盒也可以购买到。标准深度为6.5厘米，但也有较深的布菲盒。

面包模具： 长方形的模具，通常侧面略朝外展开一点，常用于烘烤整条面包。面包模具也可以用来给冷藏和冷冻的甜点塑形。特殊类型的面包模具是普尔曼面包模具，有着垂直的、不朝外展开的侧面和一个可移动的盖子，用于烘焙普尔曼面包。

玛德琳蛋糕模具： 带有贝壳状凹槽的特殊烤盘，用来烘烤玛德琳蛋糕。

搅拌盆： 最实用的搅拌盆是由不锈钢制成的，有着圆形的底部。用于一般性的搅拌和打发。圆形结构使得能够搅拌到所有底部区域。以便彻底的搅拌或打发。

松饼模具： 用于烘烤松饼用的，带有杯状凹槽的金属烤盘。松饼模具用来制作大小不同的松饼。

花色小糕点模具： 各种形状的小金属模具，用于烘烤各种花色造型的小果塔、小蛋糕以及其他各种花色小糕点等。

塔派模具： 周边倾斜的浅边模具。用于烘烤塔派。零售面包店通常会使用一次性铝制塔派模具。

萨伐仑松饼模具： 小的环形或甜甜圈形的金属模具，用于烘烤萨伐仑松饼。

平烤盘： 用来烘烤蛋糕、曲奇、面包卷和其他烘烤食品的一种浅的、长方形烤盘（25厘米深）。全尺寸的平烤盘规格为46厘米×66厘米。半幅尺寸的平烤盘为33厘米×46厘米。带孔式平烤盘与平烤盘大小相同，但其底部布满了小孔。这些小孔让烤箱的热风在面包烘烤的过程中可以随意地在面包和面包卷周围流通，从而使面包和面包卷烘烤得均匀上色。

烤盘扩展架是金属或玻璃纤维制成的烤盘框架，配合平烤盘使用。可使整烤盘的蛋糕变得垂直，并使平烤盘变得更深。烤盘扩展架通常有5厘米高。

卡扣式模具： 底部可取下来的蛋糕模具，主要用于烘烤奶酪蛋糕和其他易碎并且很难从标准型蛋糕模具里取出来的食品。

塔模具： 浅边（2.5厘米深）金属模具，通常有

面包模具

普尔曼面包模具

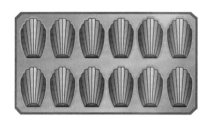

玛德琳蛋糕模具

萨伐仑松饼模具

平烤盘

卡扣式模具

凹形花边，常用于烘烤各种塔。标准的塔模具是圆形的，但也有方形和长方形的。它们可以是一体成型的，也可以是底部能够取下的，这样可以更容易地从模具中取出烤好的塔。

塔模具可以制作出多人份塔，但更小的模具可以制作出单人份的小果塔。就像塔模具一样，它们有各种大小的尺寸。最小的小果塔模具通常是一体式的，没有可取下的底部。

中空式管状模具：深边的蛋糕模具，中间有一根管，该管使得天使蛋糕和类似的产品烘烤得更加均匀。

手用工具与其他设备
手用工具（手动工具）

手用工具的种类广泛，对面包房或烘焙企业来说是必不可少的。

喷灯：用于将糖变成焦糖，或将各种糕点上色的工具，可以用来将焦糖布丁表面的糖变成焦糖。根据型号不同，丁烷或丙烷常被用来作为喷灯的燃料。

圆头抹刀：又称直柄抹刀或抹刀，这种工具有一个长的，具有柔韧性的刀片和圆形的刀尖。主要用于在蛋糕上涂抹糖霜，以及搅拌和刮取碗里的食物。刀片呈一定角度的抹刀被称为曲柄抹刀。曲柄抹刀可以将面糊和馅料涂抹平整。

毛刷：糕点毛刷用于将蛋液、增光上色材料等涂刷到食物上。更大一些的排式毛刷用于刷去工作台面上的面粉，将面粉从面团表面涂刷下来。烤箱刷用于清理烤箱上多余的面粉。

圆锥形细网过滤器和圆锥形过滤器：圆锥形细网过滤器是一种带有细网的圆锥形过滤器，主要用于过滤酱汁。圆锥形过滤器是用带孔的不锈钢制作的，所以它不会过滤得那么细腻。如果液体必须过滤得非常细腻，可以在圆锥形过滤器内衬几层纱布。

塔派模具　　　　　　　　　　中空式管状模具

喷灯　　　　　　直柄抹刀　　　　　　排式毛刷

圆锥形细网过滤器　　　　　圆锥形过滤器

三角刮板：一种小的塑料工具，通常是三角形的，边缘处有各种形状的锯齿造型，用于装饰糖霜和其他糕点，以及装饰物品。

切割模具：曲奇切割模具和糕点切割模具有许多形状，可以把擀开的面团按压成各种装饰性的造型。滚刀式切割器两端有手柄，像擀面杖一样，可以从擀开的面团上滚过，快速而高效地切割出重复的造型，减少面团损耗。滚刀式切割器常用于制作牛角面包。

裱花袋：一种锥形的布袋或塑料袋，末端有开口，可装入各种形状和大小的金属或塑料裱花嘴。使用诸如糖霜等这样的原材料进行造型和装饰；可用于在某些种类的糕点中和其他食品中填入馅料，如闪电泡芙；以及用于分装奶油、馅料和面团等。

板铲（木铲，木板）：一种带有长柄的薄而平的铲形木板或铲形不锈钢片，用于放入或移出烤箱底层炉火边上的面包。因为钢片比传统木板更薄，所以更容易在烤好的面包的下面滑动。

尖刺滚刀：在擀好的面团上刺穿出孔洞的一种工具，用来防止面团在烘烤的过程中起泡。它由手柄连接着装有一排排尖刺的滚筒组成。

擀面杖：在面包房里使用的擀面杖有多种类型。最通用的擀面杖是一根坚硬的硬木棒，6厘米粗、50厘米长。法式擀面杖中间大约有5厘米粗，两端逐渐变细，它对擀开塔派面皮和其他必须擀成圆

三角刮板

曲奇切割模具和糕点切割模具

滚刀式切割器

板铲（木铲，木板）

尖刺滚刀

滚珠轴承擀面杖（走槌）

木制擀面杖

带有纹理图案的擀面杖

形的面团非常实用。对于大量或繁重的工作，可以使用滚珠轴承擀面杖（走槌）。这种擀面杖有8~10厘米粗，通过中间插有一根可旋转的木棒，两端各有一个手柄。带有纹理图案的擀面杖常用于浮雕设计的图案，例如杏仁软糖和糖霜花饰，以及类似的面糊和面团上擀压出网篮状图案。

刮刀（刮板）：刮刀又称面团刮刀，是由不锈钢制成的小的长方形，长边上有一个把手。刮刀用来切割面团，并将面团分成份，以及刮净桌面用。圆形刮刀是一块差不多大小的塑料板，但只有一个弯曲的边缘，没有手柄。用于刮取搅拌盆中的原料。

面筛：由不锈钢箍框架支撑的圆形金属丝滤网，用来筛面粉和其他干粉原材料，又称鼓筛或塔米筛（tamis）。

过滤器：一种圆形底的杯状工具，由筛网或穿有孔洞的金属制成，一侧有把手。用于将固体从液体中分离出来，例如从水果中过滤出果汁。筛网过滤器也可以用于筛干粉性原材料，如同面筛一样。

蛋糕转盘：在底座上可以自由旋转的一个圆形平盘，用于装饰摆放蛋糕。

线架（网架）：一种金属丝架，用于放置烘烤好的食物，使其冷却，或者摆放一些食物，例如蛋糕浇淋液体糖霜时。

搅拌器（钢丝搅拌器）：固定在手柄上的环状不锈钢丝，常用于搅拌和混合，有许多软质钢丝的搅拌器用于打发泡沫，例如打发鲜奶油和鸡蛋，又称打蛋器。

其他工具和设备

一些其他的工具和设备，可能会被归类为杂项，也是面包店或烘焙房的必需品。

塑料胶片（醋酸纤维）：一种透明的塑料片。塑料胶片条用于做夏洛特模具衬里（详见各种锅、容器和模具中描述的内容），生产某些蛋糕和需要冷藏的甜点。

用于零售展示，在夏洛特圈被移除后，可以留下塑料胶片条在展示分层蛋糕的时候用来支撑甜点。塑料胶片常用于装饰性的巧克力工作。

盖布：一块厚亚麻布或帆布，用于覆盖某些面包，如法国长棍面包的醒发。这块布被放置在一个烤盘里，做成槽形来摆放面包。

液体比重计：又称糖密度计、糖量计和波美比重计，用于测试糖浆的密度。它是一根玻璃管，一端带有重量，漂浮在待测的溶液中。因为在密度更大的溶液中漂浮得更高，所以密度可以从刻度中读出，刻

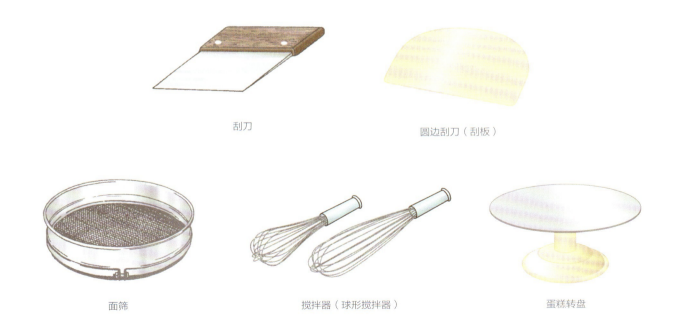

刮刀　　　　　　　　　　圆边刮刀（刮板）

面筛　　　　搅拌器（球形搅拌器）　　　蛋糕转盘

液体比重计

冰淇淋冷冻机

糖温度计（高温温度计）

巧克力温度计

度是沿着玻璃管的长度在液体表面与管相接触的地方标出的。

冰淇淋冷冻机：用于搅拌和冷冻冰淇淋或沙冰的机器，由一个大型冷藏罐或容器组成，带有桨，称为dasher（搅拌器），可以在里面旋转。冰淇淋或沙冰的混合物在罐壁上凝结成冰，桨旋转着，不断地将凝结的冰刮取下来，重新混合好以防止冰晶的形成。与家用型号不同的是，它们是靠加有盐的冰水混合物来提供冰冻温度，商用冰淇淋冷冻机内置了一个电动冷冻装置。

大理石：一种石材，用于糕点店的桌面或工作台面。大理石坚硬而凉爽的表面是制作糕点面团的理想材料，同时也适用于巧克力调温处理和一些装饰性的工作，例如巧克力浮雕装饰等。大理石板可以安装在冷藏工作台面上，使得大理石即使在温暖的天气里也能保持凉爽。

油纸：又称烘焙纸或硅胶纸，是经过处理的不粘纸张，适合于标准的烤盘。将油纸铺到烤盘里，不需要再涂刷上油。油纸也可以制作圆形纸锥，用于装饰性的工作。

冷却用烤架：一种用于盛放烘烤好的，需要冷却的食品烤架。烤架可以让空气在食品的周围流通。

硅胶垫（硅胶烤垫）：具有柔韧性的玻璃纤维垫，涂有不粘硅胶，用于铺在烤盘上使用。适用于全尺寸和半幅尺寸的烤盘，也可以用于糖艺制作。硅胶垫可以承受高达250℃的高温，如果保养得当，没有经过折叠或没有折痕，可以无限期地重复使用。

温度计：温度计在面包店里有多种用途，有许多种类的专用温度计。糖温度计，又称糖果温度计（高温温度计），是最重要的温度计之一。它常用来测量沸腾的糖浆温度和浓度。巧克力温度计是用来测量调温巧克力的。其他的温度计有测量面包面团温度的、炸油温度的，以及烤箱、冰箱和冰柜内部温度的（检查设备温控器的准确性）。

除上述器具以外，用于特殊装饰工作的其他工具在相应章节中都有说明。巧克力，糖霜花饰装饰，糖艺，杏仁蛋白软糖。

◆ 搅拌机和搅拌机配件的主要类型有哪些？

◆ 在面包店使用的面团处理设备的主要类型有哪些？

◆ 面包店使用的四种主要烤箱类型有哪些？

4

烘焙原材料

读完本章内容，你应该能够：

1. 描述小麦面粉的特性和功能。
2. 描述其他面粉、谷类和淀粉的特性和功能。
3. 描述糖的特性和功能。
4. 描述油脂的特性和功能。
5. 描述牛奶和乳制品的特性和功能。
6. 描述鸡蛋的特性和功能。
7. 描述发酵剂的特性和功能。
8. 描述胶凝剂的特性和作用。
9. 描述水果和坚果的特性和作用。
10. 描述巧克力和可可粉的特性和作用。
11. 描述盐、香料，以及风味调料（调味品）的特性和作用。

本章中对烘焙原材料的介绍进行了简化，这方面的信息大多是技术性的，主要涉及大型的从事工业化生产的面包师。与此相反，本章涵盖了在小型面包房、酒店或餐厅厨房里生产烘焙食品所需要的信息。

小麦面粉

小麦面粉是面包店里最重要的原材料，它为面包、蛋糕、曲奇和糕点等提供了体积和结构。家庭厨师几乎完全依赖一种称为"通用面粉"的产品，专业面包师们能接触到各种不同品质和特点的面粉。为每种产品选择合适的面粉，并正确地处理面粉，需要了解面粉的特性以及它是如何被碾磨成面粉的。

小麦的品种

面粉的特性取决于小麦碾磨的品种、生长地区、生长条件。面包师们需要知道，有些小麦是硬质的，有些是软质的。硬质小麦含有大量的麦谷蛋白质和麦醇溶蛋白质，当面粉变湿并混合时，两种蛋白质一起形成面筋。面筋的详细内容将在本章和第5章中详细讨论。

面筋的形成，是面包师在混合面团和面糊时主要关心的问题之一。高筋面粉是来自高蛋白质含量的硬质小麦磨出的面粉，主要用于制作面包和其他酵母产品。低筋面粉是蛋白质含量低的软质小麦面粉，在蛋糕、曲奇和糕点的生产中非常重要。

在北美种植的主要小麦品种有：

1. **硬质冬小麦（红）**：这种小麦被大量种植，有适中的高蛋白质含量（参见北美小麦品种蛋白质含量表中的内容），主要用于制作面包粉。红色是指小麦粒深色的麦麸和外皮，不是小麦粒内部的颜色，其内部的颜色为白色。

2. **硬质春小麦（红）**：这种小麦在北美小麦中蛋白质含量最高，是制作面包粉的重要组成部分。它经常与其他小麦品种制成的面粉混合制成面包粉。仅用硬质春小麦制成的面粉中含有面筋蛋白质，制作手工成型的面包时筋力往往过大，难以拉伸。

3. **硬质冬小麦（白）**：这种高蛋白质含量的冬小麦被少量种植，用于制作面包面粉。这种小麦还可以制作全麦面粉，颜色更浅，风味不如用红春小麦制成的全麦面粉深。

4. **软质冬小麦（白）**：低蛋白质含量的小麦，用于制作糕点、蛋糕、饼干和其他需要更加软质的小麦产品。

5. **软质冬小麦（红）**：低蛋白质含量的小麦，常用来制作蛋糕和糕点面粉。

6. **杜兰小麦**：这种硬质小麦主要用于制作意大利细面条和通心粉。

欧洲种植着不同的小麦品种。例如，法国种植的四种主要小麦品种有雷斯塔尔、西皮阿、苏瓦松和特塞尔，是软质小麦，蛋白质含量更低。

北美小麦品种蛋白质含量	
小麦品种	**蛋白质含量**
软质冬小麦（红和白）	8%～11%
硬质冬小麦（红和白）	10%～15%
硬质春小麦（红）	12%～18%
杜兰小麦	14%～16%

小麦的构成

小麦颗粒由三个主要部分组成：

1. 麦麸是麦粒的坚硬外壳。麦麸颜色比谷粒内部颜色更深一些，以微小的棕色薄片状存在于全麦面粉中，但在碾磨白面粉时被除去。在以白小麦制成的全麦面粉的情况下，麦麸皮片的颜色较浅，呈乳白色。

麦麸富含膳食纤维，并含有B族维生素、脂肪、蛋白质和矿物质。

2. 胚芽是麦粒的一部分，如果麦粒发芽，胚芽就会变成新的小麦植株。它的脂肪含量很高，很快就会变质。因此，含胚芽的全麦面粉保存品质差。

小麦胚芽营养丰富，含有蛋白质、维生素、矿物质和脂肪。

3. 胚乳是麦粒中白色的，含有淀粉的部分，当麦麸和胚芽被除去后，胚乳仍然存在。这是麦粒被碾磨成白色面粉的部分。根据来源的不同，小麦胚乳中含有68%～76%的淀粉和6%～18%的蛋白质。在胚乳中还含有少量水分、脂肪、糖、矿物质和其他成分。当我们在后面部分中讨论面粉的构成时，会更加详细地讨论这些内容。

小麦的碾磨

碾磨小麦的目的有两个：（1）将胚乳从麦麸和胚芽中分离出来；（2）将胚乳碾磨成细粉。

石磨小麦

在现代碾磨机被发明之前，小麦是通过在两块大石头之间碾磨而制成面粉。一旦谷物被磨碎，就会过筛，去掉麦麸皮。这种过筛的过程被称为筛选。筛选

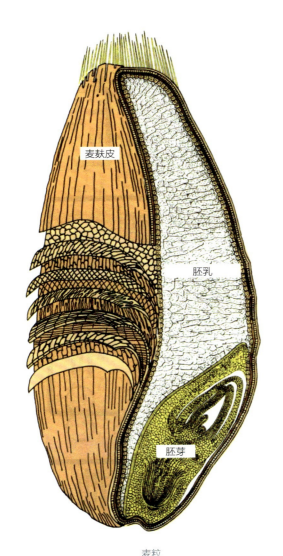

麦粒

（由美国小麦食品委员会提供）

胚乳能够被分离出来，并碾磨成面粉。剩下的28%的麦粒由麦麸皮（约占15%）、胚芽（约占3%），以及其他外层部分组成（约占11%）。

为了进一步了解碾磨面粉是如何进行的，你必须了解胚乳的外部构成，也就是最靠近麦麸皮的部分，其蛋白质含量要比内部部分更高。当麦粒在碾磨中碎裂开时，外部碎裂成大块，内部碎裂成小块。离麦麸皮最近的部分，比胚乳内部的乳白色的部分颜色更深。

过筛分离将面粉分离成细粉，这意味着麦粒经过了多次碾磨。每次碾磨时，辊轴相互靠得更近。经过辊轴碾磨后，部分胚乳被碾磨得足够细，可以作为面粉被筛掉。第一批细粉来自于麦粒的内部。随后的细粉包含胚乳的外部组织。通过反复过筛分离和碾碎，可以从一种小麦中得到不同等级的面粉。这些等级的面粉将在下一节中介绍。

面粉的等级

正如刚才所描述的，不同等级的面粉来自小麦胚乳的不同部位。现代碾磨工艺发展到足以分离开这些部位。

特级面粉（上等面粉、精制面粉）

来自于胚乳内部，由第一次碾磨过筛的细粉中提炼出来的面粉，被认为是最高等级的面粉，称为特级面粉。它的质地优良，因为来自麦粒内部的颗粒是最小的，颜色也比其他等级的面粉白，含有高质量的蛋白质。它几乎不含麦麸皮和胚芽。

能够获得多少不同等级的特级面粉，取决于提取胚乳的数量。优质面粉又称特短面粉，仅由内部的40%~60%胚乳制成，短特级面粉包含高达80%的胚乳，长特级面粉则包含高达95%的胚乳。

大多数面包师使用特级面粉这个术语来表述用于制作面包的高筋特级面粉。然而，所有由胚乳内部制成的面粉都是特级面粉，即使是由软质小麦制成的面粉。蛋糕面粉和糕点面粉也是特级面粉。应该注意这个术语的两种用法，以免混淆。

次级面粉

特级面粉被除去后，胚乳剩下的部分制成的面粉称为次级面粉。这种面粉来自胚乳的外部，颜色较深，蛋白质含量较高。次级面粉通常分为多个等级。第一次级面粉是一种深色的面粉，呈棕褐色，经常用来制作黑麦面包，在制作黑麦面包时，这种面粉的深色不被注意，它的高蛋白质含量提供了所急需的面

过的面粉比全麦面粉颜色更浅，质地更细。然而，一些风味和营养成分随着麦麸皮和胚芽一起被过筛掉了。在专门的烘焙原料商店里，仍然可以找到石磨面粉，特别是未经过筛的全麦面粉，以及其他石磨谷类，例如玉米粉等。

石磨面粉是费力费时的，直到19世纪破碎系统出现，今天使用的面粉等级才出现。

碾磨和破碎系统

现代小麦面粉的加工是通过一个相当复杂和高度精练的系统来完成的，该系统使用带槽的钢辊，称为破碎系统，辊轴之间的空间被设置成略小于麦粒的宽度，辊轴以不同的速度旋转。当小麦被传送到它们之间时，转动的辊轴将麦麸皮和胚芽剥落，并将胚乳碾碎成粗粒。通过筛选碾碎的麦粒，可以分离出部分碾碎的麦粒。通过这个加工过程，约占72%的麦粒作为

筋。虽然颜色较深，但第一次级面粉的颜色要比第二次级面粉浅，第二次级面粉是一种不常用于食品生产的低档面粉。

我们曾指出过，胚乳外层的蛋白质含量高于内部。因此，对于每种小麦来说，次级面粉的蛋白质含量比特级面粉高。然而，特级面粉中的蛋白质品质更好。这意味着由这些蛋白质形成的面筋拉伸效果良好，会形成一层强劲而富有弹性的膜。

头磨面粉

头磨面粉是通过混合碾磨面粉过程中所有过筛的面粉制成的。换句话说，它是由整个胚乳碾磨后制成的。它既含有麦粒颜色较深的组织，也含有较白的内部组织，头磨面粉的颜色比特级面粉深一些。此外，它还含有少量的，在碾磨的过程中没有进行分离的麦麸皮和胚芽。

头磨面粉在北美烘焙中并不常用。一些欧洲面粉是头磨面粉。

萃取面粉

萃取面粉是指从给出的一定量的小麦中碾磨出来的面粉量，它以占总小麦量的百分比表示。例如，全麦面粉是100%萃取出来的。作为第二个例子，如果一种等级的面粉被描述为60%的萃取率，这意味着需要100千克全麦来生产60千克这种等级的面粉。剩下的40%是麸皮、胚芽、粗面粉和颜色较深、较低等级的面粉。特级面粉是一种低萃取率的面粉，而头磨面粉是一种高萃取率的面粉。

面粉的构成

白面粉主要由淀粉组成，面粉中的其他成分，特别是蛋白质，是面包师最关心的，因为它们影响到了面团的制作和烘焙过程。本节介绍了白面粉中的主要成分。

淀粉

白面粉中含有68%～76%的淀粉。淀粉是一种复杂的碳水化合物，其分子是由较简单的糖组成的长链结合在一起而成。面粉中的淀粉包含在微小颗粒中。它们中的大多数都是完好无损的，直到在混合的过程中与水接触，在此过程中它们会吸收水分并膨胀。淀粉在水中可吸收其自身重量的1/4～1/2的水分。

在碾磨或储存的过程中，有极少量的淀粉会被分解成糖。这种糖可以作为酵母菌的食物。

蛋白质

白面粉中有6%～18%的蛋白质，这取决于小麦的不同种类。蛋白质起着结合剂的作用，使胚乳中的淀粉颗粒结合在一起。

面粉中大约80%的蛋白质被称为麦谷蛋白质和麦醇溶蛋白质。当这两种蛋白质与水结合并混合在面团中时，会形成一种称为面筋（谷蛋白）的弹性物质。控制面筋的形成，在下一章中会讲到，这是面包师最关心的问题之一。如果没有面筋，就不可能制作出我们熟悉的酵母发酵面包，因为面筋为面包提供了内部组织结构。面筋蛋白质在水中可以吸收大约2倍于自身重量的水分。

白面粉中存在的其他蛋白质是酶，最重要的是淀粉酶，也称淀粉糖化酶。这种酶把淀粉分解成单糖，这对酵母菌发酵很重要。酵母菌能发酵糖，但不能发酵淀粉；淀粉酶使发酵成为可能，甚至在没有添加糖的面包面团中也能发酵。

水分

良好状态下的面粉含水量在11%～14%。如果所含有的水分高于这个值，就可能发生变质。因此，面粉应该存放在干燥的地方。

胶质

与淀粉一样，胶质也是碳水化合物的一种形式。胶质在白面粉中占2%～3%。最重要的胶质是戊聚糖。它们之所以重要是因为比淀粉和蛋白质有更强的吸水能力。戊聚糖在水中的吸收能力是自身重量的10～15倍，所以即使面粉中戊聚糖的含量很少，但它们对面团的形成有着重要的影响。胶质也是膳食纤维的来源。

脂肪

脂肪和类似脂肪的物质（乳化剂）只占白面粉的1%，但有必要注意。首先，它们对面筋的形成非常重要。其次，它们很容易变质，使面粉产生异味。基于这个原因，面粉的保质期是有限的，应该及时使用。

灰分

灰分是面粉中矿物质含量的另外一种说法。当面包师购买面粉时，他们会看面粉描述中的两个重要数字：蛋白质含量和灰分含量。灰分含量是通过在受控环境中燃烧面粉样品来测定的。淀粉和蛋白质在完全燃烧后，会转化为二氧化碳气体、水蒸气和其他气体，但矿物质不会燃烧，化为灰烬。一般来说，灰分含量越高，面粉颜色越深。这是因为麦麸和胚乳的外部比胚乳更白的内部含有更多的矿物质。同样，全谷物面粉中的灰分比白面粉高。在传统的烘焙中，面包师喜欢灰分含量相对低的面粉，因为这样可以制作出更白的面包。如今，许多制作手工面包的面包师会寻找灰分含量更高的深色面粉，因为这种面粉能使面包具有更浓烈的小麦风味。

小麦面粉中的灰分含量从白蛋糕面粉中的0.3%到全麦面粉中的1.5%不等。

色素

被称为类胡萝卜素的橙黄色色素在面粉中含量很少。由于有这些色素的存在，未经漂白的面粉颜色是乳白色的。面粉经过碾磨后，随着时间的推移，空气中的氧气会漂白其中的一些色素，使得面粉的颜色变得更白一些。

◆ 复习要点 ◆

◆ 小麦颗粒的三个主要部分是什么？
◆ 如何使用辊磨碾磨系统碾磨面粉？
◆ 萃取是什么意思？
◆ 辊磨工艺生产的面粉有哪三种主要等级？请描述它们。

吸收量（吸水率）

吸收量是指面粉被制成简单的面团时，根据预先确定的标准面团浓稠程度或软硬程度所能吸收的水量，用面粉重量的百分比表示。因此，如果某一等级面粉的吸收率为60%，也就是说，27千克的水和45千克的面粉混合在一起可以制成标准浓稠度的面团。

是什么导致了不同面粉的吸收率不同？由于面粉中的淀粉、蛋白质和戊聚糖胶都是吸水的，需要考虑以下几点：

- 因为淀粉是面粉中的最大组成部分，它能吸收大部分水分。然而，它只吸收其重量的1/4~1/2的水分，所以淀粉含量的细小变化会导致水分吸收的细小变化。
- 戊聚糖胶在水中能够吸收其重量10~15倍的水分，但由于它们的含量非常少，所以吸水率的变化不大。
- 蛋白质大量存在，在水中可吸收其重量2倍的水分。因此，不同面粉吸水率的变化主要是由蛋白质含量变化所引起的。

实际上，面粉对水的吸收率是蛋白质含量的函数。面粉中的蛋白质含量越高，吸收的水分就越多。很显然，这是面包师们需要考虑的一个重要因素。如果开始使用蛋白质含量不同的面粉，他们将不得不调整面包配方中的水分。

面粉的处理和食品添加剂

磨坊主们可能会添加少量食品添加剂来改善面粉在和面和烘烤过程中的品质。所有的食品添加剂必须标注在产品标签上。面包师们也可以购买食品添加剂，根据需要添加到面粉中。

酶

如上所述，淀粉酶，面包师们通常称其为淀粉糖化酵素，自然存在于面粉中，但通常含量极少，对酵母没有什么帮助。麦芽面粉中的淀粉酶含量很高。它可以由磨坊主添加，也可以由面包师在面包房里添加到面粉里。

熟化和漂白

新碾磨好的面粉不适合制作面包。其面筋有些弱，没有弹性，并且颜色可能是淡黄色的。当面粉在经过几个月的熟化后，空气中的氧气会使蛋白质成熟，使它们更强劲、更富有弹性，还会使颜色稍微变白一点。

然而，熟化面粉成本高，而且没有规律可言，因此磨坊主们可能会在面粉中加入少量食品添加剂，以迅速达到同样的效果。溴酸盐，特别是溴酸钾，添加到面包粉中可以使面筋得到熟化，但不会使面粉过度漂白。由于担心其安全性，溴酸盐的使用正在减少，而且在加拿大和欧洲根本就没有使用过溴酸盐。其他添加剂，如抗坏血酸（维生素C），被用来代替溴酸盐。

蛋糕面粉中加入氯有两个原因：一是作为熟化剂，二是将面粉漂白成纯白色。

营养素

强化面粉是指在面粉中添加维生素和矿物质（主

要是铁和B族维生素），以弥补麸皮和胚芽被除去后所流失的营养。北美使用的大多数白面粉都是强化面粉。

面团调节剂

面团调节剂又称面团改良剂，它们含有多种成分，可以改善面筋的形成，帮助酵母发酵，并延缓老化。加拿大和美国的法律规定了面团调节剂的使用，强调不能过量使用。此外，在酵母面团中添加太多会降低面包的质量。

谷朊粉（活性面筋粉）

谷朊粉是一种浓缩形式的面筋，通常大约占其重量的75%，它被添加到面粉中改善酵母发酵面团的质量，增加酵母面包的体积，有助于面筋的形成。

特级面粉的种类

面包师们通常使用特级面粉这个术语来表示特级面包面粉。从技术上讲，除了次级面粉和头磨面粉以外，所有的白面粉都是特级面粉，包括了蛋糕粉和糕点粉。

面包粉

由硬质小麦制成的特级面粉含有足够多的高品质面筋，使其成为制作酵母面包的理想材料。特级面包粉通常含有11%~13.5%的蛋白质和0.35%~0.55%的灰分。分为经过漂白的和未经过漂白的。在面包粉中添加麦芽粉则可以提供额外的淀粉酶。

在北美，大多数特级面包粉是为大型商业面包房特制的。因此，它的面筋蛋白质足够强力，足以承受机器的加工处理和制作成型。蛋白质含量达到13.5%，适用于高度机械化加工的面包店。另一方面，手工制作的纯手工面包通常需要较软的面粉，因为筋力较强的面粉制作的面团很难使用手工成型。可

以使用蛋白质含量在10.5%~12%的面粉。

高筋面粉

蛋白质含量特别高的面粉有时候会用于硬质脆皮面包和一些特殊产品制作，例如披萨面团和百吉饼。它还常用于强化由少量或不含面筋的面粉制成的面团。例如，栗子面包的配方，这种面粉的名字有点容易让人误解，因为含量高的不是面筋而是形成面筋的蛋白质。面粉中没有面筋，直到某些蛋白质吸收了水分，混合成为面团。

典型的高筋面粉中含有14%的蛋白质和0.5%的灰分。

蛋糕粉（蛋糕面粉）

蛋糕粉是一种由软质小麦制成的弱筋面粉或者低筋面粉。它有着柔软、光滑的质地和纯白的色泽。蛋糕粉用于制作蛋糕和其他需要使用低筋含量的面粉制作的精致烘焙食品。

蛋糕粉中的蛋白质含量约为8%，而灰分含量约为0.3%。

糕点粉（糕点面粉）

糕点粉也是一种弱筋面粉或低筋面粉，但它的筋力比低筋面粉稍强，有着特级面粉的乳白色，而不是蛋糕粉的纯白色。糕点粉常用于制作塔派面团，以及一些曲奇、饼干和松饼。

糕点粉的蛋白质含量约为9%，灰分含量为0.4%~0.45%。

欧洲面粉的类型

在欧洲大部分地区，以灰分含量为基础的面粉分级系统占主导。例如，法国等级的T45和T55是低灰分含量的白小麦面粉，用于制作面包和糕点。T65包括高筋面粉，而T80、T110、T150是颜色越来越深的

面包粉

蛋糕粉

糕点粉

全麦面粉。其他面粉都包括在这个分级系统中。例如，T170是黑麦面粉。

欧洲小麦制成的面包粉中的蛋白质含量通常低于北美面包粉。具有代表性的是，它们的蛋白质含量为11% ~ 11.5%。一些北美面粉厂已开始向那些希望模仿经典欧洲面包的手工面包师们供应类似的面粉。

面粉的类型及蛋白质和灰分含量		
面粉	蛋白质	灰分
头磨面粉	13% ~ 15%	0.4% ~ 0.45%
特级面包粉	11% ~ 13.5%	0.34% ~ 0.55%
次级面粉	17%	0.7% ~ 0.8%
高筋面粉	14%	0.5%
蛋糕粉	8%	0.3%
糕点粉	9%	0.4% ~ 0.45%
通用面粉	10% ~ 11.5%	0.39% ~ 4.4%

其他小麦面粉

应该熟悉的其他的小麦面粉包括以下几种：

通用面粉，在零售市场上很常见，但在面包店里就不那么常见了，尽管它通常在餐馆里被用作通用面粉，在那里以"餐厅和酒店面粉"的名义购买。这种面粉中的面筋调配的要比面包粉稍微弱一些，所以它也可以用于制作糕点。通用面粉的蛋白质含量在10% ~ 11.5%。

杜兰面粉是由杜兰小麦制成的，这是一种高筋小麦，与大多数面粉使用的小麦种类不同。它主要用来制作意大利细面条和其他干的意大利面。在面包房里，偶尔会被用来制作特殊的产品，例如意大利粗麦粉面包（粗麦粉是杜兰面粉或杜兰粉的另外一个名字）。杜兰面粉的蛋白质含量为12% ~ 16%。

自发面粉是一种白面粉，其中加入了泡打粉，有时还加有盐。其优点是泡打粉混合得非常均匀。然而，它的使用受到两个因素的限制。首先，不同配方需要不同比例的泡打粉。没有单一的自发面粉能够满足所有要求。其次，发酵粉随着时间推移会失去膨松或发酵的作用，所以用这种面粉制作的烘焙食品质量会发生波动。

全麦面粉是由碾磨碎整个的麦粒制成的，包括麦麸皮和胚芽，脂肪含量较高，能引起变质，所以全麦面粉不像白面粉那样容易保存。

因为全麦面粉是由小麦制成的，所以含有能形成面筋的蛋白质，可以单独用于制作面包（蛋白质含量一般为12% ~ 13%）。但是，使用100%全麦面粉制作的面包要比白面包重，因为面筋链被麦麸皮碎片的锋

全麦面粉

用手测试面粉强度

典型的小面包房里，常会备有三种白小麦面粉：蛋糕粉，糕点粉和面包粉。应学会通过视觉和触觉来识别出这三种面粉。

- 当用手指摩擦面包粉时会感觉到有点粗糙。如果在手掌中用力握成一团，手一张开面粉就会散开，它的颜色是乳白色的。
- 蛋糕粉感觉非常光滑细腻。用手握紧，会变成一团，颜色是纯白色的。
- 糕点粉光滑细腻，像蛋糕粉一样，也可以用手握成一团。但是，它有着面包粉的奶油色，而不是蛋糕粉的纯白色。

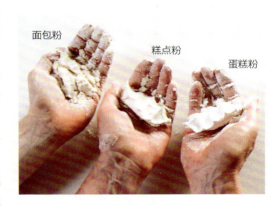

用手测试面粉强度

利边缘切断了。此外，小麦胚芽中的脂肪有助于起酥作用。这就是为什么大部分全麦面包都是用白面粉进行强化的一个原因。另一个原因是，全麦面包的味道比较浓烈，面粉混合后带来的清淡风味通常更受顾客青睐。

麦麸粉是加入麦麸碎片的面粉。根据规格的不同，麦麸皮可以是粗糙的也可以是精细的。

碎小麦（小麦碎粒）不是一种面粉，而是一种麦渣，其中的麦粒被打碎成碎渣状，被少量用于给一些特色面包增加质感和风味。

其他面粉类，谷类和淀粉类

制作普通酵母面包，小麦粉是唯一具有足够数量和质量的面筋的面粉。其他一些谷物类，主要是黑麦和斯佩耳特小麦，也含有面筋蛋白质，这对面筋敏感者或麸质过敏症患者很重要。但这些蛋白质不能形成制作面包所需要的优良的、富有弹性的面筋。除了少数特色烘焙食品外，这些面粉和粗粉都会和小麦粉混合后用于大多数的烘焙食品。

黑麦面粉

黑麦面粉是制作面包最受欢迎的面粉，仅次于白麦面粉和全麦面粉。虽然黑麦面粉含有一些蛋白质，但这些蛋白质不能形成高质量的面筋。因为尽管黑麦面粉中含有足够的麦醇溶蛋白，但它含量低。因此，用100%黑麦面粉制作的面包沉重而稠密。想要制作较轻质黑麦面包，有必要使用黑麦面粉和硬质小麦面粉的混合面粉。典型配方是使用25%~40%的黑麦面粉和60%~75%的硬质小麦面粉。

黑麦面粉中也含有大量的戊聚糖，大约是小麦粉的4倍。戊聚糖会给黑麦面包结构带来一些支撑，但也会干扰面筋的形成，使黑麦面团比小麦面团更具黏性。

黑麦面粉与小麦面粉的碾磨方式非常相似。颜色最浅的黑麦面粉，来自麦粒的内核部位，对应于特级面粉，有一个低的萃取率。以下等级和类型是普遍适用性的：

浅色黑麦面粉： 颜色最浅的黑麦面粉几乎是白色的，质地优良，并且淀粉含量很高，蛋白质含量很少。

中等黑麦面粉： 这是一种头磨面粉，由整粒的去掉麦麸皮后的黑麦碾磨而成。因此，比浅色黑麦面粉的颜色更深，并且蛋白质含量也更高。

深色黑麦面粉： 与小麦碾磨而成的次级面粉一样，深色黑麦面粉来自黑麦粒中最接近麦麸皮的部分。因此，比其他的黑麦面粉颜色更深，细淀粉颗粒的比例更低。

全黑麦面粉： 该产品是由整个的黑麦粒制作而成的，包括麦麸皮和胚芽。

粗黑麦粉或粗麦粉： 粗黑麦粉是一种由整个的黑麦粒，包括麸皮和胚芽制成的深色的、粗糙的面粉。贴着pumpernickel（粗麦粉）标签的产品有时被切成碎片而不是碾磨成粗粉。粗黑麦粉用于粗黑麦面包和类似的特制产品中。

黑麦混合面粉： 由黑麦面粉（通常含量为25%~40%）和高筋小麦面粉，例如次级面粉等混合而成的面粉。

玉米面

小麦和黑麦占据了面包店使用的谷物面粉和粗面粉的绝大部分。其他谷物主要用于增加烘焙食品的种类。在这些谷物类中，玉米可能是最重要的。在英国，玉米被称为maize，而corn（玉米）这个词仅仅是指谷物。

玉米面中不含形成面筋的蛋白质，尽管它含有大

深色的黑麦面粉

黄色的玉米面

量其他的蛋白质，因此在素食饮食中占有很重要的地位。

玉米最常被面包师以黄色玉米面的形式使用，也可以购买到蓝色玉米面。大多数玉米面都只是由胚乳制成的，因为胚芽里的油很快就会变质。然而，整粒碾磨的玉米面也可以买到。碾磨好的玉米面细粗不等。粗糙的玉米面在玉米面包中会产生一种松脆的，有点颗粒状的质地，这种品质在一些产品中是受欢迎的。

斯佩耳特小麦粉

斯佩耳特小麦被认为是现代小麦的祖先。像小麦一样，它也含有面筋蛋白质，但它们形成的面筋结构相当弱，不能承受太多的混合时间。斯佩耳特小麦的吸水率比小麦低。

直到不久以前，大多数的面包师们才听说过斯佩耳特小麦粉。最近，它越来越受欢迎，部分原因是人们对素食的兴趣增加，对蛋白质饮食来源的渴望增加，它越来越多地被用作特色面包的原材料。

燕麦

燕麦作为早餐粥被人们熟知，在面包店里也会用到各种形式的燕麦。尽管燕麦含有丰富的蛋白质，包括足够的面筋蛋白质使人远离谷蛋白过敏，但当燕麦混合成面团时不会形成面筋结构。燕麦中的胶质含量很高，可以提供膳食纤维。胶质含量决定了燕麦粥的黏性或胶状质地。

燕麦片： 通常用于制作燕麦粥，是通过蒸燕麦粒使其软化，然后在辊轴之间碾压至片状。它们给杂粮面包赋予质感，作为特色面包的装饰料，以及制作一些曲奇的原材料。

燕麦碎： 是被切成碎粒的整粒燕麦，它们偶尔被少量地用于特制面包中。加热成熟的时间比较长，口感也很耐嚼。

燕麦粉： 是将整粒的燕麦碾磨成细面粉，可以少量地与小麦面粉混合，用来制作特色面包。

燕麦麸： 是膳食纤维的良好来源，常被用作松饼的原材料。

荞麦

从学术方面来讲，荞麦不是谷物，因为它不是草

的种子，而是一种具有分枝茎和宽阔箭头状叶子的植物种子。整粒的荞麦经常被碾磨成深色的、味道强烈的面粉，而荞麦胚乳单独被碾磨成一种颜色较浅、味道较温和的面粉。当这些荞麦粒被碾压成小碎粒时，被称为荞麦碎，可以像大米一样加热烹调。

荞麦面粉最常用于制作薄煎饼和可丽饼，但也可以少量用于制作特色面包和杂粮产品等。

大豆

大豆不是谷物，它是一种豆子或豆类。然而，它可以像谷物一样被碾磨成大豆粉。与普通谷物不同，它的淀粉含量很低。虽然不含面筋蛋白质，但它也富含脂肪和蛋白质。丰富的蛋白质含量使其在素食中价值极高。

用于烘焙的大豆粉通常会去掉一部分脂肪。生的大豆粉中含有的酶可以使其在烘焙中发挥作用。这些酶帮助酵母菌起作用，漂白小麦粉中的色素。生的或未经过烘烤的大豆粉应该在酵母面包中少量使用，一般大约为0.5%。较高的使用量会给面包带来一股令人不愉快的豆腥味，并使面包质地变差。

当大豆粉被烘烤过，酶被破坏，大豆粉中会带有一种令人愉快的风味。烘烤过的大豆粉可用于增加烘焙产品的风味和营养价值。

大米

大米粉是用白色大米碾磨成的细滑的白色大米粉含有少量蛋白质但不有含面筋，所以常用于无麸质烘焙产品。

其他的谷物类和面粉类

其他的谷物类，例如小米和大麦，在面包店中的使用量非常有限，可以磨成粉状，或整粒使用。其他含有淀粉的非谷物食物，例如马铃薯和栗子，可以干燥后磨成粉，制作特色产品。熟的马铃薯淀粉有时被添加到酵母面包中，因为淀粉很容易被淀粉酶分解成酵母可以利用的糖。

淀粉类

除了面粉外，面包店里还使用其他淀粉产品。与面粉不同，它们主要用于给布丁、塔派馅料和类似的产品增稠。以下是甜品生产中最重要的三种淀粉：

的颜色不等。现在，一般只有2~4个等级。

因为在红糖中含有少量的酸，所以可以和小苏打一起使用，起到一定的发酵作用。当需要红糖的风味，而对其颜色又没有过分苛求的话，红糖常用来代替普通白糖使用。当然，它不能用于制作白蛋糕。

把红糖放在密封的容器里，以防止它变干燥和硬化。

德米拉红糖是一种结晶红糖，它是干燥的，而不像普通红糖那样潮湿。德米拉红糖有时也用于烘焙，但它更多的是作为咖啡和茶的甜味剂。

无营养的甜味剂

甜味剂也称糖替代品，这些产品将在第26章中与其他饮食一起讨论。

糖浆

糖浆由一种或多种溶于水中的糖组成，通常还含有少量能够给糖浆带来风味的其他化合物或杂质。面包店里使用的最基本的糖浆是单糖浆，是将蔗糖溶解在水中制成的。甜点糖浆是添加了调味料的简单糖浆。这些蔗糖糖浆将会在第12章中进行讨论。

糖蜜

糖蜜是浓缩的甘蔗汁，硫化糖蜜是制糖过程中的副产物，是大部分糖从甘蔗汁中提取后的产物。未经过硫化的糖蜜不是副产品，而是一种特殊的制糖产品，它的苦味没有硫化糖蜜那么重。

糖蜜含有大量的蔗糖和其他的糖类，包括转化糖，还含有酸、水分，以及能赋予它风味和颜色的其他成分。颜色越深的等级风味越强，含糖量比较浅颜色的等级要少。

糖蜜可以保持烘烤食品中的水分，延长食品的新鲜度。用糖蜜制作的松脆曲奇很快就会变得松软，因为转化糖会吸收空气中的水分。

葡萄糖玉米糖浆

葡萄糖是最常见的单糖（单糖类）。以糖浆的形式来说，它是面包房中的一种重要的原材料。葡萄糖通常由玉米淀粉制成。

淀粉是由单糖的长链结合在一起形成的大分子。生产过程将这些淀粉分解成为了葡萄糖分子。

在这个过程中，并不是所有的淀粉都分解成单糖。在低转化糖浆中，只有1/4~1/3的淀粉转化成葡萄糖。因此，这些糖浆只有一点点甜味。它们也很浓稠，因为溶液中有很多更大的分子。低转化糖浆不太可能烧焦或变成焦糖，可用于制作糖霜、糖果，以及糖艺作品，如拉糖等。

普通的通用玉米糖浆是中度转化葡萄糖糖浆，其中近一半的淀粉被转化为葡萄糖。玉米糖浆有助于使焙烤食品变得湿润和柔软。

深色的玉米糖浆是添加了风味调料和色素的普通玉米糖浆。在面包店中，它被认为是类似于一种柔和的糖蜜。

转化糖糖浆

转化糖可以作为糖浆使用，由于其保持水分的特性，常用于蛋糕和其他产品中。面包师经常把转化糖浆称为曲美林，这是制造商使用的品牌名称。

蜂蜜

蜂蜜是一种天然的糖浆，主要由单糖葡萄糖和果糖以及其他赋予风味和颜色的化合物组成。根据来源的不同，蜂蜜的风味和颜色差别很大。风味是使用蜂蜜的主要原因，尤其是它可能很昂贵。

因为蜂蜜中含有转化糖，有助于烘烤食品保持滋润。与糖蜜一样，它也含有酸，这意味着可以和小苏打共同起到发酵作用。

麦芽糖浆

麦芽糖浆又称麦芽提取物，主要用于酵母面包中。它充当酵母菌的食物，并增加了面包的风味和面包外皮的颜色。麦芽是从大麦中经过发芽（麦芽），然后经过干燥并研磨成粉状后提炼出来的。

麦芽糖浆有两种基本类型：淀粉酶和非淀粉酶。淀粉酶麦芽中含有一组被称为淀粉糖化酶的酶，它可

糖蜜　　　　　　　　　　　蜂蜜

低转化率葡萄糖糖浆　　　　玉米糖浆

液体糖

以把淀粉分解成可以被酵母菌作用的糖。因此，当淀粉酶麦芽添加到面包面团中时，它是酵母菌的食物。当发酵时间短时可以使用。发酵时间过长时不宜使用，因为过多的淀粉会被酶分解。这样就会导致面包带有黏性。

淀粉酶麦芽具有高、中、低的淀粉糖化酶含量。

非淀粉酶麦芽在高温下对淀粉酶进行了加工处理，破坏了酶，使糖浆颜色更深厚，风味更浓郁。它含有可发酵的糖，并给面包提供了风味，外皮的颜色，保证了面包的品质。

每当在本书中的配方里要求使用麦芽糖浆时，应使用非淀粉酶麦芽糖浆。只有百吉饼配方需要使用淀粉酶麦芽糖浆。如果没有麦芽糖浆，可以用普通砂糖代替。

麦芽还有另外两种形式。干麦芽提取物是已经变干燥的，简单的麦芽糖浆。它必须保存在一个密封的容器中，以保证它不能从空气中吸收水分。麦芽粉是干燥的、磨碎的，未从其中提取麦芽的发芽大麦。当用于面包制作时，显然是一种浓度低得多的麦芽。当用于制作面包中时，它会与面粉混合到一起。

· **复习要点** ·

◆ 糖在烘焙食品中的六种功能是什么？
◆ 面包店里使用的是什么形式的蔗糖？
◆ 面包店里使用的主要糖浆产品有哪些？

脂肪类（油脂类）

脂肪在烘焙食品中的主要作用是：（1）增加滋润程度和浓郁程度；（2）通过缩短面筋链来增加柔软程度；（3）增长保质期；（4）增加风味；（5）作为乳化剂使用时，有助于蓬松性，或使酥皮、塔派面团，以及类似的产品起酥。

对面包师来说有很多种脂肪可供选择。每种都有其独有的特性，适用于不同的用途。在选择一种特定用途的脂肪时，面包师必须考虑到这种脂肪的特性包括：熔点、在不同温度下的软硬度、风味，以及形成乳化的能力（这些特性将在本节的后面内容里介绍）。

饱和脂肪与不饱和脂肪

有些脂肪在室温下是固体状，而有些是液体状。液体脂肪我们通常称为油脂。脂肪是固体还是液体取决于组成脂肪分子的脂肪酸。

脂肪酸主要由碳原子长链组成，氢原子附着在碳原子上。如果一个脂肪酸链含有尽可能多的氢原子，它就被称为饱和脂肪。如果链上有可以容纳更多氢气的空隙，就称为不饱和脂肪（碳链上的一个或多个地方可能缺少氢原子）。饱和脂肪在室温下是固态，而不饱和脂肪是液态。

天然脂肪是由许多脂肪化合物组成的混合物。混合物中饱和脂肪越多，脂肪就越呈固体状。混合物中不饱和脂肪越多，脂肪就越柔软。

为了给面包房生产出固体的、具有可延展性的脂肪，制造商们将油脂进行处理，称为氢化处理。这个过程将氢原子与脂肪酸链中的空间结合，使其从不饱和脂肪变为饱和脂肪。通过控制生产过程，制造商可以给脂肪提供精确的饱和脂肪与不饱和脂肪的混合物，从而生产出有特色的起酥油，例如柔软度、可塑性和熔点等特色。

脂肪的乳化

许多烘焙原材料容易与水和其他液体混合，在形式上发生变化。例如，盐和糖溶于水；面粉和淀粉吸水，水与淀粉、蛋白质分子密切结合。但是，脂肪在与液体或其他烘焙原材料混合时在形式上没有变化。相反，它只是在混合过程中分解成越来越小的粒子。这些小的脂肪颗粒最终均匀地分布在混合物中。

两种不能混合的物质的均质混合物称为乳化剂，例如脂肪和水。蛋黄酱是最熟悉的乳化剂例子，它是油和醋的乳化剂产物。还有由空气和脂肪组成的乳化剂，比如在制作蛋糕和其他产品时将起酥油和糖在一起打发后形成的乳化剂。

脂肪形成乳化剂的能力不同。例如，如果在某些蛋糕中使用了错误的起酥油，乳化剂就会失效，因为面糊中含有的水分超过了脂肪能容纳的量。然后我们就会说明面糊凝结成块状或者形成断层。

脂类

脂肪属于脂类，脂类是不溶于水的有机化合物，其他脂类包括胆固醇和乳化剂，例如卵磷脂等。

从技术上讲，脂肪是甘油三酯，它是由三个脂肪酸链连接到甘油分子的三个碳原子组成的分子。每种脂肪的物理特性是由组成化合物的脂肪酸链类型决定的。

氢化作用和脂肪的稳定性

如文中所述，氢化作用的目的之一是生产具有理想物理特性的脂肪。第二个原因是通过与空气中的氧气反应，减少脂肪变质或腐臭。脂肪越不饱和，就越容易腐臭。饱和脂肪更稳定，因为碳链上的所有位置都充满了氢原子，这使得氧气很少有机会与脂肪起反应。

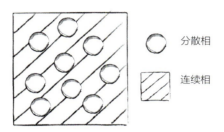

在乳化液中，一种物质的液滴（称为分散相）均匀地混合在另一种物质中（称为连续相）

（经约翰·威利父子公司许可转载）

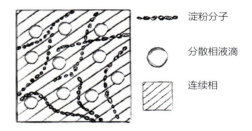

连续相中的颗粒（如淀粉）通过阻止分散相中的液滴聚集和融合来稳定乳化液

（经约翰·威利父子公司许可转载）

起酥油

脂肪烘烤时都可以充当起酥油的作用，因为它能使面筋链变短，使食物更柔嫩。然而，我们通常用起酥油这个词来指固体脂肪，通常是白色的，无味的，专门用于烘焙的。起酥油一般由是100%的脂肪组成。

起酥油可以用植物油、动物脂肪或两者一起制成。在生产过程中，脂肪被氢化。这个过程把液体油脂变成固体脂肪。起酥油的用途多种多样，因此制造商们配制出了具有不同性能的起酥油。主要有三种类型：常规型或通用型起酥油（AP），高比例塑形型起酥油和高比例液体型起酥油。

常规型起酥油

常规型起酥油具有相当坚韧、蜡质一样的质地，在面团或面糊中，脂肪的小颗粒往往能保持其形状。它们被称为塑形起酥油，这意味着可以在室温下具有可塑性。常规起酥油可以制作成不同程度的硬度。它们有很好的乳化能力。这就意味着，可以在起酥油中

猪油　　黄油　　玛琪琳（人造黄油）　　起酥油

脂肪

搅入大量空气，从而使面糊变得更轻盈，更有膨松力。而且，这种类型的起酥油只有在高温下才会融化。

常规型起酥油通常应用于酥皮产品中，如塔派面皮和饼干等。它们也被用来制作许多其他的糕点、面包和通过打发进行混合的产品，如某些黄油蛋糕、曲奇和快速制作的面包等。

除非在配方中指定了使用其他的起酥油，一般都会使用常规型起酥油。

高比例塑形起酥油

高比例塑形起酥油是非常柔软的起酥油，可以很容易地涂抹到面糊上，并迅速覆盖住糖和面粉颗粒。

之所以被称为高比例，是因为它们被专门用在相对于面粉来说带有高比例糖和液体的蛋糕面糊中。它们还含有添加的乳化剂，所以比常规型起酥油含有更多的液体和糖。因此，可使蛋糕质地更平滑、细腻，也使得蛋糕更加滋润。由于加入了乳化剂，这种起酥油通常被称为乳化起酥油。

另一方面，高比例起酥油打发效果不好。当配方说明要求打发起酥油和糖时，应使用常规型起酥油而不要使用高比例塑形起酥油。

当乳化起酥油用于制作高比例糖和液体的蛋糕时，可以使用更加简单的混合方法，因为这种起酥油扩展性非常好。此外，高比例起酥油常用于制作糖霜，因为它可以容纳更多的糖和液体而不会凝结成块状。

严格意义上讲，乳化起酥油一词并不准确。纯正的脂肪不能被乳化，因为乳化是至少两种物质的混合物。更准确的说法是称它们为乳化剂或乳化的起酥油。然而，乳化起酥油一词被更为广泛认可。

高比例液体起酥油

高比例液体起酥油，又称液体蛋糕起酥油，比塑形起酥油氢化的少，使它们成为液体状并可以浇淋到食物上，尽管它们呈浓稠状，外观浑浊或不透明。与高比例塑形起酥油相比，其乳化剂含量高，是制作高比例蛋糕的高效起酥油。乳化剂可使蛋糕滋润，质地细腻。还因为在搅拌的过程中空气很容易融入其中，这些起酥油增加了蛋糕的体积和柔软度。

高比例液体起酥油在面糊中分布得非常均匀，简化了搅拌过程。而且，由于起酥油非常高效，可以减少面糊中起酥油用量。例如，黄蛋糕面糊配方中，起酥油用量可以减少到50%，而质量则只是略微有一点变化；只会让蛋糕稍微干燥了一点，更硬了一点而已。

黄油

北美的新鲜黄油含中有大约80%的脂肪，约15%的水分以及约5%的牛奶固形物。大多数北美黄油是由甜奶油制成的。许多欧洲黄油的脂肪含量较高，大约为82%，甚至更高，水分含量较低。此外，它们更有可能是由培养过的奶油制成的（法式鲜奶油以及酸奶油），这让它们的风味更加饱满。

黄油是根据美国农业部（USDA）的标准进行等级划分的，虽然等级划分不是强制性的。等级划分包括AA级、A级、B级和C级。大多数企业都会使用AA

级和A级，因为较低等级的风味可能不太好。在加拿大，等级划分是加拿大1级，加拿大2级，加拿大3级。

有加盐和不加盐的黄油可供选择。无盐黄油（淡味黄油）更加容易腐坏变质，但是它的味道更新鲜、香甜，因此在烘焙中更受青睐。此外，盐还会掩盖在储存的过程中可能会吸收到的外来风味，这使得人们更加难以分辨加盐黄油（咸味黄油）带有的外来风味是否有可能降低烘焙成品的风味。如果使用咸味黄油，那么配方中盐的用量可能要减少一些。然而，很难确定要减少多少含盐量，因为在咸味黄油中的含盐量各不相同。

起酥油被加工制作成带有特定的质地和有一定的硬度，以满足特殊用途。另外，黄油是一种天然产品，没有这种有利条件。它在冷的时候质硬而易碎，而在室温下非常软，并且非常容易融化。因此，使用黄油制作的面团更加难以处理。况且，黄油比起酥油价格要贵得多。

从另一方面讲，黄油具有两个主要的优点：

1. **风味**：起酥油是有意识的被制作成没有风味的，但是黄油带有一种非常令人舒适的风味。

2. **融化的品质**：黄油入口即化，起酥油却不能。吃过起酥油制成的糕点或糖霜后，你可能会在嘴里留下令人不愉快的感觉。

基于这些原因，许多面包师和糕点师觉得在某些方面，黄油的优点超过了它的缺点。例如，在精致的法国糕点中，就很少用到起酥油。通常，可以将50%的黄油和50%的起酥油混合，既得到了黄油的风味，也得到了起酥油的容易操作的品质。

人造黄油（玛琪琳，植物黄油）

玛琪琳是由各种氢化的植物脂肪，加上调味原材料、乳化剂、着色剂和其他原材料制成的。它含有80%～85%的脂肪，10%～15%的水分以及大约5%的盐，牛奶固形物和其他成分。因此，被认为是一种由起酥油、水和调味品组成的人造黄油。

与零售食品店出售的人造黄油不同，面包师使用的人造黄油有不同的配方，用于不同的产品，以下是其两大类别。

蛋糕师和面包师使用的人造黄油

这些类型的人造黄油质地柔软，具有良好的打发能力。它们不仅可以制作蛋糕，还可以制作各种各样的产品。

糕点用人造黄油

这种人造黄油也被称为"包起来的化合物"，比蛋糕用人造黄油更坚韧、有弹性，质地像蜡一样。它们用于专门为形成层次的面团，如丹麦面团和千层酥皮等。

千层酥皮用人造黄油是最坚韧的人造黄油，有时也被称为千层酥皮起酥油。使用这种人造黄油制作的千层酥皮通常比用黄油制作的千层酥皮蓬松度要高。

然而，由于人造黄油不像黄油那样可以在嘴里融化掉，许多人觉得这种糕点吃起来令人不愉快。

包入用的人造黄油质地比酥皮用的人造黄油更加柔软一些，熔点也更低。它可以用于制作丹麦面包、牛角面包和千层酥皮。

油脂

油脂是液态的脂肪，它们在烘烤时会在面糊或面团上完全流淌出来。一些面包和少数蛋糕，以及快速发酵面包会使用油脂作为起酥油。除此之外，面包房里的油脂主要用于给烤盘涂油，油炸面包圈，以及给一些面包卷涂刷上油等。

猪油

猪油是经过提炼的猪的脂肪。因为它的可塑性品质，曾经被高度重视，用于制作经典的美式酥皮塔派面团和饼干——现在仍然偶尔被用于制作这些产品。然而，由于现代起酥油技术的发展，猪油在面包店里使用得较少。

脂肪的储存

所有的脂肪在空气中暴露太久就会腐坏变质。而且，它们往往会吸收其他食物的气味和风味。很容易变质的脂肪，比如黄油，应该完全覆盖，放到冰箱里冷藏保存。其他油脂应在密封的容器中，置于阴凉、干燥、避光的地方保存。

● **复习要点** ●

◆ 脂肪在烘焙食品中的四种功能是什么？

◆ 什么是乳化？

◆ 面包店中使用的是什么类型的起酥油？

◆ 黄油的成分是什么？在烘焙食品中使用黄油的优点和缺点有哪些？

乳及乳制品

在面包店里，牛奶是仅次于水的最重要液体。水对面筋的形成至关重要。新鲜牛奶中的含水量在88%～91%，可以实现这一功能。此外，牛奶给烘烤产品带来了良好的质地、风味、外皮颜色以及营养价值。

本节中，我们将分两部分对乳制品进行讨论：（1）对现有产品的解释和定义；（2）乳制品的使用指南。

乳制品成分表里列出了水、脂肪和牛奶固形物在重要的乳制品中的含量。牛奶中的固形物包括蛋白质、乳糖（奶糖）和矿物质等。

分类和定义

当我们谈论到餐饮服务中使用的牛奶和奶油时，几乎肯定是在谈论来自奶牛的牛奶。其他动物的奶，包括山羊奶、绵羊奶和水牛奶，也被用来制作成一些奶酪，但是除了少量的山羊奶以外，我们看到的液体奶大部分都是奶牛产的牛奶。

牛奶常被用作饮料和烹饪中。其他奶制品，包括奶油、黄油和奶酪，在购买后可以食用，并用于烹饪中。

巴氏杀菌（巴氏杀菌）

液态奶在它未经过任何加工前，被称为生奶。因为生奶可能含有致病菌或其他有害物，所以在出售或加工成其他产品前，要经过巴氏杀菌处理。巴氏杀菌牛奶加热到72℃，在这个温度下保持15秒钟，可以杀死致病微生物，然后迅速冷却。根据法律规定，所有的A级液体牛奶和奶油必须经过巴氏杀菌（B级和C级用于食品加工和工业用途，很少出现在餐饮服务业或零售市场上）。

即使经过了巴氏杀菌，牛奶和奶油也是极易腐坏变质的产品。一些奶油产品经过了超高温灭菌或超高温巴氏杀菌，以延长其保质期。将产品加热到更高的温度（135℃）1~3秒钟，不仅可以杀死致病菌，还可以杀死几乎所有导致腐败的生物体。如果在无菌条件下包装，经过超高温消毒处理的牛奶在室温下可以保存直到打开包装，但打开包装后必须冷藏保存。

超高温消毒牛奶有点加热过度的味道，更适合在加热烹调中使用而不是直接饮用。

新鲜乳制品

全脂牛奶是新鲜牛奶，它含有大约3.5%的脂肪（被称为牛奶脂肪或乳脂），8.5%的脱脂牛奶固形物和88%的水分。

脱脂牛奶或脱脂乳已经除去了大部分或全部的脂肪。其脂肪含量只有0.5%或更少。

低脂牛奶的脂肪含量为0.5%~2%。其脂肪含量通常会进行标注，一般是1%和2%。

强化脱脂奶或低脂牛奶含有增加其营养价值的添加物质，通常是维生素A和维生素D，以及脱脂牛奶固形物等。

当然，除了脱脂牛奶，天然的液体牛奶中含有脂肪，因为它比水更轻，所以会逐渐分离，以奶油的形式浮在上面。均质牛奶经过处理，所以油水不会分离。这是通过压力使牛奶通过非常细小的孔洞来实现的，这些孔洞将脂肪分解成颗粒状，这样细小的脂肪颗粒就会分散到牛奶中。市场上几乎所有的液体牛奶都经过了均质化处理。

鲜奶油产品

鲜奶油脂肪含量在30%~40%。在这一类别中，包括轻奶油（30%~35%，低脂鲜奶油）和重奶油（36%或更高含量，多脂鲜奶油）。特厚奶油，也被称为制造商的奶油，其脂肪含量为38%~40%或更多，一般只在批发市场上出售。带超高温灭菌标记的鲜奶油比普通的巴氏杀菌奶油保存时间更长。纯超高温灭菌奶油不能如同普通的巴氏杀菌奶油那样的打发，所以添加了植物胶等添加剂使它更容易搅打。

淡奶油，又称餐桌奶油或咖啡奶油，含有18%~30%的脂肪，通常大约为18%。

半脂奶油的脂肪含量在10%~18%，称为奶油来说脂肪含量太低了。

乳制品成分表			
	水分/%	脂肪/%	牛奶固形物/%
新鲜的全脂牛奶	88	3.5	8.5
新鲜的脱脂牛奶	91	微量	9
脱水，全脂牛奶	72	8	20
脱水，脱脂牛奶	72	微量	28
炼乳，全脂 *	31	8	20
全脂奶粉	1.5	27.5	71
脱脂奶粉	2.5	微量	97.5
* 炼乳中还含有 41% 糖（蔗糖）			

发酵牛奶和奶油产品

酸奶油是通过添加乳酸菌进行培养或发酵，使酸奶油在发酵中呈浓稠状，并略带有刺激风味，含有大约18%的脂肪。

法式鲜奶油（鲜奶油）是一种经过熟化的，培养过的浓奶油，在欧洲被广泛用于酱汁的制作，因为它的味道令人愉快，略带有刺激风味，具有很容易的与酱汁混合到一起的能力。与普通的浓奶油不同，它通常不需要回温处理，可以直接添加到热的酱汁中。酸奶油在市场上可以购买到，但价格昂贵。替代的方法是，将1升浓奶油加热到大约38℃，加入50毫升脱脂乳，将混合物放置在温暖的地方，直到稍微变得浓稠，需要6~24小时。

脱脂乳是新鲜的液态奶，通常是脱脂牛奶，经过细菌培养或变酸处理。它通常被称为培养脱脂乳，以区别于最初的脱脂乳，后者是制作黄油后留下的液体。脱脂乳在配方中使用的时候被称为酸的牛奶。

酸奶是使用特殊细菌培养的牛奶（全脂牛奶或低脂牛奶），浓稠度像卡仕达酱一样。大多数酸奶都添加了牛奶固形物，还有一些调味酸奶。

除去水分的乳制品

脱水牛奶是指除去60%水分后的全脂牛奶或脱脂牛奶，然后对其进行消毒并制成罐头。脱水牛奶具有加热成熟的风味。

炼乳是去掉了60%水分的全脂牛奶，并且添加了大量的糖增加甜味，有罐装的和散装的形式。

全脂奶粉是指全脂牛奶经过干燥处理后成为粉末状。脱脂奶粉是用同样方法对脱脂牛奶进行干燥处理。这两种奶粉有常规和速溶形式，速溶奶粉更易溶于水。

奶酪

面包店里通常使用两种类型的奶酪，主要用于奶酪馅料和奶酪蛋糕的制作。

面包师使用的奶酪是一种软质的，未经过熟化处理的奶酪，脂肪含量非常低。它干燥且具有柔韧性，可以像面团一样揉制。一般有13.6千克和22.6千克的包装，可以冷冻保存更长的时间。

奶油奶酪也是一种软质的，未经过熟化处理的奶酪，但它的脂肪含量较高，大约为35%。主要用于制作风味浓郁的奶酪蛋糕和一些特制的产品。

另外两种奶酪偶尔也会用来制作特定的产品。马斯卡彭奶酪是一种意大利奶油奶酪，比美式奶油奶酪有更为浓郁的味道。常被用来制作提拉米苏。另一种

意大利奶酪，里科塔乳清奶酪，最初是用牛奶或羊奶制作奶酪时剩下的乳浆制成的，尽管现在它更多的是用全脂牛奶而不是乳浆制作。它在厨房和面包店里有很多的用途。一种细滑，相对干燥的乳清干酪，称为里科塔乳清混合奶酪，常用来制作卡诺里奶酪卷的馅料。

人造乳制品

人造奶油和甜品装饰料是由标签上列出的各种脂肪和食品添加剂制成的。在一些企业里使用它们是因为保质期长，而且通常比乳制品便宜。有些人觉得它们是可以接受的，但很多人觉得它们的风味令人反感。

在烘焙中使用乳制品的指南

新鲜的液态奶

全脂牛奶含有脂肪，必须作为面团中起酥油的一部分来计算。因此，全脂牛奶和脱脂牛奶在配方中不能互换，除非对脂肪用量进行调整（参阅乳制品成分表）。

酸性原材料，例如柠檬汁、酒石酸和泡打粉，通常不应该直接加入牛奶中，因为它们会使牛奶凝结成块状。

新鲜的牛奶和巴氏杀菌牛奶，都含有一种对面筋

面包师使用的奶酪

奶油奶酪

马斯卡彭奶酪

里科塔乳清奶酪

里科塔乳清混合奶酪

形成有害的酶。出于这个原因，面包师通常会把牛奶加热到略低于沸点的温度（称为烫热），然后再次冷却到室温下，将其混入酵母面团中。

如果发现含有新鲜牛奶的面团在形成面筋方面有一定的困难，可以尝试将牛奶加热，然后看看这样能否解决问题。另外，也可以使用超巴氏杀菌牛奶或超高温消毒的牛奶，这些牛奶都经过了更高温度的加工处理。

脱脂乳

生产脱脂乳的时候，牛奶中的乳糖被转化为乳酸。在烘焙食品如蛋糕或松饼中，当使用脱脂乳代替普通牛奶时，大多数情况下必须通过在配方中加入小苏打来中和这种酸性物质。由于小苏打和酸一起释放出二氧化碳，这种额外的发酵必须通过减少泡打粉的用量进行补偿，如下所示：

对于每1千克（1升）的脱脂乳： 减去30克的泡打粉。

用纯牛奶代替脱脂乳，需要使用不同的计算方法。如果一个配方中包含有脱脂乳和小苏打，当用普通牛奶代替时，必须加入另外一种酸与小苏打起反应。添加酒石酸通常是提供酸的最简单方法。对于每一茶勺的小苏打（5毫升），加入2茶勺（10毫升）的酒石酸来弥补脱脂乳中失去的酸。

奶油

除了在一些特殊产品中，奶油通常不会当作制作面团和面糊的液体使用。由于脂肪含量高，奶油作为液体起到了起酥油的作用。

奶油在馅料、装饰、甜品酱汁以及慕斯和巴伐利亚奶油冻等冷食甜品制作中更为重要。有关如何将多脂奶油搅打成泡沫状的说明，请参阅第12章中内容。

奶粉

奶粉因其方便性、成本低，经常被烘焙产品使用到。在许多配方中，没有必要与水重新勾兑。奶粉与干性原材料一起，而水作为液体使用。这种做法在面包制作中很常见，并不会影响质量。与牛奶必须加热以破坏其对面包面团有害的酶，奶粉中不含活性酶，无须进一步制备即可使用。

勾兑奶粉的比例可以从乳制品成分表中计算出来。为方便起见，可使用等量的奶粉来换算成分表中可使用的液态奶。

面包店应该购买经过热处理的奶粉，而不是经过低热加工处理的奶粉。在经过热处理的产品中，某些可以分解面筋的酶已经被破坏掉了。

用奶粉来替换液态奶	
替代	使用
1千克脱脂牛奶	910克水 +90克脱脂奶粉
1千克全脂牛奶	880克水 +120克全脂奶粉
1千克全脂牛奶	880克水 +90克脱脂奶粉 +30克起酥油或40克黄油

乳制品的储存

鲜奶和奶油、脱脂乳和其他发酵乳制品以及奶酪必须始终保持冷藏。

没有打开的罐装淡奶可以在阴凉的地方保存。然而，打开之后，它必须储存在冰箱里。

大容器中的炼乳在打开后，如果覆盖好并存放在凉爽的地方，可以保存一周或更长时间。其中的糖起到了防腐剂的作用。使用前要搅拌均匀，因为糖会沉淀在容器的底部和边上。

奶粉不需要冷藏保存，但应保存在阴凉、避光的地方，远离烤箱和其他热源。保持容器紧密盖好，以防止奶粉吸收空气中的水分。

蛋类

面包师应该对蛋类有充分的了解，因为它们在面包房里被大量使用，比许多其他高用量的原材料，如面粉和糖的价格更贵。例如，蛋糕面糊中原材料成本的一半或一半以上是鸡蛋的成本。

蛋类的构成

一个完整的鸡蛋主要由蛋黄、蛋清和蛋壳组成。此外，它还包含有一层依附在蛋壳上的薄膜，在大头那端的蛋壳上形成一个空气泡，还有两条被称为卵带的白色的线，它们将蛋黄固定在中间位置处。

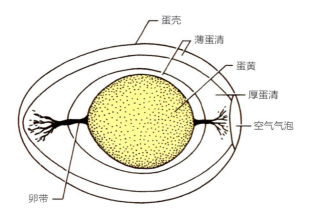

蛋壳
薄蛋清
蛋黄
厚蛋清
空气气泡
卵带

鸡蛋的各部位名称，这个图形以简化的形式显示出了一个未打碎的鸡蛋的各个部分的位置名称，就像文中所描述的那样。

（由美国农业部提供）

- 蛋黄富含脂肪和蛋白质，还含有铁和几种维生素。它的颜色从浅黄色到深黄色不等，取决于鸡的饮食。
- 蛋清主要是白蛋白蛋白质，生的时候是透明的，凝结后呈白色和坚韧状，蛋清中含有硫。
- 蛋壳不仅易碎而且多孔，使气味和味道被鸡蛋所吸收，即使鸡蛋完好无损，也会流失水分。

新鲜液体鸡蛋的平均成分表列出了整个鸡蛋、蛋清和蛋黄的平均水分、蛋白质和脂肪含量。

新鲜液体鸡蛋的平均成分表			
	全蛋/%	蛋清/%	蛋黄/%
水	73	86	49
蛋白质	13	12	17
脂肪	12	—	32
矿物质和其他成分	2	2	2

等级和质量

等级

在美国，鸡蛋由美国农业部按质量进行分级。分成了三个等级：AA级，A级和B级。最好的等级（AA级）有牢固的蛋清和蛋黄，当在一个平面上打碎鸡蛋后，鸡蛋不会流淌到过大的区域。

随着鸡蛋的老化，它们会变得更稀薄，等级会更低。以下图片显示了美国AA级，A级和B级之间的差异。

在加拿大，鸡蛋有四个等级：A级，B级，C级，以及加拿大nest run级。

作为一名面包师，不用太在意蛋黄和蛋清的牢固程度。相反，应确保鸡蛋是干净和新鲜的。没有因为腐败或吸收外来气味而产生异味。一个气味难闻的鸡蛋可以毁掉一整个批次的蛋糕。

质量

适当的储存是保持鸡蛋质量的关键。鸡蛋在2℃温度下可以保存数周的时间，但在室温下质量很快就会失去。事实上，在面包店温暖的温度下，它们可能会在一天内就失去一个质量等级。如果使用的时候鸡蛋已经是B级了，那么花钱买AA级鸡蛋就没有意义了。应将鸡蛋与其他不良气味的食物分开存放。

大小

鸡蛋也按大小进行分级。鸡蛋大小分类表给出了每个类别中每打鸡蛋的最小重量（包括蛋壳）。注意，每个类别中每打（12个）与下一打相差85克。欧洲鸡蛋也按大小进行分级，1号是最大的（每个鸡蛋70克），7号是最小的（每个鸡蛋45克）。这个重量包括了蛋壳。

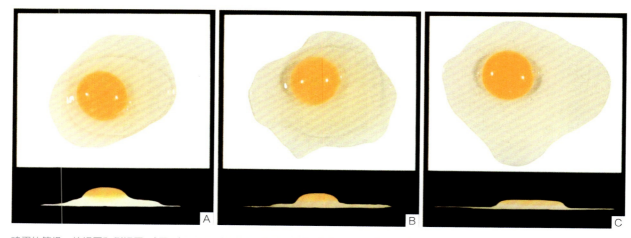

鸡蛋的等级：俯视图和侧视图，（图A）AA级，（图B）A级和（图C）B级。注意蛋清和蛋黄在较低的等级中，如何失去了厚度，流淌的范围更大。

大的鸡蛋是在烘焙和餐饮服务中使用的标准尺寸鸡蛋。去壳后整个的大鸡蛋、蛋黄和蛋清重量如下所示。

大鸡蛋平均值：去壳后的重量

1个鸡蛋=47克

1个蛋清=28克

1个蛋黄=19克

21个鸡蛋=1千克

36个蛋清=1千克

53个蛋黄=1千克

要称取整个鸡蛋的一部分重量或余量，比如0.5盎司或15克，可以将整个鸡蛋或多个鸡蛋搅打均匀，然后按重量称取。

按鸡蛋大小分类	
大小	**每打的最低重量**
特大	850 克
加大	765 克
大	680 克
中	595 克
小	510 克
特小	425 克

市场上的鸡蛋

1. 鲜鸡蛋或带壳鸡蛋

2. 冷冻鸡蛋

冷冻鸡蛋通常由高质量的新鲜鸡蛋制成，非常适合用于烘焙。它们经过巴氏杀菌，通常是以每罐14千克的形式购买。

如果解冻，将它们不开封放在冰箱冷藏里化冻，或者放在装有10～15℃的自来水的解冻槽里，解冻大约6个小时。不要在室温下或温水中解冻。使用前要充分搅拌均匀。

以下蛋制品是可以冷冻的：

（1）整个鸡蛋（全蛋）；（2）蛋清；（3）蛋黄。

冷冻蛋黄里通常含有少量的糖（一般约为10%；请核对标签说明），用于防止在冷冻的过程中各种成分分离。当加有糖的蛋黄用于生产蛋糕类等产品时，应该考虑到它们的含糖量，并减少配方中与之相当的含糖量。例如，如果使用含糖量为10%的0.5千克的蛋黄，要从配方中的糖里面减去56克的糖（0.5千克×1%）。

3. 鸡蛋粉

以下鸡蛋产品可以被制成粉状：

（1）整个鸡蛋；（2）蛋黄；（3）蛋清。

面包店里有时候会用到鸡蛋粉，不过比冷冻鸡蛋用得少。蛋清粉经常用于制作蛋白霜粉。鸡蛋粉制品也被制作成蛋糕混合料供商业制造商使用。

鸡蛋粉以两种方式加入烘焙食品中：与水混合制成液态鸡蛋，或与干的原材料混合，将多出来的水加入到配方中的液体部分里。

最重要的是要按照制造商对于鸡蛋粉和水的比例说明进行操作，因为鸡蛋粉产品各不相同。搅拌后，鸡蛋静置一段时间，让水被完全吸收。鸡蛋粉和蛋黄粉需要静置1小时，蛋清粉则需要3小时或以上。使用前要再次搅拌均匀。以下是鸡蛋粉复原的典型比例：

产品名称	按重量计算的鸡蛋和水的比例
鸡蛋粉	1：2.5
蛋黄粉	1：1～1：1.5
蛋清粉	1：5.5～1：6

与大多数干制品不同的是，鸡蛋粉不易保存。要密封好，冷藏或冷冻保存。

巴氏杀菌鸡蛋与卫生

近年来，生的或未加热成熟的鸡蛋引起沙门氏菌食物中毒的案例屡见不鲜。因此，厨师们更加关注鸡蛋的卫生问题。经过巴氏杀菌的蛋制品在更多的经营企业中被使用。

鸡蛋的作用

鸡蛋在烘烤的过程中有以下作用：

1. 形成结构：像面筋蛋白质一样，鸡蛋蛋白质凝固可以使烘烤的产品形成结构。这在高比例糖和油脂的蛋糕中尤为重要，因为高含量的糖和油脂会使面筋变弱。

如果大量使用，鸡蛋会使烘烤好的食品更有韧性或更耐咀嚼，除非用脂肪和糖来平衡它们，它们会充当软化剂。

2. 乳化脂肪和液体：蛋黄里含有天然的乳化剂，对制作出细滑的糊状物会有帮助，有助于增加成品体积和质地。

3. 发酵：打好的鸡蛋会在小细胞或气泡中吸收空气。在面糊中，这些滞留的空气受热时会膨胀，有助于发酵。

4. 起酥油作用：蛋黄中的脂肪起到了起酥油的作用。这是其他脂肪含量低的产品的一个重要功能。

5. 水分：鸡蛋中的大部分是水分（详见新鲜液体鸡蛋平均成分表）。这些水分必须作为配方中总的液体数量中的一部分来计算。例如，如果用蛋黄代替整个鸡蛋，或使用了鸡蛋粉，要调整配方中的液体，以考虑到这些产品中的不同水分含量。

6. 风味

7. 营养价值

8. 颜色：蛋黄能使面团和面糊呈现黄色。而且，当烘烤含有鸡蛋的面团时，鸡蛋很容易变成棕色，也会使外皮上色。

● 复习要点 ●

◆ 面包店中使用的牛奶和奶油产品主要有哪些种类？

◆ 面包店里使用的是什么类型的蛋制品？

◆ 为什么在许多制备工作中要使用巴氏杀菌鸡蛋？

◆ 鸡蛋在烘焙食品中的作用有哪些？

发酵剂类

与液体和固体不同的是，气体受热后会急剧膨胀。发酵是指在焙烤产品中加入气体以增加产品体积并形成造型和质地的过程。这些气体必须保留在产品中，直到产品的结构足以（通过面筋蛋白质和鸡蛋蛋白质的凝固和淀粉的糊化）保持住其形状。

烘焙食品发酵的三种主要气体是二氧化碳、蒸汽和空气。其中的两种气体，蒸汽和空气存在于所有的烘焙食品中。

发酵过程的一个重要部分是产生空气。发酵的气体被困在这些空气里，加热时会膨胀。面筋蛋白质或鸡蛋蛋白质约束住了这些气体，形成了烘烤食品的结构。更多关于发酵过程的细节将会在第5章中讨论。在这一节里，我们将讨论最重要的能够提供发酵气体的原材料或发酵剂。

发酵剂的准确测量是非常重要的，因为在烘焙产品中微小的变化可能会产生重大的缺陷。

酵母

酵母是面包、面包卷、丹麦面包和类似产品的发酵剂。本节介绍酵母的特性。酵母的处理及其在酵母面团中的应用会在第6章中讨论。

酵母的发酵

发酵是酵母菌作用于糖并将其转化为二氧化碳气体和酒精的过程。这种气体的释放对酵母产品产生了发酵作用。酒精在烘烤过程中和烘烤后会立即蒸发。

面包面团中的可发酵糖有两个来源：

1. 通过面包师将糖加入面团里。

2. 由面粉中的酶把小麦淀粉变成糖。这些酶存在于面粉中，和（或）由面包师以糖化麦芽的形式添加到面粉中。

酵母菌是一种通过产生酶来完成发酵过程的微生物。有些酶会把复合糖（蔗糖和麦芽糖）变成单糖。另一些则将单糖转化为二氧化碳气体和酒精。化学关系式如下：

$$C_6H_{12}O_6 \rightarrow 2CO_2 + 2C_2H_5OH$$

单糖　　　二氧化碳　　酒精

酵母菌是一种活的生物体，它对温度很敏感，如下所示。

1℃	不活跃（储存温度）
15～20℃	缓慢作用
20～32℃	最佳生长（面包面团的发酵和醒发温度）
38℃以上	反应缓慢
32℃	酵母菌被杀死

除了发酵的气体，酵母也有助于面包面团的风味。风味分子是由酵母菌在发酵过程中产生的。因此，长时间发酵生产的面包通常比短时间发酵生产的面包更有味道。

酵母的类型

烘焙用酵母可能是一种商业生产的酵母或存在于面团酵头发酵剂中的野生酵母培养物。面团酵头发酵剂的制备、使用和处理将在第8章中讨论。

商业酵母有三种形式：

1. 新鲜酵母又称压缩酵母，是潮湿的，并且容

新鲜酵母

活性干酵母和速溶干酵母

易变质。在速溶酵母出现前，新鲜酵母是大多数烘焙用途首选的酵母形式，至今仍被专业面包师广泛使用。通常以454克（1磅）的块状形式购买。在冷藏保存和仔细包装以避免干燥的情况下，新鲜酵母可保存2周。如果需要更长的储存时间（最多4个月），可以冷冻保存。避免使用已经变色或发霉的新鲜酵母。

在用直面法制作面团时，一些面包师会把新鲜酵母弄碎，直接加入面团中。但是，如果先用2倍重量的温水（38℃）软化新鲜酵母，酵母就会更加均匀地混合到面团里。

2. 活性干酵母是一种干燥的，颗粒状酵母。使用前，必须在4倍于自身重量的温水中溶解开。当在面包配方中使用活性干酵母时，使用配方中的一部分水溶解干酵母。不要再额外加入水。

由于干燥过程中的严格条件，活性干酵母中大约有25%的酵母细胞是死亡的。死亡酵母细胞的存在会对面团质量产生负面影响。因此，活性干酵母从未受到过专业面包师的欢迎。

3. 速溶干酵母又称迅速发酵酵母或快速发酵酵母，是一种新产品（20世纪70年代发明）。与活性干酵母一样，它也是一种干燥的颗粒状酵母，但在使用前不需要在水中溶解（如图所示，速溶干酵母在外观上几乎与活性干酵母相同，需要依靠包装进行识别）。它能够以干酵母的形式添加，因为它比普通干酵母更容易吸水。事实上，面包配方中首选使用方法是将其与干面粉混合。

耐渗透压酵母菌

少量的糖通过为酵母菌提供食物来帮助酵母发酵。然而，当糖的含量很高时，就像在许多甜面团产品中一样，糖就会抑制发酵。这是因为糖本身会吸引大量的水分，使酵母菌无法吸收水分，从而减缓了发酵。科学的解释是，糖产生了渗透压。

有一些特殊的酵母菌株可以忍受这种渗透压，并且在糖含量高的时候更活跃，这些酵母菌被称为耐渗透压酵母菌。

与活性干酵母不同，速溶干酵母含有很少的死亡酵母细胞。所以需要使用的量更少。一般情况下，只需要使用新鲜酵母用量的25%～50%，或者平均35%的用量即可。

速溶干酵母也会产生更多的气体，而且比普通干酵母产生气体的速度更快。这种特性使它适合于短时间发酵或没有时间发酵的面团。对于长时间发酵和酵头发酵，新鲜酵母可能是一个更好的选择。速溶干酵母的发酵时间必须仔细监测，以免发酵过度或醒发过度。

在含糖量高的面团中，通常会在配方中注明一种被称为耐渗透压酵母的特殊类型的速溶酵母，因为这种酵母在甜面团中表现得更好。如果配方中要求使用耐渗透压酵母，而只有普通的速溶酵母，那么可以将酵母的用量增加30%。

当需要使用酵母时，在本书中的大多数配方里会指定使用速溶干酵母或新鲜酵母，要用另外一种酵母来代替指定的这种酵母时，请遵循以下使用指南。关于如何在混合的过程中添加每种酵母的详细信息，请参阅前面的讨论内容。

- 要将新鲜酵母转换为普通活性干酵母，将其数量×0.5。例如，如果配方中要求使用42克的新鲜酵母，乘以0.5得到21克的活性干酵母。
- 要将新鲜酵母转换为速溶干酵母，将其数量乘以

0.35。例如，如果配方中要求使用40克的新鲜酵母，乘以0.35得到14克的速溶干酵母。

- 要将速溶干酵母转换为新鲜酵母，将其数量乘以3。例如，如果配方中要求使用14克的速溶干酵母，乘以3得到7克的新鲜酵母。

- 要将速溶干酵母转换为活性干酵母，将其数量乘以1.4。例如，如果配方中要求使用30克的速溶干酵母，乘以1.4得到42克的活性干酵母。

化学发酵剂

化学发酵剂是指那些通过化学反应释放气体的发酵剂。

小苏打

小苏打又称碳酸氢钠，如果和水分、酸在一起，小苏打会释放出二氧化碳气体，使产品发酵。

发生化学反应时并不需要加热（尽管在高温下气体释放得更快）。因此，使用小苏打发酵的产品必须立即烘烤，否则气体就会逸出，发酵力会丧失。

在面糊中与小苏打发生反应的酸包括蜂蜜、糖蜜、红糖、脱脂乳、酸奶油、酸奶、果汁和蓉泥、巧克力以及天然可可粉（没有经过荷兰加工法加工的）。有时酒石酸可以用来当作酸，配方中使用的小苏打的用量通常是用来平衡酸所需的量。如果需要更大的发酵力，可以用泡打粉，而不要再使用小苏打。

泡打粉

泡打粉是小苏打加上一种或多种与之起反应的酸的混合物。它们还含有淀粉，可以防止形成结块，使发酵力降低到一个标准水平。因为泡打粉的发酵力不依赖于配方中的酸性成分，所以它们的用途更为广泛。

- 单效泡打粉只需要水分来释放气体。与小苏打一样，只有在产品混合后立即烘烤时才可以使用。考虑到实用性，现在已经没有在售的单效泡打粉，但是可以按照下栏中的单效泡打粉的解释自己制作一份，实际上，单效泡打粉释放气体的速度太快，对大多数产品都不适用。

- 双效泡打粉在冷的时候会释放出一些气体，但它们需要加热来完成全部反应。因此，用这些材料制作的蛋糕面糊可以在搅拌初期就加入这些发酵剂，然后在烘烤前静置一段时间。

不要在配方中加入比所需用量更多的泡打粉，因

制作单效泡打粉

可以通过将下列原材料按标明的比例混合，制成一种简单的、自制的泡打粉（使用体积量取而不是按重量量取）。

小苏打	1汤勺	15毫升
玉米淀粉	1汤勺	15毫升
酒石酸	2汤勺	30毫升
总量	4汤勺	60毫升

酸盐

从技术上讲，泡打粉中的成分不含有酸，而是酸盐。这意味着它们在溶于水里之前不会释放出酸或像酸一样起反应。然而，为了简单起见，我们把这些化合物称为酸。

不同的泡打粉含有不同的酸盐组合，起反应的速度也不同。它们的反应方式称为面团反应速率，简称DRR。速效泡打粉在混合过程中会释放2/3的气体，在烘烤过程中会释放1/3的气体。缓效泡打粉在混合时会释放出1/3的气体，在烘烤时会释放出2/3的气体。

正如前面所解释的，在混合过程中释放出一些气体有助于形成发酵所需的空气细胞。然而，重要的是，在烘烤中也会释放出一些气体，以便进行适当的发酵。

速效酸包括酒石酸（酒石酸钾酸）和磷酸二氢钙（MCP）。缓效酸包括硫酸铝钠（SAS）和酸式焦磷酸钠（SAPP）。

为可能会产生令人不愉快的风味。

此外，过度发酵可能会产生质轻而松散的质地。蛋糕可能膨胀得太高，在还没烘烤成熟之前就塌陷了。

铵粉（臭粉）

铵粉是碳酸铵、碳酸氢铵和氨基甲酸铵的混合物，它在烘烤的过程中迅速分解，形成二氧化碳气体、氨气和水。只有热量和湿度对它的作用是必要的，不需要加入酸。

铵粉在烘烤中会完全分解，如果使用得当，不会留下影响风味的固体残渣。然而，它只能用于烘烤较小型的产品，例如曲奇等。只有在这样的产品中，铵气才能被完全驱除。

因为铵粉释放气体的速度非常快，所以经常用于需要快速发酵的产品，比如奶油泡芙。铵粉可以使面包师通过减少鸡蛋的数量来降低这类产品的成本。然而，由此生产的产品质量也就降低了。

化学发酵剂的储存

小苏打、泡打粉和铵粉必须密封保存。如果敞口，它们会从空气中吸收水分，失去部分的发酵力。它们必须存放在凉爽的地方，因为高温也会使它们变质。

空气

在搅拌的过程中，所有的面团和面糊中都混入了空气。即使在酵母或泡打粉发酵的产品中，空气的形成也很重要，因为空气收集并保留住了发酵气体。

有些产品大部分或全部由空气发酵。在这些产品中，空气主要通过两种方法入面糊里：乳化和起泡。这种空气在烘烤过程中会膨胀，使产品得到涨发。

1. 乳化是将油脂和糖一起打发以吸收空气的过程，它是制作蛋糕和曲奇的一项重要技法。一些磅蛋糕（黄油蛋糕）和曲奇几乎完全是用这种方法涨发的。

2. 起泡是打发鸡蛋的过程，可以加糖或不加糖，都是为了吸收空气。将全蛋打发至泡沫状用来发酵海绵蛋糕，而天使蛋糕、蛋白霜和舒芙蕾则通过蛋清打发至泡沫状来进行涨发。

蒸汽

当水变成水蒸气时，会膨胀到原来体积的1100倍大。因为所有的烘焙食品都含有一些水分，所以水蒸气是一种重要的膨松剂。

泡芙、奶油泡芙、酥饼和塔派面皮使用蒸汽作为主要或唯一的膨松剂。如果这些产品的起始烘烤温度高，水蒸气就会迅速产生，膨胀也会最大化。

· 复习要点 **·**

◆ 哪三种气体是烘焙食品发酵的原因？

◆ 面包店里使用哪种类型的酵母？

◆ 如果用一种酵母代替另一种酵母，应做什么样的换算？

◆ 酵母菌在什么温度下具有活性？在什么温度下它不活跃或被杀死？

◆ 面包店里使用的化学发酵剂是什么？

胶凝剂类

本节中讨论的这两种原材料与化学反应和营养是不相关的。明胶是一种蛋白质，果胶是一种可溶性纤维，是不被人体吸收的碳水化合物。然而，它们都被用来增稠或固化（凝胶）软的或液体的食物。

其他增稠剂和胶凝剂还有淀粉。

明胶

明胶是从动物结缔组织中提取的一种水溶性蛋白质。当足够数量的明胶在热水或者其他液体中溶解后，在冷却或冷冻时，液体就会凝固。当少量的使用时，液体会变得浓稠而不会凝固。

明胶由于其蛋白质的性质而变稠和凝结，形成长链。当少量使用时，这些长链会相互缠绕，所以液体不能自由流动。当使用的数量足够多时，这些长链就会彼此结合，形成网状结构，将液体困住，使其无法流动。

明胶的形式

食用明胶有粉状和片状的形式。粉状明胶在北美的厨房里是最常见的，片状明胶，又称叶状明胶，通常是糕点师的首选。由于明胶片是预先称好重量的，

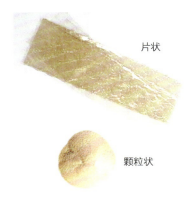

片状

颗粒状

明胶

明胶粉的重量　体积等量换算表	
重量	体积近似值
1 克	1.75 毫升
2 克	3.5 毫升
3 克	3 毫升
4 克	7 毫升
6 克	10 毫升
8 克	14 毫升
10 克	18 毫升
12 克	21 毫升
14 克	25 毫升
16 克	28 毫升
20 克	36 毫升
30 克	54 毫升

所以特别容易使用（这些凝胶片是等重的）。此外，当使用明胶片时，不需要对浸泡它的液体称重。下面将会对此进行解释。

正如后文膨胀软化明胶边栏中所解释的，同等重量的明胶粉和明胶片的凝胶能力并不相同。下面的等量换算非常实用：

（1）10茶勺明胶粉等于30克；（2）30克明胶粉与20片明胶片具有同等的凝胶能力；（3）1茶勺明胶粉重量约为2.8克；（4）1茶勺明胶粉与2片明胶片具有同等的凝胶能力。

重量-体积换算表列出了一系列的明胶重量和体积的等量换算。

明胶片的大小在1.7～3.3克，参见膨胀软化侧边栏中的内容。

明胶粉和明胶片可以互换使用，但处理方式不同。两种产品的处理方法和一种产品替代另一种产品的方法指南在下面会讨论到。

在配方中使用明胶

在配方中使用明胶需要三个主要步骤：

1. 明胶用水或其他液体浸泡至变软。明胶可以吸收其自身重量5倍的水分。

2. 泡软后的明胶加入到热的原材料中，或者与其他原材料一起加热，至其完全溶解。

3. 将混合物冷藏至凝固。

本书中大多数需要使用明胶的配方，都会使用明胶粉（其余的则是使用明胶片）。以下使用指南将有助于你使用需要明胶的配方：

- 当一个配方中需要使用明胶片时，在原材料列表中没有注明浸泡明胶片的液体。制作过程中，可

膨胀软化明胶

当与明胶关联使用时，术语bloom有两个意思：

1. 将明胶在水中泡软的过程称作膨胀软化（blooming）。要软化明胶，可以根据配方中的制作步骤，将明胶与水或其他液体混合。

2. 膨润度是一种由明胶形成的凝胶强度的量度。数值越大，凝胶的强度越大。膨润度越高的明胶凝固速度越快，受来自主要原材料的口味影响越少。

明胶粉的膨润度通常在230左右。单片明胶片的膨润度程度不同，但膨润度较低的多张明胶片重量更重，所以无论膨润度的程度如何，单片明胶片的凝胶力度都是一样的。一般情况下，制造商会给明胶贴上金、银和青铜的标签，如下所示：

金	200膨润度	每片2克
银	160膨润度	每片2.5克
青铜	130膨润度	每片3.3克

以按照使用说明直接将明胶片用冷水泡软。将指定重量的明胶片放入到大量的冷水中，浸泡至变软。把浸泡好的明胶片从水中取出，沥干水分，加入配方中。

- 一定要使用非常冷的水浸泡明胶片。如果水是温热的，有一部分明胶会溶解掉。
- 在没有给出一定量的浸泡液代替明胶粉的情况下，先量取明胶粉，然后加入5倍重量的冷水，让其静置浸泡，直至水分被完全吸收。
- 当配方中要求使用明胶粉时，通常会注明浸泡明胶粉所需水的数量。明胶粉或明胶片都可以应用到这些配方中。将称量好的明胶加入到称量好的水中浸泡。然后将明胶和浸泡液加入到混合物里。

例如，一个配方中要求使用明胶片，但是原材料列表中没有注明浸泡液，详见水果淋面。或者，一个配方中要求使用明胶粉，并且已经注明使用的浸泡液数量，详见香草巴伐利亚奶油。

巴伐利亚奶油、戚风馅料和许多慕斯的质地都依赖于明胶。更多的明胶使用详见第13章中的相关内容。

果胶

植物胶是由长链分子组成的碳水化合物，有点像淀粉。它们能吸收大量的水分，这使得它们对液体的增稠或凝胶作用非常实用。

果胶可能是这些植物胶中最为常见的。它存在于许多水果中。一般来说，未成熟的水果比成熟的水果含有更多的果胶。水果成熟后变软的原因之一是果胶分解了。

果胶是从水果中提取的，常用于使水果蜜饯、果酱和果冻等变稠或变成凝胶状。它还可以用来制作水果亮光剂，因为果胶可以使果汁和果蓉变稠或凝固。果胶与玉米淀粉等这样的原材料相比，一个重要优势是它能形成一种清澈而不浑浊的凝胶。

单独使用果胶，当添加到液体中时，液体会变稠，但不会凝固或形成凝胶。为了使果胶能够形成凝胶，必须有酸（例如果汁）和高含量的糖。这就是果酱和果冻含有如此多糖的原因之一。

果胶含量高的水果可以自然凝胶，不需要加入额外的果胶。这些水果包括蔓越莓、苹果和李子。柑橘类水果的外皮也含有果胶；这一特性在柑橘果酱的生产中非常实用。

制作果冻时，需要添加的果胶用量因水果的不同而不同。一般来说，50克果胶粉可以将2升果汁或果肉凝胶。

在第21章中有几种需要使用果胶的水果制作方法。

植物胶

除了果胶，还有其他一些树胶也常被用于食品生产中。其中大多数是生产厂家使用的，不太可能在面包店里找到。但是，下面的三种果胶，有些时候会被糕点师和面包师使用：

琼脂又称冻粉或韩天（它的日文名称），源自海藻，并以干缕或粉状的形式出售。它的用途很像明胶，只是不需要冷藏来凝胶化。这使得它特别适合在温暖的天气和不需要冷藏的产品中使用。与动物产品明胶不同，琼脂可以用在素食中。

一般来说，1份琼脂的胶凝力相当于8份明胶的胶凝力。

黄蓍胶通常被称为特拉格树胶，是从中东本地的一种灌木中提取的，被糕点师用来制作干佩斯，这是一种类似于糖霜的装饰产品。

黄原胶常被用于无麸质配方。

◆　**复习要点**　◆

- ◆ 面包店里用的是哪种形式的明胶？
- ◆ 在配方中使用明胶的三个基本步骤是什么？
- ◆ 明胶粉和明胶片或叶状明胶的膨胀软化或浸泡步骤是什么？

水果类和坚果类

水果产品

几乎任何一种新鲜水果都可以用来制作甜品。此外，各种干制、冷冻、罐装和经过加工的水果产品都是面包房里的重要原材料。这里列出了一些重要的水果产品，分成5大类，会在本书中的相应章节里学习如何使用这些产品。要了解更多关于新鲜水果的详细信息，请参阅第21章中的相关内容。

新鲜水果
苹果
杏
香蕉
浆果
樱桃
无花果
西柚
葡萄
猕猴桃
金橘
柠檬
青柠檬
芒果
瓜类
油桃
橙子
木瓜
百香果

桃子
梨
菠萝
李子
大黄（实际上，大黄不是一种水果，而是一种茎类植物）
罐装和冷冻水果
苹果（切片）
杏（半个）
蓝莓
樱桃（酸味的和甜味的）
桃（桃片和半桃）
菠萝（圈，块，粒，末，汁）
草莓
果脯
杏脯
无核葡萄干（加仑子，实际上是非常小的葡萄干）
枣脯

无花果脯
葡萄干（浅色和深色）
西梅
糖渍水果和蜜饯
樱桃
无花果
杂果
柠檬皮
橙皮
菠萝
其他经过加工的水果类
- 杏亮光剂或淋面
- 果酱，果冻以及蜜饯
- 制备好的果塔馅料
- 水果蓉泥和混合水果，通常是冷冻的（广泛用于水果巴伐利亚、酱汁、舒芙蕾以及其他甜品类产品中）

坚果类

大多数的坚果都是整个的、半个的、碎裂开的或切碎的。因为它们的油脂含量非常高，所以所有的坚果都有可能变味。需将它们在阴凉、避光的地方密封保存。面包店里最常见的坚果有以下几种：

杏仁： 面包房里最重要的坚果。有天然（带皮）和焯水（去皮）的多种形式：整粒，裂开，片状，切碎和磨碎的（杏仁粉）等。

巴西坚果

腰果

栗子： 必须要加热成熟。面包店里使用的形式是蓉泥状和糖渍过的（糖渍栗子）。

椰子： 甜椰子主要用于蛋糕装饰。不甜的椰子用作各种食品的原材料，如曲奇、马卡龙、蛋糕，以及馅料等。根据颗粒、薄片或椰丝的大小，有多种类型可供选择。最小的那种非常精细，类似于砂糖或马卡龙中杏仁粉的质地，也接近于玉米面的质地。大尺寸的椰子肉包括短条和长条，薄片，以及碎片等。

榛子： 最好是在使用前将其烘烤成熟，也有粉状的榛子（榛子粉或榛子面）可用。这是面包房里最重要的坚果之一，与杏仁和核桃仁一起使用。

夏威夷果

山核桃： 比核桃的价格要贵得多，常用于高档产品中。

花生

松子仁，可食松子： 小的果仁，通常经过烘烤以增强其风味。在意大利糕点中尤为重要。

开心果： 因为具有吸引力强的绿色核肉，常用于装饰。

核桃仁： 面包房里最重要的坚果之一，与杏仁和榛子一起使用。

杏仁　　　　　　　　　　巴西坚果　　　　　　　　　腰果

榛子　　　　　　　　　　夏威夷果　　　　　　　　　胡桃

松子仁或可食松子　　　　开心果　　　　　　　　　　核桃仁

坚果产品类

以下七种坚果是面包房里的标准原材料：

杏仁膏：价格昂贵但用途非常广泛的坚果糊，用于各种蛋糕、糕点、曲奇以及馅料中。它是由两份磨碎的细杏仁粉和一份糖，再加上足够的水分混合至合适的浓稠度而制成的。

杏仁酱：类似于杏仁膏的产品，但是便宜一些。它是用杏仁制作而成的，有一种强烈的杏仁味。

马卡龙酱：这款产品介于杏仁膏和杏仁酱之间，它是由杏仁膏和杏仁酱混合而成的。

杏仁糖：实质上是一种甜的杏仁酱，用于装饰和作为糖果制品原料。可以购买到成品，或者在面包店里由杏仁酱制作而成。

开心果酱：类似于杏仁膏，但是使用的是开心果仁。

果仁糖酱：由杏仁和（或）榛子及焦糖制成，将所有的原材料研磨成糊状。它常被用来制作糖霜、馅料、糕点和奶油的调味料。

坚果粉：坚果被研磨成粉状，但没有精细到变成了糊状。杏仁粉是最广泛使用的坚果粉。通常用来制作精致的糕点。

巧克力与可可

巧克力和可可都是从可可豆中提取出来的。当可可豆经过发酵、烘烤和研磨后，得到的产品称为巧克力浆，其中含有一种白色或黄色的脂肪，称为可可脂。

更多的关于巧克力特性和加工处理巧克力的相关信息请见第23章。本章是对巧克力产品的概述。

可可粉

可可粉是巧克力浆中除去部分可可脂后剩下的干粉。荷兰工艺可可粉或荷兰可可粉，是使用碱加工而成的。它的颜色略深，口感更顺滑，比天然可可粉更容易在液体中溶解。

天然可可粉带有点酸性。当在蛋糕等产品中使用它时，可以使用小苏打（可以与酸反应）作为发酵力的一部分。

另一方面，荷兰可可粉通常是中性的，甚至是弱碱性的。因此，它不与小苏打起反应（详见用来平衡可可粉产品酸度的小苏打用量表中的内容）。相反，泡打粉被用来作为唯一的发酵剂。如果用荷兰可可粉来代替天然可可粉，每去掉15克的小苏打，就要多放

天然可可粉（非碱化可可粉）

荷兰工艺可可粉（碱化可可粉）

30克的泡打粉。

如果巧克力产品中没有使用足够的小苏打，成品的颜色可能从浅棕色到深棕色不等，这取决于使用的数量。如果使用得太多，颜色会变成红棕色。这种颜

色是制作魔鬼蛋糕需要的，但在其他产品中可能并不需要它。当从一种可可粉切换到另外一种可可粉时，需要调整配方中的小苏打用量。

咸香风味的原材料

本章中列出的原材料并没有包括被面包师或制备面团产品的工人使用的所有的原材料。披萨只是酵母面团产品的一个例子，它可能包含了厨房里几乎所有的食物原材料。甚至简单的酵母面包也可能含有橄榄、熟化奶酪或肉制品等。新鲜的和干制的香草用于许多咸香风味的面包产品中，例如香草佛卡夏。事实上，面包师用来发挥创造力的原材料有很多。

用来平衡可可粉产品酸度的小苏打用量表	
可可粉产品	每千克含有的小苏打数量
天然可可粉	80 克
荷兰可可粉	0 克
不加糖巧克力	50 克
加糖巧克力	25 克

不加糖巧克力或苦味巧克力

不加糖巧克力是纯巧克力浆。它不含糖，有强烈的苦味。因为它是模塑成块状的，也被称为块可可或可可块。常被用来给没有甜味来源的食物调味。

不加糖的巧克力又称苦味巧克力（原味巧克力）。不要把这个产品和苦甜巧克力相互混淆，半甜巧克力是一种低糖的甜味巧克力。

在一些便宜品牌的不加糖巧克力中，可可脂可能会用另外的脂肪替代。

甜味黑巧克力

甜味黑巧克力是添加了不同比例糖和可可脂的苦味巧克力。根据添加的糖量，黑巧克力可分为以下几种：

- 甜味巧克力含糖量最高，巧克力浆含量最低。一种甜味巧克力的产品标注着可能只含有15%的巧克力浆，由于可可含量低，该产品主要用于廉价的糖果，而不用于优质的巧克力制品中。
- 半甜巧克力必须含有至少35%的巧克力浆，但通常是50%~65%。它广泛应用于糖果，糕点和甜点产品的制作中。
- 苦甜巧克力中巧克力浆的含量最高，一般在65%~85%。在这个范围内的高端产品有时会被贴上"超苦甜巧克力"的标签。由于它的可可含量较高，苦甜巧克力被用于最优质的烘焙食品、糕点、甜品和糖果中。

注：根据美国政府的规定，半甜巧克力和苦甜巧克力没有区别，两者的巧克力浆的最低含量都是

35%。然而，大多数制造商使用"苦甜"一词来形容他们的产品可可含量较高。

在本书中，当配方中需要使用甜味黑巧克力时，通常会指定使用半甜巧克力。当高巧克力浆含量的优质巧克力对制作出最佳产品是关键的原材料，苦甜巧克力就是指定使用的巧克力。

因为甜味巧克力中只有一半的巧克力是苦味巧克力（未加糖），所以在已经加了很多糖的产品中加入这种巧克力通常是不经济的，因为需要加入2倍的用量。例如，在利用白色风登糖制作巧克力风登糖时，最好是用苦味巧克力。

高质量的巧克力产品，不仅包括黑巧克力，还有牛奶巧克力和白巧克力（见下文内容），通常被称为"考维曲"（couverture），在法语中是"涂层"的意思。当考维曲巧克力被用来覆盖糖果、曲奇和其他产品时，巧克力必须通过调温（tempering，又称回温）的过程来进行制作。这包括小心地融化巧克力，不要让它变得太热，然后把温度降低到一定的程度。

巧克力涂层

便宜一些的巧克力，用其他脂肪代替了一部分可可脂，使其更容易加工处理，而不需要调温处理。然而，它们没有优质巧克力的风味和食用品质。这些产品以下面这些名称进行售卖：曲奇涂层、蛋糕涂层、烘焙巧克力、涂层巧克力和复合巧克力等。不要将巧克力涂层和考维曲巧克力混淆。这两种产品是完全不同的，即使考维曲的意思是"涂层"。如果这种低质量的巧克力只是被称为烘焙巧克力，而不用涂层这个词，就不会那么令人困惑了。

牛奶巧克力

牛奶巧克力是添加了牛奶固形物的甜味巧克力。它通常被用作涂层巧克力和各种糖果中。牛奶巧克力很少会经过融化，然后加入糊状物中，因为它含有的巧克力浆比例相对较低。

可可中的脂肪含量

当来自可可固体中的巧克力浆经过压榨以去掉可可脂时，并不是所有的可可脂都被去掉了。因此，可可粉中含有一些以可可脂形式存在的脂肪。在加拿大和美国，标有可可的产品至少含有10%的可可脂。普通可可粉中的脂肪含量为10%～12%，称为10/12可可。高脂可可的脂肪含量为22%～24%，称为22/24可可。这两种可可都常用于面包店中。对于热可可饮料，通常使用22/24可可。欧洲可可通常含有20%～22%的脂肪，称为20/22低脂可可，脂肪含量低于10%，必须有特殊的标签，并且很难生产。这种可可价格昂贵，在一般的面包店里并不常用到。

可可脂

可可脂是加工可可时从巧克力液中压榨出来的脂肪。它在面包店中的主要用途是将融化后的考维曲巧克力稀释到合适的浓稠程度。

白巧克力

白巧克力由可可脂、糖以及牛奶固形物等组成，主要用于糖果生产中。从学术上讲，它不应该被称为巧克力，因为它不含有可可固形物。但是白巧克力这个名字是常用名称，一些廉价的白巧克力品牌，在制作过程中使用了其他的脂肪来代替可可脂，不但不含可可固形物，也没有其他的巧克力成分。

代可可和巧克力

可可与苦味（未加糖）巧克力一样，含有少量的可可脂。因此，在烘焙食品中经常可以用一种产品代替另一种产品。起酥油通常可以用来代替缺失的脂肪。然而，不同的脂肪在烘烤中的作用是不同的。例如，普通起酥油的起酥力约为可可脂的2倍，因此许多产品，例如蛋糕，只需要使用其一半的用量。这里给出的换算步骤考虑到了这种差异。

由于这些不同的因素，以及蛋糕、曲奇和其他产品的烘烤特性的不同，建议在配方中使用替代品时，尝试着先烘烤一小批次，以便进行其他的调整。

换算步骤： 用天然可可代替未加糖的巧克力

1. 将巧克力的重量乘以5/8，结果就是可可的使用量。
2. 从巧克力原来的重量中减去可可的重量，这个差值除以2，结果就是配方中起酥油的用量。

举例说明： 用天然可可代替1磅的巧克力。

$$5/8 \times 16盎司 = 10盎司可可$$

$$\frac{16盎司 - 10盎司}{2} = 3盎司起酥油$$

换算步骤： 用未加糖的巧克力代替天然可可

1. 将可可的重量乘以8/5，结果就是巧克力的使用量。
2. 从巧克力重量中减去可可重量，除以2。以此量减少混合料中起酥油的重量。

举例说明： 用未加糖的巧克力代替1磅的天然可可。

$$8/5 \times 16盎司 = 26盎司巧克力（四舍五入）$$

$$\frac{26盎司 - 16盎司}{2} = \frac{10}{2} = 5盎司减少的起酥油重量$$

可可中的淀粉含量

可可粉中含有淀粉，容易吸收面糊中的水分。因此，当可可粉被加入到混合物中时，例如，将黄色蛋糕变成巧克力蛋糕时，面粉的数量就会减少，以添加的淀粉进行弥补。具体的调整会根据产品的不同而不同。但是，根据经验可以使用以下的方法：

将面粉重量减少3/8（37.5%）。因此如果加入400克的可可粉，将面粉减少150克。

巧克力中也含有淀粉。例如，当融化的巧克力加入到风登糖中时，由于淀粉的存在，风登糖变得更硬，通常需要变软一些。一般情况下，淀粉的干燥作用会被可可脂的软化效果所平衡。将巧克力和可可混合到各种产品中的方法将在适当的章节中进行讨论。

盐、香料和调味料（风味调料）

盐

盐在烘焙中起着重要的作用，不仅仅是调味品或风味增强剂，还有其他的功能：

盐能强化面筋结构，使其更具延展性。因此，它改善了面包的质地和纹理。当有盐存在时，面筋能容纳更多的水分和二氧化碳，让面团在保持其产品结构的同时膨胀得更大。

盐抑制了酵母菌的生长。因此,重要的是控制面包面团的发酵，防止不受欢迎的野生酵母菌生长。

基于这些原因，必须小心控制配方中盐的数量。如果使用了太多的盐，发酵和醒发就会减慢。如果没有使用足够的盐，发酵就会进行得太快。在加有大量糖的面团中使用酵母，其结果是面包外皮不能被烘烤成美观的棕色。发酵过度的后果会在第6章中讨论。由于盐对酵母的影响，一定不要直接将盐加入到软化酵母的水里。

香料

香料是用于给食品调味的植物或蔬菜。用作香料的植物部分包括种子，花蕾（例如丁香），根（例如姜），树皮（例如肉桂）。香料通常是整个的或研磨碎的。研磨碎的香料很快就会失去其风味，所以随时准备新鲜的香料非常重要。将它们密封保存在阴凉、避光、干燥的地方。

少量的香料通常有很强烈的香味，所以仔细准确地称取香料是非常重要的。例如，过多的豆蔻会使产品无法食用。在大多数情况下，最好是使用少量的香料而不要使用太多的香料。

以下是面包店里最重要的香料和香料籽：

香草（香子兰）

香草是糕点店里最重要的调味品，这种风味的来

牙买加胡椒（多香果）　　　大茴香　　　葛缕子

小豆蔻　　　肉桂　　　丁香

姜　　　桂皮　　　豆蔻

芝麻　　　柠檬和橙子的外皮（带有颜色部分的外皮）

源是一种成熟的、经过部分干燥处理的热带兰花果实。这种果实被称为香草豆或香草豆荚，很容易购买到，但价格很高。尽管香草豆荚的价格不菲，但在制作最优质的糕点、甜品酱汁和馅料方面，香草豆荚还是非常受糕点厨师的青睐。

可以直接使用香草豆荚来给产品调味。最简单的方法是在液体加热时直接加入一根香草豆荚，使香草风味被提取出来，然后取出豆荚。为了增加风味的浓郁程度，加入前可以把豆荚纵长切开。取出豆荚后，从豆荚里刮出细小的黑色香草籽，把它们放回到液体中。

香草豆荚也可以用来给不需要加热的食品增加风味，例如打发好的奶油。只需将香草豆荚纵长切开，将香草籽刮取下来，将它们在制备奶油的过程中加入进去即可。

香草豆荚

一种更常见和更经济的香草调味方法是使用香草香精。香草香精是通过将香草豆荚的香味元素溶解在酒精溶液中制成的。使用时，只需按照配方中列出的数量直接加入液体即可。

香草豆荚和香草香精没有确切的等量换算标准。这是因为从豆荚中提取出来的风味的强度取决于很多因素，例如它在液体中停留的时间，是否被劈切开等。不过，根据经验是每根香草豆荚可以使用1/2～1茶匙的香草香精代替。

此外，还有纯天然香草粉可用，它是纯白色，可以用来给白色的产品带来优良的香草风味，例如糖霜或打发好的奶油。

提取（萃取）和乳液（乳剂）

提取是指在酒精中溶解的风味油和其他物质。这些可以提取的食物包括香草、柠檬、苦杏仁、肉桂和咖啡等。如果没有咖啡提取物，可以取近似值计算。将150克的速溶咖啡粉溶解到350克的水中。

乳液是在植物胶等乳化剂的帮助下与水混合的风味油。柠檬和橙子是最常用的乳液，它们的风味非常浓郁。例如，同样的风味，使用的柠檬乳液要比柠檬提取物要少一些。

调味料一般可以分为两类：天然的和人造的。天然调味料通常比较贵，但风味好。例如，人造香草是一种被称为香草醛的化合物，广泛用于工业烘焙食品中，但缺乏天然香草那种丰富而复杂的风味层次。因为调味料和香料都是少量使用的，所以并不会贵出很多。为了在制作蛋糕时节约成本而使用劣质的调味料是错误的选择。

酒精

在糕点店里，各种酒精饮料是常用的调味原材料，包括甜酒（通常称为利口酒），非甜酒和葡萄酒等。

许多利口酒是水果风味的，其中最重要的是橙味的（包括君度、金万利、橙皮甜酒）和黑醋栗甜酒或黑加仑，其他重要的风味还有苦杏仁（意大利苦杏酒）、巧克力（可可甜酒）、薄荷（薄荷甜酒）和咖啡（咖啡甜酒、咖啡利口酒、添万利咖啡酒）。

不含甜味的酒包括朗姆酒、干邑白兰地、卡巴度斯苹果酒（一种由苹果制成的白兰地），以及樱桃酒（一种由樱桃制成的无色白兰地）。

两种最重要的葡萄酒都是甜葡萄酒：马萨拉白葡萄酒（来自西西里岛）和马德拉（来自葡萄牙同名岛）。

— ◆ 复习要点 ◆ —

- ◆ 不加糖的巧克力有哪些成分？
- ◆ 面包店里使用的主要类型的甜味巧克力有哪些？请描述它们。
- ◆ 盐在烘焙食品中的作用是什么？

术语复习

hard wheat 硬质小麦	all-purpose flour 中筋面粉	emulsion 乳化
baker's cheese 面包师奶酪	strong flour 高筋面粉	durum flour 硬质小麦面粉
shortening 起酥油	cream cheese 奶油奶酪	weak flour 低筋面粉
self-rising flour 自发粉	regular shortening 常规型起酥油	leavening 发酵
soft wheat 软质小麦	whole wheat flour 全麦面粉	bran 麸皮
emulsified shortening 乳化起酥油	fermentation 发酵	fresh yeast 鲜酵母，新鲜酵母
bran flour 麦麸面粉	margarine 人造黄油（玛琪琳）	pasteurized 巴氏杀菌
germ 胚芽	cracked wheat 碎小麦	rye flour 黑麦粉
compressed yeast 压缩酵母	endosperm 胚乳	bolting 筛
ultrapasteurized 超高温灭菌	active dry yeast 活性干酵母	instant dry yeast 速溶干酵母
rye meal 黑麦粉	UHT pasteurized 超高瞬时灭菌	whole milk 全脂牛奶
break system 破碎系统	sucrose 蔗糖	stream 细粉
osmotolerant yeast 耐渗透压酵母	carbohydrate 碳水化合物	milk fat 乳脂

chemical leavener 化学发酵剂　patent flour 特级面粉　simple sugar 单糖

sodium bicarbonate 小苏打　clear flour 次级面粉　complex sugar 复合糖

skim milk 脱脂牛奶　single-acting baking powder 单效泡打粉

straight flour 头磨面粉　invert sugar 转化糖　nonfat milk 脱脂奶

double-acting baking powder 双效泡打粉　extraction 萃取

granulated sugar 砂糖　low-fat milk 低脂牛奶　baking ammonia 铵粉

gluten 面筋　confectioners' sugar 糖粉　butterfat 乳脂

fortified nonfat or low-fat milk 强化脱脂牛奶或低脂牛奶　creaming 乳化

amylase 淀粉酶　brown sugar 红糖　homogenized milk 均质乳

foaming 泡沫　diastase 淀粉酶　syrup 糖浆

whipping cream 淡奶油　gelatin 明胶　pentosane 戊聚糖

simple syrup 单糖浆　light cream 低脂奶油　pectin 果胶

ash 灰分，灰质　dessert syrup 甜品糖浆　half and half 半脂奶油

chocolate liquor 巧克力浆　carotenoid 类胡萝卜素　molasses 糖蜜，糖浆

sour cream 酸奶油　cocoa butter 可可脂，可可油　absorption 吸收

glucose 葡萄糖浆　crème fraîche 鲜奶油　cocoa 可可

enriched flour 强化面粉　corn syrup 玉米糖浆　buttermilk 脱脂乳，酪乳

dutch process cocoa 荷兰可可粉　dough conditioner 面团调整剂

malt syrup 麦芽糖浆　yogurt 酸奶　couverture 考维曲巧克力

vital wheat gluten 谷朊粉　oil 油　evaporated milk 炼乳

tempering 调温，回火　bread flour 面包粉　saturated fat 饱和脂肪

condensed milk 浓缩奶炼乳　extract 提取　cake flour 蛋糕粉

unsaturated fat 不饱和脂肪　dried whole milk 全脂奶粉　pastry flour 糕点粉

hydrogenation 氢化作用　nonfat dry milk 脱脂奶粉

复习题

1. 为什么白面粉会用在黑麦面包和全麦面包中？欧洲的一些面包房会生产一种100%黑麦面粉的粗麦面包，你希望它的质地是什么样的？

2. 描述如何通过触觉和视觉来区分面包粉、糕点粉和蛋糕粉。

3. 为什么白面粉比全麦面粉有更好的保存品质？

4. 老化在面粉生产中的重要性是什么？在现代面粉生产中老化是如何实现的？

5. 什么是次级面粉？它用于什么产品？

6. 列出糖在烘焙食品中的五种功能。

7. 什么是转化糖，什么特性使它在烘焙中非常实用？

8. 是非题：10x糖是最纯净的蔗糖之一。解释你的答案。

9. 普通起酥油和乳化起酥油有什么区别？蛋糕玛琪琳和糕点玛琪琳有什么区别？

10. 在塔派面团中使用黄油作为油脂的优点和缺点是什么？

11. 列出鸡蛋在烘焙食品中的八种作用。

12. 单效泡打粉和双效泡打粉有什么区别？哪种最常用，为什么？

13. 解释如何在配方中使用凝胶片，说明如何使用凝胶粉代替凝胶片。

5

烘焙的基本原理

读完本章内容，你应该能够：

1. 说明在焙烤产品中控制面筋形成的影响因素。
2. 解释面团或面糊在其烘烤中发生的变化。
3. 说明如何防止或延缓焙烤食品老化的方法。

　　当考虑到大多数面包店的产品都是用同样的几种原材料制成的，面粉、起酥油、糖、鸡蛋、水或者牛奶，以及发酵剂，应该不难理解准确性在面包店里的重要性，比例或者制作步骤上的些许变化可能带来产品的巨大差异。要达到预期结果，不仅准确称量所有的原材料是非常重要的，理解在搅拌和烘烤的过程中发生的所有复杂反应也非常重要，这样就可以控制这些制作过程。

　　在本章中，通过讨论烘焙食品常见的基本流程，介绍烘焙店的生产过程。

混合（搅拌）及面筋的形成

面团和面糊的混合是一个复杂的过程，它涉及的不仅是把原材料搅拌到一起。为了有助于掌握适用于本书中的产品，从面包面团到蛋糕面糊的混合过程或者方法，需要了解在混合中发生的许多化学反应。

基本的混合过程

一般来说，在制作面团和面糊的过程中有以下三个混合阶段：

（1）将原材料搅拌到一起；（2）形成面团；（3）面团的醒发。

这些阶段相互之间会重叠。例如，原材料混匀之前，面团就开始形成和醒发了。以这种方式思考混合的过程有助于理解在此期间发生了什么。

不同的产品包含不同比例的原材料。例如，比较一下法式面包面团和蛋糕面糊。第一种面团中没有油脂和糖，而第二种面糊中大量的加入了这两种原材料。第一种面团在混合时加入的液体比例较小，所以它是一种硬质面团，烘烤后会成为耐嚼的产品，而不是像蛋糕糊那样的半流质面团，烘烤后变成柔软的产品。由于以上原因，两种产品需要不同的混合方法。

在本书中的其余大部分内容里，我们主要关注的是面包店产品的正确混合方法。每一种混合方法，首要的目标是控制列出的三个混合的阶段。在这个讨论中，我们特别关注混合中发生的三个特殊过程：空气细胞的形成，各种成分的水合作用以及氧化作用。

气室的形成

在面包和其他烘焙食品的切面上可以看到气室。这些气室形成了食品内部的多孔性结构（烘焙食品内部被面包师称为面包心。换句话说，一条面包由两部分组成，面包外皮和面包心）。

气室的形成是发酵过程中必要的一部分。这些气室由一些开放的空间组成，周围环绕着蛋白质，如面筋蛋白质或蛋清蛋白质。当发酵剂形成气体时，气体就会聚集在气室内。当气体在烘烤中膨胀时，气室就会拉伸和扩大。最终，烘烤的热量使气室壁变得坚固，为所烘烤食物提供了结构和支撑。

重要的是要明白在烘烤的过程中不会形成新的气室。所有能够发酵的气室都是在混合过程中形成的，混合过程一开始气室就开始形成。在面粉颗粒和其他干性原材料间存在着大量的空气。

在一些情况下，比如某些蛋糕，当加入液体原材料时，会带入额外的气室，比如拌入打发好的鸡蛋时。

气室在开始混合的时候通常相当大，但随着混合的继续进行，面筋和其他蛋白质生长并拉伸形成更多的气室壁时：这些气室会分裂成更小的气室。这意味着混合的时间长度决定了食品的最终结构。换句话说，要得到想要的结构，需要进行恰如其分的混合。

水合作用

水合作用是吸收水分的过程。烘焙食品中的许多原材料会以不同的方式吸收水分或与水发生反应。所有这些过程对于面团的形成是必需的。

按重量和体积计算，淀粉是构成面包面团和大多数其他面团和面糊的最大成分。它不溶于水，但却能吸引水分子并与水分子结合，经受形式上的变化。水分子没有被淀粉颗粒吸收，而是附着在它们的表面，在周围形成一层外壳。在烘烤的过程中，热量会促使淀粉吸收水分并呈凝胶状。糊化有助于形成烘焙食品的结构；这将在本章后面部分的内容里进行讨论。原材料的混合中，如果没有水化作用，就不能发生凝胶作用。

蛋白质大多不溶于水，但它们在混合中也会吸引水分子并与水分子结合。面筋蛋白质在干面粉中呈紧密的卷状。一旦接触到水分，就会展开。然后，混合会使变直的蛋白质粘连到一起，形成长的面筋纤维。换句话说，水分对面筋的形成至关重要。

酵母需要水分才能变得充满活性，并开始发酵糖并释放出二氧化碳气体。同样的，盐、糖和化学发酵剂，如发酵粉，对烘焙食品的干燥状态没有影响。它们必须溶解在水中才能发挥作用。

水还有许多其他的功能。例如，控制水温使面包

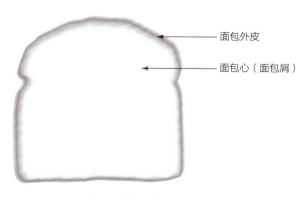

面包外皮

面包心（面包屑）

面包外皮和面包心

师能够控制面团或面糊的温度。调整水或其他液体的量，能够使面包师调整面团或面糊的浓稠度或者柔软度。

氧化作用

氧化作用是在面粉混合中，空气中的氧气与蛋白质和面粉中的其他成分发生反应的过程。当混合时间过长，氧化作用就会增加。因此，它是酵母面团混合的一个重要因素。当搅拌时间较短时，例如在制作蛋糕、曲奇和油酥面团等产品时，氧化作用就不那么重要了，面包师通常不会考虑氧化作用。

氧化作用最重要的影响是面粉中的面筋蛋白质和色素。在混合过程中，氧气与面筋蛋白质结合，使它们变得更强劲。这使得面包面团具有更好的结构。随着搅拌的继续进行，氧气与面粉中的色素混合，使其变白。面包变得更白。然而，同样的过程会破坏面包的一些风味和芳香味道，导致面包味道变淡。

盐减缓了氧化作用。在搅拌过程的早期加入盐可以延缓色素变白，其结果是面包不再那么白，但是风味会更好。如果想要一种更白的面包，可以在稍后的混合中，在大部分色素已经被氧化后加入盐。

所以有些氧化作用是可取的，因为它能产生更好的面筋结构。但面包师为了保持风味，应尽量避免过多的氧化作用，以保持味道。面包面团中的氧化量可以通过适当的搅拌时间得到控制。

控制面筋的形成

众所周知，面粉主要是淀粉，但它含有形成面筋的蛋白质，而不是淀粉，这是面包师最关注的。面筋蛋白质是给烘烤食品带来层次结构所必需的。然而，面包师必须能够控制面筋。例如，我们希望法式面包脆硬又耐嚼，这就需要大量的面筋。另一方面，如果希望蛋糕是柔软的，蛋糕里面形成很少的面筋才行。

麦谷蛋白质和麦醇溶蛋白质是在小麦面粉中的两种蛋白质，在其他谷物中，如黑麦和斯佩耳特小麦，含量要少得多。在混合的过程中，这两种蛋白质与水结合（也就是说，它们是水合物），并形成一种可拉伸的物质，称为面筋。正如之前所述，当水合麦谷蛋白质和麦醇溶蛋白质展开并相互连接形成长链时，面筋就形成了。在混合的过程中，这些蛋白质链逐渐拉伸并缠绕在一起，形成一个富有弹性的网状物，称为面筋结构。

凝固是指面筋蛋白变得紧密或硬化，通常是由加

热引起的。当面筋蛋白在烘烤中凝固时，会凝结成一种牢固的结构。

柔软而有柔韧性的面包面团被转化成坚韧的、保持着其形状的面包心。凝固的副作用是蛋白质会释放出它们在混合中吸收的大部分水分。有些水分蒸发了，有些被淀粉吸收了。

原材料的比例和混合方法，在一定程度上取决于它们对面筋形成的影响。面包师用以下几种方法来调整面筋的形成。

面粉的选择

小麦粉中的蛋白质，特别是来自硬质小麦制成的特等面粉中的蛋白质，能形成优质的面筋，这种面筋具有较强的韧性和弹性。次级面粉中含有丰富的蛋白质，但它们形成的面筋品质稍差。

小麦粉根据蛋白质含量的不同被划分为高筋面粉和低筋面粉。高筋面粉来自硬质小麦，蛋白质含量高。低筋面粉来自软质小麦，蛋白质含量低。因此，我们使用高筋面粉制作面包，用低筋面粉制作蛋糕。

黑麦中的蛋白质形成的面筋质量较低，不能满足普通面包的需要，尽管有一些特色面包，质地较厚重，全部是由黑麦制成。斯佩耳特小麦也含有少量面筋蛋白质，但品质较差。大多数其他谷物，比如玉米、荞麦以及大豆完全不含有面筋蛋白质。要使用黑麦或其他谷物制作面包，配方必须与一些高筋面粉相平衡。

油脂和糖

用于烘焙的油脂都被称为起酥油，因为它能缩短面筋链，通过包围面筋颗粒并润滑它们，使它们不会粘连在一起。

曲奇或糕点非常松脆，是因为油脂含量高，并且几乎没有面筋形成，被称为起酥。这充分说明为什么法式面包几乎不含有或者根本没有油脂，而蛋糕中却含有大量的油脂。

在两阶段蛋糕混合法中，面粉与起酥油混合得非常彻底，即使是混合几分钟，也很少会形成面筋。

糖是另外一种抑制面筋形成的物质。糖是吸湿剂，意味着它能吸附水，并与水结合，被糖吸附了的水无法形成水合面筋。

水

面筋蛋白质形成前必须吸收水分，配方中的水分含量会影响到它的韧性和柔软性。

一般来说，面筋在水中的吸收能力是其自身重量的2倍。添加到面粉中的大部分水分都被淀粉吸收了，所以蛋白质不能完全吸收水分。缺水的蛋白质通过防止面筋的形成，保持了产品的柔软。例如，塔派皮和脆饼都是使用很少的液体制作而成的，以保持它们的柔软度。在这些配方中添加一点点的水都会激活更多的面筋，使产品变得坚韧。

一旦所有面筋蛋白质与水化合，多加水对面筋的形成没有任何作用。事实上，如果加入了大量的水，面筋就会被稀释而弱化。

面包面团中使用的水，特别是水的硬度和pH，也会影响到面筋的形成。水的硬度是指水中的矿物质含量，特别是钙的含量。矿物质含量高的水称为硬水。硬水中的矿物质会强化面筋，通常含量太高，会使面团弹性增大，难以操作。太软的水会使面团变得松弛、黏性太大。无论是水质处理，还是面团调节剂都可以用来抵消这些影响。

水的pH是衡量其酸度或碱度的指标，指数在0～14。强酸的pH趋近于0，而强碱的pH趋近于14。纯水是中性的，pH=7。水中的矿物质含量往往会提高其pH。在pH5～6的轻微酸性环境中，面筋形成得最好。烘焙食品的柔软度可以通过添加酸，例如果汁等来调整，使pH<5，或者添加碱（例如小苏打等），使pH>5。酸酵母面团是酸性的，所以比普通酵母面团更柔软，更带有黏性。

混合方法与时间

当制作面团的各种原材料混合到一起时，会发生三个重要的过程：

1. 将水和面粉搅拌到一起的混合作用，如此，面粉蛋白质就可以水合，这是形成面筋的第一步。

2. 空气被混入到面团里，空气中的氧气与面筋发生反应，帮助面筋强化，使其更富有弹性。

3. 搅拌作用通过拉伸和调整面筋链，使其形成一个弹性的网状结构以形成面筋。

面包面团最初是柔软而带有黏性的。随着面筋的形成，面团变得光滑而不再粘连。当面团达到形成面筋的理想状态时，称为成熟。如果继续搅拌，面筋会断裂开，面团会变得黏稠。搅拌过度会导致面包体积变差，因为破碎的面筋不再能够支撑起面包的结构组织。

在需要柔软度的产品中，例如曲奇、蛋糕和酥类面团，搅拌时间比较短暂。对于这些产品来说，需要形成一些面筋，否则会太松散。塔派面团不会聚拢在一起，饼干塌陷而不是膨胀，并且曲奇会碎裂开。但是，过度混合会导致产生韧性。

面团松弛是制作面团的一项重要技术。经过搅拌或揉制后，面筋会变得富有弹性并绷紧。这时，面团就变得很难操作，或者很难成型。经过一段时间的休息或者松弛，可以让面筋调整到新的长度和形状，面团就不会变得那么紧绷了。这样面团在处理起来时更加容易，收缩的趋势也就更小了。

发酵

酵母发酵有助于面筋的形成，因为面团中气室的扩大拉伸了面筋，就像混合一样。此外，发酵中产生的酸类也有助于面筋结构的形成。经过一段时间的发酵，酵母面团中的面筋会更强壮，更富有弹性。

在强化面筋的同时，发酵的过程也能使产品更加柔软。这是因为空气在拉伸时变得更薄，使得制成的产品更容易咀嚼。

另一方面，过度发酵会损害面筋的组织结构，因为面筋会被过度拉伸，导致面筋链撕裂，失去弹性。过度发酵的面团质地较差，类似于过度混合的面团。

在蛋糕面糊等产品中加入过多的泡打粉会产生类似酵母面团过度发酵的结果。蛋糕面糊中的蛋白质结构拉伸过度，就会撑不住，很可能会坍塌。其结果是蛋糕密度大，体积小。

温度

面筋在温暖的室温下比在寒冷的温度下更容易形成。因此，搅拌面包面团的理想温度是21～27℃。相比较之下，像塔派面团这样的柔软产品最好是使用冰水来制作，并在低温条件下混合，以限制面筋的形成。

其他的原材料和食品添加剂

盐是酵母面团中的一种重要原材料，它不仅有助于调节酵母菌发酵还能强化面筋，使其更富有弹性。没有盐的酵母面团更难处理，而且面筋容易撕裂开。

盐加强了面筋的结合，所以需要更多的搅拌时间来形成这种组织结构。出于这个原因，一些面包师一直等到搅拌后期才加入盐。

然而，这种技术有一个重大的缺点。盐也减缓了面粉的氧化，所以延迟盐的加入意味着面团在加入盐之前，有更多的时间用来氧化。这将导致风味的丧失。为了获得最佳风味，要在开始搅拌的时候加入盐。

麸皮会抑制面筋的形成，因为它阻止了一些面筋粘连到一起，其锋利的边缘会切断已经形成的面筋链。

全麦面包在质地上更稠密。混合后的面团质地不光滑，也不柔滑，并且很容易撕裂。

面包面团中添加的其他固体原材料，如香草、坚果、橄榄、磨碎的奶酪，甚至粉状的香料，对面筋的形成也有类似的作用。

面团调节剂是含有多种成分的混合物，其主要功能是增强面筋。面团调节剂的选择取决于许多因素，如水的硬度、pH以及面粉的选择等。

牛奶，包括巴氏杀菌牛奶，含有一种干扰面筋形成的酶。酵母面团中使用的牛奶应该用小火加热（82℃），加入到面团前先冷却。

• 复习要点 •

◆ 在面团和面糊的制作中，搅拌的三个阶段是什么？
◆ 面团和面糊中空气的重要作用是什么？
◆ 什么是面筋？它是如何形成的？什么因素控制着它的形成？

烘烤过程

面团或面糊在烘烤时发生的变化在所有烘焙产品中都是基本相同的。应知道这些变化是什么，这样就可以学习如何去控制它们。

在烘烤中有七个阶段，有些阶段是同时发生的，而不是一个接着一个。例如，水蒸气和其他气体几乎是同时开始逸出的，但在烘烤的后期逸出速度会加快。

油脂的融化

混合在面团或面糊中的固体油脂会留住空气、水和一些气体。当油脂融化时，这些气体被释放出来，而水变成了蒸汽，这两者都有助于发酵。

不同的油脂有着不同的熔点，但大多数用于烘焙的油脂熔点在32~55℃。在烘烤过程的早期释放出来的气体更易于逸出，因为组织结构还没有凝固到足以将它们全部留住的程度。这就是为什么使用低熔点的黄油制作的酥皮糕点，不会像使用专用起酥油制作的酥皮糕点那样涨发得那么高。另一方面，起酥油的高熔点使糕点吃起来没有食欲。

气体的形成和膨胀

烘焙食品发酵的主要气体是二氧化碳，它是由酵母、泡打粉以及小苏打的作用释放出来的；空气是在面团和面糊搅拌中被搅入进去的；蒸汽是在烘烤的过程中形成的。

有些气体，比如发酵过的面包面团中的二氧化碳和海绵蛋糕面糊中的空气，已经存在于面团中。当它们加热时，气体膨胀并使产品发酵。

有些气体直到加热后才形成，酵母和泡打粉放入到烤箱里时会迅速产生气体。当面团中的水分被加热时也会形成蒸汽。

随着产品的涨发，整个组织被膨胀的气体拉伸而变薄，产品更加柔软。

气体的产生和膨胀，在烘烤时立即开始。酵母菌在60℃时会死亡，并停止生产二氧化碳。蒸汽的产生在整个烘烤中都会持续进行。

当这些气体形成并膨胀时，会被困在由面团中的蛋白质形成的可拉伸网络中。这些蛋白质主要是面筋，有时是鸡蛋蛋白质。

杀灭酵母菌和其他微生物

除了酵母菌，面团里还可能含有其他的生物体，包括细菌和霉菌。其中的大多数，包括酵母菌，当内部温度达到60℃时就会死亡，尽管有些微生物能在稍高的温度下存活。

当酵母菌死亡后，发酵停止，不会再释放二氧化碳气体。

蛋白质的凝固

面筋和鸡蛋蛋白质是构成大多数烘焙食品结构的主要蛋白质。只有当它们被加热到足以凝结或变硬时，才能提供这种结构。回想一下，蛋白质是由长链形式的分子组成的。这个过程从60～70℃时开始变慢。逐渐的，这些长链相互结合，形成固体结构。为了使这一过程形象化，可以想一想鸡蛋，鸡蛋在冷的时候是液态的，但是在加热的时候变得坚硬，直到变成固体。

当这个过程继续进行时，气体继续膨胀，蛋白质链继续伸展。当完成凝固后，空气不再膨胀，产品停止涨发。大部分在混合过程中与蛋白质结合在一起的水分被释放出来，蒸发或被淀粉吸收。一旦蛋白质结构完全凝固，烘烤出来的食品就能保持住其形状了。

凝固开始和完成的确切温度取决于几个因素，包括存在的其他成分。糖和油脂，尤其会影响蛋白质的凝固温度。然而，大多数蛋白质在85℃时就完全凝固了。

正确的烘烤温度非常重要。如果温度太高，凝固就会开始得太早，出现在气体膨胀达到峰值前。导致产品体积不够大或外壳裂开。如果温度过低，蛋白质就不能很快地凝固，产品就会塌陷。

淀粉的糊化作用

淀粉是大多数烘焙食品的主要成分，是面团组织结构中的重要组成部分。虽然淀粉本身不能够支撑焙烤食品的形状，但它们能使焙烤食品的组织结构更加饱满。

淀粉在烘烤时会比蛋白质的结构更柔软。面包烘烤好之后的柔软面包心很大程度上来自淀粉。面包的蛋白质结构越多，面包就越有嚼劲。

淀粉分子被压缩成又小又硬的颗粒。这些颗粒在混合过程中会吸引水分子，尽管水在冷却状态下不会被淀粉颗粒吸收，但它会与颗粒的外部结合。当它们在烘烤中被加热时，水分子就会被吸收到这些颗粒中，让这些颗粒膨胀。一些淀粉颗粒会碎裂开并释放出淀粉分子。在这个过程中，淀粉分子与有效水分子相结合。这就是为什么烘烤过的面团内部是相当干燥的，而未经过烘烤的面团是湿润的。大部分（但并不是所有的）水分子仍然存在，但已经与淀粉相结合。

这个过程被称为"糊化"，当面包的内部温度达到40℃左右时开始，并贯穿整个烘烤过程中，或者直到95℃左右。

不是所有的淀粉都会糊化，这取决于面团或面糊中存在多少水分，如果没有足够的水分，在曲奇和塔派面团等干性产品中，很多淀粉仍未糊化。在由含水量高的面糊制成的产品中，如一些蛋糕中，淀粉的糊化比例较大。

水蒸气和其他气体的逸出

在整个烘烤的过程中，一些水分会变成水蒸气，逸散到空气中。如果这种情况发生在蛋白质凝固前，会有助于发酵。除了水蒸气，还有二氧化碳和其他气体逸出。在酵母发酵产品中，发酵过程中产生的酒精就是其中的一种气体。

水分流失的另外一个结果是外壳开始形成。由于水分从表面流失，表面变得坚硬。甚至在开始烘烤成棕色前，面包外皮就已经开始形成了。烘烤面包时可将蒸汽喷入烤箱里，通过延迟表面的干燥来减缓面包外皮的形成。延迟面包外皮的形成可以让面包继续涨发。

在烘烤过程中会损失较多的水分。对于特定重量的烘焙产品，在称取面团时必须考虑到水分的流失。例如，要得到一条454克的烤面包，必须要秤出大约510克重的面团。重量损失率变化很大，这取决于表面积与体积的比例、烘烤时间以及焙烤产品是在烤盘里烘烤还是直接摆放在烤箱的炉底面上烘烤。

注意，即使是将烘烤好了的产品从烤箱中取出，在其冷却时，水分仍在继续流失。

面包外皮的形成和褐变（烘烤成棕色）

正如前面所描述，水分从面包表面上蒸发，并使其变得干燥，从而形成了面包外皮。直到表面温度上升到150℃时，面包表面才会开始产生褐变，并且直到表面变得干燥才会开始上色。褐变在面包的内部完全烘烤成熟前就已经开始，并在剩余的烘烤时间里一直持续进行。

当淀粉、糖和蛋白质发生化学变化时，会发生褐变。虽然这通常被称为焦糖化，但这只是一部分原因。焦糖化只涉及糖的褐变。相类似褐变的过程，称为美拉德反应，是引起大多数烘焙食品外皮褐变的原因。当蛋白质和糖一起承受到高温的时候，美拉德反应就会发生。美拉德反应也发生在肉类和其他高蛋白质含量食品的表面。

通过焦糖化和美拉德褐变引起的化学变化有助于促进烘烤食品的风味和外观。当面团和面糊中加入牛奶、糖和鸡蛋时，会增加面团的褐变。

烘烤后的处理

烘烤的许多过程在烘烤食品从烤箱中取出来之后还在进行，而有些过程则终止。我们可以把这个时期分为两个阶段，冷却和老化，虽然两者之间没有确切的分界线。从某种意义上说，老化是立即开始的，冷却只是这个过程中的第一个部分。

冷却

烘烤好的食品从烤箱中取出来之后，水分会继续逸出。与此同时，冷却开始，这导致仍然在食品内部的气体开始收缩。如果蛋白质结构完全固定，产品可能会轻微收缩，但仍然会保持其形状。然而，如果产品烘烤不足，那么，气体的收缩可能会导致产品塌陷。

当烘烤好的面包从烤箱中取出时，面包的表面比里面的面包心更干燥。在冷却过程中，产品所含有的水分试图对整个食品进行平衡，结果是，香酥的外皮逐渐变得柔软。

蛋白质在冷却的过程中会继续凝固并彼此结合。许多产品在热的情况下容易裂开，但冷却使得它们足够结实到可以进行加工处理。此时最好不要进行加工处理或对烘焙食品进行切割，直到它们完全冷却。

烘烤中融化的油脂会再凝固，这个过程也有助于使质地更加牢固。

当产品内部还是热的时候，淀粉会继续凝胶化。此外，淀粉分子彼此结合，在产品冷却时变得更坚固。这个过程被称为淀粉回生，是食品老化的主要原因。

老化

老化是焙烤食品由于结构变化和淀粉颗粒失去水分而引起的质地和香味的变化。老化的烘焙食品失去了新鲜出炉的烘烤香味，比新鲜食品更硬实、更干燥、更酥脆。如何防止食品的老化是面包师最关心的问题，因为大多数烘焙食品质量会很快下降。

如前所述，一旦产品开始冷却，淀粉回生就会开始。随着淀粉分子相互结合，淀粉将水分排出，变得更硬实、更干燥。尽管这种水分可能会被其他成分，例如糖等吸收，但结果是产品的质地更干燥。因为这是淀粉的一种化学反应，所以即使面包被紧密包裹起来，它的质地也会变得干燥。

在冰箱冷藏温度下，淀粉回生速度比室温下要快，但在冷冻温度下，淀粉回生几乎停止。因此，面包不应该贮存在冰箱里。应在室温下短期贮藏，或冷冻长期贮藏。

化学老化，如果不是太严重，可以通过加热进行部分的逆转。例如，面包、松饼和咖啡蛋糕，可以通过把它们短暂地放入烤箱里的方式进行恢复。但是要记住，这也会导致更多的水分流失到空气中，所以食物应该是在上桌前才重新加热。

酥脆度的损失是由于吸收水分造成的，因此，在某种意义上说，它是老化的反义词。硬质脆皮面包的外皮从面包心中吸收水分，从而变得柔软并带有韧性。重新加热这些产品，不仅可以逆转面包心的化学老化，还可以使面包外皮重新变得酥脆。

酥脆度的损失也出现在曲奇和塔派皮这样低水分的产品中。可通过适当的密封包装或容器储存来解决，以保护产品不受空气中的潮气影响。预先烤好的塔派外皮应该在食用前再填上馅料。

除了通过在烤箱里重新烘烤使烘焙产品保持新鲜外，还有三种主要的技术可以延缓老化：

1. 隔绝空气：可以用保鲜膜包好面包和用糖霜覆盖蛋糕的方法使其隔绝空气，特别是浓稠的糖霜和富含油脂的糖霜。

硬质外皮的面包，老化得非常迅速，不应该将其包裹起来，否则面包外皮很快就会变得柔软并带有韧性。这些面包产品应该是新鲜出炉后立刻售卖。

2. 在配方中加入保湿剂：油脂和糖是非常好的保湿剂，所以富含这些原材料的产品能很好地保存。

一些品质好的法式面包里根本不含油脂，所以必须在烘烤后数小时内食用，否则就会开始老化。为了能够长时间保存法式面包，面包师通常会在配方中添加少量的油脂和糖。

3. 冷冻：烘烤好的食品在变得不新鲜之前进行冷冻，可以使其保存更长的时间。为了达到最佳效果，烘烤后立即在冷冻机中以-40℃的温度进行速冻处理，并保持-18℃或低于-18℃的温度，直到准备解冻。面包在解冻后应迅速食用。如果要立即食用，冷冻面包可以重新加热，效果更好。

另一方面，冷藏可以加快老化速度。只有那些可能对健康造成危害的烘焙食品，比如加有奶油馅料的烘焙食品，才可以冷藏保存。

◆ 复习要点 ◆

◆ 烘焙食品在烘焙过程中发生的七个变化是什么？

◆ 为什么在烘焙的过程中蛋白质凝固非常重要？

◆ 什么是老化？如何做能够控制它？

术语复习

crumb 面包心	gluten 面筋	mature（dough）发酵成熟（面团）
Maillard reaction 美拉德反应	hydration 水合作用	coagulation 凝固
dough relaxation 面团松弛	starch retrogradation 淀粉回生	oxidation 氧化作用
shortening 起酥油	dough conditioners 面团调整剂	staling 老化
glutenin 麦谷蛋白	water hardness 水硬度	gelatinization 凝胶化作用
gliadin 表醇溶蛋白	pH 酸碱度	caramelization 焦糖化

复习题

1. 列出并简要描述混合面团或面糊的三个阶段。

2. 烘焙食品中的空气是由什么构成的？描述空气是如何形成的。说出空气的两种功能。

3. 描述在搅拌过程中面筋蛋白质与水接触时会发生什么。

4. 面包面团和塔派面团搅拌过度会导致什么结果？

5. 讨论在面糊和面团中影响面筋形成的七个因素。

6. 如果过早把蛋糕从烤箱里拿出来，为什么蛋糕会塌陷？

7. 哪种蛋糕能更好地保持质量：海绵蛋糕，低脂肪型的，还是高油脂和高糖型的蛋糕？

6

酵母发酵面团

读完本章内容，你应该能够：

1. 描述酵母发酵产品的主要种类。
2. 描述酵母产品在生产过程中的 12 个基本步骤。
3. 说明如何判断酵母产品的质量，纠正其缺陷。

　　面包只是用面粉和水，再加上酵母发酵烘烤而成的面团，事实上，一些硬质外皮的法式面包只含有这几种原材料，再加上盐而已。其他种类的面包含有额外的一些原材料，包括糖、起酥油、牛奶、鸡蛋和调味品等。但面粉、水以及酵母仍然是所有面包的基本组成部分。

　　然而，面包可能是制作起来最苛刻、最复杂的产品之一。面包制作的成功很大程度上取决于对两个基本原理的理解：面筋的形成和酵母发酵，本章中会有更加详细地描述。

　　本章重点介绍多种酵母产品生产的基本步骤。下一章中，我们将更详细地介绍混合和发酵的过程。

酵母发酵面团的种类

尽管所有的酵母面团都是根据相同的基本原理制作而成的，但可将酵母产品分成三种类型。

低油脂（少油脂）面团产品

低油脂面团是指油脂和糖含量低的面团。用低油脂面团制成的产品包括以下几种：

- **硬皮面包和面包卷：** 硬皮面包包括法式面包和意式面包，凯撒面包卷和其他硬质面包卷，以及披萨等。这些是所有面包中油脂含量最低的面包产品。
- **其他白面包、全麦面包和面包卷：** 油脂和糖的含量较高，有时还含有鸡蛋和牛奶。因为它们的风味略浓郁，因此通常有着柔软的面包外皮。
- **由其他谷物制成的面包：** 黑麦面包是最常见的。许多黑麦面包是用浅色或深色面粉以及粗裸麦粉制作的，并且加入了各种风味调料，特别是糖蜜和葛缕子籽等。

高油脂（富油脂）面团产品

高油脂面团和低油脂面团之间并没有确切的分界线。一般来说，高油脂面团是指那些油脂、糖、鸡蛋含量较高的面团。由高油脂面团制成的产品有以下几种：

- **非甜味面包和面包卷，包括味道浓郁的晚餐面包卷和布里欧面包：** 这些面包油脂含量高，但含糖量较低，可以作为正餐面包食用。布里欧面包面团是用高比例黄油和鸡蛋制作而成的面包，味道特别浓郁。
- **甜味面包卷，包括咖啡蛋糕和许多早餐面包和茶面包卷：** 这些面包有着很高的油脂和糖的含量，并且通常含有鸡蛋，一般都有甜味的馅料或顶料。

分层或擀开的酵母面团产品

擀开或分层的面团是指通过擀开和折叠的方法将油脂多层地合并到面团中。油脂和面团的交替层次使得烘烤好的食物呈片状结构。

分层面团的含糖量不同，牛角包面团含糖量约为4%，丹麦面包面团中含糖量15%或更高。然而，大多数分层酵母面团产品的甜味来自馅料和装饰料。

牛角面包和丹麦面包面团是主要的分层酵母面团产品。一般来说，丹麦面包面团产品里面含有鸡蛋，而牛角面包中不含鸡蛋，虽然这个规则也有例外。

手工面包

手工制作的面包有很多种定义。大多数的定义包括自制面包、手工制作的面包、少量制作的面包、不含防腐剂的面包，以及使用传统技法制作的面包等。对于每一个定义来说，都有可能发现其不足之处。显而易见，这些术语都不能完全定义手工面包，也不能将它们与传统面包区分开。毕竟，书中的每种面包配方都可以用手工小批量制作，尽管它们可能并不都符合我们对手工面包的理解。与此同时，商业化面包房

分层面团

分层面团是指面团层之间夹有油脂的面团，包括酵母发酵的面团，如丹麦面包面团和牛角面包面团，以及不含酵母但仅通过蒸汽和空气涨发的面团，例如各种各样的酥皮糕点。

包入油脂并擀开和折叠面团以增加层数的制作过程对于这两种产品来说是相似的，所以它们通常在糕点章节中一起讨论。但是，要认识到，加工处理和制作酵母面团与加工处理和制作其他糕点面团是截然不同的。要记住，丹麦面团被擀开、折叠和制作成型时，发酵过程仍然在继续。因此，它的处理方式与酥皮糕点不同，虽然在擀开制作过程中的步骤是相似的。处理不当容易导致面团发酵过度，质量较差。

另一方面，酥皮糕点可以在很长的一段时间里擀开并制作成型，而不损失其质量，就像其他不含发酵剂的塔派和糕点面团一样。包括牛角面包和丹麦面包面团与其他酵母面团。本部分强调的是，所有酵母面团具有相同的生产原理和制作步骤。

每天使用机器将大量的面粉加工成高质量的面包，几乎所有人都称其为手工面包，或者至少具有手工面包的所有食用品质。此外，连锁超市都在销售大批量生产的面包，标签上有"手工制作"字样，这个词比以往任何时候都更难定义。因为被过度使用而失去了本意。

作为烘焙师，我们的工作应该是通过学习和实践来彰显技能，使用最好的原材料，并竭尽我们所能制备烘焙食品，所以我们所有的产品都可以被称为"手工制作"。

酵母面团制作步骤

生产酵母面包有12个基本步骤。这些步骤通常适用于所有的酵母产品，根据特定的产品会有各种变化。特别是许多流行的手工面包需要更复杂的制作过程。这些制作过程将会保留在第7章至9章中讨论。本章的目的是让初学者对制作面团和使用面团制备面包的整个过程有一个大致的了解。

这里列出了12个步骤，接下来的是对每个步骤的更详细的解释。

1. 称取原材料
2. 混合原材料
3. 面团发酵
4. 折叠加工
5. 分割（称取面团或者将面团分份）
6. 预成型或者滚圆加工处理
7. 工作台面松弛或者中间醒发
8. 制作成型并放入烤盘
9. 醒发
10. 烘烤
11. 冷却
12. 储存

由上可知，把各种原材料混合成面团只是这个复杂制作过程中的一个部分。

称取原材料

所有原材料必须准确进行称量。

水、牛奶和鸡蛋使用体积来计量，按照每1000克/升的比例称取。然而，更准确的是给这些液体称重，特别是当数量很大的时候。在第2章中详细讨论了在面包店里称取原材料重量的步骤。

当称取使用量非常少的香料和其他原材料时要特别小心。这对盐来说尤其重要，因为盐会影响发酵的速度。

混合原材料

混合酵母面团有以下三个主要的目的：

（1）把所有的原材料混合成光滑均匀的面团；（2）让酵母均匀地分布到面团里；（3）形成面筋。

在第5章中的前半部分详细解释了一般情况下面团和面糊的混合过程。这一信息对于所有面团制品都很重要，必要时应进行评估。

面团和面糊在生产过程中混合的三个阶段，在第一个阶段里，面粉和其他干性原材料与液体原材料混合。面包烘焙师通常把这个阶段称为"准备阶段"，因为松散干性原材料逐渐被形成中的面团收集到一起并融入其中。

在第二阶段，所有干性原材料水化并形成一个粗糙的面团。面包师称这个阶段为"清理阶段"，因为面团会形成，从盆中脱离开（或者是清理出来），成为紧凑的面团块。

在开发阶段，面团进一步搅拌，面筋被开发到所需要的程度。面包师通常把这个阶段进一步分为两个阶段，面团开发最初阶段，在这个阶段面团仍然显得粗糙，没有充分搅拌好，以及面团开发的最后阶段，在此阶段，面筋变得光滑并富有弹性。

搅拌机是通过模仿手工揉面的动作来制作面团的。面团搅拌臂或其他搅拌器配件（取决于搅拌机的类型）反复拉伸面团并将其折叠起来。这个动作不仅能帮助面筋的形成，还能使它们自己排列成网状，制作出光滑的面团。

混合方法分为两类：直接面团混合法（直面团混合法）和预发酵混合法：

- 直接面团法。把所有原材料放入一个搅拌盆里，然后进行混合。甜味面团使用直接面团法时进行了改进，以确保油脂和糖在面团里分布均匀。面团成型之前，首先要将油脂、糖、鸡蛋和风味调料均匀地混合到一起。这些方法将在第7章中进一步说明。
- 预发酵混合法中，面团的混合和发酵分两个阶段进行。在第一个阶段，让含有酵母的一小部分面团，可以是商业酵母，也可以是酸酵头发酵，提前进行发酵。在第二个阶段，这种发酵好的面团与最后的面团混合。这些方法将会在第8章中进行介绍。

原材料的选择

称重原材料前，必须精挑细选。正如所有的厨师都知道的一样，选择高质量原材料是烹饪优质菜肴的重要组成部分。然而，与厨房里的厨师不同，面包师基本上不用担心原材料。因为面粉是面包师的主要原材料，面包房中使用的面粉质量几乎影响着面包师的所有产品，尤其是面包。

北美的手工面包师会经常尝试着去复制法国和其他欧洲国家的传统面包，所以他们会寻找与欧洲面粉相似的面粉。这意味着，面粉中蛋白质含量为11.5%，而不是北美面包粉中常见的12.5%的蛋白质含量。

蛋白质含量越低，吸水率越低。如果用低蛋白质面粉代替一直在配方中使用的高蛋白质面粉，必须使用较少的液体，以得到浓稠程度相同的面团。每次更换面粉时，最好先少量测试一下，以观察新面粉的效果如何。

北美纯面粉的萃取率为72%，而手工面包通常使用萃取率更高的面粉，在77%~90%。这意味着面粉颜色更深，灰分含量更高，味道更浓郁。此外，较高的矿物质含量有利于手工面包长时间、缓慢的发酵。如果找不到这种面粉，可以用以下相似的两种方法。

比较简单的方法是在白面粉中加入一点全麦面粉。另一种方法比较费力，但更接近于高萃取面粉的方法，是将全麦面粉通过细网筛筛去粗的麦麸片，可以把麦麸留作其他用途。

面团发酵

发酵是酵母作用于面团中的糖和淀粉，产生二氧化碳气体（CO_2）和酒精的过程。在第4章中描述了酵母的作用。

混合酵母面团的其中一个问题就是面筋的形成。面筋在面团发酵中将继续形成。随着面团发酵，面筋变得更加光滑，并且更加富有弹性。发酵时间在一定程度上取决于面团混合阶段的发酵程度。一般来说，短暂的搅拌后应进行长时间发酵，长时间的搅拌后应进行短时间发酵。如果发酵时间过长，面团就会过度发酵。这些概念将会在下一章中进一步的讨论。

在面团发酵的过程中，可以将面团折叠一次或多次，如下节所述。折叠是面团发育的一个重要部分，应小心操作。一般来说，发酵时间越长，需要折叠的次数越多。

发酵不足的面团难以形成大小适当的体积，产品的质地会非常粗糙。过度发酵的面团会变得有筋力，很难塑形做成面包。如果发酵时间过长，会形成过量的酸度，使得面团黏稠，很难操作。

发酵不足的面团称为幼面团。过度发酵的面团称为老面团。

含有弱面筋的面团，如黑麦面团和富油面团，通常发酵不足，又称"被放到工作台面上的幼面团"。

发酵结束后，面团熟化好，可以分割和制作成型了。有经验的面包师用触摸的方式来判断面团的熟化程度。

酵母的活动一直持续到酵母细胞被杀死，当面团在烤箱中的温度达到60℃的时候。发酵在酵母面团生产的下一个步骤中仍在继续，包括折叠、分割、成型、加工以及成型装饰或装入模具里整个过程。需要考虑到这段时间可能会导致面团发酵过度。制作大量装饰造型的面包卷和面包的面团，应使用发酵稍微不足的面团，以防止在装饰造型结束时面团发酵过度。

下一章中将介绍更多的关于面团制作和发酵控制的详细内容。

酵母面团发酵的步骤如下：

（1）将面团放入一个足够大的容器中，使面团能够膨胀。（2）盖上容器，让面团在27℃的温度下，或在特定的配方中标明的温度下发酵。理想的情况下，发酵温度应与面团从搅拌机中取出时的温度相同。（3）发酵应在高湿度的环境中进行，或将发酵面团覆盖湿布，以免干燥或结皮。如果没有合适的带盖容器，或者湿度太低，为了防止在面团结皮，可以在面团表面涂抹上薄薄的一层油。注意：不含有油脂的面团不建议这样做。还要注意配方中，以及在混合时间里标明的发酵时间。发酵完成时，面团已经有了适当的折叠加工次数，并且体积大约增加了一倍。

折叠加工

在发酵的过程中，面团会涨大或体积增大。当面团体积增大到2倍时，就可进行折叠加工，如下面的折叠面团步骤所述。折叠加工面团有以下三个主要的好处：

1. **排出二氧化碳**：这有利于酵母菌的生长，因为当环境中含有过多的二氧化碳时，酵母的活性就会减慢。

2. **有助于形成面筋结构**：折叠加工的过程中使用类似揉面或混合的技法重新排列面筋线（面筋链）。

3. **使整个面团的温度分布均匀**：在面团膨胀、面筋松弛、易于拉伸（可扩展）前，不要进行折叠加工。如果面筋仍然非常紧绷，尝试拉伸和折叠面团会损害面筋结构。

在家庭使用的配方中，折叠加工通常被称为击打（搋面）。然而，一些面包师不喜欢这个术语，因为它具有误导性，认为这个过程只是简单地用拳头击打面团。正如刚才提到的，折叠加工的目的不仅是为了让面团瘪下来，还有助于形成面筋结构。这不能简单地通过"击打"面团来实现。

将大量面团放在工作台面上更容易折叠，然而小批量面团在它们发酵面团的盆里或容器中能够更容易地进行折叠加工。这两种方法在折叠面团的步骤中都有描述。

经过折叠加工后，如果需要更进一步发酵，把面团放回到发酵容器里。如果发酵完成了，就将面团拿取到工作台面上准备进行下一步：分割面团。

面团的折叠加工处理制作步骤有以下几种方法：

方法1：在工作台面上

1. 在工作台面上撒上面粉，把发酵好的面团倒扣在工作台面上，使面团的表面朝下。

2. 从面团的一侧抓住面团，拉起（见图A），向中间折叠过去，有1/3的面团会被折叠起来。

A

3. 将折叠过来的面团朝下按压，以排出气体（见图B）。

B

4. 将面团顶部的一些面粉用毛刷刷掉（见图C），这样面粉就不会被揉进面团里。

C

5. 在面团的另外一侧重复步骤2到步骤4的操作（见图D）。

D

6. 在面团剩下的两侧重复步骤2到步骤4的操作。

7. 将面团翻过来，这样面团的缝隙处就会在面团的底部。将面团拿起来，放回到盛放面团的盛器里。

方法2：在盛放面团的容器里

1. 从一侧抓住面团，朝向中间折叠，并朝下按压。

2. 将面团剩余的三个侧面重复同样的操作。

3. 将面团在盛器里翻扣过来。

分割（称取面团或将面团分份）

用烘焙专用秤将面团根据所要制作的产品要求，分割成相同重量的小块。换句话说，这个阶段的面包生产有以下两个步骤：

（1）把面团分割成小块；（2）称取这些小块，以核实和调整它们的重量。

尽可能把面团切成接近所需重量的小块状。在切割和称取最初的几块面团之后，应该能够估计出在0.3~0.6千克的正确大小。当在称取面团时，根据需要，通过增加或去掉一小块面团的方法调整其重量。

在称取面团的过程中，考虑到在烤箱中烘烤的水分蒸发造成的重量损失。损失的重量是面团重量的10%~13%。每500克烘烤好的面包多加上50~65克的面团。

在烘烤过程中的实际损失取决于烘烤的时间、容器大小，以及是在烤盘里烘烤还是单独烘烤。

如果使用面团分割机制作面包卷，面团过秤后进入压面机，被分成36等份。例如，如果需要0.03千克的面包卷，压面机应该按1.44千克称取，再加上2.7千克烘烤失重。压面机可以揉圆、松弛、分切，分切后的面团是否揉成圆形，取决于产品本身的需要。

◆ 复习要点 ◆

◆ 酵母面团的三种主要类型是什么？
◆ 酵母面团生产过程中的12个步骤有哪些？
◆ 描述酵母面团发酵的过程。
◆ 折叠的目的是什么？它是如何做到的？

操作指南： 酵母面团的分割处理

1. 在工作台面上撒上足量的面粉，防止面团粘连到一起，但不要撒入过量的面粉。像百吉饼这样的硬质面团，不需要撒面粉。

2. 轻柔地处理面团。粗暴处理和过多切割会破坏面筋结构。

3. 不可以将面团切成许多小块，然后将它们堆砌到秤上。这种做法对面筋结构有很大的破坏性。我们的目标是通过一次切割尽可能接

近所需要的重量。然后根据需要做小的调整。

4. 准确而高效地把面团分割开的方法是先把它切成10~13厘米宽的长条（这取决于你制作的面包的重量）。然后把这些长条分割成适当重量的长方形。

5. 快速而高效地分割并称取面团，以免面团过度发酵。

预成型或滚圆加工处理

称重后，可以将面团进行预成型加工。目标是把面团揉成一个相当光滑、规整的块状，经过松弛后，可以很容易地制作成所需要的形状。

许多面包师把所有面团都揉搓成光滑的圆球形。这个过程被称为滚圆加工处理。滚圆加工处理通过将面团外部的面筋拉伸成光滑的而形成外皮。这层外皮使面团具有均匀的形状，有助于保留酵母产生的气体。

尽管揉成圆形的面团可以做出几乎任何一种面包，但许多面包师更喜欢把面团预制成更接近它们最终的产品形状的造型。因此，长面包，如长棍面包，面团被预制成了圆柱形。最后的成型则只需要对面团进行较少的处理。

就像在发酵、折叠加工和分割成型中一样，在面团成型过程中处理面团，以免破坏其结构。如果是开口式的面包心结构，不要把面团按压过度。要轻缓地进行加工处理。另一方面，对于普尔曼面包和百吉饼这样需要密实面包心的面包，加工处理面团时要用力些，以免出现大的气洞。

另外，在预成型加工面团并相应地进行加工处理前要先评估面团的强度。如果面团很容易拉伸（具有伸展性），成型加工的紧密一些。如果面团不太容易拉伸，那就用略微松弛的成型加工处理，这样面筋在做最后的成型加工时，其筋力就不够强劲。

接下来是预成型加工大的圆形面包，以及预成型加工椭圆形或圆柱形面包的制作步骤。对于小的面包卷的揉圆加工处理，用于加工制作圆形的面包卷使用的技法，在第7章中有详细的介绍。

制作步骤： 大的圆形面团的预成型加工处理

1. 将分割好的，称过重量的面团摆放到工作台面上。通过将上边折叠到底边的方式，将面团对折。用手掌压紧接缝处进行密封。
2. 把面团转动90°，这样底边就会在同侧。
3. 再次通过将上边折叠到底边的方式将面团进行对折，然后用手掌密封好。
4. 将面团翻转过来，这样面团的接缝处就会在底部位置上。沿着面团立起双手，在工作台面上，将面团搓滚成一个紧密的圆形，使其形状更加均匀。

制作步骤： 椭圆形或圆柱形面团的预成型加工处理

1. 将分割好的，称过重量的面团摆放到工作台面上。使面团长边与工作台面的边缘平行。
2. 抓住面团的两端，轻轻地把它拉伸成一个长方形。
3. 将长方形面团的左右两端朝向中间位置折叠，用手掌按压进行密封。
4. 将面团的上边折叠至下边，然后按压密封。
5. 将面团用手掌滚动揉搓成圆柱形。

工作台面上松弛或者中间醒发

滚圆或预成型好的面团可以松弛10～20分钟。这样做可以放松面筋，使面团最终的成型更加容易。同时，在此期间发酵仍在继续进行。

在大型的运营企业中，滚成圆形的面团被放置在特殊的醒发柜里进行松弛。小一点的企业是把面团放在箱子里，然后摞起来，这样面团就被覆盖住了。或者面团可以简单地放在工作台面上并覆盖好。因此，就有了工作台面上松弛或工作台面休息这样的术语。

制作成型并放入烤盘

面团被制作成面包或面包卷，然后放在模具里或烤盘上。炉烤面包，直接在烤箱的底部烘烤的面包，在制作成型后可以放在撒了面粉的篮子或其他模具中。

适当的造型制作或模具造型对最终烘烤的产品来说是至关重要的。如果需要一个密实的面包心，在成型的过程中所有的气泡都应被排出。面团中留下的气泡会导致烘烤好的产品出现大的气孔。相比之下，有切口的面包应该更轻缓地操作成型，以保留气孔。

对于放置在模具中烘烤的面包和在烤箱底部烘烤的面包，面团的接缝必须在底部中间位置处，以免在烘烤过程中裂开。对于在模具中烘烤的多个面包，模具大小必须与面团重量相匹配。面团过少或过多都会导致面包形状不佳。

面包和面包卷有很多种造型。在第7~9章中介绍了许多的形状和成型技法。

醒发

醒发是酵母发酵过程的一个延续，它增加了造型面团的体积。面包师们用两个术语来区分混合好的面团的发酵和经过成型后的产品在烘烤前的醒发。醒发温度通常高于发酵温度。

醒发不足会导致面团的体积较差，产品质地稠密。过度醒发会导致质地粗糙，风味损失。

对于混合时间较短的面团，最后的醒发时间也相对较短，平均为1小时，因为面筋还没有完全形成，因此不能储存太多的气体。经过改良和强化后混合的面团一般需要1~2小时的醒发时间。对于只使用酵头发酵剂而没有使用商业酵母（详见第8章中的内容）发酵的面包，醒发的时间更长一些。

风味浓郁的面团醒发时间需要略微欠缺一些，因为其较弱的面筋结构不能承受太大的拉伸力量。

制作步骤： 酵母面团的醒发

1. 油脂含量少的酵母面团，将制作好的造型产品放到温度27~30℃和相对湿度70%~80%的醒发箱中，或按照配方中要求进行设置。醒发至其体积的2倍大。
   - 富油面团，尤其是包在面团里的，通常要在较低的温度下醒发（25℃），这样黄油就不会在面团中融化。
   - 避免湿气过多，这会减弱面团表面的醒发，导致醒发不够均匀。

   - 如果没有醒发箱，可以通过将产品覆盖好以获得湿气，并将它们放置到一个温暖的地方，尽量接近这些醒发条件。
2. 通过目测（每块面团体积增大2倍）和触觉测试面团醒发的程度。当轻轻触碰面团时，经过适当发酵的面团会慢慢弹回来。如果仍然是较硬并带有弹性，面团需要更多的醒发时间。如果凹痕还留在面团上，面团可能是醒发过度了。

烘烤

面团在烘烤过程中会发生很多变化，最重要的变化如下：
- 活力烤箱，又称烤箱反冲，是由于烤箱加热导致面团气体的产生和扩张，并在烤箱内迅速膨胀。酵母菌一开始非常活跃，但当面团内部温度达到60℃时就死亡了。
- 蛋白质凝固和淀粉凝胶化。换句话说，产品变得牢固并保持其形状不变。
- 面包外皮形成和上色。

为了控制烘烤的过程，要考虑以下因素。

烤箱温度和烘烤时间

必须调整烘烤产品的温度。在合适的温度下，单个面包的内部被完全烘烤成熟，同时外皮也达到了所需的颜色。因此应考虑以下因素：

1. 大的面包比小的和分开摆放的面包卷在较低温度下烘烤的时间更长。

2. 富油性面团和甜面团需要在较低的温度下烘烤，因为它们的油脂、糖，以及含有的牛奶使得它们会更快地上色。

3. 法式面包在制作时没有加入糖，发酵时间长，外皮需要高温才能达到理想的色泽。

注意以下面包的温度：
- 美国流行的油脂含量少的面包是用205~220℃温度烘烤。
- 法式面包的烘烤温度是220~245℃。
- 富油性面包产品烘烤温度是175~205℃。

金黄色的外皮颜色是正常的成熟度指标。烘烤好的面包在敲击时听起来声音会很空洞。

在面包上涂刷液体

酵母产品在烘烤前都要涂刷上一种液体，称为涂刷液体。最常见的涂刷液体如下：

- 水主要用于制作硬质脆皮面包，比如法式面包。就像烤箱里的蒸汽一样，水有助于防止面包皮干燥得太快，从而变得太厚。

- 淀粉糊主要用于制作黑麦面包。除了防止面包皮干燥过快，还能让面包皮带有光泽。

将60克黑麦面粉和500毫升的水混合。一边搅拌，一边加热烧开，然后冷却。如果需要，用水稀释至奶油的浓稠程度。

- 蛋液常用来给柔软的面包和面包卷，以及富油性面团和丹麦面包涂上带有光泽的棕色外皮。它是用搅打好的鸡蛋和水，有时也用牛奶混合而成。根据需要蛋液的浓郁程度不同，比例变化差异很大。

- 商业气雾剂液体（喷雾剂）提供了一种快速和简单的方式，给予面包光泽和帮助装饰料保持不变，例如黏附在面包表面上的瓜子仁等。

在面包上切割出划痕

面包侧面的裂口是面包在形成外皮后持续涨发造成的。考虑到这种膨胀，硬质脆皮面包的顶部在烘烤之前可以划开。切口正确的面包在烤箱中可以更好地膨胀，获得更大的体积，并具有更饱满的面包结构。

在面包被放入烤箱前，如照片所示。在面包的顶部，用面包师的"lame"（发音为"lahm"；法语中"刀片"的意思；这是一种弯曲的或直的剃刀刀片，连接在一个手柄上）或其他锋利的刀或剃刀，快速地斜着切割出划痕。切割面包时产生的划痕有助于面包形成漂亮的外观。

在面包上切割划痕时要遵循以下操作步骤：

- 如果面包看起来轻微发酵过度，或面筋的筋力较弱，只需在面包上切割出浅一些的划痕，以防止将面包压扁。发酵不到位的面包划痕可以切割得深一些。

- 小的面包卷烘烤时通常不会裂开，所以它们不用切割出划痕，除非是为了美观的需要。

- 在模具里烤的面包通常不用切割划痕，因为模具能使面包膨胀而不会破裂。

将面包放入烤箱里烘烤

经过发酵的面团在烘烤定形前都是易裂开的。因此，把它们放进烤箱时要小心搬动。

面包和面包卷可以直接放在烤箱底部烘烤（底火烘烤），或者放在烤盘里烘烤，具体烘烤步骤如下。

- **底火烘烤：** 将面包放入烤箱，把醒发好的面包摆

面包师切割面包划痕时用的刀片

在法国长棍面包上切割出划痕

放到撒满玉米粉的木锨（木铲）上。将木锨伸入到烤箱里。然后迅速地回抽木锨，撤掉木锨，将面包或面包卷留在适当的位置。要把烤好的面包取出来，快速把木锨滑动到它们的下面，然后把面包铲起取出来。

- **使用模具烘烤的面包和面包卷：** 不使用模具烘烤的面包可以在烤盘里烘烤，不需要直接使用底火烘烤。面包师们通常将这种面包和面包卷称为底火面包，即使它们没有直接在烤箱底部烘烤。在烤盘里撒上玉米粉，防止面包粘连在一起，并模仿底火烘烤面包的样式。烤盘里也可以铺上硅胶烤垫，还可以使用带有孔洞的烤盘或筛网烤盘。这些烤盘可以让空气更好的流通，上色更加均匀。

从烤箱中取出法式长棍面包

三明治面包和其他使用模具烘烤的面包是在面包模具中或其他适当的模具中烘烤而成的。在第7章中的制作成型部分内容里会有详细介绍。

蒸汽

在烘烤过程中，硬质脆皮面包喷入蒸汽进行烘烤。黑麦面包也得益于前10分钟的蒸汽烘烤。

蒸汽有助于保持面包外皮柔软，这样面包就能快速、均匀地膨胀，而不会出现裂纹或破裂开。如果不使用蒸汽，面包外皮会更早的开始形成，变得又厚又重。过早的形成面包外皮，可能会导致外皮随着内部的继续膨胀而裂开。

蒸汽也有助于烤箱内部热量的均匀分布，帮助面包在烘烤中产生活力。当蒸汽中的水分与面包表面上的淀粉发生反应时，一些淀粉就会形成糊精。当蒸汽被抽走后，糊精和面团中的糖一起形成焦糖，变成棕色。其结果是形成了薄、脆、富有光泽的面包外皮。

富油面团，油脂或糖的含量更高，不会形成酥脆的面包外皮，通常不需要喷入蒸汽烘烤。

冷却

烘烤后，面包必须从烤盘里取出来，放在烤架上冷却，让发酵过程中产生的多余的水分和酒精逸出。

当空气流通充足时，在烤盘上间隔着摆放的小面包卷可以在烤盘里冷却。另一方面，如果冷凝的过程很可能会使面包卷的底部潮湿，最好是将面包卷放在烤架上冷却。

如果需要柔软的面包外皮，面包可以在冷却之前涂刷上融化的起酥油。

不要在通风条件下冷却面包，因为面包外皮可能会裂开。

像其他面团产品一样，面包从烤箱中取出后会继续发生物理和化学变化。查看前文对这些变化的总结内容。

储存

8小时内售卖的面包可以放在烤架上。如果要长时间贮存，可以将冷却后的面包用防潮袋包好，以延缓面包的老化。但是，要注意面包在包装前必须彻底冷却，否则水分会聚集在包装袋里。

包装好的面包和冷冻保存的面包可以长时间保持面包的质量。冷藏保存面包，从另一方面，会增加面包的老化。

硬质脆皮面包不应该包装（除非冷冻保存），因为面包脆皮会变软，变得像皮革一样。或者，使用多孔袋或包装材料来保护面包不受污染，让水分逸出。

◆ **复习要点** ◆

◆ 面团分割的五个原则是什么？

◆ 面团是怎么预制成型的，为什么要预制成型？

◆ 酵母面团产品的醒发步骤有哪些？

酵母发酵产品的质量标准

由于面包生产过程的复杂性，很多事情可能会出错，因此能够做到对酵母产品的质量进行评估，以纠正缺陷是非常重要的。本节表格中的故障排除指南列出了面包的常见缺陷。高品质的面包应该避免缺陷。应注意检查以下内容：

- 体积适宜，涨发得很好。
- 均匀、常规的形状，没有畸形。
- 除了沿着划痕线外，外皮没有裂口或破裂。
- 口感好，没有异味。
- 面包心的质地不能太稠密或者过于疏松，并且没有干面粉的纹路或混合不到位的面团。
- 使用的面粉颜色合适，没有灰色。

- 面包外皮为恰当的棕色，颜色不太浅也不太深，没有起泡。
- 外皮不过厚或过重。

要对面包常见的差错进行补救，请参考差错排除指南，找出可能的原因，并纠正操作步骤。

差错	原因
形状	
体积较差	盐太多
	酵母太少
	液体太少
	面粉筋力不够
	搅拌不足或过度搅拌
	烤箱温度太高
体积过大	盐太少
	酵母太多
	称取的面团太多
	醒发过度
形状较差	液体太多
	面粉筋力太弱
	模具不合适或加工造型不当
	发酵或醒发不当
	烤箱里蒸汽太多
外皮裂开或者有裂口	搅拌过度
	面团发酵不足
	模具不合适，缝隙没有在底部
	烤箱内温度不均匀
	烤箱内温度太高
	喷入的蒸汽不足

差错	原因
风味	
味道太平淡	盐太少
风味较差	劣质的、变质的或腐臭的原材料
	面包店里卫生较差
	发酵不足或发酵过度
差错	原因

差错	原因
质地和面包心	
过于稠密或密实	盐太多
	液体太少
	酵母太少
	发酵不足

续表

差错	原因
太粗糙或有裂口	醒发不足
	酵母太多
	液体太多
	搅拌时间不正确
	发酵不当
	醒发过度
	模具太大
面包中有干面粉的痕迹	搅拌步骤不正确
	塑形或制作成型技法较差
	撒入面粉太多
质地较差或过于疏松	面粉筋力太弱
	盐太少
	发酵时间太长或太短
	醒发过度
	烘烤温度太低
灰色的面包心	发酵时间过长或温度过高

差错	原因
面包外皮	
颜色太深	糖或牛奶过多
	面团发酵不足
	烤箱温度太高
	烘烤时间太长
	烘烤开始时喷入的蒸汽不足
颜色太浅	糖或牛奶太少
	面团发酵过度
	烤箱温度太低
	烘烤时间太短
	烤箱内蒸汽太多
外皮太厚	糖或油脂太少
	发酵不当
	烘烤时间太长或烘烤温度不对
	蒸汽喷入太少
外皮起泡	液体太多
	发酵不当
	面包成型不当

· **复习要点** ·

◆ 在确定烘烤温度时应该考虑哪些因素？

◆ 在烘烤的过程中什么时候使用蒸汽？为什么？

◆ 酵母产品中出现的主要差错是什么？怎样才能够纠正这些差错？

术语复习

lean dough 低油脂面团　　　　cleanup stage 清理阶段　　　　old dough 老面团

proofing 醒发　　　　　　　　rich dough 富油脂面团　　　　folding 折叠

initial development phase 面团开发的最初阶段　　　　oven spring 烤箱反冲

rolled-in dough 包入油脂（包酥）的面团　　　　rounding 滚圆加工处理

final development phase 面团开发的最后阶段　　　　wash 在面包上涂刷液体

laminated dough 分层面团　　　fermentation 发酵　　　　　benching 松弛

pickup stage 收拾阶段　　　　　young dough 幼面团　　　　hearth bread 炉火面包

复习题

1. 法式面包和三明治面包在原材料上的主要区别是什么？

2. 为什么丹麦面包的面团是片状的？

3. 酵母产品生产的12个步骤是什么？简要解释一下每个步骤。

4. 混合酵母面团的三个主要目的是什么？

5. 折叠加工发酵面团的目的是什么？

6. 如果想要制作出16个烘烤后分别为340克重的面包，需要多少法式面包的面团？

复习题

1. 列出并简要描述混合面团或面糊的三个阶段。

2. 烘焙食品中的空气是由什么构成的？描述空气是如何形成的。说出空气的两种功能。

3. 描述在搅拌过程中面筋蛋白质与水接触时会发生什么。

4. 面包面团和塔派面团搅拌过度会导致什么结果？

5. 讨论在面糊和面团中影响面筋形成的七个因素。

6. 如果过早把蛋糕从烤箱里拿出来，为什么蛋糕会塌陷？

7. 哪种蛋糕能更好地保持质量：海绵蛋糕，低脂肪型的，还是高油脂和高糖型的蛋糕？

7

少油酵母面团：直接发酵法（直面团法）

读完本章内容，你应该能够：

1. 解释直接发酵面团法的混合方法，并制备直接发酵面团。
2. 根据形成酵母面团的三种基本技法，使用适当的混合时间和速度混合面团。
3. 描述影响面团发酵的因素以及如何控制这些因素。
4. 掌握各种酵母面团产品的制作成型和烘烤。

　　读完第6章中酵母面包生产的一般性概述后，可以开始更深入研究混合和发酵方法，并开始制作酵母面包。酵母面团的生产方法和配方分为3章内容。本章重点介绍通过直接发酵面团法混合少油面团的方法，这是最简单的混合方法。这些配方会让读者对面包生产的所有步骤都有了解，并加深对混合和处理各种面团的感受。第8章在此基础上介绍中种混合法（海绵混合法）以及各种类型的预发酵方法。在第9章中完成酵母产品与富油面团和分层面团，包括丹麦面包、布里欧面包和甜面包卷面团的学习。

混合方法

本章中讨论的两种混合方法是直接发酵法（直接面团法）和改进的直接发酵法（改进的直接发酵法）。

直接发酵法

最简单的面团混合方法，直接发酵法又称直接面团法，只需要一个步骤：把所有的原材料放入一个搅拌盆里混合。使用新鲜酵母，许多面包师用这种方法制作出高质量的面包产品。然而，酵母可能在面团中分布不均匀。因此，用少量的水单独混合酵母会更加安全。当然，如果使用活性干酵母，在加入面团前必须将酵母与水混合。

另一方面，速溶干酵母不需要与水混合后使用，因为速溶干酵母在面团中湿润后很快就会活跃起来。通常加入速溶干酵母的方法是将其以干的形式与面粉进行混合。

制作步骤：用于制作酵母面团产品的直接发酵混合法

1. 用少量的水软化新鲜酵母或活性干酵母。

新鲜酵母：与其2倍重量的水混合；水温：38℃；活性干酵母：与其4倍重量的水混合；水温：40℃。

2. 如果使用速溶干酵母，可以直接与面粉混合后使用。

3. 将面粉倒入搅拌盆里。
4. 将剩余的原材料加入搅拌盆内。
5. 搅拌成光滑、成型的面团。

改进的直接发酵法

对于富油性的甜味面团，直接发酵法进行了改进，以确保油脂和糖的均匀分布。在这个过程中，在面团成型前，先将油脂、糖、鸡蛋和调料等均匀混合。

制作步骤：改进的直接发酵混合法

1. 如果使用新鲜酵母或活性干酵母，使用另外一个容器，将配方中的液体与酵母混合软化；如果使用速溶干酵母，直接与面粉混合。
2. 将油脂、糖、盐、牛奶以及调料等放到一起，搅拌至完全混合均匀，但没有打发蓬松的程度。
3. 逐渐加入鸡蛋。
4. 加入液体混合好。
5. 加入面粉和酵母，混合成一个光滑的面团。

混合有两个目的、将原材料混合成面团，并使酵母均匀分布。形成面筋则需要额外的时间。

想要详细了解混合时间和速度，最重要的是，面筋形成不仅发生在混合过程中，在发酵和折叠加工的过程中也会持续进行。因此，混合时间、发酵期和折叠加工的次数必须保持平衡。例如，较短的混合时间可以与长时间的发酵，加上更多次数的折叠加工相平衡，从而制作出涨发适度的面团。相反，长时间混合后，紧跟着的是长时间发酵，其结果是面团涨发过度。

大多数酵母产品适用于三种基本的发酵混合技法：短混合技法，改进混合技法，强化混合技法。具体操作步骤如下：

短混合技法

短混合技法将短混合时间和长发酵时间结合在一起。在一个典型的立式搅拌机中，搅拌时间是3～4分钟，用来混合原材料，再额外加上5～6分钟搅拌时间形成面筋。所有搅拌时间都是在低速搅拌状态下进行。在这三种混合技法中，这是最接近于手工和面的技法。由于搅拌时间较短，在搅拌结束时面团混合非常不充分。面筋链已经形成，但没有很好地排列成光滑的面团。因此，空气细胞大小是不均匀的，导致在最后制作好的面包心中形成一个空旷的、不规则的结构。

此外，由于面团搅拌后没有经过充分混合，需要较长的发酵时间，3～4小时甚至更长时间。在这个漫长发酵过程中，面团通常要折叠加工4～5次。因为面团没有混合到位，它不能容纳很多的空气，在最后的醒发和烘烤中涨发得较少。最后的涨发程度比其他混合技法要少。

更短的混合时间意味着更少的氧化作用，因为混合到面团中的空气会更少。较少的氧化作用意味着较少的面团强度（这是一个不利条件）。另一方面，它也意味着较少的风味和颜色的损失（这是一个优势）。

短混合技法特别适用于面包上有开口的少油面包面团，如法国长棍面包和意大利脆皮面包。它也可以用于分层的面团，如牛角面包面团。

改进混合技法

改进混合技法结合了适中的混合时间和发酵时间。在搅拌过程中，先将面团低速搅拌3～4分钟，以将所有的原材料混合到一起。然后继续以中速再多搅拌5分钟（注意，总的搅拌时间与短搅拌技法差不多，但是因为使用了第二种速度形成面筋，所以面团比短搅拌技法中的面团混合得更加均匀）。

由于面团在搅拌后更加均匀，需要的发酵时间较短，通常为1～2小时。在这段时间内，只需要一到两次折叠加工即可。

由于氧化作用，改进混合技法制作的面团颜色比短混合技法制作的面团要稍微白一些，但它们仍然保持着良好的风味。同时，面包颗粒结构比短混合技法制作的面团更密实一些。

这种技法应用于许多酵母面团产品中，但它特别适用于稍微开口的、面包结构更加规整的少油面团和甜味面团。

强化混合技法

强化混合技法将长混合时间和短发酵时间结合。先用第一速度将原材料混合3～4分钟后，再用第二速度将原材料混合8～15分钟。当面团从搅拌机里取出时，面团具有了非常好的面筋结构。

酵母面团的混合方法和技法

在酵母面团的生产中，面包师们经常使用不同的方式来表述"混合方法"。在本章后面的内容里，将介绍三种制作面团的技法，使用不同的搅拌时间和发酵周期。在许多参考资料中，这些方法又称"混合方法"。不过，为了避免混淆。在本书中，我们把它们称为"混合技法"，而不是"混合方法"。

面团混合：历史背景

面包制作早期，面包师们大多是手工混合面包面团。由于需要大量的体力劳动，面包师们并没有完全通过手工揉制面团，而是依靠较长时间的发酵和多次折叠来形成面筋。

直到19世纪才出现混合面团的机器，第一代机器速度慢，效率低。尽管为面包师们节省了大量的手工劳动，但混合面团的速度却不比手工快出多少。与手工混合一样，早期的机械混合技法将短的混合时间与较长的发酵时间和多次的折叠结合在一起。该技法可与文中所述的短混合技法相媲美。用这种方法制作的面包类似于手工混合面包。

20世纪中期，随着搅拌机的速度越来越快，功能越来越强大，面团搅拌更长时间，发酵时间更短，因此，可以在更短的时间内制造出更多的面团，这种强化混合技法，使面包房效率得到提高。只需1小时就能将面团分割并成型，而不是以前的4~5小时，这意味着面包师的工作时间变短了。整个过程，从称取原材料到把烤好的面包从烤箱中取出，只需要不到5个小时，而不是以前的10小时甚至更多。

人们开始意识到面包失去了大部分风味，更长时间的混合意味着更多的氧气混入面团中，破坏了色素、风味和香味。而且，短时间发酵几乎没有机会形成风味。为恢复传统的"短混合"面包品质，专家们开发了改进混合技法，在短混合时间的同时，发酵时间也只是长出了一些。

由于面团揉制良好，它只需短暂的发酵，一般为30分钟，在大多数情况下，面团没有经过折叠。

长时间混合意味着高氧化，其结果是形成非常白的面包心和只有轻微的芳香和风味。面包结构既紧密又规整。

强化混合技法特别适用于高油脂的非层压面团，如史多伦面包和布里欧面包。当短的生产时间非常重要时，可以用于制作许多其他的面包和面包卷，但由于高水平的氧化作用，它们的风味会降低。

强化混合技法不适用于不含商业酵母的传统酵母（这部分内容会在下一章中进行讨论）。

由于刚才描述的三种混合技法有着不同的发酵时间，因此需要不同数量的酵母。例如，由于强化混合技法制作的面团发酵时间比短混合技法制作的面团要短得多，因此它需要更多的酵母，以便在较短时间内充分发酵。为了缩短发酵时间，应该增加酵母的数量。相反，想要增加发酵时间，应该减少酵母的数量。

例如，用短混合技法制作的法式面包配方需要0.2%的酵母，而用强化混合技法制作的类似配方需要0.8%的酵母，才能在所需要的时间内完成发酵。

当修改配方时，下述比例可以作为依据。应该首先进行一个批次的测试，并在将配方用于生产前根据需要进行调整。

从短混合技法面团开始：
- 换成改进混合技法，酵母用量×3。
- 换成强化混合技法，酵母用量×4。

从改进混合技法面团开始：
- 换成短混合技法，酵母用量÷3。
- 换成强化混合技法，酵母用量÷1.33。

从强化混合技法面团开始：
- 换成短混合技法，酵母用量÷4。
- 换成改进混合技法，酵母用量×0.75。

正如这些数字所表明的，短混合技法比其他两种技法需要的酵母要少得多。强化混合技法和改进混合技法在酵母需求方面更接近。有时可以在强化混合技法和改进混合技法间进行切换，而不需要调整酵母的数量。

其他的注意事项

在典型的小型零售面包店里，大多数面包都是用直接面团发酵法混合的。离开搅拌机1~2.5小时后，面团经过短时间的发酵，然后被分割成小块，滚圆后装入模具，就可以用于醒发，这被称为短发酵直面团。

快速法面团是由大量酵母，最好是速溶干酵母制成，从搅拌器中将面团以较高的温度取出（达到32℃），在几分钟的松弛后，进行称重并制作成型，醒发时间也较短。这种制作过程只在紧急情况下使用，因为最终产品质地和风味不好。

注意以下与三种混合技法相关的注意事项：
- 在前面的讨论中的混合时间，是立式搅拌机制作的整个批次所需要的大约时间，其他类型搅拌机可能需要不同的时间。
- 有些机器上的第一速度和第二速度可能会比其他机器上的速度要快一些。同时，和面钩或其他搅拌机配件的类型也会影响搅拌的速度。无论使用哪种机器，请参阅制造商的使用说明书进行操作。
- 一些轻量化的机器功率不够大，无法长时间以中速混合面团。在这种情况下，可以在第一速度下以两倍的混合时间来获得相同的面筋效果。
- 所需要的时间还取决于每批次面团的多少。小批量（相对于搅拌桶的大小来说）的面团，需要较少的时间混合原材料（形成面团），以及较少的发酵时间。

最后，由面包师通过触摸和视觉观察进行判断，面团已经醒发到适当的程度。面包师们通过制作出一个"面筋视窗"做出判断，又称窗口试验。取一块已经混合好的面团，用双手把它拉伸成薄膜状。使用短混合技法制作的面团，面筋呈不规则状且没有完全形成；使用改进混合技法制作的面团，面筋稍微形成了一些；强化混合技法制作的面团，面筋是形成到位的，并且非常规整。注意，含有全麦面粉的面团不容易形成面筋窗口，因为麦麸皮颗粒会破坏或干扰面筋链的形成。

面团强度（筋力）

形成面筋的预期目标是让面团达到适当的强度。面团强度可以描述为三种特性的结合：延展性、弹性和韧性。

延展性是指面团拉伸的能力。具有延展性的面团是可以被拉伸成不同的形状的面团。对于要制作成面包或面包卷的面团来说，一定程度的延展性是必要的。

弹性是指面团被拉伸后反弹的能力。对于在烤箱底部烘烤的面包来说，如果面团有延展性但没有足够的弹性，那么面包就会变得扁平，而不是被烘烤得又高又圆。

短混合面团面筋视图　　　　　改进混合面团面筋视图　　　　　强化混合面团面筋视图

韧性是指面团在被拉伸时出现的阻力。韧性太大的面团在制作成型时很难处理。过于坚韧的层压面团很难被擀开。

面包师必须学会通过视觉和触觉来判断面团的强度，以便当面团经过适当的开发和混合后做出相应的决定。

一般来说，面团开发不足比过度开发要好一些。如果面团混合不足，可以通过在发酵过程中增加折叠次数来得到纠正。另一方面，如果混合过度，则可能无法纠正。

将混合技法与面团相互匹配

最好用的混合技法是什么？理论上，上述三种技术中的任何一种都可以用于酵母面团产品中，这取决于你想要的结果。为了获得最好的风味，短混合技法

制作的面团是最佳选择，但由于发酵时间长，这种方法不适合大多数现代生产。

总体来说，混合技法最好。它的生产时间大大缩短，但仍能生产出风味佳、色泽好的产品。但如果想要制作一些特定的产品，比如制作茶三明治的普尔曼面包，这种面包心结构紧凑，通过强化混合技法制作的面团可以达到最好的效果。

换句话说，对于所给定的配方，很难说哪种混合技法一定是最好的。这取决于需求和计划安排。应该考虑到每种混合技法所能达到的特性。

在本书配方中，我们标明了使用哪种混合技法。在不同的情况下选择这些技法，它们似乎更适合面包的特性。如果改变了混合技法，还需要改变酵母的数量，以适应不同的发酵时间。

基于混合技法制作的面包特性表			
混合技法	面包心颜色	面包结构	风味和香味
短混合技法	奶油色	多孔，不规则	复合风味
改进混合技法	乳白色	有些孔洞，并且不规则	风味良好且温和，不如短混合技法那么复杂
强化混合技法	白色	密实且规整	平淡无味

混合时间、发酵时间和折叠次数表 *				
混合技法	第一阶段	第二阶段 第一速度	发酵时间 第二速度	折叠次数
短混合技法	9 ~ 10 分钟（形成面团 3 ~ 4 分钟，形成面筋 6 分钟）	0 分钟	直面团 4 ~ 5 小时，中种发酵面团或预发酵面团 3 ~ 4 小时	4 ~ 5 次
改进混合技法	3 ~ 4 分钟	5 分钟	1 ~ 2 小时	1 ~ 2 次
强化混合技法	3 ~ 4 分钟	8 ~ 12 分钟	20 ~ 30 分钟	0 次

注：* 混合和发酵时间是指整个批次使用标准立式搅拌机时的近似值，可以根据需要调整时间。当使用重量较轻的机器，其强度不足以使用第二速度混合面团时，可以使用第一速度和两倍的混合时间。

· 复习要点 ·

◆ 在面团直接混合法有哪些步骤？改进的面团混合法有哪些步骤？

◆ 混合和发酵酵母面团的三种基本技法是什么？分别进行描述。

◆ 以下术语是什么意思：可扩展性、弹性和韧性？

控制发酵

适当发酵，即产生既不发酵不足（过轻）也不过度发酵（过老）的面团的发酵过程，这需要时间、温度和酵母菌数量的平衡。

时间

发酵时间各不相同，所以折叠面团的时间不是由时钟指示的，而是由面团的外观和感观指示的。因此，本书配方中和上表中给出的发酵时间只能作为参考。

改变发酵时间，需要控制面团的温度和使用酵母的数量。

温度

理想情况下，面团应在从搅拌机中取出时的温度下发酵，大的面包房有专门的发酵室控制温度和湿度，但小的面包房和餐厅厨房很少能做到。但是，如果使用短发酵，发酵在面团受到面包房内温度变化影响前就已经完成了。

水温

面团必须在适当的温度下发酵，为达到要求的发酵速度，通常是25.5～26.7℃，面团温度受几个因素的影响：

（1）面包房内的温度；（2）面粉的温度；（3）水的温度；（4）混合时摩擦力引起的温度。

在小面包房里，水温是最容易控制的。因此，当称取水的重量时，应当将其加热到所需的温度。室内气温低时，需要使用温水，室内气温高时，则需要使用碎冰和水的混合物。此外，如果发酵时间较长，面团温度必须降低，以免发酵过度。

混合过程中产生的摩擦力使面团温度升高。机器摩擦系数各不相同，取决于搅拌机类型，批次面团的大小以及面团种类等。这意味着，在正常生产情况下要准确到位，需要计算出每种面团的摩擦力。附录5中解释了计算过程，可以用平均值来确定水温。

计算步骤： 确定水温

1. 将面团温度乘以3。
2. 将面粉温度和室温一起加上11℃，考虑到混合面团过程中引起的摩擦力（请看注释）。
3. 将步骤1的结果减去步骤2的结果。差值就是所需要的水温。

例如： 面团温度=80℉

面粉温度= 68℉

室温= 72℉

搅拌机摩擦温度= 20℉

水的温度=？

1. 80℉×3=240℉
2. 68℉+72℉+20℉=160℉
3. 240℉－160℉=80℉

因此，水温应该是80℉

注释： 在小面包房里，这种计算步骤在大多数情况下是足够精确的。然而，如果想要更精确，还需要考虑其他一些复杂的因素，比如机器摩擦力的变化。要学习如何进行这些计算，请参阅附录5的相关内容。

酵母的数量

如果其他条件不变，发酵时间可以通过减少或增加酵母数量来增加或减少。一般来说，不要使用超过所需要数量的酵母。过量的酵母会导致风味变差。

小批量制作

当制作面团的数量非常少时，只有几磅重，面团更容易受到面包房内温度的影响。因此，有必要在室内气温低时，稍微增加酵母数量，在室内气温高时，稍微减少它的用量。

换算步骤： 修改酵母数量

1. 用旧发酵时间除以所期望发酵时间来确定一个因子。

2. 将这个因子乘以原来酵母的数量就可以得出新的酵母数量。

$$\frac{旧的发酵时间}{新的发酵时间}×原来的酵母数量=新的酵母数量$$

示例：一个配方中需要340克的酵母，在27℃

下发酵2小时。需要多少酵母才能将发酵时间缩短到1.5小时？

$$\frac{2小时}{1.5小时}×340克酵母=453克酵母$$

注意：此换算步骤只能在有限范围内使用。酵母数量过度增加或减少会带来其他问题，导致制作出劣质的产品。

其他因素

配方中的盐，水中的矿物质，以及面团调节剂或改良剂都会影响发到酵速度。

过于软化的水缺乏保证面筋形成和面团发酵的矿物质。另一方面，非常硬的水（富含矿物质，因此是碱性的）也会为面团带来不利影响。这些情况对于少油面团来说比富油面团问题更多。小面包店可以通过适当使用盐来克服这些问题，或在碱性水地区，通过在水中加入少量弱酸物质来克服这些问题，比如使用面团调节剂、面包缓冲剂和面包改良剂。

面团的丰富程度也必须考虑在内。高油脂或高糖面团比少油面团发酵得慢。这个问题可以用中种发酵面团代替直面团来避免（详见第8章和第9章中的内容）。

控制面团从搅拌机取出的最终温度可使用以下步骤：

迟滞作用

迟滞作用是指通过冷藏来减缓酵母面团的发酵或醒发。这可以在冰箱或高湿度的缓发箱中进行。如果使用冰箱，产品必须覆盖好，以防止干燥和结皮的形成。

延迟发酵

面团要成批次延迟发酵，通常要进行部分发酵。然后将其平铺在烤盘上，盖上保鲜膜，放入缓发箱里。面团不能铺得太厚，以免面团内部需要太长的冷却时间，造成发酵过度。如果需要，可以让面团在成形前先回暖。有些高油脂的面团是在冷藏时进行制作，这样它们就不会变得太软。

延迟醒发

被延迟发酵的成型面团是由发酵不足的面团制成的。在经过成型制作后，被立即被放入缓发箱内。在需要时，它们被回温并完成醒发，然后就可以进行烘烤。

对于中型到大型面包房来说，一种使用价值非常高的省力工具，是延缓醒发箱。顾名思义，该设备是冷冻/延缓和醒发为一体的组合，由温度调节器来调节这两个功能，并由定时器自动完成整个过程。例如，面包师可以在下午或晚上制作一批面包卷，然后将它们放入延缓醒发箱里，并控制设置冷藏或冷冻。面包师将计时器调到第二天早晨的适当时间。机器自动升高温度，将面包卷醒发好，这样它们能够及时烘烤，用于早餐中。

◆ **复习要点** ◆

◆ 决定酵母面团适当发酵的三个主要因素是什么？

◆ 使用什么步骤控制面团从搅拌机取出时的最终温度？

生产手工面包

几年前，在大多数餐馆里，提供的面包种类非常少，也很少关注面包的质量。如今，许多城市里，高

档餐馆争相提供精选的新鲜手工面包。顾客通常可以从四到五种，甚至更多种类的面包中进行选择。同样，手工面包也出现在面包店里，每个人似乎都发现了酵头发酵面包的乐趣。

硬面包、软面包卷、意大利面包、白面包和全麦面包、美式黑麦面包等传统配方构成了手工面包的核心。重要的是要学好酵母面团生产的基础知识。

当使用不需要特殊技法和进口原材料的配方时，这是最容易做到的。不仅会学习到如何混合基本的酵母面团，还会练习到手工制作成型各种各样的面包和面包卷，以让手工技能得到长足进步，信心十足地制作特色鲜明的手工面包。特别是使用酵头发酵面团（详见第8章内容）比使用直面团法更具有挑战性，所以之前的练习和经验会在以后的工作中受益匪浅。

面团的形成和发酵是一种与使用这些面团制作面包卷和面包截然不同的工艺。每种面团可以制成许多类型的面包和面包卷，每种造型制作方法适用于许多的配方。因此，大多数制作技法，都在本章的最后部分中进行描述，而不是在每个配方后重复介绍。

使用配方

面包面团的混合和发酵步骤及技法在本章中的第一部分和第6章中有详细说明。在尝试使用下述配方的时候，一定要阅读并彻底理解这些材料。

在接下来两部分的配方中，混合技法和制作步骤通过名称以及参考资料进行说明。混合和发酵时间在前文的混合时间、发酵时间和折叠表中进行了归纳概括。

许多配方，特别是刚开始的那些配方，使用了强化混合技法。这样在短时间内你就可以通过混合和发酵制作出面团，进一步练习制作各种面包和面包卷的造型技巧。在掌握了混合和处理面团的技能后，可以尝试使用改进混合技法制作的面团替换这些强化混合技法制作的面团，以获得进一步的经验，来看一下混合技法是如何影响到面包的特性的。当改变混合技法时，请记住，你可能需要调整酵母的数量，以适应不同发酵时间。

注意，一些配方中，写明了不止一种混合技法。这样做是为了能够在有限的时间内体验各种各样产品的生产过程。例如，意大利面包配方中：包括强化混合技法和改进混合技法。这种情况下，如果制作时间来不及使用改进混合技法，可以使用强化混合技法生产产品。然而，改进混合技法更适合该产品。一般来说，当有多种混合技法可供选择时，首选计划中发酵时间最长的那种技法。

在许多烘焙运营企业里，速溶酵母已经取代新鲜酵母成为首选发酵剂。尽管如此，一些面包师至少在一些准备工作中仍然喜欢使用新鲜酵母，比如首选酵母的时候。然而，为了简化购买和存储需要，本书中的配方中只指定了速溶酵母。若要替代另一种形式的酵母，请根据需要换算。

脆皮面包配方

法式面包、意大利面包和维也纳面包，以及硬面包卷酥脆而薄的外皮是通过使用含有少量糖和油脂或不含糖和油脂的配方，以及在烘烤过程中喷入蒸汽来实现的。由于酥脆的外皮是这些面包具有吸引力的一部分，它们通常被制成又长又细的形状，这样就增加了酥脆外皮所占的比例。

这些面包通常是独立烘烤的，直接在烤箱底部烘烤，或者在烤盘里烘烤（多孔式烤盘特别实用，因为它能使面包周围的热风更好地流通）。面包中水的含量必须足够低，以保证面包在烤箱里能保持形状不变。

在实际工作中，法式面包和意大利面包配方在北美是可以广为互换的。事实上，有些面包与法国和意大利的面包几乎没有什么相似之处，但它们可能很受欢迎，质量也很好。最好的做法是遵循地区偏好，生产出能吸引顾客的高质量产品。

硬面包卷 hard rolls

原材料	重量	百分比 /%
面包粉	625 克	100
水	370 克	59
速溶酵母	11 克	1.8
盐	14 克	2.25
糖	14 克	2.25
起酥油	14 克	2.25
蛋清	14 克	2.25
总重量：	**1062 克**	**169%**

制作步骤

混合和发酵

使用直接面团法。

强化混合法（详见关于混合时间，发酵时间以及折叠表中的混合和发酵时间）。

预计的面团温度25℃。

制作成型

详见前文内容。

醒发

温度27℃，相对湿度80%。

烘烤

烤面包需要218℃；面包卷需要230℃。在烘烤开始后的前10分钟喷入蒸汽。

 ## 维也纳面包 Vienna bread

原材料	重量	百分比 /%
面包粉	625 克	100
水	370 克	59
速溶酵母	11 克	1.8
盐	14 克	2.25
糖	18 克	3
麦芽糖浆	6 克	1
油	18 克	3
鸡蛋	25 克	4
总重量：	**1087 克**	**174%**

制作步骤

混合和发酵

使用直接面团法。

强化混合法（详见前文关于混合时间，发酵时间以及折叠表中的混合和发酵时间）。

预计的面团温度25℃。

制作成型

详见前文内容。

醒发

温度27℃，相对湿度80%。

烘烤

烤面包需要218℃；面包卷需要230℃。在烘烤开始后的前10分钟喷入蒸汽。

披萨

意大利那不勒斯，以披萨的发源地而自豪。如今，那不勒斯披萨协会规定了会员必须遵守的规则，如果他们想宣称自己的披萨是正宗的那不勒斯披萨。规则规定面团必须只含有面粉、水、盐和天然酵母，必须手工制作或在得到认可的搅拌机中制作。披萨必须手工成型，并在燃烧木材的烤炉中烘烤。披萨馅料仅限于一份得到正式认可的原材料清单。两种披萨，玛格丽特披萨，上面放有番茄、罗勒和马苏里拉水牛奶酪；酱汁披萨，上面放有番茄、大蒜、牛至以及橄榄油，被认为是正宗的那不勒斯披萨。

披萨已经成为全世界人们广泛喜爱的美食。在北美，大多数披萨都不能宣称自己是正宗的意大利披萨，取而代之的是馅料，如烤鸡肉、胡椒牛肉和墨西哥玉米卷调味料，烟熏三文鱼和洋蓟，以及香肠和意大利辣香肠等食材。

意大利面包 Italian bread

原材料	重量	百分比 /%
面包粉	750 克	100
水	480 克	64
速溶酵母	9 克	1.2
盐	15 克	2
麦芽糖浆	4 克	0.5
总重量：	**1258 克**	**167%**

各种变化

全麦意大利面包whole wheat Italian bread

在上述配方里使用以下比例的面粉。

原材料	重量	百分比 /%
全麦面粉	325 克	43
面包粉	425 克	57

将水的用量增加到60%，以便让麦麸皮能够吸收额外的水分，混合8分钟。

披萨pizza

可选择添加：在意大利面包配方中加入2.5%的植物油或橄榄油（18克）。如果面团需要延缓发酵，也可以加入1%的糖（8克）。经过发酵，称取重量（请参阅披萨称取指南表），并揉圆。经过在工作台面松弛后，铺开或擀开，并浇淋上番茄酱汁，撒上奶酪以及装饰料。直接烘烤，不需要醒发。

烘烤温度：290℃。

制作步骤

混合和发酵

使用直接面团法。

强化混合法或改进混合法（详见前文关于混合时间，发酵时间以及折叠表中的混合和发酵时间）。

预计的面团温度25℃。

制作成型

详见前文的内容。

醒发

温度27℃，相对湿度80%。

烘烤

烤面包需要218℃；面包卷需要230℃。在烘烤开始后的前10分钟喷入蒸汽。

撒有芝麻的意大利面包，在面包模具中烘烤

披萨称取指南			
	12 英寸	14 英寸	16 英寸
面团	0.28~0.34 千克	0.36~0.42 千克	0.51~0.57 千克
番茄酱汁	85 克	128 克	156 克
奶酪	113 克	156 克	213 克

烘烤前的玛格丽特披萨

烘烤好后的玛格丽特披萨

🍥 法式面包（直接面团法）French bread

原材料	重量	百分比 /%
面包粉	750 克	100
水	480 克	64
速溶酵母	7 克	0.9
盐	15 克	2
麦芽糖浆	4 克	0.5
糖	12 克	1.75
起酥油	12 克	1.75
总重量：	**1280 克**	**170%**

各种变化

全麦法式面包whole wheat French bread
在上述配方里使用以下比例的面粉。

原材料	重量	百分比 /%
全麦面粉	325 克	43
面包粉	425 克	57

将水的用量增加到67%，以便让麦麸皮能够吸收额外的水分，混合8分钟。

制作步骤

混合和发酵

使用直接面团法。

改进混合法（详见前文关于混合时间，发酵时间以及折叠表中的混合和发酵时间）。

预计的面团温度25℃。

制作成型

详见前文内容。

醒发

温度27℃，相对湿度80%。

烘烤

烤面包需要218℃；面包卷需要230℃。在烘烤开始后的前10分钟喷入蒸汽。

法棍面包

这种又长又细的面包称为法棍面包（baguette），是大多数北美人熟悉的经典法式面包。然而，"法国面包"和"法棍面包"这两个术语是不能互换的。除了轻盈而酥脆的法棍面包外，法国还生产许多种类的面包。

法棍面包应只使用少油面团制作，这样能够产生酥脆的外层脆皮。用普通的柔软外皮白面包做出法棍形状的面包，然后贴上法式面包的标签售卖，这不是一个好的做法。

🌀 法棍面包 baguette

原材料	重量	百分比 /%
面包粉	1000 克	100
盐	20 克	2
速溶酵母	8 克	0.8
水	650 克	65
总重量：	**1678 克**	**167%**

各种变化

要制作出带有更多孔洞的法棍面包，将水增加至70%（700克），速溶酵母减少至0.3%（3克），使用短混合技法。

佛格斯面包 fougasse

称取540克面团，详见后文造型的制作方法。

制作步骤

混合和发酵

使用直接面团法。

改进混合法（详见前文关于混合时间，发酵时间以及折叠表中的混合和发酵时间）。

预计的面团温度25℃。

制作成型

详见前文内容。

醒发

温度27℃，相对湿度80%。

烘烤

烤面包需要218℃；面包卷需要230℃。在烘烤开始后的前10分钟喷入蒸汽。

🌀 古巴面包 cuban bread

原材料	重量	百分比 /%
面包粉	750 克	100
水	465 克	62
速溶酵母	11 克	1.5
盐	15 克	2
糖	30 克	4
总重量：	**1271 克**	**169%**

制作步骤

混合和发酵

使用直接面团法。

改进混合法（详见前文关于混合时间，发酵时间以及折叠表中的混合和发酵时间），但在第一速度时，总的混合时间为12分钟。

预计的面团温度为25℃。

制作成型

称取625克的面团。塑形成圆形。

醒发

温度27℃，相对湿度80%。

烘烤

在面包表面刻划出一个十字花刀造型，需要200℃的温度进行烘烤。

软皮面包和黑麦面包配方

这类面包中包括在面包模具里烘烤的三明治面包、手工编织面包、软质面包卷和直接面团发酵的黑麦面团（酵头发酵的黑麦面包在下一部分的内容里介绍）。这些配方中有许多含有牛奶、鸡蛋和较高比例的糖和油脂。

🌀 使用模具烘烤的白面包 white pan bread

原材料	重量	百分比 /%
面包粉	500 克	100
水	300 克	60
速溶酵母	10 克	2
盐	12 克	2.5
糖	18 克	3.75
脱脂乳固形物	25 克	5
起酥油	18 克	3.75
总重量：	**883 克**	**177%**

各种变化

全麦面包 whole wheat bread

在上述配方里使用以下比例的面粉。

原材料	重量	百分比 /%
面包粉	200 克	40
全麦面粉	300 克	60

制作步骤

混合和发酵

使用直接面团法。

强化混合法（详见前文关于混合时间，发酵时间以及折叠表中的混合和发酵时间）。

预计的面团温度25℃。

制作成型

详见前文内容。

醒发

温度27℃，相对湿度80%。

烘烤

温度200℃。

全麦面包

鸡蛋面包和面包卷 egg bread and rolls

原材料	重量	百分比 /%
面包粉	625 克	100
水	312 克	50
速溶酵母	12 克	1.9
盐	12 克	2
糖	60 克	9.5
脱脂乳固形物	30 克	4.75
起酥油	30 克	4.75
黄油	30 克	4.75
鸡蛋	60 克	9.5
总重量：	**1171 克**	**187%**

制作步骤

混合和发酵

使用直接面团法。

强化混合法（详见前文关于混合时间，发酵时间以及折叠表中的混合和发酵时间）。

预计的面团温度25℃。

制作成型

详见前文内容。

醒发

温度27℃，相对湿度80%。

烘烤

温度200℃。

软面包卷 soft rolls

原材料	重量	百分比 /%
面包粉	625 克	100
水	375 克	60
速溶酵母	12 克	1.9
盐	12 克	2
糖	60 克	9.5
脱脂乳固形物	30 克	4.75
起酥油	30 克	4.75
黄油	30 克	4.75
总重量：	**1174 克**	**187%**

各种变化

肉桂面包 cinnamon bread

与制作面包一样，将软面包卷面团制作成型，将每个面包擀平后，涂刷上融化的黄油，并撒上肉桂糖。烤好后，趁热在面包表面涂刷上黄油或起酥油，并撒上肉桂糖。

葡萄干面包 raisin bread

称取75%的葡萄干（470克）。用温水泡软，捞出控净水分并拭干。在结束混合面团前的1~2分钟，将泡软的葡萄干加入到软面包卷面团里。

制作步骤

混合和发酵

使用直接面团法。

强化混合法（详见前文关于混合时间，发酵时间以及折叠表中的混合和发酵时间）。

预计的面团温度25℃。

制作成型

详见前文内容。

醒发

温度27℃，相对湿度80%。

烘烤

温度200℃。

全麦面包 whole wheat bread

原材料	重量	百分比 /%
全麦面粉	750 克	100
水	515 克	69
速溶酵母	11 克	1.5
糖	15 克	2
麦芽糖浆	15 克	2
脱脂乳固形物	22 克	3
起酥油	30 克	4
盐	15 克	2
总重量：	**1373 克**	**183%**

制作步骤

混合和发酵

使用直接面团法。

强化混合法（详见前文关于混合时间，发酵时间以及折叠表中的混合和发酵时间）。

预计的面团温度25℃。

制作成型

详见前文内容。

醒发

温度27℃，相对湿度80%。

烘烤

温度200℃。

 ## 哈拉面包 challah

原材料	重量	百分比 /%
全麦面粉	500 克	100
水	200 克	40
速溶酵母	10 克	2
蛋黄	100 克	20
糖	38 克	7.5
麦芽糖浆	2 克	0.5
盐	10 克	1.9
植物油	62 克	10
总重量：	**922 克**	**182%**

制作步骤

混合和发酵

使用直接面团法。

强化混合法（详见前文关于混合时间，发酵时间以及折叠表中的混合和发酵时间，但必要时应延长发酵时间至1.5小时）。

预计的面团温度为25℃。

制作成型

详见前文内容。

醒发

温度27℃，相对湿度80%。

烘烤

温度200℃。

牛奶面包　milk bread (pain au lait)

原材料	重量	百分比 /%
面包粉	1000 克	100
速溶酵母	10 克	1
牛奶（烫热或凉的）	500 克	50
糖	100 克	10
盐	20 克	2
鸡蛋	100 克	10
黄油或人造黄油	150 克	15
麦芽糖浆	10 克	1
总重量：	**1890 克**	**189%**

制作步骤

混合和发酵
使用直接面团法。
强化混合法（详见前文关于混合时间，发酵时间以及折叠表中的混合和发酵时间，但必要时应延长发酵时间至1.5小时）。
预计的面团温度为25℃。

制作成型
所有制作软面包卷的方法均可，详见前文内容。

醒发
温度27℃，相对湿度80%。

烘烤
在面包上涂刷上蛋液。
温度200℃烘烤。

什锦面包卷

美式轻质黑麦面包和面包卷　light American rye-bread and rolls

原材料	重量	百分比 /%
轻质黑麦面粉	250 克	40
面包粉或面粉	375 克	60
水	375 克	60
速溶酵母	7 克	1.25
盐	12 克	2
起酥油	15 克	2.5
蜜或麦芽糖浆	15 克	2.5
葛缕子籽（可选）	8 克	1.25
黑麦香精	8 克	1.25
总重量：	**1065 克**	**170%**

各种变化

在配方中最多可以加入10%的黑麦酵头，以增加风味。

制作步骤

混合和发酵
使用直接面团法。
改进混合法（详见前文关于混合时间，发酵时间以及折叠表中的混合和发酵时间，但第二速度的混合时间减少到3分钟）。
预计的面团温度为25℃。

制作成型
详见前文内容。

醒发
温度27℃，相对湿度80%。

烘烤
温度200℃，在烘烤的前10分钟内喷入蒸汽。

洋葱黑麦面包 onion rye

原材料	重量	百分比 /%
轻质黑麦面粉	175 克	35
面粉	325 克	65
水	300 克	60
速溶酵母	6 克	1.25
盐	12 克	2
干洋葱（称量好，用水浸泡并控净水分）	25 克	5
盐	10 克	1.9
葛缕子籽	6 克	1.25
黑麦香精	6 克	1.25
麦芽糖浆	12 克	2.5
总重量：	**865 克**	**173%**

制作步骤

混合和发酵

使用直接面团法。

改进混合法（详见前文关于混合时间，发酵时间以及折叠表中的混合和发酵时间，但第二速度的混合时间减少到3分钟）。

预计的面团温度为25℃。

制作成型

详见前文内容。

醒发

温度27℃，相对湿度80%。

烘烤

温度200℃，在烘烤的前10分钟内喷入蒸汽。

各种变化

洋葱黑麦粗面包（没有酸味） onion pumpernickel（nonsour）

在上述配方里使用以下比例的面粉。

原材料	重量	百分比 /%
黑麦面粉	100 克	20
中号黑麦面粉	75 克	15
面粉	325 克	65

面团可以用糖或可可粉上色。

七种谷物面包（七谷面包）seven-grain bread

原材料	重量	百分比 /%
面包粉	750 克	57
黑麦面粉	185 克	14
大麦面粉	65 克	5
玉米粉	90 克	7
燕麦片	90 克	7
亚麻籽	65 克	5
小米	65 克	5
水	815 克	62
速溶酵母	10 克	0.8
盐	24 克	1.8
总重量：	**2159 克**	**164%**

注：为了计算百分比，尽管其中有三种没有研磨成粉状，但是七种谷物都包括在总的面粉数量中。

各种变化

多种谷物面包（多谷面包）multigrain bread

1. 在基本配方中使用80%的面包粉和20%的全麦面粉，去掉剩余的面粉和谷物类。

2. 另外，准备一个冷水浸泡器（详见后文中的浸泡器内容），用35%的商业九谷物混合物和35%的水浸泡。

3. 静置，盖好，直到谷物变软、水被吸收。此过程需要8小时或更多的时间。

4. 控干浸泡器里谷物的水分。

5. 将面包面团混合5分钟，加入浸泡器里浸泡好的谷物，然后继续混合到形成面筋的程度。

制作步骤

混合和发酵

使用直接面团法。

将面包粉、黑麦面粉、大麦粉以及玉米粉一起过筛；加入燕麦片，亚麻籽以及小米并混合均匀。这样做会确保面粉混合的均匀到位。

使用改进混合法（详见前文混合时间、发酵时间以及折叠表中的混合和发酵时间，将第二速度的混合时间减少到3分钟）。

预计的面团温度为25℃。

制作成型

详见前文内容。根据面包模具或者圆形面包的要求制作成型。

醒发

温度27℃，相对湿度80%。

烘烤

温度220℃烘烤。

复习要点

◆ 使某些面包产生酥脆外皮的因素是什么？

◆ 使某些面包产生柔软外皮的因素是什么？

◆ 浸泡器是什么，应如何使用？

浸泡器

在面包面团中加入大量整粒或碎的谷物类会产生两个不良影响。首先，谷物会从面团中吸收水分，从而导致烘烤好的面包变得干燥。其次，谷物吸收水分不足，导致面包里产生硬块难以食用。

这里给出的七谷面包配方包含了相对少量的小而非常柔嫩的谷物，并且配方中可为它们补充足够的水分。因此，它们可以直接添加到其他原材料里。

然而，如果要添加大量的谷物类，特别是那些谷物中含有较大块的硬质谷物，如小麦颗粒，最好是在一个浸泡器里进行浸泡。在谷物被加入面团里之前，这个过程会使它们被水化。

浸泡器有两种使用方法，热浸泡和冷浸泡。对于大的、硬质的谷物颗粒，首选热浸泡。要准备一个浸泡器，将配方中一定量的水烧开。把水倒在谷物颗粒上并搅拌。盖紧，放置4小时或更长时间，或者直到谷物颗粒变软并冷却。沥干水分，加入到配方中所要求的面团里。

用冷水浸泡更小的和更软的谷物颗粒时。将冷水或室温下的水倒在谷物颗粒上，搅拌，盖好，静置至其变软。如果用冷水浸泡硬质的谷物颗粒，可能需要提前一天准备好。在温暖的天气里，将浸泡器存放在冰箱里以抑制发酵或酶的活性。

特色面包类

在本章中最后的配方里包括了一些特色面包和其他酵母类面包。它们中的一些制作方法不同于其他面包。例如，英式松饼和松脆饼是在扒炉上烙熟，而不是在烤箱里烘烤而成的。这两种食物都是在食用前要进行烤制。但是英式松饼是在烤制前分切成两半，松脆饼是整个烤制的。真正的百吉饼密实、耐嚼，在烘烤之前用麦芽糖浆煮过，不像现在销售的柔软的仿制百吉饼那样（详见百吉饼介绍和制作配方）。

这些产品的制作方法进行了改进，以供小型面包店里使用。大型生产商有专门制作百吉饼、英式松饼和松脆饼的设备。

本章中的其他配方中包括两道非常流行的佛卡夏配方，与披萨面团密切相关。一种是用栗子面制作的美味面包，称为皮塔饼的面饼，烘烤时中间会鼓起来形成中空形；另一种是阿米什软椒盐脆饼。

英式松饼 English muffins

原材料	重量	百分比 /%
面包粉	500 克	100
速溶酵母	2.5 克	0.5
水（详见混合步骤）	375 克	75
盐	8 克	1.5
糖	8 克	1.5
脱脂乳固形物	12 克	2.3
起酥油	8 克	1.5
总重量：	**913 克**	**182%**

各种变化

在配方中最多可以加入10%的黑麦酵头以增加风味。

制作步骤

混合和发酵

使用直接面团法。

第二速度搅拌20～25分钟。

这种面团被有意地过度混合，以形成其特有的粗糙质地。由于搅拌时间很长，所以在计算水温时要使用两倍于正常机器的摩擦系数。因此，由于发酵温度较低，在大批量生产时，通常需要使用非常冷的水或者部分碎冰。

发酵

温度21℃，2.5～3小时。

称取面团并制作成型

因为这种面团非常柔软且带有黏性，必须使用大量的面扑。

1. 每次称取60克的面团。将这些面团滚圆并松弛，然后用手掌将其按压平整。

2. 将其摆放到撒有玉米面的托盘里进行醒发。

烘烤

在扒炉上用低温将两面烙熟。

百吉饼 bagels

原材料	重量	百分比 /%
高筋面粉	500 克	100
速溶酵母	5 克	1
水	280 克	56
糖化麦芽粉	3 克	0.6
盐	10 克	2
总重量：	**798 克**	**159%**

各种变化

在配方中最多可以加入10%的黑麦酵头以增加风味。

制作步骤

混合

使用直接面团法。

低速搅拌8~10分钟。

发酵

温度24℃，1小时。

制作成形和烘烤

1. 每份称取110克的面团。
2. 手工制作成型百吉饼的方法，可以使用这两种方法中的一种：
   - 用双手手掌将面团揉搓成绳子状（如同用于打结或捆绑的绳子）。在手掌上环绕成甜甜圈的形状（图A）。在工作台上通过手掌来回滚动，将两端密封好（图B，图C）。
   - 把称好的面团滚成圆形并按压平整成为一个厚的圆盘形。在中间按压出一个孔洞，然后用手指将孔洞撕开。将孔洞拉大并将面团揉搓光滑。
3. 醒发到一半的程度。
4. 在烧开的麦芽溶液（每15升水加入3分升麦芽糖浆）中煮大约1分钟。
5. 大约间隔2.5厘米的间距，放置在烤盘上。以230℃的温度烘烤至金黄色，烘烤至半熟时翻个面。总烘烤时间为20分钟。根据需要，在烘烤前，可以在百吉饼上撒上芝麻、洋葱丁或粗盐。

百吉饼

随着百吉饼越来越受欢迎，造型像百吉饼一样的面包卷大量的出现。真正的百吉饼是由高筋力面粉和低比例的水制成的质地稠密、耐嚼的面包卷。在烘烤前，它们会在麦芽溶液中煮一会儿，从而得到一种光泽鲜亮、风味特殊的外皮。而且，真正的百吉饼的调味料通常仅限于撒入的顶料，如芝麻、粗盐以及切碎的洋葱或大蒜。两个受欢迎的特例是粗麦粉百吉饼和肉桂葡萄干百吉饼。

传统的烘烤方法是将百吉饼摆放在用湿帆布覆盖的板上，然后在炉底烘烤。烘烤到一半的时候，就直接倒在烤箱底部从而完成整个的烘烤过程。它们应该被烘烤到完全变成棕色烘烤完美的百吉饼不应呈浅色（上色不足）的外观。

橄榄佛卡夏 olive focaccia

原材料	重量	百分比/%
面包粉	750 克	100
水	470 克	62.5
速溶酵母	5 克	0.7
盐	15 克	2
橄榄油	25 克	3.5
黑橄榄（切碎，去核油浸）	250 克	33
总重量：	**1515 克**	**201%**

制作步骤

混合

使用直接面团法。

待将其他原材料混合成面团后加入橄榄。

使用第一速度混合12分钟。

发酵

温度25℃，1.5小时。

制作成型和烘烤

详见香草佛卡夏。

这种面条没有橄榄，也可以用作披萨的面坯。

栗子面包 chestnut bread

原材料	重量	百分比/%
高筋面粉	450 克	75
栗子	150 克	25
水	360 克	60
速溶酵母	12 克	2
盐	15 克	2.5
黄油	18 克	3
总重量：	**1005 克**	**167%**

各种变化

如果想要更成熟的口味，可以加入30%的基础酵母酵头。

制作步骤

混合

使用直接面团法。

使用第一速度混合10分钟。

发酵

在27℃温度下发酵40分钟。

制作成型

每份称取300~330克面团。制作成型为椭圆形的面包。

烘烤

温度230℃烘烤。

松脆饼 crumpets

原材料	重量	百分比 /%
温水	550 克	110
速溶酵母	10 克	2
面包粉	500 克	100
盐	10 克	2
糖	3.5 克	0.7
小苏打	1.5 克	0.3
冷水	140 克	28
总重量：	**1215 克**	**243%**

制作步骤

1. 将温水、酵母、面粉、盐以及糖混合成一个柔软的面团或者面糊。在室温下发酵1.5小时。

2. 将小苏打与第二份水混合并溶化。混入到面粉混合物中混合至光滑。

3. 在松脆饼切割环上或者任何圆形切割模具上淡淡地涂刷上一些油。摆放到一个适当加热的扒炉上。使用一把长柄勺或者滴液漏斗，将面糊舀入或者装入模具里至12毫米的厚度。用于每一个松脆饼的面糊从45～60克不等。 根据环形模具的大小具体决定。

4. 在烙松脆饼的过程中，它们会在表面形成气泡。当气泡变成气洞，并且面糊凝固时，取下模具环，并用铲子将松脆饼翻过来。继续烙至第二个面刚开始上色即可。

🍥 阿米什软椒盐脆饼 amish-style soft pretzels

原材料	重量	百分比 /%
面包粉	375 克	75
糕点粉	125 克	25
水	325 克	65
速溶酵母	4 克	0.8
盐	3 克	0.6
糖	10 克	2
小苏打液体		
温水	250 克	
小苏打	30 克	
粗盐		
总重量：	**842 克**	**168%**

制作步骤

混合
使用直接面团法。

发酵
面团混合好后，让其在工作台面上松弛，盖好，松弛30～60分钟后成型。

制作成形

1. 称取面团：使用刮刀，切割下来一块长条形的面团，重量为150克。
2. 用两只手掌在工作台面上将面团搓滚成一条匀称的长75厘米的长条形（图A）。扭曲成椒盐脆饼的形状（图B，图C）。
3. 将椒盐脆饼在融入了60克小苏打的500毫升水溶液中浸渍。放置在铺有油纸的烤盘上。根据需要拉伸和修正椒盐脆饼的形状（注：在小苏打溶液中浸渍后，椒盐脆饼很难处理。如果需要，可以先把椒盐脆饼摆放到烤盘里，然后用小苏打溶液将其彻底涂刷一遍）。
4. 在椒盐脆饼上撒上粗盐。
5. 立即用260℃的温度烘烤（无须醒发）8～9分钟，或者烘烤至面包整体呈棕色。
6. 可选：烘烤好后立即将椒盐脆饼蘸上融化的黄油，摆放到烤架上控净黄油（图D）。

椒盐脆饼

　　椒盐脆饼的出现至今已经有一千多年的历史。尽管有一些民间故事试图解释它们最初的来历，但它们的起源在历史上已无从考证。几个世纪以来，椒盐脆饼在欧洲被面包师和面包师协会用作贸易的象征，如今仍然可以在现代面包房的招牌上看到。

　　阿米什式的椒盐脆饼是一种不同寻常的软椒盐脆饼，人们对它更为熟悉，这种软椒盐脆饼是从讲德语的欧洲地区开始使用的。尽管它们在外观上与普通的软椒盐脆饼相似，但由于它们的制作方法不同，所以味道也不一样。传统的椒盐脆饼之所以会有这种味道，部分原因是它们在烘烤前浸过碱液。碱液是一种刺激性的化学物质，食品级氢氧化钠可以应用于烘焙（使用碱液工作时，应戴上橡胶手套和护目镜进行防护。或在每升水中溶解30克的碱液），它除了让椒盐脆饼散发出独具特色的风味之外，还使面包呈现出浓郁的棕色。

　　相比之下，阿米什式的椒盐脆饼是在简单的小苏打溶液中进行浸泡，而不是在碱液中。此外，烘烤后通常将其蘸上融化的黄油。

🍥 皮塔饼 pita

原材料	重量	百分比 /%
面包粉	625 克	83
全麦面粉	125 克	17
水	435 克	58
速溶酵母	10 克	1.4
盐	15 克	2
糖	22 克	3
原味酸奶（低脂）	90 克	12.5
油脂（最好是橄榄油）	30 克	4
总重量：	**1352 克**	**181%**

制作步骤

混合和发酵

使用直接面团法。

改进混合法（详见前文关于混合时间，发酵时间以及折叠表中的混合和发酵时间）。

预计的面团温度为25℃。

制作成型和烘烤

1. 称取90克的面团。分别揉搓成圆形，在工作台面上松弛。
2. 使用擀面杖，将滚圆的面团擀开成为直径在10~12厘米的圆形。
3. 在260℃的烤箱底层烘烤，或者在干燥的烤盘里烘烤，直到皮塔饼的圆边呈浅金色，需要烘烤5分钟。不要过度烘烤，否则皮塔饼就会变得干硬，烘烤适宜的皮塔饼在冷却之后应变软。

· 复习要点 ·

◆ 混合发酵是什么？
◆ 在混合、处理和醒发酵头面团时应采取哪些预防措施？
◆ 基本酵头发酵是如何制作的？
◆ 烘烤英式松饼和松脆饼使用的是什么设备？

面包制作成型技巧

酵母面团制作成型的目的是将面团制作成各种烘烤到位，并带有诱人外观的面包卷或者面包。当制作完成一个面包卷或面包的造型时，应把面筋在面包的表面拉伸成光滑的面皮。紧实的面筋表面可以保持住面包的形状。这对于直接烘烤而不是借助模具烘烤的面包和面包卷尤为重要。没有被正确的制作成型的面包会成为不规则的形状并造成开裂，甚至有可能变成扁平状。

大型面包房里有自动制作多种面包和面包卷的机械设备。然而在小面包房里，面包师仍然需要通过手工制作成型大部分的产品。学习如何将面包、面包卷以及糕点制作成型是优秀烘焙艺术和工艺的重要组成部分。

使用面扑

在大多数情况下，工作台面和面团上必须略微的撒上一些面粉，以防止面团粘连在工作台面和手上。一些面包师用浅色的黑麦面粉作为面扑。其他人更喜欢使用面包粉。

无论使用哪种面粉作为面扑，有一条规则是非常重要的：尽量少用。过多的面粉会使面包的接缝处难以密封住，并且在烘烤的食品中会呈现出条纹状痕迹。

制作步骤： 称取并分割用于制作面包卷的面团

这个步骤需要用到面团分割机。一台面团分割机会将一大块挤压面团，切割成同等重量的小块面团。如果没有这种设备，就应分别称取制作每个面包卷的面团。

1. 将需要使用分割机处理的面团按所需的重量称取好。一块称取好的面团可以制作出36个面包卷。
2. 将称取好的面团揉圆并松弛一段时间。
3. 用面团分割机将称取好的面团分割好。将分割好的面团分散摆放，并撒上面扑以防粘连。

4. 根据需要将这些面团制作成型为面包卷。在有些情况下，这些面团会先被揉圆。而在其他情况下，面团从分割机分割好后可以不揉圆直接制作成型为面包卷。

脆皮产品和黑麦产品

揉搓成圆形

1. 根据需要称取面团，例如每块需要分割的面团为1600克或者称取每个面包面团为45克。将要分割的面团使用分割机分割为小的面包面团。

2. 把手掌在面团上放平，在工作台面上将面团按照一个紧凑的圆形进行揉制（图A）。不要撒上太多面粉，因为面团必须在带有一点黏性的工作台上进行揉制这一技巧性的工作。

3. 当面团被揉制成圆形时，用手逐渐将其聚拢到一起（图B，图C）。

4. 除了底部略微带有一点褶皱之外，揉制好的面团表面应是光滑的。

5. 将制作好的面包相互间隔5厘米摆放到撒有玉米面的烤盘里。

6. 醒发，在面包表面涂刷上水，喷入蒸汽烘烤。

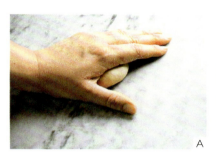  

揉搓成椭圆形

1. 称取面团并将面团揉搓至圆形。

2. 用双手的手掌来回滚动圆形面团，直到将它们略微揉长，并呈圆锥形。

3. 醒发并涂刷上水。纵向切割出一个切痕或者斜切出三个切痕。

4. 喷入蒸汽烘烤。

制作出折痕形

1. 将面团揉搓制成圆形。松弛几分钟。

2. 在其表面上撒上少许的黑麦面粉，使用一个涂有少许油的2厘米粗的木制擀面杖，在每一个面包中间用力按压出一个折痕。

3. 倒扣在醒发箱里醒发，或者在撒有面粉的帆布里醒发。将其右侧朝上翻过来，摆放到撒有玉米面的烤盘里或者木板上。不需要切割出切痕。如同其他硬质面包一样进行烘烤。

制作新月形面包卷

1. 称取450～575克的面团。将其揉圆并松弛。

2. 把面团按压平整，并擀成直径为30厘米的圆形。

3. 使用糕点滚轮刀，将擀开的圆形面团切割成12个相等的V形或三角形（另一种方法：如果面团数量很多，可将其擀成长方形，然后像牛角面包面团一样切割开）。

4. 使用和制作牛角面包一样的技法把三角形面团卷成新月形。这些卷起来的面包卷可以是直的棍状，也可以弯成新月形。

5. 醒发。涂刷上水，并且根据需要，撒上葛缕子、芝麻或者粗盐。喷入蒸汽烘烤。

制作俱乐部面包卷

将没有经过揉圆的面团经过分割后做塑形处理。

1. 把面团大致按压平整成为一个长方形（图A）。

2. 通过将长方形面团的后边折叠起来的方式，将面团卷起。用手指尖将接缝处按压牢固（图B）。

3. 继续卷起面团，每次卷完一圈面团后都要把面团的接缝处按压牢固。随着卷起面团，面团的前部会有些收缩，需拉伸面团前面的两个边角，如箭头所示，以保持面团的宽度一致（图C）。

4. 卷完之后，将接缝处完全按压牢固，这样面包卷就会非常紧密（图D）。

5. 将醒发好的面包卷斜着切割，使烘烤好的面

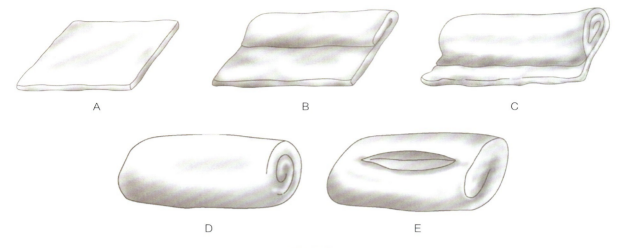

A　　　　B　　　　C

D　　　　E

俱乐部面包卷

包卷带有图E所示造型。

6. 将面包卷相互间隔5厘米摆放到撒有玉米面的烤盘里。

7. 醒发，涂刷上水，纵向切割出一个划痕。喷入蒸汽烘烤。

洋葱面包卷（用于黑麦或者硬质面包卷面团）

1. 制作洋葱混合物：

a. 用水浸泡500克干洋葱，泡软后捞出控净水。

b. 将60克油和15克盐与洋葱混合好。

c. 将洋葱倒入一平底烤盘里。盖好至使用时。

2. 将用于面包卷的面团称重并揉圆。使其松弛10分钟。

3. 将面包卷正面朝下摆放到洋葱上，并用手按压平整。将按压平整后的面包卷，粘有洋葱的那一面朝上摆放到铺有油纸的烤盘里。

4. 醒发。用两根手指头在每一个面包卷的中间位置按压出压痕。喷入蒸汽烘烤。

凯撒面包卷

1. 按制作成面包卷所需要的大小称取维也纳面包面团。对于三明治大小的面包卷，称取2300克的面团，使用面团分割机可以分割成60克的烤面包卷。

2. 将面团按压进面团分割机里，并分割面团，撒入小许的浅色黑麦面粉。

3. 将分割好的面团揉圆，并松弛。

4. 用双手将每一个松弛好的面团轻轻按压平整。

5. 用凯撒面包卷模具在每一个面包卷上按压出造型。按压切割面包卷的时候应切割到面包卷的一半

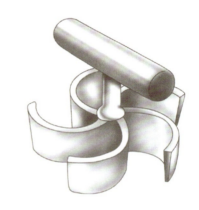

凯撒面包卷模具

厚度。不要将面包卷切割至断开。

6. 将面包卷翻过来放入醒发箱或者铺有帆布的烤盘里。醒发。

7. 将面包卷正面朝上摆放到撒有玉米面的烤盘里或者木板上。放入烤箱里并喷入蒸汽烘烤。

法式、意式，以及维也纳式面包

这些面包的形状各不相同，有粗而长的椭圆形面包，粗的法式面包（称为"batards"），也有长而细的法国长棍面包。成型的准确步骤取决于如何将面团预成型。这里有两种塑型法国长棍面包的方法。

对于预成型的圆柱体面团：

1. 将圆柱体的面团摆放到工作台面上，使其与工作台面的边缘平行。用手掌轻轻按压平整。不要将面团中的气体完全排出。

2. 将面团的上部边缘处抬起，对折到面团中间位置处。

3. 将面团靠近身体处下部边缘抬起，将其折叠

到中间位置处，使其刚好与第2步骤中折叠的边缘重叠。用指尖压紧这个重叠的缝隙处，沿着面团中心位置略微按压出一个压痕。

4. 从面团的一端开始，将面团的远边朝近边对折，随着将面团朝向近边对折的时候，手掌把其缝隙处按压密封好。

5. 从面团的中间位置开始，用双手的手掌将面团在工作台面上滚动，将其擀开至均匀并拉伸到所需要的形状和长度。

对于预成型的圆形面团：

1. 使用手或者擀面杖将松弛好的圆形面团擀成椭圆形（图A）。用手拉伸椭圆形面团，使其变长一些（图B）。将面团紧紧地卷起来，并将接缝处密封好（图

C，图D）。在工作台面上用双手的手掌将面包卷滚动成均匀的形状。这样就会制作出一根细长的、椭圆形面包。末端应呈锥形和圆角形，而不应是尖状。

2. 要把椭圆形的面包制成法国长棍面包，需要将这些面包再次松弛几分钟。用手掌将其压平，轻轻拉伸以增加面团的长度。再一次卷紧并将接触处密封好。在工作台面上，用手掌来回滚动，使其均匀，并将其伸展到所需的形状和长度。

3. 将制作好的法国长棍面包接缝处朝下摆放到撒有玉米面的烤盘里。在这些特制的烤盘里（图E）醒发法国长棍面包以保持它们的形状。醒发、涂刷上水。切割出斜形的划痕，或者一条长的切口。在烘烤的前10分钟内喷入蒸汽。

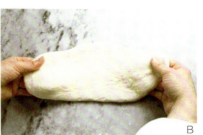

圆形面包和椭圆形面包

这些技法可用于制作许多类型的面包，包括法式乡村面包和法式黑麦面包。圆形面包在法语中称为"boule"。

要制作出像法式乡村面包一样的圆形面包应：

1. 把松弛好了的圆形面团压扁成饼状。将两边

从中间折起来，然后揉成圆形。把面团塑形成没有缝隙的圆球形（图A）。

2. 摆放到撒有一层玉米粉或者面粉的烤盘里。醒发，在表面涂刷上水，并切割出十字交叉形的刻痕（图B，图C）。喷入蒸汽烘烤。

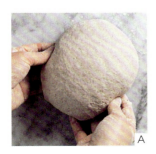

衬有帆布的发酵篮

要制作出像法式黑麦面包一样的椭圆形面包应：

1. 如同制作圆形面包一样，将松弛好了的圆形面团压扁成饼状。把两边从中间折起来，然后再揉成圆形。用双手的手掌将面团揉搓滚动成光滑的椭圆形面团（图A）。

2. 将其摆放到撒有玉米粉或者面粉的烤盘里（图B）。醒发，将表面涂刷上水，撒上面粉。如图所示切割出刻痕（图C）。

作为在烤盘里醒发的一种替代方法，可以将面团放入在一种称为班内顿（bannetons）的特制的篮子（发酵篮）里，正面朝下进行醒发。在发酵篮的内侧撒上面粉，然后将面团牢牢地塞入到发酵篮里（图D）。待面团发酵好后，将其倒入烤盘或者木板上，根据需要切割出刻痕，然后放入烤箱里烘烤。

富加斯（叶形面包）fougasse

1. 将面团擀开成一大而薄的椭圆形，每隔一段时间让其放松一会，以便让面筋得到松弛。

2. 在烤盘里涂刷上橄榄油。将面团摆放到烤盘里，在其表面也均匀地涂刷上橄榄油（图A）。

3. 与制作佛卡夏一样，每隔一段时间用指尖按压面团（图B）。

4. 在面团上切割出切口（图C）。拉伸面团以扯开切口（图D）。

5. 在室温下醒发30分钟。

软面包卷面团，使用模具烘烤的面包，以及编织的辫子面包

系好的或打结的面包卷

1. 按照所需大小称取面团。将称取好的面团进行分割加工。

2. 用手掌对工作台面上的每个分割好的面团进行揉搓并滚动成条状或绳索状。

3. 按下图片所示将面包卷制成辫子形。

4. 将制作好的面包卷每个间隔5厘米摆放到涂有油或衬有油纸的烤盘上。

5. 醒发，涂刷上蛋液，烘烤，无须喷入蒸汽。

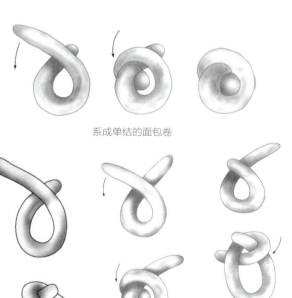

系成单结的面包卷

锯齿形面包卷

1. 制备细长的椭圆形面包卷。
2. 用剪刀在面包卷的顶部剪出一排朝下的切口。

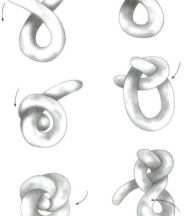

系成8字形的面包卷　　系成双结的面包卷　　编制成辫子形的面包卷

新月形面包卷

1. 除了卷起之前在三角形面团上涂刷上融化的黄油以外，其制作方法与硬质新月面包一样，需先将面团塑形。

2. 醒发，涂刷上蛋液。烘烤，不用喷入蒸汽。

使用烤盘烘烤的面包卷

1. 称取所需要大小的面团。将称取好的面团进行分割加工。

2. 如同硬质圆面包卷一样塑形。

3. 放入涂刷有油的烤盘里，相互间隔1厘米摆放好。

帕克豪斯面包卷

1. 称取所需大小的面团。将称取好的面团进行分割加工。

2. 将分割好的面团加工揉搓成圆形（图A）。

3. 用一根细擀面杖将面团中间擀平（图B）。

4. 把面团折叠起来，将折叠的边缘处按压下去，使其产生折痕（图C）。

5. 摆放到涂有油的烤盘里，间隔1厘米摆放。烤好后的面包卷会有一条缝隙，很容易涨裂开（图D）。

A   B   C   D

黄油酥皮面包卷

1. 将面团擀成一块非常薄的长方形。涂刷上融化的黄油。切割成2.5厘米宽的条状（图A）。

2. 将6条面片摞到一起，切成3.5厘米的块状（图B）。

3. 将切好的块状面片摆放到涂有油的松饼模具里（图C）。醒发。烘烤好的面包卷会带有酥皮的外观（图D）。

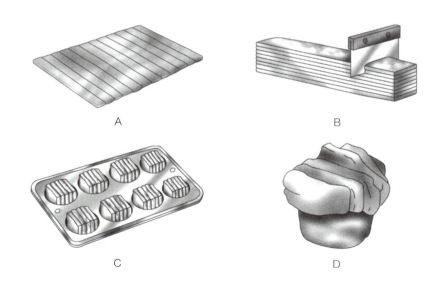

A   B

C   D

三叶草形面包卷

1. 按所需大小称取面团并分割成小块。将分割好的面团分成3等份，揉搓成圆球状。

2. 在每一个涂刷有油的松饼模具里摆放好3个圆球状面团（图A）。在烘烤的过程中3个圆球状面团会胀发并融合到一起形成一个三叶草造型（图B）。

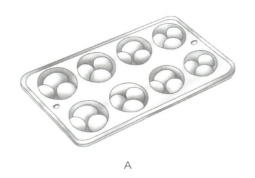

A · B

使用模具烘烤的面包卷

1. 将面团揉搓成圆形，在工作台面上醒发（图A）。

2. 将面团拉伸成一个长方形（图B）。

3. 叠成三折（图C，图D）。

4. 将面团紧紧地卷成要与之一起烘烤的模具长度相同的面包卷（图E）。把接缝处捏紧，将面包卷接缝处朝下摆放到涂刷有油的模具里。

对于顶部裂开的面包卷，面包在经过醒发后，在表面上从一端到另外一端切割出一个切痕即可。

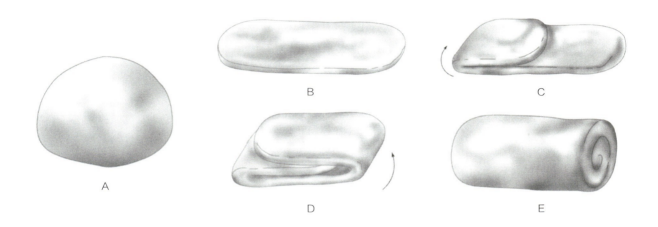

A · B · C · D · E

普尔曼面包

普尔曼面包是在带有滑动盖的面包模具中烘烤，所以从烘烤好的面包上切下来的面包片是方形的，它是制作三明治的理想选择。面包模具通常是制作450克、675克、900克和1350克面包的标准尺寸。

1. 称取适合面包模具的面团。考虑到在烘烤过程中的损失，每450克多称取50克的面团。

2. 将面包制作成型的方法有两种：

- 按照前面讲述的方法制作标准的模具造型面包。

- 将称取好的每一块面团分成两份。揉滚成条状，然后将两根条状的面团扭到一起，将两端封好。这种方法是许多面包师的首选，因为它给面包结构提供了额外的筋力，面包两端不容易塌陷。

3. 将制作好的面包放入到涂刷了少许油的面包模具中。盖上盖子（在盖子的底部涂刷上油），但让盖子打开2.5厘米的开口。

4. 醒发至面团几乎涨发到盖子处。

5. 盖好盖子。在200～218℃下烘烤，不需喷入蒸汽。

6. 烘烤30分钟后去掉盖子。面包在这段时间里应该已被烘烤上色了。如果盖子粘连在面包上，可以带着盖子再多烘烤几分钟，几分钟之后再试着去掉盖子。

7. 去掉盖子之后完成烘烤过程，并让湿气挥发。

编织辫子面包

富含鸡蛋的软质面包卷面团和白面包面团最适合用来制作编织面包。面团相对来说应该较硬一些，这样编织好的辫子面包才能保持住它们的形状不变。

一般都会编织一到六股的辫子面包。更复杂的七股或更多股的辫子不在这里展示，因为它们很少被编织出来。

编织好的面包在经过醒发之后要涂刷上蛋液。

一根辫子面包的编织

1. 用双手的手掌把面团揉搓成光滑、笔直的长条形。从一端到另外一端的粗细应均匀。

2. 系或编织条形面包，如同编织面包卷一样。

两根、三根、四根、五根和六根辫子面包的编织

1. 根据需要多少根面团条，将面团分成相等的小块。

如果是编织双三根的辫子面包，先把面团分成4等份，然后把其中的1份再分成3小份，就可以得到3个大段和3个小段的面团。

2. 用双手的手掌把它们揉搓成又长又光滑的条状。中间位置最粗，朝向两端位置逐渐变细。

3. 面包条的编织如插图所示。请注意，在这些描述中使用的数字指的是所使用的面包条的位置（从左到右进行编号）。在编织的每个阶段，1号编号总是表示左边的第一根面包条。

两根辫子面包的编织

1. 将两根面团在中间交叉摆放好（图A）。

2. 把底下的那一根面团的两端从上面那一根面团上折叠过去（图B）。

3. 再将另外一根面团的两端以同样的方式折叠过去（图C）。

4. 重复步骤2和步骤3，直到编织完成（图D）。

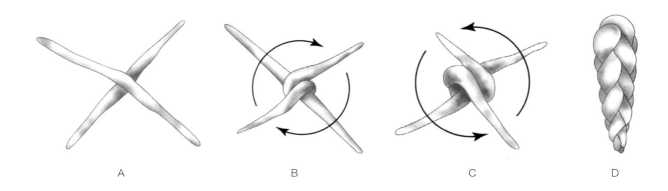

A   B   C   D

三根辫子面包的编织

1. 把三根面包条并排摆放到一起。从中间开始，将左边的一根面包条越过中间的那一根折叠过去（1越过2）（图A）。

2. 再把右边的那一根折叠在中间位置（3越过2）（图B）。

3. 按照此顺序重复操作（1越过2，3越过2）（图C）。

4. 当编织到辫子面包的末端时，把编织的辫子面包转过来（图D）。

5. 编织另外一半的面包（图E）。

6. 根据需要，可以编织一个较小的三根辫子的面包摆放在面包上面（图F）。

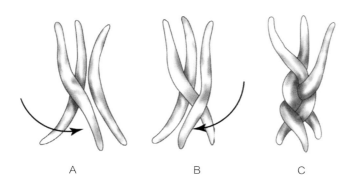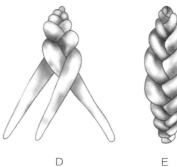

A   B   C   D   E   F

四根辫子面包的编织

1. 从摆放好的4根面团条开始，在一端捏紧固定好（图A）。

2. 将4越过2编织好（图B）。

3. 将1越过3编织好（图C）。

4. 将2越过3编织好（图D）。

5. 重复步骤2,3,4，直到编织完成（图E，图F）。

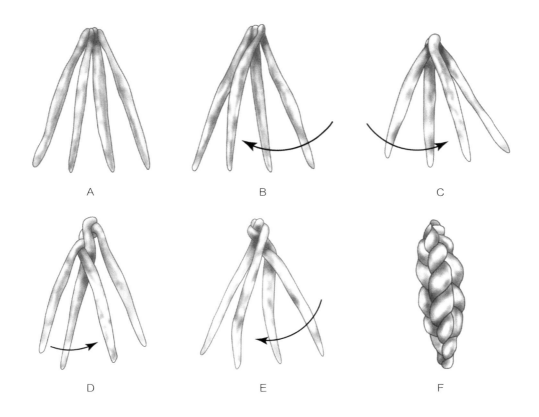

五根辫子面包的编织

1. 从摆放好的5根面团条开始，在一端捏紧固定好（图A）。

2. 将1越过3编织好（图B）。

3. 将2越过3编织好（图C）。

4. 将5越过2编织好（图D）。

5. 重复步骤2,3,4的操作，直到编织完成（图E，图F）。

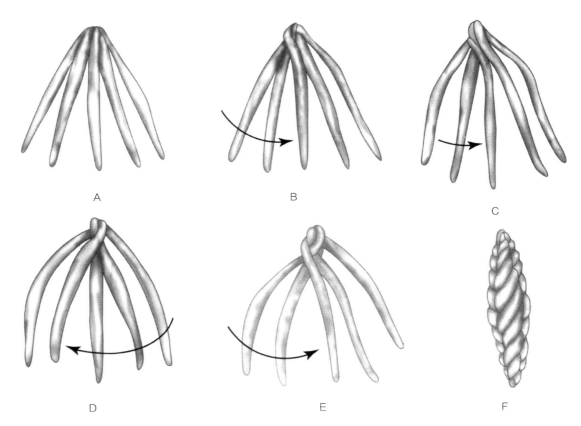

六根辫子面包的编织

1. 从摆放好的6根面团条开始，在一端捏紧固定好（图A）。

2. 第一步先将6越过1编织好，这一步骤不是重复编织顺序中的部分（图B）。

3. 重复编织顺序步骤从2越过6编织好开始（图C）。

4. 将1越过3编织好（图D）。

5. 将5越过1编织好（图E）。

6. 将6越过4编织好（图F）。

7. 重复步骤3到6的操作，直到编织完成（图G）。

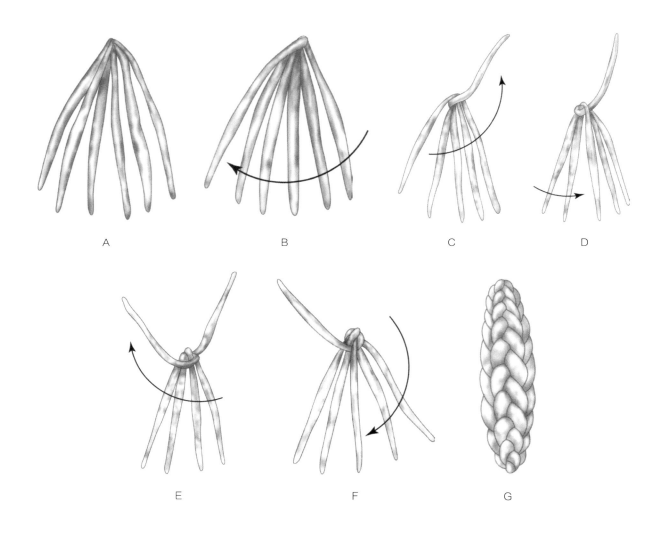

A   B   C   D

E   F   G

· 复习要点 ·

◆ 使用面团分割机称取面团和分割面团用于制作面包卷的步骤是什么？

◆ 制作基本的圆形面包卷的步骤是什么？

◆ 制作圆形面包的步骤是什么？

◆ 制作法式长棍面包的步骤是什么？

◆ 制作基本的模具面包的步骤是什么？

术语复习

straight dough method 直接发酵法　　no-time dough 不需要发酵的面团　　tenacity 韧性

press 按压　　short mix 短混合技法　　gluten window 面筋视图

fougasse 叶形面包　　pullman loaf 普尔曼面包　　improved mix 改进混合技法

dough strength 面团筋力　　French bread 法式面包　　intensive mix 强化混合技法

extensibility 可延展性　　English muffin 英式松饼　　short-fermentation 短发酵

elasticity 弹性　　bagel 百吉饼　　straight dough 直接发酵面团

复习题

1. 直接面团混合法中的步骤有哪些？在制作甜面团中，直接面团法是如何改进的？ 为什么有必要进行这种改进？

2. 解释短混合法、改进混合法和加强化混合法之间的区别。

3. 水的温度在混合酵母面团中的重要性是什么？

4. 如果在法式面包配方中增加7%的起酥油，烘烤好的面包会有什么不同？

5. 为什么意大利面包的烘烤温度要比白面包更高？

6. 如果没有麦芽糖浆，要如何修改维也纳面包的配方？

7. 在制作成型面包和面包卷时，为什么不使用太多的面扑非常重要？

8. 描述使用面团分割机的步骤。

9. 描述揉圆面包卷的步骤。

10. 描述制作成型法国长棍面包的步骤。

8

少油酵母面团：中种发酵，酵头发酵和面团酵头发酵

读完本章内容，你应该能够：

1. 解释制作中种发酵面团的方法，以及制作中种发酵面团和酵母酵头发酵面团的方法。

2. 制备和保存面团酵头发酵的酵头，并用它们来混合面团。

3. 发酵和烘烤中种发酵面团和面团酵头发酵产品。

近年来，消费者对美味的手作面包兴趣大增。在北美，这种情况激励了面包师们去研究和实验传统的欧洲面包，以便为他们的顾客提供独具特色的、手工制作的产品。越来越多的餐厅要么自己制作面包，要么从当地的面包师那里购买面包。这些面包师们更多的是把烘焙当作一种手艺，而不是一种产业。许多优秀的欧洲面包房世代保存和实践着这些技艺，但对大多数北美的实践者来说，这些都是新的发现。

第7章介绍了生产各种类型的传统酵母产品的基本制作步骤，使用的都是直接面团法。在这一章中会介绍其他复杂的中种发酵工艺和面团酵头发酵方法，以此制作出更多的酵母产品。

中种发酵（海绵发酵）和其他酵母酵头发酵

中种发酵面团的制备分为两个阶段。基于这个原因，制作过程通常被称为中种发酵和面团法。这个过程给了酵母菌先行活动的优势。

第一个阶段被称为中种发酵，酵母酵头或者酵母酵头发酵。所有这些术语都可以表示相同的东西［尽管面包师们经常保留中种发酵这个术语专门用于酵母的水合作用（含水量为60%～63%）］。

中种发酵的方法有很多变化，所以这里的步骤是有通用性的。中种发酵方法的各种变化将会在基本制作步骤中进行更加详细的讨论。使用以下制作步骤，能够制备出本书中传统的中种发酵面团。

与直接面团法相比，中种发酵混合法有如下优点：

（1）发酵时间比直接面团法完成的面团更短；（2）计划安排的灵活性，中种发酵通常比直接面团法面团成型后保存的时间更长；（3）由于中种发酵的长时间发酵而增加了风味；（4）风味浓郁的面团发酵力更强。高糖和高脂肪含量会抑制酵母菌生长。当使用中种发酵方法时，大部分发酵作用在加入脂肪和糖之前就已经完成了；（5）需要的酵母量较少，在中种发酵的过程中酵母菌会因为繁殖而增殖。

关于面包师的百分比系统的注释在这里是按顺序进行的。使用中种发酵方法时，有两种可行的方式来表示百分比：

1. 以中种发酵或酵头发酵作为一个单独的配方。将中种发酵方法中的面粉以100%的比例表示。然后，在主要的配方里，将使用中种发酵方法面团的总重量表示为主要配方中面粉重量的百分比。

2. 将中种发酵面团当作主要配方中的一部分。表示在中种发酵中使用的面粉以在完整的配方中占总面粉的百分比表示。

每种方法都有优点，面包师也会有自己的偏好。在本书中，这两种方法都会使用到，这取决于配方的需要，所以可以有使用每种方法的经验。

酵母酵头

中种发酵混合方法的制作步骤对各种各样的面团都适用。在本章配方内容的第一部分中，混合中种发酵面团的制作方法提供了成功混合面团所需的所有信息。然而，为了生产出更多种类的手工面包，了解更多已经使用的中种发酵和酵头发酵的信息是更有帮助的。

酵头有两种基本类型：酵母酵头，有时又称酵母发酵剂；而面团酵头发酵，通常称为面团酵头或天然酵头（请注意，有些面包师使用酵头这个术语，只用来表示酵母酵头。在本书中，我们一般用这个词来指用于所有提供发酵作用的发酵过的面团）。面团酵头与酵母酵头相类似，只是它们是用野生酵母制成的。因此，它们的处理方式有些不同，这部分将在后面章节里介绍。

许多传统术语被用于表示酵头的类型，但术语的使用并没有得到统一。本章介绍了一些术语，但不同的面包师使用它们的方式不同。随着手工面包越来越普遍，术语可能会变得更加标准化。甚至连中种发酵这个术语也有了不同的用法。当本章提到中种发酵混合方法时，中种发酵这个术语可以指任何酵母酵头。部分面包师只会用中种发酵这个术语来称呼一种特定的酵母酵头，这种酵母酵头的水合速率约为60%。

制作步骤： 中种发酵法

1. 将一部分或全部的液体，所有的酵母，部分面粉（有时还有部分糖）混合到一起。制成浓稠的面糊或软的面团（图A）。让其发酵至体积增至2倍大（图B）。

A

2. 折叠面团（向下按压），加入剩下的面粉和剩余的原材料。混合成均匀光滑的面团。

B

面团酵头的寿命是没有限定的，与其不同，酵母酵头的寿命是有限的，最好是为每一批次新混合的面团制作新鲜的酵母酵头。过度发酵的酵母酵头应丢弃不用，因为使用它们制成的面团难以处理，面包会带有不合时宜的风味。

当混合酵母酵头时，要记住在这个阶段不必要形成面筋，所以只需将要混合的原材料搅拌成均匀的面团或面糊即可。如果酵母酵头混合过度，当它被添加到最后的面团里进行再次混合时，面筋也有可能会形成过度。

下面几节将描述几种重要的酵母酵头类型。

波兰酵头

这种酵头据说起源于波兰，而"poolish"一词则来自波兰语。poolish（或poolisch）是一种稀薄的酵母酵头，由等量的面粉和水（按重量）加上商业酵母制成。即波兰酵头的配方是100%的面粉，100%的水，及不同比例的酵母，这取决于所需要的发酵速度。

为了提供最大的风味，波兰酵头只使用了少量的

酵母，并在室温下进行长时间发酵。波兰酵头冒出气泡、体积增大，当它达到峰值时，体积开始轻微回落，顶部表面出现褶皱。缓慢发酵的波兰酵头可以保持其最高质量几个小时之久。过了这段时间，其酸度会增加，品质会变差。

因为波兰酵头里的水分含量很高，所以酵母菌非常活跃。因此应使用较低百分比的酵母而不使用更加干燥的的酵头。少量的酵母足以使得波兰酵头发酵，创造出风味并形成面筋。然而，仅仅发面是不够的。通常情况下，在最后制作面团时添加酵母可以促进发酵。详见关于混合发酵的讨论内容。

如果需要更短的发酵时间，可以使用更多的酵母。然而，在这种情况下，发酵剂在开始失效之前便能达到最佳质量的时间较短。此外，对于波兰酵头来说，短暂的发酵时间将会失去使用酵头发酵的优势，也就是说，长时间的发酵可以改善风味。详见酵母的数量和近似波兰酵头的发酵时间表中的酵母数量和发酵时间等相关的内容。

酵母的数量和近似波兰酵头的发酵时间		
新鲜酵母数量（面粉在波兰酵头中的百分比）	速溶酵母数量（面粉在波兰酵头中的百分比）	在常温下发酵时间的近似值（18～20℃）
（3%）	（1%）	（2小时）*
1.5%	0.5%	4小时
0.8%	0.28%	8小时
0.25%	0.08%	12-16小时
*2小时的发酵是比较合适的，因为数量是既定的。然而，如果需要高质量的产品，对于波兰酵头来说，不推荐如此短的发酵时间。		

比加酵头

比加（biga）是意大利语表示酵头的单词。虽然这个词理论上可以指任何一种质地浓稠的酵头，但它通常用于具有一定硬度的酵头。较硬的面团比湿润的面团发酵得更慢。因此，比加酵头通常由更多的酵母制成。使用比波兰酵头大约两倍多数量的酵母，以获得相同的发酵时间。

一份典型的比加酵头含有100%的面粉，50%～60%的水和0.8%～1.5%的新鲜酵母。

里万－里瓦

里万－里瓦（levain–levure）是法语中酵母酵头的统称。它通常有像比加酵头一样的硬度，但这个术语有时也用于像波兰酵头一样稀的酵头。levure这个词

的意思是"酵母"。不要把leven –levure和levain单独混为一谈。levain的意思是"面团酵头"，或者"培养起子"，而au levain的意思是"酵头面包"。

酵头面团或者剩余面团

剩余面团仅仅是一块从上一个批次的发酵面包面团中保留下来的面团，有时被称为pate fermentee，意思是"发酵的面团"。一块发酵的面团最好是保存在缓发器中，这样面团就不会发酵过度，这种简单而常见的方法可以发挥使用酵头的优势，即不必单独制作一块酵头。当然，也有可能制作一批次的面包面团只用来作为酵头使用。

只含有面粉、水、酵母和盐的少油面团是酵头面团的最佳制作配方，因为它可以应用于任何一种面团之中。如果剩余面团中含有油脂、鸡蛋或其他原

材料，当然它只能应用于含有这些原材料的面包配方中，因此它们的用途就比较有限。

因为剩余面团实际上就是面包面团，它与其他发酵的不同之处在于它含有盐、面粉、水和酵母。盐减缓了发酵的过程。为了平衡盐，剩余面团比我们讨论过的其他类型的酵头含有更多酵母。

在面团配方中，剩余面团的用量几乎可以是任何数量，这是根据最后混合好的面团中面粉的重量而定的，但通常用量在40%~50%。例如，如果配方中含有4.5千克面粉，面包师可能会添加1.8~2.3千克的剩余面团。应该在搅拌时间快结束时，再将剩余面团加入混合的面团中。这是由于它的面筋已经形成了。其他的酵头，例如比加酵头和波兰酵头，应在搅拌开始时加入，因为它们的面筋还没有形成。

混合发酵

当像中种发酵或者比加酵头这样的纯酵头用于制作面包时，它们可能是唯一的发酵剂。但是剩余面团可能不足以在其所需的时间里自行发酵面包。因此，当最后混合面包面团时，可以在剩余面团中加入酵母。

换句话说，这样的面包面团是一种直接发酵面团，因为剩余面团是作为一种原材料加入到其中的。这种同时使用酵头和新添加的酵母来进行发酵的方法有时也被称为混合发酵。

如果面团中含有其他发酵物质，特别是波兰酵头，也可以在最后混合面团时添加酵母，以促进发酵并缩短发酵时间。有些面团酵头也使用混合发酵生产——也就是说，除了面团酵头以外，它们还含有商业酵母。

自溶

在最后的面团混合过程中还有一个额外的步骤，这有助于形成良好的面筋结构。这一步称为自溶（autolyse）。用这种方式混合面包面团时首先要将面粉和水混合，然后低速搅拌，直到所有的面粉都变得湿润，并形成面团。关掉搅拌机，静置20~30分钟。

在自溶过程中，面粉充分补水，这意味着水被面粉中的蛋白质和淀粉完全吸收。同时，面团中的酶在蛋白质因搅拌而过度拉伸之前就开始发挥作用。这改善了面包中的面筋结构，使制作好的面团更加容易处理和成型。它还能改善烘烤好后的面包质地。由于改善了面筋结构，混合时间就会减少，这意味着进入面团中的空气也会相应减少。因此，由于较少的氧化作用，面包的颜色和风味都会得到改善。

注意，在自溶过程中只包含有面粉和水。酵母或酵头，盐和其他成分应在这段松弛时间结束之后才会加入。如果面团在自溶前加入了酵母或酵头，酵母的作用会增加面团的酸度，而这种酸度会影响到面团的筋力，使面团的可伸展性降低。如果加入了盐，它会干扰面筋蛋白质的吸水性并干扰酶的活力。

自溶期结束后，加入剩余的原材料，将面团搅拌均匀。

酵母与自溶

根据文字内容，自溶应该在没有酵母存在的情况下发生。但是，一些面包师，对这个规则有着自己的见解。

如果使用速溶酵母，有时会在自溶前添加。这是因为酵母需要时间来吸收水分。当酵母完全溶解时，自溶期可能大部分已经结束了。

同样，含有少量酵母的波兰酵头有时会在自溶前添加，因为另有一些观点认为少量的酵母对面筋的影响较小。

· 复习要点 ·

◆ 酵母面团中的中种发酵搅拌法有哪些步骤？

◆ 波兰酵头有什么特点？比加酵头有什么特点？酵头面团有什么特点？

◆ 混合发酵是什么？

◆ 自溶是什么？

面团酵头发酵

由于讨论的目的需要，我们将面团酵头定义为由面团酵头发酵剂发酵的面团。面团酵头发酵剂是一种含有野生酵母菌和细菌的面团或面糊，由于这些微生物的发酵带有明显的酸性，常用来发酵其他面团。

面团酵头又称天然酸发酵剂或天然发酵剂。在商业制备的酵母出现前，面包是通过混合面粉和水，并让这种混合物静置，直到野生酵母菌开始发酵。然后用这种发酵剂使面包发酵。其中一部分的发酵剂被保存起来，与更多的面粉和水混合，放在一边用来发酵第二天的面包。这个过程至今仍然在被使用。

这些发酵剂是"酸"的，因为面团在漫长的发酵过程中产生了酸。这种酸不仅会影响到面包的风味，还会影响到面包的质地。淀粉和蛋白质被酸改性，使面包心更湿润，质量保持的更好。请注意，有些面团酵头培养基只产生一种温和的酸，因而制作好的面包尝起来不是特别酸（请参阅关于细菌发酵的讨论内容）。然而，面团酵头一词通常用于任何带有酸度的野生培养基。有些面包师更喜欢用老面或者培养起子来描述这一类别的培养基，而将面团酵头只用于那些酸性较强的培养基中。

在这些定义中有两点需要重点注意：（1）野生酵母菌的存在，其并不是商业上的酵母；（2）细菌的重要性。

野生酵母菌

在面团酵头发酵剂中的野生酵母菌与商业酵母中酵母菌不是同一种生物体。因此，它们的行为有所不同。此外，不同的野生酵母菌在不同的地区和环境中被发现。例如，使旧金山酵头具有独特风味的野生酵母菌与世界其他地方的野生酵母菌是不同的。如果发酵剂从一个地区被带到另一个地区，酸的性质可能会逐渐改变，因为在新地区的酵母菌会接管酵母的发酵过程。

野生酵母菌比商业酵母菌耐酸性更强。用商业酵母制作的面团如果变得太酸或带有酸味，酵母菌很可能会死亡，这样制作出来的面包就会有一种"不新鲜"的味道。在面团酵头中的野生酵母菌可以忍受较高的酸度并在其中生长。

虽然可以使用酵母酵头来取得与面团酵头发酵的面包相近似的效果，但真正的面团酵头复杂的风味和湿润的质地或面包心只能用含有野生酵母菌的天然发酵剂制作而成。

细菌发酵

第二个重要的一点是面团酵头发酵剂中也含有细菌及酵母菌。这些细菌中最重要的一种是乳酸菌。与酵母菌一样，这些细菌将面团中的一些糖进行发酵并产生二氧化碳气体。此外，它们还能产生酸。这些酸使面团带有酸味。和野生酵母菌的情况一样，不同的发酵剂之间所含有的确切的细菌菌株也不同，所以每种发酵剂都有其独特的特性。

细菌能产生两种酸：乳酸和乙酸。乳酸是一种弱酸，乙酸是一种强酸。使这两种酸得到很好的平衡是面包师的一个重要目标。这些酸的平衡赋予了面包面团酵头发酵所形成的独特酸味。面团中过多的乙酸会使面包吃起来酸涩难咽。乳酸是平衡面包风味所必需的，但如果面团中仅含乳酸，乙酸含量低或不含有醋酸，面包就几乎没有酸味。

面包师保持发酵剂和控制发酵过程的方式会影响到这两种酸的形成。

启动和维持天然发酵剂

面团酵头发酵剂中产生的微生物（酵母菌和细菌）因地而异。此外，每个面包师都尝试在他们的面团酵头发酵的面包中寻找与众不同的效果。因此，应该考虑到产生、维持和使用天然发酵剂的过程差别很大。我们在这一部分的内容里，首先对需要考虑的重要因素进行一般性的解释。然后，会介绍制作天然发酵剂的一般步骤。请记住，除非已经准备好的发酵剂味道很好，并且已经用这种发酵剂烘烤出了质量始终如一的面包，否则发酵步骤均是实验性的。

微生物的来源

如果一份由面粉和水组成的面团或面糊放置足够长的时间，它迟早会开始发酵，要么是由于空气和环境中的酵母菌和细菌，要么是由于面粉中已经存在的酵母菌和细菌引发。然而，不幸的是，仅仅是把一块面团在一边静置，并不是制作出一个批次面包的理想方法。为了制作发酵剂，面包师通常会寻找更有效的发酵来源。

野生酵母菌自然地存在于水果的表面和全谷物的表面上，这些是天然酸最常见的来源。将全麦面粉或全麦黑麦面粉与水混合成面糊或面团，静置直至发酵，这是制作发酵剂的最佳和最可靠的方法之一。最初的发酵通常至少需要2~3天。黑麦对野生酵母菌来说是一个很好的生长环境，用黑麦开始的发酵剂比只用小麦粉开始的发酵剂更有可能成功。全麦黑麦通常含有更多有机体，但如果没有的话，就用能找到的颜色最深的黑麦。浅色黑麦是由谷物内部成分制成的，含有较少的有机体。

另一种常见的制作酵头的方法是将面糊或松散的面团与普通的面包粉混合（小麦面粉），把水果（通常会使用葡萄）或蔬菜块埋在里面，直到它开始发酵，然后取出水果。一些烘焙师认为这种方法不如使用黑麦，因为谷物是黑麦上的酵母菌生长的自然环境，而水果上的酵母菌不太适合在谷物或面粉中生长。

本章中的配方里包含了两种类型的发酵剂。但需要记住的是，其结果会根据地理位置而有所不同。

更新发酵剂

在最初的发酵开始之后，发酵剂必须定期进行更新或喂养，以便酵母菌和细菌得到滋养并繁殖，直到它们强大到足以发酵面团。由于环境和其他一些因素，这个过程可能需要几个星期。酵母菌和细菌必须定期以小麦粉的形式获取新鲜食物，这样它们才能生长。其基本步骤是将一部分发酵剂与面粉和水按正确的比例混合（请参阅下一节中的内容），然后再次让混合物发酵。

不断往发酵剂中加入面粉和水，就会拥有比所需的要多得多的发酵剂。因此，每次更新时要丢弃掉部分发酵剂。

因为每种发酵剂都不相同，所以不可能预测每次更新之间需要的时间。一般情况下，在最初的过程中可能需要两天或更长时间，但随着酵母菌和细菌的繁殖，发酵剂会变得更强劲、快速。如果温度足够温暖的话，已经形成了的发酵剂通常每天甚至更频繁地更新。

发酵剂应在加入到面团里前进行最后的更新。它在储存的过程中并不活跃，也不能很好地发酵面包。

面粉 / 水在发酵剂中的比例

有些面团酵头发酵剂是很硬的面团，类似于比加酵头。很硬的发酵剂有时用它的法语名字levain（老面）来表示。其他的则是松散的面糊，与波兰酵头具有相同的质地。稀薄的发酵剂有时称为酵母泡沫，或者液体老面。这两种类型的发酵剂使用方式有所不同，所产生的结果也略有不同。

浓稠状的，像面团一样的发酵剂相对来说是更稳定，不需要经常更新。它可以在不用更新的情况下冷藏几天，甚至一周的时间。硬的发酵剂有利于乳酸和醋酸的产生。此外，发酵剂在冷藏条件下会比在室温下产生出更多的醋酸。通常，为了提高乙酸与乳酸的比例，面包师会延缓发酵剂的凝固。

稀薄的发酵剂不太稳定，必须更加频繁地更新。它的发酵速度比较硬的发酵剂更快，而且可以在短时间内变成强酸性，因此必须仔细监控。稀薄的发酵剂有利于乳酸的生长。

发酵剂类型的选择取决于需要得到的口味（酸平衡）和生产计划。专业的面包房里通常可以对稀薄发酵剂所需要的喂养计划进行管理。事实上，湿润的发酵剂发酵速度更快，这可能使得它们更适应面包店里面包制作的节奏。临时性的或业余的面包师通常会先从稀薄的发酵剂开始，因为这样更容易搅拌，但他们逐渐会发现，较硬的发酵剂更容易长时间保持。在制作面团酵头发酵剂的一般制作步骤中有关于生产技术的概述。

一般制作步骤：制作一份面团酵头发酵剂

这是一个一般的制作步骤，因此，如所附文字所述，其中会有许多变化。

1. 按照配方中的说明将第一阶段的原材料混合到一起。大多数发酵剂可以分为两类：
   - 将全黑麦面粉和水混合（图A）。

A

- 或者将面包面粉和水混合。加入选择好的新鲜水果或者蔬菜。

2. 将发酵剂覆盖好，并让其在室温下静置至开始发酵。继续让其发酵，直到开始冒泡，体积增大，然后回落（图B）。这需要2~3天。

B

3. 更新发酵剂。将面包面粉、水和步骤1中的全部或部分发酵剂混合到一起。按照你配方中的数量或比例使用，或者根据下面的使用指南使用：

- 一种典型的硬性发酵剂，或者老面，可以使用以下比例：

面粉	100%
水	50%~60%
面团酵头发酵剂	67%

- 一种典型的稀薄性发酵剂，或者酵母泡沫，可以使用以下比例：

面粉	100%
水	100%
面团酵头发酵剂	200%

4. 覆盖好后让其在室温下静置至发酵。发酵剂会粘连并遍布气泡，并且其体积应该至少增大50%（图C）。根据室温的情况，这个发酵步骤可能需要2天。

C

5. 重复步骤3中的更新步骤。

6. 按照步骤4和步骤5的操作继续发酵和更新。随着发酵剂变得更强力、更有活性，发酵最终会只需要一天或更短的时间。一旦发酵剂达到这种活性程度，它就可以准备使用了（图D）。本步骤总的时间变化很大，但平均时间大约在两周。

D

7. 在发酵剂经过充分发酵之后，可以将其冷藏以降低其活性，增加更新之间的时间间隔。除非发酵剂最近被更新过，否则不要冷藏发酵剂，因为酵母菌会耗尽它的食物。在使用发酵剂用来制作面包之前，要先将冷藏的发酵剂恢复到室温并再次进行更新。

8. 已经过充分发酵的发酵剂可以按照配方使用，也可作为储存发酵剂使用。这意味着它是一种面包师在储存时保留和维持的发酵剂来源。为了使用这种储存的发酵剂，面包师应根据需要除去一定量的发酵剂，然后用特定的面包配方中所规定的面粉和水来更新这一部分的发酵剂。这种发酵剂称为中间发酵剂。为了获得最好的效果，在面包配方中一定要使用更新的发酵剂或者中间发酵剂。从冰箱中刚取出来的发酵剂可能不够活跃，不能提供最佳的发酵作用。

从发酵到烘烤

在使用酵头发酵法混合好面团后，酵母面团生产的12个基本步骤中的其余部分，从发酵开始，按照第6章中所解释的，以及第7章中应用于直接面团法的方法继续进行。

由于用酵头发酵制作的面团与直接面团法制作的面团略有不同，以下一些关于发酵和烘焙步骤的附加说明会更有所帮助。

发酵

使用酵头发酵的优点之一是延长发酵时间可以带来的风味和质地上的改善。这也适用于发酵完成的面包面团。酵母可以在1~40℃下发酵。然而，如果温度太低，发酵就会缓慢，并产生酸性。另一方面，高温会使发酵速度过快并形成异味。正如在前面章节提到的，大多数面包产品都是在25~27℃进行发酵。

较低的温度适合使用面团酵头发酵的面包和一些用酵母酵头发酵而制成的面包。在没有开发出面包醒发箱之前，面团只是在室温下发酵。为了复制出这些条件，手工面包师们可以将发酵温度设置在22~24℃。在这种温度稍低的情况下，用酵母酵头发酵制成的面团可能需要2~3小时进行发酵，直到体积增大一倍。

面团酵头发酵得比较慢。在较冷的温度下，面团酵头面团需要8小时的发酵时间。有些面包师会在一天的工作快要结束时才制作面团酵头面团，并让其发酵一晚上。第二天早上，它们会被制作成型，醒发，烘烤。

在20℃时，酵母酵头面团和面团酵头面团也都可以发酵。但是发酵期会更长。由于形成酸的细菌比酵母菌更活跃，所以会产生更多的酸性。这种酸性的增加是否可取取决于产品本身。这可能需要面包师去试验不同发酵温度和时间才能得知。

烘烤

本章所述的许多面包都是作为炉底面包烘烤而成的。也就是说，它们直接在烤架上或者烤箱底层，或者是在烤炉里烘烤。如果必须在多层烤箱里烘烤，最好使用多孔烤盘，而不要使用平底烤盘，因为多孔烤盘可以让热量循环得更好，并且面包棕色外皮上色得更加均匀。

烘烤不足是一个常见的失误。大多数少油面包最好放在预热到218~232℃的热烤箱中烘烤，直到面包皮呈现出浓郁的深棕色。对于大的面包，使用这个温度范围内的最低温度烘烤。对于小的面包产品，使用最高的温度烘烤，这样面包外皮就能在较短的烘烤时间内充分形成棕色。由于焦糖化的碳水化合物和转化成棕色的蛋白质，使棕色面包外皮的风味更加浓郁，而淡金色的面包外皮风味较淡。此外，要将面包完全烘烤成熟，确保面包酥脆的外皮减少被来自面包内部过多的水分所软化。

至少应在烘烤的前15分钟喷入蒸汽，向烤箱中注入水分可以延迟面包外皮的形成，使面包充分膨胀。这样，面包外皮就会变得纤薄酥脆，而不是又厚又硬。喷入的水分也会影响面包表面的淀粉，有助于形成更加诱人食欲的棕色面包外皮。

本章中的面包是用第7章中描述的造型制作技法制成的面包和面包卷。在本章中不再重复描述。

中种发酵面团和酵母酵头面团

本章的配方从几个基本的中种发酵面团开始，这些面团使用的是在前面章节中所描述的，通过中种发酵法混合酵母面团的制作步骤制作而成的。其后是三个通用的酵母酵头发酵的配方，一个是由小麦面粉制成，另一个是由黑麦面粉制成。接下来是一些使用酵母酵头发酵的配方。

其中一些使用混合发酵法，还有一些使用酵头发酵作为酵母菌的唯一来源。当采用混合发酵法时，其配方可以表示为直接面团法的配方，单独制作的发酵剂是其中的一种原材料。

手工面包制作者

◆ 哪些有机体提供面团酵头发酵剂的发酵？
◆ 一个面包师如何开始制作和保持一份面团酵头发酵剂？
◆ 在混合、加工处理和醒发面团酵头面团时应采取哪些预防措施？
◆ 为确保面团酵头发酵面包和其他手工炉底烘烤面包进行正确的烘烤应采取哪些措施？

法式面包（中种发酵法）French bread（sponge）

原材料	重量	百分比 /%
中种发酵法（波兰酵头）		
面包面粉	250 克	33
水	250 克	33
速溶酵母	5 克	0.7
麦芽糖浆	8 克	1
面团		
面包粉	500 克	67
水	250 克	33
盐	13 克	1.75
总重量：	**1276 克**	**169%**

各种变化

乡村风格法式面包country-style French bread
请在上述配方中的面团阶段使用下列比例的面粉和水。

原材料	重量	百分比 /%
面粉或面包粉	200 克	25
全麦面粉	300 克	42
水	260 克	35

将面团整理成型为圆形面团。

制作步骤

混合和发酵
使用中种发酵法。
改进的混合法（详见前文混合时间，发酵时间以及折叠表中的内容）。
波兰酵头发酵，24℃发酵4小时，或18℃发酵一晚。
详见前文最后面团发酵时间。
预计的面团温度为25℃。

制作成型
详见前文内容。

醒发
温度27℃，相对湿度80%。

烘烤
面包使用218℃烘烤；面包卷使用230℃烘烤。在开始烘烤之后的前十分钟内喷入蒸汽。

夏巴塔面包（拖鞋面包）ciabatta

原材料	重量	百分比 /%
中种发酵法		
面包粉	450 克	67
水	480 克	72
速溶酵母	9 克	1.33
初榨橄榄油	20 克	3
面团		
盐	13 克	2
面包粉	220 克	33
总重量：	**1192 克**	**202%**

制作步骤

混合

使用中种发酵法。

1. 将中种发酵所使用的原材料混合。搅拌均匀形成一个柔软的面糊。搅打5分钟，或者直到中种酵头开始变得细滑。
2. 盖好并让其在室温下发酵，直到增至体积的2倍大，需1小时。
3. 朝下搅拌好，加入制作面团的原材料。搅打几分钟至形成光滑的面团，面团柔软且粘连性强。

发酵

盖好，并让其在室温下发酵，直到增至体积的2倍大，需1小时，不要翻拌面团。

制作成型和烘烤

1. 在工作台面上撒上面粉。每次尽可能少地处理发酵面团，将面团取出，摆放在工作台面上，塑形成长方形（图A）。
2. 将面团切割成与所需要的面包形状和大小相同的长方形（图B）。
3. 小心地将切割好的面包摆放到衬有油纸的烤盘上。每次尽可能少地处理面团，以避免面团排气收缩（图C）。
4. 在室温下醒发至体积增大2倍大。
5. 使用220℃烘烤30分钟，直到呈金黄色。取出摆放到烤架上冷却。

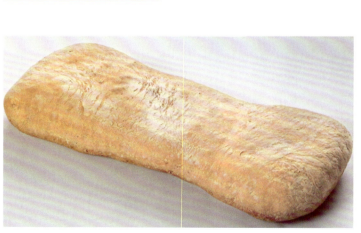

夏巴塔面包（拖鞋面包）

ciabatta这个词在意大利语中是"拖鞋"的意思，因其外形像穿旧了的老拖鞋而得名。这种面包是用非常松弛的面团制作的。由于它粘连性强，所以人们尽可能少地加工处理它，仅简单地把它放在烤盘上，而不是把它制作成面包状。这给了它一种非常轻盈、疏松的质地。

🧁 白面包（中种发酵法）white pan bread

原材料	重量	百分比 /%
中种发酵法		
面粉	500 克	67
水	340 克	45
速溶酵母	6 克	0.8
麦芽糖浆	4 克	0.5
面团		
面粉	250 克	33
水	112 克	15
盐	15 克	2
脱脂乳固形物	22 克	3
糖	38 克	5
起酥油	22 克	3
总重量：	**1309 克**	**174%**

制作步骤

混合和发酵

使用中种发酵法。

改进混合法（详见前文混合时间，发酵时间以及折叠表中的混合和发酵时间内的相关内容）。

中种发酵，在24℃发酵4小时预计的面团温度为25℃。

制作成型

详见前文内容。

醒发

温度27℃，相对湿度80%。

烘烤

温度200℃。

🧁 香草佛卡夏（中种发酵法）herb focaccia

原材料	重量	百分比 /%
中种发酵法		
面粉	225 克	29
水	175 克	21
速溶酵母	1.6 克	0.2
面粉	575 克	71
水	400 克	50
速溶酵母	1.6 克	0.2
盐	15 克	1.75
橄榄油	30 克	3.5
迷迭香和盐（详见制作成型中的内容）		
总重量：	**1423 克**	**176%**

制作步骤

混合和发酵

使用中种发酵法。

中种发酵：在 21℃发酵 8 ~ 16 小时。

使用短混合法混合面团（详见前文的内容）：将发酵时间减少至 60 分钟。每隔 15 ~ 20 分钟折叠一次。

预计的面团温度为 25℃。

制作成型和烘烤

1. 每半个烤盘大小的佛卡夏需称取1400克面团。
2. 在烤盘里多涂刷几遍橄榄油。
3. 将面团擀开并拉伸成长方形，以符合烤盘的大小。摆放到烤盘里（图A）。
4. 醒发至2倍的厚度。
5. 在每一个醒发好的佛卡夏表面涂刷上60毫升橄榄油（图B）。每间隔一段距离用指尖在佛夏卡上戳出一个深洞（图C）。
6. 在每一个醒发好的佛卡夏表面上撒上30毫升的新鲜迷迭香和适量的粗盐（图D）。
7. 温度200℃烤箱烘烤30分钟。

A

B

C

D

🌀 基本的酵母酵头（比加酵头）basic yeast starter（biga）

原材料	重量	百分比 /%
面包粉	450 克	100
水	270 克	60
速溶酵母	0.5 克	0.1
总重量：	**720 克**	**160%**

制作步骤

混合

使用直接面团法。混合至刚好形成面团。

发酵

在25℃下发酵12～14小时，或在21℃下发酵18小时。

🌀 黑麦酵头 I   rye starter I

原材料	重量	百分比 /%
黑麦面粉	400 克	100
速溶酵母	2 克	0.5
水	300 克	75
洋葱 [切半（可选）]	1	
总重量：	**702 克**	**175%**

制作步骤

1. 将酵母与黑麦面粉混合。
2. 加入水混合至细滑状。
3. 在混合物中埋入洋葱。
4. 温度21℃，静置24小时。
5. 去掉洋葱。

🌀 黑麦酵头 II   rye starter II

原材料	重量	百分比 /%
黑麦面粉	500 克	100
温水（30～35℃）	500 克	100
速溶酵母	2.5 克	0.5
总重量：	**1002 克**	**200%**

制作步骤

1. 将所有的原材料混合。
2. 盖好并让其在室温下发酵15小时。

传统黑麦面包 old-fashioned rye bread

原材料	重量	百分比 /%
水	200 克	50
发酵好的黑麦酵头 I	240 克	60
面粉	400 克	100
速溶酵母	1.5 克	0.35
盐	8 克	2
总重量：	**849 克**	**212%**
可选原材料		
葛缕子	最多 6 克	最多 1.5
糖蜜或麦芽糖浆	最多 12 克	最多 3
焦糖色	最多 6 克	最多 1.5

制作步骤

混合

1. 将酵头发酵剂和水混合，至将发酵剂分解开。
2. 将面粉、酵母及盐混合。
3. 将面粉混合物和可选的调味原材料倒入搅拌桶里，并加入水和发酵剂。低速搅打面团3分钟，然后用第二速度再搅打3分钟。不要过度搅拌。

发酵

25℃发酵30分钟。

制作成型

详见前文内容，只需醒发至3/4的程度。

烘烤

温度218℃，在开始烘后的前10分钟内喷入蒸汽。

 ## 裸麦粉粗粮面包 pumpernickel bread

原材料	重量	百分比 /%
水	375 克	50
发酵的黑麦酵头 I	315 克	42
黑麦面粉（裸麦粉）	150 克	20
面粉	600 克	80
速溶酵母	4 克	0.5
盐	15 克	2
麦芽糖浆	8 克	1
糖蜜	15 克	2
焦糖色（可选）	12 克	1.5
总重量：	**1494 克**	**199%**

制作步骤

混合

1. 将酵头发酵剂和水混合，混合至将发酵剂分解开。
2. 将黑麦面粉、面粉、酵母及盐混合。
3. 将面粉混合物、麦芽糖浆、糖蜜及焦糖色倒入搅拌桶里，并加入水和发酵剂。用低速搅打面团3分钟，然后用第二速度再搅打2～3分钟。不要过度搅拌。

发酵

25℃发酵30分钟。

制作成型

详见前文内容。只需醒发至3/4的程度。

烘烤

温度218℃，在开始烘烤后的前10分钟内喷入蒸汽。

🌸 法式黑麦面包 French rye

原材料	重量	百分比 /%
黑麦酵头 II	750 克	600
面包粉	125 克	100
盐	10 克	8
总重量：	**885 克**	**708%**

制作步骤

混合

1. 将黑麦酵头放入搅拌桶内。加入面粉和盐。
2. 用低速搅拌10分钟。面团会柔软并略微带有一点黏性。

发酵

在室温下发酵30分钟。

制作成型

1. 称取440克面团。制作成型为圆形或者略呈椭圆形。
2. 涂刷上或喷上水，并撒上厚厚的一层面粉。
3. 在27℃醒发30~60分钟，或者一直醒发至其体积增至2倍大。
4. 在面团的顶部切割出花刀造型。

烘烤

温度230℃，喷入蒸汽烘烤，烘烤40~45分钟。

🌸 乡村面包 pain de campagne（country style bread）

原材料	重量	百分比 /%
黑麦酵头 II	200 克	20
面包粉	800 克	80
黑麦面粉	200 克	20
盐	20 克	2
速溶酵母	5 克	0.5
水	650 克	65
猪油或鹅油（可选）	20 克	2
总重量：	**1895 克**	**189%**

制作步骤

混合和发酵

使用直接面团法。
改进的混合法（详见混合时间，发酵时间，以及折叠表中的相关内容）
将第二速度的搅拌时间减少至3分钟。
预计的面团温度为25℃。

制作成型

1. 称取950克的面团，整理加工成紧密的圆形面团。
2. 在醒发之前撒上面粉。
3. 在烘烤前，在面包上刻出交叉形刻痕或者网格造型刻痕。

烘烤

温度218℃。喷入蒸汽，烘烤45分钟。

多谷物面包 four-grain bread

原材料	重量	百分比 /%
水	770 克	63
面包粉	600 克	49
黑麦面粉	415 克	34
大麦粉	85 克	7
燕麦粉	125 克	10
速溶酵母	5 克	0.4
盐	24 克	2
基本酵母酵头或发酵面团	490 克	40
总重量：	**2514 克**	**205%**

制作步骤

混合和发酵

使用直接面团法。在搅拌之前，将各种面粉一起过筛，以确保混合均匀。

改进混合法或者短混合法（对于短混合法，将酵母数量减少至0.2%。详见关于混合时间，发酵时间以及折叠表中的混合和发酵时间的相关内容）

预计的面团温度为25℃。

制作成型

根据需要加工制作成型为模具面包或圆形面包。

醒发

温度27℃，相对湿度80%。

烘烤

温度220℃。

 ## 意式熏火腿面包 prosciutto bread

原材料	重量	百分比 /%
面包粉	500 克	100
水	285 克	57
速溶酵母	3.5 克	0.7
盐	10 克	2
精炼猪油或意大利熏火腿油脂	30 克	6
基本酵母酵头或发酵好的面团	100 克	20
意大利熏火腿末（或切成小粒）	100 克	20
总重量：	**1028 克**	**205%**

制作步骤

混合

使用直接面团法（混合发酵）。

1. 将水、酵母、面粉、盐及油脂用第一速度搅拌6分钟。
2. 加入基本酵母酵头，再搅拌4分钟。
3. 加入意大利熏火腿，再继续搅拌1~2分钟。

发酵

25℃醒发1小时。

制作成型

称取360~540克的面团，或根据需要称取面团。整理加工成意大利长面包一样的造型。

烘烤

温度220℃，喷入蒸汽烘烤。

🧁 橄榄面包 olive bread

原材料	重量	百分比 /%
面包粉	450 克	75
全麦面粉	60 克	10
黑麦面粉	90 克	15
速溶酵母	3 克	0.5
水	370 克	62
盐	12 克	2
橄榄油	30 克	5
基本酵母酵头或者发酵好的面团	120 克	20
去核黑橄榄［整粒的或者切半的（见注释）］	180 克	30
总重量：	**1315 克**	**220%**

注释： 使用盐水橄榄，如希腊卡拉马塔橄榄。不要使用罐装或盐水包装的橄榄，因为它们风味不足。

制作步骤

混合

使用直接面团法（混合发酵法）。

1. 将除了橄榄之外的所有原材料混合，用第一速度搅打10分钟。
2. 加入橄榄，再继续搅打4~5分钟。

发酵

温度 24℃，醒发 90 分钟。

制作成型

制作技法与意大利熏火腿面包一样。

烘烤

温度 220℃烘烤，喷入蒸汽。

面团酵头

本节首先介绍几种面团酵头发酵剂的配方，即天然发酵剂。接着是含有这些发酵剂的面团酵头的配方。

真正的面团酵头发酵面包只用酸的发酵剂来发酵。然而，也有可能使用发酵剂作为一种主要原材料，以改善风味和质地，并依靠额外的酵母菌来发酵。这种类型的过程是一种混合发酵，我们在上一节中已经遇到过。混合发酵可用于任何类型的发酵，无论是天然发酵剂或酵母发酵剂。当使用混合发酵时，其配方可以表述为一个直接发酵面团配方，单独制作的发酵剂是其中的一种原材料。本节包括混合发酵面团酵头的例子，以及一些纯粹的面团酵头的配方。

面团酵头，特别是黑麦面团酵头，比普通面团更黏稠，所以处理面团和制作面包需要更多的技巧和练习。注意不要过度搅拌面团，使用低速搅拌以免破坏面筋。

面团酵头面包应略微醒发不足。醒发好的面包容易碎裂开。烘烤时应使用蒸汽，使面包外皮在没有裂开的情况下膨胀到位。

基本的面团酵头发酵剂 basic sourdough starter

产量：可以制作815克。

原材料	重量	百分比/%
第一阶段		
温水	250 克	100
全黑麦面粉	250 克	100
第二阶段		
面包粉	250 克	100
第一阶段的酵头发酵剂	500 克	200
第三阶段		
面包粉	375 克	100
水	190 克	50
第二阶段的酵头发酵剂	250 克	67
根据需要更新发酵剂		
面包粉	375 克	100
水	190 克	50
发酵剂	250 克	67

制作步骤

1. 将水和黑麦面粉混合并搅拌均匀。倒入不会起反应的容器里（例如不锈钢或者塑料容器），并覆盖好。让其在室温下静置至混合物开始冒泡，并且发酵，带有一股非常明显的发酵香味。这个过程需要2~3天。
2. 将第二阶段的原材料混合好。形成一个硬质面团，盖好并让其静置至完全发酵。这个过程需要1~2天。
3. 将第三阶段的原材料混合好。将前一步骤中剩下的发酵剂丢弃不用。混合成一个硬质面团。盖好，静置至发酵剂开始发酵，体积增加约一半。这个过程可能需要至少1天的时间，或者可能更长，这取决于环境条件和野生酵母菌的力量。
4. 按照步骤3继续更新发酵剂，直到酵母菌的力量足够在6~12小时让其体积增加一倍。整个过程大约需要2周。这时，发酵剂就可以准备用来制作面包了。
5. 每天至少更新一次，以保持酵母菌的健康和活力。如果不能做到这一点，可以更新发酵剂，让它发酵几个小时，然后冷藏，盖紧，可以保存长达一周的时间，要恢复发酵剂的使用活性，可以让其恢复到室温。在使用发酵剂制作面包之前，至少将发酵剂更新一次。

酸奶面团酵头 yogurt sour

原材料	重量	百分比/%
脱脂牛奶	225 克	180
原味酸奶	90 克	72
面包粉	125 克	100
总重量：	**440 克**	**352%**

制作步骤

1. 将牛奶加热至37℃，或人体温度。
2. 拌入酸奶。
3. 混入面粉至光滑细腻状。
4. 倒入无菌容器内，用一块湿布盖好，然后用保鲜膜密封盖紧。
5. 让其在一个温暖的地方静置2~5天，直到形成气泡。

苹果酵头 apple sour

产量：可以制作900克。

原材料	重量
发酵剂	
苹果（去核）	360 克
糖	60 克
水	40 克
第一阶段	
蜂蜜	20 克
温水	120 克
苹果发酵剂（见上文）	160 克
面包粉（见注释）	390 克
第二阶段	
蜂蜜	6 克
温水	85 克
第一阶段的苹果发酵剂	650 克
面包粉	195 克

注释： 为了取得最佳效果，使用没有经过漂白的有机面包粉。

由于蒸发损失、浮沫损失和其他各种损失，总重量会小于原料的总重量。

制作步骤

1. 将去核后的带皮苹果擦碎。
2. 将原材料混合成发酵剂。用一块湿布和保鲜膜覆盖好。放在一个温暖的地方发酵8～10天。
3. 每天将湿布再湿润一次，但是不要搅动发酵剂。一旦发酵剂开始释放气体，表示发酵剂已经制作好。将表面上形成的所有硬壳都去掉。
4. 制作第一阶段发酵剂，将蜂蜜用温水融化开。拌入苹果发酵剂里，并捣碎成糊状。拌入面粉。用手揉面5～10分钟，形成一个面团。
5. 将面团放置到干净的盆里，盖上湿布和保鲜膜。让其发酵8～10小时。
6. 使用第二阶段的原材料重复步骤3的制作过程。
7. 让其发酵5～8小时。面团会涨发得非常好。

乡村面团酵头面包 rustic sourdough bread

原材料	重量	百分比 /%
面包粉	1320 克	88
全麦面粉	90 克	6
黑麦面粉	90 克	6
水	1020 克	68
基本的面团酵头发酵剂（提前8～12小时进行更新）	300 克	20
盐	30 克	2
总重量：	**2850 克**	**190%**

制作步骤

混合

1. 将所有的面粉类和水搅拌到一起，刚好混合均匀。
2. 让其静置30分钟（自溶）。
3. 加入发酵剂和盐。用低速搅打5～8分钟，制作成面团。

发酵

温度 24℃ 发酵到体积为 2 倍大，需要 8 小时。

制作成型和醒发

1. 称取900克的面团。
2. 加工整理揉成圆形。
3. 醒发至体积2倍大，需要3～4小时。

烘烤

温度 218℃，喷入蒸汽，需要烘烤 40 ～ 45 分钟。

各种变化

可以不使用黑麦面粉和全麦面粉，用100%的面包粉代替。如果可能，使用高萃取率、高灰分的欧式面粉。根据面粉中的蛋白质含量，可适当减少水分含量。

白面团酵头（混合发酵法）white sourdough（mixed fermentation）

原材料	重量	百分比 /%
发酵剂		
面包粉	210 克	30
水	105 克	15
基本的面团酵头发酵剂（见注释）	140 克	20
面团		
面包粉	490 克	70
速溶酵母	2.8 克	0.4
水	364 克	52
盐	14 克	2
总重量：	**1185 克**	**169%**

注释： 在此配方中，基本的面团酵头发酵剂不包括在原材料的重量中，因为它的重量在面团混合之前已经从发酵剂中减去了。

制作步骤

混合和发酵

使用中种发酵法。

这个配方中的中种发酵是一种中间发酵。它使用的是面团酵头发酵剂而不是商业酵母。发酵剂发酵后，减去原发酵剂的重量，放在一边，可以进行更新并重新使用。将剩下的面团酵头加入面团配方中。

改进混合法（详见混合时间，发酵时间以及折叠表中的混合和发酵时间的相关内容）。

预计的面团温度为 24℃。

制作成型

加工制作成型为圆形或椭圆形。

醒发

温度 27℃，相对湿度 80%。

烘烤

温度 218℃，烘烤开始后的前 10 分钟喷入蒸汽。

无花果榛子面包 fig hazelnut bread

原材料	重量	百分比/%
面包粉	1290 克	86
全麦面粉	60 克	4
中性或浅色黑麦面粉	150 克	10
水	975 克	65
基本的面团酵头发酵剂（提前 8～12 小时更新）	375 克	25
盐	38 克	2.5
无花果脯［切成丁（见注释）］	500 克	33
榛子［略微烘烤（见注释）］	250 克	17
总重量：	**3538 克**	**242%**

注释： 这个配方中含有的水果和坚果的数量较多，使面团处理难度加大。如果需要，可以适当减少无花果和坚果用量。

各种变化

无花果面包卷

去掉榛子。称取125克面团，揉搓加工成圆形，用温度232℃烘烤。

制作步骤

混合

1. 将所有的面粉类和水，混合至刚好形成面团。
2. 静置30分钟（自溶）。
3. 加入发酵剂和盐。用低速搅拌5～8分钟，以形成面团。
4. 将面团从搅拌机里取出，放到工作台面上。加入无花果和坚果，用手揉制面团，让其在面团中分布均匀。

发酵

温度24℃温度下发酵至体积 2 倍大，需要 8 小时。

制作成型

1. 称取750克的面团。
2. 揉制成粗的法式面包的形状。
3. 醒发至体积几乎增至2倍大，需要3～4小时。

烘烤

温度218℃，喷入蒸汽烘烤。需要烘烤 40 ～ 45 分钟。

苹果面团酵头面包 apple sourdough

产量：可以制作2400克。

原材料	重量	百分比 /%
绿苹果	450 克	64
黄油	80 克	11
肉桂粉	8 克	1
活性干酵母	8 克	1
温水	360 克	51
蜂蜜	6 克	0.85
盐	15 克	2
苹果酵头	900 克	129
面包粉（见注释）	525 克	75
黑麦面粉	175 克	25
葡萄干或蔓越莓干	200 克	29

注释： 为了取得最佳效果，使用未经过漂白的有机面粉来制作这种面包。

面团的产量要比原材料的总重量略少一些，这主要是由于苹果在加工和加热过程中的损失。

制作步骤

混合

1. 将苹果去皮、去核，并切成5毫米的碎粒。用黄油和肉桂粉煸炒至成熟。倒入托盘里冷却。
2. 用配方中一半的温水溶解酵母。搅拌至完全融化。在剩余的水里融化蜂蜜和盐。
3. 将苹果酵头切成小块，放入安装有搅拌钩配件的搅拌桶里。
4. 倒入酵母液体，然后是蜂蜜、盐和水，慢慢倒入，并搅拌成细滑的浆糊状。
5. 慢慢加入面粉，直到搅拌成柔软的面团。
6. 加入炒好的苹果和葡萄干。搅拌至混合均匀。
7. 将面团取出，摆放到撒有一些面粉的工作台面上，轻轻揉制面团，使面团变得光滑。

发酵

温度 25℃ 发酵 2.5 ~ 3 小时。

制作成型

1. 称取600克的面团。
2. 揉搓整理成如同意大利或者维也纳面包一样的长条形面包。
3. 醒发2~3小时。

烘烤

温度 220℃，烘烤 20 分钟。 将温度降低至 190℃ 再继续烘烤 20 分钟。

全麦、黑麦和坚果面团酵头面包 whole wheat，rye and nut sourdough

原材料	重量	百分比 /%
中种发酵		
酸奶面团酵头	290 克	27
温水	375 克	35
全麦面粉	350 克	32
面团		
水	250 克	23
速溶酵母	11 克	1
盐	10 克	0.9
全麦面粉	325 克	30
黑麦面粉	225 克	21
面包粉	180 克	17
核桃仁（切碎并略微烘烤）	70 克	6.5
山核桃仁（切碎并略微烘烤）	70 克	6.5
总重量：	**2156 克**	**200%**

各种变化

　　所使用的坚果可以有各种变化，例如，全部使用核桃仁，全部使用山核桃仁，全部使用榛子，或全部使用杏仁等。除了坚果之外，还可以加入葡萄干。

制作步骤

混合
使用中种发酵法。
这个配方中的中种发酵是一种中间发酵，它使用的是面团酵头发酵剂而非商业酵母。

发酵
中种发酵：8 小时或在常温下一晚。
面团：常温下发酵 1 小时。

制作成型
1. 大的面包需称取1050克的面团，中等大小的面包需称取700克的面团。
2. 将面团揉搓成圆形或长的椭圆形。在表面喷水并多撒上一些面粉。醒发至体积增至2倍大。
3. 在面包表面刻划上所需的花纹造型。

烘烤
温度 220℃，烘烤 30 分钟。将烤箱温度降至 180℃继续烘烤至成熟。

◆ **复习要点** ◆

◆ 自溶是什么？
◆ 典型的手工制作面包面团发酵的最佳温度是多少？
◆ 应采取哪些措施来确保手工制作面包进行正确的烘烤？

术语复习

sponge 中种发酵
natural starter 天然发酵剂
autolyse自溶
levain-levure 酵母酵头（法语）
sponge method 中种发酵法
liquid levain 液体酵母酵头
natural sour 天然酸发酵剂

biga 比加酵头
yeast starter 酵母酵头
Lactobacilli 乳酸杆菌
sourdough 酵头
levain 面团酵头
poolish 波兰酵头

mixed fermentation 混合发酵
levure 酵母
yeast pre-ferment 酵母酵头发酵
barm 酵母泡沫
sourdough starter 老面
pâte fermentée 发酵的面团

复习题

1. 用中种发酵或酵母发酵制作面包面团的优势是什么？

2. 基本中种发酵搅拌法有哪两个步骤？
3. 天然发酵剂和酵母发酵剂的区别是什么？描

述每种发酵剂中的酵母菌来源。

4. 描述使一个面团酵头变酸的酸的种类，这些酸来自哪里？

5. 描述如何使用自溶技法混合面包面团。

6. 发酵手工制作面包面团与发酵传统的面包面团有什么区别？

9

富油（香浓）酵母面团

1. 制作简单的甜味面团。
2. 制作分层的酵母面团。
3. 使用甜味面团、分层面团，以及甜味面团馅料和顶料来制作琳琅满目的产品。

　　本章通过对富油酵母面团的讨论来研究酵母面团。如第6章中所述，富油面团是指脂肪含量较高的，有时还含有较多糖和鸡蛋的面团。

　　简单的甜面包卷面团是这些产品中最容易加工处理的。然而，即使是这些，也需要小心对待，因为它们通常比面包面团更柔软、更具黏性。甜面团的面筋结构不像少油面团那样牢固，所以在醒发和烘烤甜面团产品时要格外注意。

　　分层面团，包括丹麦面包和牛角面包，油脂含量很高，因为它们是由分层面团之间的黄油分层组成。与其他甜面团一样，制作这些酵母发酵的面团通常是糕点师而不是面包师的工作职责。

　　制作造型精美的丹麦面包产品需要大量的实践和技巧。

　　如同第7章中的内容一样，这一章中所涵盖的面团配方和制作成型技法也在单独的章节中介绍，因为每一种面团都可以制作成型很多不同的产品。本章还包括选择适合于富酵母面团产品的馅料和顶料的内容。

甜面团（甜味面团）和富油面团配方

　　酵母面团中高比例的油脂和糖会抑制发酵。因此本节中的大部分面团都是用中种发酵法混合的，这样在添加糖和油脂之前就可以进行大部分的发酵了。普通的甜面团或甜圆面包面团的油脂和糖低，是使用改进的直接面团法混合的。其中酵母的数量也要增加。

　　高含量的油脂和鸡蛋使得富油面团非常柔软，可以适当减少液体的用量。高含量的糖和油脂会阻碍面筋的形成，所以甜味、不分层的面团通常使用强化混合法来增加面筋强度。不过，要注意不要把面团混合过度。同样的道理，不要让面团过热（因为搅拌机的摩擦力）。如果面团在混合后温度高于所需要的温度，需进行短暂的冷藏，使面团冷却到适当的温度。

　　因为富油面团非常柔软，发酵和醒发时间通常不能过长。醒发到大约3/4时为最佳。过度醒发的面包在烘烤的过程中可能会萎缩。

　　在有粘连风险的情况下，可以在面包烤盘里铺上硅胶烤垫。这对有水果馅料或其他含糖馅料或顶料的面包来说尤其适用。

　　注意，本节中的配方举例说明了两种混合中种发酵富油面团的方法。富糖面团和咕咕霍夫面包（果仁甜面包）面团的含糖量非常高，以及有潘妮朵尼也是一种含有干果和蜜饯的意大利式甜面包。糖和油脂要一起打发好，才能保证它们能够均匀地分布在面团中，与改进的直接面团法一样。布里欧面包和巴巴面团含糖量相对较少，所以不使用这种方法。最后再把油脂混合到面团里。

制作步骤：改进的直接面团法

1. 如果使用新鲜酵母或活性干酵母，使用一个单独的容器，将酵母用部分液体进行软化。如果用的是速溶干酵母，将其与面粉混合好。
2. 将油脂、糖、盐、牛奶固形物及风味调味料等混合，使其完全融合，但是不要打发至起泡沫的程度。
3. 逐渐加入鸡蛋，被吸收之后就要立刻再次加入。
4. 加入液体原材料，略微搅拌。
5. 加入面粉和酵母，混合成为一个光滑的面团。

酵母的选择

　　当糖的百分比达到12%或更多时，首选酵母为耐渗透压酵母。当糖含量非常高时，普通酵母菌变得相当不活跃。相反，耐渗透压酵母菌可以忍受高含量的糖分。

　　当糖的含量在12%或更高时，本章中的配方规定使用耐渗透压速溶酵母。如果没有耐渗透压酵母，将其数量乘以1.3得到可替代的普通速溶酵母的用量。例如，如果一个配方需要使用1.4克的耐渗透压酵母，可以用1.82克（1.4×1.3）的普通速溶酵母来替代。

甜面团制品的制作成型和烘烤

　　本章中的每一种面团配方都可以应用于各种各样的面包制品中。同样，每一种制作成型的方法都可以应用在不止一种的面团上。与第7章一样，在本章的后面会将制作成型的方法分门别类地统一介绍。从制作成型到最后的成品，可特别注意一些适用于富油面团的技法。

　　1. 蛋液：与少油面包不同的是，许多甜的、没有分层的面团产品，以及几乎所有分层面团制品在烘烤前都需要涂刷上蛋液，以使它们富有光泽、呈均匀的棕色、带有柔软的面包外皮。

　　为取得最佳效果，丹麦面包面团和其他分层面团产品要涂刷两次蛋液，一次是在制作成型和摆放到烤盘里之后立刻涂刷，在烘烤前再涂刷一次。使用糕点刷在每一个产品上淡淡地、完全地涂刷上蛋液。注意不要在烤盘里每一个产品的底部周围留下蛋液。在烘烤前第二次涂刷蛋液时，要注意此时面团已经经过了醒发，非常娇弱，并且容易塌陷，所以要轻柔地涂刷蛋液。

　　2. 醒发：对于大多数富油面团产品，醒发温度要保持在27℃或更低的温度。太高的醒发温度会将面团中的黄油融化开，特别是分层面团里的黄油。

3. **烘烤**：与少油面团产品一样，在烘烤的开始阶段，喷入适量的蒸汽是有益的。蒸汽可以延迟面包外皮的形成，所以在烘烤的过程中，蒸汽可以让面包产品涨发得更充分，呈现出更轻盈的质地。但是，过多的蒸汽会破坏涂刷在丹麦面包和其他甜面团产品上的蛋液，所以要使用比烘烤少油面包时更少的蒸汽。

烘烤好后，让面包稍微冷却，然后把它们从烤盘里取出来或进行加工处理，其结构在热的时候仍然非常脆弱，但冷却后会变得更强一些。

◆ 复习要点 ◆

◆ 当发酵和醒发富油面团产品时，必须采取那些预防措施？

◆ 高糖含量的面团首选的酵母是什么？

◆ 甜面团产品是如何涂刷蛋液的？

🧁 甜面包卷面团 sweet roll dough

原材料	重量	百分比/%
黄油、玛琪淋，或起酥油（见注释）	100 克	20
糖	100 克	20
盐	10 克	2
脱脂乳固形物	25 克	5
鸡蛋	75 克	15
面包粉	400 克	80
蛋糕粉	100 克	20
耐渗透压速溶酵母	10 克	2
水	200 克	40
总重量：	**1020 克**	**204%**

注释：这里列出的任何一种油脂，都可以单独使用或者组合到一起使用。

制作步骤

混合和发酵

使用改进的直接面团发酵法。

加强混合法，详见混合时间，发酵时间以及折叠表中，对于混合时间的相关内容。不要过度搅拌，否则面团的温度就会过高。预计的面团温度为 24℃。

发酵 45 ~ 60 分钟，然后延缓发酵。

制作成型

详见甜面包卷和丹麦面包的制作成型部分的内容。

醒发

温度 27℃，相对湿度 80%。

烘烤

温度 190℃烘烤。

富糖面团 rich sweet dough

原材料	重量	百分比 /%
牛奶（烫过并冷却）	200 克	40
耐渗透压速溶酵母	10 克	2
面包粉	250 克	50
黄油	200 克	40
糖	100 克	20
盐	10 克	2
鸡蛋	125 克	25
面包粉	250 克	50
总重量：	**1145 克**	**229%**

制作步骤

混合

使用中种发酵法。

加强混合法（详见混合时间，发酵时间以及折叠表中的相关内容）。

1. 使用前面三种原材料制作中种发酵酵头。发酵到体积增至2倍大。
2. 将黄油、糖及盐一起打发至完全并混合好。加入鸡蛋混合均匀。
3. 加入中种发酵酵头。搅拌至打断中种酵头的发酵。
4. 加入第二份面包粉并形成面团。搅拌时间：在第一速度下需要3～4分钟，第二速度需要8分钟。不要过度搅拌，否则面团会过热。

预计面团温度：24℃。

发酵

发酵时间 40~60 分钟，然后延缓发酵，或立即停止发酵。延缓发酵使得面团更容易进行加工处理，面团会非常柔软。

各种变化

圣多伦圣诞面包

原材料	重量	百分比 /%
杏仁香精	2 克	0.5
柠檬外皮（擦碎）	2 克	0.5
香草香精	2 克	0.5
葡萄干（浅色，深色，或两者混合）	150 克	30
混合糖渍水果	175 克	35

在混合黄油和糖的过程中，加入杏仁香精、柠檬外皮以及香草香精。将葡萄干和混合糖渍水果揉入面团里。

制作成型

1. 称取面团，揉圆，并让其松弛。根据个人的需要，称取面团的重量350～1000克。
2. 使用手或擀面杖将面团略微擀平成一个椭圆形。
3. 在表面涂刷上黄油。
4. 沿着椭圆形面团的中间纵向按压出1厘米的折痕。把一边（较小的一边）叠压到另一边上，与制作帕克豪斯卷相似。

5. 醒发至3/4的程度。在表面涂刷上融化的黄油。
6. 烘烤温度为190℃。
7. 冷却。粘满4×或者6×糖。

巴布卡面包

原材料	重量	百分比 /%
香草香精	2 克	0.5
小豆蔻粉	1 克	0.25
葡萄干	100 克	20

在混合黄油的过程中，加入香草香精和小豆蔻粉。将葡萄干揉入面团里。

制作成型

塑形成咖啡蛋糕面包状。表面可以撒上装饰顶料。

烘烤

温度175℃烘烤，确保完全烘烤成熟；未烤熟的面包会发黏，并且有塌陷。

🍥 咕咕霍夫面包 kugelhopf

原材料	重量	百分比 /%
牛奶（烫热并冷却）	190 克	30
耐渗透压速溶酵母	12.5 克	2
面包粉	130 克	30
黄油	250 克	40
糖	125 克	35
盐	13 克	2
鸡蛋	220 克	35
面包粉	440 克	70
葡萄干	75 克	12.5
总重量：	**1515 克**	**241%**

制作步骤

混合

使用中种发酵法

加强混合法（详见混合时间，发酵时间以及折叠表中的相关内容）。

1. 使用前面三种原材料制作中种发酵酵头。发酵到体积增至2倍大。

2. 将黄油、糖及盐一起打发至完全并混合好。加入鸡蛋混合均匀。

3. 加入中种发酵酵头。搅拌至打断中种酵头的发酵。

4. 加入面粉并形成面团。搅拌时间：第一速度下需要3~4分钟，第二速度需要8分钟。不要过度搅拌，否则面团会过热。预计的面团温度：24℃。面团会非常柔软并粘连。

5. 小心加入葡萄干混合均匀。

发酵

在工作台面上松弛 15 ~ 20 分钟，称重并装入模具，或立即停止发酵。

制作成型

1. 在咕咕霍夫模具或中空模具里涂满黄油。

2. 可选择的步骤：在模具里撒上一层杏仁片（杏仁片会粘连到涂满黄油的模具侧面）。

3. 将面团装入模具的一半高度处（每升需要500克面团）。

4. 醒发到3/4的程度即可。

烘烤

温度 190℃烘烤。

脱模并完全冷却，撒上糖粉。

🍥 热十字面包 hot cross buns

原材料	重量
甜面包卷面团	1250 克
葡萄干	125 克
金色葡萄干	60 克
混合蜜饯果皮（切成粒）	30 克
多香果粉	2.5 克
总重量：	**1467 克**

各种变化

要在面包上面制作出一个更加传统的十字形，先将制作十字形酱的原材料混合至呈细滑状。在面包醒发好后，烘烤之前，在面包上挤出一个十字形造型。

十字形酱 cross paste

原材料	重量	百分比 /%
水	300 克	111
糕点粉或蛋糕粉	270 克	100
起酥油	60 克	22
奶粉	30 克	11
泡打粉	2 克	0.7
盐	2 克	0.7

制作步骤

1. 勿将甜面包卷面团充分搅拌。将水果和香料混合，直到完全混合均匀，然后揉入面团里，直到完全融为一体。
2. 关于发酵和烘烤，请参阅甜面包卷面团配方中的内容。

制作成型

1. 分别称取60克的面团并揉圆。
2. 摆放到涂抹有油脂或铺有油纸的烤盘里。使它们刚好能相互触碰到一起。涂刷上蛋液。
3. 烘烤成熟之后，涂刷上清亮光剂。在每一个面包上挤上十字形的平面型糖霜。

巴巴/萨伐仑松饼面团 baba/ savarin dough

原材料	重量	百分比 /%
牛奶（烫热并冷却）	120 克	40
速溶酵母	8 克	2.5
面包粉	75 克	25
鸡蛋	150 克	50
面包粉	225 克	75
糖	8 克	2.5
盐	4 克	2
黄油（融化开）	120 克	40
总重量：	**710 克**	**237%**

各种变化

在巴巴面团中加入25%（300克）的葡萄干。

制作步骤

混合

使用中种发酵法。

1. 使用前三种原材料制作中种发酵面团酵头。发酵到体积增至2倍大。
2. 使用搅拌机上的桨状搅拌机配件，将鸡蛋逐渐搅拌进去，然后搅入干性原材料，形成柔软的面团。
3. 一次一点地加入黄油，直到完全搅拌进入面团中，并使面团变得光滑。面团会非常柔软且带有黏性。

制作成型和烘烤

1. 将涂刷好油的模具装至半满。巴巴模具平均需要60克面团。而萨伐仑松饼模具（环形模具），参考下述重量平均值：
   13 厘米环形模具：140 ~ 170 克
   18 厘米环形模具：280 ~ 340 克
   20 厘米环形模具：400 ~ 450 克
   25 厘米环形模具：575 ~ 675 克
2. 醒发至面团与模具顶部齐平。
3. 以200℃的温度烘烤。
4. 趁热将面包浸入使用朗姆酒或樱桃白兰地酒调味的甜品糖浆中，捞出控净糖浆。
5. 涂刷上杏酱亮光剂增亮。根据需要，可以使用蜜饯水果进行装饰。

潘妮朵尼（意大利圣诞节面包）panettone

原材料	重量	百分比 /%
葡萄干	50 克	11
金色葡萄干或者小葡萄干	50 克	11
混合蜜饯果皮	100 克	21
杏仁（切碎）	50 克	11
柠檬外层皮（擦碎）	2.7 克	0.6
橙子外层皮（擦碎）	2.7 克	0.6
柠檬汁	40 克	9
橙汁	40 克	9
朗姆酒	13 盎司	3
豆蔻粉	1.2 克	0.25
面包粉	235 克	50
水	188 克	40
耐渗透压速溶酵母	11 克	2.3
蛋黄	80 克	17
盐	3.3 克	0.7
糖	80 克	17
牛奶固形物	9 克	2
面包粉	235 克	50
黄油（软化）	94 克	40
总重量：	**1285 克**	**275%**

制作步骤

制备腌制水果混合物

将葡萄干、果皮、杏仁、水果外层皮、果汁、朗姆酒以及豆蔻粉在一个盆里混合好。盖好让其腌制几个小时；或冷藏一晚上。

混合和发酵

1. 使用第一份数量的面粉、牛奶和酵母制作中种发酵面团。在室温下静置1小时。
2. 将蛋黄、盐、糖和奶粉搅拌到一起至完全混合均匀。
3. 加入到中种发酵面团中混合好，并打断其发酵过程。
4. 加入最后数量的面粉并形成面团，用第一速度搅拌4～5分钟。不要过度搅拌面团，因为当加入水果和黄油时，面团还会醒发。
5. 在常温下发酵到体积增至2倍大。
6. 捞出腌制好的水果，控净汤汁。将水果和黄油加入到面团里，搅拌至光滑并完全混为一体。放回到盆里，使其在室温下进行第二次发酵，直至体积增至两倍大。

准备模具并烘烤

1. 准备18厘米的纸质潘妮朵尼模具。如果没有这样的模具，可在18厘米的涂抹有黄油的蛋糕模具的侧面铺上双层的油纸，油纸高出模具12厘米并用一根棉线捆缚好。
2. 朝下按压面团并将面团揉成光滑的圆球形。
3. 将面团放入准备好的蛋糕模具中，并用手指关节略微朝下按压。
4. 盖好，在室温下醒发至体积增至2倍大。
5. 在面团的表面切割出十字刻痕，并涂刷上融化的黄油。
6. 在预热至190℃的烤箱里烘烤。当潘妮朵尼表面呈金色时，盖上锡纸，以防止上色过度。
7. 将烤箱温度降低到160℃。继续烘烤至在中间插入木签，当抽出木签时，木签是干净的，总共需要烘烤1.75～2小时。
8. 从烤箱内取出并涂刷上融化的黄油。
9. 冷却后，根据需要，可以在表面上撒上糖粉。

布里欧面包 brioche

原材料	重量	百分比 /%
牛奶（烫热并冷却）	60 克	20
面包粉	60 克	20
耐渗透压速溶酵母	6 克	2
鸡蛋	150 克	50
面包粉	240 克	80
糖	15 克	5
盐	6 克	2
黄油［软化（见注释）］	180 克	60
总重量：	**717 克**	**239%**

注释： 要制作出黏性较低而又容易加工处理的面团，黄油可以减少到50%（150 克）或低至35%（105 克）。但是，产品也会相应减少香浓可口风味。

制作步骤

混合

使用中种发酵法。

1. 使用牛奶、面粉及酵母制作中种发酵酵头。让其涨发至体积的2倍大。
2. 使用桨状搅拌器配件，逐渐将鸡蛋搅入，然后搅入干性原材料，制作成一个柔软的面团。
3. 一次一点地将黄油搅打进去，直至全部吸收，并且面团变得光滑。面团会非常柔软并带有黏性。

发酵

1. 如果面团在制作成型的过程中需要更多的加工处理，例如制作小的布里欧面包卷，最简单的方式就是将面团延缓发酵一晚。在冷的温度下制作成型，可以减少面团的黏稠程度。
2. 如果面团只是简单摆放到模具里且它的黏性和柔软性无须考虑，则不需要延缓发酵。发酵20分钟，然后称重并装入模具里。

制作成型

详见布里欧面包的制作成型相关内容。在醒发好后涂刷上蛋液。

烘烤

小布里欧面包卷使用温度200℃烘烤；大布里欧面包使用温度190℃烘烤。

分层面团的配方

分层或包入面团含有被许多层的面团，每层面团夹着油脂。这些层次创造出与丹麦面包相同的片状分层。

在传统的糕点店里，有以下两种基本的包入酵母面团：

（1）牛角面包面团（又称丹麦面包面团，牛角面包风格面团）类似于额外加了酵母的酥皮。它是用牛奶、面粉、少量的糖，以及酵母制作而成的面团。包入的黄油使面团具有片状的质地；（2）丹麦面包面团是一种含有鸡蛋的、内容物更丰富的面团，尽管它不像普通的布里欧面团那么富含鸡蛋。这种面团又称布里欧千层酥或布里欧酥皮。

这两种面团都适用于制作丹麦面包，尽管通常只有第一种面团用于制作牛角面包。除了这两种酥皮面团的经典法式配方，这一章节中还包括两种在北美面包店里被广泛使用的类似配方。

不分层的甜面团通常使用的是强化混合法，而分层面团需要更少的混合时间，这是因为面筋会在擀制的过程中不断形成。从搅拌机中取出的面团如果醒发充分，等到分层加工制作完成时，面团就会醒发过度。

黄油是首选油脂，因为它具有独特的风味和入口即溶的品质。高质量的产品应使用黄油，至少作为一部分的包入油脂使用。然而，黄油是很难进行加工处理的，因为它在冷的时候很硬，而有一点热度就会变软。特别配方规定了当需要着重考虑更低成本和更容易加工处理时，可以使用起酥油和人造黄油（称为包入混合物）。

甜酥类糕点（维也纳糕点）

维也纳糕点，或viennoiserie，是甜酵母发酵面团制品的总称，包括分层制品和不分层制品。布里欧、丹麦面包以及牛角面包都是维也纳糕点风味的经典代表作。

包入油脂（包酥）制作步骤：丹麦面包面团和牛角面包面团

包入油脂（包酥）的制作步骤主要分为两部分：一是将油脂包裹在面团中，二是将面团擀开并进行折叠以增加层数。

在这些面团中，可以使用简单的折叠法或者三折法。每一次完整的擀开面团和折叠步骤称为一转。要将丹麦面包面团进行三转加工处理，第一转后把面团放在冰箱里冷藏松弛30分钟，让面筋得到放松。

每一转之后，使用指尖在靠近边缘处的面团上按压出一个凹痕——第一转之后压痕一次，第二转之后压痕两次，第三转之后压痕三次。当几个批次的面团在同时制作时，这样做有助于清晰辨别并记录产品；或者当多人制作同一个面团时，这样做也非常有必要。

1. 将面团擀开成长方形。在面团的2/3处涂抹上软化的黄油，在外侧留出边缘位置（图A，图B）。

2. 把没有涂抹黄油的1/3面团朝向中间折叠过来（图C）。

3. 将剩余的1/3面团折叠到上面（图D）。

4. 将面团在工作台面上转动90°。这一步在每次擀开面团之前都是必要的，这样面团就可以向各个方向拉伸，而不仅仅是纵向拉伸。另外，在擀开面团之前，一定要把不平整的那一面朝上，这样在折叠后这一面会被隐藏起来，而光滑的一面会在外面。把面团擀成一个长方形（图E）。

5. 通过先把上方的1/3面团朝向中间折叠的方式，将面团折叠成三折。

6. 把剩下的1/3折叠起来。这是第一转，或第一次折叠（包裹黄油不能算作一转）。把面团放在冰箱里冷藏30分钟，让面筋放松。重复两次这样的擀开和折叠操作，共进行三转（图G）。

🍥 丹麦面包面团（牛角面包类型）Danish pastry dough（croissant-style）

原材料	重量	百分比 /%
水	200 克	18
鲜酵母（见注释）	40 克	3.5
面包粉	150 克	14
糖	80 克	7
盐	25 克	2
牛奶	350 克	32
水	50 克	4.5
面包粉	950 克	86
黄油	600 克	55
总重量：	**2445 克**	**222%**

注释： 如果使用速溶酵母，使用 1.4%（16 克）的速溶酵母代替鲜酵母，将所有的原材料（除包入用的黄油以外）混合，使用常规的直接面团法发酵。按照右侧制作步骤中的 4 ~ 7 的步骤将面团进行加工处理。

制作步骤

混合和发酵

改进的直接面团发酵法。

1. 将酵母与水混合（图A）。在混合物上撒上配方中第一份用量的面粉（图B）。静置15分钟。
2. 将糖、盐、牛奶及水混合到盆里，直到固体全部融化开。
3. 将面粉过筛，加入到酵母混合物中。加入液体混合物。开始混合以形成面团（图C）。
4. 搅拌至刚好形成均匀的面团。继续用手揉制，避免搅拌过度（图D）。
5. 最后在工作台面上揉好面团（图E）。
6. 盖好面团，让其在室温下发酵40分钟。
7. 将面团按压排气之后放入冰箱里冷藏1小时。

包入黄油

包入黄油，并进行三次折叠。

A

B

C

D

E

🍥 丹麦面包面团（布里欧面包类型）Danish pastry dough（brioche-style）

原材料	重量	百分比 /%
牛奶	225 克	28
鲜酵母（见注释）	40 克	5
面包粉	800 克	100
鸡蛋	100 克	12.5
黄油（融化开）	50 克	6
盐	10 克	1.25
糖	50 克	6
牛奶	75 克	9
黄油（软化）	500 克	9
总重量：	**1850 克**	**229%**

注释： 如果使用速溶酵母，可以使用 2%（15 克）的速溶酵母代替鲜酵母，将所有的原材料（除了包入用的黄油以外）混合，使用常规的直面法发酵。按制作步骤 4 至步骤 6 将面团进行加工处理。

制作步骤

混合和发酵

1. 将第一份牛奶与酵母混合在搅拌桶里（图A）。
2. 将面粉筛入到酵母混合物上。加入鸡蛋和融化的黄油（图B）。
3. 将盐和糖在第二份牛奶中融化开（图C）。倒入搅拌桶里。
4. 使用搅拌钩配件，以第一速度搅拌2分钟，形成面团（图D）。
5. 将面团放入搅拌盘里，盖好，使其在室温下发酵30分钟，或放入冰箱里冷藏一晚。
6. 将面团按压排气之后放入冰箱里冷藏45分钟。

包入黄油

包入最后一份黄油，并折叠三次。

A

B

C

D

🍥 牛角面包 croissant

原材料	重量	百分比 /%
牛奶	225 克	57
糖	15 克	4
盐	8 克	2
黄油（软化）	40 克	10
面包粉	400 克	100
速溶酵母	5.5 克	1.4
黄油，	225 克	57
总重量：	**918 克**	**231%**

制作步骤

混合

使用直接面团法发酵。

1. 将牛奶烫热并冷却至微温。
2. 加入除了最后一份黄油以外的所有剩余的原材料。
3. 混合成光滑的面团，但是不要形成面筋。面筋的形成会在包入黄油的制作步骤中进行。

醒发。

在 24℃的温度下，醒发 1～1.5 小时。

将面团按压排气，在平盘内摊开，放入冰箱内冷藏或在延缓发酵箱里松弛 30 分钟。

包入黄油

包入最后一份黄油，并折叠三次。在延缓发酵箱里松弛一晚。

制作成型

详见牛角面包面团的制作成型步骤中的内容。

在 24℃的温度和相对湿度 65% 下醒发。

在烘烤前涂刷上蛋液。

烘烤

温度 200℃烘烤。

牛角面包的传说

关于羊角面包的起源，有几个不同的故事版本。最受欢迎的传说是，这种糕点是1683年在维也纳发明的，用来庆祝土耳其人的战败（他们曾围攻过这座城市）。根据传说，面包师是第一个提醒城市袭击即将到来的人，因为他们在晚上工作，而其他人都在睡觉。这种糕点的新月形与土耳其国旗上的新月形相似。

还有一些故事将牛角面包的起源追溯到732年法国的一次穆斯林的失败入侵，或追溯到18世纪玛丽·安托瓦内特的一个特别的奇思妙想。尽管所有这些故事都被证明是错误的，但它们仍然被继续讲述着。

我们所知道的是，牛角形状的糕点和面包至少从13世纪开始就在欧洲的不同地区出现了。现代法国牛角面包则要追溯到1839年在巴黎建立的维也纳面包房。

丹麦面包 Danish pastry

原材料	重量	百分比 /%
黄油	62 克	12.5
糖	75 克	15
脱脂乳固形物	25 克	5
盐	10 克	2
小豆蔻或桂皮粉（可选）	1 克	0.2
鸡蛋	100 克	20
蛋黄	25 克	5
面包粉	400 克	80
蛋糕粉	100 克	20
耐渗透压速溶酵母	10 克	2
水	200 克	40
黄油（包入用）	250 克	50
总重量：	**1258 克**	**251%**

制作步骤

混合

使用改进的直接面团法发酵。

1. 以第二速度搅打面团3~4分钟。
2. 在延缓发酵箱内松弛30分钟。
3. 将最后一份黄油包入，折叠三次。

醒发

详见甜面包卷、丹麦面包卷以及咖啡蛋糕制作成型的内容。

在 24℃的温度下醒发，带一点蒸汽。

在烘烤前涂刷上蛋液。

烘烤

温度 190℃烘烤。

富油面团产品的制作成型

很多面团产品，即便不是最富油和糖的，也都会带有馅料或者顶料，所以准备馅料是制作甜面包卷、丹麦面包和牛角包面团产品的重要组成部分。这一节中的内容从一些带有馅料和顶料的配方开始介绍，最后介绍一系列产品的成型制作过程。

这一节中的馅料和顶料的配方，包括了许多用于丹麦面包、咖啡蛋糕以及其他甜味酵母产品中最受欢迎的类型。其中的一些产品，如肉桂糖、酥粒顶料、杏仁馅和透明亮光剂，也可以用于许多其他的烘焙产品中，包括蛋糕、曲奇、酥皮糕点、派和塔类（小果塔）等。然而，它们的主要用途其实是生产酵母产品。

要注意，许多类似的馅料都是由烘焙供应商所提供的成品。例如，优质的西梅、杏和其他水果和坚果馅可以购买到10号罐头的形式。

 肉桂糖 cinnamon sugar

原材料	重量	糖为100% %
糖	250 克	100
肉桂粉	16 克	6
总重量：	**266 克**	**103%**

制作步骤

将原材料充分均匀并搅拌到一起即可。

透明亮光剂（清亮光剂）clear glaze

原材料	重量	玉米糖浆为100% %
水	250 克	50
浅色玉米糖浆	500 克	100
砂糖	250 克	50
总重量：	**1000 克**	**200%**

制作步骤

1. 将原材料混合后加热烧开。搅拌至砂糖完全融化开。
2. 趁热使用，或在使用之前重新加热。

 杏光亮膏Ⅰ apricot glaze Ⅰ

产量：可以制作1880克。

原材料	重量	水果为100% %
杏（罐头装）	500 克	50
苹果	500 克	50
第一份糖	950 克	95
水	25 克	2.5
第二份糖	50 克	5
果胶	20 克	2

制作步骤

1. 将水果切成小粒，包括果皮和籽。放入厚底锅内。
2. 加入第一份糖和水。用小火加热，盖上锅盖，再用中火加热至水果变软。
3. 用食品研磨机研磨到干净的酱汁锅内。
4. 倒回厚底锅里，并加热烧开。
5. 将第二份糖和果胶混合并加入到水果蓉泥里。继续加热3～4分钟。
6. 用漏勺过滤，撇去浮沫，倒入塑料容器内。让其冷却，然后冷藏保存。

 杏光亮膏Ⅱ apricot glaze Ⅱ

产量：可以制作220克。

原材料	重量	果酱为100% %
杏酱	240 克	100
水	60 克	2.5

制作步骤

1. 将果酱和水在厚底酱汁锅内混合好。用小火加热。边搅拌边加热至果酱融化开，并与水完全混合均匀。用小火加热至略微浓稠。
2. 将混合物用细眼网筛过滤。
3. 在盘子里舀入一小勺光亮膏进行测试，冷藏几分钟，查看是否凝结。如果有必要，可以再加热几分钟让它变得更加浓稠一些。若太过浓稠，则可多加一些水。

🍥 碎末或颗粒顶料 streusel or crumb topping

原材料	重量	百分比 /%
黄油和（或）起酥油	125 克	50
砂糖	75 克	30
红糖	60 克	25
盐	1 克	0.5
肉桂粉或桂皮粉	0.6～1 克	0.25～0.5
糕点粉	250 克	100
总重量：	**514 克**	**206%**

制作步骤

把所有的原材料一起揉搓，直到油脂完全混合到原材料里，并且混合物呈颗粒状。

各种变化

坚果碎末

加入25%切碎的坚果（60克）可制成坚果碎末。

🍥 柠檬奶酪馅料 lemon cheese filling

原材料	重量	奶酪为100% %
奶油奶酪	150 克	100
糖	30 克	20
柠檬外层皮（擦碎）	3 克	2
总重量：	**183 克**	**122%**

制作步骤

将奶酪、糖及柠檬外层皮一起搅拌至混合均匀。

🍥 枣、西梅或杏馅料 date，prune，or apricot filling

产量：可以制作750克。

原材料	重量	水果为100% %
枣、西梅（去核）或杏脯	500 克	100
糖	100 克	20
水	250 克	50

制作步骤

1. 将水果用食物研磨机研磨碎。
2. 将所有原材料放入酱汁锅里。加热烧开。用小火加热并搅拌至浓稠且细滑状，需要加热10分钟。
3. 冷却之后使用。

各种变化

1. 使用柠檬和（或）肉桂粉给枣或西梅馅料添加风味。
2. 在枣或者西梅馅料中，加入12.5%（250克）切碎的核桃仁。

🍥 杏仁馅料Ⅰ（杏仁酱）almond filling Ⅰ（frangipane）

原材料	重量	杏仁膏为100% %
杏仁膏	250 克	100
糖	250 克	100
黄油和（或）起酥油	125 克	50
糕点粉或蛋糕粉	62 克	25
鸡蛋	62 克	25
总重量：	**750 克**	**300%**

制作步骤

1. 使用桨状搅拌器配件，将杏仁膏和糖用低速搅拌至混合均匀。
2. 加入油脂和面粉混合至细滑状。
3. 加入鸡蛋，一次加入一点并搅拌，直到混合均匀。

🍥 杏仁馅料Ⅱ（杏仁酱）almond filling Ⅱ（frangipane）

原材料	重量	杏仁膏为100% %
杏仁膏	200 克	100
糖	25 克	12.5
黄油	100 克	50
蛋糕粉	25 克	12.5
鸡蛋	100 克	50
总重量：	**450 克**	**225%**

制作步骤

1. 使用桨状搅拌器配件，将杏仁膏和糖用低速搅拌至混合均匀。
2. 加入黄油混合均匀。
3. 加入面粉混合均匀。
4. 加入鸡蛋，直到混合至细滑状。

🍥 杏仁奶油 almond cream（crème d'amande）

原材料	重量
黄油	90 克
细砂糖	90 克
柠檬外层皮（擦碎）	1 克
鸡蛋	50 克
蛋黄	30 克
香草香精	2 滴
杏仁粉	90 克
蛋糕粉	30 克
总重量：	**371 克**

制作步骤

1. 将黄油、糖及柠檬外层皮一起打发至呈浅色和蓬松状。
2. 一点一点地加入鸡蛋、蛋黄及香草香精，每一次加入之后都要搅打均匀。
3. 拌入杏仁粉和面粉。

杏仁酱

杏仁酱（frangipane）是指各种杏仁风味的馅料。在经典的法式糕点中，它通常是指由两份（按照重量）杏仁奶油（见配方内容）和一份糕点奶油酱混合而成的馅料。然而，如今许多的杏仁馅的配方，都被称为杏仁酱。杏仁酱被广泛用于代替杏仁粉使用。

frangipane这个名字可以追溯到11世纪的一个意大利贵族家庭，他们从短语frangere il pane（破裂的面包）中提取了它。在17世纪早期，这个家族的一个成员被任命为法国路易十三的香水师，所以frangipani又指一种芳香的热带树木。

 ## 柠檬馅料 lemon filling

原材料	重量	塔派馅料为100%	
		%	
柠檬派馅料	500 克	100	
蛋糕碎屑（黄色或白色）	250 克	50	
柠檬汁	62 克	12.5	
总重量：	**812 克**	**162%**	

制作步骤

将原材料混合至细滑状。

 ## 烩苹果馅料 apple compote filling

产量：可以制作500克。

原材料	重量	苹果为100%	
		%	
苹果（去皮并去核）	275 克	100	
黄油	75 克	27	
糖	120 克	44	
水	60 克	22	

制作步骤

1. 将苹果切成5～6毫米丁状。
2. 将所有的原材料混合。盖上锅盖，用小火加热15分钟，直到苹果变软，但仍能保持形状不变。

肉桂粉葡萄干馅料 cinnamon raisin filling

原材料	重量	苹果为100%	
		%	
杏仁粉	100 克	100	
糖	60 克	60	
枫叶糖浆	30 克	30	
蛋清	60 克	60	
肉桂粉	10 克	10	
金色葡萄干	50 克	50	
总重量：	**310 克**	**310%**	

制作步骤

1. 使用球形搅拌器（如果手工搅拌的话）或者桨状搅拌器配件（如果使用机器搅拌的话），将杏仁粉、糖、糖浆、蛋清及肉桂粉搅拌到一起至细滑状。
2. 葡萄干可以在此时混入。不过，为了葡萄干分布得更加均匀，也可以在涂抹完馅料后，再将它们均匀地撒在上面。

山核桃枫叶糖浆馅料　pecan maple filling

原材料	重量	榛子粉为100%
		%
榛子粉	100 克	100
糖	60 克	60
蛋清	60 克	60
枫叶糖浆	30 克	30
山核桃（切成细片或者切碎）	60 克	60
总重量：	**310 克**	**310%**

制作步骤

将所有的原材料混合即可。

奶酪馅料　cheese filling

原材料	重量	奶酪为100%
		%
奶酪	500 克	100
糖	150 克	30
盐	4 克	0.7
鸡蛋	100 克	20
黄油和（或）起酥油（软化）	100 克	20
香草香精	8 克	1.5
柠檬外层皮（擦碎的）（可选）	4 克	0.7
蛋糕粉	50 克	10
牛奶	100 ~ 150 克	20 ~ 30
葡萄干（可选）	125 克	25
总重量：	**1016 ~ 1191 克**	**202% ~ 237%**

制作步骤

1. 使用桨状搅拌器配件，将奶酪、糖及盐一起打发至细滑状。
2. 加入鸡蛋、油脂、香草香精及柠檬外层皮，混合到一起。
3. 加入面粉，混合到刚好完全吸收。一次一点地加入牛奶，加入到刚好足以让混合物形成细滑的、可以涂抹的浓稠程度。
4. 根据需要，可拌入葡萄干。

🧁 榛子馅料　hazelnut filling

原材料	重量	坚果粉为100% %
榛子（烘烤好并研磨成粉状）	125 克	100
糖	250 克	200
肉桂粉（2 茶勺）	4 克	3
鸡蛋	50 克	37.5
蛋糕碎屑（黄色或白色）	250 克	200
牛奶	125～250 克	100～200
总重量：	**804～929 克**	**640%～740%**

制作步骤

1. 将除了牛奶以外的所有原材料混合。
2. 搅拌混入足够多的牛奶，以形成可以涂抹的浓稠程度。

🧁 巧克力馅料　chocolate filling

原材料	重量	蛋糕碎屑为100% %
糖	100 克	33
可可粉	40 克	12
蛋糕碎屑（最好是巧克力蛋糕碎屑）	300 克	100
鸡蛋	25 克	8
黄油（融化）	40 克	12
香草香精	6 克	2
水（按需添加）	75 克	25
总重量：	**586 克**	**192%**

制作步骤

1. 将糖和可可粉一起过筛。
2. 拌入蛋糕碎屑。
3. 加入鸡蛋、黄油、香草香精及一点水，混合。加入足量的水，以制作出细滑、可涂抹的浓稠程度。

各种变化

可以在馅料中混入50%（150克）的细小的巧克力碎末。

🧁 蜂蜜光亮膏（用于焦糖卷）honey pan glaze（for caramel rolls）

原材料	重量	红糖为100% %
红糖	250 克	100
黄油，玛琪琳，或起酥油	100 克	40
蜂蜜	60 克	25
玉米糖浆（或麦芽糖浆）	60 克	25
水（按需添加）	25 克	10
总重量：	**495 克**	**200%**

制作步骤

1. 将糖、油脂、蜂蜜及玉米糖浆一起打发。
2. 加入足量的水搅拌，使得混合物呈可涂抹的浓稠程度。

　　下面将介绍整理成型技法，与少油面团相同，富油面团整理成型的目的是将面团塑形成适合烘烤，并且造型美观的形状。大多数制作少油酵母面包的制作指南也适用于富油面团，包括在下文中讨论的撒粉方法。

　　少油面团通常可以无所顾忌地加工处理，而富油面团则需要较轻力度的按压。在加工处理包油面团时，温度控制也非常重要，要确保黄油既不会太硬也不会太软，确保面团在制作成型的过程中不会过度醒发。所以需要仔细研究这些面团的制作步骤。

牛角面包面团
普通牛角面包

　　1. 将面团擀开成为25厘米宽，3毫米厚的长方形。面团的长度取决于所使用的面团数量（图A）。

　　2. 将长方形面团切割成三角形（特制的滚轮切割刀可以快速做到这一点）。在长方形面团的底部切割出一个小口（图B）。

　　3. 将其中一个三角形面团摆放在工作台面上，向外稍微拉伸后面的两个边角，如箭头所示（图C）。

　　4. 将面团朝向尖角处滚过去（图D）。

　　5. 在把三角形面团卷起来的过程中，将其尖角处略微朝外拉伸（图E）。

　　6. 最后卷紧三角形面团（图F）。

　　7. 把卷好的面包卷弯曲成新月形。三角形的尖角必须朝向新月形面包的内部，并被塞在面包卷的下方，这样在烘烤的过程中它就不会膨胀开（图G）。

A

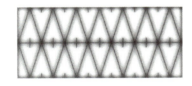

B

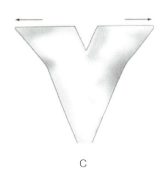

C

D

E

F

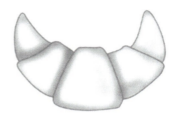

G

加馅料的牛角面包

在卷起牛角面包以前，除了在每个三角形面团的底部都放上一点所需馅料以外，其他制作成型的方法如普通的牛角面包一样。

制作巧克力卷所使用的技法，也可以用来制作加有各种馅料的牛角面包面团产品。这些面包卷通常被称为croissants（牛角面包），但这种用法并不准确，因为这些面包卷不是新月形的。croissant在法语中是"新月形"（crescent）的意思。

巧克力卷

1. 将牛角面包面团擀开成一张薄片，就如同牛角面包一样。

2. 切割成15厘米×10厘米的长方形。

3. 在距离每个长方形面团窄边4厘米的位置处，摆放上一排巧克力碎片，最好是特制的巧克力棒，每一个巧克力卷使用10克巧克力碎片。

4. 在每一个长方形的另外一端涂刷上蛋液，这样卷起来之后面包卷就会密封好。

5. 将摆放有巧克力碎片的面团紧紧卷起。

6. 醒发，涂刷上蛋液，然后如同牛角面包一样烘烤。

布里欧面包

传统布里欧面包的形状被称为泰特布里欧。布里欧也可以烘烤成简单的圆形面包卷或者烘烤成各种大小和形状的模具面包。

1. 制作小的布里欧面包，先把面团揉搓成圆形（图A）。

2. 用手的边缘滚压出1/4的面团，不要把它分离开。把面团在工作台面上揉搓滚动，使得这两部分面团都揉滚成圆形（图B）。

3. 将面团放入模具里，较大的面团那一端在下面。使用手指，将小的圆球形面团按压到较大的面团里（图C）。

4. 要制作大的布里欧面包，将面团分成两部分。将大的圆球形面团放入模具里，在其中间位置处挖出一个孔洞形。把小圆球形面团揉搓成梨形，然后塞进孔洞里（图D）。烤好的面包即为传统的布里欧面包的形状（图E）

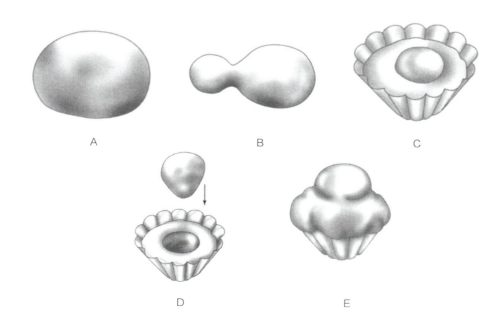

A   B   C

D   E

甜面包卷和丹麦面包卷

许多甜面团产品，包括大多数的丹麦面包，经过烘烤之后，在趁热的时候，最后都会涂刷上一层透明的亮光剂。在冷却之后，它们还可以使用可流淌糖霜进行装饰。注意可流淌糖霜是淋撒到产品上的，不要完全覆盖住面包本身。

酥皮小面包

1. 使用擀面杖将甜面团擀开成12毫米厚。

2. 切割成5厘米的方块形。

3. 在铺有油纸的烤盘内将方块形面团依次排列，紧挨在一起摆放好。

4. 涂刷上蛋液或者牛奶。

5. 在表面多撒上一些颗粒顶料。

6. 醒发，以温度200℃烘烤。

7. 当烤好的面包冷却之后，可以粘上少许的6×糖。

酿馅小面包

1. 根据面团分割机所需要的大小称取面团（建议大小：1400克面团分割成36个小面包块）。将面团揉圆，松弛，并分割好。

2. 将分割好的小面包块揉圆，并以下述两种方式之一摆放到铺有油纸的烤盘里：

- 相互间隔着5厘米摆放好，这样在烘烤时就不会粘连到一起。

- 将它们按行排列摆放，这样它们就能相互紧挨着

接触到一起。以这种方式烘烤出来的面包卷会膨胀得更高，在服务上桌前必须将它们分离开。

3. 将这些面包醒发至一半的程度。

4. 使用手指或者一个小的圆形物件，在每一个面包的中间位置按压出2.5厘米的圆形压痕。

5. 在面包的顶部涂刷上蛋液。

6. 在中间位置填入所需要的馅料，每个面包填入大约15克的馅料。

7. 继续醒发到大约3/4的程度。以200℃的温度烘烤。

8. 当冷却之后，在面包上淋撒上可流淌糖霜。

肉桂葡萄干面包卷

1. 制备肉桂葡萄干馅料，先把葡萄干分开；按照步骤2中称取的面团多少，每份面团需要1小批量的，或者300克的葡萄干。

2. 每份称取615克的丹麦面包面团（布里欧式）或者丹麦面包面团。将每份面团分别擀开成为50厘米×25厘米的长方形。为了取得最规整的效果，可以将面团擀开的略微大一些，然后使用厨刀或者糕点滚轮刀进行修剪。

3. 使用抹刀，将馅料均匀地涂抹到面团上，在涂抹好馅料的面团上撒上葡萄干。在顶部边缘处留出一条没有涂抹馅料的窄边（图A）。

4. 从底边开始将面团紧紧卷起成一个50厘米长的圆柱体（图B）。

5. 切割成6厘米宽的8块（图C）。

6. 摆放到铺有油纸的烤盘里，将松脱的边角处

塞到面包卷的下面。用手掌将每个面包卷压平至2.5厘米厚。

7. 温度30℃醒发25分钟。

8. 温度180℃烘烤15分钟。

9. 冷却之后涂刷上透明亮光剂或者杏膏。

肉桂面包卷

1. 每份称取570克的甜面团，或者根据需要称取面团。在撒有面粉的工作台面上，将每一份面团擀开

成23厘米×30厘米，0.5厘米厚。刷掉多余的面粉。

2. 在面团上涂刷上黄油，并撒上60克肉桂糖（图A）。

3. 像卷果冻卷一样的将擀开的面团卷成30厘米长（图B）。

4. 切割成2.5厘米宽的卷（图C）。

5. 将切面朝下摆放到涂刷有油的松饼模具里或者涂刷有油的烤盘里。一个全尺寸的46厘米×66厘米烤盘，可以摆放6排，每排8个，共摆放48个面包卷。

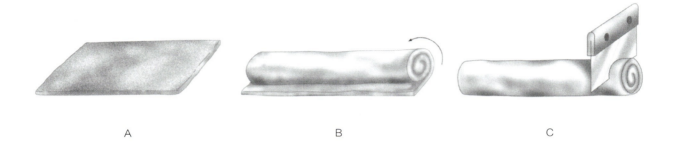

A   B   C

山核桃枫糖面包卷

1. 制备山核桃枫叶糖浆馅料，根据步骤2中称取的每份面团，需准备小批量或约300克的馅料。

2. 每份称取615克的丹麦面包面团（布里欧式）或者丹麦面包面团。将每份面团分别擀开成为50厘米×25厘米的长方形。为了取得最规整的效果，可以将面团擀开的略微大一些，然后使用厨刀或者糕点滚轮刀进行修剪。

3. 使用抹刀将馅料均匀地涂抹到面团上，在涂抹好馅料的面团上撒上葡萄干。在顶部边缘处留出一条没有涂抹馅料的窄边（图A）。

4. 从底边开始将面团紧紧卷起成一个50厘米长的圆柱体（图B）。

5. 切割成2厘米宽的20块。

6. 将10个小号的布里欧模具涂刷上黄油。

7. 将1片面包卷切面朝上，摆放到模具里，将松脱的边角处塞入到面包卷的下面。略微按压到模具里（图C）。

8. 在表面涂刷上蛋液。

9. 温度30℃醒发25分钟。

10. 再一次涂刷上蛋液。

11. 温度180℃烘烤20分钟。

12. 冷却之后涂刷上透明亮光剂。

焦糖面包卷

1. 如同肉桂面包卷一样制备面团。

2. 在装入模具之前，在模具的底部涂刷上蜂蜜光亮膏。每一个面包卷使用30克。

A

B

C

焦糖坚果卷或山核桃卷

与焦糖面包卷制作方法类似，但是在涂刷的光亮膏上撒上切碎的坚果或者半个的山核桃，然后摆放在面包卷上。

丹麦螺旋面包卷

1. 将丹麦面包面团擀开成长方形，如肉桂面包卷一样。面包卷的宽度各不相同，根据最后成品所需要的尺寸而定。较宽的长方形会制作出较厚的面包卷，所以最后的产品体积会较大。

2. 在擀开的长方形面团上，涂抹或者撒上所需要的馅料，例如：

（1）黄油、肉桂糖、切碎的坚果及蛋糕碎屑；
（2）黄油、肉桂糖及葡萄干；（3）杏仁馅料；（4）西梅馅料；（5）巧克力馅料。

注释：松散的馅料，例如切碎的坚果，应使用擀面杖轻轻按压到面团里。

3. 如同果冻卷一样卷起来。

4. 切割成所需要的大小。

5. 将切割好的面包卷摆放到铺有油纸的烤盘里，并将松散的边角处塞入面包卷的底部。

6. 醒发，涂刷上蛋液，温度200℃烘烤成熟。

顺时针从左上角开始分别为：山核桃枫糖卷，肉桂葡萄干卷，柠檬奶酪糕点。

由填馅面团卷或丹麦螺旋面包卷制成的各种造型

填馅面团卷是制作各种造型的甜面团和丹麦面包产品的起点。

1. 填馅螺旋卷。其造型方法如丹麦螺旋面包卷一样。醒发至一半的程度，然后在中间按压出凹痕，并填入所需馅料。在完全醒发之后如前文所述的一样进行烘烤。

2. 梳子形和熊掌形。将丹麦螺旋面包卷擀薄，切割成较长一点的块状。略微按压平整，每块切割出3~5个切口。保留整齐的造型或者折成弯曲状，使得切口张开（图A）。

3. 八字形卷。将丹麦螺旋面包卷几乎切割至断开。再将它们打开，并平放到烤盘里（图B）。

4. 三叶卷。在丹麦螺旋面包卷上切割两刀，并将切后三部分的面团散开（图C）。

5. 蝴蝶卷。从丹麦螺旋面包卷上切割下来略微大些的块状。用一根木棒在中间用力下压出一个折痕。

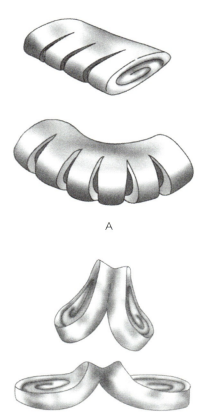

A

B

C   D

填馅牛角形丹麦面包

制作成型技法如牛角面包一样。

丹麦螺旋卷或蜗牛卷

1. 将面团擀开成40厘米宽，小于5毫米厚的长方形（长方形面团的长度会取决于面团的数量）。在面团上涂刷上融化的黄油。在半边面团上撒上肉桂糖（图A）。

2. 将没有撒糖的一半面团折叠到撒有糖的另外一半上。就会得到20厘米宽的长方形。用擀面杖轻轻擀压面团，将分层面团擀压到一起（图B）。

3. 将面团切割成1厘米宽的条状（图C）。

4. 将一条面团横向摆放在工作台面上（图D）。

5. 将双手手掌分别放在条状面团的两端，把一端向身体方向滚动，另一端朝外滚动，这样面包条就会形成扭曲状。在扭转它的过程中，将面包条稍微朝外侧伸拉一些（图E）。

6. 在烤盘上把扭曲好的面包条呈螺旋状卷起来。把末端塞到下面，捏紧，以密封到位（图F）。如果需要的话，可以在面包卷中间按压出一个凹痕，然后在里面填入一勺馅料。

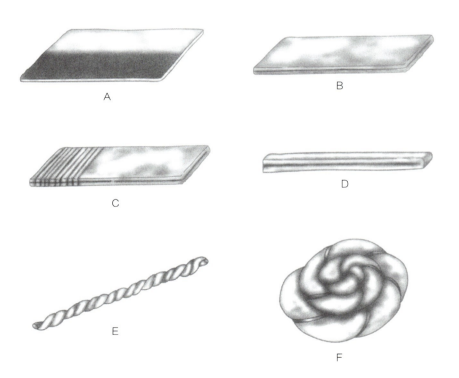

A   B

C   D

E

F

柠檬奶酪丹麦面包

1. 制备柠檬奶酪馅料。根据步骤2称取的面团重量，每个丹麦面包面团需要90克馅料。将馅料装入带有小的平口裱花嘴的裱花袋里。

2. 每份称取615克的丹麦面包面团（布里欧式）或者丹麦面包面团。将每份面团分别擀开成一个40厘米×30厘米的长方形。为了取得最规整的效果，可以将面团擀开的略微大一些，然后使用厨刀或者糕点滚轮刀进行修剪。

3. 按照4×3的方式切割成12个方块形，每边为10厘米。

4. 在每个方块形表面涂刷上蛋液。

5. 沿着每个方块形的中间位置处挤上奶酪混合物（图A）。

6. 对折成长方形，按压边缘处以密封好（图B）。

7. 翻过来摆放到铺有油纸的烤盘里。在表面涂刷上蛋液。

8. 温度30℃醒发15分钟。

9. 再涂刷上第二遍蛋液。撒上糖。

10. 温度180℃烘烤12分钟。

11. 如果需要，可以在表面装饰上一片煮过的柠檬片。

樱桃千层酥

1. 每份称取400克的丹麦面包面团（牛角面包式）。

2. 擀开成18厘米×27厘米的长方形。

3. 切割成2个9厘米×27厘米长条形，然后，将每一个长条切割成9厘米的方块形。

4. 把每个方块形对角对折成三角形（图A）。

5. 使用厨刀沿着三角形的两个短边，切割出一条1厘米宽的条形，从折叠的边处开始切割，到对面尖角2厘米位置处停止（图B）。

6. 展开方块形面团，涂刷上蛋液。

7. 将每条切好的条形面团对折，做出菱形的丹麦面包造型，四周都有凸起的边。按压边角处以密封好（图C）。

8. 温度30℃醒发20分钟。

9. 再次涂刷上蛋液。

10. 使用裱花袋或者勺子，在每个丹麦面包的中间位置处，放入10克的糕点奶油酱。摆上樱桃。每个丹麦面包上需要摆放25克樱桃（图D）。温度180℃烘烤15分钟。

11. 冷却，并涂刷上杏膏。

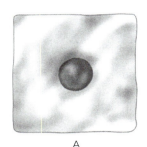

A

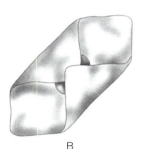

B

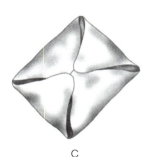

C

包形丹麦面包

1. 将面团擀开成小于5毫米的厚度。切割成13厘米的方块形。在每一块方形块的中间放入所需馅料（图A）。在四角处涂刷上少量水，有助于当按压到一起时面团的密封。

2. 将两个对角从中间位置上方对折，并紧紧按压到一起（图B）。如果需要，丹麦面包卷可以保留这个形状。

3. 将另外两个对角也从中间位置上方对折，并紧紧按压到一起（图C）。

杏风车形丹麦面包

1. 每份称取400克的丹麦面包面团（牛角面包式）。

2. 擀开成20厘米×30厘米，厚度3毫米的长方形（为了取得最规整的效果，可以将面团擀开的略微大一些，然后使用厨刀或糕点滚轮刀进行修剪）。

3. 切割成6个方块形，每个边为10厘米。

4. 从每个正方形的角处，朝向中心位置切割出4厘米长的切口（图B）。

5. 在每个方块形上面涂刷上蛋液，交替着将边角朝向中心处折叠，制作出风车造型（图C）。

6. 温度30℃醒发20分钟。

7. 再次涂刷上蛋液。

8. 使用裱花袋或者勺子，在每个风车形丹麦面包的中间位置处，放入10克的糕点奶油酱。在糕点奶油酱上摆好半个切成两半的杏。切面朝下（图D）。

9. 温度180℃烘烤15分钟。

10.冷却，并涂刷上透明亮光剂或者杏膏。

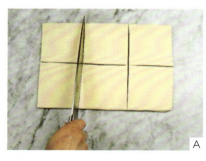

A

B

C

D

苹果花结

1. 每份称取400克的丹麦面包面团（牛角面包式）。

2. 擀开成20厘米×30厘米，厚度为3毫米的长方形。

3. 使用10厘米的圆形切割模具，切割出6个圆形（图A）。

4. 从每个圆形的外边朝向中间位置处，切割出四个等距的4厘米长的切口（图B）。

5. 在每个圆形上涂刷上蛋液。交替着将切割出的边角朝向中心处折叠，制作出风车造型。将边角按压以密封好（图C，图D）。

6. 温度30℃醒发20分钟。

7. 再次涂刷上蛋液。

8. 使用裱花袋或者勺子在每个风车形丹麦面包的中间位置处（图E），放入10克糕点奶油酱。在糕点奶油酱上再放上25克的糖渍苹果馅料（图F）。用手小心地把苹果按压到位。

9. 温度180℃烘烤15分钟。

10. 冷却，并涂刷上透明亮光剂或者杏膏。

从左到右分别为：
苹果花结，樱桃千层酥，
杏风车形丹麦面包。

咖啡蛋糕

咖啡蛋糕可以制作成许多种不同的大小和造型。所需面团的重量和蛋糕的大小可以根据面包房的不同需要做较大改变。除指定的面团外，下列制品可由甜面团或丹麦面包面团制成。

花环咖啡蛋糕

1. 使用甜面团或者丹麦面包面团，制作成一个

填馅面包卷，如肉桂面包卷一样，但是不要切割成小块。其他的馅料，例如西梅或者枣等，可以用来代替黄油和肉桂糖。

2. 将面包卷整理成型为一个环形（图A）。摆放到一个涂抹有油的烤盘里。将面包卷间隔着2.5厘米切割出到一半程度的切口（图B），将每一段朝外捻开以露出切口（图C）。

3. 醒发后涂刷上蛋液，以温度190℃烘烤成熟。

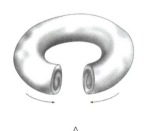 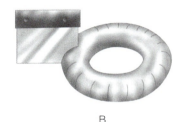 

A   B   C

酿馅咖啡蛋糕

1. 每份称取340克的甜面团或者丹麦面包面团。

2. 将每份面团擀开成23厘米×46厘米的长方形。

3. 在每一个长方形的半边上涂抹上170克所需的馅料。

4. 将没有涂抹馅料的那一半对折到涂抹有馅料的那一半上，制作出23厘米的方块形。

5. 摆放到涂有油的23厘米方形烤盘里。

6. 在每个烤盘里撒上110克的颗粒顶料。

7. 醒发，温度190℃烘烤成熟。

咖啡蛋糕面包

1. 制作巴布卡面团，使用所需要的馅料，制成填馅面包卷，就如同肉桂面包卷一样。

2. 将面包卷对折成两半，然后扭转到一起。

3. 将扭好的面包卷摆放到涂有油的面包模具里，或像蜗牛一样的盘起面包卷，摆放到圆形烤盘里。

4. 醒发，涂刷上融化的黄油，温度175℃烘烤成熟。

椒盐卷饼形丹麦面包

1. 使用杏仁馅料，将丹麦面包面团制作成一个长而细的面包卷，与肉桂面包卷一样。

2. 将面包卷扭曲成椒盐卷饼的形状。摆放到烤

盘里。

3. 醒发，涂刷上蛋液，温度190℃烘烤成熟。

咖啡蛋糕条或者丹麦面包条

1. 擀开丹麦面包面团成为6毫米厚，以及其长度与所要求的条状的长度相同，为其宽度2倍的长方形。

2. 在长方形面团的中间位置上纵向涂抹上所需要的馅料，在两端边缘处留出1厘米的空隙。

3. 在两端和长方形面团的一个边上涂刷上蛋液，用以密封住接缝处。

4. 把没有涂刷蛋液的长方形的边从中间的馅料上面折叠过去。将另外一边也朝向中间折叠，与第一个边重叠1厘米。

5. 把面包条翻过来，接缝的一面朝下放在一张铺有油纸的烤盘里，在面团的顶部切割出5～6条对角线的斜线；要切割到馅料，但不要切透到面团的底层。

6. 醒发，涂刷上蛋液并以温度190℃烘烤成熟。

丹麦面包螺旋卷咖啡蛋糕

1. 使用所需要的馅料，将丹麦面包面团制作成型为填馅的面团卷，与肉桂面包卷一样，但是要更长、更细。

2. 用擀面杖将面包卷略微压平一些。将面团纵向平行着切割两刀；切透底层，在两端留出2.5厘米不要切断开。

甜面包卷和丹麦面包卷

许多甜面团产品，包括大多数的丹麦面包，经过烘烤之后，在趁热的时候，最后都会涂刷上一层透明的亮光剂。在冷却之后，它们还可以使用可流淌糖霜进行装饰。注意可流淌糖霜是淋撒到产品上的，不要完全覆盖住面包本身。

酥皮小面包

1. 使用擀面杖将甜面团擀开成12毫米厚。

2. 切割成5厘米的方块形。

3. 在铺有油纸的烤盘内将方块形面团依次排列，紧挨在一起摆放好。

4. 涂刷上蛋液或者牛奶。

5. 在表面多撒上一些颗粒顶料。

6. 醒发，以温度200℃烘烤。

7. 当烤好的面包冷却之后，可以粘上少许的6×糖。

酿馅小面包

1. 根据面团分割机所需要的大小称取面团（建议大小：1400克面团分割成36个小面包块）。将面团揉圆，松弛，并分割好。

2. 将分割好的小面包块揉圆，并以下述两种方式之一摆放到铺有油纸的烤盘里：

- 相互间隔着5厘米摆放好，这样在烘烤时就不会粘连到一起。
- 将它们按行排列摆放，这样它们就能相互紧挨着

接触到一起。以这种方式烘烤出来的面包卷会膨胀得更高，在服务上桌前必须将它们分离开。

3. 将这些面包醒发至一半的程度。

4. 使用手指或者一个小的圆形物件，在每一个面包的中间位置按压出2.5厘米的圆形压痕。

5. 在面包的顶部涂刷上蛋液。

6. 在中间位置填入所需要的馅料，每个面包填入大约15克的馅料。

7. 继续醒发到大约3/4的程度。以200℃的温度烘烤。

8. 当冷却之后，在面包上淋撒上可流淌糖霜。

肉桂葡萄干面包卷

1. 制备肉桂葡萄干馅料，先把葡萄干分开；按照步骤2中称取的面团多少，每份面团需要1小批量的，或者300克的葡萄干。

2. 每份称取615克的丹麦面包面团（布里欧式）或者丹麦面包面团。将每份面团分别擀开成为50厘米×25厘米的长方形。为了取得最规整的效果，可以将面团擀开的略微大一些，然后使用厨刀或者糕点滚轮刀进行修剪。

3. 使用抹刀，将馅料均匀地涂抹到面团上，在涂抹好馅料的面团上撒上葡萄干。在顶部边缘处留出一条没有涂抹馅料的窄边（图A）。

4. 从底边开始将面团紧紧卷起成一个50厘米长的圆柱体（图B）。

5. 切割成6厘米宽的8块（图C）。

6. 摆放到铺有油纸的烤盘里，将松脱的边角处

塞到面包卷的下面。用手掌将每个面包卷压平至2.5厘米厚。

7. 温度30℃醒发25分钟。

8. 温度180℃烘烤15分钟。

9. 冷却之后涂刷上透明亮光剂或者杏膏。

肉桂面包卷

1. 每份称取570克的甜面团，或者根据需要称取面团。在撒有面粉的工作台面上，将每一份面团擀开成23厘米×30厘米，0.5厘米厚。刷掉多余的面粉。

2. 在面团上涂刷上黄油，并撒上60克肉桂糖（图A）。

3. 像卷果冻卷一样的将擀开的面团卷成30厘米长（图B）。

4. 切割成2.5厘米宽的卷（图C）。

5. 将切面朝下摆放到涂刷有油的松饼模具里或者涂刷有油的烤盘里。一个全尺寸的46厘米×66厘米烤盘，可以摆放6排，每排8个，共摆放48个面包卷。

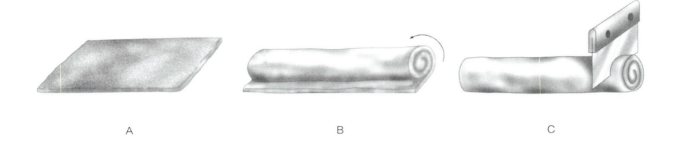

A   B   C

山核桃枫糖面包卷

1. 制备山核桃枫叶糖浆馅料，根据步骤2中称取的每份面团，需准备小批量或约300克的馅料。

2. 每份称取615克的丹麦面包面团（布里欧式）或者丹麦面包面团。将每份面团分别擀开成为50厘米×25厘米的长方形。为了取得最规整的效果，可以将面团擀开的略微大一些，然后使用厨刀或者糕点滚轮刀进行修剪。

3. 使用抹刀将馅料均匀地涂抹到面团上，在涂抹好馅料的面团上撒上葡萄干。在顶部边缘处留出一条没有涂抹馅料的窄边（图A）。

4. 从底边开始将面团紧紧卷起成一个50厘米长的圆柱体（图B）。

5. 切割成2厘米宽的20块。

6. 将10个小号的布里欧模具涂刷上黄油。

7. 将1片面包卷切面朝上，摆放到模具里，将松脱的边角处塞入到面包卷的下面。略微按压到模具里（图C）。

8. 在表面涂刷上蛋液。

9. 温度30℃醒发25分钟。

10. 再一次涂刷上蛋液。

11. 温度180℃烘烤20分钟。

12. 冷却之后涂刷上透明亮光剂。

焦糖面包卷

1. 如同肉桂面包卷一样制备面团。

2. 在装入模具之前，在模具的底部涂刷上蜂蜜光亮膏。每一个面包卷使用30克。

A   B   C

3. 如丹麦面包螺旋卷一样的扭转面包条。将扭转好的面包条盘起成螺旋状，把松脱的一端塞到下面固定好。

4. 醒发并涂刷上蛋液。如果需要，可以撒上切碎的或者切成片的坚果，以温度190℃烘烤成熟。

复习要点

◆ 牛角面包和丹麦面包面团配方的主要区别是什么？
◆ 分层酵母面团包入油脂的制作步骤是什么？
◆ 分层和非分层甜面团产品的主要制作成型步骤是什么？

术语复习

panettone 潘妮朵尼（意大利圣诞节面包）
brioche 布里欧面包

baba 巴巴　　simple fold 简单折叠法
croissant 牛角面包

复习题

1. 布里欧面团和咕咕霍夫面团使用的是用哪种混合方法？为什么？
2. 由于黄油在冷的时候是硬质的，而在室温下很容易融化，所以使用黄油作为丹麦面包面团的包入油脂时需要采取哪些预防措施？

3. 解释牛角风格的丹麦面包面团和布里欧风格的丹麦面包面团的区别是什么？
4. 描述丹麦面包面团包入黄油的制作步骤。

10

速发面包（快速面包）

读完本章内容，你应该能够：

1. 制备松饼、成条的面包、茶面包、咖啡蛋糕及玉米面包。
2. 制备泡打粉饼干及各种变化的饼干。

速发面包（快速面包）是餐饮服务业中的完美运营方案之一，餐厅想提供给顾客新鲜的、自制的面包产品，但承担不起劳动力成本去制作酵母面包，于是零售面包店发现了新鲜松饼的巨大需求。另外，速发面包还有一个优点，就是很容易制作出来的品种几乎是无限的，使用的原材料有全麦面粉、黑麦面粉、全麸面粉、燕麦片以及许多种类的水果、坚果和香料。甚至用蔬菜制作而成的面包也非常受欢迎。

正如它们的名字那样，速发面包制作起来非常快速，因为它们是由化学发酵剂和蒸汽发酵，而不是酵母菌发酵，所以不需要过长的发酵时间。并且它们通常十分柔软，很少有面筋形成，搅拌只需要几分钟。

由于可以购买到现成的饼干和松饼预拌粉，所以从头开始制作这些产品唯一需要做的额外工作就是称取几种原材料。通过仔细和富有想象力地挑选原材料，以及对基本混合方法的理解，也可以创作出卓越的产品。

松饼的搅拌和制作方法

速发面包的面团混合物有以下两种方法：

- 面糊呈足以被倒出的液体状，或者是滴淋面糊，它可以从勺子中成块状的滴落下来。
- 软质面团常用于制作饼干，会在下一节的内容中进行讨论。除了少数几种例外，这些产品都是擀开之后切割成所需要的形状，所以需要比松饼更硬一些的面团。

孔洞效应

在大多数的速发面包中，只需要形成少许的面筋。因为柔软才是速发面包令人满意的品质，而无须形成许多酵母面包那种耐嚼的口感。此外，化学发酵剂也不能产生与酵母产品相同的质地，而且如果面筋筋力太强，发酵剂的强度会不足以生产出轻质、柔软的产品。

松饼、整条的面包及薄煎饼的面糊搅拌得越少越好——只需要混合到干性原材料湿润即可。再加上油脂和糖的作用，使得面筋形成的速度非常缓慢。过度搅拌松饼面糊不仅会增加松饼的韧性，还会造成形状不规则，在松饼内部形成又大又长的孔洞。这种现象被称为孔洞效应。

混合的方法

松饼法是常用于松饼、薄煎饼、华夫饼和许多其他面包类型或片状速发面包的混合方法。这种混合方法快速而简单。然而，缺点是面团很容易混合过度，导致产生韧性。松饼面糊应该只混合到干性的原材料刚刚湿润，不要试图去制作出细滑的面糊。一些面包和咖啡蛋糕比松饼含有更高的油脂和糖，所以它们可以承受更多的混合操作而不会变得坚韧。

与下面所述的乳化方法不同，这种混合方法不适用于高油脂的配方。因此，用这种方法混合的快速面包无法拥有松饼和其他用乳化方法混合的产品那样浓郁的风味及如蛋糕一样的质地。它们往往比较干燥，更像面包而不像是蛋糕。高油脂含量的松饼在今天的市场上卖得更好（尽管公众对脂肪有所担忧），所以松饼法不再像过去那样被经常使用。

乳化法是一种蛋糕的混合方法，有时会应用于松饼和整条的面包中。事实上，松饼产品和蛋糕之间并没有确切的分界线，如果松饼的风味足够浓郁，它们可能会被认为是蛋糕而不是面包。

乳化法是一个比松饼法更加消耗时间的制作过程。然而，它能生产出质地优良的产品，并且可以减少混合过度的风险。乳化法适用于高油脂和高糖含量的产品，因为它可以使原材料混合得更加均匀。

制作步骤： 松饼法

1. 将干性原材料过筛到一起（图A）。

2. 将液体原材料混合，包括融化的脂肪或油脂。

3. 将液体原材料加入到干性原材料中，混合至所有的面粉类刚好湿润。面糊看起来会有颗粒。注意不要过度搅拌（图B）。

4. 装入模具里，立即烘烤（图C）。干性的和液体的混合物可以提前制备好，但是一旦混合物被混合到一起，面糊就应立即烘烤，否则可能会造成面糊体积上的损失。

松饼产品的造型和烘烤

松饼模具和面包模具应该涂刷上起酥油或喷洒上油脂，并撒上面粉，或涂抹上商用模具用油进行制备。用于玉米面包和其他片状产品的平烤盘可以铺上硅胶烤垫。

在松饼模具里可以使用纸衬垫。但是由于松饼不会粘在涂抹了油的模具上，所以松饼可以更自由地膨胀，不需要纸衬垫也能产生出更好的形状和香酥的外皮。

当把面糊分装入松饼模具中时，要小心不要搅拌混合物，否则成品会变得坚韧。为了达到最好的效果，可以使用分份勺，从盆的外侧边缘处舀出面糊。

松饼和速发面包的面糊通常是可以互换的，例如，香蕉面包或枣仁面包的配方可以当作松饼烘烤，而不是长条面包。同样，标准的松饼面糊也可以烘烤成成条的面包或薄片状。

请注意，这里包括的一些松饼和成条的面包配方，特别是那些用松饼法混合的配方，应该被当作面包而不是茶点蛋糕，它们的油脂和糖含量，相对某些如今时常售卖的浓郁而油腻的松饼来说，被有意保持在较低的水平上。风味更加浓郁、更像蛋糕的松饼配方以及配方平衡方法也会在这一章的后面介绍。

制作步骤： 乳化法制作松饼、成条的面包及咖啡蛋糕

1. 将油脂、糖、盐、香料及奶粉（如果使用的话）放入安装有桨状搅拌器配件的搅拌桶里。
2. 将原材料一起打发至蓬松状（图A）。

3. 将鸡蛋分2次或3次加入，每次加入后都要打发好，再加入下一次用量的鸡蛋（图B）。

4. 将面粉、泡打粉及其他的干性原材料一起过筛。
5. 将液体原材料一起混合均匀。
6. 交替着将过筛后的干性原材料和液体原材料加入搅拌桶里。按照下面的方法进行制作：
   - 加入1/4的干性原材料。搅拌至混合好（图C）。

- 加入1/3的液体原材料。搅拌至混合均匀（图D）。

- 重复此操作步骤，直到将所有的原材料使用完毕。时常将粘连在桶壁上的混合物刮取到桶里，以便将面糊搅拌均匀。

饼干的搅拌和制作方法

搅拌方法

饼干法常用于饼干、司康饼及类似产品的制作中。它有时又称糕点法，因为它和用来混合塔派面团的方法一样。在某些情况下，饼干产品的搅拌方法会采用乳化法中"各种变化"中的方法。

饼干面团通常要轻轻揉制，以帮助面团形成一些酥脆的层片，但不能揉得次数过多，因为过多的揉面过程会让产品变得坚韧。轻轻揉过的饼干面团比未揉过的面团膨胀得更大。未揉过的面团会比揉过的面团扩散得更大，质地更像蛋糕。

有一些饼干会使用乳化法进行搅拌，这类饼干的质地更像蛋糕，比用饼干法制作的饼干形成的酥层少。乳化法制作的饼干面团中的油脂和糖只搅拌至刚好混合的程度即可。持续的乳化会使饼干变得更像蛋糕。

制作步骤：饼干法

1. 准确称取所有原材料的重量。
2. 将干性原材料一起过筛到搅拌桶里。
3. 使用桨状搅拌器配件或者糕点刀配件将起酥油切入干性原材料中；也可以用手、糕点搅拌器，将油脂拌入干性原材料里。继续操作，直到混合物呈粗粒的玉米粉状（详见"各种变化"中的内容）。
4. 将液体原材料混合。
5. 将液体原材料加入干性原材料中，搅拌至刚好将原材料混合成一个柔软的面团。不要过度搅拌。
6. 将面团取出放到工作台面上，然后通过朝外挤压并对折的方式轻轻揉面。每次对折后将面团转动90°。
7. 重复6~10次这一制作步骤，或者揉制30秒。面团应柔软而略带有弹性，但是不黏手。过度揉制会让饼干变硬。此时的面团就可以用来制作成型了。

各种变化

改变基本的制作步骤会使成品产生出以下不同的特性：

1. 略多使用一些酥油，切割面积稍小，直到将酥油切割成豌豆粒大小——会制作出更加香酥的饼干。
2. 省略揉面的步骤，会制作出非常柔软、带有硬皮的饼干，但是饼干的厚度会降低。

制作步骤： 乳化法制作饼干

1. 将油脂、糖、盐及奶粉（如果使用的话），放入安装有桨状搅拌器配件的搅拌桶里。

2. 搅打至呈细滑的糊状。不要继续搅打至乳化状，因为这会使饼干与蛋糕过于相似（图A）。

3. 逐渐加入鸡蛋并彻底搅打至混合均匀（图B）。

4. 将面粉、泡打粉及其他的干性原材料过筛到一起。

5. 将液体原材料混合。

6. 将过筛后的干性原材料与液体原材料交替加入。按照如下方法进行制作：
   - 加入1/4的干性原材料，搅拌至混合均匀。
   - 加入1/3的液体原材料，搅拌至混合均匀（图C）。

   - 重复此操作步骤，直到所有的原材料使用完毕。时常将粘连在桶壁上的混合物刮取到桶里，使得搅拌均匀（图D）。

饼干的造型制作

按照以下步骤将饼干面团制作成饼干：

1. 将饼干面团擀开成1厘米厚的片状，要小心擀开至厚薄均匀，饼干在烘烤的过程中厚度会增加1倍。

2. 切割出所需要的造型。当使用圆形手动切割模具时，直接垂直切割，不要转动模具，尽量紧挨着切割，以尽可能地减少边角料。经过重新揉制的边角料面团可以制成质地更硬一些的饼干。用糕点切割模具切成方形或三角形可消除需要重新擀开的边角料。

滚动式切割刀还能消除或减少边角料。如果使用厨刀切割，直接向下切，不要拖动厨刀。

3. 将饼干相互间隔1厘米摆放到涂刷有油或者铺有油纸的烤盘里。为了使饼干的边更直，可以把饼干倒着摆放。如果饼干比较软，没有硬皮，可以让它们互相紧挨着排列；在烘烤好之后必须把它们分离开。

4. 如果需要，可以在表面涂刷上蛋液或者牛奶，有助于上色。

5. 尽快烘烤。

◆ 复习要点 ◆

◆ 用于制作快速面包的四种混合方法的步骤是什么？

◆ 饼干的乳化方法和松饼的乳化方法有什么不同？

◆ 松饼装入模具中时应采取哪些预防措施？

◆ 饼干造型制作步骤是什么？

🍥 饼干 I   biscuits I

原材料	重量	百分比 /%
面包粉	600 克	50
糕点粉	600 克	50
盐	24 克	2
糖	60 克	5
泡打粉	72 克	6
黄油和（或）起酥油（普通型）	420 克	35
牛奶	800 克	65
总重量：	**2576 克**	**213%**

制作步骤

混合
使用饼干法。

称重
每打 5 厘米的饼干需要 450 克的面团。

烘烤
温度 200℃，烘烤 15～20 分钟。

各种变化

脱脂乳饼干 buttermilk biscuits

使用脱脂乳代替普通牛奶，减少泡打粉的用量至4%（50克），并增加1%（12克）的小苏打。

奶酪饼干 cheese biscuits

原材料	重量	百分比 /%
切达奶酪（擦碎）	360 克	30

在干性原材料中加入奶酪。

葡萄干饼干 currant biscuits

原材料	重量	百分比 /%
糖	120 克	10
葡萄干	180 克	15

将糖增加到上述用量。将葡萄干加入干性原材料中。在烘烤前，在饼干上撒上肉桂糖。

香草饼干 herb biscuits

原材料	重量	百分比 /%
新鲜香芹（切碎）	60 克	5

将切碎的新鲜香芹加入干性原材料中。

饼干 II   biscuits II

原材料	重量	百分比 /%
起酥油	150 克	15
糖	100 克	10
盐	12.5 克	1.25
脱脂乳固形物	50 克	5
鸡蛋	75 克	7.5
面包粉	700 克	70
蛋糕粉	300 克	30
泡打粉	50 克	5
水	600 克	60
总重量：	**2037 克**	**203%**

各种变化

原材料	重量	百分比 /%
黄油	190 克	19

使用黄油替换起酥油。

制作步骤

混合

使用制作饼干所使用的乳化法。

烘烤

温度 200℃烘烤。

没有涂刷蛋液和涂刷蛋液的饼干

普通松饼 plain muffins

原材料	重量	百分比 /%
糕点粉	1200 克	100
糖	840 克	70
泡打粉	72 克	6
盐	15 克	1.25
鸡蛋（打散）	360 克	30
牛奶	840 克	70
香草香精	30 克	2.5
黄油或起酥油（融化）	450 克	40
总重量：	**3837 克**	**319%**

制作步骤

混合

使用松饼法。

装入模具

在松饼模具里涂刷上油并撒上面粉。装 1/2 ~ 2/3 满，装入的准确重量取决于模具的大小。平均规格为：小号的松饼模具使用 60 克松饼面糊，中号的松饼使用 110 克，大号的模具使用 140 ~ 170 克松饼面糊。

烘烤

温度 200℃，时间 20 ~ 30 分钟。

各种变化

葡萄干香料松饼raisin spice muffins

原材料	重量	百分比 /%
葡萄干	240 克	20
肉桂粉	5 克	0.4
豆蔻粉	2.5 克	0.2

在干性原材料中加入葡萄干、肉桂粉和豆蔻粉。

蓝莓松饼blueberry muffins

原材料	重量	百分比 /%
蓝莓（洗净并控净水）	480 克	40

将蓝莓叠拌入制作好的面糊里。

全麦松饼whole wheat muffins

原材料	重量	百分比 /%
糕点粉	840 克	70
全麦面粉	360 克	30
泡打粉	50 克	4
小苏打	10 克	0.75
糖蜜	120 克	10

按照上述所列原材料对面粉和发酵剂进行调整。将糖蜜加入液体原材料里。

玉米松饼corn muffins

原材料	重量	百分比 /%
糕点粉	780 克	65
玉米粉	420 克	35

按照上述所列原材料对面粉进行调整。

玉米奶酪松饼corn cheese muffins

原材料	重量	百分比 /%
切达奶酪（擦碎）	600 克	50

将奶酪加入上述玉米松饼配方中的干性原材料里。使用一半用量的糖。

全麸松饼bran muffins

原材料	重量	百分比 /%
糕点粉	360 克	30
面包粉	480 克	40
全麸面粉	360 克	30
葡萄干	180 克	15
黄油（融化）	600 克	50
牛奶	900	75
糖蜜	180 克	15

按照上述所列原材料对面粉、黄油及牛奶进行调整。将葡萄干加入干性原材料中，并将糖蜜加入液体原材料中。

咖啡颗粒松饼crumb coffee cake

原材料	重量	百分比 /%
黄油或起酥油	600 克	50
颗粒顶料	960 克	80

按照上述所列增加油脂用量。将面糊倒入涂抹有油并铺有油纸的烤盘里，摊开，在表面撒上颗粒顶料。温度182℃烘烤30分钟。

顺时针从上开始分别为：蓝莓松饼，玉米松饼，全麸松饼

🧁 松饼（乳化法）muffins（creaming method）

原材料	重量	百分比 /%
起酥油和（或）黄油	500 克	50
糖	650 克	65
盐	12 克	1.25
脱脂乳固形物	70 克	7
鸡蛋	300 克	30
蛋糕粉	1000 克	100
泡打粉	50 克	5
香草香精	25 克	1.25
水	750 克	75
总重量：	**3357 克**	**334%**

制作步骤

混合
使用乳化法。

称重
在松饼模具中装入 1/2 ~ 2/3 的松饼面糊。

烘烤
温度 200℃，烘烤 20 ~ 30 分钟。

各种变化

巧克力粒松饼chocolate chip muffins

原材料	重量	百分比 /%
砂糖	500 克	50
红糖	150 克	15
巧克力粒	300 克	30

按照上述所列原材料对糖进行调整。将巧克力粒加入到配方里。在烘烤前，撒上肉桂糖。

蓝莓松饼blueberry muffins

原材料	重量	百分比 /%
蓝莓（洗净并控净水）	500 克	50

将蓝莓叠拌入制作好的面糊里。

葡萄干香料松饼raisin spice muffins

原材料	重量	百分比 /%
葡萄干	250 克	25
肉桂粉	5 克	0.5
豆蔻粉	2.5 克	0.25

在干性原材料中加入葡萄干、肉桂粉和豆蔻粉。

🍥 玉米面包、松饼或玉米面包条

原材料	重量	百分比 /%
蛋糕粉	600 克	50
玉米粉	600 克	50
糖	408 克	40
泡打粉	60 克	5
脱脂奶固形物	90 克	7.5
盐	24 克	2
鸡蛋（打散）	240 克	20
水	840 克	70
玉米糖浆	60 克	5
黄油或起酥油（融化）	360 克	30
总重量：	**3354 克**	**279%**

各种变化

使用脱脂乳代替水，并去除脱脂奶固形物。减少泡打粉用量至2.5%（30克），并增加1.25%（15克）的小苏打用量。

制作步骤

混合

使用松饼法。

称重

半个烤盘（半幅烤盘）（33 厘米 ×46 厘米）使用 1700 克的松饼面糊。

23 厘米的方形烤盘或每打小松饼使用 680 克的松饼面糊。

每打玉米条面包使用 280 克的用量。

烘烤

温度 200℃，烘烤玉米面包，20～30 分钟。

温度 218℃，烘烤松饼或玉米面包条，15～20 分钟。

西葫芦胡萝卜坚果松饼 zucchini carrot nut muffins

原材料	重量	百分比 /%
蛋糕粉	480 克	80
全麸面粉	120 克	20
盐	7.5 克	1.25
泡打粉	9 克	1.5
小苏打	6 克	1
肉桂粉	2.4 克	0.4
豆蔻粉	1.2 克	0.2
姜粉	0.5 克	0.1
山核桃或核桃仁（切碎）	150 克	25
原味椰丝	60 克	10
鸡蛋	240 克	40
糖	450 克	75
西葫芦（擦碎）	180 克	30
胡萝卜（擦碎）	180 克	30
植物油	240 克	40
水	360 克	60
总重量：	**2486 克**	**414%**

制作步骤

混合

使用改进后的松饼法。

1. 将面粉与发酵剂和香料一起过筛。拌入全麸面粉、坚果和椰丝（注意，在这个配方中，面粉和全麸面粉一起按照100%计算）。

2. 将鸡蛋和糖一起搅打至混合均匀，但是不要打发起泡沫。拌入擦碎的蔬菜、油及水。

3. 将鸡蛋混合物加入到干性原材料里，搅拌至刚好混合的程度。面糊看起来似乎非常湿润，但是全麸面粉在松饼烘烤的过程中，会吸收大量的水分。

称重

装满模具的 2/3 满即可。

烘烤

温度 200℃，烘烤 30 分钟。

司康饼 scones

原材料	重量	百分比 /%
面包粉	600 克	50
糕点粉	600 克	50
糖	150 克	12.5
盐	12 克	1
泡打粉	72 克	6
起酥油和（或）黄油	480 克	40
鸡蛋	180 克	15
牛奶	540 克	45
总重量：	**2634 克**	**219%**

制作步骤

混合

使用饼干法。

如果面团在混合之后由于太软而无法制作造型，可以将其冷冻一段时间。

制作造型的各种变化

称取 450 克面团，聚拢到一起，并擀开至 12 毫米厚。切成 8 块。

- 将面团擀开成12毫米厚的长方形，切割成与牛角面包一样的三角形；
- 将面团擀开成12毫米厚的长方形，使用切割模具，与切割饼干一样的进行切割。

将切割好的面团摆放到涂抹有油或铺有油纸的烤盘里。在表面涂刷上蛋液。

烘烤

温度 200℃，烘烤 15～20 分钟。

各种变化

原材料	重量	百分比 /%
葡萄干	300 克	25

在将油脂切入面粉里后，将葡萄干加入到干性原材料中。

从左至右：葡萄干司康饼，蔓越莓圆形司康饼

蔓越莓圆形司康饼 cranberry drop scones

原材料	重量	百分比 /%
黄油	185 克	25
糖	150 克	21
盐	8 克	1
蛋黄	40 克（2 个蛋黄）	5.5
糕点粉	750 克	100
泡打粉	38 克	5
牛奶	435 克	58
蔓越莓脯	125 克	17
总重量：	**1731 克**	**232%**

制作步骤

混合

使用乳化法。

制作成型和烘烤

使用 60 毫升的挖勺，将挖取的面糊堆放在铺有油纸的烤盘里。与普通司康饼一样烘烤，见上文所述。

英式奶油司康饼 English cream scones

原材料	重量	百分比 /%
糕点粉	450 克	100
泡打粉	20 克	4.4
盐	5.6 克	1.25
糖	56 克	12.5
黄油	140 克	31
鸡蛋	112 克	25
多脂奶油	225 克	50
总重量：	**1008 克**	**224%**

制作步骤

混合

使用饼干法。

制作成型

1. 用双手的手掌将面团按压（或者用擀面杖擀开）成3厘米厚。
2. 切割成6厘米的圆形。摆放到烤盘里。
3. 涂刷上多脂奶油，并撒上砂糖。

烘烤

温度 220℃，烘烤 9 ~ 11 分钟。

 ## 蒸棕色面包 steamed brown bread

原材料	重量	百分比 /%
面包粉	250 克	28.5
全麦面粉	125 克	14
浅色黑麦面粉	250 克	28.5
玉米粉	250 克	28.5
盐	9 克	1
小苏打	15 克	1.8
泡打粉	15 克	1.8
葡萄干	250 克	28.5
脱脂乳	1000 克	114
糖蜜	475 克	54
油	60	7
总重量：	**2699 克**	**307%**

制作步骤

混合

使用松饼法。

称取面团并加热成熟

在均匀涂抹了油的模具中，装入 1/3 满的面糊，容量为每升 500 克。盖上模具并蒸 3 小时。

橙味坚果面包 orange nut bread

原材料	重量	百分比 /%
糖	350 克	50
橙子外层皮（擦碎）	30 克	4
糕点粉	700 克	100
脱脂奶固形物	60 克	8
泡打粉	21 克	3
小苏打	10 克	1.4
盐	10 克	1.4
核桃仁（切碎）	350 克	50
鸡蛋	140 克	20
橙汁	175 克	25
水	450 克	65
油或融化的黄油，或起酥油	230 克	33
总重量：	**2526 克**	**360%**

制作步骤

混合

使用松饼法。

在加入其他剩余的原材料之前，将糖和橙子外层皮彻底混合均匀，以确保散发出风味。

称取面团

19 厘米 ×9 厘米的面包模具使用 575 克的面团。

22 厘米 ×11 厘米的面包模具使用 750 克的面团。

烘烤

温度 190℃，烘烤 50 分钟。

各种变化

柠檬坚果面包lemon nut bread

用擦碎的柠檬外层皮代替橙皮。去掉橙汁，增加8%（60克）的柠檬汁。将水增加到83%（580克），可制成柠檬坚果面包。

香蕉面包 banana bread

原材料	重量	百分比 /%
糕点粉	700 克	100
糖	400 克	58
泡打粉	35 克	5
小苏打	4 克	0.6
盐	9 克	1.25
核桃仁（切碎）	175 克	25
鸡蛋	280 克	40
熟香蕉果肉（制成蓉泥）	700 克	100
油或融化的黄油，或起酥油	280 克	40
总重量：	**2583 克**	**369%**

制作步骤

混合

使用松饼法。

称取面团

19 厘米 ×9 厘米的面包模具使用 575 克的面团。

22 厘米 ×11 厘米的面包模具使用 750 克的面团。

烘烤

温度 190℃，烘烤 50 分钟。

枣坚果面包 date nut bread

原材料	重量	百分比 /%
起酥油和（或）黄油	200 克	40
红糖	250 克	50
盐	6 克	1.25
脱脂奶固形物	35 克	7
鸡蛋	150 克	30
蛋糕粉	400 克	80
全麦面粉	100 克	20
泡打粉	20 克	3.75
小苏打	6 克	1.25
水	375 克	75
枣（见注释）	250 克	50
核桃仁（切碎）	150 克	30
总重量：	**1942 克**	**388%**

注释： 在称取枣的重量后，将它们用开水浸泡至柔软。捞出控净水并切碎。

制作步骤

混合

使用乳化法。

将枣和坚果仁叠拌入最后制作好的面糊中。

称取面团

19 厘米 ×9 厘米的面包模具使用 575 克的面团。

22 厘米 ×11 厘米的面包模具使用 750 克的面团。

烘烤

温度 190℃，烘烤 50 分钟。

各种变化

可以用其他坚果或其他混合物代替核桃仁，例如，山核桃、烘烤过的榛子或烘烤过的杏仁。

可以用其他果脯代替枣，例如西梅、苹果脯、葡萄干、无花果脯、杏脯等。

李子蛋糕 plum cake

原材料	重量	百分比 /%
糕点粉	400 克	80
脱脂乳固形物	15 克	3
盐	8 克	1.5
肉桂粉	2 克	0.3
红糖	300 克	50
黄油	300 克	50
鸡蛋	270 克	45
牛奶	540 克	90
意大利风味李子（切半并去核）	1800 克	300
肉桂糖	120 克	20
总重量：	**3955 克**	**659%**

制作步骤

混合

使用饼干法。

由于红糖中存在有水分，干性的原材料在过筛时必须通过摩擦才能使其过筛。

称取面团并加工成型

一份配方足够装满半个烤盘，3 个 23 厘米方形烤盘，或 4 个 20 厘米的方形烤盘。将面团在涂抹有油并撒了面粉的模具中摊开抹平。将切半的李子切口朝上，摆放到面团上。撒上肉桂糖。

烘烤

温度 200℃，烘烤 35 分钟。

各种变化

为了获得更像蛋糕般的质地，可以使用制作饼干的乳化法混合面团。

烘烤前，在蛋糕的表面上用颗粒顶料代替肉桂糖。

 ## 香料苹果松饼 apple spice muffins

原材料	重量	百分比 /%
黄油	435 克	60
红糖	540 克	75
盐	7 克	1
肉桂粉	4 克	0.6
豆蔻粉	1.5 克	0.2
鸡蛋	240 克	33
糕点粉	600 克	83
全麦面粉	120 克	17
泡打粉	15 克	2
小苏打	7 克	1
脱脂乳	360 克	50
苹果酱	540 克	75
总重量：	**2869 克**	**397%**

制作步骤

混合

使用乳化法。

称取面团

装满 2/3 满的模具。

烘烤

温度 200℃，烘烤 30 分钟。

南瓜松饼　pumpkin muffins

原材料	重量	百分比 /%
黄油	375 克	50
红糖	500 克	67
姜粉	1.5 克	0.2
肉桂粉	1.25 克	0.17
豆蔻粉	0.75 克	0.1
百香果粉	1.5 克	0.2
盐	4.5 克	0.6
鸡蛋	190 克	25
糕点粉	750 克	100
泡打粉	10 克	1.4
小苏打	10 克	1.4
脱脂乳	375 克	50
南瓜泥（罐头装）	300 克	40
总重量：	**2519 克**	**336%**

制作步骤

混合

使用乳化法。

称取面团

装满 2/3 满的模具。

烘烤

温度 190℃，烘烤 30 分钟。

 ## 双巧克力松饼　double chocolate muffins

原材料	重量	百分比 /%
黄油	300 克	40
糖	340 克	45
半甜巧克力	500 克	67
鸡蛋	150 克	20
面粉	750 克	100
小苏打	15 克	2
盐	4.5 克	0.6
脱脂乳	625 克	83
巧克力粒	375 克	50
总重量：	**3059 克**	**407%**

制作步骤

混合

使用乳化法。

将巧克力融化开，并冷却至室温以下，将巧克力搅打入黄油和糖的混合物里。将巧克力粒叠拌入最后制作好的面糊里（注意，配方中没有泡打粉，只有小苏打）。

称取面团

装入 2/3 满的模具。

烘烤

温度 200℃，烘烤 30 分钟。

🧁 姜饼 gingerbread

原材料	传统姜饼		法式姜饼	
	重量	**百分比 /%**	**重量**	**百分比 /%**
糕点粉	1100 克	100	550 克	50
黑麦面粉	—	—	550 克	50
盐	7 克	0.6	7 克	0.6
小苏打	33 克	3	33 克	3
泡打粉	16 克	1.5	16 克	1.5
姜粉	14 克	1.25	14 克	1.25
肉桂粉	—	—	7 克	0.6
丁香粉	—	—	3.5 克	0.3
大茴香粉	—	—	14 克	1.25
橙皮（擦碎）	—	—	14 克	1.25
葡萄干	—	—	220 克	20
糖蜜	1100 克	100	—	—
蜂蜜	—	—	825 克	75
开水	550 克	50	550 克	50
黄油或起酥油（融化）	275 克	25	275 克	25
总重量：	**3095 克**	**281%**	**3078 克**	**279%**

混合

使用松饼法。

放入烤盘里

传统的姜饼：烤盘涂油，铺上油纸，每个烤盘可以放入 3

千克面团（一个配方的重量可以放入一个烤盘）。

法式姜饼：在面包模具里涂油。装入 1/2 满的面糊。

烘烤

温度 190℃烘烤。

🍮 玉米面包、松饼或玉米面包条

原材料	重量	百分比 /%
蛋糕粉	600 克	50
玉米粉	600 克	50
糖	408 克	40
泡打粉	60 克	5
脱脂奶固形物	90 克	7.5
盐	24 克	2
鸡蛋（打散）	240 克	20
水	840 克	70
玉米糖浆	60 克	5
黄油或起酥油（融化）	360 克	30
总重量：	**3354 克**	**279%**

各种变化

使用脱脂乳代替水，并去除脱脂奶固形物。减少泡打粉用量至2.5%（30克），并增加1.25%（15克）的小苏打用量。

制作步骤

混合

使用松饼法。

称重

半个烤盘（半幅烤盘）（33 厘米 ×46 厘米）使用1700 克的松饼面糊。

23 厘米的方形烤盘或每打小松饼使用 680 克的松饼面糊。

每打玉米条面包使用 280 克的用量。

烘烤

温度 200℃，烘烤玉米面包，20 ~ 30 分钟。

温度 218℃，烘烤松饼或玉米面包条，15 ~ 20 分钟。

🧁 松饼（乳化法）muffins（creaming method）

原材料	重量	百分比 /%
起酥油和（或）黄油	500 克	50
糖	650 克	65
盐	12 克	1.25
脱脂乳固形物	70 克	7
鸡蛋	300 克	30
蛋糕粉	1000 克	100
泡打粉	50 克	5
香草香精	25 克	1.25
水	750 克	75
总重量：	**3357 克**	**334%**

制作步骤

混合
使用乳化法。

称重
在松饼模具中装入 1/2 ~ 2/3 的松饼面糊。

烘烤
温度 200℃，烘烤 20 ~ 30 分钟。

各种变化

巧克力粒松饼chocolate chip muffins

原材料	重量	百分比 /%
砂糖	500 克	50
红糖	150 克	15
巧克力粒	300 克	30

按照上述所列原材料对糖进行调整。将巧克力粒加入到配方里。在烘烤前，撒上肉桂糖。

蓝莓松饼blueberry muffins

原材料	重量	百分比 /%
蓝莓（洗净并控净水）	500 克	50

将蓝莓叠拌入制作好的面糊里。

葡萄干香料松饼raisin spice muffins

原材料	重量	百分比 /%
葡萄干	250 克	25
肉桂粉	5 克	0.5
豆蔻粉	2.5 克	0.25

在干性原材料中加入葡萄干、肉桂粉和豆蔻粉。

姜饼

　　姜饼是指各种各样的蛋糕、酥饼或曲奇。各种形式的姜饼可以追溯到中世纪，当时添加大量香料的食物很常见。欧洲不同地区的糕点师使用自己制作出的混合香料，开发出了属于自己的一系列姜饼品种。

　　最初，姜饼是用蜂蜜带来甜味的，就像法国的pain d'epices（香料面包）一样。这种姜饼来自第戎市，那里至今仍沿用这种方式。随着甘蔗产品的广泛普及，以及经济效益的提高，大多数地区转而使用糖蜜给他们的姜饼增加甜味。

🍥 苏打面包　soda bread

原材料	重量	百分比 /%
糕点粉	1200 克	100
泡打粉	60 克	5
小苏打	15 克	1.25
盐	15 克	1.25
糖	60 克	5
起酥油或黄油	120 克	10
葡萄干	240 克	20
脱脂乳	840 克	70
总重量：	**2550 克**	**212%**

制作步骤

混合

使用饼干法，将油脂切入面粉中后拌入葡萄干。如果面团在混合好后用于制作造型时过于绵软，可以冷藏一段时间。

称取面团

每份 450 克。

制作造型

将面团揉成圆球形，摆放到烤盘里，在表面切割出一个深的十字形刻痕。

烘烤

温度 190℃，烘烤 30 ~ 40 分钟。

各种变化

　　增加1.25%（15克）的葛缕子籽。根据需要可以去掉葡萄干，或保留葡萄干。

术语复习

pour batter 可浇淋面糊
pastry method 糕点法
biscuit method 饼干法

tunneling 孔洞效应
drop batter 滴淋面糊

creaming method 乳化法
muffin method 松饼法

复习题

1. 若从烤箱取出来的松饼形状怪异，会是什么原因造成的？
2. 饼干法和松饼法最重要的区别是什么？

11

面包圈（甜甜圈）、油炸馅饼、薄煎饼（班戟）和华夫饼

读完本章内容，你应该能够：

1. 制备面包圈和其他油炸甜品和糕点。
2. 制备薄煎饼、华夫饼、可丽饼和可丽饼甜品。

与前面的产品不同，本章包括的产品，不是通过在烤箱里烘烤成熟的，而是通过油炸，在涂抹有油的煎锅或扒炉上加热成熟的。又如华夫饼，则是通过在专门设计的扒炉上将产品的两面同时加热而成熟的。

有几种类型的面团或面糊被用来制作这些产品。要制作目前最受欢迎的两种面包圈就必须了解酵母面团产品的原理，以及用于混合一些快速面包的乳化方法。法式面包圈是经常用来制作奶油泡芙和闪电泡芙的同一种糕点的油炸版本。

美式薄煎饼是由松饼法混合的化学发酵面糊制作而成的，而法式薄煎饼（又称可丽饼）是由薄的、没有经过发酵的，由牛奶、鸡蛋和面粉制成的面糊制作而成的。

面包圈和其他油炸糕点

酵母发酵的面包圈

制备酵母发酵面包圈使用的混合方法是由直接面团法改进而来。在开始制作面包圈产品之前可以先回顾这一制作步骤。此外，以下几点也将有助于理解和制作出高质量的面包圈。制作成型和加工步骤在配方之后介绍。

1. 用来制作酵母面包圈的面团与常见的甜面团或者小圆面包面团相类似，只不过通常没有那么浓郁——也就是说，面包圈含有较少的油脂、糖和鸡蛋。太过浓郁的面团很快就会变成褐色，而吸收过多的炸油，使最后的成品变得油腻，或者外面颜色太深，或者面包内心不够成熟。而且，少油的面团有较强的面筋，可以更好地承受醒发和油炸这样的加工处理过程。

2. 经过发酵之后，将面团摆放到工作台面上，留出足够的时间，以便加工整理成型。需要注意的是，在加工整理成型的过程中发酵仍在继续。如果面团放置时间过久（醒发时间太长），面包圈需要更长的油炸时间才能变成棕色，因此面包圈会变得更加油腻。当准备制作大量的面包圈时，可以把一部分面团放到延缓发酵箱中，以防止发酵过度。

3. 注意观察面团的温度，特别是在温热的天气里。如果面团超过24℃，它很快就会发酵过度。

4. 面包圈醒发需要比制作面包时更低的温度和相对湿度。有些面包师会在室温下进行醒发，如果面包房所在地区温度适宜的话（21℃），以这种方式醒发的面包圈，在处理或放入油炸锅里时不容易变形或出现凹陷。

5. 处理完全醒发好的面包圈时要小心，因为它们非常柔软，并且非常容易凹陷。许多面包师只让面包圈醒发到3/4的程度。这样制作出的面包圈质地稠密，但也更容易操作。

6. 把炸油加热到适当温度。根据不同配方，发酵好的面包圈需要的油温为182～195℃。味道浓郁的面包圈配方需要较低的油温，以避免过度上色。本书中的配方要求的炸油温度为82℃。

7. 可以把醒发好的面包圈摆放到平网筛里，这样它们能够直接地被放进炸油里（如果是少量的话，可以将它们用手直接放入油炸锅里，但是要小心不要烫伤）。油炸的时间约为2.5分钟。当面包圈的一面炸好后必须翻过来，以便让其两面上色均匀。

8. 将平网筛从炸油里提起，或者使用油炸筐、漏勺，将取出来的面包圈在炸油上方停留一会，以便让油从面包圈上滴落回锅里。将面包圈摆放到包装纸上，以吸收多余的油。

蛋糕类型的面包圈

批量生产蛋糕类型的面包圈的操作是使用可以直接将面糊滴入热油中的设备。这种设备通常是自动的，但也有小型手动挤出器。自动挤出器需使用相对松软的面团，这种面团通常是由事先准备好的混合面糊制成。使用这些混合面糊和挤出器，要遵循两个重要的操作指南：

- 在配制混合面糊时，要严格按照厂家的使用说明书进行操作。
- 挤出器的喷口放置在炸油锅的上方4厘米处。若在比这个距离更高的地方将面包圈挤出到炸油锅里，面包圈易发生变形。

手工制作蛋糕类型面包圈时是使用一种较硬的面团混合物，将其擀开后使用模具切割成型。在准备蛋糕类型面包圈时，请遵循以下原则：

1. 认真称取原材料，即使是很小的误差也会导致产品的质地或外观不符合要求。

2. 将面团搅拌至光滑，但不要搅拌过度。搅拌不足的面团会导致外观粗糙，会吸收过多的油脂。过度搅拌的面团，其结果是带来坚韧的、稠密的面包圈。

3. 当面包圈被油炸时，面包圈面团的温度应该在21～24℃。在炎热的天气里，要特别注观察面团的温度。

4. 在油炸前，让切割好的面包圈松弛15分钟，让面筋得到放松。没有得到放松的面团会导致带有韧性，并且膨胀性差。

5. 以适当的温度油炸面包圈。炸蛋糕类型面包圈的正常油温是190～195℃。油炸时间1.5～2分钟。炸好一面后的面包圈必须翻面后再油炸另外一面。

炸油的准备和处理

油炸面包圈每打会吸收60克油脂。因此，炸油应品质优良，并妥善保管；否则，面包圈的质量就会受到影响。要遵循以下关于使用炸油的指导原则：

1. 使用优质、无异味的油脂。最适合油炸面包圈的油脂有着高的烟点（在这个温度下油脂开始冒烟并迅速分解）。

用固体起酥油来油炸面包圈非常受欢迎，因为它们性质很稳定，而且当面包圈冷却后起酥油会凝结，使它们看起来不那么油腻。然而，这种油炸面包圈口感欠佳，因为起酥油在嘴里不会融化。

2. 以适当的温度油炸面包圈。使用过低的温度会延长油炸的时间，造成面包圈过于油腻。

如果没有自动控温的油炸设备，那就应在炸锅的锅边上夹牢一个高温温度计。

3. 把油炸锅里的炸油保持在适当的水平上。当必须添加额外的油脂时，留出加热炸油的时间。

4. 一次不要油炸太多的面包圈。过多的面包圈会降低炸油的温度，不会给面包圈留出膨胀的空间，也会使它们很难翻转到另外一面。

5. 保持炸油的清洁。必要时撇去食物残渣。每天使用后，将炸油冷却到温热的程度，然后将其过滤，并清洁油炸设备。

6. 废油丢弃不用。用过的油脂失去了油炸的能力，造成过度褐变，并会散发出异味。

7. 当不使用时，要将炸油覆盖好。当过滤炸油时应尽量防止空气进入。

◆ **复习要点** ◆

◆ 酵母发酵的面包圈面团是如何搅拌的?

◆ 酵母发酵面包圈与面包和面包卷等其他酵母产品的处理方式有何不同?

◆ 酵母发酵面包圈和蛋糕面包圈的油炸步骤是什么?

◆ 处理油炸油脂的准则是什么?

🍥 酵母发酵面包圈 yeast-raised doughnuts

原材料	重量	百分比 /%
起酥油	75 克	10
糖	105 克	14
盐	13 克	1.75
桂皮粉	2 克	0.3
脱脂乳固形物	38 克	5
鸡蛋	105 克	14
面包粉	750 克	100
耐渗透压速溶酵母	13 克	1.7
水	410 克	55
总重量：	**1511 克**	**201%**

制作步骤

混合

使用改进的直接面团法。

用第二速度搅拌 6~8 分钟，将面团充分混合均匀。

发酵

温度 24℃，时间 1.5 小时。

称取面团

每个 45 克。

醒发。

油炸

油温 182℃。

当面包圈炸好后，将它们从炸油里捞出，并让多余的油脂滴落下来。将面包圈呈单层摆放到吸油纸上。冷却。

各种变化

酵母发酵面包圈的制作成型

环形面包圈 ring doughnuts

1. 将面团擀开成 12 毫米厚。确保面团擀开的厚薄均匀。让其松弛。

2. 使用面包圈切割模具切割出面包圈。尽量挨紧切割，以减少边角料。

3. 将边角料揉到一起并让其松弛一会。擀开后再次让其松弛一会。继续切割出面包圈。

果冻填馅面包圈（俾斯麦式）jelly filled doughnuts(bismarcks)

制作方法1

1. 称取要进行分割的1600克面团。让其松弛10分钟。
2. 分割面团，将分割好的小面团揉搓成圆形。
3. 让它们松弛几分钟，然后略微按压平整。

制作方法2

1. 如同制作环形面包圈一样，将面团擀开成为12毫米厚。
2. 用圆形切割模具（饼干切割模具，或带有可移除"孔洞"的面包圈切割模具）。
3. 油炸好并冷却后，使用面包圈或果冻挤出器给面包圈填入馅料。如果没有面包圈挤出器，可以使用特制的裱花嘴来给小量的面包圈填入馅料（见插图），其锋利的直边喷嘴，可刺穿面包圈的侧面，将果冻注射到面包圈的中间位置。

注：除了果冻以外，也可以使用其他的馅料，如柠檬、卡仕达酱和奶油。如果馅料中含有鸡蛋、牛奶或奶油，要将面包圈冷藏。

长约翰斯long johns

1. 将面团擀开成12毫米厚，就如同环形面包圈一样。
2. 使用糕点切割轮，将面团切割成4厘米宽，9厘米长的条状。

炸肉桂卷fried cinnamon rolls

1. 像烤肉桂卷一样制作成型，只是不要在馅料中加入黄油。
2. 确保将边缘处密封好，这样在油炸的时候面包卷不会散开。

炸麻花twists

1. 称取揉好的面团，将面团进行分割，并将分割好的面团揉圆，与填入馅料的面包圈一样。
2. 用双手的手掌在工作台面上滚动揉圆后的面团，使其揉搓成20厘米长的条状。
3. 将两只手分别放在条状面团的两端。将面团的一端向自己的方向滚动，另一端反方向朝外滚动，以扭转面团。
4. 捏住面团的两端，把长条形面团从工作台面上提起，把两端接合到一起。长条形面团会自己缠绕在一起。
5. 把两端捏紧到一起。

🧁 蛋糕面包圈 cake doughnuts

原材料	重量	百分比 /%
起酥油	90 克	9
糖	220 克	22
盐	8 克	0.8
脱脂乳固形物	45 克	4.7
桂皮粉	4 克	0.4
香草香精	15 克	1.5
鸡蛋	90 克	9
蛋黄	30 克	3
蛋糕粉	750 克	62.5
面包粉	250 克	37.5
泡打粉	40 克	4
水	500 克	50
总重量：	**2042 克**	**204%**

制作步骤

混合

使用乳化法。
将面团混合至光滑，但是不要过度搅拌。

制作成型

1. 将面团摆放到工作台面上，用手将面团整理成顺滑的长方形；松弛15分钟。
2. 将面团擀开成1厘米厚。要确保面团厚度均匀，并且没有粘连到工作台面上。
3. 使用模具切割成面包圈。
4. 将面团边角料收集到一起，并让其松弛一会。再次擀开并继续切割成面包圈。
5. 将面包圈摆放到撒有薄薄一层面粉的烤盘里，松弛15分钟。

油炸

油温 190℃。
将面包圈从炸油里捞出，让多余的油滴落，将它们单层摆放到吸油纸上。冷却。

巧克力蛋糕面包圈 chocolate cake doughnuts

原材料	重量	百分比 /%
起酥油	45 克	9
糖	125 克	25
盐	4 克	0.8
脱脂乳固形物	24 克	4.7
香草香精	8 克	1.5
鸡蛋	45 克	9
蛋黄	15 克	3
蛋糕粉	315 克	62.5
面包粉	185 克	37.5
可可粉	40 克	7.8
泡打粉	15 克	3
小苏打	3 克	0.63
水	265 克	53
总重量：	**1089 克**	**217%**

制作步骤

混合

使用乳化法。

将面团混合至光滑，但是不要过度搅拌。

制作成型和油炸

与蛋糕面包圈制作方法相同。注意：当油炸巧克力面包圈时，要仔细观察，因为很难通过颜色来判断它们是否成熟。

 ## 香浓香草味面包圈 rich vanilla spice doughnuts

原材料	重量	百分比 /%
面包粉	375 克	50
蛋糕粉	375 克	50
泡打粉	22 克	3
豆蔻粉	6 克	0.8
肉桂粉	2 克	0.25
盐	9 克	1.25
鸡蛋	155 克	21
蛋黄	30 克	4
糖	315 克	42
牛奶	300 克	40
香草香精	22 克	3
黄油（软化）	95 克	12.5
总重量：	**1706 克**	**227%**

制作步骤

混合

使用松饼法，并做如下修改：

1. 将面粉、泡打粉、香料及盐一起过筛。
2. 将鸡蛋、蛋黄及糖一起打发至蓬松状。加入牛奶、香草香精和融化的黄油混合均匀。
3. 将液体原材料叠拌进干性原材料中，制成柔软的面团。
4. 冷藏至少1小时后再擀开并切割成型。

制作成型

如同制作蛋糕面包圈的方法一样。

油炸

油温 190℃ 炸制。

法式面包圈

法式面包圈是用泡芙面团制作成环形，然后油炸而成的。它们被收录在下一节油炸果派的内容里。

面包圈的装饰

面包圈在涂上糖或其他涂层之前应充分控净油并冷却。如果面包圈是热的，那么面包圈里面的蒸汽就会将涂层浸湿。以下是一些常用的面包圈涂料和饰面。

- 粘上肉桂糖。
- 粘上4×糖（为了防止糖结块和吸收潮气，可以和玉米淀粉一起过筛。每千克糖使用150克淀粉）。
- 在面包圈表面涂上风登糖或法奇糖霜。
- 要给面包圈增亮，可以将面包圈蘸上温热的面包圈淋面（配方随后）或蘸上温热、稀薄的糖霜或者风登糖。摆放到网筛上直到亮光剂凝固定型。
- 涂抹上亮光剂后，趁亮光剂仍然是潮湿的时候，面包圈可以粘上可可粉或切碎的坚果。

面包圈淋面 doughnut glaze

原材料	重量	糖为 100% %
明胶	3 克	0.3
水	200 克	20
玉米糖浆	50 克	5
香草香精	6 克	0.6
糖粉	1000 克	100
总重量：	**1259 克**	**125%**

制作步骤

混合

1. 用水将明胶泡软。
2. 将水加热至明胶融化开。
3. 加入剩余的原材料混合至细滑状。
4. 将面包圈蘸入温热的亮光剂。根据需要可以将亮光剂重新加热。

各种变化

蜂蜜淋面 honey glaze
用蜂蜜代替玉米糖浆。

油炸馅饼

油炸馅饼（fritter）这个词可以用来指各种油炸食品，有甜味的也有咸味的，包括许多由蔬菜、肉类或鱼类制成的油炸食品。所有类型的油炸食品通常都是用法语beignet（油炸派）来表示。在糕点店里，主要有两种基本类型的油炸果馅饼：

1. 简单油炸馅饼，如面包圈，就是油炸过的分成份状的面团。它们通常会撒上糖，通常会搭配酱汁或水果果酱一起食用。本章介绍了四种简单的油炸果塔派的配方，包括经典的油炸馅饼舒芙蕾，它是由泡芙面糊炸制而成。

2. 油炸水果是将新鲜的、加热成熟的或罐头水果块蘸上面糊后油炸而成，也可以将切碎后的水果混合到面糊里，舀满一勺后放入炸油里油炸。制作水果果塔的基本步骤见下文。

本章里还包括卡诺里卷（cannoli，香炸奶酪卷）。这种类型的油炸糕点一般不被归类在油炸果馅饼里。不过，卡诺里卷的制作方法与本章中的两个油炸果馅饼法——蒂格曼和嘉年华油炸果馅饼的制作方法几乎相同，它们都是用硬面团擀薄、切割好之后油炸而成的。然而，卡诺里卷是油炸成圆筒状的，因此可以容纳各种馅料。

制作步骤： 制备油炸馅饼

1. 制备面糊（详见下面的配方）。
2. 准备好所需要的水果。常用于油炸馅饼的水果有：
   苹果，去皮，去核，切成后6毫米的苹果圈。
   香蕉，去皮，纵向切成两半，然后斜切成四块。
   菠萝，使用新鲜或罐头装的菠萝圈。
   杏和李子，切成两半，去掉果核。
   为了增加风味，在水果上撒上大量的糖和朗姆酒或樱桃酒，让其腌制1~2小时。
3. 将水果控净汁液，蘸上面糊，让面糊完全覆盖住水果。只蘸可以油炸一个批次水果的面糊。
4. 放入190℃热油中，炸至全部都呈金黄色。
5. 捞出并控净油。
6. 趁热食用，撒入肉桂糖。可以与英式奶油酱或水果酱汁等一起食用。

 ## 油炸馅饼面糊 Ⅰ fritter batter Ⅰ

原材料	重量	百分比 /%
糕点粉	250 克	100
糖	15 克	6
盐	4 克	1.5
泡打粉	4 克	1.5
鸡蛋（打散）	125 克	50
牛奶	225 克	90
油	15 克	6
香草香精	2 克	1
总重量：	**640 克**	**256%**

制作步骤

混合
使用松饼法。
1. 将干性原材料一起过筛。
2. 将液体原材料混合。
3. 逐渐将液体原材料拌入干性原材料里。搅拌成近似光滑的面团。但是不要过度搅拌。
4. 静置30分钟后再使用。

油炸馅饼面糊 Ⅱ fritter batter Ⅱ

原材料	重量	百分比 /%
面包粉	190 克	75
蛋糕粉	60 克	25
盐	4 克	1.5
糖	8 克	3
牛奶	312 克	113
蛋黄（打散）	30 克	12.5
油	30 克	12.5
蛋清	60 克	25
总重量：	**694 克**	**267%**

制作步骤

1. 将干性原材料一起过筛。
2. 将牛奶、蛋黄及油混合。
3. 将液体原材料拌入干性原材料中。搅拌至细滑状。
4. 让其松弛至准备使用时，至少30分钟。
5. 将蛋清打发至硬性发泡的程度，但是不要让其变干（打发过度）。
6. 将蛋清叠拌进面糊中。立即使用。

🌀 法式面包圈（油炸馅饼舒芙蕾）French doughnuts (beignets souffles)

原材料	重量	百分比 /%
牛奶	250 克	167
黄油	100 克	67
盐	5 克	3
糖	5 克	3
面包粉	150 克	100
鸡蛋	200 克	133
总重量：	**710 克**	**473%**

制作步骤

混合

1. 在酱汁锅里，将牛奶、黄油、盐和糖一起加热至糖完全融化，并且黄油也融化开。
2. 快速加热烧开，一次性加入所有面粉，用木勺用力搅拌。
3. 用中火加热，将混合物搅拌2~3分钟，直到混合物离开锅边。
4. 将混合物倒入不锈钢盆里，让其略微冷却。
5. 分三次加入鸡蛋，每次加入鸡蛋后都要搅拌均匀。
6. 将面团装入带有大号星状裱花嘴的裱花袋里。

油炸

面包圈的制作方法可以选用以下两种方法中的任何一种来完成：

方法 1： 将混合物直接挤入 170℃油温的炸炉里，用蘸上热油的刀将面团切断开成 7~8 厘米的段。炸至膨胀，呈金黄色，用吸油纸沥干水分。

方法 2：在油纸上挤出 5 厘米的圆圈形（要挤出规整的造型，可以用铅笔在油纸上绕着 5 厘米的圆形切割模具画出 5 厘米的圆圈）。将油纸翻过来，以圆形轮廓线为参考。冷冻，然后同方法 1 一样，油炸冻硬的面包圈。

🌀 嘉年华油炸馅饼 beignets de carnival

原材料	重量	百分比 /%
面包粉	200 克	100
糖	15 克	8
盐	5 克	2.5
蛋黄	60 克	30
淡奶油	60 克	30
樱桃酒	15 克	8
玫瑰水	10 克	5
总重量：	**365 克**	**183%**

制作步骤

混合

1. 将面粉、糖及盐一起过筛到盆里。
2. 在另一个盆里，混合好蛋黄、淡奶油、樱桃酒及玫瑰水。
3. 在干性原材料中间挖出一个窝穴，将液体原材料倒入窝穴中。混合好形成硬实的面团。
4. 将面团取出，摆放到撒有薄薄一层面粉的工作台面上，揉至形成一个光滑的圆球形。
5. 将揉制好的面团摆放到撒有薄薄一层面粉的盘里，用保鲜膜盖紧密封好，冷藏一晚。

油炸

1. 将面团取出恢复到室温。
2. 将松弛好的面团分别切割成10克的小块。操作过程中，将面团用一块湿布或保鲜膜覆盖好，以防止形成裂皮。
3. 一次只取用一小块面团，擀开至非常薄的程度，直到面团开始收缩。将擀好的面团用湿布或保鲜膜覆盖好，将剩余的小块面团继续擀开，一次擀开一小块面团。
4. 从第一小块擀开的面团开始，开始第二次擀开面团，一直擀开到面团几乎透明。这段过程让面团有时间松弛，并有助于将面团擀得很薄。
5. 当第二次擀好面团之后，用11厘米的圆形切割模具将面团切割成大小一致的形状。将切割好的圆片摆放在铺有油纸的烤盘里。用保鲜膜覆盖好。
6. 将炸炉预热到180℃。将圆片逐片放入热油里。炸至金黄色时翻面。也可以炸出平整的圆片，或用一把长柄勺在热油里定型，牢稳地按压在每一片圆片的中间位置处，这样圆片在油炸的过程中就会略微呈杯子的形状。
7. 当油炸至金黄色时，捞出，在吸油纸上控净油。
8. 与选择好的煮水果或烩水果一起食用。

法蒂格曼　fattigman

原材料	重量	百分比 /%
鸡蛋	100 克 （2 个鸡蛋）	24
蛋黄	40 克 （2 个蛋黄）	10
盐	4 克	1
糖	70 克	18
小豆蔻粉	2 克	0.5
多脂奶油	85 克	21
白兰地	45 克	11
面包粉	400 克	100
糖粉	适量	
总重量：	**746 克**	**185%**

制作步骤

1. 将鸡蛋和蛋黄搅打至起泡的程度。
2. 将盐、糖、小豆蔻粉及奶油加入，一起搅打。
3. 加入白兰地搅拌均匀。
4. 加入面粉混合好，形成面团。
5. 将面团包好或覆盖好并松弛，冷藏至少1小时。
6. 将面团擀开成3毫米的厚度。
7. 切割出每边为6厘米的小三角形。
8. 油温190℃炸至呈浅棕色并香酥的程度。
9. 捞出控净油并冷却。
10. 撒上少许的10×糖。

维也纳面包　viennoise

产量：可以制作10个，每个重60克。

原材料	重量
布里欧面包面团	600 克
蛋液	适量
红醋栗果冻	100 克

制作步骤

1. 将布里欧面包面团分别称取每块60克的小面团。
2. 在撒有薄薄一层面粉的工作台面上，将每小块面团分别擀开成10厘米的圆片形。
3. 在其表面上涂刷上蛋液。
4. 在每一个圆片形面团的中间处放入10克的果冻。将圆形面团的边缘在果冻上方聚拢到一起，形成一个"包子"。将包好果冻的面团倒放（接缝处在下面）在铺有油纸的烤盘上。在温暖的地方醒发到体积增至2倍大，需要40分钟。
5. 油度170℃炸至金黄色，翻动一次，油炸的时间8分钟。
6. 捞出控净油。

🌀 卡诺里卷 cannoli shells

原材料	重量	百分比 /%
面包粉	175 克	50
糕点粉	175 克	50
糖	30 克	8
盐	1 克	0.3
黄油	60 克	17
鸡蛋（打散）	50 克（1 个鸡蛋）	14
干白葡萄酒或	125 克	33
马沙拉白葡萄酒		
总重量：	**616 克**	**172%**

各种变化

西西里风味卡诺里卷 Sicilian cannoli

使用裱花袋，在冷却后的卡诺里卷的两端，挤入卡诺里科塔乳清奶酪馅料（见下面内容）。撒上小许的糖粉。如果需要，可以在卡诺里卷的两端的馅料上装饰上切成两半的樱桃蜜饯、彩色糖，或切碎的开心果仁。

制作步骤

1. 将过筛后的面粉、糖及盐放入盆里。
2. 加入黄油，用手将黄油与混合物混合均匀。
3. 加入鸡蛋和葡萄酒混合至形成面团。在撒有面粉的工作台面上揉制几分钟，直到面团变光滑。盖好，松弛30分钟。
4. 将面团擀开成3毫米厚的片状。铺设平整。要制作出小的卡诺里卷，切割出9厘米的圆片；要制作出大的卡诺里卷，可以切割出12厘米的圆片。将剩余的边角料重新揉制到一起，擀开，再切割出所需要的圆片。注：600克面团足够切割出16~18个大的卡诺里卷，或32~36个小的卡诺里卷。
5. 将圆片面团卷在卡诺里管状模具上，圆片的边缘处重叠到一起，用力压紧以粘连好。
6. 油温190℃炸至金黄色。冷却几秒钟后，小心地从卡诺里管状模具上脱离下来。完全冷却后填入馅料。卡诺里卷中可以填入各种各样的馅料，包括香草风味和巧克力风味的糕点奶油酱，以及其他各种浓郁风味的奶油和布丁等。

🌀 科塔乳清奶酪馅料 ricotta cannoli filling

原材料	重量	百分比 /%
里科塔乳清混合奶酪	500 克	100
糖粉	250 克	50
肉桂香精	7 克	1.5
蜜饯香橼，蜜饯柑橘皮，或蜜饯南瓜（切碎）	45 克	9
甜巧克力（切成细末，或巧克力细粒）	30 克	6
总重量：	**832 克**	**166%**

制作步骤

1. 使用搅拌机将里科塔乳清混合奶酪搅打至非常细滑的程度。
2. 将糖粉过筛，叠拌进奶酪中，直到混合均匀。
3. 将剩余的原材料搅拌进去即可。

贾莱比斯 jalebis

原材料	重量	百分比 /%
面包粉	250 克	50
糕点粉	250 克	50
原味酸奶	125 克	25
水	375 克	75
藏红花粉	1 毫升	
水	185 克	37.5
面糊总重量：	**1185 克**	**237%**
糖浆		
水	800 克	
糖	800 克	
藏红花	5 毫升	
小豆蔻粉	2 毫升	
玫瑰水	15 毫升	

各种变化

如果需要降低成本，可以不使用藏红花，而是使用红色和黄色的食用色素将面糊和糖浆染成浅橙色。

制作步骤

混合

1. 将面包粉和糕点粉一起过筛到盆里。
2. 将酸奶搅打至细滑状。
3. 将第一份水混合进酸奶中。
4. 将酸奶混合物和藏红花搅拌进面粉中，混合成细滑状。
5. 将第二份水搅拌进入，制作成面糊。
6. 过滤。
7. 让面糊静置几个小时，或一晚。

制备糖浆

1. 将水和糖在厚底酱汁锅内混合好，加热烧开。
2. 加热熬煮到糖完全融化开，当用高温温度计测试时，糖浆温度达到110℃。
3. 将锅从火上端离开，拌入藏红花和小豆蔻粉。
4. 当糖浆冷却至温热时，拌入玫瑰水。

油炸和浸泡糖浆

1. 在油炸前，将糖浆重新加热，放到一边备用。
2. 在挤瓶里装入面糊。挤瓶的开口应该是3毫米宽，与番茄沙司的挤瓶一样。
3. 将炸油加热到175℃。
4. 使用挤瓶，把面糊以紧凑的6~7厘米螺旋状的方式挤入到热油里。
5. 将两面炸至非常浅的棕色。
6. 从热油里捞出，在吸油纸上控油1分钟。
7. 将炸好的贾莱比斯浸入温热的糖浆中。浸泡2~4分钟，然后取出控净糖浆。

印度甜品

印度的甜点以芳香和甜美而闻名。许多种类的糕点都是通过在风味糖浆中浸泡来增加甜味的。贾莱比斯（印度油炸甜甜圈）是一种用糖浆浸泡过的油炸糕点。印度的街头摊贩经常出售新鲜制作、热气腾腾的贾莱比斯。

中式麻团 Chinese sesame balls

产量：可以制作40个，每个大约25克。

原材料	重量	百分比 /%
水	250 克	62.5
红糖	200 克	37.5
糯米粉	400 克	100
红豆沙或莲蓉（罐装）	150 克	50
芝麻	适量	
面糊总重量：	**1000 克**	**250%**

制作步骤

混合

1. 在酱汁锅里，将水加热烧开，加入糖搅拌至融化。
2. 将糯米粉放入到搅拌盆里。
3. 将糖浆混入到糯米粉中制作成面团。将面团揉至光滑。

制作成型

1. 把面团分成4等份。
2. 将糯米粉撒到工作台面上和手上，将每份面团揉搓成25厘米长的圆柱体。
3. 将每个圆柱体面团切割成10等份。
4. 将每份小面团块用手掌揉搓成圆球形。
5. 将红豆沙或者莲蓉分别揉搓成5克的小圆球形。如果它们太软不好操作，可以将其冷藏或部分冷冻。
6. 用大拇指在每一个圆球形面团上按压出一个深的凹痕，将豆沙球放入其中，并用周围的面团将凹痕完全覆盖住。确保完全密封住豆沙球。
7. 将麻团放入烤盘或盆里。
8. 将双手蘸上水，然后将酿好馅的圆球放入手掌中让其略微湿润，有助于粘上芝麻。
9. 将圆球在芝麻中滚过，直到沾满芝麻。

油炸

1. 将炸油加热到175℃。
2. 将几个麻团放入到热油里，炸制2分钟。
3. 当麻团炸至浅棕色时，轻轻挤压，以帮助它们稍微膨胀。例如，使用夹子挤压和翻动麻团，或用铲子把它们轻轻压到炸锅的边上（这个技巧需要一点时间去练习）。
4. 继续油炸至面团呈金黄色。
5. 捞出控净油。趁热食用。

中式糕点

　　中式糕点按照欧洲和北美的标准来看不是非常甜，并且甜品也不是典型的中式晚餐的一部分。糕点通常作为茶点或早餐的一部分，或作为午餐的主食与其他被称为点心的小吃一些食用。

　　由种子、豆类和坚果制成的酱类常被用作糕点的馅料，而且可以购买到制作好的成品产品。在制作麻团的配方中，用来制作酱料的红豆是赤小豆。它们还可以被用来制作成一种微甜的汤，有时也被用作宴会菜单上的甜品。

薄煎饼和华夫饼

虽然薄煎饼和华夫饼很少在零售面包店里生产，但它们在餐饮服务业中是早餐、早午餐和甜品菜单上必不可少的食品之一。此外，一种特别适合作为甜点的法式华夫饼（古弗雷）配方也包含在本节内容里。这种面糊实际上是用奶油或牛奶稀释的闪电泡芙面团。法式薄煎饼或称为可丽饼（crepes），以及由它们制成的甜品同样会在下文介绍。

美式薄煎饼和华夫饼

美式薄煎饼和华夫饼是使用松饼法混合的具有流淌性（可浇淋）的面糊制作而成的，在第十章中已有介绍。和松饼一样，重要的是在制作时要避免过度搅拌这些产品的面糊，以防止产生过多的面筋。

用荞麦粉、小麦粉和玉米粉作为糕点面粉的一部分，通过替换其他种类的面粉，几乎可以制作出数之不清的薄煎饼和华夫饼。由于有些面粉会比其他面粉吸收更多的水分，可能需要额外的液体来稀释面糊。

比较薄煎饼和华夫饼的配方，特别要注意它们之

间的区别如下：

- 华夫饼面糊中含有更多的油脂。这使得华夫饼风味更浓郁、香脆，并且有助于从华夫饼炉上脱落下来。
- 华夫饼面糊中含有较少的液体，所以稍微稠一些。这也使得华夫饼非常酥脆，因为酥脆感取决于低水分含量。
- 分别打发蛋清，然后叠拌进面糊中，让华夫饼更轻盈。

为了大量供应，可以提前做好以下准备

1. 薄煎饼和华夫饼面糊只使用泡打粉发酵，可以在前一天晚上混合好，然后存放在冰箱里。由于可能会失去一些膨胀效力，泡打粉的用量可能需要增加一些。

2. 使用小苏打发酵的面糊不能提前制作得太早，因为小苏打会失去作用。先将干性原材料和液体原材料分别混合好，在使用前再混合到一起后立刻使用。

3. 用打发好的蛋清和泡打粉制作而成的面糊可以提前制作好一部分，但要在使用前再加入蛋清。

🌀 薄煎饼和华夫饼 pancakes and waffles

产量：可以制作1升（1夸脱）面糊。

原材料	薄煎饼 重量	薄煎饼 百分比 /%	华夫饼 重量	华夫饼 百分比 /%
糕点粉	225 克	100	225 克	100
糖	30 克	12.5	—	—
盐	2.5 克	1	2 克	1
泡打粉	15 克	6	15 克	6
鸡蛋（打散）	100 克	44	—	—
蛋黄（打散）	—	—		25
牛奶	450 克	200	340 克	150
黄油（融化）或油	55 克	25	112 克	50
蛋清	—	—	85 克	38
糖	—	—		12.5

制作步骤

混合

使用松饼法。

1. 将干性原材料过筛到一起。
2. 将鸡蛋或蛋黄、牛奶及油脂混合。
3. 将液体原材料加入到干性原材料中，混合至刚好均匀，不要过度搅拌。
4. 制作华夫饼：在要加热制作前，将蛋清打发至湿性发泡的程度，然后将糖搅入，打发至硬性发泡的程度。叠拌进面糊中。

加热制作薄煎饼

1. 使用一把60毫升的长柄勺，盛出多份面糊倒在涂有油的、预热好的扒炉（190℃）上，预留出可以摊开的空间。
2. 将薄煎饼煎至表面全是气泡，并开始变得干燥，底部呈金黄色。
3. 翻面，并将另一面煎上色。
4. 趁热食用，可配黄油上、枫叶糖浆、水果糖浆、果酱或者蜜饯、苹果酱、新鲜的浆果等。

加热制作华夫饼

1. 在涂有少许油的、预热好了的华夫饼炉里倒入足量的面糊，几乎覆盖过华夫饼炉的表面。合上华夫饼炉。
2. 加热华夫饼，直到指示信号灯显示已经加热完毕，或蒸汽不再散发。华夫饼应呈棕色和酥脆状。
3. 趁热配糖粉、糖浆、果酱或新鲜水果一起食用。

各种变化

脱脂乳薄煎饼和华夫饼 buttermilk pancakes and waffles

使用脱脂乳代替牛奶。减少泡打粉用量至3%（7克），并加入3克的小苏打。如果面糊太稠，根据需要（最多50%）使用牛奶或水进行稀释。

法式华夫饼 gaufres (French waffles)

原材料	重量	百分比 /%
牛奶	500 克	200
盐	8 克	3
黄油	95 克	37.5
面包粉	250 克	100
鸡蛋	400 克	162.5
奶油	250 克	100
牛奶	125 克	50
总重量：	**1628 克**	**653%**

制作步骤

1. 将牛奶、盐及黄油在酱汁锅里或者锅里混合好，小心加热烧开。
2. 立刻将面粉全部加入并快速用力搅拌。继续搅拌至混合物形成面团并脱离锅沿。
3. 将锅从火上端离开，放入搅拌机的搅拌桶里。让其冷却5分钟。
4. 用搅拌机的低速挡进行搅拌，一次一点地加入鸡蛋。每次加入鸡蛋后要等到完全吸收后再继续加入更多的鸡蛋。
5. 随着搅拌机的运行，缓慢倒入奶油，然后是牛奶。将所有的牛奶都已加入后，面糊中仍有些许的块状是正常现象。面糊应比通常的华夫饼面糊略微浓稠一些。如果太过于浓稠，可再加入一点牛奶。
6. 如同普通的华夫饼一样烙饼。

可丽饼

可丽饼是薄的、未经过发酵的煎薄饼。它们很少被简单地端上餐桌，而是被用来制作成各种各样的甜品，它们被卷入各种馅料、分层夹入各种馅料，或配上甜味酱汁一起享用。不带甜味的可丽饼也有类似的用法，但是里面加有肉、鱼或蔬菜为馅料。

与发酵的薄煎饼不同，可丽饼可以提前制作好，覆盖好并冷藏保存，然后根据需要使用。当可丽饼被填满馅料，卷起来或折叠起来的时候，首先被加热上色的那一面，应该是在外面，也就是更吸引人的那一面。

可丽饼 crepes

产量：可以制作50个。

原材料	重量	百分比 /%
面包粉	250 克	50
蛋糕粉	250 克	50
糖	60 克	12.5
盐	15 克	3
鸡蛋	375 克	75
	（7 个鸡蛋）	
牛奶	1000 克	200
油或澄清黄油	150 克	20
总重量：	**2100 克**	**410%**

制作步骤

混合

1. 将面粉过筛，与糖、盐一起放入盆里。
2. 加入鸡蛋和刚好够用的牛奶，将面粉混合成一个柔软的面糊。搅拌至光滑，并且没有颗粒的程度。
3. 逐渐的将剩余的牛奶和油混入进去。面糊应类似多脂奶油的浓稠程度。如果过于浓稠，搅拌进入一点水。如果还有颗粒，将其倒入过滤器中过滤。
4. 面糊松弛2小时，然后再煎可丽饼。

煎可丽饼

1. 在15~18厘米的可丽饼锅或煎锅里涂刷上少许的油。用中大火加热直到锅变得非常热。涂刷上少许融化的黄油，并将多余的黄油倒出（图A）。
2. 将锅从火上端离开，并倒入45~60毫升（3~4汤勺）的面糊。要非常快速地将锅倾斜着转动，以便在锅底覆盖上一层薄薄的面糊。立即将多余的面糊倒出，因为可丽饼必须非常薄（图B）。
3. 将锅放回到火上加热1~1.5分钟，直到可丽饼的底部变成浅棕色（图C）。翻转可丽饼并将第二面也煎成棕色（图D）。第二面上会只有几个棕色斑点，不会像第一面那样具有诱人食欲的色泽。因此，当可丽饼上桌时，第一面应该朝上放置（图E）。
4. 将可丽饼滑落到餐盘里，继续制作可丽饼，制作好之后将它们摞到一起。必要时可以在锅里涂刷上小许的油。
5. 将制作好的可丽饼覆盖好，冷藏至使用时。

各种变化

巧克力可丽饼 chocolate crepes

原材料	重量	百分比 /%
面包粉	190 克	37.5
蛋糕粉	250 克	50
可可粉	60 克	12.5

在可丽饼的配方中减少面粉的数量，并按照所列比例加入可可粉。在制作步骤中混合过程的步骤1中，将可可粉与面粉一起过筛。

可丽饼甜品

可丽饼甜品的种类非常丰富。以下只是许多可能的建议中的一小部分。

诺曼底可丽饼： 将现切成片的苹果用黄油煸炒，并撒上糖和少许的肉桂粉。用可丽饼将炒好的苹果卷起，撒上糖粉即可。

香蕉可丽饼： 用黄油快速翻炒香蕉片，并撒上红糖和少许的朗姆酒。将馅料卷入可丽饼里。配杏酱汁一起食用。

可丽饼配果酱： 将杏果酱涂抹到可丽饼上并卷起。撒上糖，将可丽饼放入到焗炉里并快速将糖焗至融化开并上色。

焦糖可丽饼： 在可丽饼里夹入香草风味糕点奶油酱并卷起。撒上糖，在焗炉里将糖焗至融化并上色。

杏仁风味可丽饼： 将杏仁馅料涂抹到可丽饼上，卷起或者折叠成1/4形状。涂刷上黄油并撒上糖。摆放到涂有黄油的烤盘里，放入到热的烤箱里烘烤10分钟，让其热透。配巧克力酱或者香草酱汁一起食用。

苏泽特可丽饼： 这是最受欢迎的可丽饼品种，一般由服务员在餐桌边按照下文菜谱的制作步骤进行制作。可丽饼、水果、糖和黄油由厨房供应。这道甜品也可以在厨房或者糕点部门通过在可丽饼上浇淋上热的苏泽特酱汁制成。

🍥 橙酒可丽饼（苏泽特薄饼，餐厅制备）crepes suzette (dining room preparation)

产量：可以制作4份。

原材料	重量
糖	85 克
橙子	1 个
柠檬	1/2 个
黄油	60 克
橙味利口酒	30 毫升
干邑白兰地	60 毫升
可丽饼	12 个

制作步骤

1. 在一个可燃焰锅里，将糖加热至融化，并开始变成焦糖。
2. 切割下来几条橙子皮及一条柠檬皮，放入锅里。
3. 加入黄油，朝锅里挤出橙汁和柠檬汁。加热并搅拌至糖融化开，混合物有点像糖浆。
4. 加入橙味利口酒，逐一将可丽饼蘸满酱汁，然后在锅里将它们折叠成1/4形状。
5. 加入干邑白兰地，让其加热几秒钟。小心地将可燃焰锅向炉头上的火苗倾斜，直到干邑白兰地被点燃。
6. 轻轻晃动锅，将锅内的酱汁舀到可丽饼上，直到火焰熄灭。
7. 每盘摆放三个可丽饼，在每份可丽饼上再舀上一点锅内剩余的酱汁。

苏泽特舒芙蕾可丽饼　crepes souffles suzette

产量：可以制作6份。

原材料	重量
橙汁	250 克
玉米淀粉	25 克
水	适量
橙味利口酒（例如金万利）	50 克
香草香精	2 克
蛋清	125 克
糖	75 克
可丽饼	18
糖粉	适量
苏泽特酱汁	240 毫升
蜜饯橙皮	适量
浆果类或其他装饰水果	适量

制作步骤

1. 将橙汁加热。

2. 将玉米淀粉与足量的冷水混合，制作出细滑的淀粉浆。拌入橙汁中，加热，搅拌，直到橙汁变得浓稠。

3. 加入糖、利口酒及香草香精。加热烧开至糖完全融化。

4. 将混合物冷却。

5. 将蛋清打发至湿性发泡的程度。加入糖，继续打发至硬性发泡的蛋白霜程度。

6. 将1/3的蛋白霜搅拌进橙汁混合物中，然后将剩余的蛋白霜叠拌进去。

7. 在裱花袋里装入中号的平口裱花嘴。将橙汁蛋白霜混合物装入裱花袋里。

8. 将可丽饼折叠成1/4形状。使用裱花袋，在折叠好的可丽饼里挤入橙汁蛋白霜混合物。如果需要，可丽饼可以冷冻以备使用。

9. 将填馅的可丽饼摆放到涂抹有油的烤盘里。温度190℃烘烤至膨胀，并且触摸起来变硬。

10. 撒上小许的糖粉。

11. 在每盘里舀入一圈的苏泽特酱汁。每个餐盘里分别摆放好三个可丽饼。根据需要使用蜜饯果皮和浆果进行装饰。

巧克力舒芙蕾可丽饼 chocolate souffle crepes

产量：可以制作6份。

原材料	重量
牛奶	250 克
半甜巧克力	50 克
玉米淀粉	25 克
朗姆酒	30 克
糖	50 克
香草香精	2 克
蛋清	125 克
糖	75 克
巧克力可丽饼	18
巧克力酱汁	250 克
原味酸奶	20 克
蜜饯橙皮	20 克

制作步骤

1. 将牛奶和巧克力一起加热，搅拌，直到巧克力融化，与牛奶混合均匀。保持小火加热。
2. 将玉米淀粉和朗姆酒混合成一种细滑的糊状。拌入热牛奶中，用小火加热至变得浓稠。
3. 拌入糖和香草香精直到糖完全融化。
4. 将蛋清打发至湿性发泡的程度。加入糖，继续打发至硬性发泡的蛋白霜程度。
5. 将1/3的蛋白霜搅拌进巧克力混合物中，然后将剩余的蛋白霜叠拌进去。
6. 在裱花袋里装入中号的平口裱花嘴。将巧克力蛋白霜混合物装入到裱花袋里。
7. 将巧克力可丽饼折叠成1/4形状。使用裱花袋，在折叠好的可丽饼里挤入巧克力蛋白霜混合物。如果需要，可丽饼可以冷冻以备使用。
8. 将填馅的可丽饼摆放到涂抹有油的烤盘里。温度190℃烘烤至膨胀，并且触摸起来变硬。
9. 撒上小许的糖粉。
10. 在每个餐盘里舀入遮盖过餐盘底部的巧克力酱汁。分别在每个餐盘里摆放好三个可丽饼。在巧克力酱汁上挤出几个小圆点形的酸奶并刻画成羽毛形状。用蜜饯橙皮进行装饰。

可丽饼李子蛋糕 crepe gateau with plum compote

产量：可以制作1份。

原材料	重量
烩李子	115 克
可丽饼	5
装饰物	
香草冰淇淋	适量

制作步骤

1. 将烩李子放入细眼过滤器中。将过滤出来的液体加热至如晶莹的酱汁般的浓稠程度。
2. 使用6.5～7.5厘米的切割模具，在每张可丽饼的中间切割出一个圆形。
3. 将一张圆形可丽饼摆放到餐盘的中间，将切割模具固定在可丽饼上面。
4. 舀入1/4的烩李子到模具里的可丽饼上，用勺背朝下按压平整。再覆盖上一张可丽饼。
5. 继续将剩余的烩李子和可丽饼放入模具里，最上面盖上一张可丽饼。去掉模具。
6. 在摆起来的可丽饼四周淋撒上一些浓稠的汤汁。
7. 在表面摆放一个冰淇淋球。

• **复习要点** •

◆ 制作油炸馅饼的步骤有哪些？

◆ 用于制备薄煎饼和华夫饼面糊的混合方法是什么？

◆ 混合和煎可丽饼的步骤是什么？

术语复习

modified straight dough method 改进的直接面团法		glaze 光亮剂
cannoli 卡诺里卷	crêpe 油炸果馅饼	French doughnut 法式面包圈
fritter 馅饼	gaufre 法式华夫饼	crêpes Suzette 苏泽特可丽饼
beignet soufflé 油炸馅饼（法语）		

复习题

1. 两份酵母面包圈配方具有相同数量的油脂和牛奶，但是其中一份的糖比另外一份的多。哪种面包圈的油炸温度更高？为什么？

2. 为什么制作蛋糕面包圈时，仔细控制搅拌时间非常重要？

3. 列出7条保持炸油以制作出高质量油炸食品的规则。

4. 在制作可丽饼（法式薄煎饼）中使用哪种发酵剂？

5. 为什么华夫饼面糊比薄煎饼面糊含有的液体（水或牛奶）要少？

6. 美式薄煎饼使用的是哪一种搅拌方法？这种搅拌方法的步骤是什么？

12

基本的糖浆、奶油
和酱汁类

读完本章内容，你应该能够：

1. 将糖浆加热到不同阶段的硬度。
2. 准备打发奶油和蛋白霜。
3. 制备各种英式奶油酱和糕点奶油酱。
4. 制备甜点酱汁、甘纳许和其他的巧克力奶油。

　　面包师的大部分手艺针对混合和烘烤面粉制品，如制作面包、蛋糕和糕点等。然而，除此之外他们还必须能够制作各种各样的辅料，例如顶料、馅料和酱汁等。它们本身并不是烘焙食品，但是在制作许多烘焙食品和甜品时却必不可少。

　　本章将要学习到的一些产品制作步骤可以在很多方面使用。例如，英式奶油酱或卡仕达酱不仅可以作为甜品酱汁，还可以作为巴伐利亚奶油和冰淇淋等产品的基础原料。糕点奶油酱，加上各种各样的风味调料，也常用于塔派的馅料、布丁和舒芙蕾中。

糖的加热烹调

了解糖的加热烹调过程是非常重要的，因为在准备甜品和甜点时通常需要各种不同浓度的糖浆。

白利度糖度和波美刻度

布里克斯刻度值（白利度）是测量溶液中糖浓度的一种方法，它是以奥地利人阿道夫·冯·布里克斯博士的名字命名，他对早期的巴林比重计进行了改进，使其更加精确。当在20℃下测量时，1°Bx等于溶液中1%的糖浓度，例如，含糖量为15%的溶液（100克糖浆中含有15克糖；这样的话，糖浆中含有15克的糖和85克的水）相当于15°Bx。

测量糖浓度的一个简单方法是使用比重计，它是一个中空的玻璃管，一端变重，在玻璃管的内侧带有刻度（专门用来测量糖浓度的比重计又称糖量计）。比重计被放置在适当温度下的液体中，糖的浓度就会被在水面上的刻度值所读出。糖的浓度越高，比重计就上浮得越高。这个比重计在面包店的大多数用途上是足够精确的。

一种更科学的测量布里克斯值的方法是使用折射计（手持糖量仪），它可以测量溶液弯曲光线的角度。用来表示糖浆密度的第二个指标是波美比重计（baume），以安托万·波美的名字命名。严格地说，波美比重计测量的不是糖的浓度，而是比重，比重是液体的重量与相同体积水的重量之比。尽管如此，该测量方法已经足够接近，因此可以用于测量糖溶液。

要将波美度转换成布里克斯度，只需将波美度（°Bé）乘以1.905，然后从结果中减去1.6。

例如，16.6°Bé等于30°Bx：

16.6 × 1.906=31.6

31.6−1.6=30

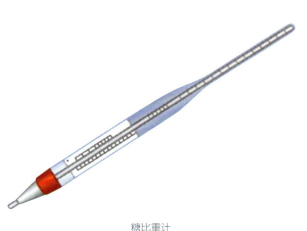

糖比重计

要将布里克斯度转换成波美度，加上1.6，然后除以1.905。

70°Bx等于37.6°Bé度：

70+1.6=71.6

71.6 ÷ 1.905=37.6

在本书中，我们在讨论冷冻甜品时利用了这些糖密度刻度值。这些刻度值很重要，因为糖的浓度会对液体的凝固点产生影响。

糖浆浓度

糖浆浓度是糖在溶液中的浓度的表现形式（当我们在面包房中谈论到糖浆时，通常是指糖在水里的溶液，当然糖也可以溶解在其他的水基液体里）。糖在浓度很小的情况下，只需简单搅拌就能溶解在水中。然而，若需要更大的浓度，也可以将糖浆煮开，因为温度越高，糖溶解得越快。而且，热水可以比冷水容纳更多的糖。

一旦糖溶解开了，就可以通过继续煮开糖浆来增加糖的浓度，这样水分就会逐渐蒸发。随着水被烧开，糖浆的温度逐渐升高。当所有的水分被蒸发后，则只剩下融化的糖。然后糖开始焦糖化，或者变成棕色并改变风味。如果继续加热，糖会继续变黑，变成焦煳状。

加热到高温的糖浆冷却后会比加热到较低温度的糖浆更硬。例如，把糖浆加热到115℃，冷却后会形成一个软球。加热到150℃的糖浆冷却后又硬又脆。

0.5千克的水足够融化开1.4千克或1.8千克的糖。没有必要为了特定的目的而加入比实际所需更多用量的水，下次只需要再次把它烧开即可。

清洁的砂糖经常用来制作糖浆。杂质会使糖浆浑浊，并在糖浆烧开的过程中，糖浆表面上会形成浮渣或泡沫。所有的浮渣都要小心地撇干净。

结晶和转化

颗粒状是在制作许多糖果和甜品时的常见失误。当加热到糖结晶时就会变成微小的糖晶体，而不是溶解在糖浆中。即使只有一块糖晶体与加热后的糖浆接触，也会引发连锁反应，把整体的糖浆变成大量的糖晶体。糖晶体在糖浆上的这种影响作用称为晶种。

为了避免在熬煮糖浆的第一阶段结晶，可以使用以下技法之一（在这两种方法中都不要搅动糖浆）：

- 在熬煮糖的过程中，用蘸了水的刷子把酱汁锅边上的糖浆洗刷到锅里。不要让刷子接触到糖浆；相反，让刷子上的水从锅沿流到锅里（见

将锅边上粘连的糖液洗刷到锅里

糖）变成另外一种可以抵抗结晶的糖的形式的化学变化，如果在加热之前或者在加热的过程中在糖浆里加入酸，如酒石酸或柠檬汁，那么有一些糖就会被转化。酸的种类和用量会影响到被转化糖的数量。因此，在熬煮糖的过程中若需要使用酸，应要认真遵循特定的配方要求。

也可以加入葡萄糖浆或玉米糖浆来控制糖浆在熬煮过程中的结晶。这些方法使用方便、效果良好。

插图）。这样可以除去可能会在整个锅里的糖浆中留下晶种的结晶糖。

- 当糖浆开始煮开时，盖上锅盖熬煮几分钟。这样会使冷凝的蒸汽顺着锅沿冲刷下来。揭开锅盖，不用搅动，完成整个熬煮的过程。

糖浆熬煮到含有高浓度的糖时，在冷却后会趋向于结晶。这可以通过一个被称为转化的过程来控制。正如在第4章中所解释的，转化是指一种常规糖（蔗

糖熬煮阶段

用高温温度计测试温度是测定糖浆熬煮程度的最准确方法。过去测试糖浆的方法是将少许糖浆滴入一碗冷水中，然后检查冷却后的糖的硬度。

每一阶段的糖加热的程度都被赋予了描述它们硬度的名称。下文的糖加热表中列出了各个阶段糖加热的程度及硬度名称。请注意，阶段的名称不是绝对的。不同的来源可能使用不同的名称。事实上，所有这些清单都具有误导性，因为它们暗示糖浆会从一个阶段跳到下一个阶段。当然，事实上，随着水的煮沸，温度是逐渐变化的。因此，最好依靠温度计，不要太在意各阶段的名称。

阶段	温度 /℃
丝线	110
软球	115
实球	118
硬球	122 ~ 127
小裂纹	130 ~ 132
裂纹	135 ~ 138
硬裂纹	143 ~ 155
焦糖	160 ~ 170

面包店中使用的基本糖浆

面包店里常备有两种基本糖浆，并且使用方式多种多样。简单糖浆又称库存糖浆，是等量的糖和水的溶液。它被用于稀释风登糖以及制备各种各样的甜品糖浆等用途。甜品糖浆又称蛋糕糖浆，是一种加有风味的简单糖浆，它常用来滋润海绵蛋糕和各种甜品，并添加风味，如朗姆酒风味巴巴。

这两种糖浆的浓度可能因口味而异。有些厨师出于某些原因喜欢更甜一些的糖浆，比如1份水加1.5份糖。另一些厨师则使用甜味少一些的糖浆，比如2份水加1份糖。

以下是制作简单糖浆和基本甜品糖浆的步骤。本节中的配方还包括各种风味的糖浆。其他的风味糖浆作为蛋糕和糕点配方中的一部分会贯穿在全书的配方里。

◆ 复习要点 ◆

◆ 当糖浆中的水煮开时，温度和糖的浓度是如何变化的？
◆ 什么是焦糖？
◆ 简单糖浆和甜品糖浆是如何制作的？

制作步骤：制备简单糖浆

1. 将下列原材料在一个酱汁锅内混合好。

   | 水 | 500毫升 |
   | 糖 | 500克 |

2. 搅拌并用中火加热烧开，加热并搅拌至糖完全融化。

3. 撇去所有的浮沫，将糖浆冷却，储存在带盖的容器内。

制作步骤：制备甜品糖浆

方法1

制备并冷却简单糖浆。根据口味，加入所需要的任何一种风味调料，例如，香草香精，或朗姆酒、樱桃酒等酒类。在糖浆冷却之后再加入风味调料，因为如果在糖浆是热的时候加入，一部分的风味会被蒸发掉。

方法2

制备简单糖浆，但是在加热烧开之前，将一个橙子和（或）一个柠檬的外皮加入糖和水的溶液里。将糖浆烧开，小火加热5分钟，冷却。从冷却后的糖浆中去掉果皮。

香草风味糖浆 vanilla syrup

原材料	重量
水	200 克
糖	180 克
香草豆荚（纵向从中间劈切开）	1
总重量：	**380 克（大约 325 毫升）**

各种变化

如果没有香草豆荚，可以在普通糖浆中加入适量的香草香精。

制作步骤

1. 将所有的原材料放入酱汁锅里，并用小火加热至糖完全溶解开。

2. 将锅从火上端离开，并让香草豆荚在酱汁锅的糖浆中浸渍30分钟。

可可粉香草风味糖浆 cocoa vanilla syrup

原材料	重量
水	120 克
糖	120 克
香草豆荚（见注释）	1
可可粉	30 克
总重量：	**270 克（240 毫升）**

注释： 如果没有香草豆荚，可以在过滤之前加入 1/2 茶勺的香草香精。

制作步骤

1. 将水、糖及香草豆荚一起加热烧开。加热至糖完全融化。
2. 将锅从火上端离开，并一次一点地加入可可粉，不断搅拌。
3. 用细眼网筛或漏勺过滤。

 ## 咖啡朗姆酒风味糖浆 coffee rum syrup

原材料	重量
糖	65 克
水	65 克
咖啡粉	5 克
朗姆酒	90 克
总重量：	**225 克（185～210 毫升）**

制作步骤

1. 将糖和水一起烧开，加热至糖完全融化。
2. 将锅从火上端离开，并加入咖啡粉，静置10分钟。
3. 加入朗姆酒。
4. 用咖啡滤纸过滤。

各种变化

咖啡风味糖浆 coffee syrup

原材料	重量
咖啡利口酒	40 克

在基本配方中去掉朗姆酒，并增加咖啡风味的利口酒。

朗姆酒风味糖浆 rum syrup

原材料	重量
水	75 克
糖	65 克
黑朗姆酒	15 克

在基本配方中去掉咖啡，并按照上面所列调整原材料的数量。

基本的泡沫形式：打发奶油和蛋白霜

本节中讨论的准备工作是面包房或糕点店中最重要和最实用的工作之一。它们在各种各样的甜品中都拥有一席之地——作为蛋糕和糕点的馅料或组成部分，或者作为像巴伐利亚奶油和慕斯等甜品的原材料。了解如何成功打发奶油和蛋白霜是糕点师们所必备的技能。

打发奶油

打发好的奶油不仅是最常用的甜品顶料和馅料之一，也是许多甜品的原材料。脂肪含量在30%或以上的奶油，最好超过35%，可以打发成泡沫状。

在传统的糕点店里，甜的打发好的香草风味的奶油称为尚提妮（又称尚蒂伊奶油，creme chantilly）。在制作打发奶油时，要遵照以下的操作指南：

奶油打发操作指南

1. 用于打发的奶油应该至少存放一天。非常新鲜的奶油打发的效果反而不好。

2. 将奶油和所有的设备彻底冷藏，特别是在炎热的天气里。奶油如果温度太高会难以打发并且容易形成结块。

3. 手工打发可使用线状球形搅拌器。如果使用机器打发，要使用球形搅拌器配件，并使用搅拌机的中速模式打发奶油。

4. 如果奶油要加糖，要用超细的砂糖。为了稳定性最好，也可以使用过筛后的糖粉。

5. 让打发好的奶油变甜的经典方法是在打发快要结束时加入糖，这时奶油开始形成湿性发泡状。但是，糖也可以在打发过程的开始阶段添加。这会大大延长打发时间，所以最好只用搅拌机搅打，而不用手工打发。

6. 不要过度打发。当奶油形成尖峰状并保持其形状不变时，就可以停止搅打。如果奶油搅拌时间过长，它的外观首先会变成颗粒状（见图示），然后会分离成黄油和乳清。

7. 需要和其他原材料叠拌到一起的奶油，打发得要略微欠缺一点，因为叠拌的动作会让奶油有更多的搅拌动作，可能会让奶油打发过度。

打发过度的奶油

8. 最后加入调味原材料，在奶油打发好后加入。

9. 如果奶油不是马上就使用，要将其储存，盖好，放入冰箱里。

制作步骤： 稳定化处理打发好的奶油

在温暖的天气里，在打发好的奶油中加入明胶或商业稳定剂可以保持住其坚挺状。自助餐台上涂抹有打发好的奶油的展示甜品便是以此稳定造型。

1. 要使用商业稳定剂，将其与加入到奶油中增加甜味的糖一起过筛。 每升奶油中使用7克商业稳定剂。与基本制作步骤一样加入糖。

2. 如果使用明胶，使用下述的比例：

多脂奶油	1升
明胶	10克
冷水	60毫升

用冷水将明胶泡软，然后加热至明胶完全融化开。将奶油打发至刚开始变稠，然后逐渐、快速且稳定地将奶油搅打到明胶里。继续将奶油打发到所需要的浓稠程度。

制作步骤： 巧克力风味奶油

1. 使用下述的比例：

多脂奶油	1升
半甜巧克力	375克

2. 按照基本步骤打发奶油，但不要完全打发。

3. 将巧克力擦碎或者切碎成小粒状，放入酱汁锅里。将酱汁锅置于热水上隔水加热并搅拌至巧克力融化开。冷却到微温的程度。巧克力的温度不能太低，否则在加入到奶油中能够混合均匀前会凝固并形成小的颗粒或碎片（见图示）。

4. 将1/4打发好的奶油搅拌进巧克力中，至混合均匀（图A）。

小心但彻底地将巧克力混合物叠拌进剩余的奶油里。要注意不要将奶油搅拌过度（图B）。

B

A

C

制作不当的巧克力风味奶油：由于巧克力在搅拌进入奶油之前温度太低造成。

🌀 尚提妮奶油（尚蒂伊奶油）crème Chantilly

原材料	重量	奶油占100% %
多脂奶油或鲜奶油（见注释1）	250克	100
糖粉	40克	16
香草香精（见注释2）	2毫升	2
总重量：	**290克**	**118%**

注释1： 为了达到最佳效果，可以使用鲜奶油，如果没有，可以使用脂肪含量为40%，或更高的多脂奶油。尚蒂伊奶油可以使用脂肪含量低至30%的奶油制作而成，但是在静置的时候，它更有可能造成略有分离的情况，或"渗出"液体。

注释2： 为了制作出高品质的尚蒂伊奶油，可以加入香草豆荚中的香草籽来代替香草香精调味。

制作步骤

1. 要确保奶油和所有的器皿、用具是冷却的。

2. 可以使用手工或搅拌机打发奶油，直到形成湿性发泡的程度。

3. 加入糖和香草香精，继续打发至奶油形成硬性发泡的程度，但是仍然呈细滑状。不要过度打发，否则奶油将会变成颗粒状，然后分离成黄油状的颗粒。

可以替代的步骤

将所有的原材料在安装球形搅拌器配件并在冷却后的搅拌桶里混合好。以中速打发至所需要的软硬程度即可。

蛋白霜

蛋白糖是用打发好的、加糖使其变甜了的蛋清制作而成的。它们经常被用于塔派的顶料和涂抹蛋糕的糖霜，也常被用来增加奶油糖霜的体积和轻盈度，慕斯和甜品舒芙蕾等甜品的制备工作中。

另一个使用蛋白霜的佳作是在烤箱里将它们用低温烘烤至酥脆。在这种形式下，它们可以用来作为蛋糕分层或糕点的外壳，以制作出质地轻盈、造型优雅的甜品。为了给蛋白霜增加风味，可以在成型和烘烤前把切碎的坚果叠拌到蛋白霜里。含有酥脆蛋白霜的糕点和蛋糕在第14章和第17章中会有讨论。

基本的蛋白霜类型

蛋白霜可以被打发成不同程度的硬度。在大多数情况下，它们被搅打到非常坚挺，或几乎呈坚挺状、湿润的脊峰状等程度。

普通蛋白霜，又称法式蛋白霜，是用在室温下的蛋清与糖搅打而成。它是最容易制作的蛋白霜，而且由于其含糖量高，所以也相当稳定。

瑞士蛋白霜是使用蛋清和糖在热水槽上隔水加热，然后打搅而成的。温度的升高使蛋白霜的体积和稳定性更好。

意大利蛋白霜是通过将热的糖浆搅打进入蛋清中制成的。这种蛋白霜是三种蛋白霜中最稳定的一种，因为蛋清是通过糖浆的热量加热成熟的。当加入香草调味时，又称它为煮沸糖霜。它也常被用于蛋白霜类型的奶油糖霜中。

在蛋白霜里所添加的糖量根据需要有所不同。软质蛋白霜常用来做塔派的顶料，1磅蛋清可以只使用1磅糖制作而成。硬质的蛋白霜可以烘烤到酥脆，是使用比蛋清多2倍的糖制成的。

应使用经过巴氏消毒的蛋清制作，生的蛋白霜并能安全食用，有存在沙门氏菌（详见蛋白霜与食品安全侧边栏中的内容）的风险。然而，这样的蛋白霜可以作为需要加热成熟的产品的组成部分，例如，蛋糕面糊和烤舒芙蕾等。

蛋白霜与食品安全

沙门氏菌中毒的危险是众所周知的。由于这个原因，在服务上桌前，所有没有经过加热成熟的鸡蛋产品的制备工作中必须使用经过巴氏消毒的鸡蛋。

因为鸡蛋在相对较低的温度下会凝结，它们必须用低温进行巴氏消毒。为了使低温能有效地杀灭细菌，必须在此温度下保持很长一段时间——例如54℃，45分钟。

普通蛋白霜在制作的过程中不经过加热。因此，普通的蛋白霜如果在食用前没有进一步加热成熟的步骤的话，它们就应使用经过巴氏消毒的蛋清来制作。

瑞士蛋白霜是在生产过程中经过加热的，但可能加热不足，以至于不够安全。与普通的蛋白霜一样，应使用巴氏消毒的鸡蛋来制作。

意大利蛋白霜，是被热糖浆彻底加热成熟了的，所以只要遵守所有的食品安全规程，就可以被食用而无须进一步加热。

蛋白霜制作指南

1. **油脂使蛋清不能充分起泡**：这一点非常重要。要确保所有的工具器皿都没有任何油脂或涂抹过油脂的痕迹，蛋清中也没有一点蛋黄。

2. **蛋清在室温下比在低温下更容易起泡**：打发前1小时将其从冰箱里取出。

3. **不要过度搅打**：搅打好的蛋清看上去应该是湿润而富有光泽的。搅打过度的蛋白霜看起来又干又凝，它们很难和其他原材料叠拌到一起，而且已经失去了对蛋糕和舒芙蕾的涨发能力。

4. **糖使得蛋清形成的泡沫更加稳定**：蛋白霜比不加糖的蛋清在经过搅打后形成的泡沫更浓稠、厚重，也更稳定。然而，蛋清在不牺牲体积的情况下只能支撑有限数量的糖。出于这个原因，在制作普通的蛋白霜时，许多厨师更喜欢用不超过同等重量的糖搅打蛋清。更多的糖可以在蛋白霜搅打好后再加入。

5. **小量的酸有助于形成泡沫**：少量的酒石酸或者柠檬汁有时会加入到蛋清中用于打发，以增加蛋清的体积和稳定性。当打发好的蛋清与其他原材料叠拌到一起，这种方法可以给蛋糕提供轻盈质感，如天使蛋糕，每千克蛋清使用15克酒石酸。

普通蛋白霜（法式蛋白霜）common meringue（French meringue）

原材料	重量	蛋清占100% %
巴氏杀菌蛋清（见注释）	250 克	100
细砂糖	250 克	100
细砂糖或过筛的糖粉（见注释）	250 克	100
总重量：	**750 克**	**300%**

注释： 如果蛋白霜在后期的制备阶段经过了充分加热，可以使用未经巴氏杀菌的蛋清。

要制作柔软的蛋白霜塔派顶料，第二份数量的糖可以省略不用。

各种变化

巧克力蛋白霜 chocolate meringue

原材料	重量	百分比/%
可可粉	125 克	25

在基本配方的步骤3中使用糖粉。将糖粉与可可粉一起过筛两遍。

制作步骤

1. 使用球形搅拌器配件，先使用中速搅打蛋清，然后使用高速搅打，直到形成湿性发泡的程度。
2. 加入第一份糖，随着搅拌机的运转，一次一点地加入糖。搅打至硬性发泡的程度。
3. 停下搅拌机。将剩余的糖用抹刀叠拌进去。

瑞士蛋白霜 Swiss meringue

原材料	重量	蛋清占100% %
巴氏消毒蛋清（见注释）	250 克	100
细砂糖或一半细砂糖 和一半的糖粉	500 克	200
总重量：	**750 克**	**300%**

注释： 如果蛋白霜在后期的制备阶段经过了充分加热，可以使用未经巴氏消毒的蛋清。

制作步骤

1. 将蛋清和糖放入不锈钢盆里，或隔水加热锅里。用球形搅拌器隔水加热搅打至混合物至温热（50℃）。
2. 将混合物倒入搅拌机的搅拌桶里。用高速搅打至硬性发泡，并使蛋白霜完全冷却。

🍥 意大利蛋白霜 Italian meringue

产量：可以制作2升蛋清（占100%）。

原材料	重量	百分比 /%
糖	500 克	200
水	125 毫升	50
蛋清	250 克	100

制作步骤

1. 将糖和水在酱汁锅内加热至糖完全融化并烧开。熬煮至糖浆温度达到117℃。
2. 在糖浆加热的过程中，用搅拌机搅打蛋清至湿性发泡。
3. 随着搅拌机的运转，非常缓慢地将热糖浆搅打进去（图A）。
4. 继续搅打至蛋白霜冷却并形成硬性发泡（图B）。

卡仕达酱

就像在上一节中所讨论的打发奶油和蛋白霜一样，这一节介绍的另外两种基本酱料的制备工作，英式奶油酱和糕点奶油酱（又称帕蒂西埃奶油），都是基本产品，它们不仅可以单独使用，也可以作为各种糕点和甜品的成分或原料。

英式奶油酱

英式奶油酱（crème anglaise）又称香草风味卡仕达酱，是一种搅拌而成的卡仕达酱。它由牛奶、糖和蛋黄组成，用极低的温度搅拌至略微浓稠的程度，然后用香草调味。

英式奶油酱不仅经常用来作为甜品的酱汁使用，而且还是许多甜品的成分或原材料之一。例如，巴伐利亚奶油、冰淇淋和克里莫等都会用到。

下面的配方给出了制作卡仕达酱的方法。在制备这种酱汁时需要特别小心防止加热过度，导致鸡蛋凝结。

制备英式奶油酱指南

1. 使用干净、经过消毒的工具器皿，遵守严格的卫生规程。鸡蛋混合物是能导致食物中毒的细菌的良好滋生地。要遵守前文所讨论的制作糕点奶油的卫生指南。

2. 在开始加热工序之前，把不锈钢盆摆放到装有冰水的较大的锅里。在盆上放好一个过滤器。这个设置可以使卡仕达酱加热制作好后快速冷却，以避免所有过度加热鸡蛋的风险。

3. 在混合蛋黄和糖的时候，加入糖后立刻搅打混合物。将糖和蛋黄放在一起而不搅拌，就会形成无法打碎开的结块（见图示）。这是因为糖从蛋黄中

将糖和蛋黄混合到一起，如果不立即搅打，就会形成结块。

吸收了水分，在脱水的蛋黄中留下了结块。在这一步骤中使用不锈钢盆，使步骤5中的加热和搅拌更加容易。

4. 将牛奶加热至滚烫（不要烧开），然后与蛋黄混合。这样可缩短最后的烹饪时间。为了避免烧焦牛奶，可以把牛奶锅放在一锅开水里。虽然这比直接加热需要更长时间，可以减少看管时间。

5. 将热牛奶缓慢搅打进搅打好的鸡蛋和糖里。这个步骤会逐渐升高鸡蛋的温度，并有助于防止形成结块。

6. 将盛放鸡蛋混合物的盆置于一锅使用小火加热的水上，并不断搅拌以防止形成结块。

7. 要测试奶油酱的成熟度有两种方法。需要注意的是，这是一种非常松散的酱汁，所以不要期望它有更高的浓稠度。

- 使用温度计检测温度。当达到82℃时，酱汁就成熟了。不要让温度升得更高，否则酱汁就有可能形成结块（见图示）。事实上，加热到85℃也不会凝结成块，但是在稍微低一点的温度停止加热会更保险。

英式奶油酱覆盖在勺子的背面上。

- 当混合物能够很容易地在勺子背面覆盖上薄薄的一层，而不是像牛奶一样流淌时，酱汁就制作好了。

8. 立即将酱汁倒入到过滤器中，过滤到一个置于冰水上的盆里，让酱汁快速冷却。不时搅拌让酱汁冷却得均匀透彻。

9. 如果酱汁不小心凝结成块状，有时候是可以补救的。快速拌入30～60克的冷牛奶，然后将酱汁倒入搅拌机中，用高速搅拌均匀即可。

隔水加热或直接加热？

有三种可选的加热英式奶油酱的方式：在用小火加热的双层锅里；直接放入盛有用小火加热的水里的盆里；或在直接加热的盆里。使用小火加热的双层锅是避免加热过度的最好方式，但这种方式需要花费很长的时间。上述指南中提倡将盆放置在用小火加热的水里隔水加热制作英式奶油酱。这种方法相当快速，也提供了一些防止加热过度的保护。不过，必须密切观察混合物，以避免使它加热得温度过高。

一些有经验的面包师更喜欢直接加热而不是用双层锅来隔水加热制作卡仕达酱，因为他们觉得热度越高，加热制作卡仕达酱的速度就越快，他们的经验也让他们有能力避免过度加热。而初学者在拥有加热制作这道酱汁的经验前，最好使用隔水加热的方式。

因为加热过度已经形成结块的英式奶油酱。

英式奶油酱 crème anglaise

产量：可以制作1.25升。

原材料	重量	牛奶占100% %
蛋黄	250克（12个）	25
糖	250克	25
牛奶（详见"各种变化"）	1升	100
香草香精	15毫升	1.5

各种变化

要制作出味道更加浓郁的英式奶油酱，可以使用多脂奶油来代替最多一半的牛奶。

要使用香草豆荚代替香草香精增加风味，首先将豆荚纵长劈切成两半（图A）。用削皮刀将香草籽从豆荚里面刮取下来，如图B所示。将香草籽和劈开的豆荚加入牛奶中，然后按照步骤3进行加热。

香草豆荚的处理技法

巧克力风味英式奶油酱 chocolate crème anglaise
融化180克的半甜巧克力。在英式奶油酱温热（不是热的时候）的时候拌入进去。

咖啡风味英式奶油酱 coffee crème anglaise
在温热的卡仕达酱中加入8克的速溶咖啡。

制作步骤

1. 回顾制备英式奶油酱配方中的制作步骤指南。

2. 将蛋黄和糖在不锈钢盆里混合好。搅打至浓稠并起泡沫。

3. 将牛奶在开水槽里煮制，或者直接将其加热至滚烫。

4. 用搅拌器不停搅拌，同时将热牛奶非常缓慢倒入蛋黄混合物中。

5. 将盆置于锅内用小火加热的水上。将锅加热，同时不停搅拌混合物，直到变得浓稠到足以覆盖勺子的背面，或温度达到了82℃。

6. 将盆立刻从锅里端出，放入冷水中，以阻止其继续加热。拌入香草。在酱汁冷却的过程中，不时搅拌。

糕点奶油酱（糕点奶油）

虽然需要使用更多的原材料和制作步骤，但糕点奶油酱比英式奶油酱更容易制作，因为它不太容易凝结成块状。糕点奶油酱（pastry cream），又称crème patissiere，含有淀粉增稠的成分，能使鸡蛋稳定。实际上，它必须被加热煮开，否则淀粉就不会被完全加热成熟，那么在糕点奶油酱中就会带有一股生的淀粉味道。为了除去淀粉的味道，糕点奶油酱需要煮开2分钟。

因为细菌污染的危险，在制备糕点奶油酱时，必须严格遵守所有的卫生条例。使用清洁、消过毒的工具器皿。不要把手指伸入到锅底的奶油里，除非使用干净的勺子，否则不要去尝味。迅速在浅盘中冷却制作完成后的糕点奶油酱。保持糕点奶油酱和所有的糕点奶油酱馅料产品一直冷藏保存。

下面的配方中给出了制备糕点奶油酱的制作步骤。注意基本步骤与制作英式奶油酱的步骤相类似。然而，某些这种情况下，淀粉会与鸡蛋和一半的糖混合制成光滑的糊状（在鸡蛋含量少的配方里，有必要加入一点冷的牛奶来提供足够的液体成分以制作成糊状），与此同时，牛奶与另外一半的糖一起被加热至滚烫。然后，鸡蛋混合物与部分热牛奶调和到一起，再倒回锅里加热烧开。有些厨师喜欢将冷的糊状混合液逐渐加入到热的牛奶中，但这里所描述的回温步骤可以更好地防止结块。

糕点奶油酱的各种变化

糕点奶油酱在面包店里有多种用途。所以掌握其基本制作技法非常重要。糕点奶油酱及其各种变化常用于蛋糕和糕点中的馅料，例如作为奶油派和布丁中的馅料。再加入额外的液体成分，糕点奶油酱也可以用来作为卡仕达酱使用。

当糕点奶油酱被用在塔派馅料时，玉米淀粉可以用来当成增稠剂使用，这样切成块的塔派可以保持其形状不变。用于其他的用途时，玉米淀粉或者面粉都可以。只要记住，需要2倍的面粉才能提供和玉米淀粉一样的增稠效果。

糕点奶油酱也有其他形式的各种变化，例如，打发好的奶油会被叠拌到糕点奶油酱中，使其变得轻盈，从而制成一种更有奶油味的糕点奶油慕斯琳的产品；在糕点奶油酱中加入蛋白霜，并用明胶使其稳定，就制成了希布斯特奶油的糕点奶油。

🍥 糕点奶油酱 pastry cream

产量：可以制作1.12升。

原材料	重量	牛奶占100% %
牛奶	1升	100
糖	125克	12.5
蛋黄	90克	9
鸡蛋	125克	12.5
玉米淀粉	75克	8
糖	125克	12.5
黄油	60克	6
香草香精	15毫升	1.5

各种变化

奢华型糕点奶油酱 deluxe pastry cream

去掉基本配方中的鸡蛋，并使用30%的蛋黄（300克）。

糕点奶油慕斯琳 pastry cream mousseline

将打发好的多脂奶油叠拌进冷却后的糕点奶油酱中，可制作出一种更加轻盈的糕点奶油馅料。所加入的数量可依据口味改变。一般而言，每升糕点奶油酱，可以加入1.25～2.5升（1.5～1杯）多脂奶油。

巧克力风味糕点奶油酱 chocolate pastry cream

每300克糕点奶油酱，趁糕点奶油酱还是温热时，拌入100克融化的半甜巧克力。

果仁糖糕点奶油酱 praline pastry cream

每300克糕点奶油酱，趁糕点奶油酱还是温热时，拌入100克软化的果仁糖膏。

咖啡风味糕点奶油酱 coffee pastry cream

在步骤1中的牛奶中加入8克的速溶咖啡粉或咖啡精。

制作步骤

1. 在厚底酱汁锅中，将糖溶解到牛奶里并加热至刚好烧开。

2. 使用搅拌器将蛋黄和鸡蛋在不锈钢盆里搅打均匀。

3. 将玉米淀粉过筛，与糖一起放入鸡蛋里。使用搅拌器搅打至非常细滑的程度（图A）。

4. 呈细流状的将热牛奶慢慢搅打进鸡蛋混合物中使其回温（图B）。

5. 将混合物重新加热并烧开，不停搅拌。

6. 当将混合物烧开时，继续不停搅拌，并继续加热2分钟，直到糕点奶油酱中没有生淀粉的味道（图C）。在尝味时，一定要使用干净的尝味勺，并且不要重复使用尝味勺。

7. 从火上端离开。拌入黄油和香草香精。搅拌至黄油融化开并完全混入糕点奶油酱中（图D）。

8. 将糕点奶油酱倒入干净且消过毒的布菲盒或其他的浅盘里。使用保鲜膜直接覆盖到糕点奶油酱的表面上，以防止形成结皮（图E）。冷却后尽快冷藏。

9. 对于要用于糕点的馅料，例如用在闪电泡芙和拿破仑蛋糕中，需将冷却后的糕点奶油搅打至细滑状后再使用。

希布斯特奶油　Chiboust cream

产量：大约可以制作1500克。

原材料	重量	牛奶占 100% %
牛奶	500 克	100
香草香精	2 克	0.4
糖	30 克	6
蛋黄	160 克	33
糖	30 克	6
玉米淀粉	40 克	8
意大利蛋白霜		
糖	400 克	80
水	120 克	24
蛋清	240 克	48
明胶	12 克	2.5

各种变化

巧克力风味希布斯特奶油　chocolate Chiboust cream

原材料	重量	百分比 /%
朗姆酒	30 克	6
苦甜巧克力	100 克	20

在基本配方的步骤3之后，拌入朗姆酒和切碎的半甜巧克力至巧克力融化并完全混合均匀。

咖啡风味希布斯特奶油　coffee Chiboust cream

原材料	重量	百分比 /%
咖啡利口酒	30 克	5
液体咖啡	50 克	10

在基本配方的步骤3之后，拌入咖啡利口酒和液体咖啡。

果仁糖风味希布斯特奶油　praline Chiboust cream

原材料	重量	百分比 /%
朗姆酒	30 克	6
果仁糖膏	75 克	15

在基本配方的步骤3之后，拌入朗姆酒和果仁糖膏。

制作步骤

1. 将牛奶、香草香精及糖混合并加热烧开，搅拌至糖完全融化开。

2. 将蛋黄与第二份糖一起搅打，拌入玉米淀粉。

3. 用一半的热牛奶倒入蛋黄混合物中搅拌使其回温。然后将蛋黄混合物倒回盛有剩余一半牛奶的锅里。重新加热烧开并加热2分钟，直到变得浓稠。

4. 倒入盆里，并在表面上覆盖好保鲜膜，以防止形成结皮。在制作意大利蛋白霜时，要将其保温。

5. 将糖和水加热烧开，并熬煮至糖浆温度达到120℃。将蛋清打发至硬性发泡的程度，然后慢慢将糖浆倒入蛋清中，同时不停打发。继续打发至冷却。

6. 用冷水浸泡明胶，加入热的糕点奶油中（图A）。

7. 搅拌至明胶融化开（图B）。如果糕点奶油不够热，可以重新略微加热。

8. 将1/3的蛋白霜加入糕点奶油中，并快速混合至混合物变得轻盈（图C）。

9. 轻缓地叠拌进剩余的蛋白霜里，直到混合均匀（图D，图E）。

覆盆子希布斯特奶油 Chiboust cream with raspberries

产量：可以制作1500克。

原材料	重量	牛奶占100% %
牛奶	500 克	100
糖	40 克	8
蛋黄	160 克	33
糖	40 克	8
玉米淀粉	50 克	10
意大利蛋白霜		
糖	400 克	80
水	120 克	24
蛋清	240 克	48
覆盆子果蓉（不加糖）	180 克	36
明胶	16 克	3

注释： 在这道配方中，糖、淀粉及明胶的数量要比基本的希布斯特奶油配方中的数量大得多，因为额外加入的覆盆子果蓉需要额外的甜度和浓稠程度。

各种变化

酒香希布斯特奶油 Chiboust cream flavored with alcohol

原材料	重量	百分比 /%
柠檬外层皮（擦碎）	2 克	0.4
利口酒或其他酒类	50 克	10

从基本配方中去掉覆盆子果蓉。在步骤2的蛋黄混合物中加入擦碎的柠檬外层皮，并在步骤7加入明胶时，将朗姆酒、樱桃酒、白兰地，或橙味利口酒等拌入温热的糕点奶油中。

制作步骤

1. 将牛奶和糖混合并加热烧开，搅拌至糖完全融化开。

2. 将蛋黄与第二份糖一起搅打，拌入玉米淀粉。

3. 用一半的热牛奶倒入蛋黄混合物中搅拌使其回温。然后将蛋黄混合物倒回盛有剩余一半牛奶的锅里。重新加热烧开并加热1分钟，直到变得浓稠。

4. 倒入盆里，并在表面上覆盖好保鲜膜，以防止形成结皮。在制作意大利蛋白霜时，要将糕点奶油保温。

5. 将糖和水加热烧开，并熬煮至糖浆温度达到120℃。将蛋清打发至硬性发泡的程度，然后慢慢将糖浆倒入蛋清中，不停打发。继续打发至冷却。

6. 将覆盆子果蓉叠拌进蛋白霜里。

7. 用冷水浸泡明胶，加入到热的糕点奶油中。搅拌至明胶融化开并混合均匀（如果糕点奶油不够热，可以重新略微加热）。

8. 将1/3的蛋白霜加入到糕点奶油中，并快速混合至混合物变得轻盈。

9. 将这种混合物叠拌进剩余的蛋白霜里，直到混合均匀。

青柠檬或柠檬风味希布斯特奶油 lime or lemon Chiboust

产量：可以制作750克。

原材料	重量	果汁占100% %
青柠檬或柠檬汁	250 克	100
青柠檬或柠檬外层皮（擦碎）	4 克	1.5
糖	25 克	10
蛋黄	80 克	32
糖	25 克	10
玉米淀粉	25 克	10
明胶	6 克	2.5
意大利蛋白霜	400 克	160

制作步骤

1. 将果汁、果皮及糖一起用小火加热。
2. 将蛋黄与第二份数量的糖和玉米淀粉一起搅拌均匀。在制作糕点奶油的时候，将果汁逐渐搅拌进入蛋黄混合物中，然后倒入酱汁锅里并加热烧开。将锅从火上端离开。
3. 用冷水浸泡明胶。将明胶加入蛋黄混合物中并搅拌至融化。冷却。
4. 将意大利蛋白霜叠拌进去。

 ## 外交官香草奶油 vanilla crème diplomat

原材料	重量	牛奶占100% %
牛奶	250 克	100
香草豆荚（劈切开）（见注释）	1/2	
蛋黄	40 克（2 个蛋黄）	16
细砂糖	30 克	12
蛋糕粉	20 克	8
玉米淀粉	15 克	6
橙味利口酒（例如金万利）	30 克	12
尚提妮奶油	200 克	80
总重量：	**585 克**	**234**%

注释： 如果没有香草豆荚，可以在最后制作好的奶油中加入适量的香草香精。

制作步骤

1. 将牛奶和香草豆荚一起加热至快要烧开的程度。
2. 将蛋黄和糖一起搅打至颜色变浅。加入面粉和玉米淀粉搅拌均匀。
3. 逐渐搅拌进一半热牛奶使鸡蛋混合物回温。然后将这种混合物倒回有剩余热牛奶的酱汁锅里。重新加热烧开，不时搅拌。
4. 将锅从火上端离开，并拌入利口酒。
5. 覆盖上保鲜膜，并将糕点奶油彻底冷却，然后冷藏。
6. 一旦奶油冷却，搅拌至非常细滑状。
7. 叠拌进尚提妮奶油中。

各种变化

外交官奶油通常使用明胶进行稳定，使用如同希布斯特奶油相同的制作步骤。每250克牛奶，使用4克或2片明胶。

巧克力风味外交官奶油 chocolate crème diplomat

原材料	重量	百分比 /%
苦甜巧克力（切成细末）	70 克	28

从基本配方中去掉橙味利口酒。在步骤4中，将黑巧克力搅拌进热的糕点奶油中。搅拌至巧克力完全融化并混合均匀。

外交官奶油也可以用咖啡香精、果仁膏或栗子蓉等调味。

◆ 在打发奶油时，要遵循什么原则？

◆ 三种基本的蛋白霜是什么，它们是怎么制作而成的？

◆ 如何用打发蛋清来制作蛋白霜？

◆ 如何制作英式奶油酱？

◆ 如何制作糕点奶油酱？

甜品酱汁和巧克力奶油

除了本节中所提供的配方以外，以下类型的甜点酱汁也会在本章中或其他章节中讨论，也可以在不需要配方的情况下轻松制作。

卡仕达酱汁： 香草卡仕达酱，或者英式奶油酱，已在本章中的前面内容中介绍过。它是甜点烹调中最基本的酱料之一，可以加入巧克力或其他口味来创造出更多变化。

糕点奶油可以使用多脂奶油或者牛奶稀释，并且如果需要，可以加入更多的糖，以制作出另外类型的卡仕达酱汁。

巧克力酱汁： 除了本节中所介绍的三种巧克力酱汁的配方以外，巧克力酱汁还可以有其他几种制作方法。例如：

● 用巧克力给英式奶油酱调味。

● 制备巧克力甘纳许 Ⅰ 。然后使用奶油、牛奶，或者单糖浆稀释到所需的浓稠程度。

柠檬酱汁： 制备柠檬馅料，但是只使用45克的玉米淀粉，或者使用30克的糯玉米淀粉。

水果酱汁： 一些最常用的水果酱汁制作十分简单。它们有两种类型：

● 新鲜水果蓉或者加热成熟的水果蓉，加糖调味。这样的水果蓉称为库里（coulis）。

● 将水果果酱加热、过滤，用单糖浆、水或利口酒稀释。

为了更经济节约，水果酱汁可以用水稀释，加入更多的糖，并用淀粉增稠。其他酱汁类，例如使用蓝莓或者菠萝制成的酱汁，用淀粉稍微增稠后，可能会有更加理想的质地。这些酱汁也可以使用香料和（或）柠檬汁来调味。

果冻： 果冻是通过使用明胶增稠液体制成的产品。所以一般会使用明胶来使产品凝固，或用少量的明胶使液体变稠。在糕点部门，几乎所有种类的甜味果汁或者果蓉都可以使用，以及葡萄酒和其他的酒精类饮料也可以使用。

萨芭雍： 萨芭雍是一种使用蛋黄和某些液体（通常是葡萄酒或者利口酒等）一起打发而成的泡沫型酱汁，在这一节中包括了两道配方，一种没有葡萄酒，以及另一种更加传统的使用葡萄酒制成的产品。这种酱汁的意大利版本——萨巴里安尼（zabagloine）是使用马沙拉葡萄酒制成的。

库里（coulis，水果蓉）

在过去的1～2个世纪里，coulis这个词已经有了很多含义。最初，这个词是指来自熟肉类的汁液。在埃斯科菲尔的时代，也就是20世纪初期，库里是一种用肉泥、野味或鱼做成的浓汤。最近，随着浓肉汤的制作越来越少见，这个词主要用来指浓稠的贝类海鲜浓汤。

今天，"coulis"这个词最常见的用法仍然保留着由原材料的蓉泥所制成的浓稠液体的概念。在现代烹饪中，库里是一种由水果或蔬菜蓉泥做成的浓稠酱汁，如覆盆子库里或番茄库里。

焦糖酱汁

本章中的第一部分内容解释了糖加热的各个阶段，最后一个阶段是焦糖。换句话说，焦糖就是简单地将糖加热到金黄色。最简单的焦糖酱汁就是将焦糖用水稀释到酱汁的浓稠程度。如这一部分中的配方所示，加入多脂奶油就可以制成奶油焦糖酱汁。

有两种方法可以将糖制作成焦糖。在湿法中，首先将糖与水混合并加热烧开使其溶解，制成糖浆。

可以加入葡萄糖或酒石酸、柠檬汁等酸性原料，以防止形成结晶。在水分被煮干后，糖就会变成焦糖。这一节中的焦糖酱汁的配方是用湿法。遵循本章开头给出的制备糖浆的指南进行制作。

第二种方法为干法。在干法中，将糖在一个干燥的锅里加热融化，而不用先把它制作成糖浆。通常情况下，加入少量柠檬汁到糖中，使糖晶体在加热后稍微湿润。将糖放入厚底锅或煎锅里。用中高火加热。当糖开始融化时，不停搅拌，使其均匀地焦糖化。许多厨师喜欢一次一点地将糖加入锅里。只有当先前加入的糖完全融化后，才会加入更多的糖。黄油焦糖是使用干法制备而成的，也将在本节中介绍。

当糖开始变成焦糖时，温度会非常高，超过150℃。水或其他液体加入热的焦糖中会有飞溅的危险。为了减少焦糖的飞溅，可以让焦糖稍微冷却。为了快速停止加热，并防止糖的棕色变得过深，可以把锅底在冷水中浸一会儿。或者，先将液体加热，然后小心地加入到焦糖中。

一种更复杂的焦糖是黄油焦糖。本节中所包含的配方很少单独使用（除了制作硬质太妃糖以外）。相反，它是其他产品制备工作的组成部分，比如焦糖水果，例如，焦糖杏，第21章中的波特酒无花果和芳香菠萝。因为黄油焦糖制作起来有些困难，所以它的配方也包括在本节中，在尝试其中一种所提及的配方之前，先学习并掌握它。为了使黄油和焦糖形成均匀、乳化的混合物，必须认真按照配方的制作步骤说明进行操作。

巧克力奶油

在这一节中包括了两种基本的巧克力制备方法，巧克力甘纳许和巧克力慕斯。每一种制作方法都有许多不同的变化，这取决于它们的使用目的不同，因此本书的其他章节中会有不同的巧克力奶油配方与特定的蛋糕、糕点和糖果进行关联。

甘纳许

甘纳许（ganache）是一种味道浓郁的巧克力奶油，有很多用途，包括作为蛋糕和糕点的亮光剂、涂抹用料、馅料以及作为糖果的基料等。它是糕点的基本制备工作之一。

甘纳许最基本的形式是由多脂奶油和考维曲巧克力制成的一种细滑的混合物。奶油和巧克力的确切比例取决于它的使用目的。巧克力和奶油的比例相等，

可以做出柔软的甘纳许，适合当作亮光剂使用，而两份巧克力加一份奶油可以制作出硬质的甘纳许，用于制作巧克力松露和其他糖果等。

甘纳许的硬度也取决于可可固体和可可脂在巧克力中的含量。特制半甜巧克力比黑考维曲巧克力制作的甘纳许质地更硬，含糖量更多、可可脂更少，而牛奶巧克力和白考维曲巧克力制作的甘纳许更加柔软。

除了巧克力和奶油，各种其他原材料也可以加入到甘纳许中来调整风味和质地。通常会加入玉米糖浆或葡萄糖浆来增加甘纳许的柔滑性；加入果汁和酒精等风味调料可以创作出多样化的甘纳许；也可以加入黄油，尤其是在使用果汁的情况下，可以改善甘纳许的质地和质感。

这部分中的百香果甘纳许配方中含有百香果汁作为风味调料，可以使用其他水果蓉和风味调料来代替百香果创作出不同口味甘纳许。在第17章和19章中介绍专门用于涂抹蛋糕的甘纳许配方，在第23章中介绍甘纳许是如何用来制作巧克力松露的。

甘纳许也可以通过搅打创作出类似慕斯的质地来用作馅料。然而，打发好的甘纳许的用途却受到限制。甘纳许必须立即使用，因为它很快就会变硬，即便放置很短的时间也会造成很难涂抹开。

慕斯

巧克力慕斯是通过加入鸡蛋泡沫或者打发好的奶油或两者兼有制成的带有轻柔质地的巧克力奶油。这里包括的两种巧克力慕斯配方非常适合用作馅料和糕点。它们也可以单独作为甜品食用。其他慕斯将在第19章中介绍。

这两个配方中的第一个是在许多经典配方中都可以寻找到的典型配方。但由于食品安全方面的考虑，许多经典的配方必须进行修改，以指定使用巴氏消毒鸡蛋。如果没有巴氏消毒鸡蛋，可以使用不同的配方，如在本节的第二道巧克力慕斯配方中鸡蛋产品会被加热到一个安全的温度。

◆ **复习要点** ◆

- ◆ 什么是水果酱汁（水果蓉）？
- ◆ 制作焦糖的两种方法是什么？
- ◆ 基本的焦糖酱汁是怎么制作的？
- ◆ 甘纳许是什么？它是怎么制作的？

巧克力酱汁 Ⅰ　chocolate sauce Ⅰ

产量：可以制作1升。

原材料	重量
半甜巧克力	500 克
水	500 毫升
黄油	190 克

制作步骤

1. 将巧克力切碎成小粒状。
2. 将巧克力和水放入酱汁锅里。用小火加热，或者隔水加热，直到巧克力融化开。用小火加热烧开，并继续加热2分钟。在加热的过程中不停搅拌，直到形成细滑的混合物。混合物在经过小火加热之后应略微浓稠一些。
3. 将锅从火上端离开，加入黄油。搅拌至黄油融化并混合均匀。
4. 将锅放置到一盆冰水上，并搅拌酱汁至变冷却。

巧克力酱汁 Ⅱ　chocolate sauce Ⅱ

产量：可以制作600克。

原材料	重量
水	300 克
糖	175 克
考维曲苦甜巧克力	75 克
玉米淀粉	25 克
可可粉	50 克
冷水	根据需要

制作步骤

1. 将水、糖及巧克力混合。加热烧开，搅拌至巧克力和糖浆混合。
2. 加入一点水，将玉米淀粉和可可粉混合成稀糊状。
3. 将这种稀糊加入到巧克力糖浆混合物里，并重新加热烧开。过滤并冷却。

巧克力法奇酱汁　chocolate fudge sauce

产量：可以制作1升。

原材料	重量
水	0.5 毫升
糖	1 千克
玉米糖浆	375 克
未加糖巧克力	250 克
黄油	62 克

制作步骤

1. 将水、糖及糖浆混合，加热烧开，搅拌至糖完全融化开。
2. 烧开1分钟，然后将锅从火上端离开。冷却几分钟。
3. 将巧克力和黄油一起用小火加热融化开。搅拌至细滑状。
4. 将热的糖浆非常缓慢地搅拌进巧克力中。
5. 用中火加热至烧开，加热熬煮2分钟。

水果酱汁 fruit coulis

产量：可以制作300克。

原材料	重量
浆果或其他软质水果	200 克
细砂糖	100 克
水	40 克
柠檬汁	15 克
樱桃酒或其他水果白兰地，或利口酒（可选）	20 克

制作步骤

1. 将水果放入搅拌机或食品加工机搅打成蓉状，并用细眼网筛或过滤器过滤。
2. 在酱汁锅里加热水果蓉泥。
3. 另外，将糖和水加热熬煮至105℃制作成糖浆。倒入水果蓉泥中混合好。
4. 重新加热烧开，过滤，并与柠檬汁和酒混合好。冷却。

梅尔巴酱汁 melba sauce

产量：可以制作400毫升。

原材料	重量
冷冻甜味覆盆子	600 克
红醋栗果冻	200 克

制作步骤

1. 将覆盆子解冻并将覆盆子用细网筛挤压过滤，将它们制成蓉泥，并去掉籽。
2. 与果冻一起放入酱汁锅里。加热烧开，搅拌至果冻融化开，并与水果蓉泥完全混合均匀。

各种变化

覆盆子酱汁 raspberry sauce

将冷冻的甜味覆盆子制成蓉泥并过滤，或使用新鲜的覆盆子加适量的糖。去掉红醋栗果冻。根据需要可以立即使用，或加热熬煮到变得浓稠后使用。

使用同样的方法，其他的水果也可以制作成水果蓉并加适量的糖后制作成甜品酱汁。如果使用果肉多的水果（例如芒果）制成的水果蓉会过于浓稠，可以加点水、简单糖浆或适当的果汁进行稀释。

焦糖酱汁 caramel sauce

产量：可以制作375毫升。

原材料	重量
糖	250 克
水	60 毫升
柠檬汁	4 毫升
多脂奶油	190 毫升
牛奶或者额外的奶油	125 毫升

清焦糖酱汁和加有奶油的焦糖酱汁

制作步骤

1. 在厚底酱汁锅里，混合好糖、水及柠檬汁。加热烧开，搅拌至糖融化开。将糖浆加热到焦糖阶段。在快要到加热步骤时，将火调至微火，以避免将糖烧焦，或让其颜色变得太深，焦糖应呈金色。
2. 将锅从火上端离开并冷却5分钟。完全停止加热后为防止因为余热导致糖的颜色变深，可以将锅底立刻浸入冷水里。
3. 将多脂奶油加热烧开。将少量多脂奶油加入到焦糖里。
4. 搅拌并继续缓慢加入奶油。将锅重新加热，并搅拌至所有的焦糖都融化开。
5. 让其完全冷却。
6. 将牛奶或额外的奶油搅入拌进冷却后的焦糖中进行稀释。

各种变化

热焦糖酱汁 hot caramel sauce

按照步骤4的方法进行制作。不要加入牛奶或额外的奶油。

清焦糖酱汁 clear caramel sauce

使用75～90毫升的开水替代多脂奶油，并去掉牛奶。如果酱汁在冷却后太过于浓稠，可以加入更多的水。

奶油焦糖酱汁 butterscotch sauce

在基本配方中使用红糖代替砂糖。去掉柠檬汁。在步骤1中，只将糖浆加热到115℃。在加入多脂奶油前，先加入60克黄油。

焦糖奶油 caramel cream

制备56克的清焦糖酱汁。用15毫升水将2克的明胶浸泡至软。加入温热的焦糖酱汁里，并搅拌至完全融化（根据需要，可以重新加热）。冷却至常温，但是不要冷却至凝固。将125克的多脂奶油打发至湿性发泡。将1/4的奶油搅拌加入到焦糖酱汁里，然后将剩余的奶油叠拌进焦糖酱汁里。

 ## 焦糖黄油 butter caramel

产量：可以制作330克。

原材料	重量
糖	250 克
黄油	125 克

制作步骤

1. 用中火加热糖至融化开，并且变成金黄色的焦糖。
2. 将锅保持中火加热。加入黄油。加热的同时不断搅拌，直到黄油融化，并混合进焦糖里。为了使黄油和焦糖完全乳化，必须大力搅拌。如果搅拌得不够均匀，乳脂就会分离出来。
3. 焦糖在加热后可以保存一段时间，时常搅拌。如果让焦糖冷却，它会变成又硬又脆的太妃糖，再重新加热，黄油会分离出来，但可以加入几滴水大力搅拌，使其重新混合好。

巧克力甘纳许 Ⅰ chocolate ganache Ⅰ

原材料	重量	巧克力占100%
		%
苦甜或半甜巧克力	500 克	100
多脂奶油	375 克	75
总重量：	**875 克**	**175**

各种变化

巧克力和奶油的比例可以各有不同。要制作较硬质一些的甘纳许产品，或天气较热，可以将奶油的用量减少到50%。要制作柔软的甘纳许，可以将奶油增加到100%。依这种比例制作出来的甘纳许，用来制作柔软的巧克力松露是非常合适的，但是需搅打成慕斯状。

巧克力的成分也会影响到甘纳许的黏稠程度，配方可能需要根据所使用的巧克力品种略微进行调整。

制作步骤

1. 将巧克力切碎成小粒状，放入盆里。
2. 将奶油刚好烧开，搅拌以防止过热（使用非常新鲜的奶油，陈奶油在烧开时更容易凝结成块状）。
3. 将奶油浇淋到巧克力上（图A）。让其静置到巧克力完全融化，并且混合物呈细滑状（图B）。如果需要，用小火缓慢加热以将巧克力完全融化开。此时，甘纳许可以用来作为涂抹用料或亮光剂用料使用。可以用来像浇淋到风登糖上一样浇淋到产品上进行覆盖。
4. 如果甘纳许没有趁热使用，让其冷却至常温。不时搅拌，使其冷却均匀。冷却后的甘纳许可以在冰箱里冷藏，并且在需要使用时，在热水槽里重新隔水加热。
5. 要将甘纳许打发，首先混合物要彻底冷却，否则甘纳许不会打发到位。但是，也不要让甘纳许变得太凉，否则会变得过硬。使用球形搅拌器或搅拌机上的搅拌器配件，将甘纳许打发至轻盈、浓稠的乳脂状。应立刻使用。如果贮存的话，打发好的甘纳许会变得坚硬，很难涂抹开。

 巧克力甘纳许 Ⅱ chocolate ganache Ⅱ

原材料	重量	巧克力占100%
		%
多脂奶油	600 克	100
香草粉	少许	
苦甜巧克力	600 克	100
黄油（软化）	100 克	17
总重量：	**1300 克**	**217**

制作步骤

1. 将奶油和香草粉一起加热烧开。
2. 将巧克力切碎。
3. 将热的奶油倒入巧克力上。搅拌至巧克力融化开。
4. 当混合物冷却到35℃时，拌入黄油。制作好的甘纳许要立刻使用。

百香果甘纳许 passion fruit ganache

原材料	重量	巧克力占100% %
多脂奶油	120 克	56
百香果汁	120 克	56
黄油	60 克	28
蛋黄	50 克	23
糖	60 克	28
苦甜或半甜巧克力（切碎）	215 克	100
总重量：	**625 克**	**291%**

制作步骤

1. 将奶油、百香果汁及黄油一起在酱汁锅里加热烧开。
2. 将蛋黄与糖一起搅打至轻盈状。
3. 逐渐将热的液体搅打进蛋黄混合物中。
4. 将搅打好的混合物加热，并快速烧开，然后将锅从火上端离开。
5. 将液体过滤到盆里的巧克力上。搅拌至所有的巧克力全部融化开，并且混合物混合均匀。

 ## 巧克力慕斯 I chocolate mousse I

原材料	重量	巧克力占100% %
苦甜或半甜巧克力	500 克	100
黄油	280 克	56
巴氏消毒蛋黄	155 克	31
巴氏消毒蛋清	375 克	75
糖	80 克	16
总重量：	**1390 克**	**278%**

制作步骤

1. 隔水加热融化巧克力。
2. 将巧克力从热水里端出来，加入黄油。搅拌至黄油融化开，并且完全混合均匀。
3. 加入蛋黄，一次加入一个。将每个蛋黄都完全混合均匀之后，再加入下一个蛋黄。
4. 将蛋清搅打至湿性发泡。加入糖，并搅打到蛋清形成湿润的硬性发泡程度。不要搅打过度。
5. 将蛋清叠拌进巧克力混合物中。

巧克力甘纳许 II chocolate mousse II

原材料	重量	巧克力占100% %
蛋黄	120 克	25
细砂糖	105 克	22
水	90 克	19
苦甜巧克力（融化）	480 克	100
多脂奶油	900 克	190
总重量：	**1695 克**	**356%**

制作步骤

1. 在圆底不锈钢盆里，将蛋黄搅打至颜色变浅。
2. 将糖和水熬煮至118℃，制作成糖浆。将热的糖浆搅打进入蛋黄中，并继续搅打至蛋黄变冷却。
3. 将巧克力融化开，并叠拌进鸡蛋混合物中。
4. 将奶油打发至湿性发泡的程度。将1/3的奶油搅拌到巧克力混合物中。然后将剩余的奶油叠拌进去，直到混合均匀。

萨芭雍 I sabayon I

产量：可以制作750毫升。

原材料	重量
蛋黄	80克（4个）
简单糖浆	100克
打发好的奶油	60克

制作步骤

1. 将蛋黄和糖浆在不锈钢盆里混合。将盆放置在热水槽里隔水加热，并搅打至轻盈、起泡沫，呈浅色状。
2. 将盆从热水槽中取出，继续搅打至冷却，并且体积增至2倍大。
3. 轻缓地将打发好的奶油叠拌进去。
4. 可以当作甜品酱汁使用，或作为能够在焗炉里焗上色的顶料使用。

 ## 萨芭雍 II sabayon II

产量：可以制作900毫升。

原材料	重量
蛋黄	115克（6个）
糖	225克
干白葡萄酒	225克

制作步骤

1. 在不锈钢盆里，将蛋黄搅打至起泡沫状。
2. 将糖和葡萄酒搅打进去。将盆放入热水槽里隔水加热，并继续搅打至变得浓稠并够热。
3. 作为甜品服务上桌，或作为水果、油炸馅饼的酱汁。趁热立即上桌。如果让其静置，萨芭雍就会失去一部分泡沫，并会开始分离。

各种变化

冷萨芭雍 cold sabayon

用葡萄酒将1克的明胶融化。按照基本配方的步骤进行制作。当酱汁制作好之后，将盆置于冰块上，搅打酱汁至冷却。

萨巴里安尼 zabaglione

这是改良自萨巴雍的意大利版本的酱汁和甜品。使用甜的马萨拉葡萄酒代替干白葡萄酒，并且只使用了一半的糖。也可以使用其他的葡萄酒或烈性酒，如波特酒或雪利酒。根据酒的甜度调整糖的使用量。

 ## 苏泽特酱汁 sauce suzette

产量：可以制作450毫升。

原材料	重量
橙汁	200克
柠檬汁	60克
橙子外层皮（擦碎）	15克
糖	200克
黄油	80克
橙味利口酒（例如君度）	100克
白兰地	60克

制作步骤

1. 将果汁和橙皮在酱汁锅内加热。
2. 在另外一个锅里，将糖加热到金色的糖浆状。
3. 将锅从火上端离开，加入黄油，搅拌至焦糖开始溶解。
4. 加入温热的果汁，加热至汁液煮去1/3，不时搅拌。
5. 加入利口酒和白兰地，点燃使酒精燃烧。
6. 趁热使用。

蓝莓酱汁 blueberry sauce

产量：可以制作300毫升。

原材料	重量
糖	45 克
水	60 毫升
柠檬汁	30 毫升
新鲜蓝莓（洗净并控干水分）	360 克

制作步骤

1. 将糖放入厚底酱汁锅里。加热至糖融化开并变成浓郁的金黄色。
2. 将锅从火上端离开，加入水。因为锅非常热，水会立刻沸腾，因此要小心避免被蒸汽烫伤。
3. 用小火加热至焦糖融化。
4. 加入柠檬汁，用小火加热1分钟，直到完全混合均匀。
5. 加入蓝莓，用小火加热5～10分钟，直到蓝莓碎裂开，酱汁略微煮浓并变稠。
6. 尝甜度。如果蓝莓太酸，可以适量多加一些糖。冷却。

 ## 罗勒蜜瓜果冻 basil honeydew gelee

产量：可以制作600毫升。

原材料	重量
罗勒叶	30 克
蜜瓜（切成丁）	480 毫升
明胶（见注释）	10 克
水	45 毫升
水	240 毫升
糖	75 克
青柠檬汁	30 毫升

注释： 要调整果冻的质地和浓稠程度，可以略微减少或增加明胶的使用量。

制作步骤

1. 用开水将罗勒叶烫5秒，捞出控净水，快速浸入冰水中冷却。再次捞出控净水并挤干水分。
2. 在食品加工机里，将罗勒叶与蜜瓜一起搅打成细滑的蓉泥状。静置5分钟或更长时间，以便罗勒叶的绿色全部萃取并融入果汁里。
3. 用铺有纱布的网筛过滤，将固体物丢弃。
4. 用第一份水浸泡明胶。
5. 将第二份水与糖混合并加热烧开，让糖完全融化开。
6. 将锅从火上端离开，加入青柠檬汁和浸泡好的明胶，搅拌至明胶融化开。
7. 将明胶混合物和蜜瓜汁混合，搅拌至完全混合均匀，冷藏至凝固。
8. 要如同酱汁一样的使用，用搅拌器轻轻搅拌果冻以将果冻散裂开。

牛奶焦糖酱汁 dulce de leche

产量：可以制作500毫升。

原材料	重量
牛奶	1 升
糖	375 毫升
小苏打	1 毫升
香草香精	2 毫升

制作步骤

1. 将牛奶、糖及小苏打在厚底酱汁锅内混合好，用中火加热，让其缓慢烧开并且不要搅拌。
2. 当混合物快要沸腾时，混合物会起泡沫。在混合物烧开前，立刻将锅从火上端离开，搅拌。
3. 改用小火加热，将锅放回到火上缓慢加热，用木勺搅拌45～60分钟。混合物会逐渐变成焦糖。
4. 当混合物变成浓郁且浓稠的棕色焦糖状，但仍呈可浇淋的浓稠程度时，将锅从火上端离开，并拌入香草香精。
5. 完全冷却。

硬质黄油酱 hard sauce

产量：可以制作500毫升。

原材料	重量
黄油	250 克
糖粉	500 克
白兰地或朗姆酒	30 毫升

制作步骤

1. 将黄油和糖一起打发至轻盈、蓬松状，与制作奶油糖霜一样。
2. 将白兰地或朗姆酒搅打进去。
3. 可以配蒸布丁一起食用，与英式圣诞布丁一样。

 ## 用于裱花的奶油霜 cream sauce for piping

产量：适量。

原材料	重量
酸奶油	根据需要
多脂奶油	根据需要

制作步骤

1. 将酸奶油搅拌至细滑状。
2. 当这种酱汁用来制作大理石花纹或用来装饰其他酱汁时，需要使用的奶油数量取决于其他酱汁的质地。将多脂奶油逐渐搅拌进去，以稀释酸奶油，直到与其所要装饰的酱汁的浓稠程度相一致。

术语复习

caramelize 焦糖化
sabayon 萨芭雍
pastry cream 糕点奶油酱
Italian meringue 意大利蛋白霜
dessert syrup 甜品糖浆
crème Chantilly 尚提妮奶油

common meringue 普通蛋白霜
crystalize 结晶
zabaglione 萨巴里安尼
crème Chiboust 希布斯特奶油
soft meringue 软性蛋白霜
hard meringue 硬性蛋白霜

crème anglaise 英式奶油酱
Swiss meringue 瑞士蛋白霜
simple syrup 单糖浆
ganache 甘纳许
coulis 库里
gelée 果冻

复习题

1. 熬煮糖浆时，如何避免不必要的结晶？
2. 为什么在熬煮糖浆之前或熬煮过程中，有时会在糖浆中加入酒石酸或柠檬汁？
3. 香草风味卡仕达酱汁和糕点奶油酱中都含有鸡蛋，为什么能够熬煮奶油糕点酱，而不能熬煮卡仕达酱？

4. 解释在制作糕点奶油酱的过程中卫生的重要性。应该采取什么具体步骤来确保产品的安全？
5. 解释油脂、糖和温度对蛋清搅打成泡沫的影响。
6. 描述两种制备水果酱汁的简单方法。

13

派类

读完本章内容，你应该能够：

1. 制备派面团。

2. 擀开派面团，装配并烘烤单层皮派、双层皮派、格子造型装饰派及不用烘烤的派。

3. 制备各种各样的派馅料，包括水果、软质或卡仕达酱种类的奶油及戚风馅料等。

4. 判断派的质量。

    在早期的美国边疆地区，拓荒者家庭主妇每周要烘烤21个派作为每天家人们的口粮。派对于移居者来说非常重要，在冬天没有水果的时候，厨师们会用任何可以得到的材料来制作甜派，比如马铃薯、醋和苏打饼干等。现在我们很少有人每餐都吃派，但它仍然是美国人最喜欢的甜品之一。大多数顾客会为点一块巧克力奶油派而支付比巧克力布丁更高的价格，即使派的馅料和布丁一样，并且他们没有把派的饼皮吃掉。

    在本章，我们会学习派面团和馅料的制备，以及装配和烘烤派的步骤。

派面团

在开始学习这一部分中的内容之前，可以先回顾第5章中搅拌、面筋的形成部分的内容。

派面团的原材料主要为面粉、起酥油、水和盐，派是一种简单的产品，但其成功与否取决于起酥油和面粉的混合方式以及面筋的形成方式。制作派面团的关键是采用恰当的技法。

原材料

面粉

糕点粉是制作派面团的最佳选择。它有足够的面筋来产生所需要的结构和片状酥层，但如果处理得当，它的面筋会足够低，可以制作出柔软的产品。如果使用面筋较大的面粉，起酥油的比例应稍微增加，以提供更多的柔软度。

油脂

普通氢化起酥油是制作派面皮中最受欢迎的油脂，因为它具有可塑性及稠度，可以形成有层次的脆皮。它很结实，可塑性强，可以制作成容易进行加工处理的面团。不应使用乳化起酥油，因为它与面粉混合得太快，很难达到酥层糕点的效果。

黄油为派提供了极佳的风味，但在批量生产中要避免经常使用，原因有两个：①价格较高；②容易融化，使得面团很难加工操作。

如果成本允许的，人们希望在起酥油中混合一定数量的黄油来制作派面皮以改善风味。顾客吃完馅料后，大量的派面皮被丢弃，这说明许多人对起酥油制作的派面皮的味道并不满意。

如果用黄油代替所有起酥油来制作派面皮，配方中的油脂比例应该增加1/4左右。由于黄油含有水分，液体的用量可以略微减少一点。

对于较浓郁的糕点和油酥面团，黄油在配方中被指定为主要油脂。这些面团主要用于制作欧式风格的果派和糕点，其中黄油的风味是甜品中的重要组成部分。

猪油是一种很好的派起酥油，因为它质地坚硬，可塑性强，可以形成很好的片状酥层。然而，它并没有在食品行业中被广泛使用。

派的历史典故

如果我们把派（pie）这个词的意思理解为所有包裹着种类繁多的馅料并烘烤成熟的糕点的话。那么几乎在所有有记录的历史中，派一直都存在。在古希腊和罗马，使用橄榄油做成的面团被用来覆盖或包裹各种原材料。

在英语中，pie这个词至少可以追溯到1300年以前。它可能是喜鹊的简称，喜鹊是一种喜欢收集各种各样东西的鸟，就像面包师在烘烤派时总是装配各种原材料一样。中世纪，pie这个词是指含有肉类、家禽等咸香风味的派。在英国，这个词仍然主要用于肉类派，热的派和冷的派（冷的派类似于我们称为肉酱派），而在北美，咸香风味派（例如鸡肉派）仍然非常受欢迎。

然而，北美人坚定地将派发展的方向从咸香风味转向甜味。水果派，尤其是苹果派，也许仍然是最受欢迎的派，但是糕点厨师们也用许多其他的原材料发明了甜品派的馅料。

派在欧洲大陆非常受欢迎，成为每年夏季节日的特色美食。例如，自称为明尼苏达州派之都的布拉罕小镇，就举办过一个称为"派日"的非常受欢迎的节日，销售各具特色的派，具办烘焙大赛、艺术和技艺表演，以及一整天的娱乐活动，所有这些都是为了展示丰富多彩的派。

液体

水是在面粉中形成一定的面筋，使面团具有结构性和松脆感的必需原材料。如果使用了太多的水，会形成过多的面筋，使面皮变硬。如果没有使用足够的水，形成的面筋结构不足，会导致面皮碎裂开。

牛奶能使面团风味更加浓郁，烘烤时上色更快。但是，外皮不会那么酥脆，生产成本较高。如果使用了奶粉，应将其溶解在水中，以保证在面团中分布均匀。

不管使用的是水还是牛奶，必须冷时加入（4℃或者更凉一些），以保持适当的面团温度。

盐

盐对面筋有一定的调节作用，但是它提供的主要是风味。在加入并混合前，盐必须溶解在液体中，以确保均匀分布。

温度

在混合和制作成型的过程中，派面团应保持凉爽，大约在15℃，有两个原因：

- 酥油冷却后的稠度最好。如果它是温热的，会与面粉混合得就会太快。如果它非常凉，就会太硬，不容易加工处理。
- 面筋在低温下比在温暖的温度下形成得更慢。

派面团的种类

派面团有以下两种基本种类：

- 片状酥皮派面团
- 粉状派面团

两者的不同之处在于油脂和面粉混合的方式。在下面的配方中会列出完整的混合步骤。首先去了解一下这两种类型之间的基本区别。

片状酥皮派面团

要制作片状酥皮派面团，油脂被切割进入或者揉搓进入面粉中，直到起酥油颗粒约为青豆粒或者榛子大小，即面粉没有和油脂完全混合，油脂被加工成碎片状（许多面包师会区分这种面皮，把它们称为"短片状"面皮和"长片状"面皮。在这种面团中，油脂被加工成核桃大小的块状，而裹在面粉表面的起酥油则更少。闪电酥皮面团，将在下一章中介绍，它实际上是一个长片状的派面团，像酥皮面团一样被擀开和折叠）。

当加入水之后，面粉会吸收水分，形成一定的面筋。擀开面团之后，油脂块和湿润的面粉被擀至平整，成为被一层层油脂分隔开的碎片状的面团。

粉状派面团

要制作粉状派面团，油脂被更彻底地混合入面粉中，直到混合物看起来像粗糙的玉米粉状。在面粉上更完全地包裹上油脂会产生以下三种结果：

- 面皮会非常酥脆，因为能够形成的面筋较少。
- 在搅拌时需要的水分较少，因为面粉不会吸收如同片状酥皮派面团一样多的水分。
- 烘烤后的面团较少的可能从馅料中吸收水分而变得潮湿。

在烘烤水果派和软质派，或者是卡仕达酱类型的派时，因为它具有抗湿性，所以粉状派面团常用于制作派底部的外壳。而片状酥皮派面团常用来制作派

用于片状酥皮派面团和粉状派面团的油脂和面粉混合物

顶部的面皮，有时也用来制作预烤好的派面皮。

为了制作更耐浸泡的粉状派面团，面粉和油脂可以完全混合在一起，制成光滑的面团。这样的面团经过烘烤之后非常酥脆，特别适合于用来制作卡仕达酱派。

本节中介绍的强化派糕点的配方本质上是一种粉状面团，只不过它含有更多的糖，使用了蛋黄来增强风味。使用黄油作为唯一油脂的效果特别好，细腻、浓郁的风味使它适合用于制作欧洲风格的果派和单皮派。

3-2-1 面团

最受欢迎的派面团配方被称为3-2-1面团。这些数字是指原材料按重量计算的比例：3份面粉，2份起酥油以及1份冰水。在这一章中，基本派面团配方中的原材料比例在3-2-1标准基础上经过了稍加修改。特别是使它们含有的水分略少，以此让面团更酥脆。3-2-1面团既可以用来制作粉状派面团，也可以用来制作片状酥皮派面团。要混合原材料，可以使用在基本配方中所给出的制作步骤。

边角料

经过再加工的剩余面团和边角料比新制作的面团更坚韧。它们可以与粉状酥皮面团混合，仅用来制作底部的派面皮。

混合

手工混合最适合用来制作少量的面团，尤其是片状酥皮面团，因为在混合的时候可以更好地控制面团。4.5千克以下的面团用手混合的速度几乎和用机

器混合的一样。

使用机器混合面团，需糕点刀或者浆状搅拌器配件并以低速混合。

派面团的混合方法，又称揉搓面团法。它与下一章中所要讨论的沙粒法几乎相同，除了油脂被揉搓得不如片状酥皮面那么彻底以外。以下两个主要步骤是该方法的特色：

1. 将油脂揉搓到过筛后的干性原材料上。

2. 小心地将混合好的液体原材料混合到干性原材料里。

以下的派面团配方中的六个制作步骤对揉搓面团法进行了更详细的解释。大多数的派面团及其他几种基本糕点都使用了这一方法或者有所变化的方法进行混合。同样，将这种方法与制作饼干方法进行比较。虽然饼干面团比较柔软，且含有发酵成分，但也是用类似的步骤进行混合的。

碎末派面皮

使用全麦饼干制成的碎末派面皮非常受欢迎，因为它们有一种诱人食欲的风味，而且比糕点派面皮更容易制作。也可以用香草或巧克力华夫饼碎末、姜饼碎末，或茨威巴克干面包碎末来替代全麦饼干碎末。坚果碎末可添加到特制的甜品中。

碎末派面皮主要用于不用经过烘烤的派，如奶油派和戚风派。它们也可以用来制作奶酪蛋糕等甜品。但要确保派面皮的味道和其馅料的味道相匹配，例如，青柠檬戚风派配上巧克力碎末制成的派面皮，就不是一个吸引人的组合。并且有一些奶油馅料的风味太过于细腻，风味太浓郁的派面皮会盖过奶油风味。

在填馅之前先烘烤碎末派面皮，可以让它变得更硬，更不易碎裂开，还能给它带来一种烘烤过的风味。

 ## 派面团 pie dough

原材料	片状酥皮派面团		粉状派面团	
	重量	百分比 /%	重量	百分比 /%
蛋糕粉	500 克	100	500 克	100
常规起酥油	350 克	70	325 克	65
冷水	150 克	30	125 克	25
盐	10 克	2	10 克	2
糖（可选）	25 克	5	25 克	5
总重量：	**1035 克**	**207%**	**985 克**	**197%**

制作步骤

1. 将面粉过筛到搅拌桶里，加入起酥油。
2. 用手揉搓，或者用刀将起酥油切割到面粉里，直到呈适当大小的颗粒程度：
   对于片状酥皮派面团，加工到油脂颗粒像豌豆或榛子大的程度。
   对于粉状派面团，加工到混合物看起来类似于玉米面一样。
3. 将盐和糖（如果使用的话）在水里融化开。
4. 将水加入到面粉混合物中，非常轻柔地混合，只混合到水被吸收即可，不要过度揉搓面团。
5. 将面团摆放到烤盘里，用保鲜膜覆盖好，放入冰箱里冷藏至少4小时。
6. 根据需要按份称取面团。

浓味派糕点　enriched pie pastry

原材料	重量	百分比 /%
糕点粉	375 克	100
糖	62 克	17
黄油	188 克	50
蛋黄	30 克	8
冷水	94 克	25
盐	4 克	1
总重量：	**753 克**	**201%**

各种变化

对于乳蛋饼和其他咸香风味的派和果派，可以去掉糖。

制作步骤

这种糕点混合好的面团有点像粉状派面团，只不过糖的含量太大，不容易溶解到水里。

1. 将面粉和糖过筛到搅拌盆里。
2. 加入黄油，揉搓到面粉里，直到混合均匀，没有大块残留。
3. 将蛋黄、水及盐一起搅拌好，至盐融化开。
4. 将液体加入到面粉混合物中。轻缓地搅拌至液体被完全吸收。
5. 将面团放入烤盘里，盖上保鲜膜，放入冰箱里冷藏至少4小时（同样的，如果已经提前知道了所需面团的大小，可以称取面团，整理成圆形，单独包好，并冷藏）。
6. 根据需要按份称取面团。

 ## 全麦饼干派皮　graham cracker crust

产量：足以制作四个23厘米的派或5个20厘米的派。

原材料	重量	全面饼干碎末占100% %
全麦饼干碎末	450 克	100
糖	225 克	50
黄油（融化开）	225 克	50
总重量：	**900 克**	**200%**

各种变化

巧克力或香草华夫饼碎末，姜饼碎末，茨威巴克干面包碎末都可以用来代替全麦饼干碎末。

制作步骤

1. 将饼干碎末与糖一起在搅拌盆里混合好。
2. 加入融化的黄油并混合至均匀；饼干碎末应该被黄油完全润湿。
3. 将混合物称取到派模具里：
   23厘米模具称取225克
   20厘米模具称取180克
4. 将混合物均匀的摊开到模具的底部和四周。将另外一个模具按压到上面，将饼干碎末均匀地按压平整。
5. 用175℃的温度烘烤10分钟。
6. 在填入馅料前完全冷却透。

◆ 复习要点 ◆

- ◆ 派面团的混合方法有哪些步骤？
- ◆ 3-2-1面团是什么？
- ◆ 片状酥皮派面团最适合用来制作什么种类的派面皮？粉状派面团最适合用来制作什么种类的派面皮？
- ◆ 用来制作饼干碎末派面皮的原材料和步骤是什么？

派的组装和烘烤

根据装配和烘烤的方法不同，派可以分为以下两类。

烘烤的派：生的派面皮被填入馅料，然后经过烘烤。水果派里含有水果馅料，通常表面会覆盖一层派面皮。软质派是指那些带有卡仕达酱类型的馅料——也就是说，当所含有的鸡蛋成分凝结时，液体馅料就变成硬质的了。它们通常作为单层派烘烤而成。

不用烘烤的派：预先烘烤好的派外皮中填满准备好的馅料，经过冷却之后，当馅料已经变硬到足以切开时，即可食用。奶油派是使用布丁或熬煮好的卡仕达酱类型的馅料制作而成的。戚风派是通过加入搅打好的蛋清和（或）者打发好的奶油使其质地变得

轻盈的馅料制成的。明胶或者淀粉使它们的质地变得牢固。

派的两种主要成分是面团或油酥面团和馅料。这两种成分是在完全不同的操作中生产的。一旦面团和馅料制作好，便可以擀开面团、进行装配并烘烤。

因为这些操作是分开进行的，涉及不同类型的问题和技法，所以最好每次只聚焦于它们之中的一个。派面团的制备如上所述。本节首先介绍将派面团制作成派外皮以及填入馅料和烘烤派的步骤，然后在下一节中讨论派的馅料。

取代水果派表面的面皮，有时会在表面撒上顶料，或者装饰上格子状造型的面皮（详见制作格子状造型面皮的步骤中的相关内容）。在表面撒上碎料特别适合于制作苹果派。格子状造型的面皮最适合樱桃或者蓝莓等具有丰富色彩的水果派。

制作步骤：擀开派面团并铺放到模具里

1．为每一种用途选择最适合的面团：粉状派面团常用于制作在派面皮需要被浸泡的时候，所以它们主要用于派底部的面皮，特别是用于制作卡仕达酱和南瓜馅这样的柔软的馅料底部面皮。这是因为粉状派面团比片状酥皮派面团更耐浸泡。

片状酥皮面团最适合用来制作派表面的面皮。它们也可以用于制作预烤好的派外皮，这样在这些外皮里填入冷却后的馅料后就可以立刻上桌食用。但是如果预烤好的派外皮是要填入热的馅料的话，更加放心的方法是使用粉状派面团。

2．称取面团的重量：下述的重量只是使用指南。派模具的深度不同，因此它们的容量也各自不同。例如，一次性的模具通常都会比标准的派模具要浅得多。

23厘米的模具使用225克底层面皮。23厘米的模具使用170克表面面皮。20厘米的模具使用170克底层面皮。20厘米的模具使用140克表面面皮。

经验丰富的面包师在将派面团擀开成为派面皮的时候使用的面团非常少，因为他们知道如何把面团擀成一个大小合适的圆形，因此，只需要切除掉一点多余的面团。

请注意，派模具会经常被贴上错误的标签，暗示它们比实际尺寸要大一些。有时标有23厘米的模具实际上比20厘米的模具还要小。在本书中，"派模具的尺寸"是指派模具的内顶直径（内侧的表面直径）。

3．在工作台面上和擀面杖上撒上少许的面粉：撒了太多的面粉会使面团变得坚韧，因此使用的面粉量不要超过所需要的防止粘连的用量即可。

除了可以直接在工作台面上擀开面团以外，还可以在撒有面粉的帆布上将面团擀开。在帆布上擀开面团时，不需要撒太多面粉。

4．擀开面团：将面团略微按压平整，将面团擀开成为规整的3毫米厚。使用匀称的动作，从中间朝向四周擀开面团。不时抬起面团，以确保它不会粘连。擀好后的面团应该是一个近乎完美的圆形。

5．将面团铺放到模具里：要抬起面团且不让其断裂开，可以让其松弛地卷起到擀面杖上。第二种方法是，将面团对折起来，将折好的面团铺放到模具里，让折痕在模具的中间位置处，然后展开面团。让擀开的面团下沉到模具里；将其按压到模具的边角处，不要伸拉面团。伸拉过的面团在烘烤的过程中会收缩。铺放好的面团和模具之间不能有气泡。

6．要制作单层面皮派，根据需要，可以将派面团的边缘处加工成凹槽形或者波浪形，然后修剪掉多余的面团：当要制作双层面皮的派时，填入冷的馅料，在边缘处的派面皮上涂刷上水，在上面再覆盖上第二块面皮，与制备烘烤派的制作步骤中所解释的做法一样；密封好边缘处；根据需要，加工成波浪形或者凹槽形；将多余的面团修剪掉。修剪掉多余面团的最简单方法是在用手掌按压模具边缘上的面团时，在

手掌之间转动模具。这样做可把多余的面团捏断开，使其与模具边缘齐平。一些烘焙师认为凹槽形边缘增加了产品的美观度。另一些人则认为制作凹槽形耗时太长，产生的效果也不过是一圈油腻的面团，大多数顾客都把它们遗留在餐盘里了。当按照制作步骤的说明进行制作时，无论是否制作有凹槽的派边缘，一定要确保双层面皮的派密封牢固。许多面包师喜欢在派外皮上制作出一个凸起的、带有凹槽的面皮边缘，用来做软质馅料的派，例如卡仕达酱或者南瓜馅派。如图所示，这种凸起的边缘，使它们能够在外皮中填入非常满的馅料，同时减少汁液溢出的可能。

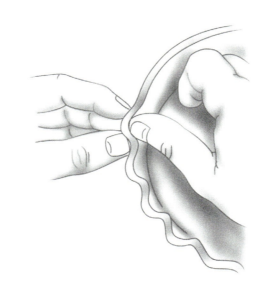

7. 将制作好的派松弛20～30分钟，最好是冷藏：这有助于防止面皮收缩。

浸湿（黏湿）的派底部

未烘烤成熟的派底部面皮或者面皮吸收了馅料中的水分是制作派时出现的通病。有以下几种方法可以避免派的底部浸湿。

1. 使用粉状派面团制作派的底部。粉状派面团比片状酥皮派面团吸收的液体要少一些。

2. 至少在烘烤派的开始阶段，使用烤箱的底部高温，使派面皮迅速定形。把派放在烤箱的底部烘烤。

3. 不要在不用烘烤的派面皮中加入热的馅料。

4. 对于水果派，在派面皮的底部铺上一层薄薄的蛋糕碎屑，然后再倒进馅料。这有助于吸收一些果汁，否则它们可能会渗透到面皮里。

5. 使用深色的派模具，这样的模具会吸收热量（使用一次性锡纸模具必须依赖其他方法，例如使用带有黑色底部的一次性模具）。

6. 如果最后烘烤好的派底部仍然没有烤熟，可以将它们摆放到平板炉上加热几分钟。但是要特别小心，避免灼焦。

制作步骤： 制作格子状造型的派表面

1. 将没有使用过的派面团（不是边角料）擀开成3毫米厚的片状。
2. 切割成1厘米宽的条长条，并且其长度足以横跨过派中间位置处。
3. 在长条形面皮上和装有馅料的派边缘处涂刷上蛋液。
4. 将长条形面皮间隔约2.5厘米摆放到派上。确保它们都是平行摆放的，间隔均匀。把它们在派面皮的边缘按压好，去掉多余的部分。
5. 在派上再摆放上一些长条形面皮，与第一次摆放好的长条成一定角度。它们可以摆放成45°形成菱形的图案，也可以摆放成90°形成棋盘形方格图案造型。将边缘处按压好，并修剪掉多余的部分。

注：你可以将它们编织在一起（图A，图B，图C），而不是相互铺放在一起，但这对面包店来说太耗费时间，通常只有在家庭厨房里才这样制作。当把长条编织在一起时，馅料中的一些汁液很可能会粘在长条形面皮的底部，如图所示。最好在制作的时候把这些汁液去掉，这样在烘烤的时候它们就不会破坏外皮的外观了。

A

B

C

制作步骤：烘烤的派

注： 如果制作没有表面面皮的派，去掉步骤 3~7。

1. 如同在基本制作步骤中一样，将派面团铺设到模具里（图A）。

A

2. 填入冷却后的馅料（图B）（有关称取馅料的说明，请参阅下表中的内容）。不要将馅料滴落到派面皮的边缘上，这样很难将表面上的外皮边缘处密封好，可能导致在烘烤的过程中出现渗漏。

B

为了避免将卡仕达馅料洒落在单层皮派上，在倒入馅料之前，先将派外皮摆放在烤箱的层架上。

3. 将用于表面上的面团擀开成面皮。

4. 在要摆放到表面上的面皮上切割出几个透气孔，让蒸汽在烘烤的过程中能够逸出。

5. 用水或者蛋液将底层面皮的边缘处涂湿润，有助于它们与表面上的面皮密封到一起。

6. 将表面上的面皮摆放到位（图C）。将边缘处牢固的密封到一起，并修剪掉多余的面团。根据需要，派边缘处可以制作成凹槽形或者波纹形。用叉子的叉尖按压是一种快速密封和使边缘形成波纹状的方法。高效地修剪掉多余糕点面团的方法是在旋转派模具的同时用手掌按压边缘（图D）。

C

D

7. 在表面面皮上涂刷上所需要的液体：牛奶、奶油、蛋液或者融化的黄油等。根据需要，可以撒上少许砂糖。涂刷有蛋液的表面，在烘烤好之后外观会富有光泽。表面涂刷有油脂、牛奶或奶油不会带有光泽，但会有一种家庭烘焙的外观。

8. 将派放在预热到210~220℃的烤箱的下

层烘烤。较高的初始热量有助于形成派底部的外皮，以避免黏湿。水果派是一直使用这种高温烘烤至成熟的。对于卡仕达酱派，烘烤10分钟后将温度降低到165～175℃，以避免烘烤过度并引起卡仕达酱凝结。卡仕达酱派包括所有含有大量鸡蛋的派，比如南瓜派和山核桃塔派等。

称取烘烤派的馅料指南	
派大小	馅料重量
20厘米	750～850克
23厘米	900～1150克
25厘米	1150～1400克

注：重量只是使用指南。准确的重量可能会有所不同，这取决于馅料和模具的深度。一次性模具通常会比标准派模具要浅一些。

制作步骤：不用烘烤的派

1. 如同在基本制作步骤中一样，将派面皮铺设到派模具里。
2. 用叉子在面皮上戳出孔洞以防止起泡（这个步骤称为dock，是指用叉子或其他合适的工具在糕点上戳出孔洞或者穿孔的意思）。
3. 将另外一个模具放置到第一个铺设有面皮的模具里，这样面皮就会夹在两个模具之间。
4. 将两个模具倒扣过来，放入预热至230℃的烤箱里。倒扣着烘烤有助于保持面团不会收缩到模具里。
   有些面包师喜欢在烘烤之前先将派外皮冷藏至少20～30分钟，以松弛面筋，有助于减少面团收缩。

5. 以230℃的温度烘烤10～15分钟。在烘烤的最后部分时间里，可以取下一个模具，这样派外皮就可以烘烤成棕色。
6. 将烘烤好的派外皮完全冷却。
7. 填入奶油馅料或者戚风馅料。尽可能地在接近食用之前填入馅料，以防止派外皮吸湿而变绵软。
8. 将派冷藏至凝固，足以切开而不散。
9. 大多数的奶油派和戚风派在表面加上打发好的奶油效果更好。有一些奶油派，特别是柠檬风味派，在表面加上蛋白霜并烘烤上色之后非常受欢迎（制作蛋白霜派顶料的步骤见下面相关的内容）。

制作步骤：蛋白霜派顶料

1. 制作常见的蛋白霜或者瑞士蛋白霜，每千克的蛋清使用1千克的糖，打发至硬性发泡。
2. 在每一个派上都多涂抹一些蛋白霜。把它稍微堆积起来，一定要把它涂抹到派面皮的边缘位置。如果不这样做，蛋白霜可能会在制作好的派上滑动。将蛋白霜涂抹成波纹状或

尖状。
3. 以200℃烘烤表面至呈极具吸引力的棕色。不要使用更高的温度烘烤，会导致蛋白霜的表面收缩并且会变硬。
4. 从烤箱里取出并冷却。

◆ 复习要点 ◆

◆ 擀开派面团并铺设到模具里的步骤是什么？
◆ 制备烘烤的派的步骤是什么？
◆ 制备不用烘烤的派的步骤是什么？

派的馅料

大多数派馅料都需要使用增稠剂，最重要的两种增稠剂是淀粉和鸡蛋。

用于馅料的淀粉

很多种类的馅料，尤其是水果馅料和奶油馅料，都依赖于淀粉增稠。一些使用鸡蛋增稠的馅料，如南瓜，有时也含有淀粉。淀粉可以作为稳定剂，也可以通过降低鸡蛋含量来降低成本。用作馅料的淀粉包括：

玉米淀粉常用于奶油派，因为它会形成一种硬质的凝胶，在被切成片状的时候能够保持它的形状。它还可以用来制作水果派。

糯玉米淀粉或改性淀粉是制作水果派的最佳原料，因为它们凝固后很清澈，形成柔软的糊状，而不是硬质的凝胶状。糯玉米淀粉可以用来制作冷冻的派，因为这种淀粉在冷冻的过程中不会分解。

面粉、木薯粉、马铃薯淀粉、大米淀粉和其他淀粉很少被用作馅料。面粉的增稠能力不如其他淀粉，而且会使水果馅变得浑浊。

速溶淀粉或预胶凝淀粉不需要加热，因为它已经被加热成熟了。当与某些水果馅料一起使用时，在制作派前不需要提前将馅料加热成熟。然而，如果馅料使用的是新鲜水果，无论如何都要加热成熟的话，它就失去了这个优势。对于南瓜柔软的馅料，可以用速溶淀粉来解决玉米淀粉经常出现的问题，比如玉米淀粉在糊化之前容易沉淀。这样底部就会形成一层致密的淀粉层，顶部的馅料也会变得不太浓稠。速溶淀粉的增稠能力不同，需按照制造商的建议使用。

加热淀粉

为避免形成结块，淀粉在加入到热的液体中前必须与冷的液体或糖相混合。糖和强酸（如柠檬汁）会降低淀粉的增稠能力。如果可能的话，应在淀粉变稠之后加入全部或部分的糖和强酸。

水果馅料

水果馅料是由固体的水果块用凝胶粘连在一起组成的。这种凝胶由果汁、水、糖、香料和淀粉增稠剂组成。如前所述，一种改性淀粉，如糯玉米淀粉，是用于水果馅料的首选增稠剂，因为它能制作出清澈的凝胶。

其他的淀粉类，如玉米淀粉、木薯粉或马铃薯淀粉也可以使用。玉米淀粉在餐饮行业中经常被使用，在这些行业中，烘焙只是食品制备工作的一方面，这就使得较难在手头上拥有只能在面包房找到的特色原材料。

凝胶的作用是将固体的水果块结合在一起，帮助彰显出香料的风味和糖的甜味，并通过赋予水果光泽或者光彩来改善外观。当然，固体水果是馅料中最重要的部分。要拥有一种高品质的派馅料，每千克液体（果汁加水）应该拥有1～1.3千克控净汤汁的水果。

在餐饮业中制作派馅料的两种基本方法是加热果汁法和加热水果法。在本章最后部分的内容里，还描述了第三种方法，即古典式方法。在加热果汁法中，凝胶是通过将果汁、水和糖与淀粉分开加热烹调而制成的。然后将凝胶与水果混合。在加热水果法中，水果、水和果汁（如果有的话）一起加热成熟，然后使用淀粉增稠。

用于派馅料的水果

当季新鲜水果是制作派是最佳选择。新鲜苹果被广泛用于制作高品质的派。新鲜水果的质量参差不齐，而且许多水果的制作较费时费力。

冷冻水果被广泛用于制作派，因为它们质量稳定且容易获取。大批量使用的冷冻水果通常以13.6千克的罐头形式与糖一起进行包装。它们可以在冷藏冰箱中解冻2～3天，或者在水槽里解冻。第三种方法是把水果解冻到刚好能够从容器中取出来，加入用来制作派馅料的水，并继续加热到85～90℃。然后沥干果汁，制作馅料。无论使用哪种方法，都要确保在制备馅料之前水果已经完全解冻。如果还有部分冷冻的水果存在，将不能恰当地沥干果汁来制作凝胶，而且冷冻的、未控净的果汁在之后将香料的风味冲淡。

一些冷冻水果，尤其是浆果类，包装时是不含糖的。当然，在派馅料中添加糖时，任何水果的含糖量都必须考虑在内。

水果罐头有四种基本的包装方式：固体包装、重型包装、清水包装和糖浆包装。固体包装意味着没有添加水分或只有少量的果汁。

重型包装意味着只添加少量的水或果汁。清水包装的水果是用加工水果的水制成罐头，酸樱桃通常是以这种方式进行包装的。糖浆包装的水果是将水果用糖浆进行包装的，糖浆可以是淡的、中度的、浓的或特浓的。浓糖浆意味着糖浆中有更多的糖。一般说，用浓糖浆包装的水果比用淡糖浆包装的水果更结实，更不易破碎。

至于清水包装和糖浆包装的水果，最重要的是要知道沥干净重（不含果汁的固体水果的重量）。这些相关信息可以在包装标签上查到，也可以在经过加工之后获得。净重是包括果汁或糖浆在内的全部含量的总重量。

如果控净汁液后的水果重量非常低，可额外增加一些控净汁液后的水果到这一批次的馅料中，以获得水果与凝胶的均衡比例。

干果必须经过浸泡，并且通常小火加热来进行水化处理，然后将它们制作成派馅料。

水果必须含有足够的酸（酸性）来制作美味的馅料。如果它们缺乏天然酸，可能需要添加一些柠檬汁、橙汁或菠萝汁来提供酸。

加热果汁法

这种方法的优点是只加热果汁。由于水果受到较少的热量和处理过程，因此，水果可以保持住更好的形状和风味。这种方法适用于水果在填入派之前几乎不需要加热或者根本不需要加热的情况。大多数罐装和冷冻水果都是这样制作的。新鲜的浆果也可以用这种方法制作：将一部分浆果加热成熟或制成蓉泥以提供果汁，然后将剩余的浆果与制作好的凝胶混合到一起。

制作步骤： 加热果汁法

1. 将水果控净果汁。
2. 量取果汁的用量，如果有必要，可以加入水或其他果汁，使其达到所需要的用量。
3. 将果汁加热烧开。
4. 用冷水将淀粉溶解开，并将其拌入烧开的果汁里。重新加热烧开，并加热到果汁变得清澈而浓稠。
5. 加入糖、盐及风味调料等，搅拌至融化开。
6. 将浓稠的果汁倒入控净汁液后的水果里，并轻轻搅拌均匀。要小心不要将水果搅碎裂开或搅烂。
7. 冷却。

加热水果法

这种方法常用于水果需要加热或在加热果汁法中没有足够的液体的情况。大多数新鲜水果（除了浆果类）都是这样制作的，而干果类中的葡萄干和杏干也是这样制作的。罐装水果不应该使用这种方法制作，因为它们已经加热过了，否则很可能会碎裂或变成糊状。

制作步骤： 加热水果法

1. 将水果和果汁或者水一起加热烧开，可以在水果中加入适量的糖，以释出果汁。
2. 用冷水将淀粉溶解，拌入水果里。重新加热烧开，加热至变得清澈而浓稠。在加热的过程中要不时搅拌。
3. 加入糖、盐、风味调料及其他原材料，搅拌至融化开。
4. 迅速冷却。

各种变化

有一些水果，如新鲜的苹果等，为了取得更好的风味，可以用黄油加热，而不用水煮。

古典式方法

这种方法通常用于自制苹果派和桃派。然而，由于它不具有优点，并不经常应用于餐饮业中。首先，果汁的浓稠性很难控制。第二，因为新鲜水果在加热的过程中会收缩，所以必须要将水果高高堆起在派面皮里。然后水果会收缩，通常会在面皮和水果之间留下了很大空间，因此顶部的面皮会变得畸形。而且，与馅料煮熟和在填入到派之前变稠相比，派中流出的汁液更容易沸腾。

由于这些原因，加热水果法通常比古典式的方法效果会更好。

制作步骤：古典式方法（传统式方法）

1. 将淀粉和香料与糖混合至彻底混合均匀。
2. 将水果与糖混合物搅拌均匀。
3. 在未经过烘烤的派面皮中装入水果。
4. 在馅料上摆放一些黄油颗粒。
5. 在表面覆盖上面皮，或者碎料并烘烤。

复习要点

◆ 用加热果汁法制作派馅料有哪些步骤？

◆ 用加热水果法制作派馅料有哪些步骤？

◆ 用古典式方法制作水果派馅料有哪些步骤？

🍥 苹果派馅料（罐头装水果）apple pie filling（canned fruit）

产量：可以制作4500克——五个20厘米的派或四个23厘米的派或三个25厘米的派。

原材料	重量
罐头装苹果，固体包装，或重型包装（1个10号罐头）	3000 克
控出的果汁（加上水）	750 毫升
冷水	250 毫升
玉米淀粉	90 克
或	
改性淀粉（糯玉米淀粉）	75 克
糖	570 克
盐	7 克
肉桂粉	7 克
豆蔻粉	2 克
黄油	90 克

制作步骤

使用加热果汁法。

1. 控净苹果的果汁，并保留果汁。加入足量的水，让果汁容量达到750毫升。
2. 将淀粉与冷水混合好。
3. 将果汁混合物加热烧开。拌入淀粉混合物，并继续加热烧开。
4. 加入剩余的原材料，除了控净果汁的苹果以外。小火加热至糖完全融化开。
5. 将糖浆倒在苹果上，并轻缓地搅拌均匀。让其完全冷却。
6. 填入派面皮里。温度220℃烘烤30～40分钟。

各种变化

荷兰风味苹果派馅料 dutch apple pie filling

用水将250克的葡萄干小火加热煮开。捞出控净水后加入到苹果派的馅料中。

樱桃派馅料 cherry pie filling

使用一罐10号的酸樱桃罐头代替苹果，并按下述原材料进行调整：

将淀粉增加到125克的玉米淀粉，或90克的糯玉米淀粉。

将糖增加到825克。

在上述步骤4中，增加45毫升的柠檬汁。

去掉肉桂粉和豆蔻粉。增加适量的杏仁香精（可选）。

根据需要，可以加入2～3滴的红色食用色素增加色彩。

桃派馅料 peach pie filling

使用一罐10号的切片桃罐头，最好是固体或重型包装的，用来代替苹果。在步骤1中，将液体增加到1升。去掉肉桂粉和豆蔻粉。

菠萝派馅料 pineapple pie filling

使用一罐10号的碎菠萝罐头来代替苹果。将菠萝在过滤器中轻轻挤压，以挤出果汁。并按照下述原材料进行调整：

在上述步骤1中，将液体增加到1升。

将淀粉增加到125克的玉米淀粉，或90克糯玉米淀粉。

使用750克的糖和250克的玉米糖浆。

去掉肉桂粉和豆蔻粉。根据需要，可以加入2～3滴的黄色食用色素增加色彩。

蓝莓派馅料（冷冻水果）blueberry pie filling（frozen fruit）

产量：可以制作3375克——四个20厘米的派或三个23厘米的派。

原材料	重量
蓝莓（冷冻，未加糖）	2250 克
控出的果汁（加上水）	375 毫升
糖	175 克
冷水	190 毫升
玉米淀粉	90 克
或	
改性淀粉（糯玉米淀粉）	68 克
糖	412 克
盐	8 克
肉桂粉	4 克
柠檬汁	45 毫升

制作步骤

使用加热果汁法。

1. 在未开封的原包装中解冻浆果。
2. 将浆果控净果汁。在果汁中加入足量的水，让果汁容量达到375毫升。加入第一份糖。
3. 将冷水与淀粉混合。
4. 将果汁混合物加热烧开。拌入淀粉混合物。重新加热烧开至变得浓稠。
5. 除了控净果汁的浆果以外，加入剩余的原材料。加热搅拌至糖完全融化开。
6. 将糖浆倒入控净果汁的浆果里。轻缓地搅拌均匀。完全冷却。
7. 填入派面皮里。温度220℃，烘烤30分钟。

各种变化

苹果派馅料 apple pie filling

使用2.25千克冷冻的苹果代替蓝莓。对下述原材料做出调整：

将淀粉减少至45克的玉米淀粉，或38克的糯玉米淀粉；将第二份糖减少到225克；在步骤3中，增加1克的豆蔻粉和87克的黄油。

樱桃派馅料 cherry pie filling

使用2.25千克冷冻的樱桃代替蓝莓。对下述原材料做出调整：

在步骤2中，将液体用量增加到500毫升；将淀粉减少至75克的玉米淀粉，或60克的糯玉米淀粉；将第二份糖减少到285克。

去掉肉桂粉，将柠檬汁减少到22毫升。

 葡萄干派馅料 raisin pie filling

产量：可以制作1千克——一个23厘米的派。

原材料	重量
葡萄干	360 克
水	400 毫升
冷水	50 毫升
玉米淀粉	15 克
或	
改性淀粉（糯玉米淀粉）	12 克
糖	114 克
盐	2 克
柠檬汁	18 毫升
柠檬外层皮（擦碎）	0.6 克
肉桂粉	0.4 克
黄油	18 克

制作步骤

使用加热水果法。

1. 将葡萄干与水在酱汁锅里混合。用小火加热5分钟。
2. 将水与淀粉混合好。拌入葡萄干里，并用小火加热至浓稠程度。
3. 加入剩余的原材料。搅拌至糖完全融化开，并去混合物变得非常均匀。
4. 彻底冷却。
5. 填入派面皮里。温度220℃，烘烤30~40分钟。

新鲜苹果派馅料 Ⅰ fresh apple pie filling Ⅰ

产量：可以制作1070克——一个23厘米的派。

原材料	重量
苹果（去皮、去核，并切成片状）	900 克
黄油	30 克
糖	90 克
冷水	60 克
玉米淀粉	24 克
或	
改性淀粉（糯玉米淀粉）	15 克
糖	100 克
盐	1 克
肉桂粉	1 克
豆蔻粉	0.5 克
柠檬汁	9 克
黄油	7 克

制作步骤

使用各种变化中的加热水果法。

1. 使用第一份黄油略微煸炒苹果，直到它们略微变软。 在加热苹果的过程中，加入第一份糖，使苹果中析出果汁，这样苹果就会在果汁中进行熬煮。
2. 将水与淀粉搅拌至细滑状。将淀粉混合物倒入苹果里，并加热至液体变得浓稠且清澈。
3. 将锅从火上端离开。加入剩余的原材料。轻缓地搅拌至糖与黄油完全融化开。
4. 完全冷却。
5. 填入派面皮里，温度220℃，烘烤30～40分钟。

各种变化

新鲜苹果派馅料 Ⅱ fresh apple pie filling Ⅱ

原材料	重量
水	100 克

去掉第一份黄油。取而代之的是，将苹果在水里与第一份糖一起用小火加热，就如同基本的加热水果法一样，使用上述列表中的水量。

姜味苹果派馅料 apple ginger pie filling

原材料	重量
姜粉	0.5 克
蜜饯生姜（切成细末）	20 克

按照新鲜苹果派馅料 Ⅰ 或 Ⅱ 的方法进行制作，去掉肉桂粉，加入姜粉和蜜饯生姜代替。

苹果和梨派馅料 apple ginger pie filling

按照新鲜苹果派馅料 Ⅰ 或 Ⅱ 的方法进行制作，用略微硬质的梨来代替一半的苹果。

苹果核桃仁派馅料 apple walnut pie filling

原材料	重量
核桃仁（切碎）	75 克

将核桃仁混合入新鲜苹果派馅料 Ⅰ 或 Ⅱ 里。

大黄派馅料 rhubarb pie filling

原材料	重量
新鲜大黄	650 克

用大黄替代苹果，切成2.5厘米大小的块状。去掉肉桂粉、豆蔻粉及柠檬汁。

用于制作派的苹果

哪个品种的苹果最适合用来制作派？有两个条件非常重要：味道和质地。首先，苹果应该有良好的风味和明显的酸度。味道温和的苹果制作的塔派味道较淡。苹果的含糖量，或说甜味，并不那么重要，因为配方中使用的糖量是可以调整的。

第二，苹果在经过加热时应保持住形状。像麦金托什苹果，会变得软烂，因此其用来制作苹果酱要比用来制作塔派效果更好。

被人们公认的味道好、质地好，可以用来制作派馅料的苹果品种包括绿苹果、乔纳森、乔纳金、翠玉、罗马、马空、红粉佳人、斯台曼、醇露、哈拉尔森及金冠等。

酸奶油桃派馅料 peach sour cream pie filling

产量：可以制作出1125克——一个23厘米的派。

原材料	重量
酸奶油	250 克
糖	125 克
玉米淀粉	15 克
鸡蛋（打散）	100 克（2 个）
香草香精	2 毫升
豆蔻粉	0.5 毫升
鲜桃（切片）（见注释）	625 克
香酥颗粒顶料	180 克

注释： 如果没有新鲜的桃子，可以用糖水桃罐头来代替。称重前先控净汁液。

制作步骤

1. 将酸奶油、糖及玉米淀粉混合至细滑状。
2. 加入鸡蛋、香草香精及豆蔻粉，混合均匀。
3. 小心地将桃叠拌进酸奶油混合物里。
4. 填入未经过烘烤的派面皮里。
5. 表面撒上香酥颗粒顶料。
6. 温度220℃，烘烤30分钟，直到馅料凝固定型。

各种变化

酸奶油梨派 pear sour cream pie
用切成片的梨代替桃片。

传统式方法苹果派馅料 old-fashioned apple pie filling

产量：可以制作5千克——六个20厘米的派或五个23厘米的派或四个25厘米的派。

原材料	重量
苹果（去皮并切成片状）	4100 克
柠檬汁	60 毫升
糖	900 克
玉米淀粉	90 克
盐	7 克
肉桂粉	7 克
豆蔻粉	2 克
黄油	90 克

制作步骤

使用古典式法。

1. 选择质地硬实，带有酸味的苹果。去皮去核后称重。
2. 将苹果片和柠檬汁在大的搅拌盆里混合。轻轻翻拌，让苹果均匀地蘸上柠檬汁。
3. 将糖、玉米淀粉、盐及香料混合，加入到苹果里并轻轻搅拌至混合均匀。
4. 填入到派面皮里，将苹果压紧。表面上撒上一些黄油颗粒，然后再覆盖上表层面皮。温度200℃烘烤45分钟。

新鲜草莓派馅料 fresh strawberry pie filling

产量：可以制作5.5千克——六个20厘米的派或五个23厘米的派或四个25厘米的派。

原材料	重量
新鲜的整粒草莓	4100 克
冷水	500 毫升
糖	800 克
玉米淀粉	120 克
或	
改性淀粉（糯玉米淀粉）	90 克
盐	5 克
柠檬汁	60 毫升

制作步骤

使用加热果汁法。

1. 去蒂、洗净，并将草莓控净水。留出3.2千克的草莓备用。如果草莓体积小，可以完整保留；如果较大，可以切成1/2或1/4。
2. 将剩余的900克草莓制成蓉泥。与水混合（如果需要清澈的馅料，可以将草莓蓉泥混合物过滤）。
3. 将糖、淀粉及盐混合。拌入草莓和水的混合物中，直到没有颗粒残留。
4. 加热烧开，不时搅拌。加热至变得浓稠。
5. 将锅从火上端离开，并拌入柠檬汁。
6. 冷却到室温下，但是不要冷藏。
7. 搅拌以消除结块。将保留出来的草莓翻拌进去。
8. 填入到烘烤好的派面皮里，并冷藏保存（不需要烘烤）。

各种变化

新鲜蓝莓果塔馅料 fresh blueberry tart filling

用蓝莓代替草莓。这道配方最适合小的浆果类和玉米淀粉，不要使用改性淀粉。根据水果的甜度调整糖的用量。用滤网将煮熟的浓稠的果汁挤出（过滤之前先把果汁加热，可以使凝胶的颜色更丰富）。趁热把果汁拌入到浆果中。

这种混合物相对于用来制作派馅料，更适于用来制作果塔。因为派面皮较深，在将派切成块状时，馅料或许不能保持住其形状不变。一份配方的用量足以填入八个或九个20厘米的果派，七个或八个23厘米的果塔，或六个25厘米的果塔。

卡仕达酱馅料或者柔软的馅料

卡仕达酱、南瓜馅、山核桃馅派和类似派都使用含有鸡蛋的生的液体做馅。鸡蛋在烘烤的过程中会凝固，使馅料凝结。

本节中有一个派的制作方法是与众不同的。青柠檬派和其他软质派相类似，只是它不是烘烤而成的。相反，青柠檬汁中的酸度足以使蛋白质凝固，使派馅料变得浓稠。

许多软质馅料中除了鸡蛋以外还含有淀粉。面粉、玉米淀粉和速溶淀粉也会经常被使用。如果使用了足够多的鸡蛋，尽管不再有必要使用淀粉，但是许多面包师还是喜欢添加一点淀粉，因为这样可以减少鸡蛋的用量。此外，淀粉的使用有助于在烘烤派派时，使液体凝结并减少分离的机会，或"渗出液体"。如果使用了淀粉，要确保在填入到派里之前，混合物经过了充分搅拌，以减少淀粉的沉降。

制作软质派最大的困难是把派面皮完全烘烤成熟而没有将馅料烘烤过头。先把派摆放在热的烤箱（225～230℃）的底部10～15分钟使派面皮定型。然后将温度调到165～175℃，慢慢将馅料加热成熟。另一种方法是在填入馅料之前，先将空的派面皮进行部分烘烤。详见前文烘烤空的派面皮方法（称为盲烤），但是只烘烤至半熟的程度，冷却，填入馅料，然后烘烤派至成熟。

使用以下方法中的一种来测试派的成熟程度：

- 轻轻摇动派。如果它不再呈液体状，即成熟。但中间仍然会有点柔软，因为派从烤箱中拿出来之后，它自身的热量会继续加热派。
- 在离中间2.5厘米的地方插入一个薄的刀片。如果拔出来的时候刀片是干净的，表示派成熟了。

卡仕达酱派馅料 custard pie filling

产量：可以制作0.9千克——一个23厘米的派。

原材料	重量
鸡蛋	225 克
糖	112 克
盐	1 克
香草香精	7.5 毫升
牛奶（见注释）	600 毫升
豆蔻粉	0.5 ~ 0.75 克

注释：想要制作出更加浓郁的卡仕达酱，可以使用部分的牛奶和奶油。

制作步骤

1. 将鸡蛋、糖、盐及香草香精混合，搅拌至细滑状。不要将空气搅打进去。
2. 拌入牛奶。撇去所有浮沫。
3. 将未经过擀开的派外皮放入预热好的烤箱里（230℃），并小心地将馅料舀入面皮里。在表面撒上豆蔻粉。
4. 以230℃的温度烘烤15分钟。将温度降低到165℃，并继续烘烤至馅料凝固，需要烘烤20~30分钟或更长的时间。

各种变化

椰子风味卡仕达酱派馅料 coconut custard pie filling

使用 70克原味的椰片。在加入卡仕达酱混合物前，先在派面皮里面撒上椰片。椰片在加入到派里前，可以在烤箱里略微烘烤。去掉豆蔻粉。

山核桃派馅料 pecan pie filling

产量：可以制作820克的馅料，加上142克的山核桃——一个23厘米的派。

原材料	重量
砂糖（见注释）	200 克
黄油	60 克
盐	1.5 克
鸡蛋	200 克
深色玉米糖浆	350 克
香草香精	8 克
山核桃	142 克

注释： 如果想要更深一些的颜色和更加浓郁的风味可以使用红糖。

各种变化

枫叶糖浆核桃仁派馅料 maple walnut pie filling
使用纯枫叶糖浆来代替玉米糖浆。使用切成粗粒的核桃仁代替山核桃。

制作步骤

1. 使用浆状搅拌器配件，以低速将糖、黄油及盐搅打至混合均匀。
2. 随着搅拌机运行，将鸡蛋一次一点地加入搅拌桶里搅拌，直到全部吸收。
3. 加入糖浆和香草香精，搅拌至混合均匀。
4. 要装配派，将山核桃均匀的撒到派面皮里，然后填入糖浆混合物。
5. 温度220℃烘烤10分钟。将温度降低到175℃。烘烤30～40分钟，或更长时间，直到馅料凝固。

南瓜派馅料 pumpkin pie filling

产量：可以制作2千克——两个23厘米的派。

原材料	重量
南瓜泥（一听 2½ 型号的罐头）	750 克
糕点粉	30 克
肉桂粉	4 克
豆蔻粉	0.5 克（1 毫升）
姜粉	0.5 克（1 毫升）
丁香粉	0.3 克（0.5 毫升）
盐	4 克
红糖	290 克
鸡蛋（见注释）	300 克
玉米糖浆（或一半玉米糖浆和一半糖蜜）	60 克
牛奶	600 毫升

注释： 南瓜派馅料应该让其静置至少 30 分钟，然后再倒入派面皮里。这样做可以让南瓜有时间吸收液体并使馅料更加细滑，并且在烘烤好之后基本上不会分离开。如果馅料静置的时间超过 1 小时，在往派中填入馅料前再加入鸡蛋。如果较早加入了鸡蛋，南瓜中的酸性和红糖会导致鸡蛋出现部分的凝结。

各种变化

甜薯派馅料 sweet potato pie filling
使用罐头装甜薯，控净汤汁后制成蓉泥，用来代替南瓜泥。

倭瓜派馅料 squash pie filling
使用制成蓉泥状的倭瓜来代替南瓜泥。

制作步骤

1. 将南瓜放入搅拌机上安装有球形搅拌器配件的搅拌桶里。
2. 将面粉、香料及盐过筛到一起。
3. 将面粉混合物和糖加入到南瓜里。以第一速度搅打至细滑状，并混合均匀。要避免将空气搅打进混合物里。
4. 加入鸡蛋并混合好。将搅拌桶壁上的混合物刮取到搅拌桶里。
5. 随着搅拌机继续以低速搅打，逐渐将糖浆倒入，然后是牛奶。搅打至混合均匀。
6. 让搅打好的馅料静置30～60分钟。
7. 将馅料重新搅拌均匀。填入派面皮里。温度230℃烘烤15分钟。将温度降低到175℃，并继续烘烤至馅料定型，需要再烘烤30～40分钟，或更长的时间。

墨西哥青柠檬派馅料 key lime pie filling

产量：可以制作630克的馅料——一个23厘米的派。

原材料	重量
蛋黄（巴氏消毒）	80克（4个）
甜味炼乳	400克
鲜榨墨西哥青柠檬汁（见注释）	150克

注释： 如果没有墨西哥青柠檬，可以使用普通的青柠檬汁代替，也可以使用瓶装或冷冻的墨西哥青柠檬汁。

经典的墨西哥青柠檬派馅料的颜色呈浅黄色，而不是绿色。但是，如果需要的话，可以在馅料中加入几滴食用色素，使其呈浅绿色。

制作步骤

1. 轻轻搅打蛋黄，然后拌入甜味炼乳。
2. 加入青柠檬汁，并搅打至细滑状。
3. 将馅料倒入烘烤好的派面皮里，或使用全麦饼干碎末制成的派外壳里。冷藏一晚。青柠檬中的酸性会使鸡蛋和牛奶蛋白质部分的凝固，这样馅料就会变硬。青柠檬派必须一直保持冷藏。
4. 在派的表面使用蛋白霜或打发的奶油制作出花边造型。

奶油派馅料

　　奶油派的馅料和布丁的馅料是一样的，而布丁的馅料和基本的糕点奶油酱是一样的，只不过添加了像香草、巧克力或椰子等风味调味料。柠檬馅的制作方法也是一样的，只是使用水和柠檬汁代替了牛奶。

　　应该注意的是，糕点奶油酱和派馅料之间有一个区别：奶油派馅料是使用玉米淀粉制作而成的，所以切成块状时能够保持其形状。糕点奶油酱可以用面粉、玉米淀粉或其他淀粉制成。

　　制作糕点奶油酱的基本原理和制作步骤包含在第12章的内容里。为了方便阅读，香草糕点奶油酱的配方会在本章介绍，以香草奶油派馅料的名字重复一遍。奶油派馅料的流行口味的各种变化都安排在这一基本配方的后面。

　　对于派面皮里应该填入温热的奶油馅料，然后在派面皮中冷却，还是应该先把馅料冷却后再填入派面皮里，人们的意见是存在分歧的。对于最美观的派切块来说，填入温热的馅料效果最好。馅料冷却后光滑均匀，切块拥有边角锐利而整洁的切面。然而，若不使用经过精心制备的、耐浸泡的粉状派面团，派底部就会有会被浸湿了的风险。浓郁的派糕点用于这一目的的效果最佳。

　　许多餐饮企业在经营中喜欢在派被切割和供应之前，才在每个派面皮里面填入冷的馅料。这样制作的时候，切块刀口不会那么整洁，但是派面皮会很酥脆，可以用片状酥皮面团的面团来制作它们。

　　在本章中主要介绍温热馅料法，如果需要可以按具体需求对制作步骤进行修改。

◆ **复习要点** ◆

◆ 可以使用什么方法以确保柔软的派外皮被完全烘烤成熟，而馅料没有被烘烤过度？

◆ 如何测试卡仕达酱派的成熟程度？

◆ 糕点奶油酱和奶油派馅料之间有什么不同？

香草风味奶油派馅料 vanilla cream pie filling

产量：可以制作0.5升的馅料——一个23厘米的派。

原材料	重量
牛奶	500 克
糖	60 克
蛋黄	45 克
鸡蛋	60 克
玉米淀粉	38 克
糖	60 克
黄油	30 克
香草香精	8 克

制作步骤

在开始制作之前，可以回顾前文糕点奶油酱的内容。

1. 在厚底酱汁锅里，将糖用牛奶融化开，并较热至刚好烧开。
2. 使用搅拌器，在不锈钢盆里搅打好蛋黄和鸡蛋。
3. 将玉米淀粉和糖过筛到鸡蛋里。用搅拌器搅打至呈完全细滑状。
4. 通过缓慢搅打呈细流状加入到鸡蛋混合物中的热牛奶而使其回温。
5. 将混合物重新加热并烧开，不停搅拌。
6. 当混合物烧开并变得浓稠时，将其从火上端离开。
7. 将黄油和香草拌入。搅拌至黄油融化开并完全混合均匀。
8. 倒入烘烤好的，冷却后的派面皮里。冷却，保持冷藏。根据需要，可以使用装有星状裱花嘴的裱花袋，用打发好的奶油装饰冷藏好的派。

各种变化

香蕉奶油派馅料 banana cream pie filling

使用香草奶油馅料，将一半的馅料倒入派面皮里，在上面摆放好香蕉片，然后再将剩余的馅料填入（香蕉可以蘸取柠檬汁，以防止变色）。

巧克力奶油派馅料Ⅰ chocolate cream pie filling Ⅰ

原材料	重量
不含糖巧克力（原味巧克力）	30 克
半甜巧克力	30 克

将不含糖巧克力和半甜巧克力一起融化开，并搅入到热的香草奶油馅料里即可。

巧克力奶油派馅料Ⅱ chocolate cream pie filling Ⅱ

原材料	重量
牛奶	438 毫升
糖	60 克
蛋黄	45 克
鸡蛋	60 克
冷牛奶	60 克
玉米淀粉	38 克
可可粉	22 克
糖	60 克
黄油	30 克
香草香精	8 毫升

在这种变化里，使用可可粉代替巧克力。将可可粉与淀粉一起过筛。在鸡蛋里必须包含一部分的牛奶，为的是提供足够的液体，可以将淀粉和可可粉一起制作成糊状。然后按照基本配方里的步骤进行制作，但是使用上述的原材料。

红糖奶油派馅料 butterscotch cream pie filling

原材料	重量
红糖	250 克
黄油	75 克

将红糖和黄油在酱汁锅里混合。用小火加热，搅拌至黄油融化开，并且原材料混合均匀。按照配方制备基本香草奶油馅料，但是去掉所有的糖，并将淀粉增加到45克。在步骤5中，随着混合物烧开，逐渐将红糖混合物搅拌进去。然后按照基本配方制作完成。

柠檬风味派馅料 lemon pie filling

原材料	重量
水	400 毫升
糖	200 克
蛋黄	75 克
玉米淀粉	45 克
糖	60 克
盐	0.5 克
柠檬外层皮（擦碎）	5 克
黄油	30 克
柠檬汁	90 毫升

按照步骤制作香草奶油馅料，但是使用上述原材料。注意柠檬汁是在馅料变浓稠后再加入的。

椰子风味奶油派馅料 coconut cream pie filling

在基本的馅料里，加入60克烘烤好的原味的椰丝。

草莓大黄派馅料 strawberry rhubarb pie filling

产量：可以制作1680克——两个23厘米的派

原材料	重量
大黄（新鲜或冷冻的，切成2.5厘米的块状）	600 克
糖	360 克
水	120 克
蛋黄	80 克（4 个）
多脂奶油	120 克
玉米淀粉	45 克
新鲜草莓（去掉花萼并切成 1/4）	480 克

制作步骤

1. 将大黄、糖及水放入厚底酱汁锅里。盖上锅盖，并用小火加热。加热至烧开。糖有助于将大黄的汁液析出。一直熬煮到大黄变软，糖完全融化。

2. 将蛋黄和奶油一起搅打至完全混合均匀。加入玉米淀粉，并搅拌至混合均匀。

3. 将大黄端离开火，拌入奶油混合物。

4. 将大黄重新加热，将其用小火加热烧开。熬煮1分钟，直到变得浓稠。

5. 将大黄混合物倒入盆里，并拌入草莓。让其静置至略微温热的程度。再次搅拌，让草莓汁与馅料混合，然后填入到烘烤好的派面皮里。冷藏至变硬。

戚风派馅料

　　戚风馅料有一种轻盈而蓬松的质地，通过添加搅打好的蛋清，有些时候，加入的是打发好的奶油。蛋清和奶油被叠拌进入奶油或水果基料里，这些基料用明胶来增加稳定性。在凝胶凝固之前，蛋清和馅料必须制备好。待派冷却后明胶会凝固定型，馅料应足够硬实，这样可以让切割好的派块非常整齐。

　　当戚风馅料中包含蛋清和打发好的奶油这两者时，大多数的厨师和面包师喜欢先将蛋清叠拌进去，尽管它们会损失一些体积，但如果先加入奶油，过度搅打的危险性会更大，并且在叠拌和混合的过程中会转化为黄油。

　　为了安全起见，一定要使用经过巴氏消毒的蛋清。

　　戚风馅料的基料包括以下三种的主要类型：

　　使用淀粉增稠：其制作步骤与使用加热果汁法或加热水果法制作水果派馅料的方法相同，但不需将水果切成细末或者制成果蓉。大多数的水果戚风馅料都是以这种方法制成的。

　　使用鸡蛋增稠：制作步骤与制作英式奶油酱相同。巧克力戚风馅料和南瓜戚风馅料有时候也使用这种方法制作。

　　使用鸡蛋和淀粉增稠：制作过程与制作糕点奶油酱或者奶油派馅料相同。柠檬戚风馅料通常会使用这种方法制作。

使用明胶指南

　　虽然有些戚风馅料中含有淀粉作为其唯一的稳定剂，但大多数都会含有明胶。明胶必须处理得当，以确保其完全溶解，并均匀地混合在馅料中（注：本书中所有提到使用明胶的地方都是指没有调味的明胶，不是经过调味的、带有甜味的明胶混合物）。

　　除了这里的使用指南，可参阅第4章相关的内容，了解更多关于明胶的信息。

　　1. 准确称取明胶。使用过多的明胶会使产品变硬，变得带有韧性。而用量太少会使产品变得柔软，不能保持其形状。

　　2. 不要将生菠萝或木瓜与明胶混合。这些水果中含有能溶解明胶的酶。这些水果只能使用经过加热成熟后的或者罐头装的。

　　3. 要溶解开原味的明胶，将它与冷的液体搅拌到一起，以避免形成结块。让其静置5分钟以吸收水分。然后加热至溶解，或者与热的液体混合搅拌至溶解。

　　4. 待明胶在基料中溶解之后，将其冷却或者冷藏，直到明胶变得略微浓稠，但是还没有凝固的程度。如果基料开始凝固，那么叠拌进入到蛋清中时就会非常困难或者不能均匀地叠拌进去。

　　5. 在冷却的过程中，要时常搅动基料，这样基料就会冷却地非常均匀。否则，外侧的基料就会开始先于里面还没有充分冷却的基料凝固，从而形成结块。

　　6. 如果明胶在加入到蛋清中之前已凝固，可将基料短暂地放入到热水中隔水加热并搅拌至明胶刚好溶解开，并且没有了结块。再次冷却。

7. 当将明胶叠拌进入到蛋清里和打发好的奶油里的时候，要快速操作，并且中间不要有停顿，否则明胶可能会在完成操作之前凝固。在其凝固之前，快速填入派面皮里。

8. 保持派冷藏，特别是在炎热的天气里。

除了下文的戚风馅料，本章还介绍了使用巴伐利亚奶油来作为馅料的派。虽然在巴伐利亚奶油中含有明胶和打发好的奶油，但严格来说它们不是戚风的形式，因为它们不含有打发好的蛋清。尽管如此，因

为打发好的奶油具有轻盈的效果，它们的质地与戚风相似。

最后，本节中还包括一个流行的派配方——法国丝绸派，它不符合本章中所描述的任何标准类别。其馅料是乳化后的黄油、糖、巧克力及鸡蛋等风味浓郁的混合物。除了不加入面粉以外，制作步骤类似于制作蛋糕的乳化法。由于在馅料里包含有生鸡蛋的成分，在制作法式丝绸派馅料的时候，一定使用经过巴氏消毒的鸡蛋。

制作步骤：戚风馅料

1. 制作基料。图A展示的是使用淀粉增稠果汁的过程。

2. 用冷的液体泡软明胶，将其拌入到热的基料中，直到完全融化开（图B）。冷藏至变得浓稠，但是不要让其凝固。

3. 将打发好的蛋清叠拌进去（图C）。

4. 将打发好的奶油叠拌进去（图D）。

5. 立刻倒入派面皮里并冷藏。

🍥 草莓戚风派馅料　*strawberry chiffon pie filling*

产量：可以制作600克——一个23厘米的派。

原材料	重量
冷冻的加糖草莓（见注释）	370 克
盐	1 克
玉米淀粉	6 克
冷水	30 毫升
明胶	6 克
冷水	45 毫升
柠檬汁	6 毫升
蛋清（巴氏消毒）	85 克
糖	70 克

注释：要使用新鲜的草莓，将 285 克新鲜的、去掉花萼的草莓切成片或者切碎，并与 85 克的糖混合。让其在冰箱里静置 2 小时。取出控净汁液，保留好汁液，然后按照基本配方的步骤进行制作。

制作步骤

1. 将草莓解冻并控净汁液，切碎。
2. 将控出的汁液和盐一起放入酱汁锅里。加热烧开。
3. 用水将玉米淀粉溶解，拌入汁液里。加热至变得浓稠，将锅从火上端离开。
4. 用第二份水泡软明胶。将其加入到热的、变得浓稠的汁液里，并搅拌至完全融化开。
5. 拌入柠檬汁和控净汁液的草莓。
6. 冷藏混合物至变得浓稠，但是不要凝固。
7. 将蛋清打发至湿性发泡的程度。逐渐加入糖并继续搅打至形成了浓稠的、富有光泽的蛋白霜。
8. 将蛋白霜叠拌进水果混合物里。
9. 将混合物倒入到烘烤好的派面皮里，冷藏至凝固。

各种变化

草莓奶油戚风派馅料　*strawberry cream chiffon pie filling*

要制作出奶油风味更加浓郁的馅料，将蛋清减少至70克。将100毫升的多脂奶油打发好，并在叠拌好蛋白霜之后再将其叠拌进去。

覆盆子戚风派馅料　*raspberry chiffon pie filling*

在基本配方里，用覆盆子替代草莓。

菠萝戚风派馅料　*pineapple chiffon pie filling*

使用285克菠萝碎。将控出的汁液与另外的100毫升的菠萝汁混合，加入48克糖。

巧克力戚风派馅料 chocolate chiffon pie filling

产量：可以制作640克——一个23厘米的派。

原材料	重量
未加糖巧克力	60 克
水	150 毫升
蛋黄	90 克
糖	90 克
明胶	6 克
冷水	45 毫升
蛋清（巴氏消毒）	120 克
糖	150 克

各种变化

巧克力奶油戚风派馅料 chocolate cream chiffon pie filling

要制作出奶油风味更加浓郁的馅料，将蛋清减少至90克。将90毫升的多脂奶油打发好，在叠拌好蛋白霜后将其叠拌进去。

制作步骤

1. 将巧克力与水在厚底锅内混合好。用中火加热烧开，不时搅拌，直到变得细滑。
2. 使用球形搅拌器配件，将蛋黄和糖一起搅打至浓稠且呈轻盈状。
3. 随着搅拌机运行，逐渐倒入巧克力混合物。
4. 将混合物重新倒回到酱汁锅里，用微火加热并搅拌至变得浓稠。将锅从火上端离开。
5. 用第二份水泡软明胶，加入到热的巧克力混合物里，并搅拌至明胶完全融化开。
6. 冷藏至变得浓稠，但是不要凝固。
7. 将蛋清打发至形成湿性发泡的程度。逐渐将最后一份糖加入进去搅打好。继续搅打至形成硬性发泡且富有光泽的蛋白霜。
8. 将蛋白霜叠拌进巧克力混合物里。
9. 将制作好的混合物倒入烘烤好的派面皮里，冷藏至凝固，冷藏保存。

 ## 南瓜戚风派馅料 pumpkin chiffon pie filling

产量：可以制作680克——一个23厘米的派。

原材料	重量
南瓜泥	240 克
红糖	120 克
牛奶	70 克
蛋黄	70 克
盐	1 克
肉桂粉	1.4 克
豆蔻粉	0.8 克
姜粉	0.4 克
明胶	6 克
冷水	45 毫升
蛋清（巴氏消毒）	90 克
糖	90 克

各种变化

南瓜奶油戚风派馅料 pumpkin cream chiffon pie filling

要制作出奶油风味更加浓郁的馅料，将蛋清减少至70克。将100毫升的多脂奶油打发好，并在叠拌好蛋白霜后再将其叠拌进去。

制作步骤

1. 将南瓜泥、红糖、牛奶、蛋黄、盐及香料混合，搅拌至细滑且均匀。
2. 将混合物放入双层锅里。隔水加热，搅拌，直到变得浓稠，或混合物的温度达到85℃。从双层锅里端离开。
3. 用水将明胶泡软，加入到热的南瓜混合物里，并搅拌至融化开。
4. 冷藏至变得非常浓稠，但不要凝固。
5. 将蛋清搅打至形成湿性发泡的程度。逐渐加入糖，并继续搅打至形成了浓稠并富有光泽的蛋白霜。
6. 将蛋白霜叠拌进南瓜混合物里。
7. 将混合物填入烘烤好的派面皮里，冷藏至凝固定型。

柠檬戚风派馅料 lemon chiffon pie filling

产量：可以制作640克——一个23厘米的派。

原材料	重量
水	150 毫升
糖	48 克
蛋黄	70 克
冷水	26 毫升
玉米淀粉	18 克
糖	48 克
柠檬外层皮（擦碎）	3 克
明胶	6 克
冷水	45 毫升
柠檬汁	70 毫升
蛋清（巴氏消毒）	90 克
糖	90 克

各种变化

青柠檬戚风派馅料 lime chiffon pie filling
用青柠檬汁和青柠檬外层皮代替柠檬汁和柠檬外层皮。

橙味戚风派馅料 orange chiffon pie filling
在步骤1里，使用橙汁代替水；去掉第一份的48克糖；用橙子外层皮代替柠檬外层皮；将柠檬汁减少到25毫升。

制作步骤

1. 将糖在水里融化开并加热烧开。
2. 将蛋黄、第二份水、玉米淀粉、糖及柠檬外层皮一起搅拌至细滑状。
3. 逐渐将煮开的糖浆呈细流状，搅拌进蛋黄混合物里。
4. 将混合物重新加热，并烧开，不时用搅拌器搅拌。
5. 一旦混合物变得浓稠并烧开，立刻将其从火上端离开。
6. 用第三份水泡软明胶。
7. 将明胶加入到热的柠檬混合物里。搅拌至融化开。
8. 拌入柠檬汁。
9. 冷藏至浓稠，但不要凝固。
10. 将蛋清搅打至形成湿性发泡的程度。逐渐加入糖，并继续搅打至变成浓稠而富有光泽的蛋白霜。
11. 将蛋白霜叠拌进柠檬混合物里。
12. 填入到烘烤好的派面皮里。冷藏至凝固定型。

法式丝滑派馅料 French silk pie filling

产量：可以制作720克——一个23厘米的派。

原材料	重量
未加糖巧克力	120 克
黄油	180 克
糖	270 克
香草香精	7.5 毫升
蛋清（巴氏消毒）	150 克
装饰物	
打发好的甜奶油	根据需要
巧克力片或卷	根据需要

制作步骤

1. 将巧克力融化开，然后冷却至刚刚微温的程度。
2. 使用浆状搅拌器配件，将黄油和糖一起打发至轻盈状。
3. 将融化后的巧克力搅打进入到黄油混合物里，至完全混合均匀。
4. 拌入香草香精。
5. 加入约1/3的鸡蛋，使用球形搅拌器配件，用中速搅打5分钟。
6. 加入另外的1/3的鸡蛋，继续用中速搅打5分钟。
7. 加入剩余的鸡蛋，再次用中速搅打5分钟。混合物应呈细滑而轻盈状。
8. 填入到派面皮里，冷藏至足以切成块状的硬度。
9. 在展示或者服务上桌之前，可以沿着馅料表面的边缘处多挤出一些打发好的甜奶油。或者，在整个表面上挤出一层打发好的甜奶油。用巧克力片或巧克力卷装饰。

派的质量标准

派制作中出现的错误可能包括面团混合不当、派装配不当、馅料的制作出现错误，以及在烘烤的过程中出现的问题。下面的图表列出了常见的制作派的过程中出现的错误及其原因。要正确判断一个派的质量，检查图表中所列出的每一项缺陷，查看它是否避免了这些缺陷。换句话说，一个精心制作的派应该具有以下特点：

- 外皮柔软，但能保持在一起而不易碎裂开。
- 表面上的面皮香酥可口。
- 底部面皮柔软，烘烤充分，并且不潮湿。
- 面皮没有出现收缩或脱离开模具。
- 表面上的面皮与底部面皮密封良好。
- 相对于派的类型来说，填入风味良好的与之相适配的馅料并经过了适当的调味。
- 馅料经过了适当的加热成熟，不会将外皮煮烂。
- 卡仕达酱类型的馅料经过适当凝固，不会凝结或渗出汁液。

错误	原因
面皮	
面团太硬	没有足够的起酥油
	液体不足
	面粉筋力太大
坚韧	搅拌过度
	没有足够的起酥油
	面粉筋力太大
	擀开的次数太多，或者使用太多的面团边角料
	加入的水太多
易碎裂开	加入的水不足
	起酥油太多
	搅拌方法不当
	面筋太弱
不够香酥	没有足够的起酥油
	混入的起酥油太多
	搅拌过度或擀开的次数太多
	面团或原材料太热
浸湿或者面皮的底部不熟	烤箱温度太低；烤箱底部温度不足
	在填入到面皮里时，馅料太热
	烘烤的时间不够长
	使用了错误的面团（底部面皮使用了粉状面团）
	水果馅料里没有足够的淀粉
收缩	面团加工过度
	没有足够的起酥油
	面粉筋力太大
	加入的水太多
	当放入到模具里时，面团伸拉过度
	面团没有经过松弛

续表

错误	原因
馅料	
馅料煮过了	在表面上的面皮上没有制作出蒸汽排出孔
	表面上的面皮与底部面皮在边缘处没有密封好
	烤箱温度太低
	水果太酸
	在填入面皮里时，馅料太热
	馅料里没有足够的淀粉
	馅料里的糖分太多
	馅料太多
卡仕达酱凝固或馅料太软	烘烤过度

◆ 复习要点 ◆

◆ 戚风派馅料的三种基料是什么？
◆ 使用明胶的原则是什么？
◆ 制作戚风派馅料的步骤有哪些？
◆ 派中最常见的错误是什么？如何纠正这些错误？

术语复习

flaky pie dough 片状派面团　　fruit pie 水果派　　instant starch 速溶淀粉

water pack 清水包装　　mealy pie dough 粉状派面团　　soft pie 软质派

cooked juice method 加热果汁法　　syrup pack 糖浆包装　　rubbed dough method 揉搓面团法

cream pie 奶油派　　cooked fruit method 加热水果法

drained weight 沥干净重（不含果汁的固体水果的重量）　　crumb crust 碎末派面皮

chiffon pie 戚风派　　solid pack 固体包装

lattice crust 格子状造型的面皮　　heavy pack 重型包装

复习题

1. 讨论影响派面团的柔软度、韧性和片状酥皮的因素。为什么派面团不能使用乳化剂起酥油制作？

2. 在派面团中使用黄油的优势和劣势有哪些？

3. 对于片状酥皮面团来说，如果在加入水之前混合得太久，会发生什么？加入水之后呢？

4. 描述粉状派面团和片状酥皮面团之间有什么不同？

5. 应使用哪种派面皮来制作南瓜派、苹果派、香蕉奶油派？

6. 在空烤派面皮时，怎样才能防止派面皮收缩？

7. 怎样才能防止模具底部的派面皮湿润或者没烘烤成熟？

8. 增稠苹果派馅料、巧克力奶油派馅料、柠檬派馅料、桃派馅料时，各会使用哪种淀粉？

9. 为什么要在淀粉已经将水变稠之后再将柠檬汁加入到柠檬派馅料里面？这样做会不会稀释馅料吗？

10. 为什么在使用罐头装水果制作派馅料时，通常会使用加热果汁法？

11. 如果使用有部分冷冻的蓝莓来制作蓝莓派馅料，会有什么问题呢？

12. 如何测试卡仕达酱馅料的成熟程度？

14

糕点基础知识

读完本章内容，你应该能够：

1. 制备油酥派面团和酥类糕点。
2. 制备酥皮糕点面团、闪电酥皮面团和翻转酥皮面团，使用这些面团制作出简单的糕点。
3. 制备泡芙面团（闪电泡芙），使用这种面团来制作出简单的糕点。
4. 制备果馅卷面团，处理商用费罗酥皮（面卷）面团，用自制或者商用面团制作糕点。
5. 烘烤蛋白霜和蛋白霜类型的蛋糕，使用这些蛋白霜装配成简单的甜品。

术语糕点（pasatry）来自于单词paste（面糊），在这里的意思是面粉、液体和油脂的混合物。在面包房里，糕点这个术语既指各种面糊和面团，也指使用它们制成的许多产品。

我们已经讨论过了两种基本类型的糕点：酵母发酵的糕点，例如，在第6章和第9章中的丹麦面包面团，以及在第13章中的派面团。除了这两种面团以外，最重要的糕点面团种类是各种各样的油酥面团、酥皮糕点面团，又称千层酥皮面团，以及闪电面团，又称泡芙面团。

本章中介绍了这三种糕点面团，以及果馅卷面团和费罗酥皮面团，这对于一些特殊的食品来说是非常重要的。最后，我们会强调一下酥脆的蛋白霜和其他的蛋白霜类型的蛋糕。这些品种不是糕点这个术语最初的意思，因为它们不是用面粉面糊制作的。尽管如此，它们的制作方法和面粉糕点一样，与奶油、馅料、水果及糖霜等混合，创作出了琳琅满目的甜品。

这一章专注于讲解面团本身的制作。在将其应用于制作更复杂的糕点甜品之前，掌握这些制备工作的制作技法是非常重要的。一些酥皮面团和闪电泡芙面团的简单应用也包括在这部分的内容里。此外，在果馅卷和费罗酥皮的部分中，还包括使用这些面团制作的糕点举例。一旦理解了这些基本原理，就可以继续学习下一章在专业糕点工作中如何去使用这些面团的内容。

油酥派面团和酥类糕点

用来制作果派和小果塔的糕点面团的质量可能会比派面团的质量更加重要。因为果派通常比派薄，馅料也少，所以面团是成品糕点中很重要的一部分，而不像美国风格的派那样仅仅只是用来填入馅料。这些面团最好是用纯黄油而不是起酥油来制作，而且通常都加有鸡蛋和糖来充实风味。

在这一部分制作的三种主要面团——布里歇香酥派面团、甜酥派面团及油酥面团都是经典糕点中的基本制备工作。

- 布里歇香酥派面团（pate brisee），它字面上的意思是"破碎的面团"，使用和粉状派面团相同的方法进行混合——先把油脂和面粉混合。在古典糕点中，这一步骤被称为磨砂法（sablage），或称沙粒法。把油脂和面粉相互混合，直到混合物变成粗磨面粉状或沙粒状。在面粉上包裹一层油脂可以防止水分的吸收，从而限制面筋的形成。这样就会制作出柔软的糕点。如果把这一章里的布里歇香酥派面团的配方与前文的浓味塔派糕点配方非常相似。布里歇香酥派面团通常用于制作大的塔派。

- 甜酥派面团（pate sucree），意思是"甜味面团"。这种面团类似于布里歇香酥派面团，但是含糖量要高得多。高含量的糖起到了柔嫩剂的作用，所以面团易碎裂开，比布里歇香酥派面团更难以加工处理。它主要用来制作果派和花色小糕点等小的食品。甜酥派面团可以通过磨砂法或乳化法（本章中的做法）进行混合。首先混合油脂和

糖的乳化法也用于制作曲奇、蛋糕和松饼。事实上，甜酥派面团，尤其是油酥面团都可以用来制作普通的曲奇。

- 油酥面团（pate sablee）比甜酥派面团含有更多的油脂和更少的鸡蛋，以及其他保湿性原材料。一些配方中同样也含有更多的糖。它是一种非常柔软易碎的面团，通常会用于制作曲奇，但也可以用于制作小派和其他的糕点。烘烤好的面团具备的易碎的"沙质"般的质地，正如其糕点的名字（sable在法语里是"沙质"的意思）。油酥面团可以使用磨砂法进行混合，但如今使用乳化法更加常见，就像典型的曲奇面团一样。

本章中的油酥面团通常被称为1-2-3面团，因为按照重量计算，其含有1份的糖，2份的油脂，以及3份的面粉（与前文所讨论的3-2-1面团相区别）。

本节中剩下的三个面团是在油酥面团配方基础上做各种变化。所有这些面团都被称为油酥面团，它们柔软的结构要归功于短的面筋链。

所有这些面团都趋向于柔软，所以面筋的形成保持在低水平上。然而，面筋的存在依然是必要的，以便保持面团聚拢在一起。否则它们不可能被加工处理和擀制。对于许多配方，包括在本章中所叙述的配方，糕点面粉中含有足够的蛋白质来提供结构，但不足以使面团变硬。在其他来源方面，配方中要求高面筋面粉，如通用面粉或糕点面粉和面包面粉的混合物。当油脂和糖的含量非常高时，这些面粉特别适用。额外的面筋平衡了脂肪和糖的柔嫩作用，使面团具有了足够的结构。

🧁 布里歇香酥派面团　pate brisee

原材料	重量	百分比 /%
糕点粉	400 克	100
盐	10 克	2.5
糖	10 克	2.5
黄油（冻硬）	200 克	50
鸡蛋	130 克	33
水	20 克	10
香草香精	4 滴	
柠檬外层皮（擦碎）	4 克	1
总重量：	**774 克**	**199%**

制作步骤

1. 将面粉过筛，与盐及糖一起放入圆底盆里。
2. 将黄油切割成小块。揉搓到面粉里，用手指揉搓至混合物看起来呈细面包屑状。在中间按出一个窝穴形。
3. 将鸡蛋、水、香草香精及柠檬皮混合，将混合物倒入面粉中间的窝穴里。混合至形成柔软的面团。
4. 将面团取出，摆放到撒有薄薄一层面粉的工作台面上。轻轻揉制至刚好光滑且混合均匀。
5. 用保鲜膜覆盖好，放入冰箱里冷藏至少30分钟后使用。

油酥面团 pate sable

原材料	重量	百分比 /%
黄油（软化）	150 克	67
糖粉	75 克	33
盐	0.7 克	0.3
柠檬外层皮（擦碎）	1 克	0.5
香草香精	2 滴	
鸡蛋（打散）	25 克	11
糕点粉	225 克	100
总重量：	**475 克**	**211%**

制作步骤

1. 将黄油、糖粉、柠檬外皮及香草香精一起打发至混合物变得细滑，并且颜色变浅。
2. 一次一点地加入鸡蛋，每次加入后都要搅打均匀。
3. 加入面粉，使用塑料刮板，小心混合成一个柔软的面团。
4. 用保鲜膜覆盖好，并按压平整，冷藏至变硬后再使用。

各种变化

巧克力油酥面团 chocolate pate sable

原材料	重量	百分比 /%
黄油	150 克	86
糖粉	75 克	43
橙子外层皮（擦碎）	2 克	0.2
鸡蛋（打散）	50 克	28
糕点粉	175 克	100
可可粉	30 克	17

用上述原材料进行替代，按照基本的制作步骤进行制作。将面粉和可可粉一起过筛。

甜酥派面团 pate sucree

原材料	重量	百分比 /%
黄油（软化）	216 克	54
糖粉	132 克	33
盐	2 克	0.5
柠檬外层皮（擦碎）	2 克	0.5
香草香精	4 滴	
鸡蛋（打散）	100 克	25
糕点粉	400 克	100
总重量：	**852 克**	**213%**

制作步骤

1. 将黄油、糖粉、柠檬外皮及香草香精一起打发至混合物变得细滑，并且颜色变浅。
2. 一次一点地加入鸡蛋，每次加入后都要搅打均匀。
3. 加入面粉，使用塑料刮板，小心混合成一个柔软的面团。
4. 用保鲜膜覆盖好，并按压平整，冷藏至变硬后再使用。

油酥面团 I short dough I

材料	重量	百分比 /%
黄油或黄油与起酥油	250 克	67
糖	90 克	25
盐	2 克	0.5
鸡蛋	70 克	19
糕点粉	375 克	100
总重量：	**787 克**	**211%**

制作步骤

1. 使用桨状搅拌器，将黄油、糖及盐，以低速搅打至细滑状并混合均匀。
2. 加入鸡蛋，搅打至刚好完全吸收。
3. 将面粉过筛，并将其加入到混合物里。混合至刚好搅拌均匀。
4. 冷藏几小时后再使用。

油酥面团 II short dough II

原材料	重量	百分比 /%
黄油	150 克	60
糖	100 克	40
盐	2 克	0.8
香草粉	2 克	0.8
杏仁粉	30 克	12
鸡蛋	50 克	22
糕点粉	250 克	100
总重量：	**584 克**	**235%**

制作步骤

1. 使用桨状搅拌器配件，将黄油、糖，盐及香草粉和杏仁粉搅打至混合均匀。
2. 加入鸡蛋和面粉，搅打至刚好完全混合。
3. 冷藏几小时后再使用。

 ## 杏仁油酥面团 almond short dough

原材料	重量	百分比 /%
黄油	200 克	80
糖	150 克	60
盐	2.5 克	1
杏仁粉	125 克	50
鸡蛋	42 克	16.5
香草香精	1.25 克	0.5
糕点粉	250 克	100
总重量：	**770 克**	**308%**

制作步骤

1. 使用桨状搅拌器配件，将黄油、糖、盐，以低速搅打至细滑状并混合均匀。不要继续打发到颜色变浅的程度。
2. 加入杏仁粉，混合均匀。
3. 加入鸡蛋和香草香精，搅打至完全吸收。
4. 将面粉过筛，并加入到混合物里。混合至刚好搅拌均匀。
5. 冷藏几个小时之后再使用。

各种变化

林茨面团 I linzer dough I

原材料	重量	百分比 /%
肉桂粉	1.5 克	0.6
豆蔻粉	0.25 克	0.1

使用榛子粉代替杏仁粉，或这两者的混合物。
在步骤1中将肉桂粉和豆蔻粉与盐一起混合好。

林茨面团 II linzer dough II

与林茨面团 I 一样制备，但是用经过细眼网筛过筛的煮熟的蛋黄，代替步骤3中生蛋黄。

酥皮糕点（千层酥糕点）

酥皮糕点是面包店里最引人注目的产品之一。虽然它没有添加膨松剂，但经过烘烤之后，厚度可以增加到原来的8倍。

酥皮糕点面团是一种分层的面团或者包入油脂的面团，像丹麦面包和牛角面包面团一样。这意味着它是由许多层的油脂夹在许多层面团之间制成的。但是，与丹麦面包面团不同的是，酥皮糕点面团中不含酵母。当面团中的水分被加热时就会产生蒸汽，蒸汽会使酥皮糕点具有惊人的膨胀力。

由于酥皮糕点面团或者酥皮面团中有1000多层，比丹麦面包面团要多得多，擀面的过程需要大量的时间，并且要细心。

和众多其他的产品一样，不同烘焙师有不同版本的酥皮糕点，其配方和擀面的技法也各不相同。例如，这里提供的配方中不含有鸡蛋，但有一些面包师会加入鸡蛋。包裹黄油的两种方法和两种擀面的方法如插图所示。

黄油是包入面团中的首选油脂，因为它优质的风味和入口即溶的品质。还有特制的酥皮糕点起酥油。这种起酥油更容易进行加工制作，因为它在经过冷藏之后没有那么硬，在温热的温度下也不会像黄油那样容易软化和融化。它也比黄油便宜得多。但是它口感欠佳，容易凝结并覆盖在口腔里。

包入油脂重量是面粉重量的50%～100%。如果使用的油脂重量较少，面团在擀开时应稍厚一点。少油脂的酥皮不会膨胀得那么高，而且可能膨胀得不够均匀。这是因为在面团层次之间的油脂比较少。所以这些层次更容易粘连到一起。

本节中的插图详细说明了混合面团、包入黄油及擀制的步骤。制作酥皮糕点面团的过程展示了一种完整的，采用四折法包入黄油制作酥皮糕点的方法。下面的插图说明了另外一种在面团中包入黄油的方法。最后，将三折法作为一种可选的擀制步骤加以说明。

用于闪电酥皮糕点和反式酥皮糕点的配方也包括在这部分的内容里。闪电酥皮糕点实际上是一种香酥的派面团，可以像酥皮糕点面团一样擀开和折叠。它制作起来比传统的酥皮面团更容易也更快速（blitz，在德语中的意思是"闪电"）。它涨发的不像真正的酥皮糕点那样高，质地也没有真正的酥皮糕点那样细腻，所以不适合制作有一定高度且质地轻盈的酥皮糕点。

制作步骤： 制作酥皮糕点面团

1. 在一堆面粉的中间做出一个窝穴形，并加入液体。

A

2. 将所有的原材料混合成一个面团。

B

3. 将面团揉至光滑。冷藏30分钟。然后将其擀开成为一个大的长方形。

C

4. 要制备黄油，先将其用一根擀面杖敲打，使其软化。

D

5. 把黄油整理成方形。然后将其擀开成长方形面团2/3大小的平整的长方形。

E

6. 将黄油摆放到面团上，这样黄油就会覆盖住长方形面团底部的2/3大小。

F

7. 将未被黄油盖住的顶部面团的1/3朝下折叠下来，让它覆盖住一半的黄油。

8. 将底部1/3的面团朝上折叠到中间处。这样就包裹住了黄油。

9. 将面团擀成一个长的长方形，对面团进行四折法中的第一次折叠。在擀开面团之前，如图所示，轻轻敲打面团，这样会使黄油分布均匀。

10. 在折叠面团前，一定要将多余的面粉刷掉。

此面团烘烤后酥脆香酥，非常适合用来制作拿破仑蛋糕和类似的带有奶油夹层的甜品。

反转酥皮糕点有点与众不同，很难进行加工处理。顾名思义，黄油和面团是颠倒过来的，也就是说，黄油（经过了四次混合）包着面团，而不是面团包着黄油。虽然它非常难以制备，但可以不经过最后的松弛就制作成型并进行烘烤，因为它比传统的酥皮糕点收缩得更小。

11. 把上部面团朝下折叠到中间位置。

12. 把底部面团朝上折叠到中间位置。

13. 将面团对折，以完成四折法。

可替换的方法如下：

擀开面团的步骤

1. 如同制作丹麦面包一样，将长方形面团折叠成三折。

2. 使用擀面杖将完成三折法折叠的面团整理成方形。

将黄油包入到酥皮糕点面团里

1. 将面团擀开成为一个钝边的十字形，如图所示，中心处比十字形的四边略厚一些。

2. 把方块形的黄油摆放到面团的中间位置处，将十字形面团的一条边覆盖到黄油上。

3. 将十字形面团剩余的三条边从中间位置覆盖过去。

◆ 复习要点 ◆

◆ 用什么方法混合布里欧香酥派面团？用什么混合方法混合油酥面团，包括油酥派面团和甜酥派面团？

◆ 制作酥皮面团（千层酥）的擀制步骤有哪些？

◆ 在制作成型和烘烤酥皮糕点产品时应遵循哪些方法？

经典的酥皮糕点（千层酥皮）classic puff pastry（pate feuilletee classique）

原材料	重量	百分比 /%
面包粉	500 克	100
盐	10 克	2
黄油（融化）	75 克	15
水	250 克	50
黄油（包入用）	300 克	60
总重量：	**1135 克**	**227%**

制作步骤

混合

1. 将面粉和盐混合。堆到工作台面上，并在面粉中间做出一个窝穴形（注：有关混合和层叠面团的制作步骤，请参阅前文酥皮糕点面团的制作步骤）。

2. 将融化的黄油和水倒入中间的窝穴里。从里面逐渐朝外搅拌，以将面粉混合进入液体里，制作成一个面团。

3. 一旦形成了面团，大体揉制一下到刚好光滑的程度即可。不要过度揉面，否则面团会变得劲力太强，并且难以操作。将面团堆积成一个光滑的圆球形。

4. 选择包裹黄油的方法（详见下面内容）。如果使用方法1，将面团用保鲜膜包好，冷藏30分钟。如果使用方法2，在面团顶部切出一个十字形，用保鲜膜包好，在冰箱里静置冷藏30分钟。

包裹黄油：方法1

1. 将面团擀开成为一个大的长方形。

2. 将黄油摆放到两片保鲜膜之间。通过用擀面杖敲打黄油，使其软化并变得平整。在擀开面团的过程中，将黄油放到一边备用。

3. 让黄油保持在保鲜膜里，将其擀开，并使用擀面杖将其四周规整成方形，以制作成长方形面团2/3大小的长方形。

4. 去掉长方形黄油上的保鲜膜，将其摆放到长方形面团底部的2/3处。把上部1/3的面团向下折叠，盖住一半的黄油。把底部1/3的面团朝上折叠到中间位置。这样就把黄油包裹在了面团里面，使得两层黄油夹在三层面团之间。

5. 将面团采用四折法折叠四次。这样就会让面团形成了1028层的面团和黄油层次。在两次折叠之间，在凉爽的地方松弛面团，让面筋得到放松。或将面团采用三折法折叠5次，制作出总数为883层的面团（也可以在最后一次三折法折叠后，将面团擀开并对折成两半，可以将这个层次的数量翻倍。更好的方法是，将面团进行六次三折法折叠——成为2400层但当面团变成这么薄的时候，可能无法正常膨胀）。

包裹黄油：方法2

1. 用擀面杖把切成十字形的四个1/4形状的面团擀开，把它擀成又大又宽的十字形。让中间的面团比十字形的四个边的面团更厚一些。

2. 将黄油放入到两片油纸或保鲜膜中间。使用一根擀面杖轻轻敲打黄油，使其变得略微平整和柔软。然后将其擀开成为2厘米厚的方形。方形黄油的大小应比中间部位的面团略小一点，这样黄油在步骤3中就不会从边上露出来。

3. 将方形黄油摆放到十字形面团的中间位置处。将四个边的面团盖过黄油，将其完全包裹起来，就如同包在信封里一样。

4. 擀开面团，进行六次三折法的折叠。在折叠之间，让面团在凉爽的地方松弛，以便让面筋得到放松。这样的折叠法会让面团中的面团和黄油层次有1459层。

常用酥皮糕点面团　ordinary puff pastry

原材料	重量	百分比 /%
面包粉	375 克	75
蛋糕粉	125 克	25
黄油（软化）	60 克	12.5
盐	8 克	1.5
冷水	282 克	56
黄油	500 克	100
面包粉（见注释）	60 克	12.5
总重量：	**1410 克**	**282%**

注释： 使用第二份面包粉的目的是吸收一些黄油中的水分，并且有助于面团更加易于操作。如果面包房里的温度太冷或使用了酥皮面团起酥油来代替黄油的话，可以去掉这一部分的面粉。

各种变化

　　包入的黄油可以减少到75%，或减少到50%。如果减少了黄油，也应该按照相同的比例减少最后一份面粉（用于与黄油混合），这样它的重量就是黄油的1/8。

制作步骤

1. 将第一份面粉和黄油放入搅拌桶里。使用桨状搅拌器配件以低速搅拌至完全混合均匀。
2. 用冷水将盐融化开。
3. 将盐水加入到面粉混合物里，以低速搅拌至形成了一个柔软的面团，不要过度搅拌。
4. 将面团从搅拌机里取出来，在冰箱里或延缓醒发箱里松弛20分钟。
5. 将最后分量的黄油和面粉，在搅拌机里以低速搅拌至混合物形成如同面团一样的质地，不要太软也不要太硬。
6. 按照前文所描述的制作步骤将黄油包入面团里。让面团按照四折法折叠四次，或按照三折法折叠5次。

闪电酥皮糕点面团　blitz puff pastry

原材料	重量	百分比 /%
面包粉	250 克	50
糕点粉	250 克	50
黄油（略微软化）	500 克	100
盐	8 克	1.5
冷水	250 克	50
总重量：	**1258 克**	**251%**

各种变化

将黄油减少至75%（375克）。

制作步骤

1. 将两种面粉一起过筛到搅拌桶里。
2. 如同制作塔派面团一样，将黄油切入到面粉里，黄油保持非常大的块状，宽度为2.5厘米。
3. 将盐在水里溶解开。
4. 将盐水加入到面粉/黄油混合物里，混合至水被吸收。
5. 面团松弛15分钟。如果面包房里温度太高，可以冷藏。
6. 在工作台面上撒上面粉，将面团擀开成长方形。将面团按照四折法折叠3次。

🍥 翻转酥皮糕点面团（倒转千层酥面团）reversed puff pastry（pate feuilletee inversee）

原材料	重量	百分比 /%
黄油	500 克	100
面包粉	250 克	50
面包粉	500 克	100
盐	25 克	5
水	270 克	54
黄油（软化）	175 克	35
总重量：	**1720 克**	**344%**

制作步骤

1. 将第一份黄油和面粉在搅拌桶里一起混合好。可以使用手或安装有桨状搅拌器的搅拌机和面，直到完全混合均匀。
2. 将黄油混合物夹在两张油纸之间，擀开成为一个厚度为2厘米的大长方形。冷藏30分钟。
3. 使用传统的酥皮糕点面团配方制作步骤中所描述的步骤1和步骤2，将剩余的原材料混合成一个面团。包裹好后放入冰箱里冷藏30分钟。
4. 将面团擀开，制成黄油混合物面团一半尺寸的长方形。
5. 面团摆放到黄油混合物长方形面团的一半位置上，将黄油面团折叠过来盖住面团，并完全包裹好，使用油纸抬起黄油。
6. 冷冻30分钟。
7. 让面团按照三折法进行5次折叠，确保在工作台面上撒上足量的面粉，以便黄油不会粘连。

酥皮糕点面团产品的加工成型和烘烤指南

1. 当面团被擀开和切割的时候，面团应够凉和够硬。如果太软，在切割时，层次之间会粘连到一起，妨碍了面团的适度膨胀。

2. 使用锋利的切割工具，用力而均匀的直接切割下去。

3. 手指要避免触摸到切口处，否则层次之间会粘连到一起。

4. 为了更好地膨胀，把酥皮糕点面团产品倒扣着摆放到烤盘里。原因是，即使是锋利的切割工具也会把最上面的几层面团压在一起。倒扣过来烘烤，粘在一起的几层就会在底部。

5. 避免让蛋液从切口边上流淌下来。蛋液能让分层在边缘处粘连到一起。

6. 将制作好的产品在凉爽的地方，或在冰箱里松弛30分钟或更长的时间后再烘烤。这样会让面筋得到松弛并减少收缩。

7. 修剪下来的面团还可以再次使用，尽管它们不会膨胀得那么高。将它们按压到一起，保持分层是朝向相同的方向。在将它们擀开之后，在使用之前，按照三折法折叠一次。

8. 200～220℃的烘烤温度最适合大部分的酥皮糕点面团产品。更低的温度不会在产品中产生出足够的蒸汽使其很好地膨胀。较高的温度会使外皮过于快速的凝固。

9. 较大的产品，如皮蒂维耶（皇冠杏仁派），比较小的产品更难烤透。为了避免烘烤不足，内部潮湿，先将较大的产品在高温下烘烤，直到它们充分膨胀。然后把温度调低到175℃，一直烘烤到酥脆为止。

酥皮糕点甜品

下面的配方中包括简单的酥皮糕点产品的制作说明，包括花色小糕点。如果制作出的产品效果不是太好，可参阅下表进行纠正。

酥皮糕点错误及其原因	
错误	可能引起的原因
在烘烤的过程中出现收缩	在烘烤之前，面团没有松弛到位
	使用了太少或者太多的油脂
	面团擀开的太薄或者折叠的次数太多
	烤箱温度太高或者太低
膨胀不均匀或者形状不规则	包入油脂工艺不当
	擀开面团之前，油脂分布不够均匀
	烘烤之前面团松弛的时间不够
	烤箱内的温度不够均匀
油脂在烘烤的过程中流失	使用了太多的油脂
（**注释：**有一些油脂流淌出来是正常的，但不应该过量）	折叠的次数不够 烤箱温度太低

 风车酥 pinwheels

成分

酥皮糕点面团
蛋液
水果馅料

制作步骤

1. 将酥皮糕点面团擀开成3毫米厚。
2. 切割成每边为12厘米的方块形，或者根据需要切割成其他的尺寸大小。
3. 从四个角斜切到离中心5厘米的位置，在糕点面团上涂刷上蛋液。
4. 每间隔一个角，将其他的角折向中间位置，然后按压好，与丹麦风车面包做法一致。
5. 涂刷上第二遍蛋液。
6. 选择一种浓稠的馅料，在烘烤时（见步骤9）不会流淌出来。在每一个个风车酥的中间盛入一勺的馅料。
7. 温度200℃烘烤至膨胀并呈金色。
8. 冷却，撒上糖粉。
9. 风车酥也可以在烘烤好之后填入馅料，而替代烘烤之前填入。这种方法常用于在烘烤时馅料会流淌，或者易烤焦糊的馅料。

   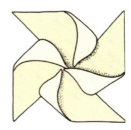

🌸 小酥盒 patty shells

成分

酥皮糕点面团
蛋液

制作步骤

1. 将酥皮糕点面团擀开成3毫米厚。
2. 将第二块酥皮糕点面团擀开成6毫米厚。
3. 使用7.5厘米的圆形切割模具，从每一块擀开的面团上切割出相同数量的圆形片。
4. 使用5厘米的切割模具，将厚圆片中间的面团切割出来（图A）。

A

5. 在薄的圆形片上涂刷上水或蛋液，并将一个环形面团分别摆放到一个圆形片上（图B）。小心地在表面涂刷上蛋液（不要让蛋液从边上滴落下来）。让其松弛30分钟。
6. 在小酥盒的上面摆放上一张油纸，以防止它们在烘烤的过程中倾倒。
7. 温度200℃烘烤至金黄色并酥脆。

B

🌸 水果酥皮角 turnovers

成分

酥皮糕点面团
水果馅料
蛋液或牛奶或水
砂糖

制作步骤

1. 将酥皮糕点面团擀开成3毫米厚。
2. 切割成10厘米的方块形。分别在每个的边缘处涂刷上水。
3. 分别将一份所需要的馅料放入每一个方块形的中间处（图A）。
4. 按照对角线折叠方块形，并将边缘处按压到一起。使用一把刀，在表面上切割出2~3个小孔，以便能够让蒸汽逸出（图B），松弛30分钟。
5. 在表面涂刷上蛋液，如果需要，可涂刷上牛奶或水，并撒上糖。
6. 温度200℃烘烤至酥脆并呈金黄色。

A

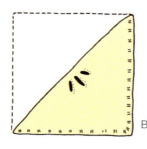

B

烤苹果酥皮饺 baked apple dumplings

成分

酸苹果（小的）
酥皮糕点面团
蛋糕屑（可选）
肉桂糖
葡萄干
蛋液

制作步骤

1. 根据需要，将苹果去皮去核。
2. 将酥皮糕点面团擀开成3毫米厚。切出足够大的方块形面团，当方块形面团的尖角在苹果的顶部重叠时，可以完全覆盖住整个的苹果。

   注意： 不要将面团拉伸到苹果上，否则在烘烤的过程中会脱落。为了防止这种情况发生，先切割出一个方块形面团，然后测试一下，确保它足够大到能覆盖住苹果。然后切割出剩下的方块形面团。
3. 如果面团变软，将其冷藏15～30分钟，然后继续操作。
4. 在每个方块形面团的中间放入一茶匙蛋糕屑，然后在蛋糕屑上摆放一个苹果（注意：蛋糕屑是可选的，但它们有助于吸收苹果汁）。
5. 在苹果中间（去掉果核的位置）填入肉桂糖和葡萄干。尝一小片苹果的酸味，有助于判断放糖的量。
6. 在方块形面团的边缘处涂刷上水或蛋液。提起面团的四个角，并在苹果的顶端将其重叠到一起。将几个角按压到一起以密封住苹果。将边角处的面团捏到一起，将接缝处密封好。
7. 切割出2.5厘米的圆形面团。将每一个苹果的顶端用蛋液湿润，然后盖上圆形面团。这个圆形面团覆盖住了重叠到一起的边角，使得制作出的产品更具有吸引力。
8. 将苹果放在铺有油纸的烤盘里。刷上蛋液。
9. 温度200℃烘烤至糕点变成棕色，并且苹果彻底熟透，但是没有太软烂（否则它们会塌陷并变扁）。这个过程会需要45～60分钟，或根据苹果的大小具体而定。用一根细签插入苹果里来测试其成熟的程度。如果糕点上色太快，用一片油纸或锡纸略微覆盖。

奶油酥皮卷 cream horns

成分

酥皮糕点面团
砂糖
打发好的奶油或糕点
奶油酱
糖粉

制作步骤

1. 将酥皮糕点面团擀开成3毫米厚，36厘米宽的大片。
2. 切割出3厘米宽乘以38厘米长的条形。
3. 在条形面团上涂刷上水。
4. 将条形面团的一端，涂刷有水的那一面朝外，按压到奶油管形模具的一端（图A）。如果使用圆锥形模具，应从锥尖的一端开始卷起。

5. 通过转动管形模具，把条形面团斜卷成螺旋形（图B），边缘处重叠1厘米。卷动时不要拉伸面团。
6. 将条形面团完全卷起来，末端适当按压进行密封（图C）。

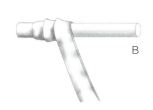

7. 将酥皮卷在砂糖中滚过，然后平放到烤盘里。条形面团的末端应在底部，这样在烘烤的过程中就不会弹裂出来。
8. 温度200℃烘烤至呈棕色并酥脆。
9. 趁热从管形模具上滑落出来。

10. 只是在服务上桌前，才在酥皮卷的两端（如果使用的是圆柱管形模具的话），或从大的开口端（如果使用的是圆锥形模具的话），使用带有星状裱花嘴的裱花袋，挤入打发好的奶油或者糕点奶油酱。最后撒上糖粉。

🧁 拿破仑蛋糕 napoleons

成分

酥皮糕点面团
糕点奶油酱，或糕点
奶油酱与打发好的奶
油的混合物
风登糖
巧克力风登糖

制作步骤

1. 将酥皮糕点面团擀成非常薄的，与烤盘大小相符的片状。闪电酥皮面团或者重新擀开使用的酥皮边角料都可以使用。

2. 将擀开的酥皮面团摆放到烤盘里，并让其松弛30分钟，最好是放入冰箱冷藏。

3. 用叉子在面片上戳出些孔洞，以防止起泡。

4. 温度200℃烘烤至呈棕色并酥脆的程度。

5. 修剪酥皮的边缘处，并用锯齿刀切割成7.5～10厘米宽的、大小相同的长条形。将最美观的长条形放置到一边留作顶层用，如果其中有一条断裂，可以将其用在中间层。

6. 在一个长条上涂抹上糕点奶油酱或糕点奶油酱与打发好的奶油的混合物。

7. 在上面摆放好第二个长条。

8. 再涂抹上一层糕点奶油酱。

9. 将第三个长条摆放到顶部，使其最平整一面朝上。

10. 在表面涂抹上风登糖。

11. 要进行装饰，在白色的风登糖上纵长挤出四条巧克力风登糖造型（图A）。使用抹刀，或是刀的刀背，在表面上以相反的方向横着画出羽毛造型（图B，图C）。

12. 切割成4～5厘米宽的条形块（图D）。

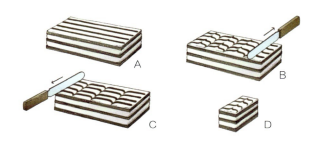

拿破仑蛋糕

拿破仑蛋糕这种层层叠叠的酥皮甜品与法国皇帝拿破仑有什么关系呢？实际上，并没有关系。这个名字来自于法语形容词napolitain，意思是"属于意大利城市拿波里的"，即那不勒斯。这种糕点被认为起源于那里，它与皇帝拿破仑没有任何联系。更好的英文名字是那不勒斯蛋糕。

事实上，这种甜品可能是由卡列姆而不是那不勒斯的糕点厨师发明的。也许他在制作一种他认为的那不勒斯风格甜品。

在法国，这道甜品也不称为拿破仑蛋糕，而是称为千层糕（mille-feuille），意思是"千层叶"。意大利人也称它拿破仑蛋糕，而是叫做mille foglie，意思也是"千层叶"。

水果果塔

酥皮面团也常用于代替油酥面团来制作水果果塔。水果酥皮条是制成10～12厘米宽的长条形的水果果塔。

装配这些甜品的步骤与第15章中所描述的未烘烤的水果果塔相同，只是烘烤的酥皮糕点应该在服务之前的最后几分钟才装配，因为酥皮很快就会变得潮湿。

水果果塔的外皮可以制作成任何的形状，但是方形和长方形最简单易做，见下述的制作步骤一样。

水果塔 fruit tarts

成分

酥皮糕点面团
蛋液
糕点奶油酱
水果（根据需要使用）
杏酱（杏亮光剂，或其他的亮光剂）

制作步骤

1. 将酥皮糕点面团擀开成3毫米厚。
2. 切割成所需要大小的方形或者长方形。
3. 使用剩余的面团，切割成大约2厘米宽，长度足以给水果挞镶边装饰的长条形。
4. 在方块形面团的边缘处涂刷上水或蛋液。将条形面团固定到湿润的边上，以制作出镶边装饰条。在镶边装饰条上涂刷上蛋液。
5. 使用叉子、刀尖或滚针擀面杖，在方块形面团上戳出一些孔洞（不要戳镶边装饰条），以防止面团起泡。
6. 烘烤之前，放入冰箱里冷藏30分钟。
7. 温度200℃烘烤至呈棕色并酥脆。然后冷却。
8. 填入一薄层的糕点奶油酱，将水果摆放到上面，涂刷上杏酱。

各种变化

水果酥皮条 fruit strips

按照上述步骤进行制作，制作成10～12厘米宽，与所用烤盘长度一样的长方形。将镶边装饰条摆放到两个长边上，两端敞开口。

花色小糕点（petits fours）

petits fours（花色小糕点）这个术语，法语是"小烤箱"的意思，可以用来烘烤所有一两口就可以吃完的小蛋糕、糕点及曲奇等。关于花色小糕点前文有详尽的介绍。这个名字可能源于烧制木材的砖炉时期，人们将一天主要的烘烤工作完成之后，利用烤箱冷却的过程来烘烤花色小糕点。

在很长一段时间里，北美人认为花色小糕点只是小块状、精致的分层蛋糕，每个都涂抹上了风登糖（事实上，在美国的面包店里发现的许多这样的蛋糕并不是非常小的"小糕点"）。然而，随着越来越多的餐厅采用了在甜点后提供一个小托盘装的小巧克力和小糕点的做法兴起，美国人对这个词更广泛的含义已经越来越熟悉。

酥皮花色小糕点

苹果酥皮盒子 chaussons

成分

酥皮糕点面团
蛋液
烩苹果

各种变化

可以使用其他种类的水果或杏仁馅料（杏仁酱）代替苹果馅料。

制作步骤

1. 将酥皮糕点面团擀开2毫米厚，摆放到铺有油纸的烤盘里。冷冻30分钟。
2. 使用6厘米的圆形切割模具，切割出圆形的面团。
3. 在圆形面团的边缘处涂抹上蛋液。
4. 在每一圆形面团的中间位置处，用勺舀入2～3毫升的烩苹果。
5. 将圆形面团折叠过来制作成半月形酥盒，用圆形切割模具的反面（钝边那一面）按压酥盒的边缘处进行密封。
6. 涂刷上蛋液。用一把叉子的背面在表面上轻轻刻划出痕迹，进行简单装饰。
7. 温度375℃烘烤至金黄色。

帕米尔斯酥皮卷 palmiers

成分

酥皮糕点面团
砂糖

制作步骤

1. 在烤盘内铺上油纸，或多涂抹一些黄油，并冷冻。

2. 在工作台面上撒上大量的砂糖。

3. 将酥皮糕点面团摆放到砂糖上，擀开成30厘米宽、3毫米厚的长条形。擀开面团的时候，将其翻面一两次，让其两面都粘上糖。

4. 修剪长条面团的两边，将其修剪平直。

5. 确定好长条形面团的中心位置，然后把每一边对折到中间位置（图A）。再将每条边折叠一次，使折叠好的两边在中间位置处相遇（图B）。每半边的长条形应有3层厚。

6. 将一边与另外一边纵向对折，做成一个6层厚，并且5厘米宽（图C）的长条形。

7. 冷藏至变硬。

8. 用锋利的刀（图D）切割成6毫米厚的片状，并以交错的方式，在准备好的烤盘里排放好。在它们之间留出足够的间距，让其有膨胀的空间。

9. 用手掌在切片上朝下按压，以使其略微平整些。

10. 温度375℃烘烤至金黄色。将酥皮翻过来，并将第二面烘烤至颜色均匀。取出摆放到烤架上冷却。

各种变化

可以作为一种干的花色小糕点直接服务上桌。

可以夹上糕点奶油酱作为茶点。

也可以将其一半蘸入融化的巧克力中食用。

酥皮棒 allumettes

成分

酥皮糕点面团
皇家糖霜

制作步骤

1. 将酥皮糕点面团擀开成3毫米厚的长方形面团，摆放到烤盘里。
2. 在酥皮面团上涂抹上一层薄薄的皇家糖霜，冷冻至糖霜凝固。
3. 用湿润的刀将酥皮面团切割成为1.5厘米×4厘米的棍状或条形。摆放到铺有油纸的烤盘里。
4. 温度375℃烘烤至膨胀，然后盖上硅胶垫，继续烘烤至金黄色并完全成熟，烘烤20分钟
5. 取出在烤架上冷却。

 ## 蝴蝶酥（蝴蝶形或蝴蝶结形）papillons（butterflies or bow ties）

成分

酥皮糕点面团
砂糖

制作步骤

1. 在烤盘内铺上油纸。或在烤盘里多涂抹一些黄油，并冷冻。
2. 称取500克的酥皮糕点面团，在撒有砂糖的工作台面上，将面团擀开成33厘米×13厘米的长方形，将四个边修剪规整。
3. 将长方形面团切割成5等份，大小为6.5厘米×13厘米。将其中的4块面团涂刷上一点水，摞叠到一起，将没有涂刷有水的那一块面团摆放到最上面。
4. 使用刀背，在面团的中间位置处纵向刻划出一条中心线。将面团翻过来，在背面相同的位置处重复刻划出一条中心线。冷冻。
5. 如果需要，可以修剪这一摞面团的边角，使其规整。横向切割成5毫米厚，中间有凹痕的片（图A）。
6. 将切片反转扭动一下，从中间捻开，使每一层都散开。摆放到托盘里，将边缘处轻轻朝下按压（图B）。温度375℃烘烤至金黄色。

各种变化

在糖里面可以加上肉桂粉或姜粉。

杏仁酱小果塔 conversations

成分

酥皮糕点面团
水果果酱，例如覆盆子果酱
杏仁酱馅料
皇家糖霜

制作步骤

1. 将酥皮糕点面团擀开至尽可能薄的程度，几乎呈透明状。在铺有油纸的托盘里冷冻30分钟。

2. 使用圆形的切割模具，切割出足够大的圆形面团，铺到5厘米的小果塔模具里。再额外切割出一些圆形面团，覆盖到每个小果塔的表面，放到一边备用。将边角料面团按压平整，用于装饰。

3. 在每个小果塔的底部，放入3克的果酱，并在上面再放入5克杏仁膏馅料。

4. 在小果塔的边缘处涂刷上蛋液，上面覆盖上一个非常薄的圆形面团，并冷冻。

5. 使用小号的抹刀，在酥皮糕点的表面上涂抹一薄层皇家糖霜。

6. 将酥皮面团切割成非常薄的条状，摆放到皇家糖霜上，形成一格子花纹造型。图示的是一个没有加入糖霜的小果派（右侧），以及三个准备烘烤的小果塔派糕点。

7. 以温度190℃烘烤至金黄色，完全烘烤成熟。

花色酥皮小糕点，从左到右分别为：帕米尔斯酥皮卷，杏仁酱小果塔派，蝴蝶酥

杏仁风味酥条 sacristains

成分

酥皮糕点面团
蛋液
砂糖
杏仁［切碎（可选）］

制作步骤

1. 将条形酥皮糕点面团擀开至3毫米厚，切成10厘米宽的长条形。
2. 在面团上涂刷好蛋液，撒上粗砂糖或砂糖和杏仁碎的混合物。使用擀面杖，轻轻将糖和坚果擀压到面团里。
3. 将长条形面团翻转过来，以同样的方法涂刷上蛋液，撒上糖和杏仁。
4. 将长条形面团横着切割成宽2厘米、长10厘米的小条形。
5. 把每一个小条形面团都扭曲成螺旋状。摆放到铺有油纸的烤盘里。并将其两端略微下压，以使其在烘烤的过程中扭转好的造型不会松脱开。
6. 温度220℃烘烤至棕色并香酥。

闪电泡芙面团

闪电泡芙和奶油泡芙是由闪电泡芙面团，或泡芙面团制作而成的。其法语名称为pate a choux，意思是"卷心菜面团"，是指奶油泡芙与小卷心菜非常相似。

与酥皮糕点面团不同，闪电泡芙面团非常容易制作。面团本身只需几分钟就可以制作好。这也是它的优点之一，因为为了达到最好的烘烤效果，面团不能提前超过1个小时进行准备。

下面的配方里详细说明了制作泡芙面团的具体步骤。一般情况下，这种方法由以下步骤组成：

1. 将液体、油脂、盐及糖（如果使用的话）一起加热烧开。液体必须快速烧开，以便油脂均匀地分布于液体里，而不仅仅是漂浮在表面上。否则，油脂就不会很好地融入面团里，烘烤的过程中可能流淌出来。

2. 立刻将所有的面粉全部加入，并搅拌至面糊形成圆球形，并从锅边处脱离开。面团应在锅底留下一层薄膜（图A）。

3. 将面团端离开热源，冷却到60℃（图B）。搅打或搅拌面团，这样面团就会均匀的冷却。如果面团没有经过略微的冷却，加入鸡蛋的时候，鸡蛋会加热成熟。

4. 将鸡蛋一次一点地搅打进去（图C）。在加入更多鸡蛋前，将每次加入的鸡蛋都完全搅拌均匀。如果鸡蛋加入的过快，那么就很难搅拌成细滑的面糊状。当面团变得细滑、湿润，但是能硬挺并保持其形状时（图D），就可以使用了。

闪电泡芙面团类似于蓬松的面糊，虽然前者是浓稠的面团，后者是稀薄的面糊，但两种产品都经过蒸汽发酵，使产品迅速膨胀，在产品的中心形成大的孔洞。烤箱内的热量会使面筋和鸡蛋蛋白质凝固，使其结构定型，形成坚硬的产品。两者都需要使用高筋面粉来保持足够的结构（为了与泡芙面团进行比较，在本节最后包含了一个蓬松饼的配方）。

闪电泡芙面团必须足够硬挺，当从裱花袋里挤出时能够保持住其造型。若制作出了太松弛的面团，可以通过略微减少水分或牛

奶来对这样的配方进行纠正。当面糊达到了合适的质地时，就停止添加鸡蛋。不过要特别注意闪电泡芙面团不能太干燥，它应该看起来细滑和湿润，而不是干燥和粗糙，太干燥的泡芙面团不能很好地膨胀起来，而且又厚又重。

用于奶油泡芙和闪电泡芙的闪电泡芙面团，通常会挤到铺设有油纸的烤盘里，它也可以挤到涂抹有油脂的烤盘里，尽管这种方式通常不会被经常使用。

恰当的烘烤温度是非常重要的。开始时先用高温（225℃）烘烤15分钟，产生蒸汽。然后将温度降低至190℃完成烘烤的过程，并使其结构定型。产品在从烤箱中取出前必须是硬实和干燥的。如果它们被过早地取出来或冷却得太快，它们可能会塌陷。有些面包师喜欢将泡芙留在关闭了开关且将烤箱门半开着的烤箱里。然而，如果烤箱必须为烘烤其他产品再次加热，这可能不是最好的选择。最好是把产品彻底烤熟，小心地从烤箱里取出，让它们在温暖的地方慢慢冷却。

注释： 法式面包圈或油炸小煎饼也使用闪电泡芙面团制作而成，会在第15章中进行讨论。

🍥 闪电泡芙面团或泡芙面团 éclair paste or pate a choux

原材料	重量	百分比/%
水，牛奶，或一半水、一半牛奶	560 克	150
黄油或常规的起酥油	280 克	75
盐	5 克	1.5
面包粉	375 克	100
鸡蛋（用量请看步骤 6 中的内容）	625 克	167
总重量：	**1845 克**	**493%**

注释： 如果需要较甜一些的产品，可以在步骤 1 中加入 15 克的糖。

制作步骤

1. 在厚底酱汁锅里或者锅里，将液体、黄油，及盐混合。将混合物加热至完全烧开。
2. 立刻加入面粉。快速搅拌。
3. 用中火加热，快速搅拌至面团形成圆球形，并从锅边上脱离开。
4. 将面团倒入搅拌机桶里。或在酱汁锅里希望手工搅拌。
5. 使用桨状搅拌器配件以低速搅拌面团至略微冷却，面团应该在43～60℃，其仍然是非常热，但是不会太热到不能触摸的程度。
6. 以中速，将鸡蛋一次一点地搅打进去。一次不要加入超过1/4量的鸡蛋，并且要等到加入的鸡蛋被完全吸收后，再加入更多鸡蛋。不要在检查面团的质地前就将所需要的鸡蛋全部加入进去。泡芙面团应该细滑而湿润，但要能保持住形状。如果在全部的鸡蛋加入前，面团就达到了这个质地，则不要再加入鸡蛋，面团已经可以使用了。

闪电泡芙面团产品

 ## 奶油泡芙　cream puffs

成分

闪电泡芙面团
选择好的馅料
糖粉

制作步骤

1. 在烤盘里铺上油纸。
2. 在大号裱花袋里，装入平口裱花嘴。在裱花袋里装入闪电泡芙面团。
3. 在铺有油纸的烤盘里，挤出直径4厘米的圆形的堆状泡芙面团。也可以使用勺子挖取面团。
4. 温度215℃烘烤10分钟，将温度调低至190℃，继续烘烤至泡芙呈均匀的棕色，且非常酥脆。
5. 将它们从烤箱里取出，在温暖的地方缓慢冷却。
6. 冷却后，将每一个泡芙的表面切开。使用带有星状裱花嘴的裱花袋，填入打发好的奶油、糕点奶油酱，或其他所需要的馅料。
7. 盖上表面切口，撒上糖粉。
8. 尽可能在服务上桌前再填入馅料。如果填入奶油的泡芙必须要保留一段时间，将其冷藏保存。
9. 没有填入馅料和没有切割开的泡芙，如果彻底变干燥了，可以盖上保鲜膜后放入冰箱冷藏保存1周。使用前，在烤箱里烘烤几分钟让其重新变得酥脆。

 ## 闪电泡芙　éclairs

成分

闪电泡芙面团
糕点奶油酱
巧克力风登糖

制作步骤

1. 制作过程与奶油泡芙相同，除了将面团挤出为2厘米宽，8～10厘米长的条形以外，与奶油泡芙烘烤条件一样。
2. 在烘烤好的，冷却后的闪电泡芙里填入糕点奶油酱。可以使用两种方法：
   - 在一端挖一个小孔，并用裱花袋填入馅料，或使用面包圈挤瓶挤出。
   - 纵长从表面切割开，并用裱花袋填入馅料。
3. 将闪电泡芙的表面蘸上巧克力风登糖。
4. 关于服务上桌和保存闪电泡芙，请参阅上述的奶油泡芙中的相关内容。

各种变化

冷冻闪电泡芙和巧克力泡芙 frozen eclairs and profiteroles

1. 在闪电泡芙或小的奶油泡芙（巧克力泡芙）里填入软化的冰淇淋，冷冻至上桌时。
2. 在服务上桌时，在表面浇淋上巧克力糖浆。

巴黎布雷斯特 paris-brest

成分

闪电泡芙面团
杏仁片或杏仁碎
馅料

制作步骤

1. 在烤盘内铺上油纸，使用所需大小的圆形蛋糕模具作为参考，在油纸上画出一个圆圈，20厘米的圆圈是最流行的尺寸。
2. 在大号裱花袋里装入平口裱花嘴。在画好的圆圈内侧，挤出2.5厘米粗的环形圆圈。紧挨着第一个圆圈的内侧再挤出第二个环形圆圈。然后在这两个圆圈的上面再挤出一个环形圆圈。
3. 在圆圈上涂刷上蛋液，撒上杏仁片或者杏仁碎。
4. 与奶油泡芙和闪电泡芙一样烘烤。
5. 当冷却后，将圆形泡芙最上面切割开。填入打发好的奶油、香草风味糕点奶油酱、糕点奶油酱慕林，或希布斯特奶油等。重新盖好。

巴黎布雷斯特环形泡芙

从巴黎到布雷斯特（在布列塔尼），再返回巴黎的自行车比赛是最古老的定期举行的自行车比赛，始于1891年，比赛的赛程是1200千米。为纪念这场比赛，糕点师便创造了这款自行车车轮形状的糕点。

网格形泡芙 choux pastry lattice

成分

闪电泡芙面团

制作步骤

1. 在油纸上画出网格线，将油纸翻过来摆放到烤盘里。画出的网格线应该显露出来。
2. 在圆形纸锥里填入闪电泡芙面团，并在纸尖处剪出一个小开口。将面团沿着网格线挤出。根据需要，可以使用小刀的刀尖将面团线条的连接处整理好。
3. 温度190℃烘烤至表面呈均匀的金色，烘烤时间4～7分钟。
4. 可以用于各种蛋糕和装盘甜品的装饰。

迷你巴黎布雷斯特 paris-brest miniatures

成分

泡芙面团
杏仁片
果仁糖糕点奶油酱
巧克力（融化）
糖粉

制作步骤

1. 在涂抹有薄薄一层黄油的烤盘里，将2.5厘米的圆形切割模具蘸上面粉，在烤盘里按压出环形印记。

2. 沿着按压出的标记，使用带有小号星状裱花嘴的裱花袋，连续不断地挤出环形的泡芙面团。

3. 涂刷上一点蛋液。撒上杏仁片。

4. 温度190℃烘烤至金黄色，当敲打时，会发出空洞的声音。在烤架上冷却好。

5. 水平将泡芙圆环片切成两半，并在每一个泡芙的底层那一半上面，挤出10克果仁糖糕点奶油酱。

6. 在表面的泡芙上快速挤出一些融化的巧克力，撒上糖粉，并盖上表面的泡芙。

泡芙挂色小糕点，从左到右分别为：巴黎布雷斯特，迷你闪电泡芙，果仁糖泡芙，迷你奶油泡芙，佛罗伦萨泡芙。

果仁糖泡芙 pralines

成分

泡芙面团
果仁糖糕点奶油酱
坚果（略微烘烤）
焦糖

制作步骤

1. 在烤盘里铺上油纸，或涂抹上少许黄油。在烤盘里挤出2厘米的堆状泡芙面团。涂刷上一层薄薄的蛋液。
2. 温度190℃烘烤至金色，膨胀完好。摆放到烤架上冷却。
3. 冷却后，在每个泡芙的底边戳出一个小孔。将果仁糖糕点奶油酱从小孔中挤入。
4. 在涂抹有少许油的烤盘里，将经过略微烘烤的坚果在每个泡芙上摆放一个，略微分开摆放。
5. 将每个泡芙的表面，先蘸上焦糖，然后朝下直接摆放到每个坚果上，让焦糖环绕着坚果，并在平盘上冷却。
6. 将坚果面朝上摆放到花色小糕点垫纸上即可。

佛罗伦萨泡芙 choux Florentines

成分

泡芙面团
杏仁片
焦糖
尚提妮奶油

制作步骤

1. 在涂抹有少许黄油的烤盘里，用2.5厘米的圆形模具蘸上面粉，然后在烤盘里扣出圆圈形标记。同样，可以使用圆形模具作为参考，在油纸上画出圆圈形标记。将油纸翻过来摆放到烤盘里，画出的圆圈应清晰可见。
2. 沿着这条画出的线，使用小号的星状裱花嘴，将泡芙面团挤出成为圆圈状。
3. 涂刷上薄薄的一层蛋液。
4. 温度190℃烘烤至金黄色，轻敲时，可发出空洞的声音。摆放到烤架上冷却。
5. 将表面蘸上焦糖，在中间空洞里挤入玫瑰花结形的尚提妮奶油。

迷你闪电泡芙 mini eclairs

成分

泡芙面团
巧克力糕点奶油酱
巧克力风登糖或焦糖

制作步骤

1. 在烤盘里铺上油纸，或涂抹上少许黄油。使用中号平口裱花嘴，挤出5厘米长的手指形泡芙面团。
2. 涂刷上蛋液，使用叉子的背面轻轻朝下按压。
3. 温度190℃烘烤至膨胀起来并呈金黄色，摆放到烤架上冷却。
4. 在闪电泡芙的任意一端戳出一个孔洞，将巧克力糕点奶油酱挤入进去，然后将表面蘸上巧克力风登糖或焦糖。
5. 在每个泡芙表面上，使用融化后的巧克力上挤出设计好的造型，摆放到花色小糕点垫纸上即可上桌。

迷你奶油泡芙 mini cream puffs

成分

泡芙面团
杏仁片
尚提妮奶油
巧克力（融化）
糖粉

制作步骤

1. 在烤盘里铺上油纸，或涂抹上少许的黄油。在烤盘里挤出直径2厘米的堆状泡芙面团。涂刷上薄薄的一层蛋液，并撒上杏仁片。
2. 温度190℃烘烤至金色，轻敲时会发出空洞的声音。摆放到烤架上冷却。
3. 水平地切割成两半。在底下那一半里，挤入尚提妮奶油。
4. 在上面那一半上快速挤出融化的巧克力，撒上糖粉，并盖到泡芙上。
5. 摆放到花色小糕点垫纸上即可。

蓬松饼 popovers

原材料	重量	百分比 /%
鸡蛋	625 克	125
牛奶	1000 克	200
盐	8 克	1.5
黄油或起酥油（融化）	60 克	12.5
面包粉	500 克	100
总重量：	**2193 克**	**439%**

制作步骤

混合

1. 将鸡蛋、牛奶及盐一起用球形搅拌器配件搅打至完全混合均匀。加入融化的油脂。
2. 使用桨状搅拌器配件代替球形搅拌器。将面粉搅拌至完全细滑状。
3. 将面糊过滤（可选，过滤面糊可以给蓬松饼一个更好的观感）。

称取面糊并装入模具

在每个松饼模具里涂抹上油脂（为膨胀留出空间）。在模具里填入一半满的面糊，每个模具里装入45克。

烘烤

温度218℃烘烤30～40分钟。在将它们从烤箱里取出来前，要确保蓬松饼已烘烤至干燥的，并且足够硬挺，以避免塌陷。立刻从模具中取出来。

酥皮卷和费罗酥皮

　　酥皮糕点面团包含有超过一千层的面团和油脂，是从一块很厚的面团开始，包入黄油，然后继续把它擀开并折叠，直到得到一个层次非常薄的酥皮。

　　用酥皮卷或费罗酥皮制作而成的糕点甚至比使用酥皮糕点面团制作的更加酥脆。与酥皮糕点不同的是，这些甜品一开始就是使用如同纸张一样薄的面团，涂刷上油脂，然后堆叠起来或者卷起来，以制作成许多分层的糕点。

　　酥皮卷是东欧的一种糕点，是由高筋面粉、鸡蛋和水制成的一种柔软的面团。在面团经过均匀混合，形成面筋后，用手把它伸拉成一张非常薄的透明薄片。这是一项需要练习才能做好的技能型操作工序。

　　费罗酥皮（fhyllo）是希腊版本的像纸一样薄的面团类型。虽然与酥皮卷不完全相同，但在大多数情况下，它与酥皮卷是可以互换的。因为它可以在市场上购买到。费罗酥皮被广泛用于制作酥皮卷。事实上，市面上的费罗酥皮通常被标注为"费罗酥皮/酥皮卷面团"。

市面上出售的费罗酥皮几乎都是冷冻的；但在一些地方也可以买到新鲜的（冷藏保存的）。酥皮通常为28厘米×43厘米，或30厘米×43厘米。一份454克包装的酥皮，大约有25片。

下面介绍自制酥皮卷面团和两种广受欢迎的酥皮卷馅料——苹果和奶酪。其中还包括使用自制面团和市售的费罗酥皮来装配和烘烤酥皮卷的步骤。最后，还介绍了装配和烘烤巴克拉瓦（baklava，蜜糖果仁酥）的制作步骤，这是一种流行的希腊费罗酥皮糕点，里面填入了坚果，并用蜂蜜糖浆浸泡。

 ## 酥皮卷面团 strudel dough

产量：可制作出4片面团，每片为1米×1.2米。

原材料	重量	百分比 /%
面包粉	900 克	100
水	500 克	56
盐	15 克	1.5
鸡蛋	140 克（3 个）	15
植物油	55 克	6
总重量：	**1610 克**	**178 %**

制作步骤

混合

1. 将所有原材料混合成光滑的面团。为了更好地形成面筋，以中等速度混合10分钟。面团会非常柔软。
2. 将面团分成四等分。把每块分别按压成长方形。将四块面团摆放到涂抹有油的烤盘里。在表面也涂抹上少许油，用保鲜膜覆盖好。
3. 在常温，或在延缓醒发箱里松弛面团至少1小时。

制作步骤： 伸拉酥皮卷面团

1. 面团稍微有点温热的时候，酥皮卷面团的延伸性最好，所以应把面团放置在温暖的地方。如果面团已经冷藏，至少放置1~2小时。

2. 在大的桌子（至少1米×1.2米）覆盖上布。在布上均匀撒上面粉，并反复轻轻摩擦。

3. 使用大量面扑，将一块面团摆放到桌子的中间处，使用擀面杖，将面团大致擀开成椭圆形或者长方形。这一步只是为了打算开始伸拉面团，所以不要把面团擀得太薄。

4. 将手背朝上，双手在面团下面滑动。小心地从面团中间开始向外拉伸，注意使用双手的手背，而不要使用手指拉伸，以避免在面团上戳破洞。按个人的伸拉方式在桌子上进行操作，轻轻地将面团从各个方向一点点地朝外拉伸。把主要精力集中在面团上最厚的部分，伸拉至使它与周围的厚度均匀。

5. 持续的伸拉面团，直到面团像纸一样薄，并且几乎透明。如果出现了小的孔洞，可以忽略掉；如果出现了大的孔洞，在面团完成拉

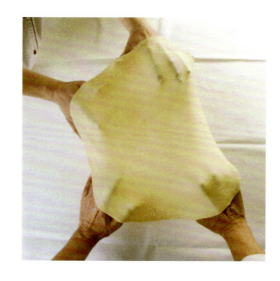

伸之后，用边缘处的面团进行修补。每块面团应制作出1米×1.2米的一张大片。

6. 使用剪刀，沿着面团的四周剪掉面团的厚边，并放到一边不用。

7. 面团干燥10分钟，然后填入所需的馅料，卷起酥皮，烘烤成酥皮卷。

制作步骤： 填入馅料、卷起酥皮以及烘烤酥皮卷

方法1，使用自制面团

1. 准备好下述原材料：

1片现制作好的 酥皮卷面团	1米×1.2米
黄油（融化）	250克
蛋糕屑，面包屑 （切成细末的坚果，或 这些原材料的混合物）	250克
肉桂粉	7克
奶酪馅料 或	2300～2600克
苹果馅料	2000～2200克

2. 在面团上全部淋撒上或涂刷上融化的黄油。如果涂刷的是油脂，用毛刷轻轻在面团上涂刷，以避免将面团弄破。

3. 将蛋糕屑或面包屑、坚果及肉桂粉混合，并将它们均匀的撒到面团上（图A）。

4. 将馅料沿着面团的长边排列成4厘米厚的带状。在馅料和面团边缘之间留出5厘米。

5. 站在馅料的一侧，抓住布的边缘，将布朝上提起，并开始朝前卷起酥皮卷（图B）。用布作辅助，把酥皮像卷一个果冻卷一样卷起来（图C，图D）。

6. 将酥皮卷切成一定的长度，以适合涂抹了油或者铺有油纸的烤盘，或者将酥皮卷弯曲，以成为一个适当的整体。把两端捏紧。

7. 在酥皮卷的表面上涂刷上黄油或蛋液。温度190℃烘烤至呈棕色，烘烤时间45分钟。

8. 当冷却后，在涂刷有黄油的酥皮卷上撒上糖粉，或在涂刷有蛋液的酥皮卷上涂刷上透明的糖浆增亮。

方法2，使用费罗酥皮面团

每份需要4片费罗酥皮，再加上1/4的在方法1中所需要的馅料原材料。

1. 准备好以下原材料：

费罗酥皮	4片
黄油（融化）	60克
蛋糕屑，面包屑， （切成细末的坚果， 或这些原材料的混合物）	60克
肉桂粉	2克
奶酪馅料	575～625克
或者苹果馅料	500～550克

2. 将蛋糕屑、坚果及肉桂粉混合。

3. 将一块布或一张油纸铺到工作台面上。将一片费罗酥皮摆放到布或油纸上。涂刷上黄油，并撒上1/4的蛋糕屑混合物。

4. 将第二片铺设到第一片上。涂刷上黄油并撒上蛋糕屑混合物。

5. 剩余的两张费罗酥皮重复此操作步骤。

6. 将馅料沿着酥皮的宽边排列好，在馅料和酥皮边缘之间留出5厘米的空间。

7. 将酥皮卷起来并如同方法1（步骤5～7）中的方法进行烘烤。每份酥皮卷要能横着摆放到标准的烤盘里，每个烤盘可以摆放4～6个酥皮卷。

8. 在零售店里，习惯上，都会把这些烘烤好的酥皮卷切割成两半，并将切成两半的酥皮卷的切口朝向顾客进行展示。

费罗酥皮的加工处理

商业制作的费罗酥皮细薄而易碎，必须非常小心地加工处理。有两点使用指南是非常重要的：

- 在打开其塑料包装前，要将冷冻的费罗酥皮完全解冻。不要尝试加工处理冷冻的酥皮，它会碎裂开。
- 在打开包装后，并且在未展开或未卷起酥皮面团时，将一叠酥皮覆盖好，以防止干燥。一次只取用并操作一片酥皮，并将剩余的酥皮覆盖好（注释：包装说明上通常都会说明要用一块湿布覆盖好酥皮，但是这样做有一定的风险，因为如果酥皮面团变得太潮湿的话，酥皮会黏连到一起）。

现代制作更加清淡的糕点的趋势已经启发了厨师们用烘烤好的多层费罗酥皮来代替千层酥皮制作甜品，例如拿破仑蛋糕等。

制作步骤： 制作用于拿破仑蛋糕的香酥费罗酥皮

1. 在切菜板上铺展开一张费罗酥皮面团。涂刷上非常少量的黄油。没有必要用黄油完全覆盖过酥皮的表面，使用轻缓的方式涂刷黄油。上面再摆放好第二片酥皮和第三片酥皮，轻缓地在每层酥皮上都涂刷黄油。

2. 根据所需尺寸大小，将酥皮切割成方块形或者长方形，用于单个的糕点——例如，切割出边长为8厘米的方块形。取决于所需的酥皮层数，可以切割出2个、3个或4个方块形，用于每一个糕点。一份典型的拿破仑蛋糕需要三层酥皮。

3. 将方块形酥皮摆放到烤盘上。温度200℃烘

烤至棕色，需要烘烤5分钟。

4. 用于最上层的方块形糕点酥皮可以使其焦糖化，以增强其外观和风味。为了使酥皮焦糖化，将糖粉筛在酥皮上面。将带糖酥皮放在热的焗炉下面，直到糖变成焦糖，注意不要使酥皮糕点烧糊或烧焦。除此之外也可用喷灯使糖焦糖化。

费罗酥皮果派外皮

按照步骤1和步骤2制备方块形的酥皮面团，共制作4层。将每个方块形酥皮按压进入果派模具里并烘烤。按照前文的制作步骤，用作不用烘烤的水果果派的外壳。

🧁 用于酥皮卷的苹果馅料 apple filling for strudel

产量： 可以制作2000克。

原材料	重量	苹果占100% %
苹果（去皮，去核）（见注释）	1500 克	100
柠檬汁	30 克	2
第一份糖	250 克	17
第二份糖	250 克	17
葡萄干	125 克	8
核桃仁（切碎）	125 克	8
蛋糕屑（最好是黄色或白色）	60 克	4
柠檬外层皮（擦碎）	8 克	0.5
肉桂粉	8 克	0.5

注释： 也可以使用罐头装苹果片。控净汤汁后称重。去掉柠檬汁和第一份糖。去掉制作步骤中的步骤1和步骤2。

制作方法

1. 将苹果切成薄片或小丁。与柠檬汁和第一份糖混合。在制备面团的过程中，静置30分钟。

2. 将苹果控净汁液。糖会将苹果的汁液析出，否则这些汁液就会从酥皮苹果卷里流淌出来，使底部潮湿。

3. 将苹果与剩余的原材料混合均匀。

用于酥皮卷的奶酪馅料 cheese filling for strudel

产量：可以制作4个酥皮卷（每个41厘米长），或一个1.6米的酥皮卷，使用自制酥皮面团。

原材料	重量	奶酪占100%％
奶酪	1200 克	100
黄油	300 克	25
糖	360 克	30
蛋糕粉	90 克	7.5
盐	15 克	1.25
香草香精	15 克	1.25
柠檬外层皮（擦碎）	8 克	0.5
鸡蛋	180 克	15
酸奶油	240 克	20
葡萄干	240 克	20
总重量：	**2648 克**	**220%**

各种变化

用于酥皮卷的奶油奶酪馅料 cream cheese filling for strude

原材料	重量	百分比 /%
奶油奶酪	1440 克	100
糖	360 克	25
蛋糕粉	90 克	6
盐	15 克	1
香草香精	15 克	1
柠檬外层皮	8 克	0.5
鸡蛋	180 克	12.5
酸奶油	240 克	17
葡萄干	240 克	17

用上面的原材料代替主配方中的原材料，使用奶油奶酪代替奶酪，并去掉黄油。按照基本配方的步骤进行混合。

制作方法

1. 将奶酪和黄油（在室温下）混合，用桨状搅拌器以低速搅打至细滑状。
2. 加入糖、面粉、盐、香草香精及柠檬外层皮。以低速混合至刚好光滑并完全混合均匀。不要搅打太多空气进入混合物里，否则它在烘烤时会膨胀，可能会使糕点裂开。
3. 一次一点地加入鸡蛋，以低速搅拌。加入酸奶油搅拌好。
4. 将葡萄干叠拌进去。

蜜糖果仁酥皮 baklava

产量：可以制作一个38×25厘米的烤盘，48块。

原材料	重量
费罗酥皮	500 克
核桃仁（切碎）	500 克
糖	60 克
肉桂粉	2 克
丁香粉	0.5 克
黄油（融化，或黄油与油的混合物）	250 克
糖浆	
糖	375 克
水	280 克
蜂蜜	140 克
柠檬皮	2 条
柠檬汁	30 克
肉桂条	1 根

巴克拉瓦（baklava，蜜糖果仁酥皮）

巴克拉瓦的种类数不胜数，遍布地中海地区，包括希腊、欧洲东南部、土耳其、黎巴嫩和其他中东国家，以及北非的部分地区。这种糕点似乎起源于几百年前的土耳其分层面包。如今，巴克拉瓦的鉴赏家们可以通过它的馅料（通常为切碎的坚果、包括核桃、开心果及杏仁等），形状和调味品（例如希腊风味的蜂蜜和肉桂粉，黎巴嫩方式的柠檬和玫瑰水等）来判断它的起源。

制作方法

1. 展开费罗酥皮，并把它们覆盖好。
2. 将坚果、糖、肉桂粉和丁香粉混合。
3. 在38厘米×25厘米的烤盘底部和侧面都涂抹上黄油。
4. 在烤盘底部铺好一张费罗酥皮，让酥皮的末端在烤盘的边上朝上折。在酥皮上涂刷上黄油（图A）。
5. 重复此操作直到烤盘里铺上了10张涂刷了黄油的酥皮。
6. 将1/3的坚果混合物均匀的铺到烤盘里（图B）。
7. 再放入两片以上的费罗酥皮，在放入烤盘里后分别涂刷上黄油。
8. 再放入另外1/3的坚果混合物，另外的两片涂刷上黄油的酥皮，以及另外的坚果混合物。
9. 最后，将剩余的每片酥皮都分别摆放到烤盘里，在每片上都分别涂刷上黄油，包括最上面的一片。
10. 会有多余的酥皮团团从烤盘的边上突出出来，使用锋利的刀，将其修剪到与酥皮的表面齐平。
11. 冷冻酥皮糕点，让黄油凝结。这会让切割起来更加容易。
12. 把酥皮糕点切割成6个方块形的4排造型，每个方块形的边长为6厘米。然后把这些方块形按对角线切成三角形（图C）（传统的方法是把巴克拉瓦切割成钻石形状，但这种切割的方法总是会在两端留下多余的小碎块）。
13. 温度175℃烘烤50～60分钟，直到呈金黄色。
14. 在巴克拉瓦烘烤的过程中，将制作糖浆的原材料混合，并加热烧开。用小火熬煮10分钟，然后冷却到微温的程度。取出肉桂条和柠檬皮。撇净浮沫，如果有的话。
15. 当巴克拉瓦烤好之后，将温的糖浆小心地浇淋到热的巴克拉瓦上（图D）。
16. 让巴克拉瓦静置一晚，以充分地吸收糖浆。

烘烤好的蛋白霜

将烘烤好的蛋白霜称为糕点可能有些奇怪，因为糕点这个术语通常是指由面粉产品制成的甜品，例如酥皮、油酥面团或闪电泡芙面团等。然而，装在裱花袋里挤成各种形状，然后烘烤直至酥脆的蛋白霜和面点有很多相同的用法。它可以用许多种类的奶油、糖霜填入馅料或进行涂抹，以及与水果等制作成各种诱人的甜品。

在第12章里对基本的蛋白霜混合物进行了讨论，连同其他的奶油和顶料。普通蛋白霜和瑞士蛋白霜通常是用来制作酥脆的、烘烤好的外壳的品种。烘烤蛋白霜的基本步骤和个性化的甜品制作说明会在本节中进行介绍。此外，本节还介绍了一种特殊的含有坚果的蛋白霜混合物，称为加波奈斯（japonaise）。这种美味的混合物通常被做成圆形、酥脆的分层，使用起来有点像蛋糕分层。它们可以用奶油、巧克力慕斯、打发好的奶油或类似的轻质糖霜和奶油来做馅料和进行涂抹。

在本节内容中的准备工作里，最常见的用法是将它们挤出成为圆形片，然后将烘烤好的蛋白霜作为各种糕点的基础或分层（要制作出蛋白霜或者海绵蛋糕的圆形片，在油纸上画出一个圆圈形，并将蛋白霜或者蛋糕面糊成螺旋形挤入这个圆圈里面）。坚果碎或坚果粉，特别是杏仁和榛子，在烘烤之前，都可以叠拌进蛋白霜里，制作出各种各样美味酥脆的分层，用于制作各种糕点和特色蛋糕。这里包括了这种类型的两道配方。

在这一节中有四道配方含有一些蛋糕粉，并且像海绵蛋糕一样进行混合。事实上，有时候它们被称为海绵法。面粉有助于形成结构。但是其中面粉的量很低，主要成分是蛋清和糖，就像普通的蛋白霜一样。因此，这些配方被归类为蛋白霜而不是蛋糕。

15章里还会介绍使用这些蛋白霜的糕点配方。在第17章里介绍了包含一片或多片蛋白霜的蛋糕。

 ## 烘烤的酥脆蛋白霜 crisp baked meringues

成分

普通蛋白霜，巧克力蛋白霜，或瑞士蛋白霜

制作步骤

1. 在铺有油纸的烤盘里，使用裱花袋，将蛋白霜挤出所需要的形状（特殊的形状会在特色甜品的制作步骤中写明）。
2. 温度100℃烘烤至酥脆，但不要烘烤上色。这个步骤根据蛋白霜的大小不同，会需要1～3小时。
3. 将蛋白霜冷却，然后小心地从油纸上取下来，因为它们非常易碎。

🍰 杏仁蛋白霜 almond meringues

原材料	重量	蛋清占100% %
蛋清	120 克	100
细砂糖	120 克	100
杏仁粉	120 克	100
总重量：	**360 克**	**300%**

制作方法

1. 准备铺有油纸的烤盘。使用蛋糕模具或其他的圆形物体作为参照物，在油纸上画出所需要大小的圆圈形。将油纸翻过来摆放到烤盘里，这样圆圈就会在油纸的底部，但图形清晰可见。

2. 将蛋清打发到湿性发泡的程度。

3. 加入糖，并继续打发到硬实而富有光泽。

4. 将杏仁粉叠拌进去。

5. 使用装有12毫米平口裱花嘴的裱花袋，通过在每个圆圈的中间开始挤出螺旋形的方式，在烤盘内的圆圈里挤出蛋白霜。在每个圆圈里挤出12毫米厚的蛋白霜。

6. 温度160℃烘烤至变硬并干燥，需要烘烤25分钟。

🍰 坚果风味蛋白霜 japonaise

原材料	重量	蛋清占100% %
蛋清	500 克	100
细砂糖	500 克	100
糖粉（过筛）	500 克	100
榛子或杏仁（切成细末）	500 克	100
总重量：	**2000 克**	**400%**

制作方法

1. 准备好一铺有油纸的烤盘。使用蛋糕模具或其他的圆形物体作为参照物，在油纸上画出所需要大小的圆圈形。将油纸翻过来摆放到烤盘里，这样圆圈就会在油纸的底部，但图形清晰可见。

2. 使用球形搅拌器配件，将蛋清用中速搅打至形成湿性发泡的程度。

3. 加入砂糖，随着搅拌机的运行，一次一点地加入。直到将蛋清打发至硬性发泡的程度。

4. 关闭搅拌机，将糖粉和坚果混合。将这种混合物叠拌进蛋白霜里。

5. 使用装有12毫米平口裱花嘴的裱花袋，通过在每个圆圈的中间开始挤出螺旋形的方式，在烤盘内的圆圈里挤出蛋白霜。在每一个圆圈里挤出12毫米厚的蛋白霜。

6. 温度120℃烘烤至酥脆并带有非常浅的棕色，需要烘烤1.5～2小时。

7. 在装配蛋糕和奶油蛋糕时，使用加波奈斯蛋白霜片来代替蛋糕分层或将加波奈斯蛋白霜片添加到里面。

玛丽海绵蛋糕 marly sponge

原材料	重量	蛋清占100%%
杏仁粉	150 克	60
蛋糕粉	70 克	28
糖	250 克	100
蛋清	250 克	100
糖	150 克	60
总重量：	**870 克**	**248%**

制作方法

1. 在烤盘里铺上油纸。使用蛋糕模具或其他的圆形物体作为参照物，在油纸上画出所需要大小的圆圈形。将油纸翻过来摆放到烤盘里，这样所画出的圆圈就会在油纸的底部，但图形清晰可见。
2. 将杏仁粉，面粉及第一份糖一起过筛。
3. 将蛋清打发到湿性发泡的程度，加入第二份数量的糖，并继续打发至硬性发泡的程度。
4. 将杏仁粉混合物叠拌进去。
5. 使用装有平口裱花嘴的裱花袋，在标记有圆圈的油纸上，挤出圆形造型。
6. 温度180℃烘烤12～15分钟。

 ## 椰子风味达克瓦兹 coconut dacquoise

原材料	重量	蛋清占100%%
杏仁粉	90 克	60
糖	120 克	80
蛋糕粉	42 克	28
椰丝	15 克	10
蛋清	150 克	100
糖	120 克	80
总重量：	**537 克**	**358%**

制作方法

1. 准备好铺有油纸的烤盘。使用蛋糕模具或其他的圆形物体作为参照物，在油纸上画出所需要大小的圆圈形。将油纸翻过来摆放到烤盘里，这样圆圈就会在油纸的底部，但图形清晰可见。
2. 将杏仁粉，第一份糖及面粉一起过筛，与椰丝拌到一起。
3. 将蛋清打发到湿性发泡的程度，加入第二份数量的糖，并继续打发至硬性发泡的程度。
4. 加入过筛后的干性原材料，并叠拌进去。
5. 使用装有中号平口裱花嘴的裱花袋，在标记有圆圈的油纸上，挤出圆形造型。
6. 温度180℃烘烤10分钟，或烘烤至表面金色。

 ## 椰子风味榛子海绵蛋糕 hazelnut coconut sponge

原材料	重量	蛋清占100%%
榛子粉	150 克	83
糖粉	120 克	67
蛋糕粉	30 克	17
椰丝	35 克	19
蛋清	180 克	100
砂糖	90 克	50
总重量：	**605 克**	**336%**

制作方法

1. 将榛子粉、糖粉及蛋糕粉一起过筛。拌入椰丝。
2. 将蛋清和糖一起打发到硬性发泡的程度。
3. 将干性原材料叠拌进去。
4. 使用装有中号平口裱花嘴的裱花袋，在烤盘里标记有圆圈的油纸上，挤出所需要大小的圆形造型。
5. 温度180℃烘烤10～12分钟。

赛克赛斯 success

原材料	重量	蛋清占100%%
蛋清	180 克	100
砂糖	120 克	67
杏仁粉	120 克	67
糖粉	120 克	67
蛋糕粉	30 克	17
总重量：	**570 克**	**318%**

各种变化

普洛古莱progres

这种混合物也可以使用榛子粉制作，在这种情况下，它更适合被称为普洛古莱。

注释： 这种甜品的制备方法与马莉海绵蛋糕相类似。

制作方法

1. 在烤盘里铺上油纸。使用蛋糕模具或其他的圆形物体作为参照物，在油纸上画出所需要大小的圆圈形。将油纸翻过来摆放到烤盘里，这样圆圈就会在油纸的底部，但图形清晰可见。
2. 将蛋清打发至湿性发泡的程度。加入砂糖并继续打发蛋白霜至硬性发泡并富有光泽的程度。
3. 将剩余的原材料一起过筛，并叠拌进蛋白霜里。
4. 使用装有平口裱花嘴的裱花袋，在烤盘里标记有圆圈的油纸上挤出所需要大小的圆形造型。
5. 温度180℃烘烤至触摸起来变得干燥，但是还没有完全变硬的程度，需要烘烤20~30分钟。

开心果马卡龙 pistachio macaroon sponge

原材料	重量	蛋清占100%
杏仁酱	270 克	90
多脂奶油	75 克	25
开心果酱	60 克	20
蛋清	300 克	100
糖	120 克	40
总重量：	**825 克**	**275%**

制作方法

1. 在烤盘里铺上油纸。使用蛋糕模具或其他的圆形物体作为参照物，在油纸上画出所需要大小的圆圈形。将油纸翻过来摆放到烤盘里，这样圆圈就会在油纸的底部，但图形清晰可见。
2. 使用多脂奶油将杏仁酱软化。将混合物加热到40℃。
3. 将开心果酱拌入。
4. 将蛋清打发到湿性发泡的程度。加入糖，打发到硬性发泡的程度。
5. 将杏仁酱混合物叠拌进去。
6. 使用装有中号平口裱花嘴的裱花袋，在标记有圆圈的油纸上，挤出所需要大小的圆形造型。
7. 温度180℃烘烤8分钟。

夹馅巧克力蛋白霜 chocolate heads

成分

普通蛋白霜或巧克力蛋白霜
巧克力奶油糖霜
擦碎的巧克力或巧克力屑

制作步骤

1. 与制作蛋白霜尚提妮（见下面内容）一样制作外壳。
2. 将两个外壳中间夹上巧克力奶油糖霜馅心。
3. 冷藏至外壳变硬。
4. 在每个夹馅巧克力上涂抹上更多的巧克力奶油糖霜，将其完全覆盖。
5. 在擦碎的巧克力或巧克力屑中滚过。

尚提妮夹馅蛋白霜 meringue Chantilly

成分

普通蛋白霜
巧克力蛋白霜或瑞士蛋白霜
尚提妮奶油

制作步骤

1. 在铺有油纸的烤盘里，使用装有2厘米的平口裱花嘴的裱花袋，将蛋白霜挤出成直径为5厘米的圆锥形。温度100℃烘烤至酥脆，但是没有变成棕色的程度。

2. 可以有更多的空间用于填入奶油馅料的可选步骤：当蛋白霜变得硬到足以去进行加工处理，但是还没有完全酥脆程度的时候，将它们从烤盘里取出，用拇指在底部（平整的那一面）按压出一个孔洞。再放回烤箱里完成最后的烘烤过程。

3. 将蛋白霜外壳冷却，并将它们储存在干燥的地方，直到需要时。

4. 仅在上桌前，将两个蛋白霜外壳夹上尚提妮奶油馅料。将夹馅料的外壳侧立摆放到纸质容器里。

5. 使用装有星状裱花嘴的裱花袋，在外壳之间的空隙里装饰额外打发好的奶油。

6. 如果需要，可以用坚果或蜜饯水果在奶油上进行装饰。

 ## 冰淇淋夹馅蛋白霜 meringue glacee

成分

普通蛋白霜
巧克力蛋白霜或瑞士蛋白霜
冰淇淋
打发好的奶油

制作步骤

1. 与制作蛋白霜尚提妮一样制作蛋白霜外壳。

2. 将两个外壳中间夹冰淇淋馅心代替尚提妮奶油。

3. 用打发好的奶油装饰。

 ## 蛋白霜造型蘑菇 meringue mushrooms

成分

普通蛋白霜

制作步骤

这些蛋白霜蘑菇主要用于装饰圣诞树根蛋糕（巧克力圣诞蛋糕卷）。

1. 在铺有油纸的烤盘里，使用装有小号平口裱花嘴的裱花袋，挤出形状如蘑菇头部样式的小堆状的蛋白霜。再挤出更小的、尖状堆形，用来作为蘑菇茎。

2. 根据需要，撒上一点可可粉。

3. 与烘烤酥脆的蛋白霜一样烘烤。

4. 烘烤好后，在蘑菇头的底部戳一个小孔洞。用蛋白霜或皇家糖霜将茎部粘连到蘑菇头上。

蛋白霜奶油蛋糕 meringue cream cakes

成分

坚果风味蛋白霜
奶油糖霜

制作步骤

1. 每个蛋糕需要2个6～7厘米大小的坚果风味蛋白霜，以及60克的任何风味的奶油糖霜。

2. 在坚果风味蛋白霜上涂抹上一层薄的奶油糖霜。再盖上第二个蛋白霜圆片。将其表面和侧面用奶油糖霜涂抹光滑。

3. 如果需要，还可在涂抹好奶油糖霜的蛋糕上覆盖上切碎的坚果、擦碎的巧克力及烘烤好的椰丝等。

蛋白霜冰淇淋蛋糕 vacherin

成分

普通蛋白霜
巧克力蛋白霜或瑞士蛋白霜
打发好的甜奶油
水果
海绵蛋糕，切成块状，用风味糖浆湿润
（可选）
新鲜水果或蜜饯水果

制作步骤

1. 要制作大的蛋白糖冰淇淋蛋糕，可用蛋糕蜜饯作为参照物，在油纸上画出20厘米或23厘米的圆圈。对于单个的蛋白糖冰淇淋蛋糕，画出6～7厘米的圆圈。

2. 使用装有平口裱花嘴的裱花袋，在每个蛋白糖冰淇淋蛋糕圆圈中挤出一层蛋白霜。从圆圈的中心开始挤出螺旋形造型，直到这个圆圈被一层12毫米厚的蛋白霜填满。

3. 要制作出蛋白糖冰淇淋蛋糕的侧面，挤出和底层一样大小的环形蛋白霜。对于每个大的蛋白糖冰淇淋蛋糕，需要4个或5个蛋白霜圆环。对于每个单独的蛋白糖冰淇淋蛋糕，要制作出2个圆环形蛋白霜。

4. 与烘烤酥脆的蛋白霜一样烘烤。

5. 从油纸上小心地取下烘烤好的蛋白霜。取下环形蛋白霜时，一定要特别小心，它们非常容易碎裂开。

6. 将环形蛋白霜粘连到底部的蛋白霜上，使用额外没有经过烘烤的蛋白霜将它们粘连。

7. 如果侧面的环形蛋白霜是规整的，可以让侧面的外壳保持原样。如果侧面的外壳不美观，可以用现制作好的蛋白霜将外壳涂抹光滑，或者稍后用奶油糖霜将最后制作完成的外壳涂抹好。

8. 将外壳再次烘烤至现涂抹上的蛋白霜变得干燥。冷却。

9. 在外壳里填入打发好的甜奶油和水果（例如草莓或者切成片的桃等）。除水果外，也可以使用风味糖浆湿润的海绵蛋糕块。

10. 使用裱花袋，在表面上装饰上更多的奶油。最后，在表面上用新鲜的水果块或蜜饯水果拼摆出诱人食欲的造型。

◆ 复习要点 ◆

◆ 混合闪电泡芙面团的步骤是什么？

◆ 当加工处理费罗酥皮时应遵循什么使用指南？描述如何使用费罗酥皮面团制作酥皮卷。

◆ 制作酥脆的烘烤好的蛋白霜的步骤是什么？

术语复习

pâte brisée 布里歇香酥派面团
strudel dough 酥皮卷面团
baked meringue 烘烤的蛋白霜
puff pastry 千层酥糕点
four-fold 四折法
three-fold 三折法
biltz puff pastry 闪电酥皮糕点

short dough 油酥面团
strudel 酥皮卷
japonaise 坚果风味蛋白霜
napoleon 拿破仑蛋糕
éclair paste 闪电泡芙面团
pate a choux 泡芙奶油泡芙
éclair 手指泡芙

reversed puff pastry 反式酥皮糕点
phyllo dough 薄生面饼
sablage 磨砂法
pâte sucrée 甜酥派面团
pâte sablée 油酥面团
1-2-3 dough 1-2-3面团

复习题

1. 比较基本派面皮面团的混合方式与油酥面团的混合方式。
2. 在制作酥皮糕点面团时，描述两种包入黄油的方法。
3. 比较酥皮糕点面团和闪电酥皮面团；比较闪电酥皮面糊和片状派面团。
4. 在烘烤过程中，如果酥皮面团在切割和烘烤之前没有进行松弛，小派面皮会发生什么？

如果用钝刀从柔软的面团上切割下来，对它们来说会发生什么？

5. 为什么彻底烘烤奶油泡芙和闪电泡芙，并让它们缓慢冷却非常重要？
6. 当处理外购的冷冻费罗酥皮/酥皮卷面团时，必须采取什么预防措施？
7. 为了将蛋白霜烘烤至酥脆，应该使用热的，中度温度的还是冷的烤箱？为什么？

15

水果塔和特制糕点

读完本章内容，你应该能够：

1. 制备烘烤的和不用烘烤的果塔和小果塔。
2. 制备各种基于千层酥皮、泡芙面团及蛋白霜类型的一系列特制糕点。

对许多面包师来说，糕点工作是他们职业生涯中最令人振奋和最具挑战性的部分，它为发展艺术创造力提供了无限的想象空间，也为他们提供了展示他们自己装饰技艺的机会。在前一章中介绍的基本面团内容，以及在其他章节中所学习到的奶油和糖霜知识，构成了无穷无尽的美味和让人目不暇接的甜品和甜点。

在第14章中详细介绍了主要的糕点面团，用于准备简单面团的制作步骤也包括在所有的这些准备工作中（除了酥类面团以外），本章会继续对糕点进行研究学习，并介绍更精致和高级的糕点。

本章中的内容分为两个部分：第一部分解释了烘烤的和不用烘烤的果塔的制作过程，并举例介绍了各种各样的配方。第二部分介绍一些其他的特色糕点，包括现代创新制作的糕点和深受人们喜爱的经典糕点。

果塔和小果塔

尽管果塔看起来像派，但它并不只是没有顶部面皮的派。它们与其他欧式糕点有着更加密切的联系。它们很蓬松，通常不到2.5厘米厚，而且通常颜色丰富。它们的外观通常取决于精心摆放的水果造型图案。小果塔基本上和果塔是一样的，但是按照每份的不同分量制作而成的。

与派模具不同，果塔模具是浅的直边形，也就是说，边垂直于其模具的底部。通常侧面有花边凹槽。因为果塔通常在上桌前先要从模具里取出，所以假底模具是最容易使用的。要从假底模具里取出果塔，首先要取下外面的模具环，然后将果塔从平的底座上滑落到圆形纸板上或餐盘里。果塔环是一个简单的金属箍，是另一种形式的果塔模具。当一个果塔环被放置在烤盘上时，它就形成了果塔模具的侧面，而烤盘就充当了果塔模具的底部。

小果塔模具不是假底的，因为小塔很容易从模具中取出来。小果塔模具有直边的或者斜边的，也可以带有或者没有花边凹槽。

果塔不必是圆形的，也可以制作成方形和长方形的果塔，特别是用酥皮糕点面团来代替酥类面团或塔糕点面团时。

果塔的馅料要比派少，所以面团的风味非常重要。虽然可以使用普通的派面团，但风味更加浓郁的黄油布里歇塔皮面团、萨布利油酥面团及其他酥类面团，是它们更好的选择。酥类面团比更丰富的派面团更难处理，所以它最常作制作单独的小果塔。杏仁酥类面团也可以用来制作小果塔。

前文介绍了制作烘烤果塔外壳的方法。烤制好的果塔外壳通常会填入糕点奶油酱，上面摆放水果，无须再进一步烘烤即可食用。使用预烤好的果塔外壳制作的不用烘烤的果塔的方法，已在新鲜水果塔的配方插图中介绍。小果塔也可以使用同样的制作步骤。

制作烘烤好的果塔外壳，也可以使用酥皮面团制作。

烘烤的果塔

在最简单的模式里，一个烘烤好的果塔只不过是一个未经过烘烤的果塔外壳，在里面填上一层新鲜的水果和一点糖，然后烘烤而成。可以使用多种水果；最受欢迎的有苹果、梨、桃、李子、杏和樱桃。

以果塔外壳为主题，可以有许多的变化，以下为一些比较受欢迎的品种：

1. 当使用多汁的水果时，可以在果塔外壳的底部撒上薄薄的一层蛋糕屑、曲奇碎末，甚至是面包屑等。它们在烘烤果塔的过程中，会吸收一些多余的果汁，有助于保持馅料的质地和风味。

2. 在果塔外壳的底部撒上一些切碎的坚果仁。

3. 在果塔外壳的底部撒上一些杏仁酱。这会制作出一款香浓的奢华杏仁风味的水果果塔。

4. 使用糕点奶油酱来代替杏仁奶油酱，特别适合制作小的、单个的果塔时。摆放好水果，以使得水果能完全覆盖住奶油。

5. 如果生的水果是硬质的（例如，一些苹果、梨和李子等），在烘烤糕点的时间里，它可能烘烤不到成熟的程度。如果在水果下面使用杏仁酱或者糕点奶油酱时，这一点尤其明显。在这种情况下，可以通过在糖浆中煮或者使用黄油煎炒的方式将水果预加热成熟。

6. 在果塔上桌前，或者展示果塔进行售卖前，可以使用上色材料或者撒上一些糖粉对它们进行装饰。

制作步骤： 制作烘烤好的果塔外壳

这里的制作步骤适用于制作大的果塔外壳。至于单份的小果塔外壳，见"各种变化"中的内容。

1. 将油酥面团（酥类面团）或布里歇塔皮面团从冰箱里取出。根据需要称取面团：

   300~340克用于25厘米的果塔

   225~300克用于23厘米的果塔

   175~225克用于20厘米的果塔

   115~140克用于15厘米的果塔

2. 让面团静置几分钟，或双手简单伸拉几下，让其变得柔软。面团应该是凉的，但是如果太凉和太硬的话，将面团擀开而不开裂会非常困难。

3. 在撒有面粉的工作台面上或者帆布上，将面团擀开。布里歇塔皮面团应擀开至3毫米厚。油酥面团可以略微厚一点，略少于5毫米。

4. 将面团放入果塔模具里。为了抬起面团而不弄破它，将面团松散地卷起到擀面杖上。让面团在模具里放置好，然后在不拉伸面团的情况下，将面团向四周按压。记住：面团在烘烤时会收缩。

5. 修剪掉多余的面团。修剪面团最简单的方法是用擀面杖在模具的上方滚动而过（图A）。经过这样整理之后，面团就可以用来填入馅料，准备连外壳一起烘烤了。

6. 在继续松弛，让面团中的面筋得到放松前，冷藏至少20～30分钟，这有助于防止外壳收缩。要空烤果塔外壳，继续步骤7的内容。

7. 用叉子在面团底部各处扎一扎。在外壳里铺上油纸，并填入干豆子。这两个步骤可以防止果塔外壳在烘烤的过程中膨胀和起泡。

8. 温度200℃烘烤至外壳完全成熟，并呈浅棕色，大约需要烘烤20分钟。去掉里面铺设的油纸和豆子。如果外壳的中间位置烘烤的仍然略微欠缺一点，再放回到烤箱里烘烤几分钟。

9. 将果塔外壳完全冷却透。

制作步骤的各种变化：小果塔外壳

单个的小果塔模具有多种形状，包括圆形、圆形带凹槽的、长方形和船形等。

方法1：

1. 将小果塔模具紧挨着摆放在工作台面上，使它们之间的空间尽可能小。不同形状的模具都可以同时使用，只要它们是相同的高度即可。

2. 按基本的制作步骤把面团擀开。

3. 将面团松松地卷起到擀面杖上。把它覆盖在小果塔模具上。把面团放进模具里。

4. 用擀面杖在面团上擀过去，以便在模具的边缘处将面团切割掉。

5. 用一小团边角料的面团，将模具内的面团按压结实。

6. 按照基本制作步骤（步骤5）继续进行制作。

方法2：只适用于圆形外壳

1. 按基本的制作步骤把面团擀开。

2. 使用比小果塔模具的顶部高1厘米的圆形切割刀，将面团切割成圆形。

3. 对于每个圆形模具，将圆形的面团放入模具里，并把它按压到底部和边缘处。若使用凹槽形花边模具，要确保面团的侧边足够厚，这样才不会裂开。

4. 按照基本制作步骤继续进行制作。

注意数量的调整

以下配方中的原材料数量可能需要进行调整，例如，酸的水果可能需要添加更多的糖。而且，经过加工处理（去皮、去核等）后，水果的数量可能比平均数量或多一些或少一些。

前文所述的大部分配方都是用来制作25厘米果塔的，对于较小的果塔，每一种原材料的数量都要乘以或除以下面列出的因子，从而得到所需要的大致数量。

果塔尺寸		因子	
23厘米	20厘米	乘以0.8（或4/5）	乘以0.66（或2/3）
18厘米	15厘米	除以2	除以3
13厘米	10厘米	除以4	除以6
7.5厘米		除以10	

新鲜水果塔 fresh fruit tart

产量：可以制作1个25厘米的果塔。

原材料	重量
新鲜水果	750 ~ 1000 克
糕点奶油酱	400 克
烘烤好的 25 厘米果塔饼皮	1
杏亮光剂	125 克
	或根据需要

制作步骤

1. 挑选制作果塔所要使用的水果。新鲜水果塔可以只由一种水果制成，也可以由两种或两种以上色彩的水果制成。根据需要准备水果。修整并清洗。把大的水果，如桃子或菠萝切成均匀的薄片或一口即食的大小。硬质的水果，如苹果或梨，要经过水煮。沥干所有水果中的水分。

2. 在烤好的果塔外壳底部涂抹上一层糕点奶油酱。使用足够多的奶油酱填满一半满。

3. 将水果仔细摆放到糕点奶油酱上。

4. 将杏亮光剂加热，如果太浓稠，用水或者简单糖浆稀释。将亮光剂涂刷到水果上，以完全覆盖过水果。

苹果塔 apple tart

产量：可以制作一个25厘米的果塔。

原材料	重量
苹果（硬质的、爽口）	750 克
未经过烘烤的 25 厘米果塔外皮	1
糖	90 克
杏亮光剂	根据需要

制作步骤

1. 将苹果去皮，去核，切成薄片。需要600克苹果片。
2. 将苹果片摆放到果塔外壳里。将最规整的苹果片保留好用于摆放到最顶层上；将它们排列成同心环形。
3. 在苹果上均匀地撒上一层糖。
4. 温度200℃烘烤45分钟。或一直烘烤到果塔呈棕色，并且苹果变软。
5. 冷却，涂刷上亮光剂。

各种变化

保留出足够的形状美观的苹果片，用来摆放到果塔的顶层，将剩余的苹果切碎，并用60克糖和15克的黄油一起加热到变成浓稠的苹果酱。冷却后涂抹到果塔外壳的底部。在其上面摆放好苹果片。撒上剩余的糖后烘烤。

如果苹果片非常硬，可以使用30～60克的黄油和30克的糖一起翻炒至苹果开始变软并呈浅棕色。小心翻动苹果片，以避免它们碎裂开。然后继续按基本配方中的步骤进行制作。

李子、杏、樱桃和桃果塔 plum, apricot, cherry, or peach tart

按照基本配方进行制作，但是加入水果前，在未经过烘烤的果塔外壳底部，撒上一薄层的蛋糕屑、曲奇碎末或者面包屑。按照水果的甜度调整糖的用量。

适当的香料，例如，适用于李子或苹果的肉桂，可以少量加入。

苹果卡仕达酱塔 apple custard tart

将苹果减少到560克（或去皮去核后的450克）。将糖减少到45克。装好之后，如同基本配方一样烘烤。当烘烤至一半的程度时，倒入少许以下述原材料混合制成的卡仕达酱混合物。

原材料	重量
牛奶	120 毫升
多脂奶油	120 毫升
糖	60 克
鸡蛋	1
蛋黄	1
香草香精	5 毫升

继续烘烤至凝固。冷却并撒上糖粉。

 柠檬塔 lemon tart

产量：可以制作一个25厘米的果塔。

原材料	重量
未经过烘烤的 25 厘米果塔外皮	1
糖	120 克
柠檬外层皮（擦碎）	15 毫升
鸡蛋	190 克（4 个）
柠檬汁	175 毫升
多脂奶油	60 毫升

各种变化

在果塔上摆放一些新鲜的覆盆子。略微撒上一些糖粉即可。

制作步骤

1. 将果塔外壳烘烤至金色，但不要烘烤到棕色。取出后冷却。
2. 在搅拌机里安装上桨状搅拌器配件。将糖和柠檬外层皮彻底搅拌均匀。
3. 加入鸡蛋。搅拌至完全混合好，但是不要打发。
4. 先将柠檬汁搅拌进去，然后是奶油。将混合物过筛。
5. 将过滤好的馅料倒入果塔外壳里。温度165℃烘烤至刚好馅料凝固，不要烘烤的时间太长，20分钟即可。

梨杏仁塔 *pear almond tart*

产量：可以制作一个25厘米的果塔。

原材料	重量
未经过烘烤的 25 厘米果塔外皮	1
杏仁酱或杏仁奶油	350 克
半梨（罐头装）或者煮熟的梨	8
杏亮光剂	根据需要
装饰物（可选）：脆梨片	

制作步骤

1. 将杏仁酱均匀地涂抹到果塔外壳里。
2. 将梨控净汤汁。横向切成薄片，但要将梨片聚拢在一起，保持半梨原来的形状。
3. 将切片的半梨像车轮的辐条一样，摆放到杏仁酱上。不要让梨片完全盖住馅料。将它们轻轻按压到奶油中。
4. 温度190℃，烘烤40分钟。
5. 冷却。在表面涂刷上杏亮光剂。
6. 如果需要，在果塔的中间位置摆放上脆梨片。

各种变化

加热成熟或罐头装的桃、苹果、杏、李子、樱桃都可以用来代替梨。对于个头小的水果，例如杏、李子与樱桃，减少杏仁酱的数量并使用足够的水果将整个表面完全覆盖住。

糕点奶油酱水果塔 *fruit tart with pastry cream*

去掉杏仁酱，用一层覆盖在果塔外皮底部的1厘米厚的糕点奶油酱来代替。同样的，可以使用2份或3份糕点奶油酱与1份杏仁酱混合至细滑状。在糕点奶油酱上覆盖上一层水果。摆放的造型要诱人食欲。

杏仁酱塔 *frangipane tart*

去掉水果，在果塔外壳的底边涂抹上一薄层的杏果酱。填入杏仁酱馅料。烘烤成熟后冷却。不使用亮光剂，而是撒上一些糖粉代替。这道配方适于小的、单份小果塔。

水果塔 *fruit tartlets*

主配方中的原材料是制作所有普通烘烤的水果塔的基础。以下新鲜的或加工成熟后的水果是最常用的：苹果、梨、樱桃、蓝莓、梨、杏、桃、油桃。每个水果果塔只使用一种水果。10个8厘米的果塔需要以下的数量。

原材料	重量
油酥面团或甜酥塔面团	350 克
杏仁酱	400 克
或杏仁奶油水果	250～400 克
杏亮光剂	90～120 克

巧克力塔 chocolate tart

产量：可以制作一个25厘米的果塔。

原材料	重量
25 厘米，使用油酥面团，或使用巧克力油酥面团制作的果塔外壳	1
多脂奶油	175 毫升
牛奶	175 毫升
苦甜巧克力	240 克
鸡蛋	50 克（1 个）

各种变化

巧克力香蕉塔 chocolate banana tart

除了上面的原材料以外，将下面的原材料加入其中：

原材料	重量
香蕉（熟透）	1
柠檬汁	15 克
黄油	15 克
糖	45 克

　　将香蕉切成片并用柠檬汁轻轻搅拌均匀。将黄油在不粘炒锅里用大火加热。加入香蕉翻炒，然后加入糖。用大火翻炒至香蕉变成棕色，并蘸满焦糖。不要加热时间太长，否则香蕉会变得软烂。倒入一铺有油纸的烤盘里让其冷却。将焦糖香蕉倒入到果塔外壳的底部，然后倒入巧克力混合物，继续按照基本配方进行制作。

制作步骤

1. 在制作果塔外壳的时候，将油酥面团擀开至尽可能薄的程度。烘烤至金色，但不要烘烤到呈棕色的程度。冷却。
2. 将奶油和牛奶混合。 用小火加热烧开，然后从火上端离开。
3. 加入巧克力，搅拌至完全融化，与奶油混合均匀。
4. 在碗里将鸡蛋打散，逐渐搅拌加入到温热的巧克力混合物中。
5. 将巧克力混合物倒入到果塔外壳里。温度190℃烘烤至凝固，需要15分钟。

法式苹果塔 tarte tatin

产量：可以制作一个23厘米的苹果挞。

原材料	重量
苹果	1500 克
黄油	100 克
糖	250 克
泡芙面团，	250 克
闪电泡芙面团，	
片状酥皮塔面团，	
或布里歇香酥塔面团	

各种变化

法式梨塔和法式桃塔pear tarte tatin and peach tarte tatin

虽然这些不是传统的塔，但它们可以按照基本的步骤进行制作，用梨或桃代替苹果。

术语中的注释： 这些甜品有时被称为 tatins，但严格来说，这是不正确的。他们是塔（果塔）。术语 tatin 表示它们是哪种类型的塔。tarte tatin 是法语所要表达意思的缩写形式，大概意思是"按照塔坦姐妹的风格制作的塔"，这些女士们在卢瓦尔河谷拥有一家小旅馆，她们在那里以制作这种苹果塔闻名。

制作步骤

1. 将苹果去皮，垂直地把它们切割成两半，并去掉果核。如果苹果较大，再切成两半，使其成为四瓣。
2. 选择厚底的25厘米炒锅，或煎锅（制作23厘米的果塔需要使用25厘米的炒锅）。在炒锅里加热融化黄油。在黄油上均匀覆盖上一层糖。
3. 将苹果摆放到锅里的糖上面。首先将切半的苹果竖起来沿着锅的外沿摆放一圈。将剩余的切半苹果填入到中间位置处。锅里应该装满竖起来的切半苹果，并且相互紧挨。它们应该在锅边处突出一些。因为在加热的时候会沉下去，制作出4厘米高的苹果塔。
4. 将锅用中火加热，加热到锅底层的苹果变软，并且汤汁变得浓稠如糖浆状，需要加热30分钟。苹果的顶部几乎没有被加热，但是当苹果塔经过烘烤时，会完成加热并成熟。将锅从火上端离开，并让其略微冷却。
5. 把面团擀开，再切割出适合表面苹果大小的圆形片，严丝合缝的盖到苹果上面。把面皮的边缘处塞到锅沿里面，而不要让它们耷拉在锅沿外面。
6. 温度220℃烘烤30~40分钟，直到面皮变成棕色，并且苹果完全变成焦糖色。
7. 让苹果塔略微静置冷却一会。汁液会形成凝胶或被吸收一部分，这样苹果塔就可以被倒扣出来。将一个圆形蛋糕底板或者一个餐盘摆放到锅上，将锅和圆形蛋糕底板或者餐盘一起翻扣过来以取出苹果塔。表面上的苹果应该呈浓郁的焦糖色。如果需要更亮丽的颜色，可以在上面撒上一层糖，用焗炉或喷火枪将其焦糖化。趁热食用或在常温下食用。

橙味布蕾塔 orange brulee tart

产量：可以制作一个20厘米的果塔。

原材料	重量
橙汁	75 克
糖	120 克
橙子外层皮（擦碎）	4 克
黄油	105 克
鸡蛋	100 克（2个）
蛋黄	80 克（4个）
糖	105 克
玉米淀粉	15 克
预烤好的 20 厘米果塔外壳，使用油酥面团制成	1
细砂糖	根据需要
装饰物（可选）	
橙子瓣	根据需要
杏亮光剂	根据需要

制作步骤

1. 将橙汁、第一份糖、橙子外层皮及黄油加热至糖融化开。
2. 搅打鸡蛋、蛋黄及剩余的糖至糖融化开。
3. 将玉米淀粉搅拌进鸡蛋混合液中。
4. 将橙汁混合液烧开。慢慢把一半的橙汁搅拌到鸡蛋混合物中，使之变得温和，然后把混合物和剩下的橙汁一起倒回到锅里。
5. 加热，不时搅拌，并重新加热烧开，熬煮1分钟。
6. 将混合物倒入盆里，在冰槽里冷却，搅拌。
7. 将混合物倒入预烤好的果塔外壳里。
8. 在表面上均匀撒上薄薄一层糖。在焗炉里或使用喷灯将糖变成焦糖（如果使用焗炉，用锡纸将果塔外壳的边缘处遮盖以防止焦煳）。
9. 在切割前先让果塔冷却，以使卡仕达酱凝固。
10. 如果需要，在服务上桌前可以使用橙子瓣在表面进行装饰。在橙子瓣上涂刷上杏亮光剂。

香草风味焦糖苹果塔 caramelized apple tart with vanilla

产量：可以制作一个25厘米的果塔。

原材料	重量
硬质、爽口的苹果	1300 克
黄油	60 克
香草香精	10 克
使用布里歇	1
香酥塔面团制作的未经过烘烤的 25 厘米果塔外壳	
糖	90 克

制作步骤

1. 将苹果去皮。切成四瓣并去掉果核。将每一瓣苹果切成两半，形成2个厚的V形块。
2. 在预热的煎锅里加热黄油。加入苹果，翻炒15分钟，直到苹果呈浅金色并变软，但是仍然能够保持形状不变。根据需要调整火力大小；温度要足够高以使得苹果不会在它们自己的汤汁中熬煮，但是也不能太高，否则它们的棕色会变得太深。
3. 加入香草香精，继续煸炒5秒钟。将锅从火上端离开，让其完全冷却。
4. 将苹果摆放到果塔外壳里，均匀撒上糖。
5. 温度190℃烘烤50～60分钟，直到果塔变成棕色，并且苹果呈浅焦糖色。
6. 趁热食用（如果需要，可以重新加热）。

核桃仁塔 walnut tart

产量：可以制作一个25厘米的果塔。

原材料	重量
红糖	225 克
黄油	55 克
鸡蛋	150 克（3 个）
面粉	30 克
肉桂粉	2 毫升
核桃仁（掰碎或大体切碎）	340 克
未经过烘烤的 25 厘米果塔外壳	1
巧克力淋面（巧克力淋面）或调温后的巧克力	根据需要

制作步骤

1. 将黄油和糖一起打发至完全混合。
2. 一次一个地加入鸡蛋搅打，等到一个鸡蛋被完全吸收后再加入另外一个。
3. 加入面粉和肉桂粉，混合好。
4. 拌入坚果。
5. 将混合物倒入果塔外壳里，温度175℃烘烤40分钟。或一直烘烤到果塔呈金色，并且馅料凝固的程度。
6. 完全冷却。
7. 使用圆形纸锥（折纸裱花袋），将巧克力淋面随意在果塔表面上淋撒上十字造型。静置使巧克力凝固定型。

林兹塔 linzertorte

产量：可以制作一个25厘米的果塔。

原材料	重量
林泽面团	700 克
覆盆子果酱	400 克

注释： 这道著名的奥地利糕点虽被称为蛋糕，但它实际上是一种填充了覆盆子果酱的果塔。

制作步骤

1. 将2/3的林泽面团擀开成6～8毫米厚。
2. 将面团铺开到涂有油的25厘米的果塔模具里。去掉多余的面团。
3. 将果酱均匀涂抹到模具里的铺好的面皮里面。
4. 将剩余的面团擀开，切割成1厘米宽的条形。在果塔表面上，将条形面团以网格状的形式进行排列。把条形面团倾斜一定的角度，这样它们就会形成菱形而不是正方形的造型。
5. 揉出大小均匀的小面团，沿着果塔的外边缘均匀地摆放好，让它们相互紧挨在一起，覆盖住格子条的末端处，作为果塔的镶边（见图示）。
6. 温度190℃烘烤35～40分钟。

特制糕点

本节展示的特制糕点中，前三种做法是基于酥皮糕点面团、泡芙面团和油酥面团制作而成的经典糕点。这些品种是所有糕点师都应该掌握的大众糕点。圣奥诺雷蛋糕是一种由泡芙糕点面团、油酥面团、焦糖和奶油馅料等组成的精美甜点。它经常用一个棉花糖制作成的鸟巢摆放在表面上进行装饰。芳香浓郁的皇冠杏仁派和特制的拿破仑蛋糕或千层酥可以测试出糕点师灵活运用酥皮糕点面团的工作能力。

剩下的配方大多是在北美被称为法式糕点的类型。它们是由各种奶油、糖霜、巴伐利亚奶油（详见第19章内容）及由蛋白霜、糕点、甚至是海绵蛋糕进行分层而制成的单份糕点。其中第一个配方是贝莎娜塔，带有详尽的插图介绍了制作这一类型的糕点所需要具备的基本技法，这些技法可以应用于制作本节中的其他糕点之中。

本章主要关注第14章中的面团类和蛋白霜类混合物制成的糕点，尽管也经常会使用到分层蛋糕（详见第16章内容）。第17章中的许多蛋糕也可以作为法式糕点售卖。使用蛋糕制作法式糕点最常见的方法是将分层蛋糕使用烤盘成板的烘烤，而不是使用模具烘烤成圆形的，将成板的蛋糕切成长条形，10厘米宽，然后将长条形蛋糕横向切成份状的小块。要注意，在第19章和第21章中的一些甜品是用大的环形模具制成的。这些糕点，也可以通过使用小的环形模具组装，从而制成单份糕点。

最后，本章还介绍了一种广受欢迎的糕点——斯福里亚特尔（sfogliatelle），这是一种来自意大利南部的夹馅糕点。制备起来有点困难，所以要仔细按照制作说明进行操作。

圣欧诺瑞

这道典雅经典的糕点名字的由来有两个版本。一种是，这种甜点是为了纪念糕点厨师的守护神——圣奥诺雷而制作的。另一种是，它是在巴黎圣奥诺雷街的一家糕点店开发出来的。作为对第二个故事的补充说明，发明这种糕点的糕点师是M. 希布斯特，据说他发明了一种奶油（希布斯特奶油）常用于填充到圣奥诺雷蛋糕中。

🍥 圣奥诺雷蛋糕 gateau st-honore

产量：可以制作一个20厘米的蛋糕。

原材料	重量
布里欧香酥塔面团	300 克
泡芙面团	600 克
蛋液	
蛋黄	120 克（6 个）
鸡蛋	50 克（1 个）
糖	1 克
盐	1 克
水	10 克
香草风味外交官奶油	385 克
巧克力风味外交官奶油	425 克
焦糖	
细砂糖	200 克
水	60 克
葡萄糖浆或玉米糖浆	20 克

制作步骤

制备糕点

1. 使用前，将布里欧香酥塔面团冷藏至少30分钟。
2. 在裱花袋里装入中号的平口裱花嘴，然后装入泡芙面团。
3. 将制作蛋液的原材料一起搅打均匀（注：不需要使用全部的蛋液。剩下的留作其他用途）。
4. 将布里欧香酥塔面团擀开成3毫米厚的长椭圆形（足够大，可以在下一步骤中切割成圆形）。将其摆放在涂抹有黄油的烤盘里，整理好。冷藏。
5. 从面团上切割出来2个20厘米的圆形片。让圆形片留在烤盘里，把多余的面团去掉。
6. 在圆形片面团的边缘处涂刷上蛋液。
7. 沿着圆形片面团的边缘处挤出一圈厚泡芙面团，距离外缘2.5厘米。涂刷上薄薄一层蛋液。沿着泡芙的顶部，用一把叉子的背面轻轻朝下按压泡芙的表面。在每个泡芙的中间处再挤出一个小的螺旋状的泡芙面团。
8. 在铺有油纸，或涂刷有黄油的烤盘里，将剩余的泡芙面团挤出成为2厘米的灯泡形，并涂刷上蛋液。
9. 将所有的糕点用190℃的温度烘烤至膨胀起来并呈金色，当敲击灯泡形泡芙时，会发出空洞的声音。在烤架上冷却。

组装蛋糕

1. 选择造型最美观的灯泡形泡芙来制作成品糕点。每次需要12～14个泡芙。在每一个灯泡形泡芙的底部戳出一个小孔，并使用裱花袋填入香草风味外交官奶油。
2. 在每个圆形片上涂抹上一层巧克力风味外交官奶油。
3. 在两个裱花袋里分别装入圣奥诺瑞裱花嘴。装入剩余的奶油。
4. 拿好裱花袋，让圣奥诺瑞裱花嘴V形的顶端向上，用香草风味和巧克力风味外交官奶油交替着在圆形片上挤出线条造型。见完成的蛋糕作品的照片所示，以及后文关于使用圣奥诺雷裱花嘴裱花的图示。将糕点冷藏。
5. 通过将糖和水用小火加热，使糖溶化，制成焦糖。烧开，加入葡萄糖浆，加热至金黄色。将锅的底部立刻浸入冰水中以便快速停止焦糖的继续加热。
6. 将填入馅料的灯泡形泡芙蘸上焦糖，然后将焦糖那面朝下摆放到涂过油的大理石板上直到冷却。
7. 将剩余的糖浆重新加热，使用糖浆将灯泡形泡芙沿着圆形片外沿粘满一圈，让平面的焦糖状的泡芙的顶部尽可能保持一样的平整。

果仁糖千层酥皮 praline millefeuille

产量：可以制作一个糕点，15厘米×15厘米，重量为1200克。

原材料	重量
传统酥皮面团	630 克
糖粉	根据需要
果仁糖奶油	500 克
巧克力果仁糖（见下面所附配方）	150 克
装饰物	
焦糖坚果	根据需要

制作步骤

1. 将酥皮面团擀开成33厘米×53厘米大小的长方形。摆放到铺有油纸的烤盘里。将面团摆放规整并冷藏20分钟。
2. 温度200℃烘烤，当酥皮面团烘烤至4/5成熟程度时，从烤箱里取出，多撒上一些糖粉。
3. 将烤箱温度升至240℃。将酥皮放回到烤箱里，烘烤至糖粉变成焦糖，需要烘烤2~3分钟。
4. 从烤箱里取出，让其冷却。
5. 使用锯齿刀，将酥皮的边缘处修剪整齐，使其又直又方。然后横向切割成3个相等的长方形（准确的大小取决于酥皮收缩的多少；大致的大小在上面的产量中有显示）。挑选出最好的长方形酥皮，并保留，用于摆放在最顶层上。
6. 在长方形酥皮上涂抹上一层1.5厘米厚的果仁糖奶油，再覆盖上第二层酥皮。
7. 上面摆放上巧克力果仁糖，再涂抹上一层果仁糖奶油。
8. 再覆盖上第三层酥皮。
9. 根据需要，在表面上用焦糖果仁进行装饰。

 ## 巧克力果仁糖 praline pailletine

原材料	重量
考维曲牛奶巧克力	25 克
可可脂（可可油）	6 克
杏仁榛子果仁酱	100 克
冰淇淋威化饼（薄脆片）（弄碎）	25 克
总重量：	**156 克**

制作步骤

1. 将巧克力和可可脂在盆里隔水加热融化开。
2. 拌入果仁酱。
3. 加入威化饼碎片，并混合均匀。
4. 要在果仁糖千层酥皮（见上面内容）中使用巧克力果仁糖，将其涂抹到烤盘里，厚度为5毫米，涂抹好的长方形为15厘米×25厘米，或与千层酥皮一样的大小。
5. 放入冰箱里让其凝结变硬。

皮蒂维耶杏仁干层酥（皇冠杏仁塔）apricot pithiviers

产量：可以制作两个20厘米的糕点，每个325克。

原材料	重量
传统酥皮面团（见注释）	500 克
杏仁奶油	370 克
罐头装半杏控净糖浆，保留糖浆备用（见"各种变化"中的内容）	150 克
蛋液	
蛋黄	120 克（6 个）
鸡蛋	50 克（1 个）
糖	1 克
盐	1 克
水	10 克

注释：这个数量的糕点需 200 克的装饰。每个皮蒂维耶大约使用 150 克的酥皮面团。厨师们一开始可以使用较少的酥皮面团擀开到准确的尺寸大小。

各种变化

也可以使用其他的罐头水果，例如，梨或李子。

要制作传统的普通型的皮蒂维耶蛋糕，可以去掉水果并增加杏仁奶油的量。

皮蒂维耶蛋糕（皇冠杏仁塔）

皮蒂维耶蛋糕是法国中北部卢瓦尔地区皮蒂维耶镇的特产。这种甜品糕点的传统馅料是杏仁奶油。表面上的漩涡设计也是传统造型。有些厨师也会制作出同样形状的咸香风味糕点，里面填满肉或蔬菜的混合物馅料。

制作步骤

1. 将酥皮面团擀开成3毫米厚。摆放到铺有油纸的烤盘里，盖上保鲜膜，放入冰箱冷藏。

2. 从擀开的面团上切割出2个20厘米和2个23厘米的圆形片。继续冷藏。

3. 将制作蛋液的原材料一起搅打均匀。

4. 每个糕点沿着每20厘米圆形酥皮面团片的边缘，涂刷上蛋液。空出中间位置。

5. 涂抹上一层杏仁奶油，留出3～4厘米的空边。

6. 将水果摆放到杏仁奶油上。

7. 使用裱花袋，将剩余的杏仁奶油挤到杏上面，形成一堆。用抹刀涂抹平整。

8. 覆盖23厘米的圆形酥皮面团片，轻轻按压以排除所有滞留的空气。选择比杏仁奶油堆稍大的碗，将其倒扣在糕点上。朝下按压以便密封住酥皮。

9. 把半个瓶盖，沿着糕点的外沿切割出圆齿状的边缘造型（这个步骤也可以用刀来完成，但是很难达到均匀的效果）。去掉糕点装饰的边角料（图A）。

10. 在表面涂刷蛋液。在冰箱内冷藏干燥。再重新涂刷一层蛋液，二次干燥。

11. 使用削皮刀在表面刻划出风车图案，刻划到圆齿形的短边缘处（图B）。只刻划出浅痕，不要把酥皮面团切透。

12. 如果需要，可以在外沿圆齿形面片上刻划出刻痕用作装饰（图C）。

13. 温度190℃烘烤至呈金黄色并膨胀起来。将烤箱温度降低到160℃，在中间插入刀，烘烤至拔出时，刀是干净的程度。总的烘烤时间为45分钟。

14. 将罐头水果中的糖浆涂刷到热的糕点上，再放回220℃的烤箱里，烘烤至糖浆冒泡，顶部发亮（图D）。

15. 摆放到烤架上冷却。

🍥 卡普辛巧克力糕点 capucine chocolate

产量：可以制作12个糕点，每个100克。

原材料	重量
马莉圆形海绵蛋糕片（直径 7 厘米）	24
巧克力甘纳许 II	775 克
巧克力卷刨花	根据需要
糖粉	根据需要
巧克力甘纳许 II（可选）	60 克

制作步骤

1. 将圆形海绵蛋糕片放入直径为7厘米，高度为4厘米的环形模具里。根据需要修剪掉多余的蛋糕以适合于模具的大小。
2. 在蛋糕片上涂抹上一层2毫米厚的甘纳许。
3. 上面再摆上第二片圆形海绵蛋糕片。
4. 冷冻至凝固。
5. 去掉环形模具，可以使用喷灯将环形模具略微加热以方便将模具取下。
6. 将巧克力刨花按压到到糕点的侧面。
7. 在表面撒上糖粉。
8. 如果需要，可以附加上装饰，在糕点的中间处挤出5克（1茶勺）甘纳许。

🍥 贝莎娜塔 passionate

产量：可以制作12个糕点，每个140克。

原材料	重量
罐头装菠萝（控净汤汁）	300 克
香草风味糖浆	175 克
朗姆酒	20 克
椰子达夸兹片（直径 7 厘米）	24
百香果巴伐利亚	1000 克
明胶	3 克
可淋面的风登糖	150 克
百香果汁	100 克
新鲜百香果	1
椰丝（烘烤过）	根据需要

制作步骤

1. 将菠萝切成5毫米×2厘米块状。加入到香草糖浆中。用小火加热10分钟。加入朗姆酒并引燃。冷却，将混合物冷藏。
2. 选出12个直径为7厘米，高度为4厘米的环形模具。在蛋糕盘上摆放好一片椰子达夸兹片，将环形模具摆放到上面，这样椰子达夸兹片就会在模具里面。调整椰子达夸兹片，使将其与模具更适配一些（图A）。
3. 将菠萝捞出控净汤汁，将一半的菠萝摆放到椰子达夸兹片上（图B）。
4. 在模具中填入模具一半高度的百香果巴伐利亚（图C）。
5. 覆盖上第二片椰子达夸兹片，并填入剩余的菠萝。在上面填入剩余的巴伐利亚并用抹刀涂抹平整。

A

B

C

D

E

F

G

H

继续贝莎娜塔的制作步骤

6. 放入冰箱内冷冻至凝固。
7. 制备用于表面的百香果亮光剂。用水将明胶泡软。将风登糖和百香果汁混合并加热烧开，加入明胶，搅拌至融化。加入新鲜百香果的果汁和籽。
8. 将这种混合物舀取到冷却后的糕点表面上，形成薄薄的一层亮光剂（图D）。使用抹刀将其涂抹到边缘处（图E）。让其凝固定型。
9. 使用喷灯将模具外侧略微加热将其松脱的方式，去掉环形模具（图F），将模具抬起（图G）。
10. 在糕点的侧面覆盖上椰丝（图H）。

各种变化

　　用于制作贝莎娜塔的配方可以用其他的水果和风味调料来代替，例如，用新鲜的覆盆子代替菠萝，用覆盆子巴伐利亚奶油和覆盆子汁来代替百香果等。

赛克赛斯蛋糕 gateau success

产量：可以制作1个蛋糕，直径为18厘米。

原材料	重量
赛克赛斯分层蛋糕片（直径18厘米）	2 个
果仁糖奶油糖霜	225 克
巧克力牛轧糖压碎	60 克
杏仁片（烘烤好）	75 克
糖粉	根据需要

各种变化

　　单份的赛克赛斯糕点可以使用相同的步骤制作。使用小号的、直径为7厘米赛克赛斯糕点盘。

制作步骤

1. 在蛋糕盘上摆放好一片赛克赛斯分层蛋糕片，用少量奶油糖霜将其固定在蛋糕盘上。
2. 在赛克赛斯分层蛋糕片上涂抹上奶油糖霜。
3. 在奶油糖霜上均匀地撒上压碎的牛轧糖。
4. 再摆放好第二片赛克赛斯分层蛋糕片。
5. 在蛋糕的表面和侧面上涂抹上奶油糖霜。
6. 在蛋糕的表面和侧面上撒上杏仁片，表面撒上薄薄的一层糖粉。

巧克力慕斯塞克赛斯蛋糕 chocolatines

产量：可以制作10个糕点，每个75克。

原材料	重量
赛克赛斯分层蛋糕片（直径7 厘米）	2 个
巧克力慕斯	400 克
糖粉	60 克
可可粉	30 克

制作步骤

1. 将一片赛克赛斯分层蛋糕片摆放到直径为7厘米的环形模具的底部。
2. 填入2/3满的巧克力慕斯。
3. 上面再摆放上第二片赛克赛斯分层蛋糕片并朝下轻轻按压好。
4. 在模具中填入额外的巧克力慕斯，并将表面涂抹平整。
5. 冷藏几小时或一晚。
6. 用喷灯小心加热环形模具以去掉模具，并将其抬起。
7. 将糖粉和可可粉一起过筛。然后将混合物放回筛子里，在糕点表面筛上混合物。

巴黎风味牛轧糖 nougatine parisienne

产量：可以制作8个糕点，每个150克。

原材料	重量
开心果马卡龙（直径 7 厘米）	16
焦糖杏	300 克
巧克力牛轧糖奶油	750 克
黑巧克力	200 克
杏亮光剂	100 克
装饰物	
焦糖杏	根据需要
开心果（整粒、碎裂的或切碎的）	根据需要

制作步骤

1. 将一片开心果马卡龙片摆放到直径为7厘米的环形模具的底部。
2. 将一半的焦糖杏摆放到马卡龙片上面。
3. 上面覆盖上一半用量的巧克力牛轧糖奶油。
4. 将另一片马卡龙片摆放到奶油上。
5. 将剩余的焦糖杏摆放到马卡龙上。
6. 将环形模具填满巧克力牛轧糖奶油，用抹刀将表面涂抹光滑平整。
7. 冷藏或冷冻至定型。
8. 用喷枪短暂的喷热模具以小心地将模具脱离开。
9. 选择与模具高度相同宽度的条形塑料胶片。将巧克力回温，并将巧克力涂抹到塑料胶片上。
10. 趁巧克力仍然柔软的时候，将塑料胶片包裹到糕点上，带巧克力的一面朝里，使其凝固。
11. 将杏亮光剂涂抹到表面上增亮，并根据需要使用杏块和开心果装饰。
12. 在服务上桌前，将塑料胶片从巧克力上脱离开。

克里奥尔风味德利斯 creole delices

产量：可以制作10个糕点，每个120克。

原材料	重量
葡萄干	150 克
朗姆酒风味甜品糖浆	180 克
杏仁蛋白霜片（直径为 7 厘米）	20
用黑朗姆酒调味的利口酒风味巴伐利亚奶油	800 克
巧克力淋面（巧克力淋面）	150 克

各种变化

巧克力朗姆酒风味德利斯 chocolate rum delices

制备方法同主配方，但做出下述变动：只使用一半数量的巴伐利亚奶油，去掉葡萄干和糖浆。在模具中摆放好第二层蛋白霜片后，填入巧克力慕斯。冷藏或冷冻至定型。在表面涂抹上亮光剂增亮。

制作步骤

1. 将葡萄干和糖浆在小号酱汁锅里混合。略微加热，然后将锅从火上端离开，静置1小时，使葡萄干变软。捞出控净糖浆。
2. 将一半的蛋白霜片摆放到10个直径为7厘米模具的底部。
3. 将葡萄干与巴伐利亚奶油混合好，将奶油填满到模具中一半的高度。
4. 在奶油上摆放好第二片蛋白霜，并略微朝下按压好。
5. 覆盖上剩余的奶油并将表面涂抹光滑，冷藏或冷冻至定型。
6. 在表面覆盖上薄薄的一层巧克力淋面，再次冷藏定型。
7. 使用喷枪略微的喷热环形模具，并将其抬起脱离开。

金融家咖啡馆糕点 financiers au café

产量：可以制作出大约150个糕点，每个4克。

原材料	重量
葡萄干	40 克
朗姆酒	60 克
蛋糕粉	65 克
糖粉	185 克
杏仁粉	65 克
蛋清	125 克
黄油（融化）	125 克
咖啡香精	1 滴
黑朗姆酒	100 克
蜂蜜	100 克
杏亮光剂或透明亮光剂	根据需要

制作步骤

1. 用朗姆酒腌制葡萄干，腌制时间越长越好（最短45分钟）。
2. 在2.5厘米的圆形、长方形或船形模具内涂抹黄油。
3. 将面粉过筛，与糖、杏仁粉一起放入盆里，并做出一个窝穴形。
4. 用叉子将蛋清轻轻搅打起泡沫，倒入窝穴。
5. 加热黄油至呈棕色并散发出坚果的芳香风味。将其与咖啡香精一起倒入窝穴里。
6. 将所有的原材料混合，形成光滑的糊状。
7. 将腌制好的葡萄干控净朗姆酒，放入准备好的模具里。
8. 将混合物挤入或用勺舀入涂抹过黄油的模具里，装入3/4满。
9. 温度170℃烘烤至变硬。从模具里取出，摆放到烤架上冷却。将所有的糕点底朝上摆放。
10. 将朗姆酒和蜂蜜加热至滚烫。将混合物用勺浇淋到烘烤好了的金融家糕点上，并涂刷上杏亮光剂或者透明亮光剂。
11. 摆放到纸质花色小糕点盘里。

果仁糖蛋糕（普拉内特）praline cake (pralinette)

产量：可以制作出12个单份的蛋糕，每个110克。

原材料	重量
玛乔莲海绵蛋糕片（直径为7厘米）	24
榛子奶油	680 克
考维曲牛奶巧克力	600～800 克
可可粉	根据需要

制作步骤

1. 要制作每个蛋糕，将一片蛋糕片摆放到直径7厘米，高度4厘米的环形模具的底部。
2. 使用装有大号平口裱花嘴的裱花袋，在模具里挤入榛子奶油到1厘米的高度。
3. 在上面摆放上另外一片海绵蛋糕片。冷藏至定型。
4. 取下环形模具。
5. 按树叶的制作步骤，在烤盘的底部涂抹融化的牛奶巧克力，然后用刮刀将巧克力切割成长条形（图A），覆盖到蛋糕上（注释：有关此制作步骤的更多信息和进一步的图示说明，请参阅有关制作树叶巧克力的配方）。
6. 使用尽可能少而轻柔的操作手法，将巧克力条包裹到蛋糕上（图B）。
7. 将巧克力边缘朝向蛋糕的顶部折进去（图C）。用另外的巧克力细条装饰蛋糕的表面。
8. 撒上少许的可可粉。

A　　　B　　　C

斯福利亚特尔夹心酥 sfogliatelle

产量：可以制作出10个大糕点，每个100克，或者可以制作出20个小糕点，每个50克。

原材料	重量
面团	
面包粉	375 克
糕点粉	125 克
盐	5 克
水	215 克
黄油	125 克
猪油或起酥油	125 克
馅料	
冷水	250 克
糖	90 克
粗粒小麦粉	90 克
里科塔乳清奶酪	375 克
蛋黄	40 克（2 个）
肉桂香精	0.5 毫升
蜜饯橙皮（切成细粒）	90 克

1. 要制作面团，将面粉和盐过筛到盆里。加入水，混合成粗糙的面团。取出后摆放到工作台面上，并进行揉制，直到形成面团。

2. 将压面机的滚轴设置到最宽的位置，将面团从滚轴中碾过，然后将面团对折。重复上述操作步骤，直到将面团碾压的细滑并富有弹性。将面团用保鲜膜包起来，放入冰箱里冷藏静置1~2小时。

3. 把面团切割成4等份。将每块面团分别通过滚轴碾压。然后将滚轴设置的更靠近一起，并重复碾压面团，直到将滚轴设置到最薄的位置。

4. 将黄油和起酥油或猪油一起融化。略微冷却。

5. 将一条面团在工作台面上铺展开，涂刷上一层厚厚的融化的油脂。从一端紧紧地卷起来，直到剩余2.5厘米的长条。将卷好的面团摆放到工作台面的另外一端处，并铺展开第二条面团，使第二条面团的开始处对接到第一条卷起来后面团的保留处，以便形成一个连续的面卷。再次涂刷上厚厚的油脂后继续卷起来。如果要制作大的糕点，重复操作第三条和第四条面团。卷起来后，为一个15厘米长，6厘米粗的面团卷。如果要制作小的糕点，就使用第三条和第四条面团制作出一个新的面卷，即两个15厘米长，4.5厘米粗的卷。冷藏几小时。保留剩下的融化的油脂在步骤10中使用。

6. 制备馅料。将水、糖及粗粒小麦粉在酱汁锅里混合好成细滑状。用中火加热烧开，不时搅拌，一直加热至混合物变稠。将里科塔乳清奶酪用细网筛过筛后加入锅里。再加热2~3分钟。将锅从火上端离开，并加入剩余的原材料，搅拌至混合均匀。倒入盆里，用保鲜膜密封好，冷藏保存。当混合物冷却后，搅拌至细滑状，并装入带有中号平口裱花嘴的裱花袋里。

7. 将面团卷从冰箱里取出，并将两端切成直角形。小心地将每一块面团卷切割成1.25厘米的厚片（注释：糕点可以在此之前提前制备好，冷冻至后面使用时）。

8. 将切成片的面团摆放到工作台面上。使用小而轻质的擀面杖，非常轻缓的将圆形面团从中间朝向四周擀开，直到面团层次呈扇形朝向圆形面团的外边展开。此时，如果面包房里太暖和，可以将擀开的面团片放到冰箱里冷藏一会。制作时，每次只从冰箱里取出几块面团进行操作，因为如果油脂在面团层次之间非常硬，它们的加工处理会更容易。

9. 用双手拿起一个糕点圆片，将拇指放在圆片的下面，手指放在中间的上方位置。当圆片展开时，朝上的一面应该在上面。通过将拇指伸入圆片的中心处，朝外转动的方式，小心地将圆片面团揉捏成一个圆锥体，这样面团层次就会分散开。在转动过程中在顶部的一面应该成为圆锥体的外面。用一只手拿着圆锥体，使用裱花袋，在小糕点中填入30克的馅料，在大糕点中填入60克的馅料。

10. 将填好馅料的糕点平放到铺有油纸的烤盘里，涂刷上剩余的油脂。

11. 温度200℃的温度烘烤至金黄色。需要烘烤20~30分钟。

斯福利亚特尔夹心酥（sfogliatelle）

这种独具特色的糕点有点像牡蛎壳，是那不勒斯的一个古老传统酥皮糕点，由斯福利亚特尔（sfogliatelle）制成。在意大利语中，sfoglia是指一片意大利面的面团，而pasta sfoglia是指酥皮糕点。

◆ **复习要点** ◆

◆ 制作果塔和小果塔使用哪种面团？
◆ 制作烘烤好的果塔外壳的步骤有哪些？
◆ 制作新鲜水果塔（不用经过烘烤）的步骤有哪些？
◆ 圣欧诺瑞蛋糕、千层酥皮、皮蒂维耶蛋糕是哪种类型的糕点，他们分别有什么特点？

术语复习

tart 果塔

gâteau St-Honoré 圣奥诺雷蛋糕

millefeuille 千层酥

sfogliatelle 斯福利亚特尔夹心酥

tarte tatin 法式苹果塔

pithiviers 皇冠杏仁塔

French pastry 法式糕点

复习题

1. 在果塔外壳烘烤之前，把它们进行按压定型的目的是什么？

2. 除了水果和糖，请另外写出4～5种经常用于填入烘烤的水果果塔中的原材料。

3. 描述制作烘烤的小果塔外壳的步骤。

4. 描述制作不用经过烘烤的水果果塔的步骤。

5. 尽可能详细地描述圣奥诺雷蛋糕的制作过程。

6. 阅读第18章中特制蛋糕的制作步骤。哪一种适合用来制作法式糕点？选择一种描述如何改进制作法式糕点的步骤。

16

蛋糕搅拌与烘烤

读完本章内容，你应该能够：

1. 解释搅拌蛋糕面糊的三个主要目的。

2. 混合高油脂蛋糕或者油脂蛋糕。

3. 混合鸡蛋泡沫蛋糕。

4. 解释原材料的作用和配方平衡背后的概念。

5. 正确称取、装入模具及烘烤蛋糕。

6. 解释如何判断烘烤好的蛋糕质量，纠正蛋糕的缺陷。

7. 调整在高海拔地区烘烤的配方。

到目前为止，蛋糕是我们所学习过的所有烘焙产品中最浓郁、最甜美的产品。从面包师的角度来看，制作蛋糕和制作面包需要同样多的精准度。面包是油和糖占比少的产品，在长时间的发酵和醒发中，需要形成强力的面筋并小心控制酵母的活性。而蛋糕中的油脂和糖的含量都很高，面包师的工作就是创造出一种既能支撑这些原材料，又能让其尽可能轻盈而柔和的结构。

蛋糕之所以深受欢迎，不仅是因为它的香浓和甜美，还因为它具有广泛用途。蛋糕有多种制作方式，以自助餐厅里简单的块状蛋糕到婚礼上和其他重要场合精心装饰的艺术蛋糕作品等进行呈现。只需几个基本的配方和各种各样的糖霜与馅料，厨师或面包师就能构筑出适合各种场合或用途的最佳甜品。

本章中最后列出的配方将介绍主要的蛋糕混合方法。许多流行的北美蛋糕类型，也是在基本的蛋糕类型上做出各种变化。这些变化形式表明，只要在调味原材料上做出一点小改变，就可以用同样的基本配方制作出许多不同的蛋糕。添加新的调味料有时需要改变其他原材料。例如，在草莓蛋糕中，调味原材料的含糖量很高，所以配方中使用糖的用量就要减少。

这一章中主要讲述基本类型蛋糕的混合与烘烤的制作步骤。第17章中将会讨论如何装配和装饰蛋糕和甜品。

蛋糕搅拌原理

选择高质量的原材料是制作出高品质蛋糕的必要条件。然而，仅仅是好的原材料并不能保证制作出精美的蛋糕。彻底理解混合的步骤是关键因素。混合过程中出现的些许差错会导致蛋糕的质地和体积变差。

本章中所介绍的混合方法是现代面包房制作的大多数蛋糕所使用的基本方法。这些方法中的每种都使用特定类型的配方，如下所示：

- 高油脂含量蛋糕或者油脂蛋糕

  乳化法

  两阶段法

  一阶段（液体起酥油）法

  面粉–面糊法
- 鸡蛋泡沫蛋糕

  海绵蛋糕法

  白蛋糕法

  戚风蛋糕法

  乳化/海绵蛋糕组合法

本章将详细讨论这些方法以及它们的各种变化。这些配方在本章之后不会再重复出现，在必要时可以返回复习这些适当的方法。

混合蛋糕面糊的三个主要目标如下：

- 把所有的原材料混合成细滑、均匀的面糊。
- 在面糊中形成并结合成空气泡。
- 在最后制作好的成品中形成恰当的质地。

这三个目标是密切相关的。它们看起来似乎相当明显，尤其是第一个目标。但是，了解每个目标的细节有助于避免在混合过程中的许多差错。例如，没有经验的面包师在打发油脂和糖时，往往会失去耐心，把搅拌机调到高速，以为高速会更快地完成同样的工作。但是在高速搅拌之下，空气泡不能很好地形成，蛋糕的质地会受到影响。

以下将逐一讲解这三个目标。

把各种原材料混合成均匀混合物

制作蛋糕的两种主要原材料——油脂和水（包括牛奶和鸡蛋中的水分），本质上来说，它们是不可混合的，因此，要达到这个目标，仔细注意混合的步骤是非常重要的。

正如第4章中所介绍的，两种不能混合的物质的均质混合物称为乳状液（乳剂）。混合的目的之一就是形成一种乳状液。经过适当混合后的蛋糕面糊就含有油包水混合后的乳状液；即水以微小的液滴的形式存在，周围环绕着油脂和其他成分。当油脂不能再在乳状液中保持住水分时，就会发生凝结。然后混合物就变成了油包水混合物，含有被水和其他成分包围的微小油脂颗粒。

以下因素可以导致凝结：

1. 使用了错误的油脂类型： 不同的油脂有不同的乳化能力。高比例起酥油中包含有乳化剂，使它能容纳大量的水分而不凝结。所以不能在要求使用高比例或乳化起酥油的配方中使用普通的起酥油或黄油进行替代。

黄油虽风味浓郁，但乳化能力相对较差。含有黄油的蛋糕面糊配方应该特别均衡，以使它的液体不超过面糊所能容纳的量。另外，黄油中会含有一些水分。

蛋黄，含有天然乳化剂。当整个鸡蛋或蛋黄被恰当地混合到面糊中时，有助于面糊容纳其他的液体。

2. 使用的原材料温度太低： 乳状液最好在原材料温度为21℃时形成。

3. 第一阶段的混合步骤太快： 例如，如果没有正确地将油脂和糖打发好，就不能形成良好的气泡结构来保持水分（请参阅下面"空气泡的形成"中的相关内容）。

4. 加入液体太快： 在大多数情况下，液体，包括鸡蛋，必须分阶段加入，即一次加入一点。如果添加得太快，就不能被很好地吸收。

在用乳化法制成的面糊中，这种液体通常与面粉交替加入。面粉可以帮助面糊吸收液体。

5. 加入液体太多： 如果使用的配方没有得到适当的平衡，那么在乳状液中添加的液体可能会超过其中油脂的液体容纳量。

形成空气泡

在蛋糕面糊中形成的空气泡对蛋糕的质地和膨松程度非常重要。细小、均匀的空气泡会形成精细、光滑的质地。大的或不规则的空气泡会导致质地粗糙。例如，当烤箱的热量使空气膨胀时，在混合过程中所捕获的空气有助于蛋糕的蓬松。当不使用化学膨松剂时，这些被捕获的空气和蒸汽，几乎全部用于膨松作用。即使在使用发酵粉或苏打粉时，空气泡也提供了可容纳化学膨松剂释放的气体的空间。

正确的原材料温度和混合速度是保证空气泡形成良好的必要条件。冷的油脂（16℃以下）太硬，无法形成良好的空气泡，而太热的油脂（24℃以上）

又太软。搅拌的速度应适中（使用中速）。如果使用高速搅拌，摩擦力会使原材料温度升高过多，不能形成那么多的空气泡，且这些形成的空气泡往往粗糙、不规则。

砂糖是制作乳化法蛋糕的合适糖。糖粉太细，无法产生良好的空气泡。

在鸡蛋泡沫蛋糕的例子中（海绵蛋糕、白蛋糕、戚风蛋糕），空气泡是通过搅打鸡蛋和糖而形成的。为了产生最好的泡沫，鸡蛋和糖的混合物应该是微温的（38℃）。一开始可以高速打发，但最后阶段的打发应以中速进行，以便保留空气泡。

形成结构

原材料的均匀混合和空气泡的形成对蛋糕的结构都非常重要。影响蛋糕结构的另外一个因素是面筋的形成。在大多数情况下，蛋糕中应控制面筋含量。

所以蛋糕粉的面筋含量非常低。一些海绵蛋糕配方中要求使用玉米淀粉代替部分的面粉，因此面筋会更少（海绵蛋糕中高含量的鸡蛋给蛋糕提供了大部分的结构）。相比较之下，一些磅蛋糕（黄油蛋糕）和水果蛋糕配方比其他蛋糕需要更多的面筋来用于形成额外的结构，并且用来支持水果的重量。因此，有时候蛋糕配方里会需要一部分的蛋糕粉，一部分的面包粉。

搅拌的量会影响到面筋的形成。在乳化法、海绵法和天使法（白蛋糕法）中，面粉是在搅拌过程结束时或接近结束时添加的，因此在经过适当混合后的面糊很少会出现面筋。如果面糊在加入面粉后混合的时间过长，或者在混合的过程中温度过高，蛋糕可能会变硬。

两阶段法的第一步中是加入面粉。但是，它与高比例的起酥油相混合，能很好地扩散开，并且在面粉颗粒上覆盖上了油脂。这种覆盖作用限制了面筋的形成。为了达到最好的效果，将面粉和油脂彻底进行混合是非常重要的步骤。密切观察所有的混合时间。同时，也要记住高比例的蛋糕中含有高比例的糖，这也是一种柔嫩剂。

搅拌高油脂蛋糕或油脂蛋糕

乳化法

乳化法，又称传统方法，很长时间以来都是混合高脂蛋糕的标准方法。乳化起酥油或高比例起酥油的开发导致更简单的混合方法的出现，这种方法用于制作含有更多糖和液体的油脂蛋糕。然而，许多类型的黄油蛋糕仍然使用传统乳化法。

在本书的乳化法配方里指定的油脂是黄油。黄油蛋糕因其风味而备受推崇，起酥油不能增加蛋糕的风味。黄油也会影响到质感，因为它入口即化，而起酥油则不会。

然而，许多面包师依然更喜欢用起酥油代替这些配方中的全部或部分黄油。起酥油的优点是价格便宜，易于混合。在乳化法配方中，应使用普通的起酥油，而不是膨化的起酥油。普通的起酥油具有较好的乳化能力。

不要用等量的起酥油代替黄油。由于黄油只含有80%的油脂，所以需要更少的起酥油。此外，黄油含有15%的水分，所以应调整配方中牛奶或水的数量。在乳化法中介绍了如何为替代黄油和起酥油去调整配方。

两阶段法

两阶段法是为使用高比例的可塑性起酥油而研发的。高比例的蛋糕中含糖量很高，按面粉的重量计算，含糖量超过100%。而且，它们比乳化法制作的蛋糕所使用的液体更多，面糊倾倒得更自如。两阶段混合的方法比乳化法稍微简单一些，它能制作出细滑的面糊，经过烘烤后变成细腻而滋润的蛋糕。它得名于液体被分为两个阶段加入。

制作高比例蛋糕的第一步是将面粉和其他干性原材料与起酥油相混合。当混合物变得细滑时，就可以分阶段加入液体（包括鸡蛋）。在整个制作过程中，要遵循两个规则：

- 低速混合，并观察正确的混合时间。这对于形成合适的质地非常重要。
- 在搅拌的过程中，不时停下机器，刮掉搅拌桶边上粘连的面糊。这对于制作出细滑、混合均匀的面糊非常重要。

注意基本制作步骤后面的"各种变化"中的内容。许多面包师喜欢这种变化。因为它结合了一些中间步骤，所以稍微变得简单了一些。

两阶段法有时候也适用于高油脂的蛋糕，例如，黄油蛋糕作为实验，可以尝试用乳化法和两阶段法配方制作黄油蛋糕，并对制作好之后的蛋糕质感进行比较。

制作步骤： 乳化法

1. 准确称取原材料。使所有的原材料都处于常温（21℃）。

2. 将黄油或起酥油放入搅拌桶里。安装好桨状搅拌器配件，缓慢搅打油脂，直到油脂变得细滑，并呈乳脂状。

3. 加入糖；用中速搅打混合物至轻盈而蓬松的程度（图A）。这个过程需要8~10分钟。

   有一些面包师喜欢将盐和风味调料与糖一起加入，以确保混合后分布均匀。

   如果使用融化的巧克力，可以在搅打过程中加入。

4. 一次一点地加入鸡蛋（图B）。每次加入鸡蛋后，搅打至鸡蛋全部吸收后再加入更多鸡蛋。在鸡蛋全部加入搅打完之后，混合至轻盈而蓬松。这一步骤需要5分钟。

5. 将搅拌桶边上粘连的混合物刮到桶里，以确保混合均匀。

6. 加入过筛后的干性原材料（包括香料，如果在步骤3中没有加入），与液体交替加入。可以按照下述方式进行：

   加入1/4的干性原材料（图C）。搅拌至刚好混合均匀。

   加入1/3的液体（图D）搅拌至混合均匀。

   重复以上操作，直到将所有原材料都使用完毕。不时将搅拌桶边上的混合物刮取到桶里，以便混合得更加均匀。

   交替加入干性和液体原材料的原因是面糊或许不能一下吸收完所有液体，除非存在一些面粉。

各种变化

有几种乳化法制作的蛋糕需要一个附加的步骤：将蛋清与糖一起打发至泡沫状，然后叠拌进面糊里，以提供额外的涨发度。

制作步骤：在乳化法面糊中替代黄油和起酥油

用普通的起酥油代替全部或部分的黄油

1. 将要去掉的黄油重量乘以0.8。这样就得出要使用的普通起酥油的重量。
2. 将要去掉的黄油重量乘以0.15。这样就得出额外加入的水或牛奶所需的重量。

   例如： 一个配方需要3磅的黄油和3磅的牛奶。经过调整，只会使用1磅（16盎司）的黄油需要多少起酥油和牛奶？

   被去掉的黄油重量=2磅=32盎司

   0.9×32盎司=26盎司起酥油（四舍五入）

   0.15×32盎司=5盎司额外要加入的牛奶（四舍五入）

   牛奶总数=3磅5盎司

用黄油代替全部或部分的普通的起酥油

1. 将去掉的起酥油重量乘以1.25。这样就得出要使用的黄油重量。
2. 将黄油的重量乘以0.15。这样就得出要从配方中减去的水或牛奶的重量。

   例如： 一个配方需要3磅的普通起酥油和3磅的牛奶。经过调整，只使用1磅（16盎司）的起酥油需要多少黄油和牛奶？

   被去掉的起酥油重量=2磅=32盎司

   1.25×32盎司=40盎司黄油

   0.15×40盎司=6盎司要从配方中减去的牛奶

   牛奶总数=2磅10盎司

制作步骤：两阶段法

1. 准确称取原材料。使所有的原材料都处在常温下（21℃）。
2. 将面粉过筛，与泡打粉、小苏打及盐一起放入搅拌桶里，并加入起酥油。使用桨状搅拌机配件，用低速搅拌2分钟。将搅拌机关闭，将搅拌桶壁和搅拌器上面粘连的混合物刮取到搅拌桶里，并再次搅拌2分钟。

   如果使用融化的巧克力，在这一步骤的搅拌过程中加入到搅拌桶里。如果使用的是可可粉，将其过筛后，在这一步骤中，与面粉一起加入，或者与糖一起在步骤3中加入。
3. 将剩余的干性原材料过筛到搅拌桶里，并加入部分水或者牛奶。用低速搅打混合3~5分钟。在此期间分几次关闭搅拌机并将搅拌桶壁和搅拌器上粘连的混合物刮取到搅拌桶里，以确保搅拌的均匀。

4. 将剩余的液体混合，并将鸡蛋略微搅打。随着搅拌机的运转，分三次将混合物加入搅拌桶里的面糊中。每加入一次后，关掉搅拌机，刮取搅拌桶壁。在这一阶段，总计搅拌5分钟。

   最后搅拌好的面糊，在正常情况下是呈可浇注的浓稠程度。

各种变化

这里的各种变化是将上面的步骤2和步骤3合并为一个步骤。

1. 如同基本制作方法一样称取原材料。
2. 将所有的干性原材料过筛到搅拌桶里，加入起酥油和部分的液体，低速搅拌7~8分钟。分几次将搅拌桶壁上和搅拌器上的粘连物刮取到搅拌桶里。
3. 继续按照步骤4的基本制作步骤进行制作。

一阶段（液体起酥油）法

高比例液体起酥油在乳化和扩散方面非常有效，通过面糊使面筋变得柔嫩，这样制成的蛋糕面糊一般可以由一个步骤全部混合而成——因此被称为一阶段法。首先，将液体成分加入搅拌桶里，可以简化整个制作过程，因为湿润后的面粉覆盖在搅拌桶底和桶壁的概率较小，否则会使其难以从桶壁上刮取下来。为了防止干面粉从搅拌桶里被抛洒出来，应使用低速搅拌，直到干性原材料变得湿润。然后再以高速搅拌一段时间，接着以中速搅拌一段时间，以使形成适当的空气泡，并且制作成一种细滑而细腻的面糊。

制作步骤：一阶段（液体起酥油）法

1. 准确称取原材料。使所有的原材料都处在常温下（21℃）。

2. 将所有的液体原材料在搅拌桶里混合，包括高比例的液体起酥油（图A）。

3. 将干性原材料过筛到搅拌桶里的液体原材料上（图B）。

4. 使用桨状搅拌机配件，低速搅拌30秒（图C），直到干性原材料变得湿润（以慢速搅拌至干性原材料变得湿润的目的是为了防止它们被从搅拌桶里抛洒出来）。

5. 以高速搅拌4分钟。关闭搅拌机，并将搅拌桶壁和搅拌器上面粘连的混合物刮取下来。

6. 中速搅拌3分钟（图D）。

面粉－面糊法

面粉－面糊法只适用于少数的特色产品，可以制作出质地优良的蛋糕，但由于面筋的形成可能会带有一些韧性。

面粉－面糊蛋糕包括那些用乳化起酥油或黄油或两者都使用到的蛋糕。本书中没有涉及这种混合方法的配方，但是老式磅蛋糕（黄油蛋糕）的面糊可以用这种方法来代替乳化法进行混合。

制作方法：面粉－面糊法

1. 准确称取原材料，使所有的原材料都处在常温下（21℃）。

2. 面粉过筛，将除了糖以外的其他干性原材料放入搅拌桶里，加入油脂，搅拌至细滑并轻柔状。

3. 将糖和鸡蛋一起搅打到浓稠蓬松状。加入液体风味原材料，例如香草香精。

4. 将面粉－油脂混合物和糖－鸡蛋混合物混合，搅拌至细滑状。

5. 逐渐加入水或者牛奶（如果使用），混合均匀至细滑状。

搅拌鸡蛋泡沫蛋糕

大多数的鸡蛋泡沫蛋糕含有很少或根本没有起酥油，大部分或全部发酵都依赖于搅打鸡蛋时所捕获的空气。人们对精美糕点和蛋糕的兴趣日益增长，这也促使人们对海绵蛋糕的广泛用途有了新的认识。因此，本章中包括了各种各样的鸡蛋泡沫面糊的配方。这些蛋糕被用在第17章中的许多特制甜品组合中。

鸡蛋泡沫蛋糕比富油性蛋糕的质地更有弹性和韧性。这使得它们对于许多种需要大量处理和装配的甜品来说实用性非常高。大多数欧洲蛋糕和果仁蛋糕都是用海绵蛋糕或蛋泡沫蛋糕制作的。这些蛋糕要么烘烤成薄的大片状或圆形，要么烘烤成厚片状，然后依次水平分层切割成薄的片状。在薄的分层海绵蛋糕片上堆放各种馅料、奶油、慕斯、水果和糖霜等。此外，分层海绵蛋糕片通常会使用调味糖浆湿润，以弥补其所缺乏的水分。

用于制作果冻卷和其他蛋糕卷的薄的大片海绵蛋糕通常没有添加任何起酥油，所以它们在卷起来的时候不会裂开。因为油脂会将面筋弱化，含有油脂的海绵蛋糕更容易裂开。

用于制作鸡蛋泡沫蛋糕的面粉筋力必须很弱，以避免蛋糕比所需要的品质更硬。有时候可以在蛋糕粉中添加玉米淀粉，以使这些蛋糕中的面粉筋力进一步弱化。

注意，在本节的开始部分中介绍过大多数鸡蛋泡沫蛋糕含有少量甚至不含有油脂。在这一节中最典型的蛋糕就是如此：热那亚式蛋糕和其他海绵蛋糕油脂含量很少，而天使蛋糕（白蛋糕）没有添加油脂。因此，鸡蛋泡沫蛋糕通常被称为低油脂蛋糕，以区别于上一节所讨论的高油脂蛋糕。

但是，有一些配方是例外的。例如，乔孔达海绵蛋糕里含有120%的黄油，巧克力法奇软糖蛋糕除了巧克力的脂肪含量外，还含有400%的黄油，它们的混合方法是基于搅打鸡蛋和糖所形成的泡沫加入到其他面糊原料中。

海绵法

海绵蛋糕有一个共同的特点：它们是用含有蛋黄的鸡蛋泡沫做成的。这些泡沫通常是由全鸡蛋形成的，但在某些情况下，主要的泡沫是由蛋黄形成的，在整个制作步骤的最后会将蛋清泡沫叠拌进去。

最简单的做法是，使用两个基本步骤制作海绵蛋糕面糊：（1）把鸡蛋和糖搅打成浓稠的泡沫状；（2）将过筛后的面粉叠拌进去。其他一些添加的原材料，比如黄油或液体会使整个制作步骤稍微复杂一些。如果把所有的变化都包含在一个步骤中会太过混乱，所以，取而代之，本章只描述四个不同的步骤。

请注意主要的制作步骤之间的区别和第一步中的变化，其中可能会产生一些混淆，因为在北美的面包房里，热那亚蛋糕几乎都含有黄油。然而，在传统的法式西点中，热那亚蛋糕通常是不含黄油的，而在欧洲的面包店里，通常只使用鸡蛋、糖和面粉。此外，这里给出的主要的制作步骤解释了海绵蛋糕最简单和最基本的形式，而这个过程是接下来的"各种变化"的基础内容。但是，如果在加拿大或美国的面包店，通常使用第一个变化代替主要的步骤来混合基本的热那亚蛋糕。

制作步骤： 普通海绵蛋糕或热那亚蛋糕法

1. 准确称取所有的原材料。

2. 将鸡蛋、糖及盐在一个不锈钢盆里混合好。将盆立刻放置到热水槽上隔水加热，使用搅拌器搅拌或者搅打至混合物升温至43℃（图A）。温热的混合物可使泡沫达到更大的体积。

3. 使用球形搅拌器，或搅拌机上的搅拌器配件，以高速搅打鸡蛋至非常轻盈和浓稠的程度，并且体积是它们原本的3倍（图B）。在搅拌混合的最后阶段，为了保持更加匀称的空气泡结构，将搅拌机调至中速搅打。如果数量较多，总的搅打时间会需要10~15分钟。

4. 如果配方中包含液体（水、牛奶，液体风味调料等），可在此步骤加入，并在搅打的过程中呈稳定的细流状加入，或者按照配方的要求，将其拌入。

5. 将过筛后的面粉分3次或4次叠拌进去，要小心操作，不要使泡沫破裂。许多面包师在此会使用手来拌和，即便是大批量制作也是如此。轻缓叠拌，直到所有的面粉都混合进去（图C）。如果使用了其他干性原材料，比如玉米淀粉或泡打粉，先把它们和面粉一起过筛。

6. 立刻将面糊装入模具并烘烤，如果延迟会引起体积收缩。

各种变化：黄油海绵蛋糕或者黄油热那亚蛋糕

1. 按照普通海绵蛋糕的制作步骤进行制作至步骤5。

2. 将面粉加入进去之后，将融化的黄油小心叠拌进去。将黄油完全叠拌均匀，但是要小心不要过度拌和，否则蛋糕会变得老韧（图D）。

3. 立刻将面糊装入模具并烘烤。

各种变化：热牛奶和黄油海绵蛋糕

1. 准确称取所有的原材料。将牛奶和黄油一起加热至黄油融化开。

2. 将鸡蛋搅打至起泡沫，与普通海绵蛋糕法中的步骤2和步骤3一样。

3. 将过筛后的干性原材料（面粉、发酵剂、可可粉等）叠拌进去，与基本制作步骤一样。

4. 小心地将热的黄油和牛奶分3次叠拌进去。完全叠拌均匀，但是不要过度拌和。

5. 立刻装入模具并烘烤。

各种变化：分蛋海绵蛋糕

1. 按照基本的普通海绵蛋糕法的步骤1~4进行制作，但是使用蛋黄制作基本的泡沫（步骤2和步骤3）。保留蛋清和部分的糖用于单独的步骤使用。

2. 将蛋清和糖搅打至呈硬性而湿润的发泡程度。与过筛后的干性原材料交替叠拌进面糊里。完全叠拌均匀，但是不要过度拌和。

3. 立刻装入模具内并烘烤。

白蛋糕（天使蛋糕）法

白蛋糕是使用蛋清泡沫，并且不含有油脂的蛋糕（要成功打发蛋清，请回顾第12章中的蛋清形成泡沫的原理）。用于白蛋糕法中的蛋清应该被打发至形成湿性发泡，而不是硬性发泡。过度打发的蛋清会失去扩展和膨胀蛋糕的能力。这是因为被打发都硬性发泡程度的蛋清中的蛋白质结构已伸展到它所能伸展的极限了。如果蛋清被取而代之打发到湿性发泡的程度，那么在烘烤的过程中蛋清会拉伸得更长，从而让蛋糕膨胀起来。

制作步骤： 白蛋糕（天使蛋糕）法

1. 准确称取原材料。使得所有的原材料都处在常温下。为了达到更好的体积，蛋清的温度可以略微高一点。

2. 将面粉与一半的糖一起过筛，这个步骤有助于面粉与蛋清形成的泡沫混合得更加均匀。

3. 使用搅拌器配件，搅打蛋清至它们形成湿性发泡的程度。在搅打开始前，加入盐和酒石酸（图A）。

4. 逐渐将没有与面粉混合的那一部分糖搅打进去（图B）。继续打发至蛋清形成湿性而滋润的发泡程度（图C）。不要搅打至硬性发泡程度。将风味调料拌和进去。

5. 将面粉和糖混合物叠拌进去至彻底拌和，但不要叠拌太长时间（图D）。

6. 将混合物倒入未涂抹有油脂的模具里（图E），并立即烘烤。

戚风法

戚风蛋糕和天使蛋糕（白蛋糕）都是基于打发蛋清形成泡沫制作的蛋糕，但是混合方法的相似之处就到此为止了。在天使蛋糕中，干的面粉和糖混合物是叠拌进蛋清中的。在戚风法中，是含有面粉、蛋黄、植物油及水的面糊叠拌进蛋清中的。一些戚风蛋糕中所含有的油，使得蛋糕中油的含量与一些两阶段法制作的蛋糕一样高。然而，它们的混合方法是基于鸡蛋泡沫，就像海绵蛋糕一样。

用于戚风蛋糕中的蛋清应该打发到比天使蛋糕中的蛋清更硬实一些的程度，但不要太硬以至于变干。戚风蛋糕中含有泡打粉，所以它们的膨胀过程不用完全依靠鸡蛋泡沫。

制作步骤：戚风法

1. 准确称取所有的原材料。使得所有的原材料都处在常温下。使用高品质、无异味的植物油。

2. 将干性原材料过筛，包括一部分要放入到搅拌桶里的糖。

3. 使用桨状搅拌器配件，以第二速度搅拌，逐渐加入油（图A），然后加入蛋黄（图B）、

水（图C），以及液体风味调料，所有要加入的原材料，都要呈缓慢细流状加入。随着液体原材料的加入，期间将搅拌机停止几次，以将

搅拌桶壁上和搅拌器上的粘连物刮取下来。搅拌至细滑状，但是不要过度搅拌。

4. 将蛋清打发至湿性发泡的程度。加入酒石酸并呈细流状的将糖加入进去，打发至硬性发泡但是湿润的程度。

5. 将打发好的蛋清叠拌进面粉液体混合物中（图D）。

6. 迅速将面糊倒入没有涂油的空心模具里（像天使蛋糕模具）或者只在模具底部涂抹了油脂并撒上面粉，但是模具侧面没有涂油和撒上面粉（像海绵蛋糕）的模具里。

乳化 / 海绵蛋糕组合法

　　一些欧洲风格的蛋糕已经开始在使用乳化法制作了。换句话说，把黄油和糖一起打发，直到混合物变得轻盈。然而，这些蛋糕通常不含有化学发酵剂。相反，与一些海绵蛋糕一样，会把打发好的蛋清叠拌到面糊里。这一类蛋糕的例子有榛子海绵蛋糕和年轮蛋糕。在乳化/海绵蛋糕组合法中的混合榛子海绵糕点制作步骤的图解说明见下面内容。

制作步骤： 乳化/海绵蛋糕组合法

1. 将黄油和糖一起打发（乳化）。

2. 一次一点地加入蛋黄。

3. 每次加入之后都要搅拌均匀。

4. 将蛋清和糖打发至湿性发泡的程度，就如同白蛋糕一样。

5. 将打发好的蛋白霜叠拌进黄油混合物里。

6. 将干性原材料一起过筛。

7. 将过筛后的干性原材料叠拌进去。

8. 将面糊倒入准备好的模具里。

9. 用塑料刮板将面糊的表面抹平。

准备好原材料进行混合

除了水和鸡蛋之外，许多混合方法都包含着所有的原材料。这些产品中还含有乳化剂，以确保原材料的均匀混合。要使用它们，请严格按照包装说明进行制备。

大多数经过混合制作而成的蛋糕，都能具有极佳的体积、质地和柔软度。不过它们尝起来是否好吃，这是一个意见不一的问题。另一方面，从零开始制作的蛋糕不一定更好。只有经过仔细混合和烘烤，用好的经过检验的配方进行制作，并加入高品质的原料，它们才会更好。

───◆ 复习要点 ◆───

◆ 普通海绵蛋糕法的制作步骤是什么？
◆ 白蛋糕法的步骤有哪些？
◆ 戚风蛋糕法的步骤是什么？
◆ 乳化/海绵蛋糕组合法有哪些制作步骤？

保持蛋糕配方的平衡

对蛋糕配方进行改变是切实可行的，这可以改进配方或降低成本。但是，原材料和数量只能在一定的范围内进行改变。如果一个蛋糕配方的原材料在这些限制范围之内，就可以称为是"平衡"的。知道这些限制范围，不仅可以有助于对配方进行修改，还可以判断出未经测试的配方，并纠正其中的错误。

新的原材料和制作步骤会被经常性地开发出来。蛋糕平衡的规则使用效果一直很好，但也会随着新的发展而进行调整和打破。一个面包师应该对新想法持开放态度，并愿意去尝试。例如，曾经有一个规则，在混合物中糖的重量不能超过面粉的重量。但乳化剂起酥油的引入和两阶段法的发展导致配方中可以允许使用较高比例的糖。

原材料的功能

为了保持蛋糕配方的平衡，可以将蛋糕成分按照四种功能进行分类：即增韧性（或稳定性）、柔软性、干燥性以及润湿性（或保湿性）。保持配方平衡的理念是增韧性要平衡柔软性，干燥性要平衡润湿性。例如，如果要在配方中增加增韧性原材料的数量，就必须通过增加柔软性原材料的数量来进行补偿。

许多原材料具有不止一种功能，有时甚至具有相反的功能。蛋黄中含有蛋白质，这是一种增韧性成分，但是蛋黄还含有脂肪，这是一种柔软性成分。蛋糕中的主要成分如下所示：

增韧性原材料提供了蛋糕的结构：面粉，鸡蛋（蛋清和蛋黄）。

柔软性原材料为蛋白质纤维提供了柔软性和起酥性：糖、油脂（包括黄油，起酥油，以及可可脂），化学膨松剂。

润湿性原材料提供了湿度或水分：水、液体牛奶、糖浆和液体糖，鸡蛋。

干燥性原材料吸收水分：面粉和淀粉，可可粉、牛奶固形物。

可以使用如上这个原材料列表作为制作蛋糕失败的故障排除指南。即使经过了正确混合和烘焙，蛋糕也会制作失败的原因可能是需要保持配方平衡。例如，如果蛋糕太干，可以增加一个或多个湿润性成分或减少干燥性成分。然而，这样做需要一定的经验。记住，大多数的原材料都具有不止一种功能。如果决定在干的蛋糕中加入更多的鸡蛋，可能会烘烤出一个质地更硬更具有韧性的蛋糕。虽然鸡蛋确实能提供一些水分，但由于它们富含丰富的蛋白质，它们还能增强韧性。

更复杂的情况是，许多成功的蛋糕配方似乎都违反了规则。例如，采用乳化法，使用黄油或普通起酥油制作的蛋糕，规定糖的重量不应超过面粉的重量。然而，在实践中，有一些成功的乳化法蛋糕配方要求使用的糖量超过了100%。许多烘焙手册都强烈强调了这些平衡原则，但最好不要把它们看作是金科玉律，它们应作为一个判断或纠正配方起点的指引。

总之，一个有经验的面包师总是能够对蛋糕配方进行成功地调整。然而，即使是烘焙新手也应该对保持配方的平衡有一些了解，它有助于理解正在使用和练习的配方，并且它帮助理解为什么要以某种方式装配和混合蛋糕，以及是什么使这些混合物起作用。

在接下来的平衡规则的讨论中，采用面包师的百分比而不是具体的重量来考虑原材料，这可以消除一个变量。面粉是一个100%的常数，所以其他原材料可以相对应面粉来进行增加或减少。

油脂型或起酥油蛋糕的平衡

讨论蛋糕平衡的一个通常出发点是老式的黄油蛋糕（磅蛋糕）。这种蛋糕是由等量的面粉、糖、黄油和鸡蛋等制成的。多年以来，面包师们一直在试验这种基本配方，他们减少了糖、脂肪和鸡蛋的含量，并添加了牛奶作为补偿。这就是现代黄油蛋糕的起源。

使用黄油或普通起酥油，采用乳化法制作的蛋糕保持平衡的一般规则如下（当然，所有原材料的数量都是按重量计算的）：

- 糖（柔软性原材料）与面粉（增韧性原材料）的比例达到了平衡。在大多数由乳化法制作的蛋糕中，糖的重量都会小于或等于面粉的重量。
- 油脂（柔软性原材料）与鸡蛋（增韧性原材料）的比例达到了平衡。
- 鸡蛋和液体（润湿性原材料）与面粉（干燥性原材料）的比例达到了平衡。

根据前面所述的指导方针，一种原材料与另一种原材料之间的相互平衡，意味着如果一种原材料增加或减少，那么需要平衡的原材料也必须进行调整。例如，如果增加了油脂，那么鸡蛋就必须增加，以保持配方的平衡。

随着乳化起酥油的开发，增加糖、鸡蛋和液体的数量成为可能。例如，在高比例蛋糕中，糖的重量要大于面粉的重量，但配方仍然是平衡的。类似地，因为起酥油中的乳化剂使面糊保持稳定，所以液体的数量可能会更多。然而，如上所述，平衡的一般原则仍然适用。如果一种原材料增加了重量，就必须调整其他原材料来进行弥补。

保持配方平衡的常见做法是先确定糖/面粉的比例，然后再将其他原材料与它们的比例进行平衡。以下指导方针在这方面会是有所帮助的：

- 如果增加了鸡蛋的重量，就增加起酥油的重量。
- 如果加入了额外的牛奶固形物来改进风味，就加入等量的水。
- 如果加入了可可粉，就加入等同于可可粉75% ~ 100%重量的水。
- 如果加入了可可粉或苦味巧克力，在高比率蛋糕中增加等同于面粉重量180%的糖，而在乳化法蛋糕中增加超过面粉重量100%的糖。这部分等同于可可粉和巧克力中的淀粉含量。
- 在大批量烘烤蛋糕时，使用的液体量要少一些，因为在烘烤的过程中蒸发的水分会减少。
- 如果加入液体糖（蜂蜜、玉米糖浆等），则应略微减少其他液体的用量。
- 如果加入大量湿润性的原材料，例如苹果酱或香蕉泥，就要减少液体用量。添加大量的湿润性的原材料可能也需要增加面粉和鸡蛋的用量。
- 在乳化法面糊中使用的泡打粉要比在两阶段法中所使用的面糊少一些，因为乳化法面糊在乳化的阶段会搅入更多空气。

称取重量，装入模具和烘烤

模具的准备

在搅拌蛋糕面糊之前要先准备好模具，这样一旦蛋糕在混合好之后就可以马上烘烤。

- 对于高油脂蛋糕，模具必须涂油，最好使用商用涂油工具进行涂抹。如果没有，在涂抹有油的模具里撒上面粉，然后拍掉多余的部分。
- 对于大片的蛋糕，在涂抹有油脂的烤盘内铺上油纸。对于薄片蛋糕，例如瑞士蛋糕卷，必须使用无凹痕或翘曲的平烤盘。硅胶垫特别适用于铺到烤盘里用来制作薄片蛋糕。
- 对于天使蛋糕和戚风蛋糕，不要在模具里涂油。面糊必须能够粘连在模具的周边上，这样它在膨胀起来之后就不会下沉回模具里。
- 对于只有少量油脂或者没有油脂的海绵分层蛋糕，在模具的底部涂抹上油脂，但不要在模具的四周涂抹上油脂。

称取重量

为了达到一致性，蛋糕面糊应按重量称取到准备好的模具中，如同在称取蛋糕面糊的步骤中所述的一样。对于所有类型的蛋糕面糊来说，这是最准确的方法。然而，对于某些面糊，一些厨师更喜欢使用其他的替代方法，因为他们相信这些方法会更快速。

因为使用两阶段法和一阶段法制作的面糊是可倾倒的，一些面包师喜欢以体积称取它们，就如同在称取两阶段和一阶段面糊的替代步骤中所描述的那样。这种方法速度快，并且相当准确。

泡沫蛋糕面糊应尽量减少处理步骤，并立即烘烤，以避免搅打好的鸡蛋消泡。虽然在基本的制作步骤中，这些蛋糕面糊可以按重量称重，但一些烘焙师更喜欢用肉眼观察，以减少处理的步骤，正如在称取泡沫蛋糕的替换步骤中所描述的那样。

乳脂法制成的面糊非常浓稠，并且不容易被倒出来。因此，它们应该始终被称重，与第一个步骤中一样。

◆ 复习要点 ◆

◆ 哪些制作蛋糕的原材料是柔软性的、增韧性的、润湿性的、干燥性的？

◆ 在蛋糕配方中保持平衡的概念中，一种原材料与另外一种原材料保持平衡的含义是什么？

◆ 在倒入面糊前，该如何准备蛋糕模具？

◆ 称取蛋糕面糊的基本步骤有哪些？

制作步骤： 称取蛋糕面糊

方法1：使用天平称取

1. 将准备好的蛋糕模具摆放在天平的左侧。将另一个模具摆放在天平的右侧，使天平平衡。
2. 把天平调到所需重量。
3. 将面糊倒入左侧的模具里，直到天平平衡。
4. 将模具从天平上取下来，并用抹刀将面糊涂抹光滑。
5. 剩余的模具重复此操作。
6. 在工作台面上用力摔落几下蛋糕模具，释放出面糊中的大气泡。立即烘烤。

方法2：使用电子秤称取

1. 将一个准备好的蛋糕模具摆放到电子秤上。
2. 按下皮重按钮将度数重置为零，如果电子秤是关闭的，则打开它。核实度数为零。
3. 将面糊倒入模具中，直到电子秤读数显示出所需的面糊重量。
4. 剩余的模具重复操作1~3的步骤。
5. 在工作台面上用力摔落几下蛋糕模具，释放出面糊中的大气泡。立即烘烤。

称取两阶段法和一阶段法蛋糕面糊的替换步骤

1. 在天平的左侧放置一个空的体积量杯。把天平平衡调零。
2. 将天平设置到所需重量。
3. 将面糊到入体积量杯中，直到天平达到平衡。
4. 标注出面糊在量杯中的体积刻度。
5. 将面糊倒入准备好的模具里，快速将量杯中的所有面糊都刮取下来。
6. 使用步骤4中标注出的体积刻度，使用量杯称取剩余的蛋糕面糊。
7. 在工作台面上用力摔落几下蛋糕模具，释放出面糊中的大气泡。立即烘烤。

称取泡沫蛋糕面糊的替换步骤

1. 将所有准备好的蛋糕模具在工作台面上排好。
2. 称取第一个用来装入蛋糕面糊的模具。
3. 快速地在剩下的蛋糕模具里装入与第一个蛋糕模具一样高度的面糊，采用目视来判断面糊的高度。
4. 将面糊涂抹平整，立即烘烤。

详见称取蛋糕的平均重量、烘烤温度和时间表。

称取蛋糕的平均重量、烘烤温度和时间表			
模具的种类和大小	称取的重量 *	烘烤的温度	烘烤的时间（以分钟计）
高油脂蛋糕和戚风蛋糕			
圆形分层蛋糕模具			
15 厘米	230～285 克	190℃	18
20 厘米	400～510 克	190℃	25
25 厘米	680～800 克	180℃	35
30 厘米	900～1200 克	180℃	35
片状蛋糕和方形蛋糕模具			
46 厘米 ×66 厘米	3.2～3.6 千克	180℃	35
46 厘米 ×33 厘米	1.5～1.8 千克	180℃	35
23 厘米 ×23 厘米	680 克	180℃	30～35
条形蛋糕（磅蛋糕）			
6 厘米 ×9 厘米 ×20 厘米	450～500 克	175℃	50～60
7 厘米 ×11 厘米 ×22 厘米	680～765 克	175℃	55～65
杯子蛋糕			
每打（12 个）	510 克	195℃	18～20
泡沫类型蛋糕			
圆形分层蛋糕			
15 厘米	140～170 克	190℃	20
20 厘米	280 克	190℃	20
25 厘米	450 克	180℃	25～30
30 厘米	700 克	180℃	25～30

续表

称取蛋糕的平均重量、烘烤温度和时间表			
模具的种类和大小	称取的重量 *	烘烤的温度	烘烤的时间（以分钟计）
片状蛋糕（用于果冻卷或者海绵蛋糕卷）			
46厘米×66厘米，12毫米厚	1.2千克	190℃	15~20
46厘米×66厘米，6毫米厚	800克	200℃	7~10
空心蛋糕（天使蛋糕和戚风蛋糕）			
20厘米	400-460克	180℃	30
25厘米	700-900克	175℃	50
杯子蛋糕			
每打（12个）	280克	190℃	15~20

* 所给出的重量为平均值。如果需要更厚的蛋糕，重量可以增加25%。烘烤时间也需要略有增加。

烘烤和冷却

蛋糕的结构具有易碎性，因此适当的烘烤条件是生产出高品质产品的关键所在。遵循这些使用指南有助于避免制作的蛋糕失败。

- 预热烤箱。为了节省昂贵的能源，不要预热超过必要的时间。
- 不要让模具相互接触。如果相互挨到一起，流通的空气就会受到抑制，蛋糕膨胀得就会不均匀。
- 在恰当的温度下烘烤。烤箱温度过高会导致蛋糕中间隆起，凝固不均匀，或者在蛋糕完全涨发之前就凝固住了。蛋糕外皮的颜色会太深。烤箱温度过低会导致蛋糕的体积和质地变差，因为蛋糕凝固的速度不够快，可能会塌陷下来。
- 如果烤箱里带有蒸汽装置，可以将其应用于采用乳化法、两阶段法和一阶段法蛋糕面糊的烘烤中。如果喷入蒸汽烘烤，这些蛋糕的表面会比较平坦，因为蒸汽会延迟表面结皮的形成。在烘烤海绵蛋糕和天使蛋糕时，不要喷入蒸汽。
- 不要打开烤箱门，也不要干扰到蛋糕，直到它们涨发完毕，有一部分变成棕色。在蛋糕凝固成型之前干扰它们可能会使蛋糕塌陷下来。

测试蛋糕的成熟程度

- 油脂蛋糕在模具边缘处会略有收缩。
- 蛋糕应具有弹性。轻轻按压糕顶表面的中心位置时，蛋糕表面可以弹回。
- 把蛋糕测试棒或木签插入蛋糕中心位置处，拔出来时是干净的。

冷却蛋糕并脱模

- 模具分层蛋糕和大片状的蛋糕在模具里和烤盘里冷却15分钟，然后在微温的时候取出。因为它们易碎，在热的时候取出蛋糕会碎裂开。
- 将分层蛋糕取出后摆放到烤架上进行最后的冷却。
- 要取出大片状的蛋糕：
  1. 在表面撒上少许的砂糖。
  2. 在蛋糕上面摆放好一个蛋糕板，然后在上面再摆放好一个空的烤盘，烤盘底部朝下（如果没有蛋糕板，只需将烤盘倒扣在上面即可）。
  3. 将两个烤盘反着倒扣过来。
  4. 去掉上面的烤盘。
  5. 揭掉蛋糕上的油纸。
- 天使蛋糕和戚风蛋糕可以将模具倒扣过来进行冷却，这样它们就不会回落到模具里，体积也不会减小。因为它们是在没有涂抹油的模具里烘烤的，所以不会从模具里掉落下来。有模具边缘上的支撑，这样蛋糕的顶部就可以离开工作台面。凉却之后，用刀或抹刀将蛋糕从模具的侧面划过进行脱离，并小心地将蛋糕取出来。

蛋糕的质量标准

在混合、称取、烘烤和冷却蛋糕时的任何错误都会导致出现各种缺陷和失败。为了便于参考，后文常见蛋糕缺陷及其原因表中，对于许多这样的蛋糕以及可能引起的原因进行了总结。要判断蛋糕的质量，核实该表中所列出的每一项缺陷，察看是否避免了这些缺陷。换句话说，一个高质量的蛋糕应该具有以下特征：

- 良好的体积，涨发恰当，并且没有下陷。
- 形状均匀，表面相对平坦或略呈半球形。
- 浅棕色，颜色不要太浅或太深。

常见蛋糕缺陷及其原因	
缺陷	**原因**
体积和形状	
体积较差	面粉太少
	液体太多
	发酵剂太少
	烤箱温度太高
形状不均匀	混合方法不恰当
	面糊摊开的不够均匀
	烤箱内温度不均匀
	烤箱内层架不平整
	蛋糕模具翘曲
蛋糕外皮	
颜色太深	糖太多
	烤箱温度太高
颜色太浅	糖太少
	烤箱温度不够高
裂开或有裂纹	面粉太多或者面粉筋力太大
	液体太少
	混合方法不恰当
	烤箱温度太高
黏湿	未烤熟
	在模具里冷却或透气性不足
	未冷却透就包好
质地	
稠密或厚实	发酵剂太少
	液体太多
	糖太多
	起酥油太多
	烤箱温度不够高
粗糙或不规则	发酵剂太多
	鸡蛋太少
	混合方法不恰当
疏松易碎	发酵剂太多
	起酥油太多
	糖太多
	使用的面粉种类错误
	混合方法不恰当

续表

常见蛋糕缺陷及其原因	
缺陷	原因
韧而硬	面粉筋力太大
	面粉太多
	糖或起酥油太少
	搅拌过度
风味	
风味不佳	原材料质量低下
	储存或卫生条件差
	配方不平衡

- 外皮完整，没有碎裂开或者裂口。
- 外皮触摸时略微干燥，但是不黏湿或者潮湿。
- 质地适合蛋糕的类型，不要太稠密或太厚重。鸡蛋泡沫蛋糕比高脂蛋糕质地更轻柔，而黄油蛋糕则密度更大。
- 蛋糕颗粒均匀、规整，内部没有大的孔洞。
- 既不太软太易碎，也不太硬。
- 风味良好，没有异味。

想要纠正这些缺陷，可根据需要，参照该表中的内容调整配方、搅拌方法或烘烤的步骤。

根据海拔高度进行调整

在高海拔地区，大气压比海平面低得多。在烘烤蛋糕时必须考虑到这一因素。配方须进行调整以适应海拔600米或900米以上的烘烤条件。

虽然可能会给出一般性的使用指南，但具体的调整根据不同种类的蛋糕而有所不同。许多面粉、起酥油和其他烘焙原材料的制造商会为特定的地区提供详细的信息和调整后的配方。

一般来说，必须做出如下调整：

起酥油： 当气压较低时，发酵气体会膨胀得更厉害，所以必须减少泡打粉和小苏打的用量。同时，减少乳化和打发泡沫的过程，这样可以减少混入的空气。

使蛋糕变硬（面粉和鸡蛋）： 在高海拔地区，蛋糕需要更坚固的结构，所以要增加鸡蛋和面粉以提供坚固结构所需要的足够的蛋白质。

软化剂（起酥油和糖）： 基于同样的原因，必须减少起酥油和糖的用量，这样蛋糕的结构才会更牢固。

液体： 在高海拔地区，水在较低的温度下就会沸腾，更容易蒸发。因此，无论是在烘烤的过程中还是烘烤之后，都要增加水分以防止过度干燥。这也有助于弥补所减少的保湿性原材料（糖和油脂）和所增加的吸收水分的面粉。

烘烤温度： 在海拔1066米以上，烘烤温度要增加14℃。

烤盘涂油： 在高海拔地区，高油脂蛋糕也趋向于有所粘连。需在烤盘里涂抹上厚厚的油脂并尽快从烤盘里取出蛋糕。

储存： 为了防止干燥，当它们冷却之后，立刻将蛋糕包装好或者将蛋糕冷藏。

· **复习要点** ·

◆ 如何测试蛋糕的成熟程度？

◆ 如何将蛋糕从烤盘中取出？

◆ 对于要在高海拔地区烘烤的蛋糕，必须对蛋糕配菜做出哪些调整？

在高海拔地区对油脂蛋糕配方的适当调整				
原材料	增加或减少	750 米	1500 米	2280 米
泡打粉	减少	20%	40%	60%
面粉	增加	—	4%	9%
鸡蛋	增加	2.5%	9%	15%
糖	减少	3%	6%	9%
油脂	减少	—	—	9%
液体	增加	9%	15%	22%

注：要进行调整，将百分比乘以该原材料的用量，然后对结果进行加减，如上所示。

例如：在 2280 米的海拔高度，调整 0.5 千克的鸡蛋：

$$0.15 \times 0.5 \text{ 千克} + 0.07 \text{ 千克}$$
$$0.5 \text{ 千克} + 0.07 \text{ 千克} + 0.52 \text{ 千克}$$

 ## 黄油蛋糕 yellow butter cake

原材料	重量	百分比 /%
黄油	360 克	80
糖	390 克	87
盐	4 克	0.75
鸡蛋	225 克	50
蛋糕粉	450 克	100
泡打粉	18 克	4
牛奶	450 克	100
香草香精	8 克	1.5
总重量：	**1905 克**	**423%**

制作步骤

混合

采用乳化法。

称取和烘烤

详见前文表中内容。

各种变化

倒扣蛋糕 upside-down cake

将鸡蛋增加到55%（245克），牛奶减少到60%（275克），加入0.75%（4克）的柠檬香精或者橙味香精。在烤盘里涂抹上黄油，涂抹上专属糖料（见右侧内容），然后在糖料上摆放好所需要使用的水果（菠萝圈、桃片等）。按照前文表中所示称取面糊。温度180℃烘烤。烘烤成熟后，立刻将烤盘倒扣。涂刷上清亮光剂增色或者杏亮光剂。

核桃仁蛋糕 walnut cake

在面糊中增加50%（225克）切成细末的核桃仁。以小号的面包模具烘烤。根据需要，可以涂抹上巧克力奶油糖霜。

专属糖料 pan spread

供23厘米方形烤盘使用。

原材料	重量
红糖	112 克
砂糖	42 克
玉米糖浆或蜂蜜水（根据需要）	30 克

将前三种原材料一起打发。加入足量的水稀释到可以涂抹的浓稠程度。

巧克力黄油蛋糕　chocolate butter cake

原材料	重量	百分比 /%
黄油	280 克	75
糖	470 克	125
盐	6 克	1.5
不加糖巧克力（融化）	188 克	50
鸡蛋	250 克	67
蛋糕粉	375 克	100
泡打粉	15 克	4
牛奶	430 克	115
香草香精	8 克	2
总重量：	**2022 克**	**539%**

制作步骤

混合
采用乳化法。
在油脂和糖经过乳化法完全打发好之后，将融化后的巧克力混合进去。

称取和烘烤
详见前文表中内容。

香料红糖蛋糕　brown sugar spice cake

原材料	重量	百分比 /%
黄油	400 克	80
红糖	500 克	100
盐	8 克	1.5
鸡蛋	300 克	60
蛋糕粉	500 克	100
泡打粉	15 克	3
小苏打	1.5 克	0.3
肉桂粉	0.5	
丁香粉	1.5 克	0.3
豆蔻粉	1 克	0.2
牛奶	500 克	100
香草香精	8 克	2
总重量：	**2229 克**	**445%**

制作步骤

混合
采用乳化法。

称取和烘烤
详见前文表中的内容。

各种变化

胡萝卜坚果蛋糕 carrot nut cake
　　将牛奶减少到90%（450克）。增加40%（200克）擦碎的新鲜胡萝卜，20%（100克）切成细末的核桃仁，以及3克擦碎的橙子外层皮。去掉丁香粉。

香蕉蛋糕 banana cake
　　去掉肉桂粉和丁香粉。将牛奶用量减少到30%（150克）。增加125%（625克）熟透的香蕉泥。根据需要，增加40%（200克）切成细末的山核桃。

苹果酱蛋糕 applesauce cake
　　将牛奶减少到50%（250克），并且增加90%（450克）的苹果酱；泡打粉减少到2%（10克）；小苏打增加到1%（5克）。

传统黄油蛋糕（老式磅蛋糕）old-fashioned pound cake

原材料	重量	百分比 /%
黄油或部分黄油和部分起酥油	500 克	100
糖	500 克	100
香草香精	10 克	2
鸡蛋	500 克	100
蛋糕粉	500 克	100
总重量：	**2010 克**	**402%**

制作步骤

混合

采用乳化法。

大约一半的鸡蛋被打发后，加入少量的面粉，以免凝结。

称取和烘烤

在烘烤黄油蛋糕时，通常使用铺有油纸的面包模具。

各种变化

桂皮或磨碎的柠檬或橙子外层皮可以用来给黄油蛋糕调味。

葡萄干风味黄油蛋糕 raisin pound cake

增加25%（125克）的葡萄干或者无核葡萄干，提前用开水浸泡并控净水分。

巧克力风味黄油蛋糕 chocolate pound cake

将25%（125克）的可可粉和0.8%（4克）的小苏打和面粉一起过筛，在面糊中加入25%（125克）的水。

大理石花纹黄油蛋糕 marble pound cake

用普通磅蛋糕和巧克力风味磅蛋糕面糊交替分层填充到面包模具里。将刀在面糊中转动，使混合物变成大理石花纹状。

用于制作花色小糕点和创意小糕点的片状蛋糕 sheet cake for petits fours and fancy pastries

将鸡蛋增加到112%（560克）。使用铺有油纸的烤盘烘烤。称取1800克的面糊，烘烤出5毫米厚的片状蛋糕，用来制作3层的花色小糕点。

增加配方，并称取2700克面糊，烘烤出9毫米厚的片状蛋糕，用来制作两层的花色小糕点。

水果蛋糕 fruit cake

在基本配方中使用50%的蛋糕粉和50%的面包粉。在面糊中增加250%～750%的混合水果和坚果。制作步骤和建议的水果混合物见如下内容：

制作步骤

1. 制备水果和坚果：
   将蜜饯水果洗净并控干水分，以除去多余的糖浆。
   将大块的水果（例如整个的枣）切割成小块状。
   将所有的水果混合，并用白兰地、朗姆酒或雪莉酒等浸泡一晚。捞出控干（保留浸泡用的酒液为后续使用，或用于其他目的使用）。

2. 如同基本制作步骤一样混合面糊，使用80%的面粉。如果使用了香料，与黄油和糖一起打发。

3. 将剩余的面粉与水果和坚果一起搅拌好。将其翻拌到面糊中。

4. 烘烤：使用面包模具、环形模具或空心模具，最好是铺上油纸。温度175℃烘烤小蛋糕（450～700克），温度150℃烘烤大蛋糕（1.8～2.3千克）。小蛋糕的烘烤时间1.5～3小时或4小时不等，大蛋糕需要更长的时间。

5. 冷却。涂刷上清亮光剂增亮，根据需要，以水果或坚果装饰，并再次涂刷一遍清亮光剂。

各种变化

以下混合水果的百分比根据面粉在基本黄油蛋糕配方中的百分比确定。

混合水果 I（深色）fruit mix I（dark）

原材料	重量	百分比 /%
深色葡萄干	500 克	100
浅色葡萄干	500 克	100
无核葡萄干	250 克	50
枣	500 克	100
无花果	250 克	50
糖渍樱桃	200 克	40
坚果（山核桃仁、核桃仁、榛子、巴西坚果）	300 克	60
香料		
肉桂粉	2 克	0.5
丁香粉	1.25 克	0.25
豆蔻粉	1.25 克	0.25
总重量：	**2500 克**	**700%**

混合水果 II（浅色）fruit mix II（light）

原材料	重量	百分比 /%
金色葡萄干	375 克	75
无核葡萄干	250 克	50
糖渍混合水果	250 克	50
糖渍菠萝	100 克	20
糖渍橙皮	75 克	15
糖渍柠檬皮	75 克	15
糖渍樱桃	150 克	30
白杏仁	125 克	25
香料		
柠檬外层皮（擦碎）	2 克	0.4
总重量：	**1400 克**	**280%**

🧁 用于制作花色小糕点的杏仁风味蛋糕　almond cake for petits fours

原材料	重量	百分比 /%
杏仁膏	1500 克	300
糖	1150 克	225
黄油	1150 克	225
鸡蛋	1400 克	275
蛋糕粉	340 克	67
面包粉	170 克	33
总重量：	**5710 克**	**1125%**

制作方法

混合

采用乳化法。

先将杏仁膏软化，在加入糖前，先将其与少许的鸡蛋混合至细滑状。然后继续按照混合黄油蛋糕的步骤进行。

称取和烘烤

每个烤盘用 1900 克面糊，每道配方的用量足够装入三个烤盘。确保烤盘摆放平整，没有凹痕。将面糊涂抹平整。

烘烤

温度 200℃烘烤。

详见花色小糕点的成型装饰中的内容。

萨赫混合蛋糕 Ⅰ sacher mix Ⅰ

原材料	重量	百分比 /%
黄油	250 克	100
糖	250 克	100
甜味巧克力（融化）	312 克	125
蛋黄	250 克	100
香草香精	8 克	3.3
蛋清	375 克	150
盐	2 克	0.8
糖	188 克	75
蛋糕粉（过筛）	250 克	100
总重量：	**1885 克**	**750%**

注释： 详见用于涂抹糖霜和装饰萨赫蛋糕中的内容。分层蛋糕也可以如所有其他的巧克力蛋糕一样涂抹糖霜和进行装饰，但这种做法的蛋糕不应该被称为萨赫蛋糕（详见萨赫蛋糕侧边栏中的内容）。

制作步骤

混合

采用改进的乳化法。

1. 将黄油和糖一起打发，加入巧克力，加入蛋黄和香草香精，与基本的乳化法一样。
2. 蛋清与盐一起搅打，加入糖并打发至湿性发泡的程度。
3. 将蛋清叠拌进面糊里，与面粉交替拌入。

称取面糊

15 厘米蛋糕：400 克；

18 厘米蛋糕：540 克；

20 厘米蛋糕：680 克；

23 厘米蛋糕：850 克；

25 厘米蛋糕：1020 克。

烘烤

温度 165℃，烘烤 45 ~ 60 分钟。

 ## 萨赫混合蛋糕 Ⅱ sacher mix Ⅱ

原材料	重量	百分比 /%
黄油（软化）	135 克	337
细砂糖	110 克	275
蛋黄	120 克	300
蛋请	180 克	450
细砂糖	60 克	150
蛋糕粉	40 克	100
可可粉	40 克	100
杏仁粉（烘烤好）	55 克	137
总重量：	**740 克**	**1849%**

注释： 详见用于涂抹糖霜和装饰萨赫蛋糕中的内容。分层蛋糕也可以与其他的巧克力蛋糕一样涂抹糖霜并进行装饰，但这种做法的蛋糕不应该称为萨赫蛋糕（详见萨赫蛋糕侧边栏中的内容）。

制作步骤

混合

采用改进的乳化法。

1. 将黄油和糖一起打发，与基本的乳化法一样加入蛋黄。
2. 将蛋清和糖一起打发至硬性发泡的蛋白霜。
3. 将面粉和可可粉一起过筛，拌入杏仁粉。
4. 将蛋白霜和干性原材料交替叠拌进黄油混合物中，开始叠拌进入的和最后加入的都是蛋白霜。

称取面糊

15 厘米蛋糕：200 克；

18 厘米蛋糕：280 克；

20 厘米蛋糕：370 克；

23 厘米蛋糕：470 克。

在模具里涂抹黄油，在模具底部铺上油纸，并撒上面粉。

烘烤

温度 160℃，根据不同大小，分别烘烤 35 ~ 45 分钟。

萨赫蛋糕

经典的巧克力蛋糕萨赫蛋糕起源于萨赫酒店，这是一家建于1876年的优雅酒店，位于维也纳歌剧院的街对面。这种蛋糕深受欢迎，纵然酒店对最初的配方保密，许多面包师还是试图去模仿它。因此，有许多配方自称是正宗的。当然，在萨赫酒店的菜单上还可以找到原版的蛋糕。

奥地利人会给这种蛋糕配上大量不加糖的打发好的奶油（mitschlag，米施拉格，奥地利方言），以平衡这种蛋糕的干燥质地。

红丝绒蛋糕 red velvet cake

原材料	重量	百分比 /%
黄油	300 克	50
糖	600 克	100
盐	6 克	1
红食用色素（液体）（见注释）	20 克	3.2
鸡蛋	200 克	33
蛋糕粉	600 克	100
可可粉	36 克	6
泡打粉	12 克	2
小苏打	12 克	2
脱脂乳	600 克	100
蒸馏醋	30 克	5
总重量：	**2416 克**	**402%**

注释： 红菜头（甜菜）汁也可以用来代替食用色素，数量需要调整到预期所要达到的效果。

制作步骤

混合

采用乳化法。

在黄油和糖一起打发好之后加入食用色素。

称取和烘烤

详见前文表中内容。

🎂 白蛋糕 white cake

原材料	重量	百分比 /%
蛋糕粉	375 克	100
泡打粉	22 克	6.25
盐	8 克	2
乳化起酥油	188 克	50
糖	470 克	125
脱脂牛奶	188 克	50
香草香精	5 克	1.5
杏仁香精	2 克	0.75
脱脂牛奶	188 克	50
蛋清	250 克	67
总重量：	**1696 克**	**452%**

制作步骤

混合
采用两阶段混合法。

称取和烘烤
详见前文表中内容。

各种变化

使用水代替牛奶，增加10%（18克）的脱脂奶粉到干性原材料中。

使用柠檬香精或乳剂来代替香草香精和杏仁香精调味。

黄蛋糕 yellow cake

对下述原材料做出调整：

将起酥油减少至45%（168克）。

使用鸡蛋代替蛋清，使用相同的重量（67%）。

使用2%（8克）香草香精，并去掉杏仁香精。

草莓蛋糕 strawberry cake

对下述原材料做出调整：

将糖减少至100%（375克）。

将每个阶段的牛奶减少到33%（125克）。

将67%（250克）的冷冻、加糖的草莓解冻，并制成蓉泥。混入面糊里。

樱桃蛋糕 cherry cake

对下述原材料做出调整：

将每个阶段的牛奶减少到40%（150克）。

增加30%（112克）磨碎的酒浸樱桃，连同果汁一起，加入面糊里。

魔鬼蛋糕　devil's food cake

原材料	重量	百分比 /%
蛋糕粉	375 克	100
可可粉	60 克	17
盐	8 克	2
泡打粉	12 克	3
小苏打	8 克	2
乳化起酥油	220 克	58
糖	500 克	133
脱脂牛奶	250 克	67
香草香精	5 克	1.5
脱脂牛奶	188 克	50
蛋清	250 克	67
总重量：	**1876 克**	**500%**

制作步骤

混合
采用两阶段混合法。

称取和烘烤
详见前文表中内容。

魔鬼蛋糕

　　巧克力蛋糕和魔鬼蛋糕的区别在于小苏打的使用量。在第4章中解释过，过量的小苏打会使巧克力呈现红色。通过减少小苏打的含量（增加泡打粉以弥补失去的发酵力），魔鬼蛋糕可以变成普通的巧克力蛋糕。当然，这两种蛋糕都可以使用可可粉或巧克力来制作。详见前文中以一种可可粉产品代替另一种产品的制作说明。

 ## 高比例黄油蛋糕　high-ratio pound cake

原材料	重量	百分比 /%
面粉	500 克	100
盐	8 克	2
泡打粉	8 克	2
乳化起酥油	335 克	67
糖	585 克	117
脱脂牛奶固形物	30 克	6
水	225 克	45
鸡蛋	335 克	67
总重量：	**2026 克**	**406%**

制作步骤

混合
采用两阶段混合法。

称取和烘烤
详见前文表中内容。

各种变化

详见老式磅蛋糕后面的"各种变化"中的内容。

🧁 黄蛋糕（液体起酥油）yellow cake（liquid shortening）

原材料	重量	百分比 /%
鸡蛋	675 克	150
牛奶	225 克	50
高比例液体起酥油	280 克	62.5
香草香精	30 克	6.25
糖	560 克	125
蛋糕粉	450 克	100
泡打粉	30 克	6.25
盐	15 克	3
总重量：	**2265 克**	**493%**

制作步骤

混合

采用一阶段混合法。

称取和烘烤

详见前文表中内容。

各种变化

白蛋糕（液体起酥油）white cake（liquid shortening）

将鸡蛋降低至12.5%（60克），增加137.5%（615克）的蛋清。根据需要，可以增加3%（15克）的杏仁香精。

巧克力蛋糕（液体起酥油）chocolate cake（liquid shortening）

在面包师的百分比中，使用天然可可粉（非碱化可可粉）代替部分面粉，使面粉和可可粉加在一起的总量为100%，如下面的原材料表所示。另外，加入牛奶和糖，减少泡打粉，按下表所示加入小苏打。按照基本配方要求进行搅拌并烘烤。

原材料	重量	百分比 /%
鸡蛋	675 克	150
牛奶	280 克	62.5
高比例液体起酥油	280 克	62.5
香草香精	30 克	6.25
糖	515 克	137.5
蛋糕粉	365 克	81.25
天然可可粉	85 克	18.75
泡打粉	15 克	3
小苏打	7 克	1.5
盐	15 克	3

热那亚蛋糕 genoise

原材料	重量	百分比 /%
鸡蛋	562 克	150
糖	375 克	100
蛋糕粉	375 克	100
黄油（可选）	125 克	33
香草香精或柠檬香精	8 克	2
总重量：	**1445 克**	**385%**

制作步骤

混合

采用热那亚蛋糕法或黄油热那亚蛋糕法。

称取和烘烤

详见前文表中内容。

各种变化

巧克力热那亚蛋糕 chocolate genoise

使用60克的可可粉替代60克的面粉。

用于制作七层蛋糕的海绵蛋糕 sponge for seven-layer cake

在第一阶段的混合过程中，加入50%（188克）蛋黄和10%（38克）的葡萄糖浆。每个烤盘称取800克的面糊，每半幅烤盘称取400克的面糊。

杏仁蛋糕Ⅰ almond spongeⅠ

对下述原材料做出调整：

在第一阶段的混合过程中，加入50%（188克）的蛋黄。

将糖的用量增加到150%（560克）。

加入117%（440克）的杏仁粉，与过筛后的面粉混合

（如果想要更多的花样变化，可以用其他坚果代替杏仁）。

杏仁蛋糕Ⅱ almond spongeⅡ

将125%（470克）的杏仁膏与50%（188克）的蛋黄一起搅拌至细滑状。加入糖（从基本配方中取用）搅拌至细滑状，加入鸡蛋，然后按照基本配方继续制作（注：这种混合方式不像普通热那亚蛋糕那样形成足够的体积，如果称取像热那亚蛋糕一样重的面糊的话，可以制作成22毫米厚的一层蛋糕。如果需要的话，可以多称取25%的重量，以制作成更厚一些的蛋糕）。

海绵蛋糕卷Ⅰ sponge rollⅠ

从基本配方中去掉黄油。

巧克力海绵蛋糕卷Ⅰ chocolate sponge rollⅠ

从混合巧克力热那亚蛋糕中去掉黄油。

 热那亚慕斯琳蛋糕 genoise mousseline

原材料	重量	百分比 /%
鸡蛋	300 克	167
蛋黄	40 克（2 个）	22
糖	180 克	100
蛋糕粉（过筛）	180 克	100
总重量：	**700 克**	**389%**

制作步骤

混合

采用普通海绵蛋糕法。

称取和烘烤

详见前文表中内容。

🌀 海绵蛋糕卷 II（瑞士蛋糕卷）sponge roll II（Swiss roll）

原材料	重量	百分比 /%
蛋黄	350 克	100
糖	235 克	67
蛋糕粉	350 克	100
蛋清	525 克	150
盐	7 克	2
糖	175 克	50
总重量：	**1642 克**	**469%**

制作步骤

混合
采用分蛋海绵蛋糕法。

称取
每烤盘称取 820 克。在烤盘内铺上油纸。

烘烤
温度 220℃，烘烤 7 分钟。

各种变化

多波斯混合蛋糕 dobos mix

将糖与100%（350克）的杏仁膏混合均匀。加入一点蛋黄混合至细滑状。加入剩余的蛋黄混合均匀，并继续按照基本配方进行制作。

称取面糊并装入模具

制作多波斯蛋糕需要七层蛋糕。要制作出圆形的多波斯蛋糕，可以在倒扣着的蛋糕模具的底部涂刷上油脂，撒上面粉，然后涂抹上薄薄的一层蛋糕面糊，或在画有圆圈性的油纸上涂抹上薄薄的一层蛋糕面糊。每道配方可以制作出7个30厘米的圆性或14个20～22厘米的圆性蛋糕片。要制作出长方形的蛋糕，在涂抹有油脂，并铺有油纸的烤盘里涂抹上薄薄的一层蛋糕面糊。涂了油的纸衬的平底锅上铺上一层薄薄的混合物。四倍的基本配方可以制作出7个全尺寸的蛋糕片。只制作出一长条的蛋糕，可以称取550克的面糊倒入一个烤盘里。烘烤好后，切割成7条9厘米宽的条状。

烘烤

温度200℃烘烤。

巧克力海绵蛋糕卷 II（巧克力瑞士蛋糕卷）chocolate sponge roll II（chocolate Swiss roll）

将17%（60克）的可可粉与面粉一起过筛。在打发好的蛋黄中加入25%（90克）的水。

🌀 海绵蛋糕果冻卷 II jelly roll sponge II

原材料	重量	百分比 /%
糖	325 克	100
鸡蛋	292 克	90
蛋黄	65 克	20
盐	8 克	2
蜂蜜或玉米糖浆	45 克	14
水	30 克	10
香草香精	4 克	1
热水	118 克	36
蛋糕粉	325 克	100
泡打粉	5 克	1.5
总重量：	**1217 克**	**374%**

制作步骤

混合
采用普通海绵蛋糕法。
在糖和鸡蛋第一阶段的混合过程中，加入蜂蜜或糖浆，第一份数量的水，及香草香精。

称取面糊种类并烘烤
详见前表中的内容。一道配方可以制作出两烤盘。在烤盘里涂刷上油脂，并铺上油纸。蛋糕烘烤好后，立刻取出将烤盘倒扣到油脂上，并从底部揭掉油纸。涂抹上果冻并紧紧卷起。冷却后，撒上糖粉。

牛奶和黄油蛋糕　milk and butter sponge

原材料	重量	百分比 /%
糖	312 克	125
鸡蛋	188 克	75
蛋黄	60 克	25
盐	4 克	1.5
蛋糕粉	250 克	100
泡打粉	8 克	3
脱脂牛奶	125 克	50
黄油	60 克	25
香草香精	8 克	3
总重量：	**1015 克**	**407%**

制作步骤

混合

采用热牛奶和黄油海绵蛋糕法。

称取面糊和烘烤

分层蛋糕；详见前文表中内容。

各种变化

代替香草香精，可以加入1.5%（15克）的柠檬香精。

天使蛋糕　angel food cake

原材料	重量	百分比 /%
鸡清	1000 克	267
酒石酸	8 克	2
盐	5 克	1.5
糖	500 克	133
香草香精	10 克	2.5
杏仁香精	5 克	1.25
糖	500 克	133
蛋糕粉	375 克	100
总重量：	**2403 克**	**640%**

制作步骤

混合

采用天使蛋糕法（白蛋糕法）。

称取和烘烤

详见前文表中内容。

各种变化

巧克力天使蛋糕 chocolate angel food cake

使用90克的可可粉代替90克的面粉。

椰子风味马卡龙杯子蛋糕 coconut macaroon cupcakes

将第一份糖增加到167%（625克）。350%（1300克）的杏仁风味马卡龙混入面粉/糖混合物中。每打杯子蛋糕称取575克的面糊。温度190℃烘烤25分钟。

黄戚风蛋糕 yellow chiffon cake

原材料	重量	百分比 /%
蛋糕粉	250 克	100
糖	200 克	80
盐	6 克	2.5
泡打粉	12 克	5
植物油	125 克	50
蛋黄	125 克	50
水	188 克	75
香草香精	6 克	2.5
蛋清	250 克	100
糖	125 克	50
酒石酸	1 克	0.5
总重量：	**1288 克**	**515%**

制作步骤

混合
采用戚风蛋糕法。

称取面糊和烘烤
详见前文表中内容。对于分层蛋糕，使用高油脂蛋糕的重量。

各种变化

巧克力戚风蛋糕 chocolate chiffon cake
对下述原材料做出调整：
加入20%（50克）的可可粉，与面粉一起过筛。
将蛋黄增加到60%（150克）。
将水增加到90%（225克）。

橙味戚风蛋糕 orange chiffon cake
对下述原材料做出调整：
将蛋黄增加到60%（150克）。
使用50%（125克）的橙汁和25%（62克）的水。
在加入植物油之后，加入6克擦碎的橙子外层皮。

巧克力富奇蛋糕 chocolate fudge cake

原材料	重量	百分比 /%
无糖巧克力	500 克	400
黄油	500 克	400
鸡蛋	625 克	500
糖	625 克	500
面包粉	125 克	100
总重量：	2375 克	1900%

制作步骤

混合

采用普通海绵蛋糕法。

在热水槽里隔水加热，将巧克力和黄油一起融化开。将巧克力混合物叠拌进鸡蛋 – 糖打发好的泡沫里，然后再将面粉叠拌进去。

称取面糊

18 厘米圆形蛋糕模具：550 克；

20 厘米圆形蛋糕模具：750 克；

23 厘米圆形蛋糕模具：950 克；

25 厘米圆形蛋糕模具：1100 克。

在装入面糊前，在蛋糕模具里涂抹一些黄油。

烘烤

温度 175℃烘烤至略微欠熟一点，需要 20 ~ 30 分钟。将蛋糕模具摆放到烤盘里，以避免将蛋糕底部烤焦。

冷却并覆盖上温热的甘纳许增亮。

各种变化

巧克力惊奇蛋糕 chocolate surprise cake

在大的松饼模具里或类似的模具里，填入3/4满的面糊。将一个30克重的冷的圆球形甘纳许塞入每一个模具面糊的中间位置处。温度175℃烘烤15分钟。翻扣过来，趁热配打发好的奶油或者冰淇淋一起食用。当蛋糕被切开时，融化后的甘纳许就会流淌出来。

乔孔达海绵蛋糕（乔孔达饼干）joconde sponge cake（biscuit joconde）

原材料	重量	百分比 /%
杏仁粉	85 克	340
糖粉	75 克	300
蛋糕粉	25 克	100
鸡蛋	120 克	480
蛋清	80 克	320
糖	10 克	40
融化的黄油	30 克	120
总重量：	425 克	1700%

各种变化

榛子乔孔达海绵蛋糕 hazelnut joconde sponge cake

食用榛子粉代替杏仁粉，去掉融化的黄油。

制作步骤

混合

1. 将杏仁粉、糖粉及面粉在一个盆里混合。

2. 加入鸡蛋，要一次一点地加入。每次加入后都要混合均匀。混合至细滑且轻薄状。

3. 将蛋清与糖一起打发至形成硬性发泡且富有光泽的程度。

4. 将鸡蛋混合物轻缓地叠拌进打发好的蛋清中。将融化后的黄油也叠拌进去。

称取面糊和烘烤

在铺有油纸的半幅烤盘里，摊开 5 毫米厚的面糊。每半幅烤盘可以使用 425 克的面糊。温度 200℃烘烤 15 分钟，或一直烘烤到呈金色并且触摸起来有硬质的感觉。从烤盘里取出，在烤架上冷却。

条状海绵蛋糕 ribbon sponge

产量：可以制作2个半幅烤盘的用量。

原材料	重量
涂抹模板用面糊	
黄油	200 克
糖粉	200 克
蛋清	200 克
蛋糕粉	220 克
食用色素粉（详见"各种变化"中内容）	根据需要
乔孔达蛋糕面糊	850 克

注释： 这种蛋糕常用于蛋糕模具和夏洛特模具的装饰性内衬。

在第17章中介绍了烘烤好的条状海绵蛋糕的使用说明。用来制作图案的模板面糊，是制作瓦片曲奇另一种版本的面糊。

建议在硅胶烤垫上烘烤这种蛋糕，这样蛋糕的底部就不会烘烤成棕色。如果没有硅胶烤垫，可以用两层烤盘（将一个烤盘摆放到另一个烤盘上），并且在烤箱里的上层架上烘烤。

制作步骤

1. 将黄油搅打至柔软。加入糖搅拌均匀。
2. 加入蛋清，不断搅打。
3. 将面粉过筛到混合物中。搅拌至细滑状。
4. 如果需要，加入食用色素将面糊调色。
5. 在烤盘的底部铺上一张硅胶烤垫。
6. 使用以下两个步骤中的一个来制作模板构图：

   将硅胶烤垫铺到烤盘里，将调色模板摆放到烤垫上，涂抹上薄薄一层面糊，然后去掉模板。或使用抹刀在硅胶烤垫上涂抹薄薄一层面糊（图A）。用塑料糕点梳形模具制作出条纹造型，如图所示，或制作出之字形状，波浪线形状，或其他图案造型（图B）。或应用抽象的手指画法设计，涂上少量的彩色模板面糊（图C），然后用抹刀把它们涂薄（图D），根据需要，可以使用手指绘画出抽象的图案（图E）。
7. 将硅胶烤垫放入冰箱里冷冻至变硬。
8. 在模板面糊上覆盖上乔孔达蛋糕面糊，将其涂抹成5毫米均匀的厚度（图F）。
9. 温度250℃烘烤15分钟。
10. 取出摆放到烤架上冷却。
11. 切割成所需要长度的长条形，并将其内衬到环形模具里。

各种变化

要制作出巧克力模板面糊，用于棕色和白色条形蛋糕，用可可粉代替1/5蛋糕粉。

普通的热那亚蛋糕面糊也可以用来代替乔孔达蛋糕面糊。

手指形海绵蛋糕 ladyfinger sponge

原材料	重量	百分比 /%
蛋黄	180 克	60
糖	90 克	30
蛋清	270 克	90
糖	150 克	50
柠檬汁	1 毫升	0.4
糕点粉	300 克	100
总重量:	**990 克**	**340%**

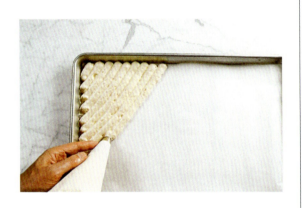

制作步骤

混合

采用分蛋海绵蛋糕法。

装入烤盘并烘烤

配方的用量为足够铺满全尺寸的烤盘。使用两种方法中的一种来制作片状海绵蛋糕:

1. 使用装有中号平口裱花嘴的裱花袋,将海绵蛋糕面糊在铺有油纸的烤盘里,沿对角线挤出。挤出长条形的面糊,这样面糊就会紧挨在一起,将整个烤盘里都挤出这样的蛋糕面糊。

2. 或只需简单地使用抹刀涂抹面糊。

3. 温度190℃烘烤10分钟。

各种变化

手指形曲奇 ladyfinger cookies

使用上述第一种方法挤出面糊,但是长条形面糊的长度是9厘米。要将它们分离开,不要粘连到一起。在烤盘里面撒上大量糖粉。抓住油纸的两个相邻的角,抬起,将多余的糖粉倒出。按照上面的步骤进行烘烤。一份配方可以制作出100根手指形曲奇。

玛乔莲海绵蛋糕 marjolaine sponge cake

原材料	重量	百分比 /%
糖粉	120 克	133
杏仁粉	120 克	133
蛋黄	100 克	111
蛋清	60 克	67
蛋清	150 克	167
糖	90 克	100
糕点粉(过筛)	90 克	100
总重量:	**730 克**	**811%**

制作步骤

混合

采用"各种变化"中的海绵蛋糕法。

1. 将糖粉、杏仁粉及蛋黄混合,搅打均匀。

2. 加入第一份数量的蛋清。打发至浓稠且轻盈状。

3. 将第二份蛋清和糖一起打发成为普通的蛋白霜。叠拌进蛋黄混合物中。

4. 叠拌进入面粉。

制作成型和烘烤

在烤盘里铺上油纸。在裱花袋里装入中号的平口裱花嘴。使用前文所展示的技法,将面糊挤出成为所需要大小的圆形。温度180℃烘烤 10 分钟。

榛子海绵蛋糕 hazelnut sponge cake

原材料	重量	百分比 /%
黄油（软化）	135 克	337
糖	110 克	275
蛋黄	120 克	300
蛋清	180 克	450
糖	60 克	160
蛋糕粉	40 克	100
可可粉	40 克	100
榛子粉（烤熟）	55 克	138
总重量：	**740 克**	**186%**

制作步骤

混合

采用乳化／海绵蛋糕组合法。

1. 将黄油和第一份糖一起打发。
2. 分几次加入蛋黄，每次加入蛋黄后都要搅打均匀。
3. 将蛋清和第二份糖一起打发至硬性发泡的程度。
4. 将面粉和可可粉一起过筛。将榛子粉混合进去。
5. 将蛋白霜和干性原材料交替叠拌进黄油混合物里，开始和最后放入的都应是蛋白霜。

称取面糊

20 厘米的圆形模具使用 370 克的面糊。将模具涂抹上油脂，并在模具底部铺上油纸。在模具的侧面撒上面粉。

烘烤

温度 160℃烘烤 40 分钟。

 杏仁风味黄油蛋糕 almond pound cake（pain de genes）

原材料	重量	百分比 /%
杏仁膏	225 克	167
糖粉	150 克	111
蛋黄	120 克	89
鸡蛋	50 克	37
香草香精	2 克	1.5
蛋清	180 克	133
糖	75 克	56
蛋糕粉	135 克	100
黄油（融化）	70 克	52
杏仁片	50 克	37
总重量：	**1057 克**	**783%**

制作步骤

混合

采用改进的分蛋海绵蛋糕法。

1. 将杏仁膏和糖粉混合成为沙粒般的质地。
2. 拌入蛋黄，一次一点地拌入。然后加入鸡蛋和香草香精。搅拌至细滑且稀薄状。
3. 将蛋清打发至湿性发泡的程度。加入糖，打发至硬性发泡的程度。
4. 将打发好的蛋白霜叠拌进杏仁膏混合物里。
5. 将面粉和融化的黄油也叠拌进去。

准备模具，称取面糊，烘烤

1. 将圆形或方形蛋糕模具的底部和侧面都涂抹上黄油。在模具的侧面撒上杏仁片。
2. 要称取面糊，使用前文表中用于高油脂蛋糕数量值中的最高值。
3. 温度170℃烘烤20～25分钟。

年轮蛋糕 baumkuchen

原材料	重量	百分比 /%
黄油	200 克	114
糖	150 克	85
香草香精	2 克	1
柠檬外层皮（擦碎）	1 克	0.5
蛋黄	80 克	43
蛋清	210 克	120
糖	150 克	85
玉米淀粉	175 克	100
杏仁粉	65 克	37
盐	2 克	1
总重量：	**1035 克**	**586%**

制作步骤

混合

采用乳化／海绵蛋糕组合法。

1. 将黄油、糖、香草香精及柠檬外层皮一起打发至轻盈状。
2. 将蛋黄一次一点地搅打进去。
3. 将蛋清打发至湿性发泡的程度。加入糖，并继续将它们打发至硬性发泡且细滑的程度。
4. 将玉米淀粉叠拌进打发好的蛋清里。
5. 将杏仁粉和盐混合。
6. 将蛋白霜和杏仁粉交替叠拌进黄油混合物里，开始和最后放入的都应是蛋白霜。

烘烤

1. 在20厘米的方形蛋糕模具的底部铺上油纸。
2. 在蛋糕模具里倒入30克的面糊，使用小号曲柄抹刀涂抹至平整光滑（图A）。
3. 将蛋糕模具放入焗炉里焗至呈现均匀的棕色（图B）。
4. 重复步骤2和步骤3的制作过程，直到蛋糕为4厘米厚（图C）。
5. 冷藏蛋糕。
6. 切好的蛋糕会露出了一层层的层次分明的图案（图D）。它经常用来铺衬到夏洛特蛋糕模具里，也可以切成小块状，直接食用，或涂抹上风登糖作为花色小糕点食用。

年轮蛋糕

　　年轮蛋糕（baumkuchen）是一款与众不同的蛋糕。这个名字在德语中的意思是"树蛋糕"。传统上，它是在一个旋转的木叉上制作的。当木叉在热源前旋转时，将面糊一层层地呈薄层状地舀到木叉上。每一层的面糊成熟，其表面变成棕色后，再舀上另外一层面糊。因此，切开蛋糕后，会显示出一系列的同心圆，类似于树的年轮。

　　年轮蛋糕通常是在蛋糕模具中制作，如图所示。与众不同的内部条纹使它用来制作蛋糕和夏洛特蛋糕模具里的装饰内衬更有价值。

巧克力杏仁海绵蛋糕 almond chocolate sponge

原材料	重量	百分比 /%
杏仁膏	130 克	325
蛋黄	80 克（4 个）	200
蛋清	120 克（4 个）	300
糖	50 克	125
蛋糕粉	40 克	100
可可粉	40 克	100
黄油（融化）	40 克	100
总重量：	**500 克**	**1250%**

制作步骤

混合

采用改进的分蛋海绵蛋糕法。

1. 将杏仁膏和蛋黄一起搅打至细滑而稀薄状。
2. 将蛋清和糖一起打发至硬性发泡的蛋白霜。
3. 将面粉和可可粉一起过筛。将蛋白霜和干性原材料交替叠拌进蛋黄混合物里，开始和最后叠拌进去的都应是蛋白霜。
4. 将黄油叠拌进去。

称取面糊并烘烤

详见前文表中内容。对于圆形海绵蛋糕，在油纸上画出所需大小的圆形。然后将油纸翻过来，在圆圈里铺满面糊。或使用前文所展示的技法来挤出面糊。18 厘米的圆形蛋糕，需要使用大于 250 克的面糊。温度 220℃烘烤 10 ~ 12 分钟。

 ## 巧克力分层海绵蛋糕 chocolate sponge layers

原材料	重量	百分比 /%
蛋清	150 克	150
糖	120 克	120
蛋黄	100 克	100
蛋糕粉	100 克	100
可可粉	30 克	300
总重量：	**500 克**	**500%**

制作步骤

混合

1. 将蛋清打发至形成泡沫，然后加入糖，并打发至湿性发泡的程度。
2. 将蛋黄搅打至轻盈，并且颜色变浅的程度。
3. 将蛋黄叠拌进蛋清里。
4. 将面粉和可可粉一起过筛。叠拌进鸡蛋混合物里。

制作成型和烘烤

使用装入了平口裱花嘴的裱花袋，在油纸上将面糊挤出成圆形，就如同前文所展示的一样。温度 175℃烘烤 15 分钟。

巧克力丝绒蛋糕　chocolate velvet cake（moelleux）

原材料	重量	百分比 /%
杏仁膏	75 克	188
糖粉	50 克	125
蛋黄	60 克	150
蛋清	60 克	150
糖	25 克	63
蛋糕粉	40 克	100
可可粉	10 克	25
黄油（融化）	20 克	50
烘烤时使用（可选）		
杏仁（切碎）	30 克	50
面糊总重量：	**340 克**	**851%**

制作步骤

混合

采用改进的分蛋海绵蛋糕法。

1. 将杏仁膏和糖粉混合成沙粒状质地的混合物。
2. 一次一点地加入蛋黄混合。将混合物搅拌成细滑而稀薄的程度。
3. 将蛋清和糖一起打发成硬性发泡程度的蛋白霜。叠拌进杏仁膏混合物里。
4. 将面粉和可可粉一起过筛。叠拌进面糊里。
5. 将融化的黄油叠拌进去。

称取面糊并烘烤

18 厘米方形烤盘：340 克面糊；

20 厘米方形烤盘：425 克面糊；

23 厘米方形烤盘：600 克面糊。

将模具涂抹上黄油。根据需要，在填入面糊前，可以在模具里撒上切碎的杏仁。

温度 170℃烘烤 20~25 分钟。

柠檬风味玛德琳蛋糕 lemon madeleines

原材料	重量	百分比 /%
黄油	150 克	100
糖	140 克	94
蜂蜜	24 克	16
盐	0.4 克	0.25
柠檬外层皮（擦碎）	10 克	4.5
鸡蛋	165 克	67
糕点粉	150 克	100
泡打粉	3.8 克	2.5
黄油（融化）	20 克	50
总重量：	643 克	427%

各种变化

巧克力和橙味玛德琳蛋糕 chocolate and orange madeleines

原材料	重量	百分比 /%
黄油	150 克	143
糖	140 克	134
蜂蜜	24 克	2
盐	0.4 克	0.3
橙子外层皮（擦碎）	10 克	10
鸡蛋	165 克	157
糕点粉	105 克	100
可可粉	35 克	34
泡打粉	5 克	5

按照基本步骤进行制作，但是要根据上面所列出的原材料进行修改。

制作步骤

混合

采用乳化法，面糊冷藏至少 20 分钟。

装入模具并烘烤

1. 在玛德琳蛋糕模具里涂抹两遍黄油，并撒上面粉。使用装有中号平口裱花嘴的裱花袋将面糊挤入模具里。每个小号的或花色小糕点大小的玛德琳蛋糕模具（4厘米×2.5厘米）需要挤入5克的面糊；大号的玛德琳蛋糕模具（6.5厘米×4厘米）需要挤入20克的面糊。

2. 温度200℃烘烤至金色，但是触摸起来还是柔软的程度，小号模具的玛德琳蛋糕需要烘烤6～7分钟，而大号的玛德琳蛋糕则至少需要烘烤2倍长的时间。

3. 脱模后摆放到烤架上冷却。

🍥 马罗尼尔（栗子蛋糕花色小糕点）marronier（chestnut cake petits fours）

原材料	重量	百分比 /%
甜味栗子蓉泥	100 克	133
朗姆酒	10 克	13
蛋清	240 克	320
砂糖	50 克	67
糖粉（过筛）	150 克	200
杏仁粉	60 克	80
蛋糕粉	75 克	100
黄油（融化）	100 克	133
装饰物		
糖粉	根据需要	
半块状的琉璃栗子	48 克	
总重量：	**785 克**	**1046%**

制作步骤

混合

1. 拌入朗姆酒，使得栗子蓉泥软化。
2. 将蛋清和白砂糖一起打发至硬性发泡的程度。叠拌进栗子蓉泥里。
3. 将糖粉、杏仁粉及面粉叠拌进去。
4. 将融化的黄油也叠拌进去。

称取面糊并烘烤

1. 在5厘米的小果塔模具里涂抹上黄油。
2. 在每一个模具里填入15克面糊。
3. 温度190℃烘烤8分钟。
4. 烘烤好后立刻脱模。摆放到烤架上冷却。
5. 当完全冷却后，在表面撒上糖粉。再在每个表面上摆放上半块琉璃栗子。

术语复习

emusion 乳化

pound cake 磅蛋糕

genoise 热那亚蛋糕

flour-batter method 面粉-面糊法

egg-foam cakes 鸡蛋泡沫蛋糕

two-stage method 二阶段法

air cells 空气泡

baumkuchen 年轮蛋糕

angel food method 白蛋糕法

chiffon method 戚风蛋糕法

sponge method 海绵蛋糕法

one-stage method 一阶段法

creaming method 乳化法

high-fat cakes 高油脂蛋糕

复习题

1. 搅拌蛋糕面糊的三个主要目的是什么？
2. 下列概念与所讨论的问题1有何关联：（1）乳化液；（2）油脂和糖的乳化；（3）面筋的形成？
3. 应该采取的防止蛋糕糊凝固或分离的四种预防措施是什么？
4. 请列出乳化法混合蛋糕的步骤。
5. 列出两阶段法，或高比例混合法的步骤。
6. 列出海绵蛋糕法的步骤。黄油海绵蛋糕法中所需要的额外步骤是什么？在热牛奶和黄油海绵蛋糕法中的额外步骤是什么？在分蛋海绵蛋糕法中还需要什么额外步骤？
7. 在高油脂蛋糕中使用黄油的优点和缺点是什么？
8. 为什么在乳化法和两阶段法中都要强调将搅拌桶边上的和搅拌器上的面糊刮取下来？
9. 搅拌乳化法蛋糕与搅拌乳化/海绵组合法蛋糕有什么不同？
10. 下列蛋糕原材料中哪些被认为是增韧剂，哪些是柔软剂、干燥剂、润湿剂？

    面粉　　蛋清　　牛奶（液体）

    黄油　　蛋黄　　可可粉

    糖　　　鸡蛋　　水
11. 为什么天使蛋糕模具里不应该涂抹油脂？

17

组装和装饰蛋糕

读完本章内容，你应该能够：

1. 制备糖霜。
2. 对分层蛋糕、片状蛋糕及杯子蛋糕进行简单的装配及涂抹糖霜。
3. 使用裱花袋、圆形纸锥及其他的基本装饰工具演示基本的蛋糕装饰技法。
4. 使用各种各样的专业技法装配蛋糕，包括使用环形蛋糕模具，亮光剂的运用和在蛋糕表面覆盖上可擀开的糖霜等。
5. 制备各种欧式风格的蛋糕、瑞士蛋糕卷和小蛋糕等。

蛋糕的吸引力很大程度上是由于它们的外观造型。蛋糕是面包师能够表达艺术技巧和丰富想象力的理想媒介。蛋糕不需要煞费苦心地精心制作，其精美的复杂结构就能令人心情愉悦。当然，对于蛋糕制作的漫不经心或没有任何赏心悦目的整体设计方案而言，一个制作简单但整洁大方的蛋糕作品远比一个花里胡哨、装饰过度的蛋糕更具吸引力。

蛋糕装饰有很多种风格，每种风格中都可能有成百上千种设计思路。

在本章中，部分介绍了完成蛋糕制作的基本技法。要制作出令人印象深刻的甜品，最重要的是反复练习——使用裱花袋和圆形纸锥，这些主要的装饰性工具进行几个小时几个小时的反复练习。

即使是最简单的设计（比如直线条）也需要大量的重复性练习。只有当熟练掌握了基本的技能，才可以继续去练习在花样手册和蛋糕装饰书籍中所介绍的更加高级的技法。

蛋糕装饰前必须先装配好并涂抹糖霜。因此，本章从糖霜开始学习，并由此介绍许多各种变化中的配方。然后讨论装配基本的分层蛋糕、片状蛋糕和其他简单产品的制作步骤。最后以更高级的装饰技法指南结束本章的学习。

制备糖霜

糖霜又称结霜（frostings），是蛋糕和其他烘焙食品上的涂层。糖霜有以下三个主要功能：

- 提供了风味和丰厚度。
- 改善了蛋糕的外观。
- 通过在蛋糕周围形成保护层来提高保存品质。

有以下八种基本类型的糖霜和其他蛋糕涂层：

- 可浇淋风登糖
- 平面型的糖霜（可流淌型糖霜）
- 奶油糖霜
- 皇家糖霜或者装饰师糖霜
- 泡沫型糖霜
- 亮光剂（光亮剂，上光剂）
- 法奇软糖糖霜（法奇糖霜）
- 可擀开使用的糖霜

使用高质量的风味调味料来调配糖霜，这样可以增强蛋糕的口感，而不是降低蛋糕的口感。在添加风味调味料和颜色时要适度。风味应淡雅而细腻。

可浇淋风登糖

可浇淋风登糖是一种能够结晶成光滑的乳白色团块的糖浆。它就像应用在拿破仑蛋糕、闪电泡芙、花色小糕点上的糖霜一样为人所熟知。在使用时，它会凝结成一层富有光泽的、不粘的涂层（直到最近被称为"可擀开的风登糖"才普及开，可浇淋风登糖又称

风登糖。为了避免混淆，以下依然使用这个较长的术语）。

在第12章中，我们在讨论加热糖浆时，强调了要避免出现结晶的重要性，因为会导致产生颗粒。那么结晶是如何在光滑的糖霜中产生的呢？当阅读使用风登糖的步骤和指南时会发现这种白色的糖霜一开始是像水一样清澈的糖溶液。结晶使它呈白色且变得不透明。其中的关键是要控制温度，这样当晶体形成时，它们就会非常微小。这是保持风登糖细腻光滑和富有光泽的原因。如果风登糖制作的方法不正确，或在使用时加热过多，晶体就会变大，糖霜会失去光泽和光滑感。

因为它很难在面包房制作，可浇淋风登糖几乎总是购买已经准备好的成品，可以是即刻使用性的湿润或干燥型，只需要添加水即可。在一些紧急的情况下（例如，如果风登糖使用完毕，而又没有时间从供应商得到），平整型（可流淌型）糖霜可以用来代替风登糖，尽管效果不会像原来的那么好。

对于那些希望尝试制作风登糖的人来说，这里包含有一个配方。葡萄糖或酒石酸的作用是将部分的糖进行转化，以得到适的结晶量。如果不使用它们，糖浆就会凝结而不会进行转化，也就不会变得细滑而洁白。当添加过多的葡萄糖或酒石酸时，就不会产生出足够的结晶，而风登糖就会变得太软，并呈糖浆状。此外，如果热的糖浆在经过充分冷却之前被搅动，就会形成大结晶体，风登糖就不会形成光滑和富有光泽的质地。

糖霜和结霜

大多数人把糖霜和结霜这两个词互换使用，而且在很大程度上它们的意思是一样的。更具体来说，产品要浇淋到成品上，如风登糖和平面型的糖霜，很少被称为结霜。同样，皇家糖霜，也总称为糖霜，而不是结霜。当使用"结霜"这个词时，它可能是指可以使用抹刀或铲子进行涂抹的较浓稠的产品，比如奶油糖霜。许多糕点厨师习惯称这些产品为糖霜。

制作步骤和使用指南： 可浇淋风登糖的使用

1. 在温水槽中隔水加热风登糖，不时搅拌，使其变得稀薄，并使其变成可浇淋的浓稠程度。加热温度不要超过38℃，否则风登糖会失去光泽。

2. 如果风登糖仍然过于浓稠，可以使用一点简单糖浆或水进行稀释。

3. 根据需要，加入风味调味料和色素。

4. 要制作巧克力风登糖，将融化开的未加糖巧

克力加入到温热的风登糖里，直到达到所需颜色和风味（每千克风登糖加入190克巧克力）。巧克力会使风登糖变稠，因此，风登糖

可能需要使用糖浆进一步稀释。

5. 可以把温热的风登糖浇淋到食物上，或者将食物蘸上风登糖。

可浇淋风登糖 poured fondant

产量：可以制作3～3.5千克。

材料	重量	糖占100%%
糖	3000 克	100
水	750 克	25
葡萄糖浆	570 克	19
或者		
酒石酸	15 克	0.5

制作步骤

1. 清洁大理石台面，用水湿润。在大理石台面上，用4根不锈钢长条摆出方形框架，当糖浆倒在大理石上时，框架可以用来留存住糖浆。

2. 将糖和水在厚底锅里混合好并加热至糖融化开。加热烧开至温度达到105℃。

3. 如果使用葡萄糖浆，将其加热。如果使用的是酒石酸，使用一点温水溶解开。将葡萄糖浆或酒石酸加入到煮开的糖浆里。

4. 继续加热，直到将糖浆加热到115℃。

5. 将煮好的糖浆倒入大理石台面上，并淋撒上少许冷水，以防止其结晶。

6. 让糖浆静置冷却到43℃。

7. 去掉不锈钢长条，使用不锈钢刮板，将糖浆从外侧翻叠到中间处。随着翻动，糖浆会变成白色，并开始凝固。

8. 继续翻动风登糖，可以使用手或将其放入搅拌桶里，用桨状搅拌器配件缓慢搅打，直到变得细滑并呈乳脂状。

9. 将风登糖保存在密封的带盖容器里。

奶油糖霜

奶油糖霜是油脂和糖制成的一种轻盈而细滑的混合物。其中也可能含有鸡蛋，以增加其顺滑性或轻盈感。这些深受欢迎的糖霜适用于许多种类的蛋糕，并且很容易调味和着色以适应各种不同的用途。

奶油糖霜的配方有很多变化。在本章中，我们将介绍五种基本类型：

1. 奶油糖霜：是通过将油脂和糖粉一起打发到所需要的浓稠程度和轻盈度而制成的。可以加入少量的蛋清、蛋黄或整个鸡蛋（为了安全起见，只能使用巴氏消毒的鸡蛋）。有一些配方中还包括脱脂乳固形物。

装饰师奶油糖霜（有时又称玫瑰酱）是一种特殊类型的奶油糖霜，常用来制作花卉和其他的蛋糕装饰。它只有一点点奶油，在低速搅拌下，因为搅打进入太多空气，会使其无法保持其精致的形状。因为起酥油的熔点比黄油高，它经常被用作装饰师奶油糖霜中唯一的油脂，以给成品装饰提供最大的稳定性。但是，如果可能的话，可以加入一点黄油来改善风味。

2. 蛋白霜型奶油糖霜：是黄油和蛋白霜的混合物。它们是非常轻盈的蛋白霜。这类奶油糖霜中最常见的是意大利奶油糖霜，是使用意大利蛋白霜制成的。瑞士蛋白霜也可以用来作为奶油糖霜的基础用料。

3. 法式奶油糖霜：是通过将煮沸的糖浆搅打进入已经搅打好的蛋黄中，并打发成轻盈的泡沫状制成的。然后把软化的黄油搅拌进去。它是非常浓郁，但却非常轻盈的糖霜。

4. 糕点奶油类型奶油糖霜：最简单的做法是将等量的浓稠状的糕点奶油酱和等量的软化后的黄油混合，搅打至轻盈状。如果需要更甜一些的味道，可以搅入过筛后的糖粉。本章中所包含的配方（香草风味奶油）比平时含有更低比例的黄油。为了赋予它所必要的质感，可以添加少量明胶。这种类型的奶油糖霜更适合用来制作蛋糕馅料，而不是用来制作成涂抹到蛋糕外面的糖霜。

5. 风登糖类型奶油糖霜：制作起来非常简单，只需要手头上的几种原材料，将同等分量的风登糖和黄油一起打发即可。根据需要进行调味。

黄油，特别是无盐黄油，最适合作为制作奶油糖霜的油脂，因为它具有诱人风味和入口即化的品质。

仅使用起酥油制成的糖霜可能会令人不愉悦，因为油脂会凝结并覆盖在口腔内部，并且不会融化开。然而，黄油使糖霜不太稳定，因为它很容易融化。有两种方法可以解决这个问题：

- 只在凉爽的天气下使用奶油糖霜。
- 将少量乳化起酥油与黄油混合以使其稳定。

奶油糖霜可以储存起来，覆盖好之后，放入冰箱里，可以冷藏保存几天，但是应在室温下使用，以便有合适的浓稠程度。在使用之前，至少提前1小时将奶油糖霜从冰箱中取出来，让它达到室温，如果必须快速加热，或者如果奶油糖霜出现了凝结，在温水上略微隔水加热，将其搅拌直到细滑即可。

给奶油糖霜加入风味

奶油糖霜可与许多风味调料相混合，使其用途更加广泛，并且能够适用于多种蛋糕和甜品中。

以下给出的不同用量是每500克奶油糖霜的建议加入量。在实践中，风味调料可以根据口味需要适当增加或减少，但要避免制作好的风味糖霜过于浓烈。除非制作说明上另有说明，只需将风味调料和奶油糖霜混合到一起即可。

1. 巧克力： 使用90克半甜黑巧克力。将巧克力融化，稍微冷却（巧克力一定不能太凉，否则在与奶油糖霜完全混合之前就会凝固）。将巧克力与1/4的奶油糖霜混合到一起，然后把这种混合物和剩下的奶油糖霜混合到一起。

如果奶油糖霜基料非常甜，可以使用45克的无糖的巧克力来代替甜味巧克力。

2. 咖啡： 使用20毫升的咖啡精（咖啡风味调料），或者融入15毫升水里的1.5汤勺（5克）的速溶咖啡。

3. 栗子： 使用250克的栗子蓉泥。与少许的奶油糖霜搅打到一起至柔软而细滑的程度，然后将这种混合物搅打进入剩余的奶油糖霜里。根据需要，可以使用一点朗姆酒或者白兰地调味。

4. 果仁糖： 使用60～90克的果仁糖糊。与少许的奶油糖霜搅打至柔软而细滑的程度，然后将这种混合物搅打进剩余的奶油糖霜里。

5. 杏仁： 使用180克的杏仁酱。用几滴水将杏仁酱软化。与少许的奶油糖霜搅打至柔软而细滑的程度，然后将这种混合物搅打进剩余的奶油糖霜里。

6. 香精和乳化剂（橙风味、柠檬风味等）： 根据口味适当添加。

7. 烈酒和利口酒： 根据口味适当添加。例如：樱桃白兰地、橙味利口酒、朗姆酒、白兰地等。

🍥 奶油糖霜 simple buttercream

原材料	重量	糖占100%%
黄油	250 克	40
起酥油	125 克	20
糖粉	625 克	100
蛋清（巴氏消毒）	40 克	7.5
柠檬汁	2 克	0.4
香草香精	4 克	0.6
水（可选）	30 克	5
总重量：	**1076 克**	**172%**

制作步骤

1. 使用桨状搅拌器配件将黄油、起酥油及糖一起搅打至完全混合均匀。
2. 加入蛋清、柠檬汁及香草香精。以中速搅打混合。然后再以高速搅打至轻盈而蓬松。
3. 如果需要质地更柔软一些的奶油糖霜，可以搅入水。

各种变化

可给各种奶油糖霜调味，详见以下内容。

加入蛋黄或全蛋的奶油糖霜 simple buttercream with egg yolks or whole eggs

在上面的配方里替代蛋清，可以用等量的巴氏消毒蛋黄或鸡蛋取而代之。这些经过替换的原材料可以让奶油糖霜的风味略微丰厚。同样，蛋黄也有助于更好的乳化。

装饰用奶油糖霜或玫瑰酱 decorator's buttercream or rose paste

使用 200 克常规起酥油和 90 克的黄油。去掉柠檬汁和香草香精。加入 22 克的水或蛋清。以低速混合至细滑状，但是不要打发。

奶油奶酪糖霜 cream cheese icing

使用奶油奶酪替代黄油和起酥油。去掉蛋清。如果需要，可以使用奶油或牛奶稀释糖霜。根据需要，加入擦碎的柠檬外层皮或橙子外层皮代替香草香精，并且使用橙汁和（或）柠檬汁来代替牛奶，用来稀释糖霜。

🌸 意大利奶油糖霜（意式奶油糖霜）Italian buttercream

产量：可以制作850克。

原材料	重量	糖占100% %
意大利蛋白霜		
糖	250 克	100
水	60 毫升	25
蛋清	120 克	50
黄油（软化）	375 克	150
乳化起酥油 （或额外的黄油）	60 毫升	25
柠檬汁	2 毫升	1
香草香精	4 毫升	1.5

制作步骤

1. 制作蛋白霜（详见意大利蛋白霜的制作步骤）。打发至完全冷却。

2. 一点一点加入软化的黄油，并继续打发（图A）。每次加入黄油后要等到已经完全混合均匀后再加入。以同样的方式，也将起酥油打发，如果使用了的话，或加入额外的黄油。

3. 当所有的油脂都完全融合后，将柠檬汁和香草香精打发进去。

4. 继续打发至奶油糖霜至细滑状。混合物开始先是呈结块（图B），但随着持续的打发，它会变得细滑而轻盈（图C）。

各种变化

瑞士奶油糖霜 Swiss buttercream

替代制作意大利奶油糖霜，在配方中使用糖和（巴氏消毒的）蛋清（去掉水），制作出瑞士蛋白霜，与前面章节所描述的步骤一样。当蛋白霜冷却到室温时，继续按照基本配方中的步骤2进行制作。

法式奶油糖霜 French buttercream

▶ **产量：可以制作688克。**

原材料	重量	糖占100% %
糖	250 克	100
水	60 毫升	25
蛋黄	90 克	37.5
黄油（软化）	300 克	125
香草香精	4 毫升	1.5

各种变化

可给各种奶油糖霜调味。

制作步骤

1. 将糖和水在酱汁锅里混合好。加热烧开的同时不停搅拌，使糖完全融化开。
2. 继续加热熬煮到糖浆达到115℃。
3. 在熬煮糖浆的时候，将蛋黄用球形搅拌器或者在安装有桨状搅拌器配件的搅拌机中搅打至浓稠而轻盈状。
4. 糖浆熬煮到115℃，将其非常缓慢地倒入搅打好的蛋黄里，同时不断搅打。
5. 继续搅打至混合物完全冷却，并且蛋黄非常浓稠且轻盈的程度。
6. 将黄油一次一点地加进去打发好。加入的速度要和混合物被打发吸收的速度保持一致。
7. 加入香草香精搅打好。如果糖霜非常柔软，将其冷藏至硬实到足以用来涂抹的程度。

果仁糖奶油糖霜 praline buttercream

▶ **产量：可以制作550克。**

原材料	重量	糖占100% %
水	40 克	33
糖	120 克	100
蛋黄	100 克（5 个）	83
黄油（软化）	180 克	150
果仁糖酱	150 毫升	125

制作步骤

1. 将水和糖在酱汁锅里混合好。加热烧开以融化开糖，并将糖浆加热到120℃。
2. 将蛋黄搅打至轻盈状。在蛋黄中逐渐加入热的糖浆，不停搅打。一直搅打到蛋黄冷却。
3. 将黄油和果仁糖酱加入打发均匀。

焦糖奶油糖霜 caramel buttercream

▶ **产量：可以制作500克。**

原材料	重量	糖占100% %
水	25 克	14
糖	120 克	100
水	50 克	27
多脂奶油	35 克	19
咖啡香精	5 克	2.7
蛋黄	60 克	32
黄油（软化）	190 克	103

制作步骤

1. 将第一份数量的水和糖加热熬煮到焦糖的程度。
2. 让焦糖冷却到120℃的温度，然后加入第二份数量的水和多脂奶油。加热至完全溶解开。
3. 加入咖啡香精。
4. 将蛋黄打发至轻盈状，然后将热糖浆搅打进去。打发至轻盈状；继续打发，直到混合物已经冷却到30℃。
5. 将1/3的黄油打发进去。当黄油被均匀地融合到一起时，再将剩余的黄油打发进去。

香草风味奶油 vanilla cream

原材料	重量
糕点奶油酱	450 克
明胶	6 克
朗姆酒	20 克
黄油（软化）	200 克
总重量：	**676 克**

制作步骤

1. 将糕点奶油酱搅打至细滑状。
2. 用冷水将明胶泡软。加热朗姆酒。将朗姆酒加入到明胶里，并搅拌至完全溶解开，根据需要可以加温。
3. 将明胶混合物搅打进糕点奶油酱里。
4. 一次一点地加入黄油搅打好。打发至细滑且轻盈状。

浅色果仁糖奶油 light praline cream

原材料	重量	糖占100%%
黄油（软化）	200 克	103
果仁糖酱	100 克	50
干邑白兰地	40 克	20
意大利蛋白霜	340 克	170
总重量：	**680 克**	**340%**

制作步骤

1. 将黄油和果仁糖酱一起打发至细滑且轻盈状。
2. 将干邑白兰地搅打进去。
3. 混入意大利蛋白霜，搅打至细滑状。

泡沫型糖霜

泡沫型糖霜，又称熬煮的糖霜，是将蛋白霜与煮沸的糖浆一起制作而成的。有些还会加入明胶等稳定剂。泡沫型糖霜应该浓稠到可以涂抹到蛋糕上，并留下尖峰和涂抹的纹路痕迹。

这些糖霜不是稳定型的。因此，常规熬煮的糖霜应该在制备好的当天使用。棉花糖型糖霜应该只在使用前才制作，在它凝固前，趁热使用。

简单熬煮的糖霜

按照制作意大利蛋白霜的配方进行制作，但是在熬煮糖浆时，加入60克的玉米糖浆。可以使用香草香精给糖霜进行适当的调味。

棉花糖型糖霜

用45毫升的冷水浸泡8克的明胶。将水加热以将明胶融化开。制备简单熬煮的糖霜。在加入热的糖浆后，将融化开的明胶加入。将搅拌桶壁上所粘连的混合物刮取下来，以确保明胶均匀混入其中。趁热使用。

巧克力泡沫糖霜和馅料

制备熬煮的糖霜。在加入糖浆后，将150克融化的无糖巧克力搅拌进去。

法奇软糖型糖霜

法奇软糖型糖霜风味浓郁而厚重。它们中的许多有点像糖果。它们的主要成分是糖，而且它们比奶油糖霜含有更少的油脂。法奇软糖糖霜可以用各种原材料进行调味，常用于纸杯蛋糕、分层蛋糕、条形蛋糕和片状蛋糕的装饰。

法奇软糖糖霜性质稳定，在蛋糕上和在储存时都能保持完好。但是，糖霜在储存时，必须紧密覆盖好，以防止干燥和形成结壳。

要使用储存的法奇软糖糖霜，隔水加热至变软到足以涂抹的程度即可。

可可风味法奇软糖糖霜　cocoa fudge icing

产量：可以制作1250克。

原材料	重量	糖占100% %
砂糖	500 克	100
玉米糖浆	150 克	30
水	125 毫升	25
盐	2 克	0.5
黄油，或部分黄油和 部分乳化起酥油	125 克	25
糖粉	250 克	50
可可粉	90 克	18
香草香精	8 毫升	1.5
热水	根据需要	

制作步骤

1. 将砂糖、糖浆、水及盐放入酱汁锅里。加热烧开，搅拌至糖融化开。将混合物加热至温度达到115℃。
2. 在糖加热的同时，使用桨状搅拌器配件，用搅拌机将油脂、糖粉及可可粉混合均匀。
3. 随着搅拌机的低速运行，将热的糖浆慢慢倒入。
4. 加入香草香精混合好。继续搅打直到糖霜变成细滑的乳脂状，并且呈可涂抹的程度。根据需要，可以加入一点热水稀释。
5. 趁热使用，或者使用隔水加热法重新加热后使用。

各种变化

香草风味法奇软糖糖霜　vanilla fudge icing

在糖浆中使用炼乳或者淡奶油代替水。去掉可可粉。使用额外的糖粉（增稠）或水（稀释）调整糖霜的浓稠程度。其他的风味调料，例如杏仁、枫叶糖浆、薄荷，或咖啡等，都可以用来代替香草香精。

 ## 焦糖风味法奇软糖糖霜　caramel fudge icing

产量：可以制作1千克。

原材料	重量	糖占100% %
红糖	750 克	100
牛奶	375 克	50
黄油，或部分 黄油和部分起酥油	188 克	25
盐	2 克	0.4
香草香精	8 毫升	1

制作步骤

1. 将糖和牛奶在酱汁锅里混合好。加热烧开，搅拌使糖融化。将混合物加热熬煮到115℃。
2. 将混合物倒入搅拌机的搅拌桶里，让其冷却到43℃。
3. 开动搅拌机，使用桨状配件，以低速搅打。
4. 加入黄油、盐及香草香精，继续以低速混合至冷却。将糖霜搅打至质地细滑，并呈乳脂状。如果过于浓稠，可以使用一点热水稀释。

速成白色法奇软糖糖霜 I quick white fudge icing I

原材料	重量	糖占100% %
水	125 毫升	12.5
黄油	60 克	6
乳化起酥油	60 克	6
玉米糖浆	45 克	4.5
盐	2 克	0.25
糖粉	1000 克	100
香草香精	8 毫升	0.75
总重量:	**1300 克**	**130%**

制作步骤

1. 将水、黄油、起酥油、糖浆及盐一起放入酱汁锅里。加热烧开。
2. 糖粉过筛到搅拌机的搅拌桶里。
3. 使用桨状搅拌器配件,并且在搅拌机低速运行的情况下,加入开水混合物。搅打至细滑状。糖粉混合得越多,就会变得越轻盈。
4. 将香草香精搅打进去。
5. 趁热使用,或使用隔水加热的方式重新加热后使用。根据需要,可以使用热水稀释。

各种变化

快速巧克力法奇软糖糖霜 quick chocolate fudge icing

在基本配方中去掉黄油。在步骤3后,将188克融化的未加糖巧克力搅打进去。根据需要,可以用热水稀释糖霜。

速成白色法奇软糖糖霜 II quick white fudge icing II

原材料	重量	风登糖占100% %
风登糖	500 克	100
玉米糖浆	50 毫升	10
黄油(软化)	50 克	10
乳化起酥油	75 克	15
盐	3 克	0.6
风味调味料 (见制作步骤中的内容)		
液体,用于稀释 (见制作步骤中的内容)		
总重量:	**678 克** 或者更多	**135%** 或者更多

制作步骤

1. 将风登糖加热到35℃。
2. 将风登糖、玉米糖浆、黄油、起酥油及盐在搅拌机的搅拌桶里混合好。使用桨状搅拌盆配件搅打至细滑状。
3. 将所需要的风味调味料搅打进去(见后面内容)。
4. 使用适当的液体(见后面内容)稀释到可以涂抹的浓稠程度。

风味调味料的各种变化

根据口味添加所需要的风味调味料,例如香草、杏仁、枫叶糖浆、柠檬或橙等(香精、乳剂或擦取的外层皮等),或融于水的速溶咖啡。水果碎末,如菠萝、草莓或马拉斯金樱桃粉等都可以使用。

对于巧克力风味糖霜,可以加入 180 克融化的无糖巧克力。

用于调制浓稠程度的液体

要调制水果风味,例如橙子或柠檬,可以使用柠檬汁和(或)橙汁。而其他风味,可以使用简单糖浆或炼乳。

平面型的糖霜（可流淌型糖霜）

平面型糖霜又称水质糖霜，是糖粉和水制成的混合物，有时候会添加玉米糖浆和风味调味料。它们主要用于咖啡蛋糕、丹麦面包和甜面包卷等的制作中。

平面型糖霜应用时要加热到38℃，并且要像可浇淋风登糖一样进行处理。

 ## 平面型糖霜（流淌型糖霜）flat icing

原材料	重量	糖占100%%
糖粉	500 克	103
热水	90 毫升	19
玉米糖浆	30 克	6
香草香精	4 克	0.8
总重量：	**624 克**	**125%**

制作步骤

1. 将所有原材料一起混合到细滑状。
2. 要使用时，将所需要用量的糖霜隔水加热。加热至38℃，然后涂抹到所需要的产品上。

皇家糖霜

皇家糖霜，又称装饰糖霜或装饰师糖霜，类似于平面型糖霜，但是它更加浓稠，并且使用蛋清制作，这使得糖霜干燥后会变硬变脆。它几乎只用于装饰工作。纯白色的皇家糖霜是最经常用到的糖霜，但也可以根据需要进行着色。因为主要由糖霜组成，所以它的味道是甜的，没有什么滋味。

皇家糖霜能够非常容易地快速干燥，可以用于精致的装饰工作中，但它也需要特殊的处理和储存。不使用的时候要把它盖紧。为了更好地防止其变干燥，可以在糖霜的表面覆盖上一条干净的湿毛巾，然后用保鲜薄膜紧紧地覆盖住容器。如果在储存过程中有任何的糖霜变干了或在容器壁上结了硬皮，要小心地取出干燥的部分，这样它就不会掉落回潮湿的糖霜中。干燥的颗粒会堵塞住圆形纸锥和挤瓶的细口。

使用一个圆形纸锥，或者使用一个装有裱花嘴的裱花袋（裱花袋里装入小号的圆口裱花嘴），皇家糖霜可以挤出到设计在油纸或塑料胶片上的各种图案上，并让其变干燥。然后，它们可以被小心地取下来，储存在密封的容器中备用。请参阅后文有关使用圆形纸锥的讨论。

皇家糖霜的第二种用途被称为串线工作，其中精细的线条或细丝状的糖霜悬浮在两个结合点之间，如后面章节会提到的糖花装饰作品所示。这种方法也适用于第一个结合点，然后将圆形纸锥朝外伸拉，同时用均衡的力道挤压圆形纸锥。让挤出的环形线到了所需要的长度，然后将挤出的环形线与第二个结合点粘连到一起。

皇家糖霜的第三个用途是用彩色糖霜覆盖勾画出的区域，这种技法需要使用比串线工作更加纤细的糖霜。加水稀释糖霜，直到一茶匙的糖霜滴落到盛有糖霜的盆里，经过10秒后，糖霜流淌成表面光滑状的浓稠度。覆盖糖霜的第一步是用中等硬度的皇家糖霜勾勒出轮廓线，根据需要，可以使用白色或彩色的糖霜。在所需的表面上，例如塑料片上，挤出轮廓线。让轮廓线变干燥，至少直到轮廓线表面上的糖霜变硬。使用装有小号（2号）平口裱花嘴的糕点袋，根据需要调色，紧挨着，但不要触及内部已干燥好的轮廓线，挤出纤细的糖霜。这种糖霜应该足够稀薄，可以流淌到轮廓线处。继续沿着内侧边缘挤出糖霜，直到整个区域填充满一层光滑的糖霜。在干燥后，可以把制作好的装饰图案取下来，摆放到蛋糕的表面上进行装饰。

皇家糖霜的正确的稠度或厚度取决于它的用途。挤出的设计图案和串线工作需要相对浓稠程度的糖霜，而流淌型的糖霜需要更稀薄的糖霜产品。由于这个原因，许多糕点师不使用皇家糖霜的配方，而是根据需要准备小批次的皇家糖霜。对于那些喜欢使用皇家糖霜配方的人，可参照以下配方。

制作步骤： 制备皇家糖霜

1. 将所需数量的糖粉放入搅拌桶里。加入小量的酒石酸（增白用），每千克加入0.6克。
2. 搅入蛋清（经过巴氏消毒），一次一点地加入，直到将糖粉搅打呈细滑的膏状。搅打每
千克糖粉会需要125克蛋清。
3. 将未使用的糖霜始终覆盖上一块湿布或者保鲜膜，以防止糖霜硬化。

 皇家糖霜 royal icing

原材料	重量
糖粉	500 克
酒石酸	0.3 克（0.5 毫升）
蛋清（巴氏消毒）（见注释）	95 克
总重量：	**595 克**

注释： 根据所需皇家糖霜浓稠程度的不同，使用的蛋清数量也不相同。

制作步骤

1. 将糖粉和酒石酸过筛到安装有桨状搅拌器配件的搅拌机的搅拌桶里。
2. 在小碗里搅打蛋清，以便将蛋清打散开。
3. 随着搅拌机的低速运转，逐渐加入蛋清搅打。
4. 继续搅打至原材料完全混合均匀，糖霜成湿性发泡的程度。

亮光剂（淋面，上光剂，增亮剂，光亮剂）

亮光剂是一种稀薄而富有光泽的透明涂层，能使烘烤后的产品晶莹剔透，并有助于防止干裂。

最简单的亮光剂是糖浆或者稀释后的玉米糖浆，趁热涂刷到咖啡蛋糕或者丹麦面包上。糖浆亮光剂也可以含有明胶或者糯玉米淀粉。

用于糕点中的水果风味亮光剂，其中最受欢迎的是杏亮光剂和红醋栗亮光剂，都可以在市场上购买到。将它们融化，使用少量的水、糖浆或酒进行稀释，然后趁热涂刷到食物上面。水果亮光剂也可以使用融化后的杏酱或其他果酱制成，然后将它们在过滤器上挤压过滤。在市售的亮光剂中适宜添加上融化后且过滤好的果酱，因为这些产品通常缺少风味。

本章中所包含的亮光剂配方有两种类型：巧克力淋面和明胶基料亮光剂。巧克力淋面通常是含有额外油脂或液体的融化后的巧克力，或两者兼而有之。它们被趁热使用，在食物上形成一层薄薄的并且富有光泽的涂层。以明胶为基料的亮光剂，包括许多水果风味亮光剂，通常只应用于使用环形模具制作的蛋糕和夏洛特蛋糕的表面。本章中介绍了几道配方，第19章介绍了使用明胶为基料的亮光剂制成的产品示例。

加入蛋黄或全蛋的奶油糖霜 chocolate glacage or sacher glaze

原材料	重量	巧克力占100% %
多脂奶油	150 克	100
半甜或苦甜巧克力（切碎）	150 克	100
黄油	50 克	33
总重量：	**350 克**	**233%**

制作步骤

1. 使用奶油和巧克力制备甘纳许：将奶油加热烧开，倒入到切成细末的巧克力上。搅拌至巧克力融化开，并且混合物混合得均匀彻底。
2. 加入黄油，搅拌至混合均匀尽快使用。

 甘纳许糖霜（甘纳许亮光剂） ganache icing（ganache a glacer）

原材料	重量	巧克力占100% %
多脂奶油	250 克	100
糖	50 克	20
葡萄糖浆	50	20
半甜或苦甜考维曲巧克力	250 克	100
总重量：	**600 克**	**240%**

制作步骤

1. 将奶油、糖及葡萄糖浆一起加热至沸点，将锅从火上端离开。
2. 将巧克力切碎成细末状，并放入盆里。
3. 将热的奶油倒入到巧克力上，搅拌至巧克力融化，并且与奶油完全混合均匀。
4. 使用前略微冷却，这样当浇淋到蛋糕或夏洛特蛋糕上后，就会制作出一种稀薄且富有光泽的涂层。

歌剧院蛋糕淋面 opera glaze

原材料	重量
涂层巧克力	250 克
半甜或苦甜考维曲巧克力	100 克
花生油	40 克
总重量：	**390 克**

制作步骤

1. 将两种巧克力在热水槽里隔水加热融化开。
2. 拌入花生油。
3. 使用前略微冷却。浇淋成薄的凝固性涂层，但是可以用加热过的刀切割开。

各种变化

如果是单独使用考维曲巧克力，而不使用部分的涂层巧克力和部分的考维曲巧克力，增加油的数量，使涂层巧克力具有合适的质地，可以很容易地用蛋糕刀切割开。

原材料	重量
考维曲黑巧克力	350 克
花生油	60 克

水果淋面 fruit glacage

原材料	重量
明胶	12 克
糖	90 克
水	60 克
葡萄糖浆	30 克
水果蓉泥	150 克
总重量：	**342 克**

各种变化

在本书中有两种夏洛特蛋糕——百香果夏洛特蛋糕和黑醋栗夏洛特蛋糕使用了水果亮光剂。百香果蓉或者百香果汁和黑醋栗蓉，分别用来制作成亮光剂。对于其他的用途，大多数的水果蓉都可以使用。

制作步骤

1. 用冷水泡软明胶。
2. 将糖、水及葡萄糖浆一起加热至完全融化开。将锅从火上端离开，并拌入明胶至完全融化。
3. 加入水果蓉。
4. 用过滤器或者细眼网筛过滤。
5. 亮光剂根据需要可以重新加热。浇淋到蛋糕或夏洛特蛋糕上，接着使用抹刀，快速涂抹到蛋糕的边缘处。小批次的用量足以涂抹18～20厘米的蛋糕。

 ## 可可果冻 cocoa jelly

原材料	重量	风登糖占100% %
水	100 克	67
风登糖	150 克	100
葡萄糖浆	25 克	17
明胶	7 克	4.7
可可粉	30 克	20.8
总重量：	**312 克**	**209%**

制作步骤

1. 将水、风登糖及葡萄糖浆混合，加热烧开，根据需要撇去浮沫。
2. 用冷水泡软明胶。
3. 在热的风登糖混合物里，加入明胶和可可粉。快速搅拌均匀并用过滤器或细眼网筛过滤。
4. 这种混合物一旦温度下降到35℃就可以使用了。

 ## 咖啡大理石花纹淋面 coffee marble glaze

产量：可以制作出350克。

原材料	重量
明胶	8 克
水	250 克
糖	40 克
葡萄糖浆	40 克
香草豆荚（劈切开）（见注释）	1
咖啡利口酒	20 克
咖啡香精	10 克

注释： 如果没有香草豆荚，可以加入 1/2 茶匙的香草香精。

制作步骤

1. 用冷水泡软明胶。
2. 小火加热水、糖、葡萄糖浆，香草豆荚，直到糖和葡萄糖浆完全融化开。
3. 将锅从火上端离开，略微冷却，然后加入明胶。搅拌至融化。将香草豆荚里的香草籽刮取下来，加入到糖浆里。
4. 当准备使用时，根据需要可以将亮光剂重新加热。加入咖啡利口酒和咖啡香精，并略微搅动，而不要将它们混合。在蛋糕表面上的亮光剂里搅动，这样咖啡香精就会形成大理石花纹状的效果（详见朱丽安娜蛋糕图片）。

可擀开使用的糖霜

三种常用的可擀开并覆盖到蛋糕上的糖霜是可擀开使用的风登糖、杏仁膏及可塑形巧克力。与本章中讨论的可以通过涂抹或者浇淋的其他产品不同的是，这些产品是用擀面杖擀开成薄片，覆盖在蛋糕上。为确保擀开的薄片附着在蛋糕上，蛋糕首先要涂刷上杏酱（杏果胶）或类似的产品，或者在覆盖上擀好的薄片之前，先涂上一层薄薄的奶油糖霜。

杏仁膏是用杏仁粉和糖制成的一种膏状物。在第24章中会探讨杏仁膏的制备和使用方法。

可擀开使用的风登糖是一种面团状的产品，主要由糖粉与少量葡萄糖、水、明胶和其他成分混合组成，使其具有适当的黏稠度。它很结实，并且硬实到可以揉捏的程度，也很柔韧，可以擀开成为薄片。就像可以浇淋的风登糖一样，它几乎都是购买现成的产品。

可塑形巧克力是一种由融化的巧克力和玉米糖浆制成的浓稠的膏状物。这些内容将在第23章中探讨。

可擀开使用的糖霜具体应用指南也会在后文进行探讨。

· 复习要点 ·

- ◆ 糖霜和覆盖蛋糕的八种基本类型是什么？
- ◆ 使用风登糖的步骤是什么？
- ◆ 奶油糖霜的基本类型有哪些？描述它们是如何制成的。
- ◆ 什么是泡沫糖霜？
- ◆ 皇家糖霜是怎么制作而成的？它是用来做什么的？

简单蛋糕的装配与涂抹糖霜

本节内容涉及简单的北美风格的蛋糕。这种蛋糕的典型例子有纸杯蛋糕、片状蛋糕和由两到三层由高比例或者奶油蛋糕分层制作而成的多层蛋糕。这些成品在面包店里深受欢迎，也是许多餐饮企业里面的标准甜品。它们可能是涂抹了糖霜，但在其他方面并没有进行装饰，或者可能被赋予了一些装饰性的修饰。

相比较之下，典型的欧洲风格的蛋糕是海绵蛋糕，分割成薄层的片状，用调味糖浆湿润，填满馅料并涂抹上糖霜，通常会放置在烤好的蛋白霜、坚果风味蛋白霜或者油酥面团上。有时会在夹层之间填入水果，而且表面上几乎总是有着装饰造型。它通常高度不超过7.5厘米，有一个宽而平的表面，是糕点师们充分展示他们装饰技巧的绝佳画布。

本节重点介绍装配和涂抹简单的北美风格蛋糕所需要的的基本技能，在下一节里将探讨基本的装饰技法。在掌握了这些技法后，本章中的最后几节内容将向你介绍更加复杂的蛋糕。

蛋糕的组成

大多数的蛋糕最多由四部分组成：

- 蛋糕
- 糖霜（涂抹用料）
- 馅料
- 装饰

最简单的蛋糕只有这些组成部分中的前两个：蛋糕和糖霜。例如，最简单的片状蛋糕只由单层的，表面上带有一层糖霜的蛋糕组成。简单的分层蛋糕有两到三层蛋糕，两层之间涂抹有糖霜，表面和侧面也涂抹有相同的糖霜。

在稍微复杂一些的蛋糕中，各层之间的馅料可能与涂抹在蛋糕外面的糖霜有所不同。

最后，蛋糕还可以加入一些其他的装饰元素，比如水果和坚果来进行装饰。

在策划一个蛋糕时，糕点师必须充分考虑这四个组成部分中的每一个的特点，以制作出极具吸引力的蛋糕。特别是以下特点：

- 风味
- 颜色
- 质地
- 造型

蛋糕分层、糖霜及馅料有各种各样的风味、颜色和质地。第四个特点是造型，主要适用于蛋糕分层（圆形，长方形，新颖的造型等）以及装饰元素。

在搭配蛋糕的风味和质地时，糖霜及馅料要选择能够相互补充的（例如巧克力糖霜与巧克力蛋糕），或者形成令人愉悦的强烈对比的组合（例如填入到巧克力蛋糕中的覆盆子馅料）。

糖霜的选择

糖霜的风味、质地及颜色必须与蛋糕相互匹配。一般来说，厚重的蛋糕使用浓厚的糖霜，轻盈的蛋糕使用轻质的糖霜。例如，在天使蛋糕上涂抹一种简单的、可流淌型的糖霜，风登糖或者需要轻质、蓬松感的使用热糖浆制成的糖霜。高比例蛋糕与奶油糖霜和法奇软糖类型的糖霜非常搭配。海绵分层蛋糕通常会与水果或水果馅料、清质的法式或意大利式奶油糖霜、打发好的奶油或调味风登糖组合在一起使用。

因为较浓稠的糖霜通常具有更丰富的质地和更加浓郁的风味，所以它们较轻质的糖霜而言，更适于用来涂成薄层。糖霜不能遮盖过蛋糕的风味或者喧宾夺主。

要使用品质好的风味调料，而且要谨慎地使用。糖霜的风味不能遮盖住蛋糕的风味。法奇软糖型糖霜的风味可能是最强烈的，只要风味是高品质的就可以。

要小心使用食用色素。对于传统的蛋糕来说，颜色要少用。柔和的色调比强烈的色彩要更有食欲。然而，现代人对蛋糕的品味更倾向于强烈的色彩。在计划使用食用色素时要考虑到受众群体。使用色膏可以得到最好的效果。无论是使用任何色膏或者是液体色素，先将一点点的颜色与一小部分的糖霜相混合，然后将调好色的糖霜与其余糖霜混合均匀。

选择装饰物

蛋糕的装饰元素分为两大类：挤出的糖霜装饰和外加的装饰物。这两个类别都具有几个功能，增加了视觉吸引力，以及风味和质感的趣味。在策划蛋糕时，所有这些因素都应该被充分的考虑到。风味，颜色，质地和装饰造型应该与蛋糕相适应。

蛋糕装饰物的清单几乎是无穷无尽的。流行的装饰类别包括水果、坚果、香酥的蛋白霜、巧克力装饰插件（详见第23章内容）；糖霜花饰、糖艺拉花与其他装饰物等（详见第24章和25章内容）；以及糖果和蜜饯等，所有这些都可以是自制的或购买的成品装饰物。

片状蛋糕

片状蛋糕是大批量制作蛋糕的理想选择，因为它们在烘烤、涂抹糖霜以及装饰时需要很少的劳力，而且只要不被切开，它们就能保存得很好。

对于特殊的场合，有时候会使用彩色糖霜装饰图案或者图画，以及"特别场合"留言等，将片状蛋糕装饰成一个单一的作品，不过，更常见的做法是，为提供个性化服务而涂抹糖霜，与涂抹片状蛋糕糖霜的制作步骤一样。

杯子蛋糕

有三种主要的方法来制作杯子蛋糕的糖霜。第一种方法是蘸取法，常用于制作软质糖霜。其他的方法是当糖霜太硬，而无法用于蘸取时使用。

在杯子蛋糕表面涂抹糖霜之前，可能需要在蛋糕里挤入一种馅料来制作成一种特别的产品。若用轻质奶油糖霜或其他的奶油馅料填充杯子蛋糕，可以使用装有小号的平口裱花嘴的裱花袋。从杯子蛋糕表面中间位置处刺到蛋糕里，使裱花嘴在蛋糕里2.5厘米的深度，轻轻挤压，将15~22mL的馅料挤入到蛋糕中间的位置处。

要在杯子蛋糕的表面加上糖霜，可以使用这三种方法中的一种：

1. 将杯子蛋糕的表面蘸到糖霜里，不要蘸得太深，只需表面能蘸到糖霜即可。

如果糖霜比较硬，无法流淌，轻轻转动一下蛋糕，然后以一个平稳的动作快速地把它们拉出来。

如果糖霜是可流淌性的（例如可流淌型糖霜或者风登糖），把蛋糕直接从糖霜中拉出来。把它们侧着放一会儿，这样糖霜就会朝向一侧流淌过去。然后把蛋糕竖立起来，并用手指抹去蛋糕边缘的糖霜。不要让糖霜从边上流淌下来。

2. 用抹刀涂抹糖霜：用抹刀的前端取出足够用于一个蛋糕上的糖霜，一只手转动蛋糕，以简单、流畅、整齐的动作，将糖霜均匀地覆盖在蛋糕表面。多加练习对提高速度和效率是非常有必要的。

3. 使用装有星状或平口裱花嘴的裱花袋，在每个蛋糕上挤出漩涡形的糖霜。这是现代杯子蛋糕最流行的制作方法。它使在杯子蛋糕上涂上大量的糖霜成为可能，这是深受消费者喜爱的方式。

在糖霜干燥前，杯子蛋糕可以用蜜饯、椰肉、坚果、彩糖、巧克力屑等进行装饰。

分层蛋糕

用于对简单的分层蛋糕进行装配和涂抹糖霜的基本方法，在以下装配简单的分层蛋糕的步骤中进

冰淇淋蛋糕

可以使用冰淇淋代替糖霜填入分层蛋糕里面或者蛋糕卷里。如果面包房是凉爽的，或在冷库里工作的话，可以把稍微软化的冰淇淋涂抹到分层蛋糕上或蛋糕卷里面。圆形蛋糕最好在装在内衬有塑料胶片的蛋糕圈里进行装配。然而，如果室内温度较热，最好是将冻硬的冰淇淋切割成片状来填充蛋糕。要快速操作，不要让冰淇淋融化开，并从蛋糕上滴落下来。

蛋糕分层被摆好，或者蛋糕卷被紧紧卷好后，把它们放回到冰箱里冷冻，直到变硬。然后迅速在上面和边上涂上打发好的奶油，在冷冻冰箱里储存至需用时。

法式糕点

在北美的部分地区，法式糕点一词常用来指琳琅满目的装饰糕点和蛋糕产品，通常是由单份产品制成。最简单的以蛋糕为基料的品种是各种造型的、小块的分层装饰蛋糕。它们按如下方式进行装配：

1. 使用薄（1~2厘米）片蛋糕，将两片或三片夹有馅料或涂抹有糖霜的薄片蛋糕整齐地摆放到一起。蛋糕层的厚度应在4~5厘米。

奶油糖霜是最受欢迎的填馅材料，也可以使用水果果酱和法奇软糖糖霜。

2. 将蛋糕层牢稳地按压到一起，然后冷藏或冷冻。

3. 在每一次切割之前，都要将锋利的刀刃蘸入到热水里，然后将蛋糕切割成所需的形状，例如方块形、长方形或三角形等。可以使用较大的切割模具切割出圆形造型。切块应该是一份的大小。

4. 在每块蛋糕的四周和表面涂抹上奶油糖霜或者风登糖。涂抹好之后，四周可以粘上坚果碎、椰丝、巧克力屑等。

5. 把表面装饰规整。

法式糕点将在欧洲风格蛋糕的章节中进一步讨论。

· **复习要点** ·

◆ 装饰蛋糕需要使用什么基本工具？

◆ 用圆形纸锥进行装饰的步骤是什么？

◆ 填入馅料和使用裱花袋的基本步骤是什么？

蛋糕的基本装饰技法

本节将会讨论一些非常必要的装饰技法。这其中，最难学习的可能是使用裱花袋和圆形纸锥。其他一些则不需要太多的练习就能掌握，但一定需要手稳、整洁和强烈的对称感。

工具类

装配和装饰蛋糕的必要工具：

抹刀或不锈钢抹刀： 有着长而富有弹性刀片的抹刀，可用于涂抹和抹平糖霜和馅料。

曲柄抹刀： 带有呈一定角度的刀片的抹刀，用于在模具里涂抹面糊和奶油。

锯齿刀： 用来切割蛋糕或将蛋糕分层水平地拆分切成更薄分层的具有圆齿形刀刃的刀具。

糖霜网或格栅： 敞开式筛网，在浇淋糖霜时，可以保留住流淌型的糖霜，例如风登糖，多余的糖霜会从蛋糕上滴落下来，并被摆放在蛋糕架下托盘里的糖霜网收集。

蛋糕转盘： 在底座上带有一个平整的、可转动的表面，可以简化涂抹蛋糕的制作过程。

糖霜梳： 三角形的带有齿状或锯齿边缘的塑料片，用于在涂抹有糖霜的蛋糕侧面上制作出凹槽或脊状图案造型，在转动蛋糕转盘时，糖霜梳的边缘在蛋糕的一侧的垂直位置上保持静止不动。

塑料刮板或不锈钢刮板： 边缘平坦的工具，用来将蛋糕周边的糖霜刮取到平整光滑的程度。使用的技法与使用糖霜梳进行的操作是相同的。

糕点刷： 常用于刷除蛋糕上的蛋糕碎屑，将甜品

抹刀

锯齿刀

曲柄抹刀

糖霜网

糕点刷

撒糖罐

糖浆涂刷到蛋糕分层上，在蛋糕表面涂刷上杏亮光剂和其他的涂层。

撒糖罐：类似于大号的金属撒盐瓶，撒糖罐常被用来在蛋糕上撒上糖粉。

蛋糕圈或夏洛特蛋糕圈：各种不同直径和高度的不锈钢圈。当蛋糕使用了柔软的馅料，例如巴伐利亚奶油和其他以明胶为基料的馅料时，蛋糕要在这些蛋糕圈的里面进行装配，在这些馅料凝固定型时，蛋糕圈必须将其固定到位。蛋糕圈也可以用来制作夏洛特蛋糕。

蛋糕纸板和蛋糕垫：分层蛋糕在进行组装时，会摆放在圆形的蛋糕纸板上（与蛋糕的直径相同）。片状蛋糕会摆放在一个半幅或全尺寸的蛋糕纸板上。这使得它们很容易进行糖霜的涂抹，并容易在涂抹完糖霜之后取走它们。为了便于拿取进行展示，可以在比蛋糕大出5厘米的蛋糕纸板上放置一个比蛋糕大出10厘米的纸垫。例如，要组装、制作和展示25厘米的蛋糕，可以使用25厘米圆形的蛋糕纸板，30厘米圆形的蛋糕纸板以及35厘米的蛋糕垫。

油纸：用来制作圆形纸锥。

裱花袋和裱花嘴：用于制作花边、题字、花卉及其他使用糖霜设计制作的图案。常用的裱花嘴如下所述。

平口（圆口）裱花嘴：用于书写文字，画出线条、串珠、圆点等造型。也常用于挤出海绵蛋糕面糊、奶油和泡芙面团等，以及在泡芙和其他糕点里填入馅料。

星状裱花嘴：用于制作玫瑰花结、贝壳造型、星星和镶边等。

玫瑰花裱花嘴：用来制作花瓣。这些裱花嘴有一个狭缝形状的开口，一端的开口比另外一端的更宽一些。

叶形裱花嘴：用于制作树叶。

带状或编织花篮裱花嘴：用于制作平滑的或有锯齿状的条纹或彩带。还有一些裱花嘴，在开口的一侧有锯齿状的花纹造型。

圣欧诺瑞裱花嘴：用来给圣奥诺雷加多蛋糕填入馅料。这种裱花嘴有一个圆形开口，在开口另一端有一个V形的狭缝。

许多其他种类的专用裱花嘴常用制作与众不同的造型。然而，到目前为止，平口和星状裱花嘴是最重要的，建议初学者在开始时集中精力练习这几种裱花嘴，它们可以制作出各种各样的装饰。除了玫瑰花和其他花朵以外，蛋糕装饰大部分都是使用平口裱花嘴和星状裱花嘴。

使用裱花嘴的通常方式是把它放入裱花袋里。当在同一种糖霜中需要使用多个喷嘴时，必须为每个裱花嘴使用不同的裱花袋，或者清空裱花袋以更换裱花嘴。也可以购买特制的转换器，在裱花袋的外面安装上裱花嘴，即便是裱花袋里装满了糖霜，也可以很容易地更换裱花嘴。

平口（圆口）裱花嘴

星状裱花嘴

玫瑰花裱花嘴

叶形裱花嘴

带状或编织花篮裱花嘴

圣欧诺瑞裱花嘴

使用圆形纸锥

圆形纸锥广泛应用于装饰工作中。它价格便宜、容易制作，使用完后可以丢弃。如果要使用不同的颜色进行裱花，这一点尤其重要；简单地为每一种颜色的糖霜分别制作单独的圆形纸锥即可。

虽然可以在圆形纸锥内装入金属装饰裱花嘴，但圆形纸锥通常不使用金属裱花嘴来书写文字、挤出线条和图案造型。换句话说，它们的使用方法与使用装有小号平口裱花嘴的裱花袋的方法相同。由于圆形纸锥可以制作得相当小，易于掌握控制，糕点师在做需要精雕细琢的工作时，通常更喜欢使用圆形纸锥而不是用糕点袋。对于最精细的工作，使用一种特殊形式的塑料裱花袋或玻璃纸裱花袋可以挤出比使用圆形纸锥更细致的线条，因为可以在尖端处切割出更小更干净的开口。

要成功使用圆形纸锥和裱花袋，以下两个因素是非常重要的：

1. 糖霜的浓稠程度：糖霜不能太浓稠也不能太稀薄。使用圆形纸锥或写字挤瓶时，糖霜必须稀薄到能从开口处自如地流淌出来，但又不能细到形成一根实线。太硬的糖霜很难从开口出挤出来，并且容易断开。然而，对于花朵和大型装饰品来说，糖霜必须要硬一些，这样才能保持住它们的形状。

2. 挤压圆形纸锥或裱花袋：必须控制挤压的力度，以制作出整洁清爽而明晰无误的装饰品。如下所述，有时必须保持压力稳定和均匀。对于其他类型的装饰，比如贝壳外形的线条，必须从重到轻的改变压力，然后在适当的时候停止压力。需要大量时间练习与学习如何控制压力挤压圆形纸锥或者裱花袋。

有两种方法常用来制作装饰物：滴线法和连接法。

滴线法，又称下坠法，之所以这样称呼是因为圆形纸锥被举起在表面之上，让糖霜从锥尖处挤出或滴落到被装饰的表面上。这种方法常用于在水平面上绘制厚度均匀的线条。即使不是大部分，也有很多圆形纸锥的操作是这样做的，通常使用的是皇家糖霜、风登糖、巧克力风登糖、融化的巧克力或挤出的巧克力。

使用滴线法，首先要垂直握好圆形纸锥。将锥尖触碰到表面的糖霜，即想要开始挤出糖霜线条的

地方。然后，随着开始挤压圆形纸锥，从表面上糖霜处抬起圆形纸锥的锥尖，并开始挤出线条。在描画图案造型时，让锥尖离开表面约2.5厘米。糖霜线条将会悬浮在锥尖和所要装饰的表面之间的空气中。保持挤压的力度轻缓且恒定。要挤完一根线条，将锥尖放低，在希望线条结束的位置处与表面上的糖霜接触到一起。与此同时，不要再挤压圆形纸锥。

滴线法可以在保持线条粗细程度完美均匀的情况下，挤出巧夺天工般的线条和图案造型。一定要把圆形锥尖的开口切得非常细小。一开始时，当把圆形纸锥举起在离表面2.5厘米的地方时，似乎很难控制所挤出的线条，所以需要经过练习，才能挤出精确的图案造型。

连接法常应用于两种情况下：（1）当想要改变线条的粗细时；（2）当需要装饰垂直的表面，例如蛋糕的侧面时。

对于连接法，首先像握笔一样握着圆形纸锥，让锥尖接触到糖霜表面，并且与之呈30～45°。如同用笔在纸上画画一样挤出线条。通过调节拇指所挤压的力度来控制线条的粗细。用力更大的挤压会使线条变得更粗一些。

通常情况下，最好是先使用滴线法，直到能够轻松地挤出简单的线条和图案造型为止。然后，当转而使用连接法时，可以集中精力于对力度的控制掌握，除了皇家糖霜、风登糖，巧克力，奶油糖霜等也常用连接法进行装饰。

注： 下面的使用圆形纸锥和裱花袋的说明是以右手操作为基准写明的。若用左手操作，只需在说明中将手倒过来使用即可。

制作步骤： 使用圆形纸锥进行装饰

1. 如图所示，制作纸锥。
2. 在纸锥里，填入一半满的糖霜。如果纸锥里填入得太满，会很难挤出，并且糖霜很有可能从上面挤出来。
3. 将纸锥上面的部分朝下折叠，以密封开口。
4. 使用剪刀将纸锥的锥尖处剪掉非常小的一段（一定要立即扔掉剪下来的锥形小纸尖，否则可能会和糖霜混到一起）。可以挤出一点糖霜来测试一下开口。如果有必要，再将锥尖剪掉一点，以扩大开口。
5. 用大拇指和右手前两个手指握住圆形纸锥的后部。把手指放置在合适的位置，这样手指就可以握住折叠好的封住的那一端，并同时施加压力，从纸锥里挤压出糖霜。
6. 不要用左手去挤压圆形纸锥。相反，用左手食指轻轻抵住右手大拇指或抵住圆形纸锥，以保持右手的稳定性并帮助引导纸锥。
7. 使用连接法或滴线法来创作出不同类型的装饰和题字。

用小三角形的油纸制作一个单层的圆锥体。将手指尖放在三角形长边的中间位置上，然后朝另外一边卷过去。

绕着另外一边卷起来，做成圆形锥体。

从圆形纸锥的开口处的顶端折起，以固定住纸锥。

要折出一个更加牢固的双层的纸锥，剪出一个更长的三角形，如同单层纸锥一样的卷起。

把长端绕着卷两圈，以制作成圆形纸锥。

卷好后的单层和双层圆形纸锥。

注意圆形纸锥的锥尖是如何保持在表面上的，以便让糖霜滴落到合适的位置。

通过连接法使用圆形纸锥设计的各种图案造型。

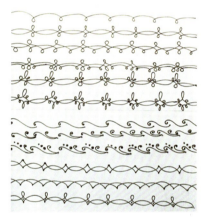

用纸锥挤出的各种各样的镶边线条。

使用裱花袋

　　裱花袋的一个优点是，它很容易使用许多不同的金属裱花嘴，以挤出各种各样的设计图案造型。而且，一个裱花袋比一个圆形纸锥能容纳更多的糖霜。当使用打发好的奶油或蛋白霜进行装饰时，这一点尤为重要。奶油糖霜花、贝壳形镶边线条和许多其他装饰都是使用裱花袋制作的。

　　大多数的裱花袋是由以下四种材料制成：

- 一次性塑料裱花袋是设计用来使用后扔掉的。因此它们是卫生的。

- 可重复使用的塑料裱花袋是由一种柔软的强化塑料制成，使它们经久耐用且使用方便。而且，它们不容易吸收气味和风味。但是，在使用之后必须彻底清洗干净。

- 尼龙裱花袋既柔软又富有弹性。它们在使用后也必须彻底清洗干净，因为它们是合成纤维制成的，所以它们比棉布制成的裱花袋更容易清洗。

- 棉布是制作裱花袋的传统材料，但是由于它的吸收能力很强，用棉布制成的裱花袋很难清洗。每次使用后清洗干净和消毒是非常重要的。

制作步骤： 装入馅料和使用裱花袋

1. 在裱花袋里装入所需要的金属裱花嘴。
2. 如果馅料或糖霜非常稀薄，就在裱花嘴的上方拧动一下裱花袋，把它挤到裱花嘴里。这样可以防止在裱花袋内装入馅料的时候馅料从裱花袋里流淌出来。

3. 把裱花袋的顶部向下翻折成衣领状。将手伸到领子下面，用拇指和食指撑开裱花袋顶部的开口。
4. 将裱花袋装入1/2～3/4满。硬质的糖霜相对来说很难从裱花袋里挤出，所以当使用这些原材料时，要少填入一些。而蛋白霜和打发好的奶油可以在裱花袋中装入得更满一些。
5. 把裱花袋的顶部再翻回来。将宽松的顶部聚拢在一起，用右手的拇指和食指将其夹紧。
6. 要挤出糖霜或奶油，用右手的手掌挤压裱花袋的顶部位置。
7. 用左手的手指轻轻引导裱花袋内的裱花嘴，不要挤压裱花袋的底部。左手有时可以用来拿稳被填充或要进行装饰的物品。

挤出基本的贝壳造型和贝壳造型镶边。

简单的圆球形，圆珠形镶边和玫瑰花结。

使用星状裱花嘴挤出的涡卷形装饰和镶边。

使用星状裱花嘴挤出的其他涡卷形装饰和镶边的造型；另外，最下排是一个使用圣奥诺雷裱花嘴挤出的造型图例。

其他的装饰技法

　　蛋糕装饰有无数技法。本节主要讲述一些更简单、更常用的技法。在本章的后面部分和附图中，会展示使用这些技法和其他技法的示例。

　　装饰圆形蛋糕的一种流行的方式是用一把长刀的背面在蛋糕上对糖霜进行标记，将蛋糕分成几份：首先在蛋糕上标记成四等份。然后根据蛋糕的大小和需要的蛋糕块数量，将每份蛋糕分成两份、三份或四份。以重复的图样对蛋糕进行装饰，这样每块蛋糕都有相同的装饰。例如，可以在一个黑森林蛋糕的每一个V形块的宽边上装饰一个奶油玫瑰花结，然后在每个玫瑰花结上摆放一个樱桃。

将蛋糕标记成V形块的优点是，它可以控制蛋糕的分量，并确保每块蛋糕装饰均匀。因此，这种方法经常被用于按块销售蛋糕的餐厅和零售商店里，使每一块蛋糕被切开和服务上桌时，都保留着诱人食欲的装饰物。

遮盖住蛋糕的侧面

这种技法（不要与覆盖上一层糖霜混淆到一起）常用切碎的坚果、椰丝、巧克力屑、巧克力刨片、蛋糕屑及其他可以应用到蛋糕侧面上的原材料。

在盛放有坚果或者其他材料的托盘上方，用左手拿稳刚涂抹好糖霜的蛋糕（在圆形蛋糕纸板上）。用右手，轻轻地将少量的材料按压到蛋糕侧面上，让多余的材料掉落回到托盘里。稍微转动蛋糕，重复这一步骤，直到将蛋糕外侧完全覆盖。可以将蛋糕侧面完全覆盖好，或者只是覆盖住底边。

镂花装饰

可以用剪纸或者花纸遮住蛋糕表面上的一部分位置，然后在蛋糕表面撒上糖粉、可可粉、坚果粉、巧克力碎末、蛋糕屑、果仁糖粉或其他细末状材料。或者也可以用巧克力喷雾器在蛋糕表面上喷洒，然后小心地取下纸样，露出图案造型。一种简单类型的模板是在蛋糕的表面铺上与用于涂抹巧克力糖霜效果相类似的纸条，并撒上糖粉。

大理石花纹

大理石花纹是最常用于风登糖中的装饰技法。

在蛋糕的表面上涂抹好风登糖，然后用对比鲜明的颜色在风登糖上画出线条造型或者螺旋形造型。在风登糖凝固之前，迅速地用刀背划过风登糖，以制作出大理石花纹造型。这和制作拿破仑蛋糕使用的是同样的技法。也可以在冰镇蛋糕上画出更精雕细琢的大理石花纹图案造型，用色彩对比鲜明的风登糖在蛋糕上画出直线条、圆圈形或螺旋形的线条，然后用刀或抹刀，在风登糖凝固前，穿过这些线条刻划出各种图案造型。

用抹刀制作的带有纹路的图案装饰造型

蛋糕被涂抹好糖霜后，就可以使用抹刀快速而轻松地制作出带有纹路的图案装饰造型。要制作出一个螺旋形图案装饰造型的蛋糕，需将蛋糕摆放到蛋糕转盘上，将抹刀的圆形刀尖轻轻放入蛋糕中间位置的糖霜里。慢慢转动蛋糕转盘，与此同时，逐渐将抹刀的尖端抽拉到蛋糕的外边缘处。

也可以使用与制作风登糖大理石花纹造型一样的方式在这个螺旋状的纹路上制作出大理石条纹。其他的图案造型，如直的、平行的纹路，都可以用抹刀制作处理，然后制作成大理石花纹造型。

可挤出的果冻（装饰果冻）

可挤出的果冻是一种透明的甜味果冻，用于装饰蛋糕。它有多种颜色可供选择，以及透明的、无色的形式可以自行调色。可挤出果冻可以直接用圆形纸锥挤出到蛋糕上。例如，可以某个设计图来装饰边框，然后用彩色的果冻来填充，从而为边框添加一抹色彩。

另一种使用可挤出果冻的方法是使果冻迁移（转印）。这个方法是利用提前制作好的彩色图片，并根据需要应用到蛋糕上。它们的优点是可以在空闲时间里制作，并储存到需要使用的时候。

 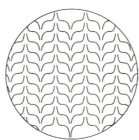 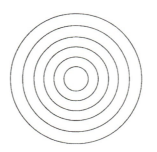 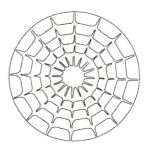

大理石花纹状糖霜造型装饰图案

制作步骤： 制作可挤出果冻迁移（转印）图片

1. 在描图纸上描出想要的图画，或手绘出一幅画。
2. 把画好的这幅画翻过来使描线在下面，但是可以透过纸看到图画（将画纸翻过来，钢笔或铅笔的痕迹不会随着果冻脱落下来）。
3. 用棕色的果冻勾勒出图画的轮廓线。
4. 用合适颜色的果冻填充到轮廓里面。
5. 果冻干燥需要一天的时间。
6. 把迁移图片翻过来，果冻面朝下，放置到涂抹好糖霜的蛋糕上。
7. 用蘸过水的毛刷，把纸背面轻轻涂湿。
8. 让蛋糕和描图纸静置几分钟。然后小心地揭掉画纸，让果冻画留在蛋糕上。

加入水果、坚果及其他食物

把水果、坚果及其他食物摆放成引人入胜的图案造型是装饰蛋糕简单而行之有效的方法，同时还可以增加蛋糕的风味，吸引顾客。这种技法特别适用于分割成份的蛋糕，如本节开始时所述。每份蛋糕都可以在表面装配上合适的食物，比如黑森林蛋糕摆放的樱桃。

许多新鲜或者多汁的水果应该尽量在接近服务或展示时候添加到蛋糕上，因为它们很快就会变质。使用在糖水或糖浆中的水果，应捞出控净汁液并晾干。

当然，需要选择适合蛋糕风味的食物材料。例如，可以在摩卡蛋糕上摆放咖啡豆糖果，或者在橙味蛋糕上摆放橘子瓣。

以下几种可以布置在蛋糕上用来装饰的例子：

- 整个草莓
- 甜樱桃
- 橘子瓣
- 菠萝块
- 糖渍水果
- 蜜饯栗子
- 从彩色杏仁膏上切割下来，并擀开成片状的软糖。
- 成半的山核桃
- 成半的核桃仁
- 小而酥脆的蛋白霜
- 巧克力，例如巧克力松露
- 巧克力卷或其他巧克力装饰物
- 小的糖果（不要使用硬质糖果，因为顾客有可能会弄伤牙齿）

装饰的顺序

虽然摆放在蛋糕上的装饰品的顺序取决于蛋糕和面包师的喜好，但许多糕点师更喜欢以下顺序：

1. 在蛋糕装饰前后，用坚果、蛋糕屑或其他涂料覆盖到蛋糕的侧面。如果蛋糕的顶部装饰非常精美，用手触摸蛋糕可能会损坏蛋糕，那么可以先遮盖住蛋糕的侧面。但是，如果在蛋糕顶部制作出大理石花纹或者运用其他一些技法弄乱了蛋糕侧面的糖霜，那么在之后再用糖霜遮盖住蛋糕的侧面。

2. 如果蛋糕上有题词或留言，例如客人的姓名或者节假日，也或者是生日祝福，应先将其摆放到位（这条准则不适用于展示一系列蛋糕供客户选择的零售面包店。在这种经营中，应将蛋糕完全装饰好，并为题字留出空间。顾客选择蛋糕并注明题字内容，然后由面包师在出售时写上题字内容）。

3. 添加边框线条和使用圆形纸锥设计的图案造型。

4. 添加使用裱花袋制作的花朵、树叶及类似的装饰物。

5. 添加额外的食物，例如水果、坚果或糖果等。

◆ **复习要点** ◆

◆ 装饰蛋糕需要使用什么基本工具？
◆ 用圆形纸锥进行装饰的步骤是什么？
◆ 填入馅料和使用裱花袋的基本步骤是什么？

设计和装配特制的蛋糕

正如我们在这本书中多次指出的那样，糕点厨师的工作大部分是装配甜品的工作。从最基本的元素如奶油、馅料及烘烤的面团和面糊开始，糕点厨师将这些元素以与众不同的造型和诱人食欲的方式组合在一起，制作成甜品。欧洲风格蛋糕的构建尤其如此。

尽管可以用来制作蛋糕的原材料的数量几乎是无穷无尽的，但最常用的会在下文，基本的蛋糕成分一节中列出。接下来是介绍装配一个基本的欧式蛋糕的一般步骤，然后是制作一些甜品的具体步骤，其中大部分都是非常受欢迎的经典甜品。

熟悉了一般的制作步骤，就能够以这里所包含的范例为基础装配出具有自己特色的蛋糕。在进行制作的过程中，一个混合得非常到位而拥有更少的风味的蛋糕，或是有令人愉悦的明显差异化风味的蛋糕会比有太多风味的蛋糕更加讨人喜欢。这就需要确保选择用于蛋糕分层、馅料、糖霜和糖浆的口味能够很好地搭配。质地也是一个重要的考虑因素。一种乳脂状的、酥脆的，如蛋糕质地一样的混合物在味觉上会比大部分由慕斯组成的蛋糕更具吸引力。原材料如水果、坚果、牛轧糖、焦糖、巧克力、酥脆的蛋白霜及酥皮糕点增加了质感上的趣味性。

请注意，海绵蛋糕或其他鸡蛋泡沫蛋糕几乎都是这些甜品的主要成分。海绵蛋糕很结实，足以分割成非常薄的层次，并能承受住在装配这些构造所必需的处理过程。本章前面部分所讨论的黄油蛋糕和高比例蛋糕非常柔弱，不能采用这种方法进行加工处理。此外，它们承受不住一些馅料中所使用的液体的量。

加都蛋糕和托尔特蛋糕

gateau（加都蛋糕）和torte（托尔特蛋糕）这两个与欧式蛋糕有关的词非常常见。gateau是法语中是"蛋糕"的意思（复数形式是gateaux）。这个词几乎和英语单词cake一样通用，常被用来指各种各样的产品。例如，在第15章中包括的使用酥皮和杏仁馅料制作而成的皮蒂维耶蛋糕配方，以及用油酥面团和泡芙面团制作而成的圣欧诺瑞蛋糕，里面填入了一种糕点奶油酱。gateaux也可以指更加传统的分层蛋糕。

德语单词torte（复数形式是torten)通常用于描述分层蛋糕，但它有很多定义，并且常相互矛盾。根据英国人对蛋糕的定义，托尔特蛋糕是分层的海绵蛋糕，标记成单独的V形块，并且上面有各自的装饰图案。而另外一种完全不同的定义则称这种蛋糕是用含有坚果和（或）面包屑，但是含有很少或不含有面粉的面糊烘烤而成的蛋糕。然而，一些经典的托尔特蛋糕却不符合这两个定义。

我们不会试图去决定这个问题或增加混乱，当它们是公认的经典甜品名称的一部分时，我们会使用torte和gateau这两个词，例如sachertorte（萨赫蛋糕）和gateau st honore（圣欧诺瑞蛋糕）等。

基本的蛋糕组成部分

下面是糕点厨师用来制作特色蛋糕的一些重要的组成部分。

可选的底部分层	烘烤好的圆形油酥面团
	烘烤好的蛋白霜或杏仁风味蛋白霜
可选的铺设在蛋糕圈里	
蛋糕分层	热那亚蛋糕或其他普通的蛋糕
	杏仁海绵蛋糕或其他的坚果海绵蛋糕
	巧克力海绵蛋糕
额外的特殊分层	圆形酥皮
	杏仁风味蛋白霜或者圆形蛋白霜

用于润湿和调味蛋糕分层馅料	甜品糖浆
	果酱或果冻（特别是杏酱和覆盆子酱）
	奶油糖霜
	尚蒂伊奶油
	甘纳许
	巧克力慕斯
	糕点奶油酱及各种变化
	水果（新鲜的、煮过的，或者罐头装的）
糖霜和涂层	奶油糖霜
	可淋面的风登糖
	打发好的奶油
	杏仁膏
	亮光剂
	可擀开的涂层糖霜

基本的装配技法

本章的内容是基于在本章第一节所描述的技能之上的。如果有必要，在继续学习本节更专业的技法之前，请回顾前文中列出的基本蛋糕装配和装饰技法等相关内容。

由于特色蛋糕的种类多且复杂，所以本节以两个阶段的制作方法进行介绍。下面的第一个步骤是将烘烤好的蛋糕装配成一个基本的分层海绵蛋糕并涂抹糖霜。请注意，这个步骤与前文所解释的，用于制作高油脂蛋糕的方法有些不同。最重要的区别是调味糖浆的使用。

制作步骤： 装配一个基本的分层海绵蛋糕

1. 根据需要，修剪整理蛋糕的边缘部分。

2. 在蛋糕边缘上切出一个切口，这样蛋糕切割完分层之后，蛋糕层可以再次对齐。

3. 水平地将蛋糕切割成两半。

4. 将半个蛋糕摆放到蛋糕纸板上，并用一种风味糖浆将其湿润。

5. 用裱花袋挤入馅料是得到一层厚度均匀馅料的简单方法。

6. 在上面加上第二层蛋糕，并涂抹遮盖过蛋糕的表面。

7. 在侧面上涂抹上所需要的糖霜。

8. 用塑料刮板将蛋糕侧面刮平。

9. 使用抹刀，将表面涂抹光滑。如果需要，现在蛋糕就可以准备涂上亮光剂并进行装饰了。

步骤2介绍了本章后面部分会介绍到的一些更精致的蛋糕所需要使用的技法。要注意，这只是一般的步骤。在这两个步骤中会有一些相同的制作步骤。

一般步骤： 装配欧式风格的特色蛋糕

1. 将所有的原材料和器具都准备好。
2. 将一个蛋糕纸板摆放到蛋糕转盘或工作台面上。蛋糕会在蛋糕纸板上进行装配。
3. 根据蛋糕的厚度不同，可以将蛋糕水平的切割成两层或者三层。或者使用一块烘烤成一薄层的海绵蛋糕，并将其切割成所需要的形状和大小。
4. 如果使用的是夏洛特圈（蛋糕圈），根据需要做出刻痕（见下面内容）。
5. 如果使用的是果仁风味蛋白霜、蛋白霜或油酥面团做基底，将其摆放到蛋糕纸板上。使用一点糖霜或者果酱将其粘连到纸板上，这样它就不会在纸板上滑动（如果使用的是蛋糕圈，将基底摆放到蛋糕圈的里面）。涂上一层薄薄的馅料或者果酱。覆盆子酱或者杏酱通常会用于油酥面团的基底上。

6. 将一片海绵蛋糕分层摆放到基底上；如果没有使用基底材料层，可将海绵蛋糕分层直接摆放在蛋糕纸板上。
7. 在蛋糕分层上涂刷甜品糖浆。使用足量的糖浆湿润蛋糕，但是不要涂刷得过多，以免蛋糕变得湿软。
8. 如果使用水果块，在完成下一个步骤之后，可以把它们摆放在基底或者馅料上。
9. 涂抹上一层所需要的馅料。可以使用抹刀涂抹，或者可以更加快速地挤成一个层次均匀的馅料，如装配一个基本的分层海绵蛋糕步骤5中所示。
10. 在上面再摆放好一层海绵蛋糕，并涂刷糖浆。
11. 如果使用了第三层海绵蛋糕，可以重复步骤9和步骤10的做法。

注释： 有些时候，建议把最上面一层的海绵蛋糕切面朝上摆放，而不是结皮的一面朝上。如果使用的是一种颜色浅的、半透明状的糖霜，例如风登糖，这种方法特别有用。一层深色的结皮会透过薄薄的风登糖涂层隐约显出，使得蛋糕的外观欠佳。

12. 将蛋糕涂抹上所需要的糖霜或者亮光剂。如

果使用奶油糖霜或者其他可涂抹状的糖霜，可以直接涂抹到蛋糕上，或者先覆盖上薄薄的一层。注意蛋糕要想覆盖上亮光剂（详见亮光剂的应用步骤中的内容）必须首先涂抹上一层糖霜。

13. 进行装饰。

长方形蛋糕或者条形蛋糕

最受欢迎的蛋糕也可以制作成6～9厘米宽、40～46厘米长（烤盘的宽度）的长方形或条形，或者这个长度的任何分段。在标准烤盘里烘烤的蛋糕可以横着切割出7块这样大小的蛋糕。

要制作出一个蛋糕，从片状蛋糕上切割出所需大小的条形蛋糕，然后按照基本制作步骤，将分层蛋糕夹入馅料。在表面和侧面涂抹上糖霜。蛋糕的侧面可以涂抹糖霜，也可以不涂抹糖霜，以展现出蛋糕分层和馅料的图案造型。用一把锋利的锯齿刀，将两端修剪掉薄薄的一层，以展现更具有吸引力的外观。在修剪每一层之前，先将锯齿刀擦干净并蘸入热水中。

要大批量地制作长方形或者条形蛋糕，使用整片的蛋糕，并按照基本制作步骤进行分层装配。将蛋糕切割成所需宽度的条形，然后在每一个条形蛋糕的表面和侧面涂上糖霜。

条形蛋糕可以通过将长方形蛋糕切割成4厘米宽而将其分割成份状。蛋糕表面上可以标记成份状，并装饰成有规则的图案造型，就像圆形蛋糕通常被标记成V形块的做法一样。

内衬（铺设）夏洛特圈或蛋糕圈

有时会在蛋糕分层中使用到一种软质的馅料或者慕斯，例如巴伐利亚奶油或者其他以明胶为基料的馅料等，在这些情况下，有必要使用一个环形模具来固定住馅料的位置，直到蛋糕冷却到足以将馅料定型。这些环形模具通常被称为夏洛特圈，因为它们被用来制作夏洛特蛋糕，这种甜点则是利用夏洛特模具，以巴伐利亚奶油（详见第19章内容）制成的甜品，它们又称蛋糕圈。

使用一个夏洛特圈可以让糕点厨师为蛋糕创作一个带有装饰性的侧面。蛋糕只需最后在表面涂抹上糖霜或者亮光剂即可。当取下蛋糕圈时，蛋糕装饰性的侧面就会显露出来。

为了取得最规整的效果，在装配蛋糕之前，先在蛋糕圈里内衬好一条塑料胶片。这样可以更加容易地从最后制作好的蛋糕上取出金属蛋糕圈，而不会破坏蛋糕的侧面。例如，如果不使用塑料胶片的话，海绵蛋糕有时会粘连到金属蛋糕圈上。

夏洛特圈的四种常见内衬是海绵蛋糕条、片状海绵蛋糕、巧克力和水果。

海绵蛋糕条

用来内衬到蛋糕圈里的海绵蛋糕条必须薄（0.5厘米）而且具有足够的柔韧性，可以弯曲而不折断（参见在蛋糕圈模具里内衬海绵蛋糕条制作步骤中的内容）。在蛋糕圈模具里内衬海绵蛋糕条。

使用杏仁粉制成的海绵蛋糕非常适合这种用途，因为它湿润且柔韧。乔孔达海绵蛋糕尤其适合。手指海绵蛋糕也是一个不错的选择，虽然它不含有坚果粉，但它依然结实而有柔韧性。

作为装饰边，带状海绵蛋糕非常受欢迎。使用彩色模板拼贴可以让厨师为不同的蛋糕制作出许多不同的设计图案。在第19章中，百香果夏洛特和异域风情慕斯蛋糕都是用带状海绵蛋糕制作而成的。焦糖海绵蛋糕也可以制作成极具吸引力的内衬，适合用于以焦糖水果或其他焦糖风味制作而成的蛋糕，例如巴纳尼尔香蕉蛋糕。焦糖海绵蛋糕的制作步骤（见下面内容）详细说明了如何做到这一点。

制作步骤： 在蛋糕圈模具里内衬海绵蛋糕条

1. 使用蛋糕圈作为向导，测量要切割出的海绵蛋糕条的宽度和长度（图A）。蛋糕条可以切得比蛋糕圈稍微窄一些，这样一些馅料就会在它的上面显露出来。它还应该比蛋糕圈的周长稍微长出一点，这样才会紧密贴合到一起。

2. 在放入模具里之前，先在海绵蛋糕条上涂刷上甜品糖浆，以防止从馅料中渗透出的果汁使其变色。

3. 将蛋糕圈摆放到蛋糕纸板上，然后将条状海绵蛋糕摆放到蛋糕圈里（图B）。

4. 用小刀将蛋糕条的末端修剪掉（图C）。

制作步骤： 焦糖海绵蛋糕条

1. 切出一条内衬到模具里所需大小的乔孔达海绵蛋糕条。

2. 在蛋糕条上涂抹上薄薄的一层萨芭雍Ⅰ，然后使用细眼网筛均匀地撒上一层糖粉。

3. 将蛋糕条的表面上色。为了取得最佳效果，可以使用手持式电动烙铁，如果没有的话，可以在焗炉或者扒炉里将糖粉焗至棕色，但是要仔细观察，以防止将它烧焦。

4. 重复步骤2和步骤3的内容，进行第二层覆盖。

5. 将蛋糕条翻过来，用同样的方法将另一面也焗至焦糖状。

片状海绵蛋糕

由于其切割面上的条纹图案，年轮蛋糕使其成为极具吸引力的蛋糕模具内衬（见下面使用年轮蛋糕片内衬一个蛋糕模具的制作步骤中的内容）。关于使用年轮蛋糕的配方，请参阅焦糖梨夏洛特。

另一种制作具有吸引人的垂直条纹的切片海绵蛋糕内衬的方法是将薄层海绵蛋糕与果酱、甘纳许，或其他馅料夹在一起。将其切割成片状并内衬到蛋糕模具里的步骤与年轮蛋糕的方法相同。巧克力蛋糕和夏洛特奶油黑醋栗蛋糕就是以这种方式制作的。

制作步骤： 在蛋糕模具里内衬年轮蛋糕片

1. 将一块年轮蛋糕切割成与蛋糕边缘所需高度一样宽的长条（图A）。	2. 将这一长条横着切割成0.5厘米厚的薄片状（图B）。	3. 将这些薄片摆放到模具的内侧，这样这些条纹都是垂直的（图C）。

巧克力

巧克力是特别受欢迎的蛋糕模具内衬。将经过回温处理后的巧克力涂抹到塑料胶片上，并摆放到模具圈的内侧。塑料胶片可以保留在蛋糕侧面以供展示，但在蛋糕或夏洛特被切成片状服务上桌前要被移除。可以使用纯巧克力，但带有花纹的巧克力，例如木纹或大理石花纹会更具有吸引力。这些技法在第23章中有图解说明。朱莉安娜蛋糕的制作步骤，是使用巧克力内衬的环形模具来制作蛋糕的例子。

水果

水果也是可以用来内衬到模具里的，与制作草莓蛋糕一样。当使用像草莓等新鲜水果时，制作好的成品甜品不能冷冻，因为解冻后水果的质地会被破坏，并且水果会失去果汁，破坏了蛋糕的外观造型。

在模具内衬一条塑料胶片可以达到最好的效果（如果没有塑料胶片，可以使用油纸代替）。要采取措施不要让馅料在水果和模具之间流动，否则会使蛋糕的外观逊色。如果是切成两半的草莓或类似的水果，将水果的切面紧紧按压在模具的侧面，但不要压得太紧以至于把水果压碎。浓稠的馅料和明胶馅料在快要凝固成型时不太可能在水果和模具间流动。

◆ **复习要点** ◆

◆ 装配一个基本的分层海绵蛋糕过程中的步骤是什么？

◆ 在装配欧式特色蛋糕一般过程中的步骤是什么？

◆ 用海绵蛋糕条和蛋糕片内衬到蛋糕圈里的制作步骤是什么？

涂上其他的糖霜或涂料

到目前为止讨论的蛋糕装配步骤主要聚焦在蛋糕上涂抹上可涂抹的糖霜，例如奶油糖霜。其他的蛋糕涂层，特别是亮光剂和可擦开使用的涂层，需要使用其他的技法。

亮光剂和可浇淋风登糖

浇淋风登糖可以给蛋糕提供一种薄的、光滑的、富有光泽的涂层，可作为圆形纸锥装饰的优良基底。而且，在炎热的天气里，它是奶油糖霜很好的替代品，特别是对于那些由于各种原因不能一直冷藏的蛋糕。

当使用风登糖涂抹蛋糕，特别是海绵蛋糕时，首先在蛋糕的表面和侧面涂刷上热的杏酱是非常好的主意。在涂上风登糖之前，先让杏酱凝固。这样做会在风登糖和蛋糕之间提供一个防潮层，减少了风登糖变干燥和失去光泽的机会。此外，它还能最大限度地减少蛋糕屑松散的问题，因为松散的蛋糕屑可能会破坏所覆盖的糖霜层的平滑性。

参考可浇淋风登糖的指南，使用风登糖浇淋到蛋糕上，需将蛋糕摆放在糖霜网架上，然后将温热的风登糖浇淋在蛋糕上，用圆头刀具引导软糖均匀地覆盖在蛋糕的四周。

使用其他的可浇淋亮光剂，也应首先做出一个防潮和防蛋糕碎屑层，与可浇淋风登糖中的步骤一样。不过，涂一层奶油糖霜会比涂一层杏酱更合适。

制作步骤： 淋面的应用

1. 将所有的原材料和器具都准备好。
2. 在蛋糕的表面和侧面涂抹覆盖好一层糖霜。要确保糖霜的光滑和平整，因为任何不规整的地方都会透过亮光剂显示出来。
3. 冷藏至糖霜凝固并变硬。
4. 让亮光剂略微温热一点，27℃。如果太热，亮光剂就会将糖霜融化开。如果太凉，它就不会流淌，导致不能自如地被涂抹开。使用勺子将亮光剂表面的所有气泡刮掉。
5. 将蛋糕摆放到放置在烤盘内的糖霜架或者架子上，以收集多余的亮光剂。
6. 将亮光剂浇淋到蛋糕上，彻底并均匀地覆盖过蛋糕。糕点厨师们会使用两种不同的首选方法来确保涂层均匀：

（1）先沿着蛋糕的边缘浇淋亮光剂，让其从侧面流淌下来；然后将光亮剂浇淋到蛋糕的中间以完成浇淋。如果可能的话，可以将蛋糕从一侧到另一侧略微倾斜一些，让亮光剂流淌得更加均匀。

（2）同样的，首先在蛋糕中间位置浇淋上大量的亮光剂，让它向外边的各个方向流淌。用一把曲柄抹刀快速地将蛋糕的每一面都涂抹上亮光剂，这样蛋糕的每一面都能完全覆盖上亮光剂。用抹刀从蛋糕的边缘处刮掉多余的亮光剂；不要把刀从表面上抬起，因为这样会在亮光剂上留下纹路。必须在亮光剂凝固之前迅速完成这项工作。

可擀开的涂层

杏仁膏和可擀开使用的风登糖常被用来覆盖到蛋糕上。可擀开的风登糖最常用于婚礼蛋糕上，因为它提供了一个细腻、光滑的表面，作为更加精雕细琢的装饰基础。杏仁膏是一种由杏仁和糖制成的糖膏或糊状物。当可擀开的风登糖一直被用作蛋糕外层时，杏仁膏可以用作外层或作为一层可淋面的风登糖或者其他糖霜的覆盖层。用作可淋面的风登糖使用时，杏仁膏会像杏酱涂层一样，作为防潮层，用来保护风登糖（第4章中有制作杏仁膏的说明）。可擀开的风登糖和杏仁膏可以原样使用，或者通过揉入需要的颜色后使用彩色的风登糖。

造型用巧克力很少用作蛋糕涂层，但会在一些特制的产品中使用。它的处理像可擀开的风登糖一样，除了无法上色以外。

以下是使用可擀开涂层材料的指南：

1. 将蛋糕的表面制备就绪。确保其非常光滑，没有任何的蛋糕屑。在蛋糕表面涂抹上一层糖霜，或者涂刷上融化的果酱，以密封好蛋糕的表面。奶油糖霜覆盖层最常用在可擀开使用的风登糖的下面，糖霜或融化的果酱或杏酱可以用在杏仁膏的下面。密封涂层有助于让可擀开使用的涂层粘连在蛋糕上，并且也作为蛋糕和涂层之间的防潮层。

2. 如果有必要，用双手揉捏或在工作台面上揉搓涂层材料，使其柔韧。在工作台面和擀面杖上撒上糖粉，把涂层材料擀开成为薄薄的一层，与擀开面点面团一样。

3. 如果杏仁膏是直接覆盖在蛋糕上，没有覆盖糖霜，可以用一个带有脊状线的擀面杖把它擀至带有纹理的造型。将带有脊状线的擀面杖在片状杏仁膏上擀过去滚动一次，使其带有纹理。要制作出格子状或波纹状的纹理，将擀面杖与第一次滚动时成直角的角度在杏仁膏片上再滚动一次。

4. 将覆盖层擀开至大到足以覆盖过蛋糕的表面和四周侧面的薄片形。利用擀面杖将其抬起来，并覆盖到蛋糕上。使用风登糖抹平器或者双手的手掌，小心地将覆盖层按压平整，然后使其紧贴在蛋糕的侧面并塑形。小心地在侧面塑形，以避免产生波纹或皱褶。

5. 另一种相对来说比较简单的方法只使用杏仁膏覆盖住圆形的分层蛋糕的表层。把这一层蛋糕倒放在一片杏仁膏上，轻轻按压好。修剪掉多余的杏仁膏。把这一层蛋糕的正面朝上摆放到蛋糕上。然后就可以用惯用的方法在蛋糕的侧面涂抹上糖霜。

6. 在覆盖好蛋糕表面后，要覆盖一个圆形蛋糕的侧面，先在侧面涂抹糖霜，这样杏仁膏就会粘在上面。擀开一条杏仁膏条，其宽度与蛋糕的高度一样，长度是蛋糕宽度的3倍。将杏仁膏条宽松地卷起来，然后在蛋糕的侧面展开。在蛋糕上涂抹上风登糖或者其他浅色的糖霜了。

7. 要使用杏仁膏或者可擀开使用的风登糖，覆盖一个条形蛋糕或者一个蛋糕卷（瑞士蛋糕卷），擀开一片足以覆盖过条形蛋糕或者蛋糕卷的覆盖材料。在蛋糕上涂上杏酱或融化的果酱。把蛋糕摆放在覆盖材料的边缘上，用覆盖材料将蛋糕卷起来。

作为一种替代方法，可以将杏酱涂刷到擀开的覆盖材料上而不是涂刷到蛋糕上。

8. 在潮湿的天气里，最好不要把覆盖有风登糖的蛋糕放在冰箱里。当蛋糕从冰箱中取出时，凝结在表面的水分会破坏风登糖的外观。

装配分层的蛋糕

业余面包师们有时会错误地认为，婚礼蛋糕这样的多层蛋糕，只要简单地把一层比一层小的蛋糕堆叠起来就可以制作出来。但几乎结果都是蛋糕塌了下来，因为蛋糕的底层不够结实，无法承受上面分层蛋糕的重量。

分层的蛋糕需要足够的支撑来维持其结构。这里给出的制作步骤概括了构建这个结构所需要的步骤。黄油蛋糕或者高比例蛋糕是制作分层蛋糕的最佳选择，因为它们有密度稠密的质地。

可擀开使用的风登糖

几年前，术语风登糖（fondant）单独使用时，几乎总是指可浇淋风登糖的糖霜，或是以相同的方式制成的糖果。然而，今天这个词通常是指像腻子一样的物质，被称为可擀开的风登糖。但是，可浇淋风登糖和可擀开使用的风登糖几乎没有什么共同之处，除了它们都是以糖制成的以外。可擀开的风登糖，严格意义上说，并不是风登糖。注意，这个词本身来自法语单词，意思是"融化"。当用于可擀开使用的涂层时，是一个非常不恰当的术语。

制作步骤： 装配一个分层的蛋糕

1. 分别将每层蛋糕都涂抹上糖霜。每层蛋糕都应该有自己的蛋糕圈。使用与分层蛋糕直径相同的蛋糕圈。当分层蛋糕制作完成后，它们应该是一体的。

2. 在开始装配蛋糕前，先将蛋糕冷藏起来，使其变得坚硬而容易操作。需要的时候，一次一层地将它们从冰箱中取出，以保持它们的硬度（不管如何操作，请看上文，关于使用可擀开涂层材料的指南中最后部分里的冷藏注意事项中的内容）。

3. 将底层蛋糕摆放到蛋糕底座，厚重的蛋糕板，或任何要将蛋糕摆放在上面进行展示的材料上。

4. 用一个与下一层蛋糕相同大小的蛋糕模具，倒扣在底层蛋糕的顶部，并做标记。将蛋糕模具居中摆放好，轻轻将其按压到糖霜里，然后取走模具。这个步骤将在蛋糕的顶部按压出一个圆圈，作为摆放下一层蛋糕时的参照。也可以不使用蛋糕模具，把一个与第二层蛋糕层大小相同的蛋糕圈摆放在底层蛋糕的上面，然后在蛋糕圈的边缘用一根牙签轻轻地在糖霜上画出圆圈（图A）。

5. 在蛋糕中间插入一个细木棍，保持其完全垂直。把它牢稳地按压到底部的蛋糕板上，可能有必要将木棍稍微削尖一些。

6. 使用刀子或者一支铅笔，在木棍上，刚好涂抹有糖霜的表面的水平位置上标记出一个记号（图B）。

7. 取出木棍。使用木棍上的标记作为向导，切割出更多相同长度的木棍。需要的木棍数量取决于蛋糕分层的大小。通常4~7根就足够了。用粗钢丝钳切割木棍会非常方便。

8. 在蛋糕的中间位置插入一个准备好的木棍，其余的木棍在蛋糕周围围成一圈，在表面糖霜上标记的圆圈内留出2.5厘米的距离（图C）。

9. 重复步骤5~8进行测量的步骤、切割木棍、并将木棍插入剩余的每一分层蛋糕里。随着分层蛋糕越来越小，需要用来支撑它们的木棍会更少，但一定至少是三根。不需要在顶层蛋糕上插入木棍，除非需要在顶部支撑一个沉重的装饰物。为了支撑顶部的装饰物，用装饰物的底部在顶部的糖霜上标记，然后

按照步骤5~8切割和插入木棍。在大多数情况下，可以呈三角形地插入三根木棍。即便是较小的装饰物，只使用一根或者两根木棍也会使装饰物不够牢稳。

10. 步骤1~9可以在最后装配之前制作好，此时蛋糕可以放回冰箱冷藏。即使马上要进行最后的装配，最好还是先将分层蛋糕短暂冷藏，以确保它们坚硬。

11. 要进行装配，首先在表面上的木棍处挤出一堆皇家糖霜，以粘住下一层圆形蛋糕的底部，并防止它滑动。有些面包师会将这一步省略掉，但是本书推荐这么做，特别是如果最后制作完成的蛋糕必须移动一段距离的情况下。

12. 将第二层蛋糕摆放到底层蛋糕上，将其与第4步中所画出的圆对整齐（图D）。对剩余的蛋糕层重复步骤11和12的做法。

13. 根据需要装饰蛋糕。

A

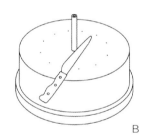

B

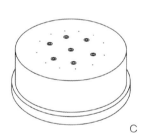

C

D

制作步骤总结

1. 涂抹每层蛋糕并冷藏。

2. 在每层涂抹好糖霜的分层蛋糕表面上标记出参照用的圆圈。

3. 插入、标记和切断木棍。

4. 插入木棍。

5. 在表面上的木棍位置处挤上皇家糖霜。

6. 堆砌分层蛋糕。

安科扎尔/图例

利安斯图迪奥/图例

戈尔达纳·塞尔梅克/图例

● **复习要点** ●

◆ 涂刷亮光剂过程中的步骤有哪些？

◆ 可擀开的涂层是如何应用于蛋糕上的？

◆ 装配分层蛋糕过程中的步骤有哪些？

制作特制蛋糕的步骤

本章前一节重点讲解了制作特制蛋糕的一般步骤和技法。本章的其余部分专门介绍装配各种蛋糕和以蛋糕为基础的甜品的具体步骤，包括瑞士蛋糕卷和小蛋糕等。

本章中关于特制蛋糕的说明是装配蛋糕的步骤而不是制作蛋糕的配方，尽管它们可能与配方中列出的原材料或构件相类似。这些制作步骤可以用于任何大小的蛋糕。在许多情况下，它们不仅可以用于圆形蛋糕，也可以用于方形蛋糕和长方形条状蛋糕。因此，完成它们所需的馅料和涂抹用的糖霜数量差别很大。以这种方式介绍的制作步骤，反映了面包店的正常工作惯例。在典型的操作中，蛋糕是提前烘烤好的，馅料、糖霜和其他成分是预先分开准备的。个别甜点可以根据需求或销售情况，利用手头的材料迅速装配好。

对于少数一些比较复杂的蛋糕，给出了一些主要成分的大约数量来作为使用指南。这些数量只适用于制作步骤中所标明大小的蛋糕。然而，这并不妨碍使用这些制作步骤来制作任何大小的蛋糕，根据具体需要改变数量即可。

大型蛋糕

在这一部分中的大部分制作步骤都是用于圆形蛋糕的制作。除了那些用环形蛋糕模具制作的以外，它们中的很多蛋糕都可以制作成长方形或条形。此外，大多数蛋糕都可以制作成任何的大小。因此，在许多情况下，单个构件的具体数量并没有给出，可以自由发挥地将蛋糕制作成所需的任何大小。面包店里通常会大量使用现有的原材料来制作蛋糕，所以厨师们只是使用他们认为自己所需要的数量，而没有去统计具体的数量。

本节随后的内容中会介绍一些制作更复杂的蛋糕，并提供它们所需的配方数量作为指导，以帮助直观了解这些蛋糕。根据需要，可以随意修改这些数量。

最后，许多模具造型的甜品和糕点都是被制作成蛋糕的形状，并装饰成蛋糕的样子。例如，使用模具塑形并使用巴伐利亚奶油装饰的蛋糕被称为夏洛特蛋糕，通常是用环形模具制作的，就像一些蛋糕一样。如果它们没有使用分层蛋糕制作，这些配方都包括在第19章中的基本巴伐利亚奶油中。其他蛋糕形状的甜品都可以在第15章和第21章中找到相关的内容。其中一些被称为内衬夏洛特圈或者蛋糕圈的已经在之前的章节中提到过。

本节中的每个制作步骤都伴有一个示意图，有助于看清楚这些组成部分是如何被分层并制作成完整的蛋糕。这些图示的目的旨在展示蛋糕的结构和它的组成部分之间的关系。它们不必按比例进行绘制。例如，可以比图例所显示的加入更厚或更薄的糖霜。至于蛋糕顶部的装饰通常不会被显示出来。

 ## 黑森林蛋糕 black forest torte

组成部分（原材料）

巧克力热那亚蛋糕（片切成3层，或3片巧克力海绵蛋糕分层）

用樱桃酒调味的甜品糖浆

以樱桃酒调味的打发好的奶油

去核樱桃（甜味，深色）控净汁液

巧克力刨片

制作步骤

1. 将巧克力海绵蛋糕分层涂刷上糖浆使其湿润。
2. 在上面涂抹上一层薄薄的打发好的奶油。
3. 使用装有大号的平口裱花嘴的裱花袋，在分层蛋糕中间挤出一圈奶油。沿着外边也挤出一圈奶油。然后在这两者之间的空处，再挤出一圈奶油。
4. 在这些挤出的奶油圈之间的两个圆圈之间的空闲处，填入控净汁液的樱桃。
5. 在上面摆放上第二层的海绵蛋糕分层。涂刷上糖浆使其湿润。
6. 涂抹一层打发好的奶油。
7. 再在上面摆放好第三层的海绵蛋糕分层，涂刷上糖浆使其湿润。
8. 在蛋糕的侧面和表面，都涂抹上打发好的奶油。
9. 使用刀背，在蛋糕的表面上标记出所需要切割出的V形块数。
10. 用巧克力刨片遮盖住蛋糕的侧面，在蛋糕表面上的中间位置处，也撒上巧克力刨片。

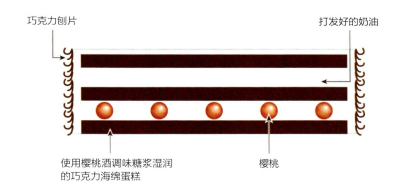

巧克力刨片　　　　　　　　　　　　　　　　　　打发好的奶油

使用樱桃酒调味糖浆湿润的巧克力海绵蛋糕　　　　　　樱桃

黑森林蛋糕（schwarzwalder kirschtorte）

在德国，black forest（黑森林）称为schwarzwald，其是位于德国西南部的名胜，在莱茵河以东。这个风景名胜区里最著名的农产品之一是樱桃（樱桃，德语是kirsche），它常被用来酿造一种称为kirschwasser的清澈的白色白兰地酒。黑森林蛋糕是一种用加有樱桃酒调味的巧克力海绵蛋糕做成的蛋糕，并加有樱桃和打发好的奶油进行分层，是这个地区非常受欢迎的甜品，在大多数糕点店里都有售卖。

摩卡蛋糕 mocha torte

组成部分

热那亚蛋糕，片切割成3层或4层

用咖啡调味的奶油糖霜

以咖啡或者咖啡利口酒调味的甜品糖浆

制作步骤

1. 将蛋糕分层涂刷上糖浆使其湿润。在蛋糕中间涂抹上奶油糖霜作为夹馅。

2. 在蛋糕的侧面和表面用奶油糖霜涂抹光滑平整。

3. 使用填入额外的奶油糖霜的裱花袋，根据需要进行装饰，也可以使用适当的巧克力进行装饰。如果需要，还可以在侧面粘上烘烤过的杏仁片。

各种变化

可以交替着使用2片薄的香草风味热那亚蛋糕和2片薄的巧克力风味热那亚蛋糕。

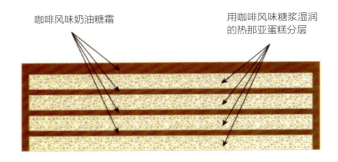

咖啡风味奶油糖霜　　　　　　　　　用咖啡风味糖浆湿润的热那亚蛋糕分层

摩卡咖啡

mocha（摩卡咖啡）又称mukha，是也门一个海港的名字，位于阿拉伯半岛。这座城市是一种味道浓郁的咖啡的重要出口国，这种咖啡至少从15世纪开始就备受重视。人们知道这种咖啡，主要是其作为混合爪哇摩卡咖啡的两种成分之一。换句话说，摩卡这个词最初和巧克力没有任何关系。然而，今天我们通常用这个词来指咖啡和巧克力风味的混合物。这里的摩卡蛋糕尊重了这个词的原意，因为它只加入了咖啡调味（尽管在"各种变化"里提供了巧克力可供选择）。

水果蛋糕　fruit torte

组成部分

油酥面团或杏仁油酥面团圆形片

热那亚蛋糕，或杏仁海绵蛋糕片切成2层

覆盆子果酱或杏酱

用香草香精或樱桃酒调味的甜品糖浆

用香草香精或樱桃酒调味的奶油糖霜

小个头的水果，最好是3种或4种，颜色对比鲜明（例如橘子片、樱桃、葡萄、香蕉片、草莓以及菠萝块等）

杏亮光剂

杏仁（片状或碎末）

制作步骤

1. 在油酥面团圆形片底座上涂抹好果酱。
2. 在上面摆放一片海绵蛋糕分层，涂刷上糖浆让其湿润。
3. 涂抹上一层薄薄的奶油糖霜。
4. 再摆放好第二片海绵蛋糕分层。
5. 涂刷上糖浆让其湿润。
6. 在表面和侧面都涂抹上奶油糖霜。
7. 将各种水果以规整的同心圆造型在表面上摆好，与制作不用烘烤的水果塔一样。
8. 在水果上涂刷上杏亮光剂。
9. 在蛋糕的侧面粘上杏仁。

各种变化

可以使用打发好的奶油或者糕点奶油酱来代替奶油糖霜作为馅料。

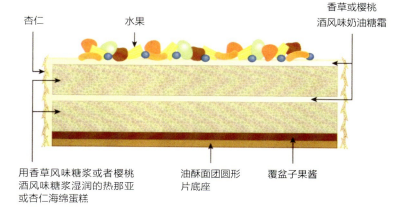

杏仁　　　　　　水果　　　　　　　　　　　香草或樱桃酒风味奶油糖霜

用香草风味糖浆或者樱桃酒风味糖浆湿润的热那亚或杏仁海绵蛋糕　　　油酥面团圆形片底座　　　覆盆子果酱

多博斯蛋糕 dobos torte

组成部分

7片多博斯蛋糕分层
巧克力奶油糖霜
切碎的杏仁
糖（加热到浅色焦糖阶段）

制作步骤

1. 将最美观的多博斯蛋糕分层摆放到一边留作表面使用。
2. 将其他六片蛋糕分层间涂抹上巧克力奶油糖霜夹馅。
3. 将蛋糕侧面和表面完全涂抹好。在侧面粘上切碎的杏仁。
4. 将糖加热到浅色焦糖阶段。将热的焦糖浇淋到保留好的多博斯蛋糕分层上，将表面完全覆盖上薄薄的一层糖浆。
5. 使用涂有黄油的刀，快速将浇淋了焦糖的蛋糕分层切割成份状的V形块。这一步骤必须在焦糖变硬前操作完成。
6. 在蛋糕表面摆放上一层被焦糖覆盖好的V形蛋糕分层块。

各种变化

七层蛋糕 seven-layer cake

七层蛋糕是多博斯蛋糕的一种变体，只是它通常被制作成长条形或长方形，而不是圆形蛋糕。将七层蛋糕一起夹上巧克力奶油糖霜。在表面和侧面都涂抹上巧克力奶油糖霜、巧克力风登糖或融化的巧克力。

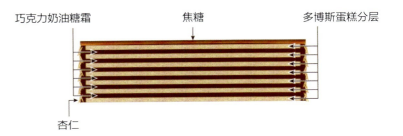

巧克力奶油糖霜　　　　焦糖　　　　多博斯蛋糕分层

杏仁

拿破仑蛋糕 napoleon gateau

组成部分

闪电酥皮面团或酥皮边角料
糕点奶油酱
白色风登糖
巧克力风登糖
切碎的杏仁或酥皮碎屑

注释： 这里的制作方法和普通的拿破仑蛋糕是一样的，只是制作成了蛋糕的形状。

制作步骤

1. 将酥皮面团擀开成为3毫米的厚度。切割出3个直径比所需要的蛋糕多出2.5厘米的圆形片（考虑到在烘烤的过程中酥皮会有收缩）。在酥皮面团上戳出一些孔洞。松弛30分钟。
2. 温度200℃将酥皮面团烘烤至棕色并酥脆。冷却。根据需要，可以使用锯齿刀小心地修剪圆形酥皮，使它们浑圆一体并大小一致。
3. 将三层酥皮与热那亚蛋糕分层一起填入糕点奶油酱馅料。使用最美观的酥皮层摆放到最上面一层，倒置摆放，这样表面会变得平整而光滑。
4. 在表面倒入可浇淋风登糖，使用巧克力风登糖在表面制作出大理石花纹造型。
5. 根据需要，可以使用额外的糕点奶油酱，小心地将侧面涂抹光滑，粘上杏仁碎或酥皮糕点碎屑。

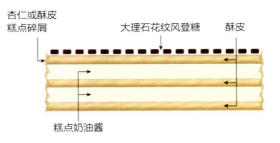

杏仁或酥皮　　　　　　大理石花纹风登糖　　酥皮
糕点碎屑

糕点奶油酱

萨赫蛋糕 sachertorte

组成部分

1个烘烤好的萨赫蛋糕

用樱桃酒调味的甜品糖浆

杏酱

甘纳许

巧克力淋面

黑巧克力碎末

制作步骤

1. 根据需要，修剪蛋糕，并切割成两片。在这两片蛋糕上涂刷上樱桃酒风味糖浆，使其湿润。

2. 在蛋糕中间夹上一层杏酱。

3. 在蛋糕的表面和侧面上覆盖好一层甘纳许，涂抹至非常光滑平整。

4. 冷冻蛋糕至甘纳许变硬。

5. 将蛋糕摆放到托盘里的线架上，在蛋糕上全部浇淋上温热的巧克力淋面。使用抹刀将表面抹平，并轻轻震动托盘使巧克力糖浆变光滑。冷冻至凝固。

6. 将蛋糕从线架上取下，用一把刀将蛋糕底部边缘清理规整，然后摆放到蛋糕纸板上。

7. 使用额外的甘纳许，在蛋糕中间挤出"Sacher"字样。在蛋糕底部的侧面上覆盖上巧克力碎末（有关这款经典的奥地利蛋糕的背景资料，请参阅前文内容）。

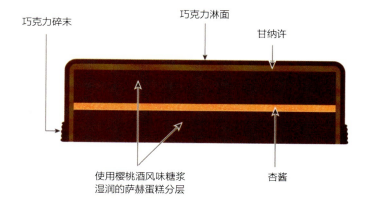

巧克力碎末　巧克力淋面　甘纳许

使用樱桃酒风味糖浆湿润的萨赫蛋糕分层　杏酱

🌸 樱桃蛋糕 kirsch torte

组成部分

2个烘烤好的蛋白霜圆片或坚果风味蛋白霜片

1个烘烤好的热那亚蛋糕分层，2.5厘米厚

用樱桃酒调味的甜品糖浆

用樱桃酒调味的奶油糖霜

糖粉

切碎的杏仁或蛋白霜碎屑

制作步骤

1. 在热那亚蛋糕上涂刷上足够的樱桃酒风味糖浆，使其吸收充分。
2. 将一片蛋白霜或者坚果风味蛋白霜片倒扣（光滑的一面朝上）摆放到圆形蛋糕上。
3. 涂抹上一层奶油糖霜。
4. 再摆上热那亚蛋糕，并涂抹上奶油糖霜。
5. 最上面覆盖上第二片蛋白霜，光滑面朝上摆放好。
6. 在蛋糕侧面均匀地涂抹好奶油糖霜，并覆盖上一层坚果或蛋白霜碎屑。
7. 在表面多撒上一些糖粉。使用刀的刀背，在糖粉上制作出菱形的印痕。

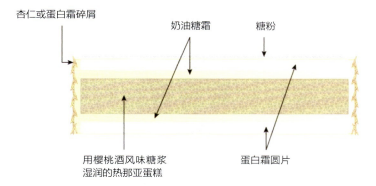

杏仁或蛋白霜碎屑　　　奶油糖霜　　　糖粉

用樱桃酒风味糖浆湿润的热那亚蛋糕　　　蛋白霜圆片

🌸 橙味奶油蛋糕 orange cream cake

组成部分

1个蛋白霜圆片

热那亚蛋糕，片切成2层

橙味甜品糖浆

用橙味利口酒略微调味的打发好的奶油

橘瓣

注释：这道配方的制作步骤，可以使用所有合适的水果，如草莓、菠萝、杏和樱桃等。糖浆和奶油的风味应该与水果的味道相适应。

制作步骤

1. 在蛋白霜圆片上涂抹上打发好的奶油。
2. 上面摆放一片热那亚蛋糕片，涂刷上糖浆。
3. 涂抹上打发好的奶油。
4. 在奶油上，摆放好一层控净汁液的橘瓣。
5. 在橘瓣上摆放好第二片热那亚蛋糕片。涂刷上糖浆使其湿润。
6. 在蛋糕的侧面和表面涂抹上打发好的奶油。
7. 在蛋糕表面上标记出所希望切割出的块数。
8. 在蛋糕表面，围绕着边缘位置，用打发好的奶油挤出玫瑰花结装饰。在每个玫瑰花结的顶部摆放上一瓣橘瓣。

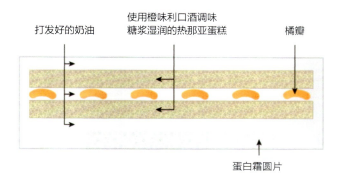

打发好的奶油　　　使用橙味利口酒调味糖浆湿润的热那亚蛋糕　　　橘瓣

蛋白霜圆片

草莓蛋糕 strawberry cake

组成部分

2片热那亚蛋糕，每片1厘米厚
用樱桃酒调味的甜品糖浆
新鲜草莓（择洗干净）
香草风味巴伐利亚奶油
香草风味奶油糖霜
挤出的巧克力（裱花巧克力）

制作步骤

1. 在夏洛特圈里内衬好一片塑料胶片，将夏洛特圈摆放到蛋糕纸板上。
2. 将一片热那亚蛋糕片摆放到夏洛特圈里，涂刷上糖浆。
3. 选出要摆放到夏洛特圈里的最美观、大小差不多的草莓，将它们竖立着切割成两半，并将切面朝向塑料胶片摆放好。将剩余的草莓均匀撒布到蛋糕上。
4. 用巴伐利亚奶油覆盖过草莓，已经冷却到浓稠并且快要凝固时。将夏洛特圈填满到离顶部1厘米高的地方，确保在草莓周围没有了空间。
5. 将第二片热那亚蛋糕片摆放到上面，略微下压。在蛋糕上涂刷上糖浆。
6. 在表面涂抹上薄薄的一层奶油糖霜。
7. 使用一个圆形纸锥，使用裱花巧克力在表面上进行装饰，挤出所需要的造型。
8. 冷冻至凝固。去掉夏洛特圈，但是保留围绕着蛋糕的塑料胶片，直到准备服务时。

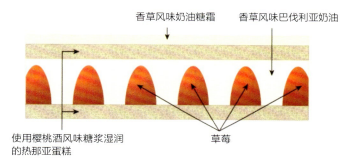

 ## 巧克力慕斯蛋糕 chocolate mousse cake

组成部分

3片巧克力蛋白霜圆片
巧克力慕斯
巧克力刨片

制作步骤

1. 在巧克力蛋白霜之间填入巧克力慕斯夹馅。
2. 将表面和侧面全部涂抹上巧克力慕斯。
3. 在蛋糕的表面和侧面撒上巧克力刨片。

巧克力甘纳许蛋糕 chocolate ganache torte

组成部分

1片普通的或巧克力蛋白霜圆片（可选）

打发好的甘纳许

巧克力热那亚蛋糕，片切割成3层

用朗姆酒或香草风味调味的甜品糖浆

巧克力奶油糖霜

制作步骤

1. 在蛋白霜圆片上涂抹甘纳许。
2. 覆盖一片热那亚蛋糕片。涂刷糖浆使其湿润，并涂抹一层甘纳许。
3. 覆盖第二片热那亚蛋糕片，重复此前的操作步骤，涂刷更多的糖浆和甘纳许。
4. 在表面覆盖上剩余的蛋糕分层，涂刷上糖浆使其湿润。
5. 在表面上和侧面涂抹上奶油糖霜。
6. 根据需要进行装饰。

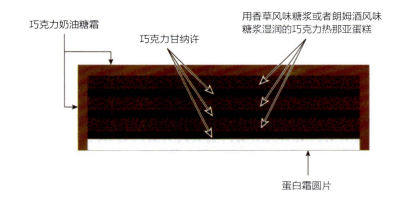

巧克力奶油糖霜

巧克力甘纳许

用香草风味糖浆或者朗姆酒风味糖浆湿润的巧克力热那亚蛋糕

蛋白霜圆片

杏酒风味蛋糕 abricotine

组成部分

热那亚蛋糕（片切成2层）

用樱桃酒调味的甜品糖浆

杏果酱

意大利蛋白霜

香草风味奶油糖霜

杏仁片

糖粉

制作步骤

1. 将一片热那亚蛋糕片摆放到蛋糕纸板上，并涂刷糖浆。
2. 涂刷上一层杏果酱。
3. 上面再覆盖上第二片热那亚蛋糕片，并涂刷上糖浆。
4. 在蛋糕的表面和侧面上涂抹覆盖上意大利蛋白霜。
5. 使用装有星状裱花嘴的裱花袋，在蛋糕的表面上，用意大利蛋白霜挤出一条装饰性的边线。
6. 在蛋糕表面的中间位置处填入一层杏仁片，并撒上糖粉。
7. 放入预热好的烤箱（250℃）里，烘烤至呈浅棕色。

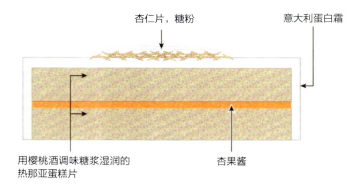

杏仁片，糖粉

意大利蛋白霜

用樱桃酒调味糖浆湿润的热那亚蛋糕片

杏果酱

杏仁蛋糕　almond gateau

组成部分

杏仁海绵蛋糕（片切成2层）
用朗姆酒调味的甜品糖浆
杏果酱
杏仁风味蛋白饼混合物
杏亮光剂

制作步骤

1. 在海绵蛋糕分层上涂刷糖浆，并在中间夹入杏酱。
2. 在蛋糕的侧面涂抹上杏仁风味蛋白饼混合物。使用星状裱花嘴或锯齿状裱花嘴，在蛋糕的表面上，使用杏仁风味蛋白饼混合物，挤出篮子编织图案。
3. 静置至少1小时。
4. 快速地在预热好的烤箱里（230℃）烘烤上色，需要10分钟。
5. 趁热，涂上杏亮光剂增亮。

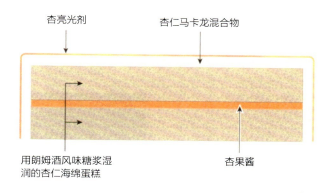

杏亮光剂　　　　　　　　　　　杏仁马卡龙混合物

用朗姆酒风味糖浆湿润的杏仁海绵蛋糕　　　　　杏果酱

巴伐利亚奶油蛋糕　bavarian cream torte

组成部分

热那亚蛋糕，或其他海绵蛋糕，片切成3层非常薄的片状，6毫米厚

任何风味的巴伐利亚奶油

打发好的奶油，风味应和所使用的巴伐利亚奶油风味相匹配（使用打发好的巧克力奶油与巧克力巴伐利亚奶油蛋糕配合使用）

甜品糖浆（经过了适当的调味）

制作步骤

1. 在夏洛特圈蛋糕模具或卡扣式蛋糕模具的底部，摆放一片薄的海绵蛋糕片。
2. 制备巴伐利亚奶油。在蛋糕模具里倒入足够多的混合物，以制作出2厘米的厚度。
3. 将第二片海绵蛋糕片摆放到奶油的上面。涂刷上糖浆使其湿润。
4. 再填入一层巴伐利亚奶油。
5. 上面再摆放上剩下的海绵蛋糕片。
6. 冷冻至凝固。
7. 脱模。
8. 在表面和侧面涂抹上打发好的奶油。
9. 根据需要进行装饰。

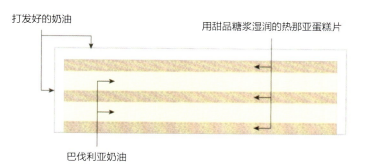

打发好的奶油　　　　　　　　　　　用甜品糖浆湿润的热那亚蛋糕片

巴伐利亚奶油

树叶蛋糕 feuille d'automne

组成部分

杏仁蛋白霜，3个16厘米的圆片
巧克力慕斯IV，450~550克
考维曲黑巧克力，400克
可可粉

制作步骤

1. 将18厘米的夏洛特圈摆放到蛋糕纸板上。在其底部摆放好一片蛋白霜圆片。

2. 在模具里填入略少于一半满的慕斯。

3. 在慕斯上面摆放好第二片蛋白霜圆片，并略微下压。填入几乎到模具顶部的慕斯。然后在上面摆放好第三批蛋白霜，并略微下压。

4. 在表面涂抹上一薄层慕斯。

5. 冷冻至凝固。

6. 去掉夏洛特圈，使用喷灯以帮助夏洛特圈模具与蛋糕侧面分离开。再次冷冻至侧面变硬。

7. 将考维曲巧克力融化。

8. 将三个半幅烤盘放入160℃的烤箱里加热4分钟。将融化的巧克力涂抹到这几个烤盘的底部。让其冷却到室温下，直到巧克力开始凝固（加热烤盘可以涂抹一层薄薄的巧克力，但是要小心，不要把烤盘烘烤得过热，有些厨师喜欢使用冷的烤盘）。

   注释： 这里所使用的制作步骤，在第23章中有插图和详细的制作说明。有经验的厨师可能仅需要一个烤盘或一个半烤盘上的巧克力就可以覆盖住蛋糕，但额外准备一些是一个好主意，可以容许出现失误。

9. 冷藏至完全凝固。

10. 取出恢复到室温下。巧克力必须具有柔韧性但是并不柔软。使用一个金属刮铲，从烤盘上铲取条形的巧克力。将这些巧克力条包裹到蛋糕的侧面，用同样的技法在蛋糕的表面上制作出褶边造型。冷冻至变硬。

11. 在表面撒上一点可可粉（图中的蛋糕进一步使用了巧克力树叶进行了装饰，用软化的巧克力涂抹在叶子造型的模具上（也可以使用真正的树叶），并让巧克力凝固，然后揭掉巧克力即可）。

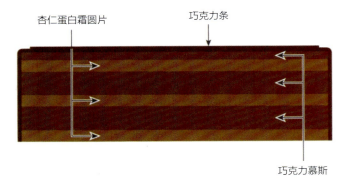

阿罕布拉 alhambra

组成部分

20厘米的圆形榛子海绵蛋糕

咖啡朗姆酒糖浆

甘纳许Ⅰ，使用等量的奶油和巧克力制成，250克

巧克力淋面，150～175克

装饰物

开心果碎

用杏仁膏制作的玫瑰花

注释： 这个蛋糕的装配在前文有图示。

制作步骤

1. 根据需要，修整蛋糕的表面，让其变得平整。将其倒扣过来，水平片切成两层。

2. 在两片蛋糕上涂刷上糖浆，让其湿润。

3. 使用带有中号平口裱花嘴的裱花袋，将甘纳许挤到底层的蛋糕上。从中间开始朝外挤出，形成一个螺旋形，完全覆盖住整个蛋糕层。

4. 将第二层蛋糕摆放到上面并略微朝下按压。

5. 用剩余的甘纳许涂抹好蛋糕的表面和侧面。冷冻至凝固。

6. 将蛋糕摆放在托盘里的烤架上。将巧克力淋面浇淋到蛋糕上。小心地用抹刀将巧克力淋面覆盖过整个表面，然后轻敲托盘，以确保淋面完全光滑。冷冻至凝固。

7. 当巧克力淋面变冷并凝固，将蛋糕从烤架上取下来。用刀将底部边缘修整好。

8. 沿着蛋糕的底部1厘米高的位置，将开心果碎按压到蛋糕的侧面上。摆放到蛋糕纸板上。

9. 使用剩余的甘纳许，在蛋糕的中间位置处，挤出"alhambra"的字样。

10. 制作出2朵杏仁膏玫瑰花和2片叶子，并将它们涂刷上可可粉，以使其醒目。把它们富有动感的排列在蛋糕上书写的文字上方位置处。

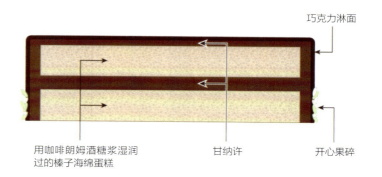

用咖啡朗姆酒糖浆湿润过的榛子海绵蛋糕　　　甘纳许　　　开心果碎　　　巧克力淋面

覆盆子夹馅热那亚蛋糕 genoise a la confiture framboise (genoise with raspberry filling)

组成部分

热那亚蛋糕（片切成2层）
用覆盆子酒调味的甜品糖浆
覆盆子果酱
意大利蛋白霜
杏仁片
新鲜的覆盆子
糖粉

制作步骤

1. 将一片热那亚蛋糕用糖浆湿润。在上面均匀涂抹上覆盆子果酱。

2. 将第二片蛋糕的底面用糖浆湿润，并摆放到第一片蛋糕的上面。在蛋糕的表面，再涂刷一些糖浆。

3. 在蛋糕的表面上和侧面，覆盖上意大利蛋白霜，并用抹刀将蛋白霜涂抹光滑。使用裱花袋，用另外的蛋白霜进行装饰。

4. 将杏仁片围绕着按压到蛋糕侧面的底部。

5. 用喷火枪将意大利蛋白霜加热至棕色。

6. 用新鲜的覆盆子装饰蛋糕的表面，并撒上少许糖粉。

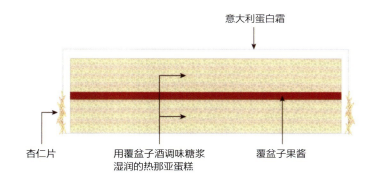

意大利蛋白霜

杏仁片　　　用覆盆子酒调味糖浆　　　覆盆子果酱
　　　　　　湿润的热那亚蛋糕

巴西利亚蛋糕　brasilia

组成部分

半幅烤盘烘烤好的榛子乔孔达海绵蛋糕

巧克力牛轧糖（现制作的）300克

黑巧克力（融化开）50克

用朗姆酒调味的甜品糖浆

焦糖奶油糖霜，500克

调温过的考维曲巧克力，用于装饰

制作步骤

1. 将蛋糕切割成3等份的长方形块，每份15厘米×30厘米。

2. 制备牛轧糖。擀开成一薄层的长方形，要比长方形的海绵蛋糕略微大出一点。趁着牛轧糖仍然是温热的时候，用锋利的刀修剪其边缘处，这样的牛轧糖边就会笔直，并且其长方形大约比海绵蛋糕的边少1厘米（考虑到之后对海绵蛋糕的修剪）。如果在硅胶垫上擀开的牛轧糖，在切割前要从硅胶垫上移开。切割成所需大小的份状，但是把它们保留在一起，让其冷却。

3. 在一片海绵蛋糕上涂抹上一薄层的融化后的巧克力。冷藏至凝固。

4. 从冰箱里取出蛋糕，将涂抹有巧克力的那一面朝下摆放好，涂刷上朗姆酒风味糖浆。

5. 涂抹上一层奶油糖霜，5毫米厚。

6. 摆放上第二片蛋糕，涂刷上糖浆，并再次涂抹上奶油糖霜。

7. 重复着摆放上第三片蛋糕，并涂抹上奶油糖霜。

8. 用牛轧糖修整蛋糕的边缘和表面。

9. 将调好温的白色巧克力装入圆形纸锥里，并用所设想好的线条造型装饰蛋糕的表面。

10. 如果需要，这种大的蛋糕可以切割成一半，以制作出两个15厘米的方块形蛋糕。

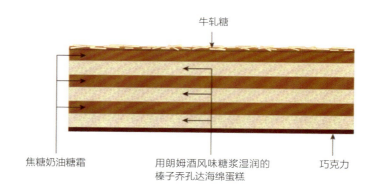

牛轧糖

焦糖奶油糖霜　　用朗姆酒风味糖浆湿润的榛子乔孔达海绵蛋糕　　巧克力

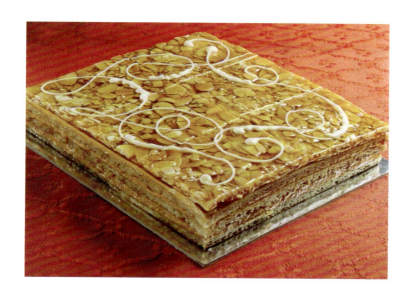

俄式蛋糕 Russian cake

组成部分

半幅烤盘烘烤好的乔孔达海绵蛋糕

黑巧克力（融化开），50克

用干邑白兰地调味的甜品糖浆

果仁糖奶油糖霜，500克

杏亮光剂

烘烤好的杏仁片

糖粉

制作步骤

1. 将海绵蛋糕切割成三等分的长方形，15厘米×30厘米。

2. 在一片海绵蛋糕片上涂抹上一层薄薄的融化的巧克力。冷藏至凝固。

3. 将蛋糕从冰箱里取出，将带有巧克力的那一面朝下摆放，并在蛋糕上涂刷上干邑白兰地风味的糖浆。

4. 涂抹一层奶油糖霜，1厘米厚。

5. 将第二片蛋糕摆放到上面，涂刷上糖浆，并再次涂抹上奶油糖霜。

6. 在上面摆放好第三层海绵蛋糕，并涂刷上糖浆。将蛋糕的周边修剪规整。

7. 加热杏亮光剂，并加入水稀释到可以浇淋和涂抹的程度。

8. 利用剩余的奶油糖霜，使用装有星状裱花嘴的裱花袋，在蛋糕的表面挤出涡卷形的装饰。

9. 用杏仁片装饰蛋糕的表面，并在杏仁片上撒上少量的糖粉。

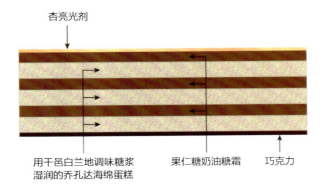

杏亮光剂

用干邑白兰地调味糖浆湿润的乔孔达海绵蛋糕　　　果仁糖奶油糖霜　　　巧克力

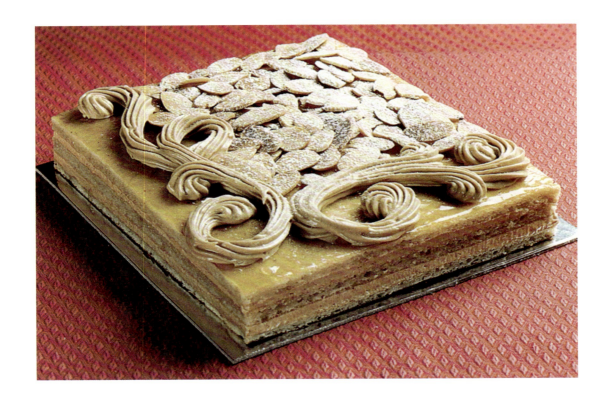

歌剧院蛋糕 opera cake

组成部分

半幅烤盘烘烤好的乔孔达海绵蛋糕

黑巧克力（融化开）50克

用咖啡香精调味的甜品糖浆

用咖啡调味的法式奶油糖霜，350克

甘纳许，150克

歌剧院蛋糕亮光剂

制作步骤

1. 将海绵蛋糕切割成三等份的长方形，每份15厘米×30厘米。
2. 在一片海绵蛋糕分层上涂抹上一层薄薄的融化的巧克力。冷藏至凝固。
3. 从冰箱里取出，将带有巧克力的那一面朝下摆放好，并涂刷上咖啡糖浆。
4. 涂抹一层奶油糖霜，5毫米厚。
5. 将第二片海绵蛋糕覆盖在上面，涂刷上糖浆，并涂抹一薄层的甘纳许。
6. 最上面摆放好第三片海绵蛋糕，并涂刷上糖浆。涂抹一层奶油糖霜。用抹刀将表面涂抹光滑。冷藏或冷冻至凝固。蛋糕必须非常凉，这样温热的亮光剂不会将奶油糖霜融化开。
7. 将蛋糕摆放到放置于托盘里的烤架上。在蛋糕上浇淋上温热的歌剧院亮光剂。用抹刀将蛋糕表面上的亮光剂涂抹平整，然后轻敲托盘，让光亮剂变得平滑。
8. 冷冻至凝固定型。从烤架上取下蛋糕，并将蛋糕周边修剪规整，用热的刀修剪成直角形。
9. 使用装入在圆形纸锥里的另外的甘纳许，在蛋糕表面上挤出opera的字样。

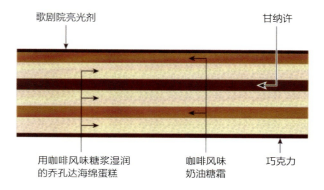

歌剧院亮光剂　　　　　　　　　　　　　　甘纳许

用咖啡风味糖浆湿润　　　咖啡风味　　　巧克力
的乔孔达海绵蛋糕　　　　奶油糖霜

蒙特卡罗蛋糕 monte carlo

组成部分

普通蛋白霜，225克

杏仁巧克力海绵蛋糕，直径为13～18厘米的圆形蛋糕

烩杏果冻

杏仁风味奶油，400克

装饰物

尚提妮奶油

半杏

可可粉

红醋栗

制作步骤

1. 在油纸上挤出18厘米的圆形蛋白霜。使用所有的蛋白霜——用于制作蛋糕，需要两个圆形蛋白霜，加上用于装饰的蛋白霜碎粒。温度160℃烘烤至变硬。使用18厘米的夏洛特圈，与曲奇模具一样，将两个圆形蛋白霜修剪到大小适合于摆放到模具圈里面。

2. 根据需要，修剪杏仁巧克力海绵蛋糕，以适合放入13厘米的蛋糕模具里。将烩杏里面保留好的糖浆在蛋糕上多涂刷一些。将热的烩杏果冻倒入模具里的蛋糕上，冷冻至凝结。

3. 将蛋白霜片摆放到蛋糕纸板上。将海绵蛋糕和烩杏果冻从模具里倒扣到蛋白霜上，这样杏仁海绵蛋糕层就会在蛋白霜片上。要确保这个13厘米的圆形蛋糕是在蛋白霜的中间位置处。

4. 将带有蛋白霜片的18厘米的夏洛特圈摆放到蛋糕纸板上。

5. 填入略低于夏洛特圈顶部的杏仁奶油。在表面上摆放好第二片蛋白霜层，轻轻朝下按压。冷冻至定型。

6. 取走夏洛特圈，使用喷火枪小心地从夏洛特圈模具侧面脱离开。

7. 通过涂抹一层薄的杏仁奶油的方式，将蛋糕的表面和侧面都覆盖好。

8. 将剩余的烘烤好的蛋白霜弄碎，并将蛋白霜碎粒按压到蛋糕的侧面和表面上。

9. 使用装有星状裱花嘴的裱花袋，沿着蛋糕表面的外侧边缘处挤出8朵尚提妮奶油的玫瑰花结造型。在每朵玫瑰花结上分别摆放上切割成扇面造型的半杏。在蛋糕中间撒上少许的可可粉。如果需要，可以摆上一些红醋栗做装饰。

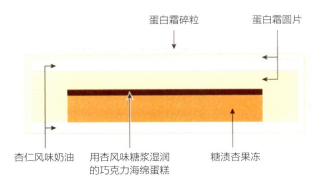

蛋白霜碎粒　蛋白霜圆片

杏仁风味奶油　用杏风味糖浆湿润的巧克力海绵蛋糕　糖渍杏果冻

烩杏果冻 jelled spiced apricot compote

组成部分

糖汁杏罐头，350克
肉桂条，1根
从柠檬上切割下来的条形柠檬皮
明胶，4克或2片
意大利苦杏酒，60毫升

制作步骤

1. 控净并保留杏罐头中的糖浆。在糖浆中加入肉桂条和柠檬皮，并加热烧开。加入杏，并用小火加热至水果开始变得软烂（如果需要，取出杏并将它们切碎）。去掉肉桂条和柠檬皮。控净并保留好糖浆，按照制作蒙特卡洛蛋糕配方中的步骤2的方法湿润蛋糕层。

2. 用冷水将明胶泡软。

3. 如果需要，重新加热，与上一页的蒙特卡罗蛋糕一样使用。

 朱莉安娜蛋糕 julianna

组成部分

木纹巧克力条
普通热那亚蛋糕，2片18厘米的圆形片，1厘米厚
咖啡糖浆
果仁糖奶油 II，300克
香草奶油，300克
咖啡大理石花纹淋面，100~110克

装饰物

扇面形巧克力
巧克力卷
焦糖榛子

制作步骤

1. 在18厘米的夏洛特圈里铺设好涂抹有木纹巧克力的塑料胶片。将夏洛特圈摆放到蛋糕纸板上。

2. 将一片热那亚蛋糕摆放到夏洛特圈的底部（注释：圆形海绵蛋糕可以从薄的大片状的海绵蛋糕上切割下来，也可以从更厚的海绵蛋糕层上水平片切下来）。

3. 用咖啡糖浆涂刷海绵蛋糕。

4. 用果仁糖奶油在夏洛特圈里填入半满的位置。

5. 在上面盖上第二片海绵蛋糕分层，并轻缓而均匀地朝下按压。在海绵蛋糕上涂刷咖啡糖浆。

6. 在夏洛特圈里填满香草奶油。用抹刀涂抹光滑。冷冻至凝固。

7. 在大理石亮光剂里加入咖啡香精，并轻轻画出旋涡形状。涂抹到蛋糕的表面上，旋转着以制作出大理石花纹造型。冷冻好。

8. 去掉夏洛特圈模具并揭掉塑料胶片。使用小刀将亮光剂的边缘处修建规整。

9. 用一个撒有糖粉的扇面形巧克力，几根巧克力卷以及焦糖榛子装饰蛋糕的表面。

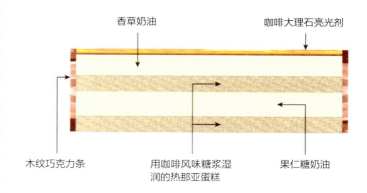

香草奶油　咖啡大理石亮光剂

木纹巧克力条　用咖啡风味糖浆湿润的热那亚蛋糕　果仁糖奶油

提拉米苏 tiramisu

组成部分

　　1盘手指形海绵蛋糕

　　意大利浓缩咖啡，500毫升

　　甜品糖浆，250毫升

　　马斯卡彭奶酪馅料（见下面配方内容）

　　可可粉

　　注释：这道配方会非常容易切割成两半。先从一半大小的海绵蛋糕片开始，并使用一半的馅料和咖啡糖浆。同样的，可以使用提前准备好的手指形曲奇来代替海绵蛋糕片。

制作步骤

1. 将海绵蛋糕片纵长切割成两半。
2. 将浓缩咖啡和糖浆混合。将这种糖浆在海绵蛋糕片上多涂刷上一些，直到全部涂刷住蛋糕。
3. 将一片蛋糕摆放到托盘里，将一半的馅料均匀地涂抹到蛋糕上。
4. 上面再覆盖上第二片海绵蛋糕片，接着涂抹上剩余的馅料。将表面涂抹平整。冷冻至凝固。
5. 在表面多撒上一些可可粉。
6. 按照6×4的切割方法，切割成24份。

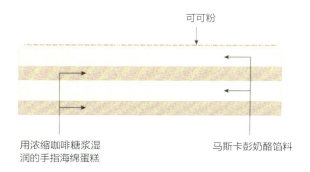

可可粉

用浓缩咖啡糖浆湿润的手指海绵蛋糕　　　　马斯卡彭奶酪馅料

马斯卡彭奶酪馅料 mascarpone filling

原材料	重量
蛋黄	2 个
糖	180 克
水	120 克
葡萄糖浆或玉米糖浆	60 克
马斯卡彭奶酪	500 克
高脂奶油	740 克
大概重量：	**1600 克**

制作步骤

1. 将蛋黄搅打至蓬松状。
2. 用糖、水及葡萄糖浆制作成糖浆，并加热到120℃。逐渐倒入不断搅打的蛋黄中。继续搅打至冷却。
3. 在装有桨状搅拌器配件的搅拌机里，将马斯卡彭奶酪搅打至柔软的程度。
4. 随着搅拌机以低速搅打，将蛋黄混合物一次一点地搅打进去，等到每一次加入的蛋黄混合物搅打至混合均匀后再加入更多的蛋黄混合物。
5. 将奶油打发至湿性发泡的程度。叠拌进马斯卡彭奶酪混合物里。

提拉米苏

　　提拉米苏如此受欢迎，以至于许多人认为它一定是一种古老而经典的意大利甜品。有些人甚至认为它可以追溯到几百年前的文艺复兴时期。事实上，提拉米苏的配方直到20世纪下半叶才出现。

　　提拉米苏蛋糕被广泛地复制和修改，它有数百种不同的配方，但几乎唯一的共同点就是使用马斯卡龙奶酪。

　　提拉米苏一词的意思是"带我走"，它含有两种带咖啡因的原材料，即咖啡和可可。

巴纳尼尔香蕉蛋糕 bananier

组成部分

乔孔达海绵蛋糕
朗姆酒风味糖浆
青柠檬希布斯特，200克
焦糖香蕉片（见下面内容）
香蕉慕斯，200克
喷雾巧克力
杏亮光剂

装饰物

扇面形巧克力
青柠檬片和香蕉片

制作步骤

1. 在16厘米的圆圈形模具里铺设好一条塑料胶片。
2. 从大片乔孔达海绵蛋糕上切割出两个15厘米的圆形片。切割出一条乔孔达海绵蛋糕条铺设到圆圈形模具的内侧，让其比模具的高度略微低出一点，这样馅料就会在其上面显露出来。按照焦糖海绵蛋糕条的制作步骤将海绵蛋糕条和圆形海绵蛋糕进行焦糖处理。
3. 在焦糖海绵蛋糕条和圆形海绵蛋糕上涂刷上朗姆酒风味糖浆。将海绵蛋糕条铺设到模具里，并将模具摆放到蛋糕纸板上。将圆形海绵蛋糕摆放到模具的底部。
4. 制备青柠檬希布斯特。在其凝固前，将其填入模具里将近一半满的高度，然后将第二片圆形海绵蛋糕摆放在上面，并轻缓地朝下略微按压。
5. 将香蕉片摆放到蛋糕的上面。
6. 制备香蕉慕斯。在其凝固前，将其在模具里填满，并用抹刀将其涂抹平整。
7. 放入冷冻冰箱里冷冻45分钟，至凝固。
8. 在蛋糕上摆放好装饰造型模板，用巧克力喷雾器喷出喷雾巧克力。
9. 在蛋糕表面覆盖上杏亮光剂。
10. 根据需要进行装饰。图示的蛋糕是使用了2个扇面形巧克力和青柠檬片，以及香蕉片进行装饰，并覆盖上了杏亮光剂。

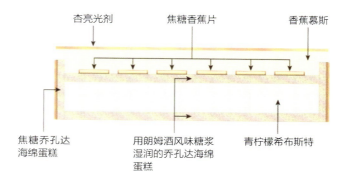

用于巴纳尼尔香蕉蛋糕的焦糖香蕉片 caramelized banana slices for bananier

组成部分

1根香蕉

红糖，30克

黄油，10克（2茶勺）

制作步骤

1. 将香蕉切成1厘米厚的片状。
2. 在小号的炒锅里加热糖，并加入香蕉片。用大火快速加热至香蕉两边都呈焦糖色，但是香蕉没有变得绵软。
3. 搅入黄油。
4. 将香蕉片摆放到油纸上冷却。

瑞士蛋糕卷 Swiss rolls

瑞士蛋糕卷的制作方法和美式果冻卷差不多，只是瑞士蛋糕卷通常更加精致一些。它们可以用丰富的馅料制成，通常会被涂抹上糖霜并进行装饰。

通用制作步骤： 制作瑞士蛋糕卷

1. 按照配方中所示的制作步骤烘烤瑞士蛋糕卷用的海绵蛋糕。取出摆放到一张油纸上，并小心揭掉海绵蛋糕背面的油纸。冷却蛋糕时，将其部分的覆盖好，这样蛋糕就不会干燥（还可以用甜品糖浆将蛋糕湿润）。
2. 用一把锋利的刀修剪蛋糕的边缘处（脆硬的蛋糕边不容易卷起来）。
3. 涂抹上所需要的馅料，例如：

   果酱或者果冻

   奶油糖霜

   甘纳许

   巧克力慕斯

   各种糕点奶油酱

   打发好的奶油

   柠檬馅料

   切碎的水果或者干果也可以与奶油糖霜或者糕点奶油酱混合使用。
4. 如果有任何材料，比如水果块或条形的杏仁膏要卷到蛋糕卷的中间，需把这些材料单独沿着蛋糕的一边摆放在馅料的上面。并从这一边开始卷起。
5. 借助海绵蛋糕下面的油纸，把蛋糕紧紧地卷起来。

6. 根据需要，可以在蛋糕卷的外侧涂抹糖霜或者进行覆盖。例如：
   - 涂刷上杏亮光剂，然后涂抹风登糖。
   - 用融化的巧克力进行覆盖。
   - 用一张杏仁膏片，或者擀开的风登糖覆盖，使用杏果酱或者亮光剂将覆盖层粘住。
   - 涂抹上奶油糖霜，然后在椰丝或者切碎的坚果中滚过，使蛋糕卷粘均匀。
7. 瑞士蛋糕卷可以作为整个蛋糕售卖，或者切割成单独的片状售卖。

各种变化：切成两半的瑞士蛋糕卷

1. 在将瑞士蛋糕卷外面涂抹糖霜之前，冷冻蛋糕卷，以便让其变硬。
2. 将烘烤好的油酥面团或者海绵蛋糕切割成2个条状，每一条都与蛋糕卷一样长和宽。在条形材料上涂抹上一层薄薄的糖霜或者果酱。
3. 使用一把锋利的刀将冷冻好的海绵蛋糕卷纵长切割成两半。
4. 将每个切成两半的蛋糕卷，切口朝下摆放到制备好的条形海绵蛋糕或者油酥面团底座上。
5. 涂抹上糖霜，并按照基本制作步骤进行装饰。

杏仁风味瑞士蛋糕卷 almond Swiss rolls

组成分

瑞士蛋糕卷海绵蛋糕
杏果酱
杏仁风味糕点奶油酱
杏亮光剂
白色可浇淋风登糖
烘烤好的杏仁

制作步骤

1. 在普通瑞士蛋糕卷海绵蛋糕上涂抹上杏果酱，然后涂抹杏仁风味糕点奶油酱。
2. 卷起来。
3. 涂刷上杏亮光剂，并涂抹上白色风登糖。
4. 趁风登糖还是柔软的时候，沿着蛋糕卷的表面摆放上一排烘烤好的杏仁。

 ## 黑森林蛋糕卷 black forest roll

组成分

加有明胶强化，并加有樱桃酒调味的打发好的奶油
巧克力瑞士蛋糕卷海绵蛋糕
深色甜樱桃（控净汤汁）
巧克力刨片

制作步骤

1. 在装有平口裱花嘴的裱花袋里装入打发好的奶油。
2. 在一片巧克力瑞士蛋糕卷蛋糕上间隔大约1厘米的间距，挤出条形的奶油，这样挤出的条形奶油与蛋糕卷的长度相当。
3. 在长条形奶油的空间处摆放上樱桃。
4. 卷起来。
5. 用额外的奶油将蛋糕卷覆盖好，然后撒上巧克力刨片。

 ## 圣诞树根蛋糕（巧克力圣诞蛋糕卷）buche de noel（chocolate Christmas roll）

组成分

普通的或巧克力瑞士蛋糕卷海绵蛋糕
巧克力奶油糖霜
香草风味奶油糖霜
用蛋白霜制作的造型蘑菇

制作步骤

1. 在普通或巧克力瑞士蛋糕卷海绵蛋糕上涂抹上巧克力奶油糖霜。
2. 卷起来。
3. 卷好的蛋糕卷看起来像树根。为了创造出这种效果，首先在其两端涂抹上白色的奶油糖霜。然后，使用圆形纸锥挤出螺旋状的巧克力奶油糖霜或其他的巧克力糖霜，让其看起来像木纹。
4. 将蛋糕卷的其余部分涂抹上巧克力奶油糖霜，像树皮一样，或使用带有扁平状的锯齿形裱花嘴的裱花袋挤出，或通过涂抹奶油，然后用糖霜梳刻划出纹理造型。
5. 用蛋白霜造型蘑菇装饰。

🌸 花斑蛋糕卷 harlequin roll

组成成分

普通瑞士蛋糕卷海绵蛋糕
香草风味糕点奶油酱
巧克力糕点奶油酱
杏亮光剂
可擀开的巧克力风登糖，或用可可粉着色的杏仁膏

制作步骤

1. 在普通的普通瑞士蛋糕卷海绵蛋糕上，交替挤出成排的香草和巧克力奶油糖霜，直到蛋糕上全部都覆盖上了条形的奶油糖霜。
2. 卷起来。
3. 涂抹上杏亮光剂。
4. 用巧克力风登糖或用可可粉着色的杏仁膏擀开后覆盖都蛋糕卷上。

🌸 摩卡蛋糕卷 mocha roll

组成成分

普通瑞士蛋糕卷海绵蛋糕
咖啡风味奶油糖霜
巧克力刨片
用于淋撒的巧克力

制作步骤

1. 在普通瑞士蛋糕卷海绵蛋糕上涂抹上奶油糖霜，并撒上巧克力刨片。
2. 卷起来。
3. 涂抹上更多的奶油糖霜。在糖霜上淋撒上巧克力进行装饰。

🌸 甘纳许果仁糖蛋糕卷 praline ganache roll

组成成分

普通瑞士蛋糕卷海绵蛋糕
果仁糖风味奶油糖霜
甘纳许
切碎或切成片状的榛子

制作步骤

1. 在普通瑞士蛋糕卷海绵蛋糕上涂抹上果仁糖风味奶油糖霜。
2. 使用大号的平口裱花嘴，沿着一边挤出条状的甘纳许。
3. 卷起来，让甘纳许处于蛋糕卷的中间处。
4. 用更多的奶油糖霜涂抹覆盖过蛋糕。撒满切碎的或切成片状的榛子。

奶油草莓蛋糕卷 strawberry cream roll

组成成分

普通瑞士蛋糕卷海绵蛋糕

用橙味香精或者橙味利口酒调味的糕点奶油酱

巧克力糕点奶油酱

新鲜草莓

糖粉

制作步骤

1. 在普通瑞士蛋糕卷海绵蛋糕上涂刷上调好风味的糕点奶油酱。

2. 沿着一边摆放好一排草莓。

3. 卷起蛋糕，让草莓在蛋糕卷的中间处。撒上糖粉装饰。

A

B

C

小蛋糕

单份大小的花式小蛋糕可以做成多种形状和口味。在一些美式风格的面包房里，这些被称为法式糕点。利用琳琅满目的蛋糕、糖霜、馅料和装饰品，一个面包师可以制作出令人目不暇接的、娇小而诱人食欲的蛋糕。本节简要介绍一些比较流行的品种。

蛋糕片

这些长方形的条状蛋糕片，瑞士蛋糕卷以及切成两半的蛋糕卷都是简单的单份形式的。这些切片蛋糕外观的一个重要部分是由涂抹的糖霜和馅料层所形成的图案。因此，在切割的时候要小心，并且要切割得规整。

为了取得最佳效果，在切片之前，可以先冷藏或冷冻蛋糕卷或条形蛋糕，这样馅料和涂抹的糖霜会变硬。使用一把锋利的刀，将刀擦拭干净，每次切割前，都要将刀浸入热水里。

切片蛋糕可以在托盘里排好摆放，或者摆放在单独的纸制底座上用于展示。

三角形蛋糕

制作三角形蛋糕时，将4～5层6毫米厚的海绵蛋糕（例如瑞士蛋糕卷海绵蛋糕或七层海绵蛋糕）夹上对比色的奶油糖霜。把这些分层蛋糕紧紧按压到一起。冷冻使奶油糖霜凝固。把蛋糕切成5～6厘米宽的条状。

将一条蛋糕摆放到工作台的边缘处，用一把锋利的刀，斜着将蛋糕切割成三角形（图A）。转动三角形蛋糕，使各分层蛋糕垂直摆放（图B）。再涂上一层奶油，使它们背对背贴靠在一起，形成一个大的三角形（图C）。

用杏仁膏、巧克力淋面，或糖霜覆盖蛋糕。然后将其切成片状。

方块形蛋糕

将两片或者三片大片状蛋糕夹上糖霜或者馅料，这样装配好的分层蛋糕有4厘米厚。把这些分层蛋糕紧紧按压到一起。冷冻至馅料变硬

将蛋糕切成小的方块形，5厘米宽或者更小。在侧面涂抹上奶油糖霜，然后在表面也涂抹上奶油糖霜。根据需要进行装饰。

花色小糕点

术语petit four（花色小糕点）常用来指任何小到可以一两口吃掉的蛋糕或糕点。petit在法语里是"小"的意思，four是"烤箱"的意思。虽然有一些是不用烘烤的，但大多数的花色小糕点都是小的烘烤食品。

花色小糕点可以分成两类：petits fours secs（sec的意思是"干燥"）干性花色小糕点，包括一系列娇小的、精致美味的曲奇、烘烤的蛋白霜、马卡龙及

酥皮产品等。这些内容将会在下一章中做进一步的讨论。

petits dours glaces是涂抹有糖霜的花色小糕点（glace在这里的意思是"涂抹糖霜"）。这一类的花色小糕点中包括迷你闪电泡芙、小果塔、带馅的蛋白霜及蛋糕等。事实上，几乎所有的涂抹有糖霜或奶油的糕点或蛋糕类都可以称为花色小糕点，只要它小到一两口就吃下去。

在北美，最常见的花色小蛋糕是用风登糖制作的造型蛋糕。事实上，大多数人可能不知道其他的类型。由于它的流行，风登糖装饰面的花色小蛋糕应该是每个糕点厨师的必备品种。下面是制作涂抹风登糖的花色小蛋糕的一般步骤：

制作步骤：制作覆盖风登糖的花色小蛋糕

1. 选择质地坚硬、纹理密实的蛋糕。蛋糕如果太过于粗糙、柔软或易碎，要均匀切割成小的形状会非常困难。在本书的配方中，推荐使用杏仁蛋糕来制作花色小糕点。其他合适的选择是杏仁海绵蛋糕Ⅱ和黄油蛋糕。要制作出一板的花色小糕点，需要3板（片）的蛋糕，每一板为6毫米厚。最后，经过涂抹糖霜完成制作之后的花色小糕点应不超过2.5厘米高。

2. 将一板蛋糕平铺在一个烤盘里，并涂刷上一层薄薄的热杏果酱或奶油糖霜。上面再摆放好第二板蛋糕片。

3. 第三板蛋糕片重复此操作步骤。在表面上涂抹上一层薄薄的果酱，或者涂抹上与夹馅一样的馅料。

4. 将杏仁膏擀开成为与一板蛋糕同样大小的薄片，宽松地卷起到擀面杖上，然后在蛋糕上展开以覆盖住蛋糕。用擀面杖在杏仁膏上面滚动，以确保层次之间都牢固地粘连在一起。

5. 在杏仁膏上摆放好一张油纸，然后将一个烤盘放置到油纸上。把整个装配好的蛋糕倒过来放置好，让杏仁膏层在底部。去掉上面的烤盘。

6. 用保鲜膜包裹好蛋糕并冷冻。这样做会让蛋糕变得坚硬，以便能够从上面切割出最完美的蛋糕块。

7. 使用适当的切割刀具，切割成小方块形、长方形、钻石形、椭圆形、圆形或其他的形状。记住要把它们切成小块——宽度不要超过2.5厘米。

8. 制备用于涂抹的风登糖。将风登糖用简单糖浆稀释，这样就会在蛋糕上覆盖上非常薄的一层风登糖。也可以给风登糖调上非常淡雅的颜色。

9. 将花色小糕点间隔着2.5厘米摆放到一个放置在托盘里的糖霜架上。在每一块蛋糕上都浇淋上风登糖，要确保全部覆盖过蛋糕的表面和侧面。同样的，也可以将每一块蛋糕蘸入温热的风登糖里。将蛋糕倒扣着按入到风登糖里，直到蛋糕底部与风登糖持平。使用两把巧克力叉，一把叉子置于底部，一把置于表面，将蛋糕从风登糖里取出，翻过来，摆放到糖霜架上控净风登糖。

10. 风登糖凝固后，使用巧克力、凝胶或彩色的风登糖，在花色小糕点的表面进行装饰。

11. 为了更加诱人，在给花色小糕点涂抹上糖霜之前，可以在每块蛋糕上挤出一小堆奶油糖霜。冷藏使奶油糖霜变硬。然后在花色小糕点覆盖上风登糖。

◆ 复习要点 ◆

◆ 制作瑞士蛋糕卷的步骤是什么？
◆ 什么是涂抹有糖霜的花色小糕点和干性花色小糕点？
◆ 制作覆盖风登糖的花色小糕点的步骤是什么？

术语复习

poured fondant 可浇淋风登糖

icing comb 糖霜梳

buttercream 奶油糖霜

paper cone 圆形纸锥

boiled icing 熬煮的糖霜（泡沫型糖霜）

drop string method 滴线法

marshmallow icing 棉花糖型糖霜

contact method 连接法

flat icing 可流淌型糖霜

marbling（icing）大理石花纹

royal icing 皇家糖霜

piping jelly 可以挤出的果冻

string work 串线工作（使用裱花袋挤出的各种线条状图案）

gâteau 加都蛋糕

turntable 蛋糕转盘

glaze 亮光剂

charlotte ring 夏洛特圈，蛋糕圈

marzipan 杏仁膏

charlotte

rolled fondant 可擀开风登糖

black forest torte 黑森林蛋糕

modeling chocolate 可塑形巧克力

Swiss roll 瑞士蛋糕卷

boston cream pie 波士顿奶油派

petit four 花色小糕点

French pastry 法式糕点

petit four glacé 涂抹糖霜的花色小糕点

icing screen 糖霜网

flooding 使用彩色糖霜勾画设计好的图案

torte 托尔特蛋糕

复习题

1. 使用风登糖的时候，最重要的规则是什么？为什么？

2. 制作奶油糖霜时，使用黄油和使用起酥油的优势和劣势是什么？

3. 装配和涂抹一个两层蛋糕的步骤有哪些？

4. 使用风登糖涂抹杯子蛋糕的方法是什么？使用奶油糖霜涂抹的方法是什么？

5. 当用圆形纸锥或者裱花袋进行装饰时，为什么糖霜的浓稠程度非常重要？

6. 如果是使用右手操作，应该用右手握住裱花袋的顶部，然后用左手挤压裱花袋。请判断对错并解释。

7. 说出可以不使用裱花袋或者圆形纸锥来部分或全面装饰一个蛋糕的四个技法。

8. 简单列出装配一个典型的基本欧洲风格蛋糕或者奶油蛋糕的步骤。

9. 描述如何切割蛋糕片，以达到最规整的结果。

10. 描述四种铺设好一个环形蛋糕模具用来制作蛋糕的方法。

11. 在使用水果铺设到环形模具里面时，必须采取什么预防措施？

12. 描述将一块海绵蛋糕焦糖化的步骤。

13. 描述用擀好的覆盖物覆盖一个蛋糕的步骤。

18

曲奇类

读完本章内容，你应该能够：

1. 描述曲奇中产生酥脆性、柔软性、耐嚼性及扩散性的原因。
2. 使用四种基本的混合方法来制备曲奇面团。
3. 制备八种基本类型的曲奇的方法：堆积法、裱花袋挤出法、擀开面团制作法、模压成型法、冷藏法、条形法、片状法和模板法。
4. 适当地烘烤和冷却曲奇。
5. 说明如何判断曲奇的质量，并纠正其缺陷。

曲奇（cookie）的意思是"小蛋糕"事实上，有些曲奇就是使用蛋糕面糊制作而成的。对于一些产品，例如某些种类的布朗尼蛋糕，很难将它们归类为蛋糕还是饼干中。

然而，大多数曲奇的配方比蛋糕配方中所需要的液体要少。曲奇面团从软的到硬的都有，不像蛋糕所使用的较稀薄的面糊。这种水分含量的差异意味着在混合方法上的一些差异，尽管基本的步骤与制作蛋糕的步骤非常相似。

蛋糕和曲奇之间最明显的区别在于装饰造型。因为大多数曲奇都是单独成型或者呈一定造型的，这需要大量的手工操作。学习正确的制作方法，然后勤奋地练习是提高效率的必要条件。

曲奇的特点及其成因

曲奇有各种各样的形状、大小、风味和质地。某些类型的曲奇所拥有的特点在另外一些类型的曲奇中则不具备。例如，我们想要一些曲奇是酥脆的，其他的曲奇则可能是柔软的。我们想要一些能够保持住它们形状的曲奇，其他的曲奇在烘烤过程中则会扩散开，为了产生我们想要的特点，并纠正缺点，了解形成这些基本特点的原因是非常有必要的。

请记住，许多这些方面的因素在一起共同作用，创造出各具特色的特点。例如，要注意到能够产生酥脆性的三个因素是低的液体含量、高糖含量和高油脂含量。高油脂和高糖含量本身并不会使口感酥脆。相反，高糖和高油脂含量可以降低液体的含量，但面团仍然可以揉好。所以，如果想制作出一种更加酥脆的曲奇，仅增加糖分是不够的，因为可能最终会得到一个不平衡的配方。应该降低液体的含量，然后通过增加糖和油脂来使配方得到平衡。

酥脆性

当曲奇中水分含量低时会酥脆。以下因素有助于曲奇的酥脆：

- 混合物中液体的比例低。大多数的曲奇是用硬质面团制作而成的。
- 高糖和油脂含量。大比例的这些原材料使其可以混合成为低水分含量的可揉制的面团。
- 烘烤足够长的时间可以蒸发掉大部分的水分。在对流烤箱中烘烤也能更快地使曲奇变得干燥，使其口感酥脆。

- 小的或薄的形状。这使得曲奇在烘烤的过程中干燥得更快。
- 储存得当，当酥脆的曲奇吸收水分之后就会变软。

柔软性

柔软是酥脆的反义词，所以它具有相反的理由，如下所述：

- 混合物中液体的比例非常高。
- 低糖和油脂含量。
- 在配方包括有蜂蜜、糖蜜或玉米糖浆。这些糖类具有吸湿性，也就是说它们很容易从空气中或周围环境中吸收水分。
- 未烘烤成熟。
- 个头较大或者形状较厚这能使它们保持更多的水分。
- 适当的储存。松软的曲奇如果没有密封覆盖或者包裹起来，就会变干变味。

耐嚼性

水分对咀嚼来说是必需的，但其他因素也非常重要。换句话说，所有耐嚼的曲奇都是柔软的，但是并非所有柔软的曲奇都耐嚼。以下因素有助于咀嚼性：

- 糖和液体含量高，但油脂含量低。
- 高比例的鸡蛋。
- 使用了高筋面粉，或者在搅拌过程中形成了面筋。

小蛋糕

cookie（曲奇）这个单词来自荷兰语单词koekje，意思是"小蛋糕"——只在北美使用。在英国，这些小蛋糕被称为饼干，尽管英国饼干通常比北美饼干要小，而且几乎总是酥脆的，不是柔软和耐嚼的。

来自许多国家的移民们把他们最喜欢的小甜点配方随身带到了北美，因此我们有了起源于斯堪的纳维亚、英国、德国、法国、东欧和其他地方的曲奇。

直到最近，北美的曲奇才变得个小而酥脆——这更符合它们的欧洲原始风味。然后，在20世纪后半叶，公众开始喜欢柔软或有嚼劲的曲奇，面包师们为了防止它们变得酥脆，会不将它们烤透。因此，人们常常会发现中间带有部分生的面团的没有熟透的曲奇。然而，面包师们很快就修改了曲奇配方，这样他们就能生产出完全烘烤成熟的柔软性的曲奇。与此同时，北美人对大分量的喜爱导致曲奇越来越大。人们甚至会吃到直径为10～12厘米，甚至更大的曲奇。

扩散性

对一些曲奇来说，扩散性是可取的，而另外一些曲奇则必须保持住它们的形状。有几个因素促成了这种扩散性，或者说是缺乏这种扩散性。

- 高糖含量加剧了扩散性（见右图所示）。粗砂糖会增加扩散性，而细砂糖或者糖粉则会降低扩散性。
- 高含量的小苏打或氢氧化铵会促进扩散性。
- 油脂和糖乳化到一起，混入了空气有助于膨胀。将混合物进行乳化直到变得轻盈，增加了扩散性。将油脂和糖混合到刚好成为糊状（没有将大量的空气乳化进去）降低了扩散性。
- 低的烤箱温度增加了扩散性。高温则会降低扩散性，因为曲奇在有机会扩散得太多之前就已经凝固定型了。
- 松软的面糊，即富含液体的面糊，不如比较硬的面团容易扩散。
- 高筋面粉或者面筋的活化作用可以降低扩散性。

糖增加了曲奇的扩散性：这些曲奇都是用相同的配方制作的，除了顶部的四个曲奇含有50%的糖，而底部的曲奇则含有67%的糖。

- 曲奇在涂了很多油的烤盘里烘烤时会扩散得更多。

· 复习要点 ·

◆ 是什么原因导致曲奇变得酥脆？
◆ 是什么因素导致曲奇变得柔软？
◆ 是什么原因导致曲奇变得耐嚼？
◆ 是什么因素导致曲奇在烘烤的过程中扩散开？

曲奇的混合方法

曲奇的混合方法与蛋糕的混合方法相似。主要的区别是通常混合得液体较少，所以混合起来比较容易。液体较少意味着面筋在混合的过程形成得较少。而且，它也更容易制作出细滑、均匀的混合物。

曲奇有四种基本的混合方法：

- 一阶段法
- 沙粒法
- 乳化法
- 海绵法

由于配方的不同，这些方法会有很多变化。一般制作步骤如下所述，但一定要严格按照每个配方中的具体说明进行制作。

一阶段法

一阶段法是与一阶段蛋糕混合法相对应的方法。正如刚才所提到的，曲奇面团比蛋糕面糊所含有的液体要少，所以将原材料混合成一个均匀的面团会更加容易。

因为所有的原材料都是同时混合的，面包师对混合的控制力度比其他混合的方法要少。因此，一阶段法并不常用。如果过度搅拌不是什么大问题，比如一些有嚼劲的曲奇就可以使用此方法。

制作步骤：一阶段法

1. 准确称取原材料。保证所有的原材料都是在常温下。
2. 将所有的原材料放入搅拌机里。使用桨状搅拌器配件，用低速将原材料搅拌均匀。根据需要将搅拌桶壁上的原材料刮取到桶里。

乳化法

　　曲奇的乳化法和蛋糕的乳化法几乎是一样的。因为曲奇需要的液体比蛋糕少，所以通常不需要交替加入液体和面粉。它可以一次性全部添加进去。

　　注意制作步骤中的步骤2的重要性，即乳化阶段。乳化的量会影响到曲奇的质地、膨胀和扩散。当曲奇必须保持住其形状而又不能扩散得太多时，只需要少量的乳化。此外，如果曲奇非常酥（油脂含量高，并且面筋形成的非常低），或者很薄且易碎时，太多的乳化会使曲奇太过于松碎。

制作步骤：乳化法

1. 准确称取原材料。保证所有的原材料都是在常温下。
2. 将油脂、糖、盐和香料放入搅拌桶里。使用桨状搅拌器配件，以低速将这些原材料打发至乳化状。在搅拌的过程中，可以将搅拌器停下，并将搅拌桶壁上的原材料刮取到搅拌桶里，以确保搅拌的均匀。
3. 要制作质地轻盈的曲奇，将混合物打发乳化至轻盈且蓬松的程度，以便混入更多的空气而有利于涨发。对于质地密实的曲奇，搅打至细滑的面糊状，但不要乳化至轻盈的程度。
4. 加入鸡蛋和液体，并以低速混合均匀。
5. 将面粉和发酵剂筛入。搅拌至刚好混合均匀。不要过度搅拌，否则就会形成面筋。

砂粒法

　　第14章中介绍了沙粒法（sanding）或称磨砂法（sablage），作为一种浓郁的塔派糕点和布里欧香酥派面团的混合方法。这种方法有两个基本步骤：（1）将干性原材料与油脂混合，直到混合物类似于沙粒或者玉米面状；（2）将湿性原材料加入搅拌均匀。就制作曲奇而言，沙粒法主要用于只包含鸡蛋而不含有其他湿性原材料的配方。

制作步骤：沙粒法

1. 准确称取原材料。保证所有的原材料都处在常温下。
2. 将干性原材料和油脂在搅拌机的搅拌桶里混合。使用桨状搅拌器，将混合物搅拌至呈粗糙的玉米面或者沙粒状（图A）。
3. 加入鸡蛋（图B）。搅拌至形成规整的面团（图C）。

海绵法

用于制作曲奇的海绵法与制作蛋糕的鸡蛋泡沫法相类似。不过，根据原材料的不同，制作步骤也有很大的不同。因为面糊易碎，所以在每批次制作时要少量制作。

制作步骤：海绵法

1. 准确称取原材料。保证所有的原材料都是在常温下——除了鸡蛋或许需要稍微加热一下，以获得更大的体积，就像海绵蛋糕那样。
2. 按照所使用的配方中给出的制作步骤，把鸡蛋（全蛋、蛋黄或蛋清）和糖打发到适当的阶段：蛋清到湿性发泡的程度，全蛋和蛋黄到浓稠而轻盈的程度。
3. 将配方中所列出的剩余原材料叠拌进去。小心不要过度搅拌，否则会排出鸡蛋里的空气。

• **复习要点** •

◆ 一阶段法有哪些步骤？
◆ 乳化法有哪些步骤？
◆ 沙粒法有哪些步骤？
◆ 海绵法有哪些步骤？

曲奇的种类和成型的方法

可以根据曲奇成型的方法和混合的方法对其进行分类。从制作好的成品角度来看，将它们按成型方法进行分组可能会更加实用，因为曲奇的混合方法相对比较简单，而它们的制作成型的步骤却相差很大。本节将介绍八种曲奇类型的基本制作步骤。

- 裱花袋挤出法
- 模压成型法
- 片状法
- 堆积法
- 冷藏法
- 模板法
- 擀开面团制作法
- 条形法

不管使用哪一种成型方法，必须遵循一个重要的规则：让所有的曲奇大小和厚度一致。这是让曲奇烘烤均匀的关键所在。因为烘烤的时间是非常短暂的，小的曲奇可能在大的曲奇烘烤好之前就已经烘烤到焦糊了。

如果曲奇的表面要使用水果、坚果或其他材料来进行装饰，那么在把它们刚装入模具里就要把它们摆放到曲奇上；轻轻按压好。如果等到曲奇面团的表面开始变干，那么装饰物在经过烘烤之后就不会粘连在曲奇上，并且还会脱落下来。

裱花袋挤出法

从裱花袋里挤出的曲奇，或者称为挤压的曲奇，必须使用柔软的面团制作。曲奇面团必须柔软到足以从挤花袋中被挤出来，但要足够硬挺以保持住其形状。对于比较坚硬的面团，可能需要使用双层袋来盛放面团（例如，在布制裱花袋的里面，放入一个一次性的裱花袋），以增加裱花袋的强度：

1. 在一个裱花袋里装入一个所需要大小和形状的裱花嘴。将曲奇面团盛入到裱花袋里。
2. 将所需要形状和大小的曲奇直接挤压到准备好的曲奇烤盘上。

堆积法

如同从裱花袋里挤出的曲奇一样，堆积法制作的曲奇也是使用柔软的面团制作而成的。实际上，这种方法和从裱花袋里挤出的方法是一样的，很多面包师用drop这个词来表示从裱花袋里挤出的曲奇，以及使用汤匙或者挖勺盛出的曲奇面团。通常情况下，使用裱花袋挤出的速度会更快一些，也能更好地控制挤出的曲奇形状和大小。然而，在以下情况下，使用分份式挖勺来堆积曲奇可能是首选：

- 当曲奇面团中含有水果块、坚果或巧克力等能堵塞裱花嘴的情况下。当需要曲奇带有一种粗糙的，自制的外观样式的时候。
  1. 选择合适大小的挖勺以进行准确的分份。
- 8号挖勺可以制作出一份巨大号的曲奇，110克。
- 16号挖勺可以制作出一份大号的曲奇，60～70克。

- 30号挖勺可以制作出一份中大号的曲奇，30克。
- 40号挖勺可以制作出一份中号的曲奇。
- 50号、60号或更小号的挖勺可以制作出一份小号的曲奇。

2. 将曲奇堆积到准备好的烤盘里。在曲奇之间留出足够的扩散空间。

3. 油脂和糖含量高的曲奇，自身可以扩散开，但是如果配方有要求的话，可以用蘸糖的重物将成堆的面团稍微按压平整。

擀开面团制作法

用硬质的面团擀开并切割成曲奇，就如同他们在家里所制作的那样，并不经常在面包房里或者餐饮经营部门里制作，因为它们需要过多的劳动力。而且，在切割完之后总会有剩余的边角料，并且每次将边角料重新擀开使用时，面团就会变得老韧了。

这种方法的优点是，它可以为不同的场合制作出各种各样不同造型的曲奇。

1. 彻底的冷冻面团。

2. 将面团在撒有面粉的工作台面上，擀开成3毫米厚。尽量少撒面粉，因为撒到工作台面上的面粉会让曲奇变硬。如果面团特别易碎裂开，可以夹在油纸里将其擀开。

3. 使用曲奇模具进行切割。尽量紧挨在一起进行切割，以减少边角料的数量。将切割好的曲奇摆放在准备好的烤盘里。将边角料擀开成新鲜的面团，以减少面团的韧性。

4. 有些装饰可以在烘烤之前实施。例如，在曲奇表面涂刷上蛋液，撒上彩色糖。

5. 烘烤好之后，造型曲奇通常可以使用彩色糖霜进行装饰（皇家糖霜、流淌型糖霜，或者风登糖）以用于节假日或者特殊场合。在涂抹糖霜之前要将曲奇完全冷却。

模压成型法

模压成型法中的步骤1~3是将曲奇面团分成相等部分的一个非常简单、快速且准确的方法。然后每一块都被模压成所需形状。对于一些传统的曲奇来说，要用特殊的模具把面团压平，同时在曲奇上印上图案。这一类模具的使用给这一制作步骤进行了命名。更常见的方法是用重物压平曲奇面团，而不是用特殊的模具。这些面团也可以用手工作制作成月牙形、手指形或者其他的形状。

1. 如果面团太过于柔软而难以加工处理，将其冷藏。将面团滚动成为所需大小尺寸的长而均匀的圆柱体：用于制作非常小的曲奇，需要2厘米粗，4厘米或者更粗的用于制作大号的曲奇。均匀分割成份状的关键是使圆柱体的粗细均匀。

2. 如果需要，可将圆柱体的面团冷藏，以使得它们更硬一些。

3. 使用刀或者刮板，将面团切割成均匀的，所需要大小尺寸的块状（图A）。

4. 将切割好的面团块摆放到准备好的烤盘里，相互之间间隔5厘米。根据配方的不同，面团块可以直接摆放到烤盘里而不用进一步塑形，也可以先在掌心滚动成圆球形。此外，对于一些曲奇，面团块可以在放入模具里之前先在糖里滚动以粘上糖（图B）。

5. 用重物压平曲奇，例如一个圆柱形容器，在按压每块曲奇之前先蘸上糖。有时候叉子可以用来把面团压平，就如同用于制作花生酱曲奇一样。

6. 可以替代的方法：在步骤3之后，可以用手将面团塑形成为所需要的形状（图C）。

A

B

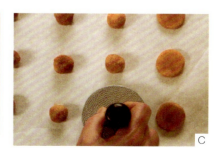C

冷藏法

冷藏法，或称冰箱法，对于希望随时都能有新鲜出炉的曲奇的经营者来说，该方法是理想的操作方法。面团可以提前加工成型并储存起来。曲奇可以很容易地切割成片状并根据需要进行烘烤。

这种方法也常用于制作各种各样设计的多彩曲奇，如棋盘造型和风车造型曲奇。制作这些造型设计的步骤包括在本章中的配方里面。

1. 如果要制作小块的曲奇，称取700克的面团。称取1400克的面团用于大号曲奇。

2. 根据所需要的曲奇尺寸不同，将面团揉制成直径为2.5 ~ 5厘米的圆柱体，为了精确的分割成份状，重要的是要使所有圆柱体面团的粗细和长度都相同。

3. 用油纸将圆柱形面团包裹好，摆放到烤盘里，冷藏一晚。

4. 去掉包裹面团的油纸，将面团切割成厚度均匀的片状。所需要的具体厚度取决于曲奇的大小和面团在烘烤的过程中所扩散的程度。通常的厚度范围是3 ~ 6mm。

为了保证厚度均匀，建议使用切片机切割。然而，含有坚果或水果的面团应该手工用刀切割成片状。

条形法

这个制作过程被称为条形法，因为面团被烘烤成长的细条形，然后交叉着切割成条状。不要把它和薄片曲奇混淆了（见下一个制作步骤），它也被许多厨师称为条形曲奇。

1. 每份称取800克的面团。每份重量为450克的面团可以用于更小的曲奇。

2. 把面团揉捏成和烤盘一样长的圆柱体。在每个涂刷了油的烤盘里摆上三条面团，将其间隔均匀。

3. 用手指将面团按压平整至8 ~ 10厘米宽。

4. 如果需要，涂刷上蛋液。

5. 根据配方中的步骤说明进行烘烤。

6. 烘烤好之后，趁曲奇仍然是温热的时候，将每一条曲奇切割成4.5厘米宽的条形。

7. 在某些情况下，比如意式比什卡蒂(bisscatti，意思是"烘烤两次"，意大利式脆饼)，将条形面团切割成更薄的片状，摆放在烤盘里，再烘烤一遍，直到又干又脆。

片状法

片状曲奇变化多，几乎不可能为所有的曲奇给出一个以点带面的单一制作步骤。有的曲奇几乎像薄饼，只是更密实和更加丰富；它们甚至可能像片状蛋糕一样涂抹上糖霜。其他的则包含有在不同的阶段被添加和烘烤的两层或三层的曲奇。下面的步骤只是一个一般的指南。

1. 将曲奇混合物涂抹到准备好的烤盘上。要确保厚度均匀。

2. 如果需要，可以加入顶料或者涂刷上一层蛋液。

3. 根据制作步骤要求进行烘烤、冷却。

4. 如果需要，可以涂抹上涂刷或者加上顶料。

5. 切割成单独的方块形或者三角形。最好的做法是在切割之前将烤盘翻扣到一个工作台面上（详见脱模片状蛋糕的相关内容），以避免损坏烤盘。

模板法

模板法是一种特殊的技法，用于特殊类型的软质面团或者面糊。这种面糊通常被称为模板糊。它不仅用于制作这种类型的曲奇，也用于制作条状海绵蛋糕用于装饰工作。杏仁风味瓦片的配方说明了使用一个简单的圆形模板的模具法的方法，但它可以将模板切割成几乎任何的形状，用于制作装饰件或特殊的甜品。

1. 在烤盘里，铺上硅胶烤垫。如果没有硅胶烤垫，可以铺上油纸。

2. 使用现成的模板，各种形状的模板可以从设备供应商处获得。或者可以通过在厚塑料片或者薄的纸板上切割一个所需图案的孔来制作出模板（用于蛋糕盒的硬纸板是最适合的，但可能需要使用其2倍的厚度）。

3. 将模板摆放到硅胶烤垫或油纸上。使用曲柄抹刀，将面糊涂抹到模板上，制作出一层薄薄的、完全填满图案的面糊。

4. 抬起模板，并重复此操作步骤制作出更多的曲奇。

装入模具，烘烤并冷却

准备模具

1. 使用整洁的，没有翘曲的模具。

2. 在烤盘里铺上油纸或者硅胶纸是最快速的，并且不需要在模具里涂油。

3. 模具里涂抹许多的油可以增加曲奇扩散的程度。涂抹油并撒上面粉的模具可以降低曲奇的扩散程度。一些高油脂含量的曲奇可以在没有涂抹有油脂的模具里烘烤。

烘烤

1. 大多数的曲奇都是在相对较高的温度下烘烤一小段的时间。

2. 过低的温度会增大曲奇的扩散，并有可能烘烤成又硬又干、颜色变浅的曲奇。

3. 过高的温度会降低曲奇的扩散，并有可能将曲奇的边缘和底部烘烤至焦煳。

4. 即使是过度烘烤一分钟也会把曲奇烘烤至焦煳，所以要仔细观察它们。此外，如果曲奇从烤箱中取出来后还留在烤盘里，烤盘的热度还会继续烘烤曲奇。

5. 曲奇烘烤的成熟程度可以用颜色进行表明。边缘和底部应该会变成浅金色。

6. 如果曲奇面团已经被着色，过度的烘烤上色不可取。表面的褐变上色会遮盖住原色。

7. 对于一些富油的面团，将曲奇的底部烘烤至焦煳可能会是个问题。在这种情况下，可以通过将烤盘放在另一个同样大小的烤盘上，这样就可以用双层烤盘烘烤曲奇。

冷却

1. 大多数在没有铺设油纸的烤盘里烘烤的曲奇必须趁它们还是温热的时候从烤盘里取出，否则它们可能会粘连在油纸上。

2. 如果曲奇非常柔软，在它们足够冷却，并且足够硬实到可以用手拿取的程度时，不要将它们从烤盘里取出。有一些曲奇在热的时候会柔软，但是在冷却之后会变得酥脆。

3. 不要让曲奇冷却得太快，或者在冷风中冷却，否则曲奇会裂开。

4. 在储存之前要完全冷却透。

在曲奇烘烤成熟之后，检查一下有没有瑕疵。

参考后文曲奇的失误及其原因表中的内容，以帮助纠正这些问题。

曲奇的质量标准

在混合、称取、烘烤和冷却曲奇的过程中出现

干的花色小糕点

在前一章中，我们在讨论涂抹有糖霜的花色小糕点时，介绍了花色小糕点的主题内容。相比之下，干的花色小糕点更适合在曲奇的环境中进行讨论，而不是蛋糕章节里。

几乎任何小到可以一口或者两口吃掉的糕点或蛋糕都可以被称为花色小糕点（petit four）。"sec"一词在法语中是"干燥"的意思，这意味着这些糕点通常是酥脆的，而不是湿润和柔软的；虽然它们可能会蘸上巧克力，但里面没有糖霜或奶油夹馅。实际上，有时会使用少量的奶油或果冻，例如，在夹馅类型的曲奇。

干的花色小糕点通常会搭配餐后咖啡一起提供，或者搭配冷的甜品，像冰淇淋、慕斯以及巴伐利亚奶油等一起提供。

来自于本章中的下述产品可以作为干的花色小糕点，以相当小的分量提供给客人。 除了以酥皮和泡芙制作的在第14章展示的干的花色小糕点以外；玛德琳蛋糕则可以在第16章中找到。

黄油茶点曲奇	杏仁风味马卡龙	椰子风味马卡龙（蛋白霜类型）
开心果风味马卡龙	酥饼和油酥面团曲奇	斯普里茨曲奇
猫舌头曲奇	杏仁风味瓦片	佛罗伦萨风味曲奇
杏仁片	钻石曲奇	

的差错，会导致多种缺陷和失败。为了便于参考，在曲奇的失误及其原因表中对其中许多失误及其可能产生的原因进行了总结。如果检查一下表中的左列，会发现许多失误都是相互对立的，比如"太硬""太脆""颜色太黄""颜色不够黄""扩散的太大""扩散的不足"等。有些失误是由于配方上的缺陷（或者在称取原材料时出现差错），有些则是由于混合、造型或者烘焙的过程中出现的失误。

还要记住，为了纠正一个缺陷，仅仅调整一种原材料可能是不够的。例如，曲奇太过于酥脆的一个可能原因是没有足够的鸡蛋。但如果只是简单地在配方中增加鸡蛋的数量，可能会使面团太柔软，除非加入更多的面粉。换句话说，目标就是让一个配方中的所有原材料都达到平衡。

要判断一块曲奇的质量，请检查表中所列出的每一个缺陷，看看它是否避免了这些缺陷。

曲奇的失误及其原因	
失误	**原因**
太坚韧	面粉筋力太大
	面粉太多
	起酥油不足
	糖的用量不当
	混合时间过长，或者混合过程不恰当
太疏松	混合过程不恰当
	糖太多
	起酥油太多
	发酵剂太多
	鸡蛋用量不足
太坚硬	烘烤时间太长，或者烘烤温度太低
	面粉太多
	面粉筋力太大
	起酥油不足
	液体不足
太干燥	液体不足
	起酥油不足
	烘烤时间太长，或者烘烤温度太低
	面粉太多
颜色不够黄	烘烤温度太低
	没有烘烤成熟
	糖的用量不足
颜色太黄	烘烤温度太高
	烘烤时间太长
	糖的用量太多

续表

曲奇的失误及其原因	
失误	原因
风味不佳	原材料质量差
	漏加了调味原材料
	烤盘太脏
	原材料称取不正确
	表面或者边缘处返糖，混合不恰当
	加入的糖过多
扩散太大	烘烤的温度太低
	面粉不足
	糖太多
	发酵剂太多（化学发酵剂或者乳化剂）
	液体太多
	烤盘里涂抹油脂太多
扩散不足	烘烤的温度太高
	面粉太多，或者面粉筋力太大
	糖量不足
	发酵剂不足
	液体不足
	烤盘里油脂涂抹不足
粘连在烤盘上	烤盘里油脂涂抹不当
	糖太多
	混合不当

◆ 复习要点 ◆

◆ 曲奇的八种基本造型方法是什么？描述每一项是如何完成的。

◆ 在装入模具、烘烤和冷却曲奇时，应遵循什么指导方针？

◆ 什么是干的花色小糕点？

燕麦葡萄干曲奇 oatmeal raisin cookies

原材料	重量	百分比 /%
黄油或部分黄油和部分起酥油	250 克	67
红糖	500 克	133
盐	5 克	1.5
鸡蛋	125 克	33
香草香精	10 克	3
牛奶	30 克	8
糕点粉	375 克	100
泡打粉	15 克	4
小苏打	8 克	2
肉桂粉（可选）	4 克	1
燕麦片（速煮）	312 克	83
葡萄干（见注释）	250 克	67
总重量：	**1884 克**	**502%**

注释： 如果葡萄干太硬且干燥，用热水将其泡软，然后控净水分，在加入曲奇面糊中前将其沥干。

制作方法

混合
采用乳化法。将燕麦片和其他过筛后的干性原材料混合。葡萄干最后混入。

制作成型
采用堆积法。使用涂刷了油脂或铺有油纸的烤盘。

烘烤
根据大小不同，温度 190℃烘烤 10 ~ 12 分钟。

 ## 巧克力豆曲奇 chocolate chip cookies

原材料	重量	百分比 /%
黄油或一半黄油和一半起酥油	150 克	50
砂糖	120 克	40
红糖	120 克	40
盐	4 克	1.25
鸡蛋	90 克	30
香草香精	5 克	1.5
糕点粉	300 克	100
小苏打	4 克	1.25
巧克力豆	300 克	100
核桃仁或山核桃仁（切碎）	120 克	40
总重量：	**1213 克**	**404%**

制作方法

混合
采用乳化法。最后混入巧克力片和坚果。

制作成型
采用堆积法。使用涂刷了油脂或者铺有油纸的烤盘。

烘烤
根据大小不同，温度 190℃烘烤 10 ~ 14 分钟。

各种变化

红糖坚果曲奇 brown sugar nut cookies
最下述原材料做出调整：
去掉砂糖，并使用80%（240克）的红糖。
去掉巧克力豆，并将坚果增加到100%（300克）。

陶尔之家曲奇

在许多品种里，巧克力豆曲奇在北美是最受欢迎的曲奇。据说，陶尔之家曲奇起源于20世纪20、30年代马萨诸塞州惠特曼市陶尔之家客栈的店主露丝·维克菲尔德。最初的陶尔之家曲奇是简单的黄油曲奇，在面团中加入少量的半甜巧克力。今天的巧克力豆或巧克力块曲奇可能含有各种种类的巧克力，再加上其他的原材料，特别是坚果，例如山核桃、核桃或夏威夷果等。

冰箱曲奇 icebox cookies

原材料	重量	百分比 /%
黄油或一半黄油和一半起酥油	500 克	67
砂糖	250 克	33
糖粉	250 克	33
盐	8 克	1
鸡蛋	125 克	17
香草香精	8 克	1
糕点粉	750 克	100
总重量：	**1891 克**	**252%**

制作方法

混合

采用乳化法。

制作成型

采用冰箱法。称取每条 750 克的面团。切成 6 毫米厚的片。使用涂刷了油脂的烤盘烘烤。

烘烤

温度 190℃烘烤 10 ~ 12 分钟。

各种变化

为了降低扩散性，可以使用全部的糖粉。

奶油糖果曲奇 butterscotch icebox cookies

对下述原材料做出调整：
使用67%（500克）的红糖，代替基本配方中的糖。
只使用黄油，不使用起酥油。
将鸡蛋增加20%（150克）。
在面粉里增加2克（1/2茶匙）小苏打。

坚果曲奇 nut icebox cookies

在基本配方里或奶油糖果曲奇配方里，增加25%（188克）切碎的坚果到过筛后的面粉里。

巧克力曲奇 chocolate icebox cookies

增加17%（125克）融化开的，未加糖的巧克力到打发好的黄油和糖里。

花式曲奇 fancy icebox cookies

这些是有两种颜色设计造型的小曲奇。制作时，只使用33%的糖粉，制备白色的和巧克力面团；去掉砂糖。这样会降低曲奇的扩散性，并且保持其造型。 按照下述方法制作出造型：

风车曲奇 pinwheel cookies

将白色面团擀开成3毫米厚，巧克力面团擀开成相同的大小和厚度。在白色面团上均匀地涂刷上少量蛋液，要小心不要留下任何蛋液洼坑。将巧克力色面团铺到上面并涂刷上蛋液，像卷果冻卷一样的卷起，一直卷到2.5厘米粗（图A）。将卷好的曲奇卷切割均匀。继续使用剩余的擀开的面团制作曲奇卷。将制作好的曲奇卷冷藏。切成片状并按照基本的制作步骤进行烘烤。

方格形曲奇

checkerboard cookies

将一块白色面团和一块巧克力面团擀开成6毫米厚。在其中一片面团上涂刷上少量的蛋液，将第二片面团摆放到上面。将双层面团切割成两半。在一片面团上涂刷上蛋液，并将第二片摆放到上面，这样就有了四种交替着摆放的颜色。将面团冷冻至坚硬。将另外的一块白色面团擀开成非常薄（不到3毫米）的程度，并涂刷上蛋液。从冷冻好了的四层面团上，切割下来4片5毫米厚的片（图A）。将一片这样的条摆放到擀好的面团的边缘处。在表面涂刷好蛋液。将第二条摆放到上面，让其颜色颠倒着摆放，这样巧克力面团就会在白色面团上，而白色面团就会在巧克力面团上。在表面涂刷好蛋液。剩余的两条面团重复此操作步骤（图B）。用擀好的薄面团包裹好（图C）。冷冻，切成片，然后根据基本制作步骤进行烘烤。

风车曲奇面团

A

B
方格形曲奇面团

C

D
牛眼形曲奇面团

牛眼曲奇 bull's-eye cookies

面团擀成12毫米粗的圆柱形，将一块对比色面团擀开成6毫米厚的大片。在圆柱形面团上涂刷好蛋液。用大片状的面团把圆柱形面团包裹起来（图D）。冷冻，切片，然后按照基本制作步骤进行烘烤。

 ## 砂糖曲奇 sugar cookies

原材料	重量	百分比 /%
黄油和（或）起酥油	250 克	40
砂糖	310 克	50
盐	5 克	0.8
鸡蛋	60 克	10
牛奶	60 克	10
香草香精	8 克	1.25
糕点粉	625 克	100
泡打粉	18 克	3
总重量：	**1336 克**	**215%**

制作方法

混合
采用乳化法。

制作成型
采用擀开面团制作法。在切割擀开的面团之前，先涂刷上牛奶，并撒上白砂糖。使用涂刷了油脂或铺有油纸的烤盘烘烤。

烘烤
温度 190℃烘烤 8～10 分钟。

各种变化

柠檬外层皮，香精或乳剂都可以用来代替香草香精。

红糖曲奇卷 brown sugar rolled cookies
对下述原材料做出调整：
增加黄油到50%（310克）。
去掉砂糖，并使用60%（375克）的红糖。

巧克力曲奇卷 chocolate rolled cookies
使用60克的可可粉代替60克的面粉。

夏威夷果粒和巧克力曲奇 double chocolate macadamia chunk cookies

原材料	重量	百分比 /%
半甜巧克力	750 克	200
黄油	250 克	67
糖	125 克	33
鸡蛋	150 克	42
盐	5 克	1.5
面包粉	375 克	100
可可粉	30 克	8
泡打粉	10 克	3
白巧克力（切成小粒）	250 克	67
夏威夷果（切成粗粒）	125 克	33
总重量：	**2070 克**	**554%**

各种变化

双色巧克力曲奇 chocolate chocolate chunk cookies

可以使用黑巧克力替代白巧克力。去掉夏威夷果，或用山核桃仁替代。

制作方法

混合

采用改进的海绵法。

1. 将半甜巧克力和黄油一起隔水加热融化开。让混合物冷却到常温下。
2. 将糖、鸡蛋及盐搅拌到一起，直到完全混合均匀，但是不要打发。打发起来形成泡沫会造成更多膨胀。结果会制作成更加疏松的曲奇。如果鸡蛋没有在常温下使用，将混合物隔水加热搅拌，直到混合物呈略微温热的常温。
3. 混入巧克力混合物。
4. 筛入面粉、可可粉及泡打粉，并叠拌进去。
5. 将白巧克力块和坚果叠拌进去。

制作成型

采用堆积法。使用涂刷了油脂或铺有油纸的烤盘。擀压平整至所需厚度；这些曲奇不会扩散开得太多。当面团凝固变硬时，立刻制作成型，如果面团变得太硬，使其在一个温暖的地方静置几分钟回软。

烘烤

根据曲奇大小不同，温度 175℃烘烤 10～15 分钟。

片状杏仁曲奇 almond slices

原材料	重量	百分比 /%
黄油	175 克	40
红糖	350 克	80
肉桂粉	2 克	0.5
蛋黄	90 克	20
糕点粉	440 克	100
杏仁片	175 克	40
总重量：	**1232 克**	**280%**

制作方法

混合
采用乳化法。将每一阶段的混合物搅拌至细滑状，但不要打发至轻盈状。

制作成型
采用冰箱法。将面团称取为每块 350 克。擀开成直径约为 4 厘米的圆条形，或者为 3.5 厘米×4.5 厘米的长条形。冷冻至非常坚硬的程度。使用一把锋利的刀，切割成 3 毫米厚的片状。小心把杏仁切开，不要把它们从面团里拖拉出来。将切好的片状面团摆放到涂抹有油或铺有油纸的烤盘上。

烘烤
温度 190℃烘烤 10 分钟，直到边缘部分刚好开始变成棕色，不要再继续烘烤。也不要烘烤过头，否则曲奇会变硬。

 香浓酥饼 rich shortbread

原材料	重量	百分比 /%
糕点粉	500 克	100
糖	250 克	50
盐	4 克	0.75
黄油	375 克	75
蛋黄	125 克	25
可选择的风味调料（见注释）		
总重量：	**1254 克**	**250%**

注释： 传统的苏格兰酥饼只是使用黄油、面粉及糖（没有鸡蛋），风味调料或者液体制成。因为这种面团非常容易碎裂开，通常不会擀开；而是按压到烤盘里或者模具里进行烘烤。这里给出的配方，可以不用加入风味调料来制作成曲奇，或加入适量的香草、杏仁、柠檬香精调味。

在这个配方里，也可以采用乳化法混合面团。

制作方法

混合
采用沙粒法。

制作成型
采用擀开面团制作法。将面团擀开成 6 毫米厚（这会比大多数擀开的曲奇面团要厚一些）。使用涂抹有油或铺有油纸的烤盘烘烤。

烘烤
温度 175℃烘烤 15 分钟。

用于制作曲奇的基本油酥面团 basic short dough for cookies

原材料	重量	百分比 /%
黄油或一半黄油和一半起酥油	500 克	67
糖	250 克	33
盐	8 克	1
鸡蛋	95 克	12.5
香草香精	8 克	1
糕点粉	750 克	100
总重量：	**1611 克**	**214%**

制作方法

混合

采用乳化法。

制作成型

采用擀开面团制作法。将面团擀开成 3 毫米厚，并使用各种造型的切割模具进行切割。详见下面"各种变化"中的内容。

烘烤

温度 190℃烘烤 10 分钟，

各种变化

油酥面团是一种用途广泛的混合物，可以用多种方法制成，在面包房里能够提供多样化的用途。这里描述了许多可能的各种变化。

给面团增加风味： 在混合的过程中，可以用适量的柠檬、肉桂粉、桂皮粉、枫叶糖浆、杏仁香精或其他的风味调料给面团调味。细椰丝或切成末的坚果也可以混入面团里。

在烘烤前进行装饰： 可以用切碎的或整个的坚果、彩色糖、巧克力屑、椰丝、糖渍水果或杏仁马卡龙混合物在表面进行装饰。表面也可以先涂刷上蛋液以有助于顶料的粘连。

在烘烤之后进行装饰： 用于装饰曲奇的材料举例有风登糖、皇家糖霜、山核桃仁瓣软糖或风登糖霜以及融化的巧克力（可以弯曲覆盖或者用一个圆筒形纸锥淋撒）。

果酱果塔 jam tarts

用大号的圆形切割模具，切割出圆形面团。使用12毫米的切割模具，在一半的圆形面团中间进行切割，这些切割好的环形面团会是夹馅曲奇上面的那一片。当烘烤好，完全冷却后，在上面（将中间部分切割出来呈环形的面团）撒上糖粉。将上面和下面的曲奇中间加上小量的果酱，这样果酱就能从上面曲奇的孔洞里露出来。

新月形杏仁曲奇 almond crescent

从擀开的面团上切割出新月造型。在表面涂抹上一层杏仁马卡龙混合物。在表面蘸上切碎的杏仁。温度175℃烘烤成熟。当冷却后，将新月造型的尖部蘸上融化的巧克力。

花生酱曲奇　peanut butter cookies

原材料	重量	百分比 /%
黄油或部分黄油和部分起酥油	375 克	75
红糖	250 克	50
砂糖	250 克	50
花生酱（见注释）	375 克	75
鸡蛋	125 克	25
香草香精	10 克	2
糕点粉	500 克	100
小苏打	10 克	2
总重量：	**1890 克**	**378%**

制作方法

混合

采用乳化法。将花生酱与油脂和糖一起打发。

制作成型

采用模压成型法。使用叉子代替重物将曲奇按压平整。使用涂刷有油或铺有油纸的烤盘烘烤曲奇。

烘烤

根据曲奇的大小不同，温度 190℃烘烤 11 ~ 14 分钟。

各种变化

注释： 这个配方是用天然花生酱研发而成的，只含搅碎的花生和盐。可能需要在配方中加入一点盐，这取决于使用的花生酱中所含的盐量。如果用的是无盐的花生酱，在乳化阶段要加入 1%（5 克）的盐。

 ## 斯尼克肉桂糖风味曲奇　snickerdoodles

原材料	重量	百分比 /%
黄油	450 克	75
糖	480 克	80
鸡蛋	135 克	22.5
香草香精	15 克	2.5
面包粉	600 克	100
泡打粉	6 克	1
盐	4.8 克	0.8
面团总重量：	**1690 克**	**281%**
用于涂层		
肉桂糖	根据需要	

制作方法

混合

采用乳化法。

制作成型

采用模压成型法。对于大个的曲奇，将面团用油纸滚动成 4 厘米粗的圆柱体，冷藏至坚硬。切成 60 克的块状。将其揉成圆球形，然后粘上肉桂糖。摆放到铺有油纸的烤盘里。用一个重物粘上肉桂糖将其按压平整。

烘烤

温度 175℃烘烤 10 ~ 12 分钟，不要让其烘烤上色。

🍥 钻石曲奇 diamonds

原材料	重量	百分比 /%
黄油（切成小粒）	140 克	70
蛋糕粉	200 克	100
糖粉	60 克	30
盐	1 克	0.5
橙子外层皮（擦碎）	2 克	1
香草香精	2 克	1
用于粘糖		
冰糖	50 克	25
面团总重量：	**405 克**	**202%**

制作方法

混合

采用一阶段法。

制作成型

1. 将面团塑形成直径为3厘米的圆柱形，要确保面团非常紧密，并且没有空气泡。
2. 将面团冷藏30分钟。
3. 将圆柱形面团涂刷上水。在冰糖里滚过，粘上冰糖。
4. 切割成1厘米厚度的圆形片。

烘烤

温度 160℃ 在涂抹黄油的烤盘里烘烤 20 分钟。

🍥 黄油茶点曲奇 butter tea cookies

原材料	重量	百分比 /%
黄油或一半黄油和一半起酥油	335 克	67
砂糖	165 克	33
糖粉	85 克	17
鸡蛋	125 克	25
香草香精	4 克	0.9
蛋糕粉	500 克	100
总重量：	**1214 克**	**242%**

制作方法

混合

采用乳化法。

制作成型

使用裱花袋挤出法。使用平口或者星状裱花嘴。挤出直径 25 毫米的小曲奇。用裱花袋直接挤出到没有涂刷油，或铺有油纸的烤盘里。

烘烤

温度 190℃烘烤 10 分钟。

各种变化

可以用杏仁香精来代替香草香精。

花式茶点曲奇 fancy tea cookies

在第一阶段的混合过程中加入17%（85克）的杏仁膏。

巧克力风味茶点曲奇 chocolate tea cookies

用85克的可可粉替代85克的面粉。

夹层式曲奇 sandwich type cookies

选择大小和形状相同的曲奇。把其中的一半翻过来，在较平坦的那一面的中间涂抹上少量果酱或软糖糖霜。将剩余的曲奇粘贴上。

姜饼曲奇 gingerbread cookies

原材料	重量	百分比 /%
黄油或部分黄油和部分起酥油	340 克	45
红糖	250 克	33
小苏打	5 克	0.7
盐	4 克	0.5
姜粉	5 克	0.7
肉桂粉	2 克	0.25
丁香粉	1 克	0.12
鸡蛋	110 克	15
糖蜜	340 克	45
糕点粉	750 克	100
总重量：	**1807 克**	**240%**

制作方法

混合

采用乳化法。

制作成型

使用擀开面团制作法。

将面团擀开成 3 毫米厚。要制作大的曲奇，可以擀成 6 毫米厚。切割好曲奇，将它们摆放到铺有油纸或涂抹有油并撒有面粉的烤盘里。

烘烤

温度 190℃，烘烤小而薄的曲奇。
温度 180℃，烘烤大而厚的曲奇。

 ## 薄脆姜饼 gingersnaps

原材料	重量	百分比 /%
起酥油	190 克	38
糖	190 克	38
盐	2 克	0.5
姜粉	8 克	1.5
糖蜜	315 克	63
小苏打	8 克	1.5
水	65 克	13
糕点粉	500 克	100
总重量：	**1278 克**	**256%**

制作方法

混合

采用乳化法。先将糖蜜搅拌进乳化后的油脂 - 糖混合物里。然后用水将小苏打融化开，并搅拌进去。最后加入面粉混合均匀。

制作成型

使用裱花袋挤出法。使用平口裱花嘴，挤出直径 25 毫米的小曲奇。略微压平。也可以冷冻面团，通过模压成型法或擀开面团制作法将其制作成型。使用铺有油纸或涂刷有油并撒有面粉的烤盘烘烤。

烘烤

温度 190℃的烘烤 12 分钟。

斯普里茨曲奇 spritz cookies

原材料	重量	百分比 /%
杏仁膏	375 克	100
糖	190 克	50
盐	4 克	1
黄油	375 克	100
鸡蛋	145 克	38
香草香精	5 克	1.5
蛋糕粉	190 克	50
面包粉	190 克	50
总重量：	**1474 克**	**390%**

制作方法

混合

采用乳化法。将杏仁膏搅打至细滑状，用一点鸡蛋软化杏仁膏。加入黄油和糖，然后按照基本制作步骤进行乳化。

制作成型

使用裱花袋挤出法。使用星状裱花嘴，在铺有油纸的烤盘里，挤出所希望的造型（小的）。如果需要，可以在曲奇表面上用一块水果或干果进行装饰。

烘烤

温度 190℃烘烤成熟。

猫舌曲奇 langues de chat

原材料	重量	百分比 /%
黄油	350 克	88
超细砂糖	175 克	44
糖粉	175 克	44
蛋清	250 克	63
香草香精	6 克	1.6
蛋糕粉	300 克	75
面包粉	100 克	25
总重量：	**1356 克**	**340%**

制作方法

混合

采用乳化法。

制作成型

使用裱花袋挤出法。使用 6 毫米的平口裱花嘴，在硅胶垫上挤出 5 厘米长的小手指形状的曲奇面团。曲奇之间至少要留出 2 厘米的间距，以便扩散。为了烘烤得更加均匀，可以使用双层烤盘。

烘烤

温度 200℃的烘烤 10 分钟。

最后成型

猫舌曲奇可以作为干式花色小糕点直接食用。它们也可以被用作冰淇淋、巴伐利亚奶油或其他甜品的装饰。它们还可以夹上甘纳许、奶油糖霜、法奇软糖或果酱等馅料。夹上馅料的猫舌曲奇还可以部分蘸上融化的巧克力。

🍥 葡萄干香料曲奇条 raisin spice bars

原材料	重量	百分比 /%
白砂糖	580 克	53
黄油和（或）起酥油	230 克	33
鸡蛋	230 克	33
糖蜜	115 克	17
糕点粉	700 克	100
肉桂粉	3 克	0.5
丁香粉	1 克	0.16
姜粉	2 克	0.3
小苏打	3 克	0.5
盐	5 克	0.75
葡萄干（见注释）	470 克	67
总重量：	**2339 克**	**335%**

注释： 如果葡萄干又硬又干，用开水将其泡软，在加入到曲奇面糊前先将其控净水并晾干。

制作方法

混合

采用一阶段法。

制作成型

使用条形法。在面团条上涂刷上全蛋蛋液或蛋清。

注释： 这是一种柔软、有黏性的面团，加工处理起来非常困难。如果切出的条状造型不够完美不要担心，自制的外观造型适合于这种曲奇。

烘烤

温度 175℃烘烤 15 分钟。

稍微冷却后，横向切割成所需宽度的曲奇。

🍥 柠檬风味威化饼 lemon wafers

原材料	重量	百分比 /%
黄油	500 克	67
糖	375 克	50
柠檬外层皮（擦碎）	25 克	3
盐	8 克	1
小苏打	8 克	
鸡蛋	125 克	17
牛奶	60 克	8
柠檬汁	30 克	4
糕点粉	750 克	100
总重量：	**1881 克**	**251%**

制作方法

混合
采用乳化法。在每一阶段都打发至细滑状；但不要打发至轻盈的程度。

制作成型
使用裱花袋挤出法。使用平口裱花嘴，在铺有油纸的烤盘里，挤出直径 25 毫米的曲奇。相隔 6 厘米，让其可以扩展。略微按压平整。

烘烤
温度 190℃的烘烤成熟。

各种变化

青柠檬风味威化饼 lime wafers

用青柠檬外层皮和青柠檬汁代替柠檬。这是一种与众不同且引人入胜的曲奇。

🍥 椰子风味蛋白饼（蛋白霜型）coconut macaroons(meringue type)

原材料	重量	糖占100% %
蛋清	250 克	40
酒石酸	2 克	0.3
糖	625 克	100
香草香精	15 克	2.5
马卡龙专用椰蓉（见注释）	500 克	80
总重量：	**1392 克**	**222%**

注释： 马卡龙专用椰蓉是精细的粉状或者碎片状的、未加糖的干椰蓉。

制作方法

混合
采用海绵法。

1. 将蛋清与酒石酸一起打发到湿性发泡的程度。逐渐加入糖打发。继续打发至硬性发泡并富有光泽的程度。
2. 将椰蓉叠拌进去。

制作成型
采用裱花袋挤出法。
使用星状裱花嘴，在铺有油纸的烤盘里，挤出所需要大小的圆形曲奇（通常直径为 2.5～4 厘米）。

烘烤
温度 150℃的烘烤 30 分钟。

杏仁风味蛋白饼 almond macaroons

产量：足以制作出150个曲奇，直径为4厘米。

原材料	重量	杏仁膏占100%%
杏仁膏和（或）马卡龙膏	500 克	100
蛋清	190 克	37.5
砂糖	500 克	100
总重量：	**1190 克**	**237%**

各种变化

意式马卡龙 amaretti

对下述原材料做出调整：

使用果仁膏代替杏仁膏，用来增强风味（可选）。

将白砂糖减少至85%（425克）。

增加85%（425克）的红糖。

制作方法

混合

采用一阶段法。用一点蛋清搅拌杏仁膏，使其软化，然后与所有的原材料混合。如果混合物太硬，难以装入裱花袋里，可以再多加入一点蛋清混合好。

制作成型

使用裱花袋挤出法。使用平口裱花嘴，在硅胶垫上挤出直径25毫米的堆状。使用双层烤盘烘烤。

烘烤

温度175℃烘烤成熟，冷却后再从硅胶垫上取下来。为了更容易把马卡龙从硅胶垫上取下来，可以把硅胶垫翻过来，在其底部涂刷上薄薄的一层水。

制作步骤：杏仁蛋白饼和马卡龙

杏仁蛋白饼这个名字适用于各种各样的曲奇或糖果，主要由蛋清和椰子粉或杏仁粉，有时两者兼而有之制成的。各种类型的椰子风味蛋白饼在北美很常见，而杏仁蛋白饼在意大利、法国和欧洲其他地区会经常见到。

近年来，巴黎风格的杏仁蛋白饼开始流行起来。由于杏仁蛋白饼（macaroon）的法语单词是马卡龙（macaron），这种拼写通常用来区别这种来自于其他杏仁蛋白饼类型的糖果。

这种马卡龙有着一个光滑的、略呈穹顶状的表面和一个带有褶边的底部，也就是我们常说的"脚"。专家们坚持认为，制作一个完美的马卡龙，其脚部不应该伸出到曲奇穹顶状的表面之外。

马卡龙是出名的难以制作。原材料数量或混合技法的微小变化都会对最后的成品产生很大的影响。特别重要的是面糊的稠度。它必须足够湿润，这样马卡龙会有一个光滑的表面，挤出的面糊不会挺立得太高。另一方面，如果它稍微太过于湿润，它就会扩散开并变得扁平。当使用任何配方时，可能都需要调整蛋清的数量，以获得正确的质地。有些厨师形容最佳的马卡龙面糊质地就像熔岩一样。

马卡龙配方数不胜数，每种都有着不同的原材料用量和搅拌技巧。大多数的马卡龙都是用普通的蛋白霜制作而成的，但是也有一些使用的是意大利蛋白霜，还有一些配方甚至要求把蛋清直接和其他原材料混合，而不是搅打成蛋白霜。有些配方要求在烘烤前，让从裱花袋里挤出的面糊静置一段时间，而有些则不需要这样做。

这里选择的配方包含两种技法：使用普通的蛋白霜和意大利蛋白霜。

🌀 巴黎式马卡龙 I Parisian macarons I

原材料	重量
杏仁粉	125 克
糖粉	200 克
蛋清	100 克
砂糖	40 克
食用色素	根据需要
馅料（见各种变化）	根据需要
面糊总重量（不包括馅料）：	**465 克**

各种变化

开心果风味马卡龙 pistachio macarons

在马卡龙面糊里滴入几滴绿色食用色素。再将面糊装入裱花袋里挤出到烤盘里后，在每个马卡龙的边缘撒上一点切成细末的开心果。在经过烘烤和冷却后，将两个马卡龙夹上开心果馅（配方如下）。

巴黎式其他品种的马卡龙也可以用不同的馅料来代替开心果。根据选择的馅料不同，可以使用另外一种颜色来代替配方中的绿色。例如，当使用草莓风味的馅料时，将面糊染成粉红色，芒果风味的馅料染为黄色等。

巧克力风味马卡龙 chocolate macarons

按照基本配方进行制备，使用下述的原材料和数量。在步骤1中，将可可粉、杏仁粉和糖一起进行加工处理。将烘烤好后冷却了的马卡龙夹上甘纳许馅料或其他风味的巧克力馅料。

原材料	重量
杏仁粉	130 克
糖粉	210 克
可可粉	17 克
蛋清	100 克
砂糖	40 克

制作方法

混合

1. 将糖粉和杏仁粉在食品加工机里搅打5分钟。然后过筛到盆里。
2. 将蛋清搅打至湿性发泡的程度。逐渐加入糖搅打，并继续打发至硬性发泡的程度。
3. 将蛋清一次加入1/3，叠拌进糖混合物中搅拌至细滑状。当将蛋白霜和杏仁混合物叠拌到一起时，可以加入任何所需的颜色。

制作成型

采用裱花袋挤出法。

使用平口裱花嘴，将混合物呈直径为 4 厘米的堆状，挤出到铺设在烤盘内的油纸上或者硅胶烤垫上，静置 10～15 分钟。

烘烤

温度 160℃烘烤 15～25 分钟。用指尖轻触马卡龙顶部，并轻轻推动侧面。如果马卡龙还是很软，就继续烘烤。如果只是左右晃动，就从烤箱里拿出来。完全冷却，然后从油纸上取下来。巴黎式马卡龙传统上是要夹上馅料的（见"各种变化"中的内容）。

用于马卡龙的开心果馅 pistachio filling for macarons

原材料	重量
多脂奶油	75 克
黄油	25 克
葡萄糖浆	25 克
开心果酱	75 克
香草香精	1 克
樱桃酒	25 克
杏仁膏	200 克
总重量：	**426 克**

制作方法

1. 将奶油、黄油及葡萄糖浆混合，加热烧开。从火上端离开并冷却。
2. 混入开心果酱、香草香精及樱桃酒。
3. 使用安装有桨状搅拌器配件的搅拌机，将杏仁膏搅打至软化的程度，然后加入煮好的原材料，逐渐搅打至呈细滑的糊状。
4. 使用带有小号的平口裱花嘴的裱花袋，将馅料挤到马卡龙上。

巴黎式马卡龙Ⅱ parisian macarons Ⅱ

产量：可以制作475克。

原材料	重量
杏仁粉	125 克
糖粉	125 克
蛋清	60 克
食用色素	根据需要
意大利蛋白霜	
水	50 克
砂糖	120 克
蛋清	50 克

制作方法

混合

1. 将糖粉和杏仁粉在食品加工机里搅打5分钟。然后过筛到盆里。
2. 加入第一份蛋清搅打均匀至细滑状。
3. 如果需要，可以在混合物里加入几滴食用色素调色。
4. 将水和砂糖在酱汁锅里加热至糖融化开，并加热烧开。熬煮至置于在糖浆里的高温温度计的读数为117℃。
5. 在糖浆加热的过程中，将蛋清用搅拌机搅打至湿性发泡的程度。
6. 随着搅拌机的运行，将热的糖浆非常缓慢地搅打进去。
7. 继续搅打至蛋白霜变得冷却，并且形成硬性发泡的程度。
8. 将蛋白霜叠拌进杏仁粉混合物里。

制作成型

采用裱花袋挤出法。使用平口裱花嘴，将混合物呈直径4厘米的堆状，挤出到铺设在烤盘内的油纸上或硅胶烤垫上，静置10～15分钟。

烘烤

温度160℃，烘烤15～25分钟。用指尖轻触马卡龙顶部，并轻轻推动侧面。如果马卡龙还是很软，就继续烘烤。如果只是左右晃动，就从烤箱里拿出。完全冷却，然后从油纸上取下来。

🌸 巧克力风味马卡龙 I　chocolate macaroons I

原材料	重量	杏仁膏占100% %
杏仁膏	350 克	100
糖	600 克	175
可可粉	60 克	17
马卡龙椰蓉	90 克	25
蛋清	225 克	67
总重量：	**1325 克**	**384%**

各种变化

可以使用坚果粉代替马卡龙椰蓉。

制作方法

混合

采用一阶段混合法。

将杏仁膏用一点蛋清搅打至细滑状。混入剩余的原材料。如果混合物装入裱花袋里后仍然较硬，可以多搅入一点蛋清。

制作成型

使用裱花袋挤出法。使用平口裱花嘴，将混合物呈直径为 25 毫米的堆状，挤出到铺设在烤盘内的硅胶纸上，使用双层烤盘。

烘烤

温度 175℃烘烤成熟。让其冷却后，再从硅胶纸上取出。为了更容易地从硅胶纸上将马卡龙取下，将硅胶纸翻过来，在其底部涂刷上一点水。

🌸 椰子风味马卡龙（耐嚼型）coconut macaroons(chewy type)

原材料	重量	糖占100% %
糖	700 克	100
马卡龙椰蓉	700 克	100
玉米糖浆	90 克	13
香草香精	10 克	1.5
糕点粉	42 克	6
盐	4 克	0.5
蛋清	315 克	45
总重量：	**1861 克**	**266%**

各种变化

巧克力风味马卡龙 II　chocolate macaroons II

在基本配方里增加45克的可可粉。如果需要，可以使用额外的15～30克的蛋清进行稀释。

制作方法

混合

采用一阶段混合法。

将所有的原材料混合到一起。放入不锈钢盆里，并置于热水槽里隔水加热。不停搅拌至混合物达到50℃。

制作成型

使用星状裱花嘴或平口裱花嘴，用裱花袋将混合物挤到铺有油纸的烤盘里。制作出的曲奇为 2.5 厘米宽。

烘烤

温度 190℃烘烤成熟。

瑞士风味蜂蜜饼 Swiss leckerli

原材料	重量	百分比 /%
蜂蜜	315 克	42
糖	185 克	25
小苏打	8 克	1
水	125 克	17
盐	5 克	0.7
肉桂粉	8 克	1
桂皮粉	1.5 克	0.2
丁香粉	1.5 克	0.2
蜜饯柠檬皮（切成细末）	60 克	8
蜜饯橙皮（切成细末）	60 克	8
杏仁片（切碎）	125 克	17
面包粉	500 克	67
蛋糕粉	250 克	33
总重量：	**1644 克**	**220%**

制作方法

混合

1. 将蜂蜜和糖一起加热至糖完全融化开，冷却。
2. 用水将小苏打融化开，加入到蜂蜜混合物里。
3. 加入剩余的原材料，混合成光滑的面团。

制作成型

采用片状法，将面团擀开成 6 毫米厚的片。摆放到均匀涂抹有油的烤盘里。切割成小方块形，但是不要分离开这些方块，直到烘烤好。

可替代的方法：擀开面团制作法。将面团擀开成 6 毫米厚的片。用模具进行切割，或切割成小方块。摆放到涂抹有油并撒有面粉的烤盘里。

烘烤

温度 190℃烘烤 15 分钟或更长的时间。在烘烤好后，趁热立刻在表面涂刷上可流淌型糖霜。

杏仁风味瓦片 I　almond tuiles

产量：足以制作出90片曲奇，直径为6厘米。

原材料	重量	百分比 /%
黄油	90 克	86
糖粉	120 克	114
蛋清	90 克	86
蛋糕粉	105 克	100
装饰物		
杏仁片	75 克	70
面糊重量：	**405 克**	**386%**

注释： 这种面糊又称模板酱。可以替代用于制作瓦片的简单圆形模板，可以切割出任何形状或大小的模板并用于装饰效果。这种模板酱可以和包括条状海绵蛋糕配方在内的稍微不同的模板酱互换使用。然而，它不能和下面的杏仁瓦片 II 互换，杏仁瓦片 II 是一种与之迥然不同的面糊，尽管它们造型相似。

制作方法

混合

采用乳化法。

1. 使用桨状搅拌器配件，在搅拌机里将黄油搅打软化至乳脂状的浓稠度。加入糖并搅打至彻底混合均匀。

2. 将蛋清搅打进去。

3. 将面粉过筛到混合物里，并混合均匀。

制作成型

采用模板法。

在烤盘里铺上硅胶烤垫，如果没有硅胶烤垫，可以铺上油纸。使用商业化制作的模板，或通过在厚塑料上或者薄纸板上（比如用来制作蛋糕盒的纸板）切割出圆孔的方法制作成的模板。要制作花色小糕点大小的杏仁瓦片，制作出直径为 6 厘米的圆形。使用一把曲柄抹刀，将面糊涂抹到模板里，然后抬起模板（图 A）。撒上少许的杏仁片（图 B）。

烘烤

根据厚度不同，温度 175℃烘烤 5～10 分钟，或一直烘烤到呈浅棕色。将烘烤好的曲奇从烤盘里取出，并立刻摆放到擀面杖上或者瓦片架上（图 C）使其弯曲，并让其冷却。

各种变化

除了圆形模板，还可以使用各种形状的模板去创作出各种各样的造型用于甜品装饰。商业化制造的模板有几十种形状可供选择，当然也可以使用自己切割设计好的模板。根据需要，杏仁装饰也可以省去。

郁金香片　tulips

在基本配方中去掉杏仁。烘烤好后，立刻通过沿着倒扣过来的小玻璃杯或类似模具的底部塑形出曲奇的造型。制作好后，杯状的郁金香片就可以被用作盛放份装的冰淇淋和其他甜品的可以直接食用的盛器。

杏仁风味瓦片 II almond tuiles II

原材料	重量	百分比 /%
糖	240 克	533
杏仁片	270 克	600
面包粉	45 克	100
蛋清（略微搅匀）	135 克	300
黄油（融化）	45 克	100
总重量：	**735 克**	**1633%**

制作方法

混合

1. 将糖、杏仁及面粉在搅拌桶里混合好。
2. 加入蛋清和融化的黄油。搅拌至完全混合均匀。

制作成型

采用堆积法。

在一个涂抹了油并撒有面粉的烤盘里，间隔 5 厘米的间距堆积上满勺的面团。每一个曲奇使用 10～15 克的面团。用蘸过水的叉子按压面团，直到它变薄变平。面团在烘烤的过程中不会扩散，因此曲奇必须非常薄。

烘烤

温度 175℃烘烤至棕色，立刻使用抹刀逐一从烤盘里铲起，然后覆盖到一根擀面杖上，以制作出弯曲的造型。曲奇在冷却之后会变得非常酥脆。如果没有变得酥脆，则表面没有烘烤透彻，要将它们放回到烤箱里继续烘烤 1 分钟。如果，在它们变弯曲前就变得酥脆，将它们放回到烤箱，烘烤一会，让其回软。

芝麻风味瓦片 sesame tuiles

原材料	重量	百分比 /%
糖粉	210 克	100
蛋糕粉	210 克	100
豆蔻粉	1 捏	—
蛋清	150 克	71
黄油（融化）	150 克	71
柠檬外层皮（擦碎）	3 克	1.5
芝麻	30 克	15
装饰物		
芝麻	15 克	7
面糊总重量：	**753 克**	**358%**

制作方法

1. 将糖、面粉及豆蔻粉一起过筛到盆里。在中间做出一个窝穴形。
2. 将蛋清略微打散开并倒入窝穴里。加入黄油和柠檬外层皮。
3. 混合成为柔软的面糊，加入第一份芝麻并混合均匀，冷冻。
4. 切割出三角形模板，并利用它来在涂刷有黄油，并将黄油冻硬了的烤盘上涂抹上三角形的面糊。使用制作杏仁风味瓦片的步骤进行制作。撒上剩余的芝麻。
5. 温度190℃烘烤至金色。
6. 从烤盘里取出，并立刻弯曲成S形。

经典布朗尼蛋糕 classic brownies

原材料	重量	百分比 /%
原味巧克力	450 克	100
黄油	675 克	150
鸡蛋	675 克	150
糖	1350 克	300
盐	7 克	1.5
香草香精	30 克	6
面包粉	450 克	100
核桃仁或 山核桃仁（切碎）	450 克	100
总重量：	**4087 克**	**907%**

制作方法

采用改良的海绵蛋糕法。

1. 将巧克力和黄油一起隔水加热融化开。让混合物冷却到常温下。
2. 将鸡蛋、糖、盐及香草香精一起搅拌至混合均匀，但是不要打发的程度。打发所形成的泡沫会造成更多膨胀，导致布朗尼蛋糕更加疏松而减少了醇厚的黏性。
3. 搅拌进入巧克力混合物里混合。
4. 将面粉过筛并叠拌进去。
5. 将坚果叠拌进去。

制作成型

采用片状法。

将烤盘涂刷上油并撒上面粉，或在上面铺上油纸。一份配方的用量可以填满 46 厘米 ×66 厘米的烤盘，或 6 个 23 厘米的方形烤盘。如果需要，在装入烤盘里后，可以在面糊上额外多撒上 50%（225 克）切碎的坚果。

烘烤

温度 165℃烘烤 45～60 分钟。

要制作出 5 厘米的方块形布朗尼蛋糕，可以将烤盘里的布朗尼蛋糕按照每行 12 块，切割成 8 行，制作出总计 96 块。

香浓布朗尼蛋糕　rich brownies

原材料	重量	百分比 /%
原味巧克力	60 克	50
苦甜巧克力	145 克	125
黄油	290 克	250
鸡蛋	200 克	175
糖	260 克	225
盐	2 克	1.5
香草香精	7 毫升	6
面包粉	115 克	100
核桃仁或 山核桃仁（切碎）	115 克	100
总重量：	**1194 克**	**1032%**

各种变化

原材料	重量	百分比 /%
泡打粉	3 克	2.5

要制作出更像蛋糕一样的布朗尼蛋糕，将上述用量的泡打粉与面粉在步骤 4 中一起过筛。

制作方法

混合

采用改进的海绵蛋糕法。

1. 将原味巧克力、苦甜巧克力和黄油一起隔水加热融化开。让混合物冷却到常温下。
2. 将鸡蛋、糖、盐及香草香精一起搅拌至混合均匀，但是不要打发（图A）。打发所形成的泡沫会造成更多的膨胀，导致布朗尼蛋糕更加疏松而减少了醇厚的黏性。如果鸡蛋不是常温，将混合物在热水槽里隔水加热，直到混合物刚好处于稍微温暖的室温下。
3. 搅拌进巧克力混合物里混合（图B）。
4. 将面粉过筛并叠拌进去（图C）。
5. 将坚果叠拌进去。

制作成型

采用片状法。

1194 克的面糊可以使用 23 厘米 ×33 厘米的烤盘，或 2 个 20 厘米的方形烤盘。将烤盘涂刷上油并撒上面粉，或在上面铺上油纸。

烘烤

温度 160℃烘烤 45～60 分钟。

要制作出 5 厘米的方块形布朗尼蛋糕，可以将烤盘里的布朗尼蛋糕按照每行 6 块，切割成 4 行，制作出总计 24 块。

奶油奶酪布朗尼蛋糕 cream cheese brownies

产量： 1400克的面糊，足以制作出1个23厘米×33厘米的烤盘，或2个20厘米的方形烤盘的布朗尼蛋糕。

原材料	重量
奶油奶酪	225 克
糖	55 克
香草香精	2 毫升
蛋黄	20 克（1个）
香浓布朗尼蛋糕面糊没有核桃仁（配方Ⅰ）	1190 克
总重量：	**1492 克**

制作方法

混合

1. 在安装有桨状搅拌器配件的搅拌机里，将奶油奶酪以低速搅打至细滑且成乳脂状。
2. 加入糖和香草香精，并以低速混合至细滑状。
3. 加入蛋黄并搅拌均匀。
4. 按照配方的步骤制作布朗尼蛋糕面糊。

制作成型

采用片状法。

将烤盘涂刷上油并撒上面粉，或在上面铺上油纸。将一半布朗尼蛋糕面糊倒入烤盘里（图A）。涂抹均匀（图B）。将一半的奶油奶酪混合物分别倒入布朗尼蛋糕面糊上（图C）。倒入剩余的布朗尼蛋糕面糊（图D）。在烤盘里涂抹均匀。将剩下的奶油奶酪混合物滴落在上面（图E）。使用抹刀或勺子的勺柄，略微将两种面糊搅动成涡状形（图F）。

烘烤

温度160℃烘烤45~60分钟。

切割成5厘米的方块形。

🌸 佛罗伦萨风味干果曲奇 florentines

原材料	重量	百分比/%
黄油	210 克	350
糖	300 克	500
蜂蜜	90 克	150
多脂奶油	90 克	150
杏仁片	360 克	600
杏仁粉或榛子粉	60 克	100
蜜饯橙皮（切碎）	120 克	200
面包粉	60 克	100
用于装饰		
巧克力（融化开）	根据需要	
总重量：	**1290 克**	**2150%**

各种变化

要制作出一种网眼状的曲奇，可以用切碎的白杏仁代替杏仁片。

制作方法

混合

1. 将黄油、糖、蜂蜜及奶油在厚底酱汁锅里混合好。加热烧至滚开，不停地搅拌。加热，搅拌，直到混合物达到115℃。
2. 将剩余的原材料混合，并加入到糖混合物里，混合均匀。

制作成型

采用堆积法。

趁着混合物还热的时候进行堆积，当其变凉后会非常坚硬。在铺有硅胶纸，或涂抹有油并撒有面粉的烤盘里将混合物堆积成每个 15 克的圆锥状，让曲奇之间相互间隔 5 厘米，以利于扩散开。用叉子将曲奇按压平整。

烘烤

温度 190℃烘烤至呈棕色。烤盘从烤箱里取出后，立刻使用一个圆形的切割模具将曲奇朝后归拢到一起成为一个圆形（见图示），让其冷却。

最后成型

将曲奇平坦的那一面涂抹上融化的巧克力。用糖霜梳在巧克力上刻划出凹槽造型。

意大利式脆饼　biscotti

原材料	重量	百分比/%
鸡蛋	300 克	35
糖	550 克	65
盐	15 克	2
香草香精	8 克	1
橙子外层皮（擦碎）	4 克	0.5
糕点粉	850 克	100
泡打粉	20 克	2.5
杏仁	300 克	35
总重量：	2047 克	241%

注释： 这些曲奇在冷却后是非常脆硬的。它们传统上在食用时是要蘸上一种甜味葡萄酒的。

各种变化

去掉橙子外层皮，并加入适量的大茴香香精调味。

制作方法

混合

采用海绵蛋糕法。

1. 将鸡蛋、糖及盐混合，隔水加热搅拌使得混合物变得温热，然后将其打发至浓稠且蓬松的程度。
2. 将香草香精和橙子外层皮叠拌进去。
3. 将面粉和泡打粉一起过筛。叠拌进鸡蛋混合物里。
4. 拌入杏仁。

制作成型

采用条形法。

称取 500 克的面团，塑形成 6 厘米粗的树木形。不要将其压扁（面团会很黏，有点难以揉制）。涂刷上蛋液。

烘烤

温度 160℃烘烤 30～40 分钟，或一直烘烤至呈淡金色。

最后成型

略微冷却。然后斜切成长 12 毫米厚的片。将切面朝下摆放到烤盘里。温度 135℃烘烤至酥脆并干燥，需要烘烤 30 分钟。

浓缩咖啡风味脆饼　espresso biscotti

原材料	重量	百分比/%
黄油	120 克	40
糖	180 克	60
盐	6 克	2
鸡蛋	100 克（2 个）	33
热水	15 克	5
速溶浓缩咖啡粉	6 克	2
糕点粉	300 克	100
泡打粉	8 克	2.5
杏仁	105 克	35
总重量：	840 克	279%

注释： 详见关于意大利式脆饼的相关讨论。

制作方法

混合

采用乳化法。

在加入到打发好的混合物里前，先用热水将浓缩咖啡粉融化开。在加入过筛后的干性原材料后，将杏仁搅拌进去。

制作成型、烘烤、以及最后成型

与制作意大利式脆饼的制作方法一样（见上面内容）。

两次烘烤

　　意大利单词biscotto（复数形式，biscotti）的意思是"两次加热成熟"。曲奇在英国的名字为"biscuit"（饼干），来自于同一个词根，意思同样是"两次加热成熟"。在更早的时期，当烤箱更加原始的时候，双重加热是一种制作出干燥、酥脆的面粉制品的方法。干燥是这些物品的可取之处，因为低水分含量意味着它们可以保存更长的时间。

　　意大利风格的意大利式脆饼使用条形法制作，经过烘烤、切片、再次烘烤直至酥脆，在欧洲其他地区和北美都非常受欢迎。然而，如今的许多口味变化都是最近的创新，而不局限于经典的意大利小吃。

巧克力山核桃风味脆饼 chocolate pecan biscotti

原材料	重量	百分比 /%
黄油	120 克	40
糖	180 克	60
盐	3 克	1
橙子外层皮（擦碎）	3 克	1
鸡蛋	100 克（2 个）	33
水	60 克	20
香草香精	5 克	1.5
糕点粉	300 克	100
可可粉	45 克	15
泡打粉	8 克	2.5
小苏打	2.5 克	0.8
山核桃块	60 克	20
巧克力碎片	60 克	20
总重量：	**946 克**	**314%**

注释： 详见关于意大利式脆饼的相关讨论。

制作方法

混合
采用乳化法。
在加入过筛后的干性原材料后，将坚果和巧克力碎片搅拌进去。

制作成型、烘烤，以及最后成型
与制作意大利式脆饼的制作方法一样。

术语复习

cookie 曲奇

double-panning 双层烤盘烘烤法

bar 条形法

dropped 堆积法

creaming method 乳化法

macaron 马卡龙

stencil paste 模板糊

sponge method 海绵法

spread 扩散性

petits fours secs 干性花色小糕点

sheet 片状法

rolled 擀开面团制作法

sanding method 沙粒法

icebox 冷藏法

bagged 裱花袋挤出法

one-stage method 一阶段法

macaroon 杏仁蛋白饼

stencil 模板法

molded 模压成型法

复习题

1. 什么使得曲奇酥脆？怎样才能在烘烤后保持它们酥脆？

2. 如果烘烤时使曲奇无意中变得有嚼劲了，下一批次的曲奇要怎么纠正？

3. 简要描述乳化法与一阶段法的区别。

4. 除了成本控制，为什么制作曲奇时需精确称取原材料和大小的均匀非常重要？

19

卡仕达酱、布丁、慕斯和舒芙蕾

读完本章内容，你应该能够：

1. 制备熬煮的布丁和在炉面上制作卡仕达酱。
2. 制备烘烤的和蒸的布丁。
3. 制备巴伐利亚奶油、慕斯及冷的夏洛特。
4. 制备热的甜品舒芙蕾。

　　本章讨论了前面几章没有涉及的各种各样的甜品。就面包、糕点、蛋糕和曲奇而言，这些甜品大多数都不是经过烘烤的食品，但它们却是非常受欢迎的甜品，在餐饮服务中很重要。它们包括卡仕达酱、布丁、奶油和冷冻甜品。这里描述的大多数甜品和技法都是相互关联的，也与前面章节中所介绍的技法有关。例如，许多布丁、巴伐利亚奶油、慕斯、舒芙蕾和冷冻甜品都是基于两种基本的卡仕达酱——英式奶油酱和糕点蛋奶酱，均在第12章中介绍过。此外，巴伐利亚式奶油、慕斯和舒芙蕾的质感取决于蛋白霜（在第12章中所讨论的）、打发好的奶油，或两者兼有。

　　正如前面章节所述，烘焙和甜品制备的艺术和科学依赖于一套连贯的原则和技术，这些原则和技术可以反复应用到许多种类的产品中。本章中的主题内容进一步阐明了这一事实。

在炉面上制作的卡仕达酱和布丁

要给布丁下一个定义很难，因为它包含了所有起这个名字的食品。这个词用于不同的菜肴，如巧克力布丁、血肠布丁、牛排和腰子布丁。在本章中介绍的是大受欢迎的北美甜品布丁。

有两种布丁，淀粉增稠的和烘烤的布丁，在餐饮业厨房里是最经常制备的。第三种是蒸布丁，一般只有在寒冷的天气才会供应，因为它通常十分油腻，并且加有馅料。

卡仕达酱是许多布丁的基础材料，所以在这一章的一开始就对这种制作方法进行一般性的讨论。卡仕达酱是一种通过鸡蛋蛋白质的凝固而变稠或凝结的液体。卡仕达酱有两种基本的类型：搅拌型卡仕达酱，在加热的过程中经过了搅拌，并且在加热成熟之后，保持着可浇淋的状态（除了糕点奶油酱以外，见下面内容）；以及烘烤型卡仕达酱，这种卡仕达酱没有经过搅拌，并且会凝结定型（烘烤型卡仕达酱会在下一节的内容中进行讨论）。

制作这两种卡仕达酱的一个重要的基本原则是：加热卡仕达酱的内部温度不要高于85℃。这个温度是蛋液混合物凝固的温度。如果加热时超过了这个温度，它们就会趋向于凝结。经过烘烤的卡仕达酱会变得稀薄，因为水分会与增韧后的蛋白质分离开。

英式奶油酱，或香草风味卡仕达酱，在第12章中已经详细讨论过，它是一种搅拌型卡仕达酱。它由牛奶、糖和蛋黄组成，用微火加热搅拌，直到变得稍微浓稠。

糕点奶油酱，也在第12章中讨论过，它是搅拌型卡仕达酱，它和鸡蛋一样含有淀粉增稠剂，因而会产生更加浓稠和更加稳定的产品。由于淀粉的稳定作用，对于刚给出的，不要把卡仕达酱加热到85℃以上的基本原则来说，糕点奶油酱是一个例外。除了它可以用作许多糕点和蛋糕的组成部分以外，糕点奶油酱也是用来制作奶油布丁的基础材料。

大多数经过在炉面加热制作的布丁都使用淀粉使其变稠，这意味着它们必须经过加热或者使淀粉糊化才能成熟。下面列表中的前两种布丁就是这种类型的。第三种是与明胶结合，需要必要的加热或烹饪来溶解明胶。这种布丁只能用小火加热，而不是用炖或煮的方法。第四种是基于英式奶油酱制成的，它可能含有明胶，也可能不含有明胶。

1. 玉米淀粉制成的布丁或牛奶冻（blancmange）： 玉米淀粉制成的布丁是由牛奶、糖和调味品组成的，并用玉米淀粉（或者，在有些时候，可以使用另外的淀粉）使其变稠。如果使用了足够的玉米淀粉，可以将热的混合物倒入模具里，经过冷却，然后脱模取出，以供使用（blancmange这个词，来自法语单词"白色"和"吃"）。

2. 奶油布丁： 奶油布丁和糕点奶油酱是一样的。这些布丁通常使用较少的淀粉制作而成，然而，可能包含有几种调味材料中的任何一种，如椰子风味或者巧克力风味。奶油糖果布丁的风味来自于使用红糖代替白糖。

由于这些布丁和糕点奶油酱基本上是一样的，而后者则通常用来做奶油塔派的馅料，所以这里没有必要单独列出配方。制备下面任何一种布丁，只需简单制备相应的奶油塔派馅料，但是只使用一半的淀粉。在此基础上可以制作出以下布丁：

- 香草风味布丁
- 椰子风味奶油布丁
- 香蕉风味奶油布丁（将香蕉制成蓉泥，并与布丁混合）
- 巧克力风味布丁（两种版本，使用可可粉或者融化的巧克力）
- 奶油糖果布丁

3. 用明胶黏合的布丁： 没有使用淀粉或者鸡蛋使布丁变得浓稠的布丁必须用另外一种原材料使其黏合或者稳定。明胶常用于此类目的。这类甜点中最简单也是最受欢迎的一种就是意式奶油冻（panna cotta），在意大利语中的意思是指"煮熟的奶油"。其最基本的做法是将奶油、牛奶和糖加热，加入香草和明胶，然后在模具中冷却至凝结。通常是配水果或焦糖酱汁等一起食用。

慕斯和巴伐利亚奶油，由于含有打发好的奶油或者蛋白霜，它们的质地轻盈，通常使用明胶黏合在一起。它们将在本章后面部分的内容里做详细的介绍。

4. 克雷默： cremeux是法语单词"乳脂（creamy）"的意思，它几乎和英语单词"乳脂"一样被用于各种制备工作。克雷默最重要的制备工作是在英式奶油酱的基础上制成的。在制作好英式奶油酱之后，加入一种或多种以下的原材料使其变稠或黏合：明胶，黄油，巧克力。

用于制作克雷默的基本步骤如下：

1. 制备英式奶油酱。

2. 如果使用的是明胶，将其泡软，并拌入到热的英式奶油酱里，直到完全融化开。

3. 如果使用的是巧克力，将热的英式奶油酱浇淋到巧克力上，并搅拌至巧克力融化开并混合均匀（当大量的制作时，最有效的工具是使用浸入式搅拌器）。

4. 加入其他所需要的风味调料。

5. 如果使用的是黄油，将英式奶油酱冷却到32℃。将软化后的黄油拌入英式奶油酱里，最好是使用浸入式搅拌器搅拌。

6. 倒入到所需要的容器里并冷却。

最受欢迎的克雷默是巧克力风味，后文中有其配方食谱。通过试验这些基本的制作步骤，可以制作出其他风味的克雷默。调整巧克力、明胶和黄油的数量，以赋予其所需要的质地。

牛奶冻，英式风格 blancmange, English-style

产量：可以制作1.25升。

原材料	重量	牛奶占100% %
牛奶	1000 毫升	80
糖	190 克	15
盐	1 克	0.1
玉米淀粉	125 克	10
冷的牛奶	250 毫升	20
香草香精或杏仁香精	8 毫升	0.6

注释： 法式牛奶冻与英式风格牛奶冻迥然不同。法式风格是由杏仁或杏仁酱和明胶制成的。

各种变化

牛奶冻或玉米淀粉布丁可以与奶油布丁相同的方式进行调味。请参阅此配方前面的一般性讨论中的内容。

如果布丁要摆放在餐盘里提供，而不是从模具里取出来提供，将玉米淀粉减少到60克。

制作方法

1. 将牛奶、糖和盐在厚底酱汁锅里混合好，并用小火加热烧开。

2. 将玉米淀粉与牛奶搅拌均匀至非常细滑的程度。

3. 将其呈细流状倒出，加入一杯（2.5升）热牛奶到玉米淀粉混合物中。将此混合物重新搅拌到热牛奶里。

4. 用小火加热的同时进行搅拌，直到混合物变得浓稠，并且烧开。

5. 将锅从火上端离开，并加入所需要的风味调料。

6. 倒入1/2杯（125毫升）的模具里。冷却后冷冻。脱模后供应。

意式奶油冻 panna cotta

原材料	重量
牛奶	300 克
多脂奶油	300 克
糖	125 克
明胶（见注释）	5~7 克（2.5~3.5 片）
香草香精	5 克
总重量：	**740 克**

注释： 较少用量的明胶会制作出柔软而细腻的甜品。如果室温较冷的话，可以使用这个数量的明胶。较大用量的明胶会制作出一种较硬质的甜品，当脱模时能够经受住更多的加工处理。

制作方法

1. 将牛奶、奶油及糖一起加热至糖完全融化开。

2. 用冷水将明胶泡软。将泡软后的明胶加入到热的牛奶混合物里，并搅拌至明胶融化开。

3. 拌入香草香精。

4. 倒入90毫升或125毫升的模具里。冷却至凝结定型。

5. 脱模后提供给客人。

🌸 巧克力风味克雷默 chocolate cremeux

产量：可以制作660克。

原材料	重量
苦甜巧克力	150 克
蛋黄	90 克
糖	120 克
牛奶	240 克
多脂奶油	240 克

各种变化

要制作出风味更加浓郁的克雷默，它可以用来作为巧克力果塔的馅料，将巧克力增加到210克。

牛奶巧克力克雷默 milk chocolate cremeux

用冷水浸泡4.2克的明胶。将其加入热的英式奶油酱里，并搅拌至融化开。用牛奶巧克力替代半甜巧克力。

黑巧克力克雷默（后图）和牛奶巧克力克雷默（前图）

制作方法

1. 复习制备英式奶油酱的制作指南。

2. 如果使用块状巧克力，将其切碎成小块，并放入不锈钢盆里。如果使用的是巧克力片，将它们放入盆里即可，不需要切碎。放到一边备用。

3. 将蛋黄与糖在不锈钢盆里混合好，打发至轻盈状。

4. 将牛奶和奶油一起在开水槽里隔水烫热，或直接加热。

5. 非常缓慢地将热牛奶倒入蛋黄混合物里，同时用搅拌器不停地搅拌。

6. 将盆放置到用小火加热的开水锅上隔水加热。不停搅拌，直到变得浓稠到足以覆盖到勺子的背面，或一直到其达到82℃。

7. 将英式奶油酱过滤到盛有巧克力的盆里（图A）。

8. 以低速搅动，直到巧克力融化开，并与英式奶油酱混合均匀。少量制作时，搅拌器是最方便的搅拌工具（图B）。轻缓地搅拌，要小心不要搅动起来气泡。大量制作时，可以使用浸入式搅拌器。以低速混合，并保持将搅拌器的刀片浸入在液体里，这样就不会产生气泡。

9. 倒入到所需容器里（图C）。冷却至凝结定型。

烘烤的卡仕达酱、布丁，以及蒸的甜品类

烘烤的甜味卡仕达酱，像卡仕达酱汁，含有牛奶、糖及鸡蛋——通常是为了它们的增稠能力而使用鸡蛋，与酱汁不同的是，这种卡仕达酱是烘烤而成的而不是加热搅拌制成的，所以它会凝结并变硬。烘烤的卡仕达酱可用作派的馅料，而其本身也是一种甜品，还是许多烘烤布丁的基础材料。很多烘烤的布丁是含有大量额外原材料的卡仕达酱，例如，面包布丁是将卡仕达酱混合物浇淋到摆放在烤盘里的面包片或面包块上，然后放入烤箱烘烤而成的。大米布丁由米饭和卡仕达酱制成，是另外一种非常受欢迎的甜品。

高品质的卡仕达酱在切割的时候有着整洁、锐角的边缘。卡仕达酱里的鸡蛋用量决定了它的硬度。一份脱模后的卡仕达酱要比一份直接在烤盘里提供给客人的卡仕达酱需要更多的鸡蛋。而且，蛋黄比使用全蛋制成的卡仕达酱更加浓郁，有着更加柔软的质地。

在烘烤卡仕达酱时，要特别注意这些使用指南：

1. 先把牛奶烫热，再缓慢拌入到鸡蛋里。这样做会减少加热的时间，并且有助于产品加热得更加均匀。

2. 撇去所有的会破坏成品外观的泡沫。

3. 在165℃或者更低的温度下烘烤。较高的温度会增加加热过度和凝固的风险。

4. 在水浴槽中隔水加热烘烤，这样在里面定型之前，外面的边缘部分就不会烘烤过度。

5. 要测试烘烤的成熟程度，用薄刃的刀在中间位置处插入2.5~5厘米深。如果拔出后的刀刃是干净的，卡仕达酱就烘烤好了（见插图）。卡仕达酱的中心可能还没有完全凝固，但是从烤箱里取出来之后，它会依靠自身的热量继续加热。

许多烘烤布丁的制作步骤，例如面包布丁，与制作普通的烘烤的卡仕达酱是相同的。如果布丁中的淀粉含量很高，可能不需要在水浴槽里隔水加热烘烤。

柔软的塔派馅料，例如南瓜馅料，也可以被认为是烘烤的布丁，也可以这样的方式提供。这些制备工作，严格来说，就是卡仕达酱，因为它们是液体或者半液体，由鸡蛋的凝结作用而凝固。它们也可能含有少量的淀粉作为稳定剂。

这一部分中还包括深受欢迎的，称为焦糖布丁（crème brulee）的烘烤卡仕达酱，其意思是"烧焦的奶油"。

brulee 或者 "burnt"（烧焦的意思），这个名字的

测试一份烘烤布丁的成熟程度

一部分意思是指甜品在上桌之前，在其顶部焦糖化的松脆糖层。这种甜品中的卡仕达酱部分特别浓郁，因为它是用多脂奶油制作而成的。

一些配方书中和食品文章里也会把卡仕达酱混合物称为 "brulee"。

烘烤的卡仕达酱 baked custard

产量：可以制作12份，每份150克。

原材料	重量	牛奶占100%%
鸡蛋	500 克	40
糖	250 克	20
盐	2.5 克	0.2
香草香精	15 克	1.25
牛奶	1250 毫升	100

制作方法

1. 将鸡蛋、糖、盐及香草香精在搅拌盆里混合好，搅拌至彻底混合均匀，但是不要打发。

2. 在双层锅里或用小火加热的酱汁锅里将牛奶烫热。

3. 将牛奶逐渐倒入到鸡蛋混合物里，不停地搅拌。

4. 将液体表面上的所有浮沫都撇干净。

5. 将卡仕达模具摆放到浅边烤盘里。

6. 小心地将卡仕达混合物倒入到模具里。如果在这一步骤里有气泡形成，将其撇去。

7. 将烤盘摆放到烤箱里的烤架上，在模具周围的烤盘里倒入足够的热水，使水的高度与卡仕达混合物的高度齐平。

8. 温度165℃烘烤至凝固，需要烘烤45分钟。

9. 小心地将卡仕达从烤箱里取出，并冷却。在冰箱里冷藏储存，覆盖好。

各种变化

焦糖奶油 crème caramel

将375克的糖与60毫升的水加热至焦糖的程度（详见关于糖的加热烹调部分中的内容）。在卡仕达模具的底部浇淋上一层这样的热焦糖（要确保模具是干净和干燥的）。填入卡仕达酱并按照基本配方中的制作步骤进行烘烤。冷却后，冷藏24小时，让部分的焦糖融化开，并在脱模后形成一种可以搭配甜品的酱汁。

香草风味奶油罐 vanilla pots de crème

奶油罐（pots de crème）是非常香浓的模具型卡仕达酱。在基本配方中，用500毫升的多脂奶油替代500毫升的牛奶。使用250克的全蛋，再加上125克的蛋黄。

巧克力风味奶油罐 chocolate pots de crème

按照上述制作香草风味奶油罐的步骤进行制作，但是拌入375克切碎的半甜巧克力到热的牛奶中至融化开，并混合均匀。将糖减少至125克。

焦糖布丁 crème brulee

产量：可以制作12份，每份150克。

原材料	重量
蛋黄	250 克（12 个）
砂糖	180 克
多脂奶油（热的）	1.5 升
香草香精	8 毫升
盐	3 克
砂糖	250 克

各种变化

红糖可以用来代替砂糖。将糖撒到烤盘里，并放入烤箱里，用低温烤干。冷却之后，碾碎并过筛。

要制作出豪华版的焦糖布丁，可以使用香草豆荚代替香草香精来给卡仕达酱增添风味。将2根香草豆荚纵长刨开成两半，并将细小的香草籽刮取下来。将香草豆荚和香草籽与多脂奶油一种用小火加热。取出香草豆荚，并继续按照基本配方进行制作。

咖啡风味焦糖布丁 coffee crème brulee

用适量的咖啡香精或速溶咖啡粉来给热的奶油增添风味。

肉桂风味焦糖布丁 cinnamon crème brulee

将3.5克的肉桂粉加入到热奶油里。

巧克力风味焦糖布丁 chocolate crème brulee

使用一半的牛奶和一半的奶油。用热奶油和牛奶混合物混合融化250克的半甜巧克力。

覆盆子或蓝莓风味焦糖布丁 raspberry or blueberry crème brulee

在加入卡仕达混合物前，在焗盅里放入小量的浆果。

覆盆子百香果焦糖布丁 raspberry passion fruit crème brulee

将奶油的用量减少到1375毫升。去掉香草香精。刚好在过滤前，加入125毫升过滤好的百香果汁和果肉到混合物里。继续按照制作覆盆子焦糖布丁的步骤进行制作。

焗上色还是用喷枪喷上色？

哪个工具更适合用来将焦糖布丁上面的糖焦糖化：丁烷喷枪或焗炉？这是一个个人喜好和设备可用性的问题。当制作单独的甜品时，厨师们通常会发现使用丁烷喷枪这种最简单、最快捷的方法。此外，并不是每个糕点部门都有焗炉，且在热菜厨房的焗炉可能不方便使用。另一方面，当在为宴会准备大量的焦糖布丁时，将卡仕达摆放到烤盘里，然后放入到焗炉里焗可能会更容易一些。

制作方法

1. 将蛋黄和砂糖一起搅打至完全混合均匀。

2. 逐渐将热的奶油搅拌进去。加入香草香精和盐。将混合物过滤。

3. 将12个浅的焗盅或焗碟，2.5厘米深，摆放到烤盘的毛巾上（毛巾的作用是隔绝焗盅底部的高温）。将卡仕达混合物均匀地分装到这些焗盅里。向烤盘里倒入足够的热水，使其达到焗盅侧面大约一半的高度。

4. 温度165℃烘烤至卡仕达酱刚好凝固，需要烘烤25分钟。

5. 冷却，然后冷藏保存。

6. 要完成制作，首先轻轻拭干卡仕达表面上的水分，均匀地撒上一层糖。用喷枪把糖烤焦（或在焗炉里将糖焗至焦糖化，把卡仕达置于非常接近焗炉里热源的地方，这样在卡仕达温度升得太高之前，糖就会迅速变成焦糖）。当它冷却下来，焦糖会形成一层薄薄的硬壳。在1~2小时供应给顾客食用。如果卡仕达放得太久，表面上的焦糖就会变软。

用一把喷枪将焦糖布丁焦糖化

面包和黄油布丁 bread and butter pudding

产量：可以制作2.5千克。

原材料	重量
白面包（切成薄片）（见注释）	500 克
黄油（融化开）	125 克
鸡蛋	500 克
糖	250 克
盐	2 克
香草香精	15 毫升
牛奶	1250 毫升
肉桂粉	根据需要
豆蔻粉	根据需要

注释： 根据需要，可以使用带有硬边的面包或者去掉硬边的面包。如果面包的边不是太硬的话，留着它会让布丁更有质感。

各种变化

要制作出风味更加浓郁的布丁，可以使用奶油最多替代一半的牛奶。

加入125克的葡萄干到布丁里，将它们撒入分层的面包之间。

白兰地或威士忌风味面包布丁 brandy or whiskey bread pudding

在卡仕达混合物里加入60毫升的白兰地或威士忌酒。

干果布丁 cabinet pudding

用单独的卡仕达模具而不是烤盘来制备。用切成丁的海绵蛋糕代替面包，不使用融化的黄油。在倒入卡仕达混合物前，在每个模具里放入4克的葡萄干。

樱桃脯面包布丁 dried cherry bread pudding

将185克的樱桃脯加入到面包布丁里，将它们撒入分层面包之间。使用多脂奶油最多替代一半的牛奶。

制作方法

1. 将每一片面包分别切成两半。在每一块面包的两面都涂刷上融化的黄油。

2. 将面包片重叠着摆放到涂抹有黄油的25厘米×30厘米的烤盘里（如果使用全尺寸的布菲盒，用量要加倍）。

3. 将鸡蛋、糖、盐以及香草香精混合到一起并彻底混合均匀。加入牛奶。

4. 将鸡蛋混合物倒入到烤盘里的面包上。

5. 让其静置，冷藏1小时或更长时间。直到面包吸收了卡仕达混合物。如果需要，在静置的时间里，可以将面包朝下按压到烤盘里1~2次。

6. 在表面上撒上一些肉桂粉和豆蔻粉。

7. 将烤盘放入到更大一些，并装有高度2.5厘米开水的烤盘里。

8. 放入预热到175℃的烤箱里。烘烤1小时，至凝结定型。

9. 可以趁热食用，或冷却后搭配打发好的奶油或英式奶油酱，水果蓉，糖粉等一起食用。

巧克力风味面包布丁 chocolate bread pudding

产量：可以制作2500克。

原材料	重量
多脂奶油	625 克
牛奶	625 克
糖	180 克
苦甜巧克力（切碎）	350 克
黑朗姆酒	60 克
香草香精	10 克
鸡蛋	400 克（8个）
白面包（切成厚片）	500 克
去掉硬边（见注释）	

注释： 使用高品质的、风味香浓的白面包，例如在这道配方里推荐使用哈拉面包。

制作方法

1. 将奶油、牛奶及糖在厚底酱汁锅里混合好。加热，搅拌，直到糖融化开。

2. 将锅从火上端离开，并让其冷却1分钟。然后加入巧克力，并搅拌至其融化开，并完全混合均匀。

3. 加入朗姆酒和香草香精。

4. 在盆里搅打好鸡蛋，然后逐渐搅打进入到温热的巧克力混合物里。

5. 将面包切割成大粒状，放入涂抹黄油的半幅布菲盒或烤盘（25厘米×30厘米）里，或者使用2个20厘米的方形烤盘。将巧克力混合物倒入到面包上。如果不是所有的面包都浸泡在巧克力混合物里，将它们按压到巧克力混合物里以覆盖住。

6. 静置，冷藏1小时或更长时间，直到面包吸收了卡仕达混合物。如果需要，在静置的时间里，可以将面包朝下按压到烤盘里1~2次。

7. 温度175℃，烘烤至凝结定型，需要30~45分钟。

大米布丁 rice pudding

产量：可以制作2.25千克。

原材料	重量
大米（中粒或长粒）	250 克
牛奶	1500 毫升
香草香精	5 毫升
盐	2 克
蛋黄	95 克
糖	250 克
淡奶油	250 毫升
肉桂粉	根据需要

各种变化

葡萄干大米布丁 raisin rice pudding

在制作成熟的大米和牛奶混合物里加入125克的葡萄干。

康德大米布丁 rice conde

进行以下调整：

- 将大米增加到325克。
- 将蛋黄增加到150克。
- 去掉肉桂粉。

加入蛋黄混合好后，立刻就把米大混合物倒入到浅的、份装的、涂抹有黄油的模具里。按照基本配方的要求进行烘烤，然后冷冻至变硬。脱模到餐盘里。

康德大米布丁可以直接单独食用，也可以搭配打发好的奶油或水果酱汁一起食用，也可以作为煮水果的底料。将水果摆放到脱模后的大米布丁上；涂刷上杏亮光剂。以这种方式制作好的甜品，会以所使用的水果进行命名，例如杏风味康德大米布丁或梨风味康德大米布丁。

西米布丁 tapioca pudding

这个布丁像大米布丁一样制作到步骤4。但是，它不用烘烤。取而代之的是将打发好的蛋清叠拌进去，然后将混合物冷冻。要制备西米布丁，对配方做出以下调整：

用125克的西米替代250克的大米。不要洗涤西米。用牛奶加热西米至成熟。

保留60克的糖（从步骤2里），用作搅打蛋白霜。

在蛋黄混合好后，将布丁用小火加热几分钟，以使蛋黄加热成熟。不停搅拌。不要让混合物烧开。

用保留好的60克的糖与125克的经过巴氏杀菌的蛋清一起打发至湿性发泡的程度。叠拌进热的布丁里。冷却。

制作方法

1. 将大米洗净、控干水分（见注释）。
2. 将大米、牛奶、香草香精及盐在厚底酱汁锅里混合好。盖上锅盖并用小火加热至大米成熟，大约需要加热30分钟。不时搅拌，以确保混合物不会在锅底焦煳。当成熟之后，将锅从火上端离开。
3. 将蛋黄、糖及奶油在搅拌盆里混合好，搅拌至混合均匀。
4. 从米饭中舀出一些热的牛奶倒入到这个混合物里，并搅拌均匀。然后慢慢把蛋液混合物搅拌回热的米饭中。
5. 倒入到一个涂抹有黄油的25厘米×30厘米的烤盘里。在表面撒上肉桂粉（如果使用全尺寸的布菲盒，将用量加倍）。
6. 在水浴槽里，温度175℃隔水加热烘烤30~40分钟，或一直烘烤到凝固。可以趁热使用或冷却后食用。

注释： 为了除去大米中更多的淀粉，有些厨师喜欢将大米放入开水里焯2分钟，然后将其沥干，漂洗干净。

奶油奶酪蛋糕 cream cheesecake

产量：足够制作2个25厘米的蛋糕，或3个20厘米的蛋糕。

原材料	重量
奶油奶酪	2250 克
糖	790 克
玉米淀粉	45 克
柠檬外层皮（擦碎）	7.5 克
香草香精	15 克
盐	22 克
鸡蛋	450 克
蛋黄	170 克
多脂奶油	225 克
牛奶	112 克
柠檬汁	30 克
油酥面团或海绵蛋糕，可以用来铺设到烤盘里。	
总重量：	**4115 克**

各种变化

使用烘焙师奶酪制作的奶酪蛋糕 cheesecake with baker's cheese

使用1700克的烘焙师奶酪，再加上675克的黄油代替2250克的奶油奶酪。如果需要，也可以在步骤5里使用所有的牛奶代替部分的牛奶和部分的奶油。

法式奶酪蛋糕 French cheesecake

这种奶酪蛋糕通过将打发好的蛋清加入到奶油奶酪版本里或面包师奶酪版本里的面糊中，使其质地变得更加轻盈。要制作法式奶酪蛋糕，请对上面任意一道配方做出以下调整：

将淀粉增加到75克。

保留出225克的糖，与520克的蛋清一起打发，制作成湿性发泡的蛋白霜。

将蛋白霜叠拌进奶酪面糊里，然后再倒入烤盘里。

制作方法

1. 通过在模具底部铺上一层非常薄的海绵蛋糕或一层薄的油酥面团的方法，将模具准备好。将油酥面团烘烤至开始变成金色。

2. 将奶油奶酪放入搅拌桶里，并且使用桨状搅拌器配件，以低速搅打至细滑并且没有颗粒状。

3. 加入糖、玉米淀粉、柠檬外层皮、香草香精及盐。搅打至混合成细滑和均匀的程度，但是不要打发。将搅拌桶壁上和搅拌器上粘连的混合物刮取到搅拌桶里。

4. 加入鸡蛋和蛋黄，一次一点地加入，每次加入后都要彻底混合均匀。再次将搅拌桶壁上的混合物刮取到桶里，以确保混合物被搅拌的均匀。

5. 随着搅拌机以低速运转，逐渐将奶油、牛奶及柠檬汁加入进去搅拌好。

6. 装入准备好的模具里。按照下述重量称取混合物。
   25厘米模具：2050克
   20厘米模具：1350克

7. 奶酪蛋糕可以使用或不使用水浴槽隔水加热烘烤（见注释）。
   没有使用水浴槽烘烤，将填满混合物的模具摆放到烤盘上，将它们放入预热至200℃的烤箱里。烘烤10分钟后，将烤箱温度降低至105℃，并继续烘烤至混合物凝固，根据蛋糕的大小不同，需要烘烤1~1.5小时。
   使用水浴槽隔水加热烘烤，将填满混合物的烤盘摆放到另外较大的烤盘里。在外面的烤盘里填入水，并温度175℃烘烤至凝固。

8. 将蛋糕完全冷却，然后将它们从模具里取出。要从一个没有可拆卸模具边的模具中脱模一个蛋糕时，在蛋糕的表面撒上白砂糖。把蛋糕倒过来扣在一个圆形蛋糕纸板上，然后立即在蛋糕底部放上另外一个圆形蛋糕纸板，并把蛋糕翻转过来。

   注释： 在水浴槽中隔水烘烤的结果是蛋糕表面呈棕色，而侧面不呈棕色。没有使用水浴槽隔水烘烤的结果是侧面变成棕色，并且表面颜色变得更浅。如果不使用水浴槽，可以使用深的蛋糕模具或使用卡扣式蛋糕模具（侧面可拆卸的模具）。但是，如果使用了水浴槽，就必须使用深的蛋糕模具烘烤，而不能使用卡扣式模具。

奶酪蛋糕

cake（蛋糕）这个词的含义之一是使用面粉、鸡蛋、糖和其他原材料烘烤、涨发制成的甜点，通常制成圆形或长方形。这种蛋糕在第16章有详细介绍。蛋糕（cake）的另一个意思是制作成或模塑成实际的形状造型，例如一块肥皂造型或粘在靴子上的一团雪造型等。许多制作而成的被称为蛋糕的食品，更接近与第二种定义，甚至一些发酵的面粉制品，如pancake（薄煎饼），通常不会像第16章中所描述的那样在蛋糕的定义下讨论。

在有关烘焙的讨论中，奶酪蛋糕被包括在基于面粉的蛋糕内。然而，从工艺上来讲，奶酪蛋糕与烘烤的卡仕达酱或者南瓜塔派馅料的制作方法是一样的。它是一种牛奶、糖、鸡蛋和奶油奶酪的液体混合物，当鸡蛋凝结时就会变硬。事实上，被称为蛋糕与它的成分没有任何关系。因此，奶酪蛋糕与漏斗糕（一种油炸馅饼）、蟹糕一样，都不属于蛋糕的范畴。

世界各地都有着各式各样的奶酪蛋糕，都会使用当地的奶酪制作。在北美，大多数奶酪蛋糕都会使用奶油奶酪。纽约风格的奶酪蛋糕可能是这些蛋糕中风味最浓郁的，除了奶油奶酪以外，还加入了多脂奶油。也有使用低脂的烘焙师奶酪制作的蛋糕，但不常见。在意大利，这种甜品是使用乳清奶酪制成的；而在德国，它是使用一种称为夸克的新鲜奶酪制成的。不用烘烤的奶酪蛋糕，依靠明胶而不是凝结的鸡蛋使其凝固，是一种巴伐利亚奶油，而不是烘烤的卡仕达酱。

蒸的甜品

蒸布丁主要适于寒冷天气的食物。它们厚重、密实的质地和丰富的口感使它们成为冬天夜晚里温暖、舒适的甜品。然而，这些共同的特性使它们不适合在一年四季里都享用。

最著名的蒸布丁是英国的圣诞布丁，在北美大部分地区被称为李子布丁。圣诞布丁，经过精心制作并使用高品质的原材料，提供了一种令人难忘的风味组合。长长的原材料列表使得配方看起来制作非常困难，但是一旦原材料搭配并称好量，布丁就很容易制作。

除了圣诞布丁，这里还包括一些制作起来不那么复杂的蒸布丁的配方，有助于了解各种可能性。许多蒸布丁可以在水浴槽中隔水加热烘烤，但蒸的方法会更加节能，并有助于在长时间的加热烹调过程中保持布丁的湿润。

如果有蒸笼锅，只需把装满了的，盖上盖的布丁模具放在蒸笼里，然后把它们放在蒸笼锅里。放到炉灶上蒸，把盖好盖的模具放到又大又深的平底锅里，然后倒入足够的热水，让热水漫过模具边缘的一半高度。加热将水烧开，然后用小火慢慢加热，并盖上锅盖。不时检查锅的情况，并根据需要加入更多的热水。

◆ **复习要点** ◆

◆ 什么是卡仕达酱？两种基本形式的卡仕达酱是什么？分别举例说明。

◆ 什么是奶油布丁？它是怎么制成的？

◆ 什么是意式奶油冻？它是如何制成的？

◆ 什么是克雷默？它是怎么制作的？

◆ 什么是焦糖布丁？它是怎么制作的？

圣诞布丁 Christmas pudding

原材料	重量
深色葡萄干	250 克
浅色葡萄干	250 克
无核葡萄干	250 克
枣（切成粒）	125 克
杏仁（切碎）	90 克
蜜饯橙皮（切成细末）	60 克
蜜饯柠檬皮（切成细末）	60 克
白兰地	190 毫升
面包粉	125 克
肉桂粉	2 毫升
豆蔻粉	0.5 毫升
桂皮粉	0.5 毫升
姜粉	0.5 毫升
丁香粉	0.5 毫升
盐	4 克
牛板油（切碎）	190 克
红糖	125 克
鸡蛋	125 克
新鲜面包屑	60 克
糖蜜	15 克
总重量：	**1915 克**

制作方法

1. 将水果和杏仁用白兰地酒浸泡12小时。
2. 将香料和面粉一起过筛。
3. 将面粉混合物、牛板油、糖、鸡蛋、面包屑及糖蜜混合。加入水果和白兰地酒混合均匀。
4. 装入涂抹油脂的布丁模具里，留出一点膨胀的空间。用切割好的圆形的、大小适合于盖到模具里的涂抹有油脂的油纸盖到布丁混合物上。然后用锡纸覆盖好模具，并用一根棉线捆缚好，这样蒸汽就不会进入到模具里。
5. 根据大小不同，蒸4~6小时。
6. 要储存布丁，先将布丁冷却到温热，然后脱模。用纱布包好并完全冷却透，用保鲜膜再次包裹好。如果每隔7~10天就撒上一些白兰地或朗姆酒，布丁可以保存一年或更久。
7. 圣诞布丁必须热食，要重新加热它，将其放入模具里，蒸1~2小时，或直到蒸透。配硬质黄油酱一起食用。

🌀 蒸蓝莓布丁　steamed blueberry pudding

原材料	重量
红糖	150 克
黄油	60 克
盐	0.9 克（0.5 毫升）
肉桂粉	1.5 克（4 毫升）
鸡蛋	6 克
面包粉	30 克
泡打粉	6 克
干燥的面包屑	150 克
牛奶	125 克
蓝莓（新鲜或冷冻的，不加糖）	125 克
总重量：	**708 克**

制作方法

1. 将糖、黄油、盐及肉桂粉一起打发。
2. 混入鸡蛋，一次一点地加入。打发至蓬松状。
3. 将面粉与泡打粉一起过筛，然后与面包屑拌和到一起。
4. 交替着与牛奶一起，将干性原材料加入到糖混合物里。混合成为一种细滑的面糊。
5. 将蓝莓小心地叠拌进去。
6. 装入到均匀涂抹了油脂的模具里，2/3满。盖紧并根据模具的大小不同，蒸1.5~2小时。
7. 脱模并趁热配硬质黄油或英式奶油酱一起食用。

各种变化

蒸芳香葡萄干布丁 steamed raisin spice pudding

　　在糖混合物里，加入30克糖蜜，1毫升姜粉，以及0.5毫升桂皮粉。使用浸泡好并控干的90克葡萄干，以及60克切碎的坚果代替蓝莓，配硬质黄油酱，英式奶油酱，柠檬酱汁一起食用。

🌀 蒸巧克力杏仁风味布丁　steamed chocolate almond pudding

原材料	重量
黄油	125 克
糖	150 克
盐	1 克
原味巧克力（融化开）	45 克
蛋黄	90 克
牛奶或黑朗姆酒	30 克
杏仁粉	190 克
干燥的面包屑	30 克
蛋清	150 克
糖	45 克
总重量：	**856 克**

制作方法

1. 将黄油、糖及盐一起打发至轻盈状，混入巧克力搅拌均匀。
2. 分两步或三步加入蛋黄，然后将牛奶或朗姆酒混合进去。将搅拌器壁上的粘连物刮取下来，以消除结块。
3. 混入杏仁粉和面包屑。
4. 将蛋清和糖搅打至湿性发泡的蛋白霜程度。将蛋白霜叠拌进面糊里。
5. 在模具里面涂抹上黄油，并撒上糖。装入3/4满的面糊。盖紧并蒸1.5小时。
6. 脱模并趁热配巧克力酱汁或打发好的奶油一起食用。

巴伐利亚奶油、慕斯和夏洛特蛋糕

巴伐利亚奶油、慕斯和舒芙蕾以及在本章后面部分中所讨论的许多其他食品一样，都有一个共同点：它们都具有一种通过添加打发好的奶油、蛋清，或两者兼有而产生的轻盈而蓬松的质地。

巴伐利亚奶油是经典的明胶甜点类，含有卡仕达酱和打发好的奶油。戚风派馅料，在第13章中提到的，与巴伐利亚奶油的相似之处在于，它们都使用明胶进行稳定，并且有轻盈而多泡沫的质地。然而，对于戚风派来说，这种质地主要是由打发好的蛋清所产生，打发好的奶油可以加入也可以不加入。戚风派馅料也可以直接作为布丁和冷冻甜品食用。

慕斯可能比巴伐利亚奶油的质地更加柔软，尽管两者之间并没有精确的分界线。许多被称为慕斯的甜品制作得和巴伐利亚奶油一模一样。然而，许多慕斯，尤其是巧克力慕斯，是不含明胶或只有少量明胶的。慕斯的轻盈质感是通过加入打发好的奶油、蛋白霜或两者兼有而得到的。

巴伐利亚

巴伐利亚，又称巴伐利亚奶油，或者称它的法语名字Bavarois，是由三种基本要素制成的：卡仕达酱或英式奶油酱（根据需要添加风味），明胶和打发好的奶油。明胶在冷的液体中软化，搅拌进入到热的卡仕达酱里直到融化，然后冷冻到几乎凝固定型。随后将打发好的奶油叠拌进去，混合物被倒入到模具中直到凝结。提供给客人时要脱模。

准确称重明胶是非常重要的。如果没有使用足够的明胶，甜品会太软到保持不住它的形状。如果使用得太多，奶油会太硬，并且会具有韧性。有关明胶的使用在第4章中有详细的描述，在第13章的中关于戚风派馅料中也有部分的内容。

水果巴伐利亚可以像普通的巴伐利亚奶油一样，通过添加水果蓉和风味调料到卡仕达酱基料里来制作。它们也可以在没有卡仕达酱基料的情况下，通过在甜味水果蓉中加入明胶，然后叠拌进打发好的奶油里而制成。在这一部分的内容里，包括有一道单独制

作的基础水果巴伐利亚奶油的配方，以及几道富有现代特色的巴伐利亚奶油配方。

因为可以用多种方式塑形和装饰，巴伐利亚奶油可以用来制作成精致、优雅的甜品。它们是各种被称为冷夏洛特甜品的主要成分，冷夏洛特是将巴伐利亚奶油装入内衬有各种海绵蛋糕的模具里塑形而成的。经典的冷夏洛特通常使用打发好的奶油和新鲜的水果进行装饰，有时还会配上一种水果酱汁。这里包括了，来自于传统的糕点店里的，用于组合两种著名的夏洛特的制作步骤，接着是基本的香草巴伐利亚奶油配方（注意，虽然使用的是同一种模具制作的，但是热夏洛特和冷夏洛特是完全不同的）。

现代糕点师们创造了一个新的夏洛特家族来展示他们的装饰技巧。在这一章中包括了这一类的一些配方，作为使用经典的技法，如何才能开发出美味诱人的现代甜品的例证。这些夏洛特是使用大的环形模具制成的，但是请注意，它们也可以使用直径为7厘米的小环形模具制作成单份的大小，与第15章中所述的几个糕点一样。

这一节中还包括了使用同样技法制作的另外两道甜品。皇后大米布丁是一种使用模具制作的精致的大米布丁。

它的基料制作有点像英式奶油酱（这是制作巴伐利亚奶油的基料），除了大米需在加入蛋黄和明胶之前在牛奶中煮熟之外。然后将打发好的奶油叠拌进去（另一种能够达到相同效果的方法是将同等比例的，基于康德大米布丁混合物和香草巴伐利亚奶油混合物，再加上蜜饯水果混合物混合到一起而制成的）。

奶油奶酪夏洛特不是使用加热成熟后的卡仕达酱为基料制成的，但它确实含有明胶和打发好的奶油。因此，它在性质和质地上与其他巴伐利亚奶油相似。类似地，以下配方中的三种奶油都是基于糕点奶油酱制成的，例如，巴伐利亚奶油便属于这一类，因为它们含有明胶和打发好的奶油。

如果使用明胶的甜品是在碗状而不是环形模具中制作的，将模具在热水中浸1秒或2秒就可以脱掉模具。快速擦拭模具底部，将其翻扣到餐盘里（或将餐盘翻扣在模具上，将餐盘和模具一起翻转过来）。另外一种方法是，用喷枪小心、短暂地加热模具。如果甜品在轻轻摇动后还没有脱模，可重复加热过程。不要放在热水中超过几秒钟，否则明胶就会开始融化。

夏洛特

　　第一次正式使用夏洛特（charlotte）这个词来指代甜品要追溯到1796年，是指至今仍然在沿用的烤苹果甜品。这道甜品由在模具里铺有涂抹了黄油的面包片烤的苹果组成。它可能是以英国国王乔治三世的妻子夏洛特王后的名字命名的。

　　仅仅过了几年之后，著名的糕点大厨卡莱姆在自己的一款作品中借用了夏洛特这个名字，这是一款冷的、以明胶为基础的乳脂状的甜品，在内衬有手指饼干或者海绵蛋糕的模具里制成。

　　他在英国工作时发明了这种甜点，并将其命名为巴黎女郎夏洛特。虽然没有人知道确切的答案，但是另外一种命名类似的甜品——俄式夏洛特，可能是在为庆祝俄罗斯亚历山大一世的宴会上被采用的。

制作步骤： 巴伐利亚奶油和巴伐利亚类型的奶油

1. 制备基料——可以是英式奶油酱或者是其他配方中所标明的另外一种基料。

2. 用冷的液体泡软明胶，并将其拌入热的基料中直到融化开（图A）。如果基料没有经过加热处理，将明胶和其液体一起加热至明胶融化开，然后将其拌入基料里。要确保基料不能太凉，否则明胶可能会因为过快凝结从而形成结块。

3. 如果配方里需要使用任何的没有包括在基料里（步骤1）的风味调料，例如水果蓉泥，将其拌入（图B）。

4. 冷却混合物至变得浓稠，但是还没到凝结的程度。这一过程可以通过将盆放入冰水槽里不断搅拌而以最快的速度制作好。

5. 将打发好的奶油叠拌进去（图C）。

6. 将混合物倒入准备好的模具里并冷冻至凝固。

慕斯类

　　慕斯的种类丰富，无法给出一个适用于它们所有种类的定律。一般来说，可以把慕斯定义为任何一种柔软的或者乳脂状的甜品，通过加入打发好的奶油、蛋清或两者兼有从而使其变得又轻盈又蓬松。注意巴伐利亚奶油和戚风蛋糕符合这一描述。事实上，它们经常被用作慕斯，但是随着明胶减少或者被去掉，慕斯会更加柔软。

　　慕斯的基料多种多样。它们可能只是融化的巧克力或者新鲜的水果蓉，也可能会更复杂，像戚风蛋糕的基料等。

　　有些慕斯含有打发好的蛋清和奶油。在这种情况下，大多数厨师喜欢先拌入蛋清，即使它们可能会失去一些体积。其原因是如果先加入奶油，在叠拌和混合的过程中会有过度搅拌成黄油的风险。

如果蛋清是被叠拌进一种热的基料里，它们会被加热或者会凝结，使得慕斯更加坚硬，也更加稳定。打发好的奶油一定不要叠拌进热的混合物里，因为奶油会融化并且泄气。

除了本节中所包含的巧克力慕斯配方和第12章中所附加的配方以外，还可以将戚风派馅料配方和巴伐利亚奶油配方转换成慕斯。只需将明胶的数量减少到配方中所标明的1/3或1/2即可。如果要使用戚风配方制作出奶油味更加浓郁的慕斯，可以使用打发好的奶油代替部分蛋白霜（主配方后面的一些"各种变化"中的内容注明了这种替代方法）。通过调整这些配方，可以制作许多流行的慕斯，包括覆盆子、草莓、柠檬、橙子和南瓜慕斯，而不需要单独的配方。

后文介绍的巧克力批可以说是浓稠到可以切成片状的巧克力慕斯。比较这道配方和前文介绍的巧克力慕斯 I 的配方就会发现制作步骤几乎都是一样的，只是原材料的比例不同。

香草风味巴伐利亚奶油 vanilla bavarian cream

产量：可以制作1.5升。

原材料	重量
明胶	22 克
冷水	150 毫升
英式奶油酱	
蛋黄	125 克
糖	125 克
牛奶	500 毫升
香草香精	8 毫升
多脂奶油	500 毫升

制作方法

1. 用冷水浸泡明胶。
2. 制备英式奶油酱。将蛋黄和糖一起打发至浓稠且轻盈的程度。将牛奶烫热并缓慢拌入蛋黄混合物里，不断搅打。在热水槽里隔水加热，同时不断搅拌，直到其变得略微浓稠。加热的温度不应超过82℃（复习有关制作英式奶油酱的详细讨论内容）。
3. 从热水槽里取出，并拌入香草香精。
4. 将明胶混合物拌入热的卡仕达酱里，直到明胶完全融化开。
5. 将卡仕达酱放入冰箱里，或置于碎冰上冷却，不时搅拌以保持混合物的细滑。
6. 将奶油打发至形成湿性发泡的程度。不要过度打发。
7. 当卡仕达酱变得非常浓稠，但是还没有凝结时，将打发好的奶油叠拌进去。
8. 将混合物倒入模具或餐盘里。
9. 冷冻至完全凝固。如果是在模具里制作的，应脱模后供应。

各种变化

巧克力风味巴伐利亚奶油 chocolate Bavarian cream

将190克的半甜巧克力切碎或擦碎，加入到热的卡仕达酱里。搅拌至完全融化并混合均匀。

白巧克力风味巴伐利亚奶油 white chocolate Bavarian cream

将250克的白巧克力切碎或擦碎，加入到热的卡仕达酱里。搅拌至完全融化并混合均匀。

咖啡风味巴伐利亚奶油 coffee Bavarian cream

将6克的速溶咖啡粉加入到热的卡仕达酱里。

草莓风味巴伐利亚奶油 strawberry Bavarian cream

将牛奶减少至250毫升，糖减少至90克。将250克的草莓与90克的糖一起制成蓉泥，或使用375克冷冻的加糖草莓。在加入打发好的奶油前，将草莓蓉先拌入到卡仕达酱里。

覆盆子风味巴伐利亚奶油 raspberry Bavarian cream

如同制作草莓风味巴伐利亚奶油一样的制作，但是使用的是覆盆子。

利口酒风味巴伐利亚奶油 liqueur Bavarian cream

以适量的利口酒或烈性酒调味，例如橙味利口酒、樱桃酒、黑樱桃酒、杏仁酒或朗姆酒等。

果仁糖风味巴伐利亚奶油 praline Bavarian cream

将95克的果仁糖酱拌入到热的卡仕达酱里。

外交官风味巴伐利亚奶油 diplomat Bavarian cream

使用樱桃酒（45毫升）滋润切成丁的海绵蛋糕（125克）和切成丁的蜜饯水果（125克）。轻缓的与香草风味卡仕达酱混合物搅拌均匀。

橙子风味巴伐利亚奶油 orange bavarian cream

按照基本配方的步骤进行制作，除了去掉香草香精，并将牛奶减少至250毫升以外。使用擦取的1个橙子的外层皮或者使用橙味香精给卡仕达酱调味。在加入打发好的奶油之前，将250毫升的橙汁拌入冷的卡仕达混合物里。

俄式夏洛特 charlotte russe

在一个夏洛特模具的底部和侧面上都铺设好手指饼干。对于模具的底部，将手指饼干切割成三角形并将它们并在一起使尖角在中心相交（注意：手指饼干必须紧密挨在一起，在它们之间没有空隙）。将巴伐利亚奶油混合物填入模具里，并冷冻至凝结。如果需要，在脱模前，修整表面上的手指饼干，以便让它们与巴伐利亚奶油齐平。

用来制作俄式夏洛特的另外一种方法，虽然不是正宗的，但却是一道诱人食欲的甜品。将一些巴伐利亚奶油混合物填入到没有铺设底座的夏洛特模具里。脱模后，在表面和侧面贴上手指饼干，或者猫舌饼干，使用少量融化的巴伐利亚奶油混合物，使它们粘在一起。用打发好的奶油装饰。

皇家夏洛特 charlotte royale

在圆形模具里铺设好一层薄片状的小果冻卷，将它们相互贴紧，这样在它们之间就不会有空隙。将巴伐利亚奶油混合物填满模具，冷冻至凝固。如果需要，在脱模后可以在夏洛特上浇淋上杏亮光剂增亮。

水果风味巴伐利亚 fruit Bavarian

产量：可以制作1.25升。

原材料	重量
水果蓉（见注释）	250 克
特细砂糖	125 克
柠檬汁	30 毫升
明胶	15 克
冷水	150 毫升
多脂奶油	375 毫升

注释： 使用 250 克的不加糖或略加糖的，新鲜、冷冻或罐头装的水果，例如草莓、覆盆子、杏、菠萝、桃或香蕉等。对于高糖含量的水果，例如冷冻的加糖草莓等，可以使用 300 克，并将糖的用量减少至 60 克。

制作方法

1. 将水果蓉用细眼网筛挤压过滤，与糖和柠檬汁混合。搅拌混合物或让其静置至糖完全融化。
2. 用冷水浸泡明胶5分钟使其泡软。用小火加热混合物至明胶融化。
3. 将明胶混合物拌入水果蓉里。
4. 冷冻至混合物至浓稠，但没有凝结的程度。注意：如果水果蓉在加入明胶时是冷的，它会凝结得非常快，因此进一步的冷冻就不需要了。
5. 将奶油打发至形成湿性发泡的程度，不要过度打发。
6. 将奶油叠拌进水果混合物里，倒入模具里并冷冻。

杏仁风味奶油 almond cream

原材料	重量
英式奶油酱	
牛奶	300 克
香草豆荚（劈切开）（详见注释）	1 根
糖	75 克
蛋黄	60 克
杏仁膏	50 克
杏仁利口酒	30 克
明胶	12 克
多脂奶油	300 克
总重量：	**827 克**

注释： 如果没有香草豆荚，可以加入 2 毫升（1/2 茶勺）的香草香精代替。

制作方法

1. 制作英式奶油酱：用小火加热牛奶、香草豆荚，以及一半的糖至烧开。与此同时，将蛋黄与剩余的糖一起打发。逐渐加入热的牛奶，然后放回到火上加热并熬煮到变得浓稠到刚好能覆盖在一把勺子上的程度。
2. 将杏仁膏呈小块状的拌入进去，并搅拌至细滑状。
3. 用冷水泡软明胶。
4. 混入杏仁利口酒和泡软后的明胶。搅拌至明胶完全融化开。
5. 在冰块上冷却混合物，搅拌以确保其在变浓稠的过程中保持细滑状。
6. 在混合物凝结前，将奶油打发至湿性发泡的程度，并叠拌进去。将混合物倒入模具里，并冷冻至凝固定型。

 百香果风味巴伐利亚 passion fruit bavarian

原材料	重量
牛奶	200 克
糖	100 克
蛋黄	120 克（6 个）
糖	100 克
明胶	14 克
百香果蓉或果汁	200 克
多脂奶油	400 克
总重量：	**1134 克**

制作方法

1. 将牛奶和第一份用量糖一起在一个锅里加热。
2. 将蛋黄与第二份用量的糖一起打发。
3. 当牛奶混合物快要烧开时，将1/4的牛奶混合物搅拌加入到蛋黄里，然后将蛋黄混合物倒回到锅里。加热到85℃，一定要小心不要超过这个温度。
4. 用圆锥形细眼过滤器过滤。
5. 用冷水将明胶泡软。
6. 将百香果蓉泥加热烧开；加入明胶并搅拌至融化开。放到一个冷水槽上搅拌，直到冷却到25~28℃。与牛奶混合物混合到一起。
7. 将奶油打发至湿性发泡的程度。小心地将混合物叠拌进打发好的奶油里，要尽快在明胶凝结前操作完成。
8. 倒入到模具里并冷冻。

黑醋栗风味夏洛特 charlotte au cassis

产量：可以制作1个18厘米的圆形夏洛特蛋糕。

原材料	重量
普通热那亚海绵蛋糕	半个 0.5 厘米厚烤盘大小
覆盆子果酱	100 克
糖	50 克
水	50 克
黑醋栗利口酒	30 克
黑醋栗慕斯	600 克
黑醋栗果蓉制成的水果淋面	75~100 克
浆果类和其他的软质水果，用于装饰	根据需要

各种变化

百香果风味夏洛特 passion fruit charlotte

对配方进行以下更改：

在模具里铺设黄色的条形海绵蛋糕。

使用简单甜品糖浆代替黑醋栗糖浆用于涂刷到蛋糕上。

用百香果慕斯来代替黑醋栗慕斯。

使用百香果果蓉淋面。在浇淋到夏洛特蛋糕上前，将取自一半新鲜百香果的籽加入到淋面里。

右侧图示的夏洛特蛋糕是使用了一小堆的水果和用泡芙面团挤成的随意造型的格子状进行了装饰。

制作方法

1. 制备用于铺设到模具里的海绵蛋糕。从海绵蛋糕片的一端切割出15厘米的圆形蛋糕，并保留好。将剩余的海绵蛋糕修剪出边长为30厘米的方块形。将这个方块形蛋糕再切割出四块等边的4个小的方块形蛋糕。在3块小的方形蛋糕上涂抹上覆盆子果酱并将它们摞到一起。最上面摆放上第四块小方块形蛋糕。略微朝下按压。冷冻（这足够制作出2个夏洛特蛋糕；把多余的部分保留好可供以后使用）。

2. 铺设18厘米的夏洛特环形模具（制作步骤与年轮蛋糕相同）。将方块形蛋糕切成条形，它们的宽度是环形模具高度的2/3~3/4。海绵蛋糕宽度的精确性并不重要，只要所有的条形都是相同的宽度。将这些条形横切成5毫米厚的条。将环形模具摆放到蛋糕纸板上。将海绵蛋糕条摆放到环形模具的内侧，按压到位，这样覆盆子果酱的条纹就会是垂直的。继续操作，直到环形模具内侧都紧密地内衬好了海绵蛋糕。

3. 将糖和水加热烧开至融化制成糖浆。将锅从火上端离开，加入利口酒（这一小量的糖浆足够2个或3个夏洛特蛋糕使用）。

4. 将圆形海绵蛋糕放入环形模具里，用来制成底座。涂刷上糖浆。

5. 在环形模具里装满覆盆子慕斯，用抹刀涂抹平整，冷冻至凝固。

6. 将温热的水果淋面涂抹到表面上，用抹刀涂抹平整，冷冻至凝固。

7. 用喷枪略微喷热环形模具，以将其松脱开，然后将其取下。

8. 根据需要进行装饰。

异域风情慕斯蛋糕 l'exotique

产量：可以制作1个16厘米的圆形蛋糕。

原材料	重量
条状海绵蛋糕	见步骤1
椰子风味榛子海绵蛋糕分层 （直径为15厘米）	2 个（数量）
热带水果风味椰子慕斯	400 克
明胶	4 克
芒果果肉	125 克
糖	12 克
热的百香果甘纳许	175 克
装饰物	
喷射用巧克力	根据需要
芒果切块	根据需要
百香果汁和果肉	根据需要

制作方法

1. 在16厘米的夏洛特环形模具里内衬上一条塑料胶片。制备一片彩色的，有抽象图案造型的带状海绵蛋糕。切割出一个条形海绵蛋糕并铺设到夏洛特模具里，让条状海绵蛋糕比环状模具的高度略低一点，这样就会有一些馅料在其上面显示出来。

2. 将环形模具摆放到蛋糕纸板上，并将一片分层海绵蛋糕摆放到环形模具的底部。

3. 在模具里填入1/3满的椰子慕斯。将表面涂抹光滑并冷冻至凝固。

4. 用冷水泡软明胶。

5. 将1/4的芒果果肉加热到60℃，然后拌入明胶和糖，直到它们全部融化开。

6. 当慕斯已经凝固，在椰子慕斯表面上涂抹上芒果果肉果冻。放入冰箱里冷冻至凝固。

7. 在芒果果肉上涂抹上一层薄的椰子慕斯（1厘米）。

8. 覆盖上第二片分层海绵蛋糕。

9. 最后覆盖上第三层慕斯，装入模具的高度，并涂抹平整。冷冻至凝固。

10. 在冷冻好的蛋糕上，涂抹上一层厚度为1厘米的温热的甘纳许（这是必需的厚度，因为太多的甘纳许会被蛋糕梳刮除掉）。在甘纳许凝固前，快速使用蛋糕梳在表面刮过，以便制作出一个造型。

11. 再将蛋糕放回到冰箱里冷冻15分钟使其凝固定型。

12. 使用巧克力喷雾器在表面喷上巧克力，以制作成天鹅绒般的效果。

13. 去掉环形模具。在表面用几块芒果和少许的百香果籽装饰。

热带水果风味椰子慕斯 coconut mousse with tropical fruit

产量：可以制作800克。

原材料	重量
水	120 克
椰奶（未加糖）	120 克
糖	200 克
芒果（切成丁）	150 克
菠萝（切成丁）	150 克
明胶	8 克
牛奶	50 克
糖	30 克
椰丝	30 克
椰奶（未加糖，冷冻的）	140 克
椰子风味利口酒	20 克
多脂奶油	250 克

制作方法

1. 将水、椰奶及糖一起加热制作成糖浆。加入芒果丁和菠萝丁。用一片圆形的油纸盖住，将水果加热熬煮15分钟，或熬煮到其成熟，但仍然还能保持住其形状的程度。不要加热过度。让水果在糖浆里冷却，然后捞出控干。
2. 用冷水泡软明胶。
3. 将牛奶、糖及椰丝在酱汁锅里加热至80℃。让其静置几分钟，以使得椰丝能够浸透风味。
4. 将锅从火上端离开，并加入明胶，搅拌至融化开。
5. 加入第二份用量的椰奶。当温度冷却到25℃时，拌入利口酒。
6. 将奶油打发至湿性发泡的程度，并将其叠拌进去。
7. 将控干的水果叠拌进去。
8. 倒入模具里并冷冻。

 巧克力慕斯Ⅲ chocolate mousse Ⅲ

产量：可以制作1.12升。

原材料	重量
苦甜巧克力	300 克
水	75 克
蛋黄（巴氏消毒）	90 克
利口酒（见注释）	30 克
蛋清（巴氏消毒）	135 克
糖	60 克
多脂奶油	250 毫升
总重量：	**940 克**

注释： 所有风味适合的利口酒或烈酒，如橙味利口酒、杏仁酒、朗姆酒或白兰地等都可以使用。如果不希望使用利口酒，可以使用 30 毫升浓咖啡，或 8 毫升的香草香精加上 22 毫升的水。

制作方法

1. 在酱汁锅里，将巧克力加入到水里，并用小火加热融化开，不时搅拌，这样混合物会变得细滑。
2. 搅入蛋黄。用小火加热时搅打混合物几分钟，直到其变得略微浓稠。
3. 将混合物从火上端离开，并拌入利口酒或其他的液体。将其完全冷却。
4. 将蛋清和糖打发至形成硬性发泡的蛋白霜程度。将其叠拌进巧克力混合物里。
5. 将奶油打发至形成湿性发泡的程度。将其叠拌进巧克力混合物里。
6. 将慕斯倒入餐碗或单独的盘里。冷冻几小时后再供应。

巧克力慕斯Ⅳ chocolate mousse Ⅳ

产量：可以制作1.75升。

原材料	重量
苦甜巧克力	500 克
黄油	125 克
蛋黄（巴氏消毒）	180 克
蛋清（巴氏消毒）	250 克
糖	75 克
多脂奶油	250 毫升
总重量：	**1380 克**

制作方法

1. 在干燥的锅里将巧克力隔水加热融化开。
2. 将锅从火上端离开。加入黄油并搅拌至融化。
3. 加入蛋黄，搅拌均匀。
4. 将蛋清和糖一起打发至形成湿性发泡的蛋白霜程度。叠拌进巧克力混合物里。
5. 将奶油打发至形成湿性发泡的程度。叠拌进巧克力混合物里。
6. 将慕斯倒入餐碗或单独的餐盘里。冷冻几小时后再供应。

各种变化

下述的各种变化都是基于上述的配方。由于牛奶巧克力和白巧克力的成分和处理属性不同，可以进行一些必要修改。

牛奶巧克力慕斯 milk chocolate mousse

在主配方中，用牛奶巧克力代替黑巧克力。使用125毫升的水融化巧克力，搅拌至细滑。将其从火上端离开，并按照制作方法中的步骤2进行制作。将蛋黄的用量减少到60克，将糖的用量减少到60克。

白巧克力慕斯 white chocolate mousse

在前面的各种变化内容里，使用白巧克力代替牛奶巧克力。

巧克力慕斯Ⅴ（使用明胶法）chocolate mousse Ⅴ (with gelatin)

原材料	重量
明胶	6 克
糖	50 克
水	50 克
葡萄糖浆	10 克
蛋黄	80 克（4 个）
苦甜考维曲 巧克力（融化开）	225 克
多脂奶油	500 克
意大利蛋白霜	180 克
总重量：	**1100 克**

制作方法

1. 用冷水泡软明胶。
2. 将糖、水及葡萄糖浆混合，并加热烧开，制作成糖浆。继续加热到119℃。
3. 将蛋黄打发至浓稠状且颜色变浅。逐渐将热的糖浆搅打进去。加入明胶并搅打至融化开。继续打发至变凉。
4. 将融化后的巧克力叠拌进蛋黄混合物里。
5. 将奶油打发至湿性发泡的程度。叠拌进去。
6. 将意大利蛋白霜也叠拌进去。倒入模具里，并冷冻至凝固。

巧克力冻 chocolate terrine

原材料	重量
苦甜巧克力	375 克
蛋清（巴氏消毒）	175 克（6 个）
橙味利口酒	60 毫升
蛋黄（巴氏消毒）	120 克（6 个）
可可粉	根据需要
总重量：	**730 克**

各种变化

使用90克的浓味浓缩咖啡来代替橙味利口酒。

制作方法

1. 要制作出每个为375克的夏洛特，在500毫升的面包模具里铺上油纸（要制作出最后制作好的巧克力批更大的切片面积，可以使用2倍用量的配方，并使用1升的面包模具）。

2. 将巧克力切碎成小粒，然后隔水加热融化开。不要让任何水滴落到巧克力里面。

3. 将蛋清打发至形成湿性发泡的程度。放到一边备用（在开始混合巧克力前先打发蛋清是十分必要的，因为一旦将第一份液体加入到巧克力里的时候，就必须不间断地继续这个制作过程）。

4. 将橙味利口酒加入到巧克力中，并搅打均匀。巧克力会变得非常浓稠。

5. 将蛋黄搅打进入到巧克力里，一次加入1个或2个，直到完全混合均匀。

6. 使用一个硬质的搅拌器，将蛋清搅打进巧克力混合物里。不要尝试轻缓叠拌它们，因为混合物会非常黏稠。

7. 要制作出所需要的光滑质感，将混合物从网筛中挤压过滤，以去掉没有混合好的巧克力或鸡蛋结块。

8. 将一些巧克力倒入准备好的模具里，填入1/2满。将模具在工作台面上轻轻敲击，以除去空气泡。填入剩下的巧克力，再一次轻轻敲击，除去空气泡。

9. 覆盖好并冷藏一晚。

10. 脱模到餐盘里。在表面和侧面撒上淡淡的一层可可粉。使用锋利的刀，切割成6毫米厚的片，在每次切割前将刀刃浸入开水里，并拭干。可以按照小份的用量提供，因为这道甜品风味非常浓郁。

浓味巧克力蛋糕 chocolate indulgence

产量：可以制作2个蛋糕，直径为18厘米。

原材料	重量
用于铺到模具里的	
乔孔达海绵蛋糕	1个半幅烤盘的蛋糕
甘纳许 I	根据需要
甘纳许 II	根据需要
糖浆	
水	60克
糖	60克
橙味利口酒，例如君度酒	60克
巧克力慕斯 V	900~1000克
甘纳许糖霜	200克
装饰物	
巧克力扇面插件	根据需要
可可粉	根据需要
新鲜的浆果类	根据需要
巧克力卷	根据需要

制作方法

1. 制备乔孔达海绵蛋糕用于铺设到模具里。从海绵蛋糕片的一端切割出2个15厘米的圆形蛋糕片并保留好。将剩余的海绵蛋糕修剪成30厘米边长的方块形。将这个方块形蛋糕切割成4个大小相等的方块形。在一片蛋糕上涂抹上一层薄的甘纳许 I。上面摆放上第二片方形蛋糕，并涂抹上一层甘纳许 II。在上面再摆放上第三片方块形蛋糕，并涂抹上一层甘纳许 I。表面摆放上第四片方块形海绵蛋糕。略微朝下按压。冷冻（为了简化产品的制作过程，可以省去甘纳许 II，三层蛋糕都使用甘纳许 I）。

2. 铺设2个18厘米的夏洛特环形模具（制作步骤与年轮蛋糕相同）。将方块形蛋糕切成条形，它们的宽度是环形模具高度的2/3~3/4。海绵蛋糕宽度的精确性并不重要，只要所有的条形都是相同的宽度。将这些条形横切成5毫米厚的条。将环形模具摆放到蛋糕纸板上。将海绵蛋糕条摆放到环形模具的内侧，按压到位，这样带有甘纳许的条纹就会是垂直的。继续操作，直到两个环形模具内侧都紧密地内衬好了海绵蛋糕。

3. 将糖和水加热烧开至融化，制作成糖浆。将锅从火上端离开，加入利口酒。

4. 将圆形海绵蛋糕分别放入环形模具里，用来制成底座。涂刷上糖浆。

5. 制备巧克力慕斯，将巧克力慕斯逐渐填入环形模具里面直到顶部。用抹刀涂抹平整。冷冻至凝固。

6. 将温热的甘纳许糖霜涂抹到表面上，并用抹刀涂抹平整。冷冻至凝固。

7. 用喷枪略微喷热环形模具的外侧，以将其松脱开，然后去掉环形模具。

8. 根据需要进行装饰。

甘纳许 I　ganache I

产量：可以制作450克。

原材料	重量
黑巧克力（切碎）	200 克
多脂奶油	250 克

制作方法

1. 在水槽里隔水加热融化开巧克力。
2. 加热奶油，并混入到巧克力里。
3. 冷却。

 ## 甘纳许 II　ganache II

产量：可以制作575克。

原材料	重量
白考维曲巧克力	450 克
多脂奶油	125 克
红色食用色素	几滴

制作方法

1. 在水槽里隔水加热融化开白考维曲巧克力。
2. 加热奶油，并混入到巧克力里。加入几滴红色食用色素，以调和出浅粉红色的颜色。
3. 冷却。

甜品舒芙蕾

舒芙蕾是将蛋清打发至轻盈状，然后烘烤而成的。烘烤的过程使舒芙蕾像蛋糕一样涨发，因为鸡蛋泡沫中的空气在受热后会膨胀。烘烤时间接近尾声时，蛋清会凝结或变硬。然而，舒芙蕾并不会像蛋糕那么稳定；事实上，它们从烤箱里拿出来后不久就会塌陷下来。基于这个原因，它们应该立即被供应给客人。

一份标准的舒芙蕾包含着三个要素：

1. 基料： 甜品舒芙蕾使用许多种类的基料；大多数都是较厚重的、使用淀粉增稠制作而成的，例如糕点奶油酱或甜味的白色酱汁等。如果使用到了蛋黄，要将蛋黄加入到基料里面。

2. 调味原材料： 它们被加入到基料里并混合均匀。广受欢迎的调味原材料包括融化的巧克力、柠檬及利口酒等。少量的固体原材料，例如干的蜜饯类水果或切成细末的坚果类也可以加入进去。基料和风味原材料混合物可以提前制备并冷藏保存。然后可以按份称取进行制备，以便于与蛋清混合。

3. 蛋清： 在可能的情况下，蛋清应该与一些糖一起打发。这会使得舒芙蕾更稳定。

在舒芙蕾盘里多涂抹一些黄油，并撒上糖。将舒芙蕾盘填满到盘边位置，用抹刀抹平。经过烘烤后，舒芙蕾应该能够高出盘边2.5~4厘米。

· 复习要点 ·

◆ 巴伐利亚奶油的制作步骤是什么？

◆ 冷夏洛特是什么？

◆ 慕斯是什么？哪种或哪些原材料给慕斯带来了轻盈、充满气泡的质地？

◆ 热甜品舒芙蕾的三个基本构成是什么？

香草风味舒芙蕾（蛋奶酥）vanilla soufflé

产量：可以制作10~12份。

原材料	重量
面包粉	90克
黄油	90克
牛奶	500毫升
糖	120克
蛋黄	180克（8~9个）
香草香精	10毫升
蛋清	300克（10个）
糖	60克

各种变化

巧克力风味舒芙蕾 chocolate soufflé

将90克原味巧克力和30克半甜巧克力一起融化。在步骤5后加入到基料里。

柠檬风味舒芙蕾 lemon soufflé

使用擦碎的2个柠檬的外层皮，代替香草香精，用于调味。

利口酒风味舒芙蕾 liqueur soufflé

用50~90毫升所需要的利口酒调味，例如樱桃酒或橙味利口酒等，在步骤5后加入。

咖啡风味舒芙蕾 coffee soufflé

使用15克的速溶咖啡粉调味，或按照口味适量添加，在步骤2中加入到牛奶里。

果仁糖风味舒芙蕾 praline soufflé

在步骤5后，将125~150克的果仁糖酱混入基料里。

制作方法

1. 将面粉和黄油一起混合成为面糊状。
2. 将糖加入牛奶里，并加热烧开，使糖融化开。将锅从火上端离开。
3. 使用搅拌器将牛奶搅打进入面糊里。用力搅拌以打撒所有的结块。
4. 将混合物放回火上加热至烧开。不时搅拌。用小火熬煮几分钟，直到混合物非常浓稠，并且没有了淀粉的味道（图A）。
5. 将混合物倒入搅拌盆里，盖好并让其冷却5~10分钟。
6. 将蛋黄和香草香精搅打进去（图B）。
7. 在这之前，舒芙蕾可以提前准备好。将混合物冷却，并按份数称取基料进行制备。继续按照以下步骤进行制作。
8. 通过在舒芙蕾盘的内侧均匀涂抹黄油，并撒上白砂糖的方法制备好。黄油和糖的涂层应一直涂到舒芙蕾盘的顶部，并稍微超过盘边（图C）。这道配方能填入10~12个单份装的舒芙蕾焗盅，或者2个18厘米的舒芙蕾盘。
9. 将蛋清打发至形成湿性发泡的程度。加入糖并继续打发至混合物形成硬性发泡且湿润的程度。
10. 将蛋清叠拌进舒芙蕾基料里（图D）。
11. 将混合物倒入准备好的焗盅里，并将表面涂抹平整。
12. 温度190℃烘烤，大的舒芙蕾盘烘烤时间为30分钟，单份的焗盅烘烤时间为15分钟。
13. 可选步骤：在舒芙蕾烤好前的3~4分钟时，可以在其表面多撒上一些糖粉。
14. 一从烤箱里取出，就立刻服务上桌。

术语复习

custard 卡仕达酱

pot de crème 奶油罐

stirred custard 搅拌型卡仕达酱

Christmas pudding 圣诞布丁

baked custard 烘烤型卡仕达酱

Bavarian cream 巴伐利亚奶油

crème anglasie 英式奶油酱

Bavarois 巴伐利亚奶油（法语）

pastry cream 糕点奶油酱

cornstarch pudding 玉米淀粉制成的布丁

cold charlotte 冷夏洛特，冷夏洛特甜品

cream pudding 奶油布丁

rice impératrice 皇后大米布丁

panna cotta 意式奶油冻

mousse 慕斯

crémeux 乳脂（法语）

soufflé 苏夫里，蛋奶酥

复习题

1. 卡仕达酱混合物中的鸡蛋在内部温度为多少度的情况下成熟或凝固？搅拌的卡仕达酱和烘烤的卡仕达酱如果加热超过了这个温度会怎么样？

2. 用来制作英式奶油酱和烘烤的卡仕达酱的基本制作技法也常用来制作下列的一些制备工作。辨别出下列哪些甜品是使用搅拌的卡仕达酱技法制作的，哪些是使用烘烤的卡仕达酱技法制作的，而哪些是没有使用任何卡仕达酱制作的。

   面包布丁　　　　苹果派

   圣诞布丁　　　　俄式夏洛特

   巧克力风味巴伐利亚　　巧克力奶油锅

   烘烤的奶酪蛋糕　　　　苹果夏洛特

3. 玉米淀粉布丁和奶油布丁之间的主要不同是什么？

4. 在生产巴伐利亚奶油和其他用明胶进行稳定的甜品时，为什么仔细测量明胶用量非常重要？

5. 在制作巴伐利亚奶油或戚风派馅料时，如果在将打发好的奶油或蛋清叠拌进去前，把明胶混合物冷冻得太久，会遇到什么困难？

6. 在制作甜品舒芙蕾时，在打好的蛋清中加入一部分糖有什么好处？

20

冷冻甜品类

读完本章内容，你应该能够：

1. 鉴别冰淇淋、沙冰以及常见的冰淇淋和沙冰甜品的质量。
2. 制备冰淇淋和沙冰。
3. 制备静止冷冻的甜品，包括邦贝（使用模具冷冻）冰淇淋、冷冻慕斯以及冷冻的舒芙蕾等。

冰淇淋的受欢迎程度无须解释。无论是简单地在盘子里盛入一勺香草冰淇淋球，还是把水果、糖浆、顶料以及各种口味的冰淇淋和沙冰组合起来，冰冻甜点总是会吸引住所有人的目光。

过去很少有企业自己生产冰淇淋，因为这涉及劳动力、所需要的设备以及必须遵守的卫生法规和健康法规。此外，高质量的商业化生产的冰淇淋随处可见，这使得企业没有必要自己制备冰淇淋。但是今天，许多餐厅发现提供自制的沙冰和冰淇淋对顾客非常具有吸引力。事实上，在最好的餐厅里，顾客可能期望糕点师在制作糕点的同时也制作冷冻甜品。因此，学习制作冰淇淋已经成为一项重要的技能。

在学习这一章时会发现大部分内容似乎非常熟悉。例如，制作冰淇淋的底料，就是在其他许多制备工作中所使用的英式奶油酱。本章还介绍了一些其他技法，例如制作糖浆和搅打蛋白霜，这些技法在面包店里的很多地方都能使用到。

鉴别冰淇淋和沙冰甜品的质量

冰淇淋和沙冰都是搅动冷冻型的，这意味着它们在冷冻的过程中会不断混合。如果它们不经过搅动，就会冻成坚硬的冰块。这种搅动的过程使冰晶变小，并使空气进入甜品里。

本节中，将介绍冰淇淋和沙冰产品，学习如何判断冷冻甜品的质量，以及介绍一些传统的冷冻甜品组合。这个讨论既适用于商业化制作的，也适用于家庭制作的冰淇淋和沙冰。

冷冻甜品产品的种类

冰淇淋是牛奶、奶油、糖、调味料，有时也添加鸡蛋的一种细滑、冷冻的混合物。费城风格的冰淇淋里不含有鸡蛋，而法国风格的冰淇淋中含有蛋黄。由于蛋黄的乳化特性，鸡蛋增加了冰淇淋的浓郁程度，并有助于制作出更加细滑的产品。

冰牛奶就像冰淇淋，但乳脂含量较低。冷冻酸奶除了用于冰淇淋或冰牛奶的正常原材料以外，还含有酸奶。

沙冰和冰通常是由果汁、水和糖制成的。美式沙冰通常含有牛奶或奶油，有时还含有蛋清，蛋清增加了平滑度和体积。冰，又称水冰，只含有果汁、水、糖，有时还含有蛋清，但不含乳制品。法语单词"sorbet"有时用来形容这些产品。格兰尼特（granite）是一种粗糙的结晶冰，不含蛋清。

意大利风格的冰淇淋、沙冰及格兰尼特被称为杰拉托（gelato，复数形式为gelati），索贝托（sorbetto，复数形式为sorbetti）及格兰尼塔（granita，意大利语中的复数形式为granite；或者，常用英语用法为granitas）。传统的意大利杰拉托（gelato意为"冷冻的"）通常比其他冰淇淋的脂肪含量低。香草和巧克力等味的杰拉托通常只加牛奶，不加奶油。水果杰拉蒂通常含有奶油，但由于它们主要是水果泥，脂肪含量仍然很低。

此外，许多的杰拉蒂是不含蛋黄的，而且大多数是不含其他乳化剂和稳定剂的。因此，它们融化得很快，口感和风味都很清淡。另一方面，它们的混合程度要比冰淇淋低，具有低的溢出率结构（见下面定义），口感丰富（见下一页定义）。

产品与质量

基本的法式风格或者卡仕达酱风格的冰淇淋混合物是将每4份在酱汁中使用的牛奶与1份或者2份的多脂奶油相混合制成的简单的英式奶油酱或者卡仕达酱。根据需要，这种基料可以使用香草、融化的巧克力、速溶咖啡、加糖的碎草莓等来调味，经过彻底冷冻，然后根据所使用的特定设备的使用说明进行冷冻。

当混合物已经冷冻，它被转移到容器中，放在零下18℃的深度冷冻中使其变硬（软质冷冻或者软质供应的冰淇淋和杰拉托直接从搅拌冷冻器中取出供应给顾客，而不会被硬化）。

不管是自制冰淇淋还是购买冰淇淋，都应注意以下三个品质因素：

1. 平滑度与产品中冰晶的大小有关：冰淇淋应该迅速冷冻，并在冷冻的过程中充分搅动，这样就不会有机会形成大的晶体。

快速硬化有助于保持晶体变小，正如鸡蛋和乳化剂或稳定剂添加到混合物中一样。

如果冰淇淋没有贮存在足够低的温度下，就会形成大的晶体（低于零下18℃）。

2. 溢出率是冰淇淋在冷冻的过程中，由于空气的掺入而增加的体积：它表示为混合物原始体积的百分比。例如，如果混合物体积加倍，则增加的量等于原来的体积，那么溢出率是100%。

有一些溢出率是必要的，可以带来一种丝滑、轻盈的质地。但如果冰淇淋的溢出率太高，就证明其中有过多空气和泡沫，并且会缺乏风味。人们曾经认为，冰淇淋的溢出率应该在80%~100%，如果溢出率越低，就会使得冰淇淋变得越厚重，甚至变成糊状。对于含有树胶和其他稳定剂的冰淇淋来说，这是正确的，但一些高质量的制造商所生产的口感丰富（也价格昂贵）的冰淇淋，其溢出率只有20%。

溢出率受许多因素影响，包括冷冻设备的类型，搅拌的时长，混合物中油脂的含量，混合物中固体所占的百分比，以及冰淇淋机装入的冰淇淋的多少。

3. 口感或者质感在一定程度上取决于平滑度和溢出率及其他的品质：好的冰淇淋能在口中融化成细滑而不太厚重的液体。有些冰淇淋含有过多稳定剂，所以它们在口中永远不会融化成液体，由于许多人已经习惯了这类产品，以至于一种真正能够在口中融化的冰淇淋被他们攻击成"不够香浓"。

奶油中的乳脂有助于丰富口感。然而，脂肪含量太高会使质地逊色。这是因为，当脂肪含量特别高时，一些脂肪可能会在搅动冻结的过程中凝结成细小颗粒状的黄油，产生颗粒状的质地。

一份高品质的杰拉托具有轻滑的口感，这是由于脂肪含量低，没有添加乳化剂，并且溢出率低。

冰淇淋中的稳定剂

回顾之前关于乳化剂的讨论，脂肪和水通常是不能混合到一起的，但可以结合成一种称为乳化的稳定的混合物。乳化对于冰淇淋的细滑质地是必不可少的，它含有水分和乳脂。

商业化生产的冰淇淋面临的一个问题是，随着运输和贮存过程中温度的变化，冰淇淋中的一些水分会融化并再次冻结，对乳化造成了破坏，从而影响到了产品的质地。

冰淇淋制造商们通过添加各种稳定剂来尽可能地减少这个问题，而这些稳定剂在高质量的自制冰淇淋或手工冰淇淋中是不常见的。

常用的稳定剂包括琼脂、卡拉胶、瓜尔胶、明胶、果胶和海藻酸钠。当少量使用时（在混合物中所占的比例在0.15%~0.5%），有助于当贮存温度产生波动时，防止冰淇淋中冰晶的形成。

贮存和服务

对于正确贮存和服务搅动冷冻型甜品来说，以下5条指导原则至关重要：

1. 将边角料和沙冰贮存在零下18℃以下。这个低温有助于防止大块冰晶的形成。

2. 准备服务上桌时，在-13~-9℃的温度下使冷冻甜品回温24小时，这样它们就足以回软到可以服务上桌了。

3. 在服务上桌时，要避免对冰淇淋进行包装。最好的方法是用冰淇淋勺从产品表面上划过，这样冰淇淋就会在冰淇淋勺里滚成一个球形。

4. 使用标准的冰淇淋勺来将冰淇淋分份。受欢迎甜品的正规分份如下：

芭菲：
三个30号冰淇淋挖勺挖出的冰淇淋球。

香蕉船：
三个30号冰淇淋挖勺挖出的冰淇淋球；
一份派或蛋糕上配的冰淇淋；
一个20号冰淇淋挖勺挖出的冰淇淋球。

圣代：
两个20号冰淇淋挖勺挖出的冰淇淋球；
一盘普通的冰淇淋；
一个10号、12号或16号冰淇淋挖勺挖出的冰淇淋球。

5. 量取糖浆、顶料和装饰物以控制分量。对于糖浆，可以使用吸泵分配准确的量，或使用标准勺。

广受欢迎的冰淇淋甜品

芭菲是将冰淇淋和水果或者糖浆交替着分层装入细高的玻璃杯里制成的。它们通常以所使用的糖浆或者顶料来命名。例如，巧克力芭菲有三勺香草或巧克力冰淇淋球，交替以巧克力糖浆进行分层，并且在表面装入打发好的奶油和巧克力刨片（这是芭菲一词在北美最常见的做法）。

圣代（或称冰淇淋杯）是将一勺或两勺冰淇淋球或者沙冰放在盘子或玻璃杯里，在上面搭配糖浆、水果、顶料和装饰物。它们制备起来非常快速，可以花色繁多，也可以简单极致或者高端优雅，可以用普通的冷饮杯、银杯或水晶香槟杯盛放。

圣代通常是一种优雅脱俗、装饰精美的甜品。许多都是从多年前的经典菜肴中保留下来的传世之作。以下所列是至今仍然在制作的圣代和类似的甜品，但它们往往有了不同的名字（这些经典名称很有趣，但除了蜜桃美尔巴、美女海伦梨及栗子杯，其他的名称现在已经不常被使用了）。

阿尔勒西亚杯： 在杯子的底部，舀入一勺用樱桃酒浸泡好的蜜饯水果丁。加入一勺香草冰淇淋球，上面摆上半个糖水煮梨，并浇淋上杏酱。

黑森林杯： 在杯子里放入一勺巧克力冰淇淋球，再加入用一点樱桃白兰地调味的甜味黑樱桃。用打发好的奶油挤出的玫瑰花结和巧克力刨片装饰。

埃德娜·梅杯： 在香草冰淇淋上摆放好甜味樱桃。用混合有足量的覆盆子果蓉调成粉红色的打发好的奶油装饰。

格雷萨克杯： 在香草冰淇淋上摆放上三个小的、用樱桃酒滋润过的杏仁马卡龙。上面再摆放好一个小的糖水煮过的半个桃子，切面朝上，在桃的中间填入红醋栗果冻。沿杯边挤一圈打发好的奶油进行装饰。

雅克杯： 将一勺的柠檬风味沙冰和草莓冰淇淋球放入杯里。上面摆放上用樱桃酒调味的混合新鲜水果丁。

栗子杯： 在香草冰淇淋上摆放好蜜饯栗子，并挤上打发好的奶油。

东方杯： 在杯子的底边放入菠萝丁，并加入菠萝风味沙冰。上面浇淋上杏酱和烘烤过的杏仁。

蜜桃美尔巴： 在香草冰淇淋上摆放上一个糖水煮过的半个桃子，浇淋上美尔巴酱汁，在上面撒上杏仁片。

美女海伦梨： 在香草冰淇淋上摆放上一个糖水煮过的半个桃子，浇淋上巧克力酱汁，并用烘烤过的杏仁片装饰。

本书前面章节所提到的其他受欢迎的冰淇淋甜品中还包括冰淇淋夹馅蛋白霜、冷冻闪电泡芙和巧克力泡芙。广受欢迎的被称为烤阿拉斯加（火烧冰淇淋）的节日甜品将在制作烤阿拉斯加的步骤中详细讨论。虽然现在已经很少有人会对它的呈现感到惊讶，但这种甜点的经典名字之一是舒芙蕾惊喜，之所以这样称呼是因为它的外观看起来像烘烤过的打发好的鸡蛋，但里面是冷冻的冰淇淋。

制作步骤： 烤阿拉斯加（火烧冰淇淋）

1. 将软化的冰淇淋装入所需大小的圆顶造型的模具里。冻硬。
2. 制备好一层与冰淇淋模具的平边那一面大小尺寸相同的一片蛋糕，12毫米厚。
3. 将冷冻好的冰淇淋脱模到蛋糕片上，使蛋糕成为冰淇淋的基座。
4. 使用抹刀，将整个甜品都涂抹上厚厚的一层蛋白霜。如果需要，可以使用裱花袋里挤出更多的蛋白霜进行装饰。
5. 温度230℃烘烤至边缘处凸起的蛋白霜装饰造型都变成了金黄色。
6. 立刻服务上桌。

· 复习要点 ·

◆ 这些术语和冷冻甜品有什么关系：平滑度？溢出率？口感？

◆ 冷冻甜品应该如何贮存和服务供应？

◆ 圣代是什么？它们是如何制备的？

◆ 烤阿拉斯加是什么？它是怎么制作的？

制备冰淇淋和沙冰

上述的质量要素不仅适用于商业化制作的冷冻甜品，也适用于自制的甜品。

下文将利用前两道配方举例说明制作冰淇淋和沙冰的基本步骤。使用这两道配方中的制作步骤，可以制作出种类无限的冷冻甜品，就像每个主要配方后面许多的"各种变化"中的内容一样。特色冰淇淋和沙冰的配方也将在本章中相继介绍。

冰淇淋产品

和在面包店里制作其他产品一样，准确称量原材料是非常重要的。对于冷冻甜品来说，正确的称量对于确保混合物的正确冻结很重要。这是因为糖的重量与总重量的比例强烈影响着冷冻过程。如果冰淇淋或沙冰中含有过多的糖，它就不会冻结到足够硬的程度。另一方面，糖过少的冰淇淋会缺少平滑度。

对于一款基本的香草冰淇淋，所含糖的重量通常为其总重量的16%~20%。加入的其他原材料使得计算更加复杂，因为许多原材料，例如水果，都含有糖分。当开发新的配方时，应先测试一小批次的混合物，查看它冷冻的硬度，然后根据需要增加或减少糖的用量。

将最后制作完成的混合物在冷冻之前先冷藏12小时，冰淇淋会有更好的质感。在这段熟化的时间里，鸡蛋和牛奶中的蛋白质能够与混合物中更多的水分子相结合。这种结合使形成冰晶的水分子减少，而这些水分子会使冰淇淋呈现出一种颗粒状的结构。

认真遵循卫生规程对于冰淇淋的制作生产至关重要，因为冰淇淋混合物是细菌的良好滋生地。要使用不锈钢或其他无孔、无腐蚀性材料制成的设备，每次使用后都要进行恰当的清洁和消毒。

沙冰产品

　　一种基本的沙冰混合物就是简单地使用糖浆和调味原材料混合而成的。对于沙冰来说，混合物中所含糖的比例对最终产品的质地的影响甚至比其对冰淇淋的影响更大，因为沙冰里不含奶油或者蛋黄，而这些都有助于冰淇淋展现平滑质地。相反，冰晶的大小是沙冰质地中最重要的因素。

　　水果的含糖量随着其成熟程度和其他因素而变化。因此，测试沙冰混合物中糖的浓度是获得适当质地的最可靠的方法。糖的浓度可以用比重计（糖量计）来测量（见右上方照片）。在前面章节讨论了用白利度（brix）和波美度（baume）测定糖浓度的基本方法。为了达到最佳的冷冻效果，沙冰混合物的浓度应30~32.5° Bx或者16~18° Bé（见右下角照片）。如果糖密度太高，可用少许水稀释；如果太低，可加少许糖浆，以增加糖的含量。

　　与缓慢冷冻的过程相比较，快速冷冻的过程所产生的冰晶更小，因此质地更加细滑。对于沙冰及冰淇淋来说，应在冰冻之前充分冷藏混合物，使其在尽可能短的时间内冻结。

　　用少量的玉米糖浆来代替一部分的糖也可以略微增加沙冰品种的平滑性。然而，传统的沙冰只是用普通砂糖所制成的糖浆制作而成。用玉米糖浆制作冰沙会使它颜色变深几分，因为玉米糖浆中的糖和淀粉会增加褐变。对于一些白色或浅色的沙冰来说，这可能是一个不利因素。

　　但是格兰尼塔与普通的沙冰不同，该产品的特点就是大晶体。经典的格兰尼塔是用类似于沙冰的混合物制成的，但有两个不同之处：首先，含糖量略低，所以冰晶颗粒较大。第二，不是搅动冷冻，而是在模具里静止冷冻，并且在其冻结时定期搅拌。这种冷冻过程的方式赋予了格兰尼塔特有的冰质感。

液体比重计

用液体比重计测试沙冰混合物

香草风味冰淇淋 vanilla ice cream

产量：根据溢出率计算，可以制作出2升。

原材料	重量
蛋黄	250 克（12 个）
糖	375 克
牛奶	1 升
多脂奶油	500 毫升
香草香精	10 毫升
盐	少许

制作方法

1. 香草冰淇淋混合物相当于加了多脂奶油的卡仕达酱或者英式奶油酱。可回顾前面章节中制备英式奶油酱的制作指南。
2. 将蛋黄和糖在一个盆里混合好。搅打至变得浓稠且颜色变浅。
3. 将牛奶烫热，并逐渐搅打进入鸡蛋混合物里。
4. 将混合物用隔水加热的方式进行加热，不停搅拌，直到混合物变得足够浓稠到可以覆盖住勺子的背面上，立刻从火上端离开。
5. 拌入冷的奶油，以停止加热的过程。加入香草香精和盐（注释：如果没有使用现打开的、经过巴氏消毒的奶油，最好是把奶油烫热并冷却，或者在步骤3里与牛奶一起加热。在这种情况下，一旦加热完毕，就把加热好的卡仕达酱放入冰水槽里，以停止其继续加热的过程）。
6. 将混合物彻底冷却。冷藏一晚，以便将混合物熟化。
7. 根据使用说明书的使用说明，在冰淇淋机上将冰淇淋冻结。

各种变化

要制作出不那么油腻的冰淇淋，可以用牛奶代替部分多脂奶油。此外，蛋黄的用量可以减少到125克。

香草豆荚风味冰淇淋 vanilla bean ice cream

将1根或者2根香草豆荚劈切开，将香草籽刮取下来，将香草籽和香草豆荚外壳与奶油一起用小火加热。冷却。取出并去掉香草豆荚外壳。从基本配方里去掉香草香精。

巧克力风味冰淇淋 chocolate ice cream

将糖的用量减少至280克。将125克无糖巧克力和125克苦甜巧克力一起加热融化。当卡仕达酱冷却到微温的程度时，小心地将其拌入巧克力中。将多脂奶油的用量减少至375毫升。

肉桂风味冰淇淋 cinnamon ice cream

在加热之前，在鸡蛋混合物里加入5克肉桂粉。

咖啡风味冰淇淋 coffee ice cream

按照口味所需，用速溶咖啡粉或者速溶浓缩咖啡粉给热的卡仕达酱调味。

角豆树风味冰淇淋 carob ice cream

在烫热的牛奶加入鸡蛋混合物里之后，将90克的烘烤好的角豆树粉搅打进去。再按照基本配方的步骤进行制作。

椰子风味冰淇淋 coconut ice cream

将蛋黄的用量减少至125克。将糖的用量减少至125克。将375毫升的罐装的加糖椰奶加入蛋黄和糖里。去掉多脂奶油和香草香精。将加热好的混合物在冰块上搅拌至变凉，以防止椰子脂分离出来。

焦糖风味冰淇淋 caramel ice cream

去掉香草香精。将糖加热成焦糖，按照焦糖酱汁配方的步骤制作，但去掉柠檬，加入取自基本配方中的500毫升的多脂奶油，小火熬煮至焦糖溶解，再次按照焦糖酱汁配方中的步骤2~4进行制作。把鸡蛋搅打均匀，加入热牛奶和焦糖奶油，制作成卡仕达酱，然后按照基本配方的制作方法完成冰淇淋的制作。

杏仁、榛子或夏威夷果果仁糖风味冰淇淋 almond, hazelnut, or macadarnia praline ice cream

按照牛轧糖的配方，用这些坚果中的任何一种制作成果仁糖。碾碎185克的果仁糖，在冰淇淋冷冻之前加入冷冻的香草风味或焦糖风味冰淇淋混合物中。

奶酪蛋糕风味冰淇淋 cheesecake ice cream

制备基本的香草风味冰淇淋混合物，但是只使用125克的蛋黄，并且用牛奶代替一半的多脂奶油。在安装有桨状搅拌器配件的搅拌机里，将1千克奶油奶酪，200克糖，各3克擦碎的柠檬外层皮和橙子外层皮，以及50毫升柠檬汁搅打至轻盈且没有结块的程度。逐渐加入冷却的卡仕达酱，并混合至细滑状。冷却透后冷冻。

草莓风味冰淇淋 strawberry ice cream

将蛋黄的用量减少到125克。将750克的新鲜草莓或者冷冻（未加糖）草莓与185克的糖一起搅成茸泥，并冷藏至少2小时。在冷冻之前，将草莓蓉泥与冷的冰淇淋混合。

覆盆子风味冰淇淋 raspberry swirl ice cream

将蛋黄的用量减少到125克。将500克的新鲜的或者冷冻的（未加糖）覆盆子与125克的糖一起搅打成茸泥，并冷藏至少2小时。制作香草风味冰淇淋，并在冰淇淋机上进行冷冻。在搅动冷冻步骤完成，冰淇淋硬化之前，将覆盆子果蓉叠拌进去，但是不要完全混合均匀；让其呈旋涡状颜色造型。

芒果风味冰淇淋 mango ice cream

将蛋黄的用量减少到125克。将750克过筛后的芒果蓉、90毫升的青柠檬汁及90克的糖混合。冷藏至少2小时。与冷却后的卡仕达酱混合好并冷冻。

蜜桃风味冰淇淋 peach ice cream

将1千克新鲜蜜桃片，125克糖及30毫升的柠檬汁一起制成蓉泥。将蛋黄的用量减少到125克。去掉牛奶，将奶油增加到1升，并用奶油制作卡仕达酱。将蜜桃蓉泥与冷却好的卡仕达酱混合并冷冻。

姜饼香料风味冰淇淋 gingerbread spice ice cream

原材料	重量
姜	2.8克（7毫升）
肉桂粉	1.7克（5毫升）
丁香粉	1克（2毫升）
豆蔻粉	0.5克（1毫升）
糖蜜	60克

在加热前，将香料加入到鸡蛋混合物里。在加热后将糖蜜加入到混合物里。

柠檬风味冰淇淋 lemon ice cream

将牛奶的数量减少至500毫升，并将糖减少至250克。将牛奶和奶油一起烫热。去掉香草香精。与这样变化后的原材料一起，按照基本配方的步骤制作冰淇淋混合物。

另外，将15克擦碎的柠檬外层皮和30克糖混合。用一把勺子的背面将柠檬外层皮与糖揉搓到一起，或使用研钵将其捣碎成粗糙的糊状。将这种柠檬糖与3个蛋黄（50克）搅打到一起。加入375毫升的柠檬汁，并隔水加热搅打至呈浓稠的乳化状，就如同制作英式奶油酱一样。在冰块上冷却。将柠檬混合物和卡仕达酱混合物分别冷藏至准备冷冻时。将两种混合物混合并进行冷冻。

青柠檬风味冰淇淋 lime ice cream

用青柠檬外层皮和青柠檬汁代替前述配方里的柠檬。

冰淇淋机（冰淇淋冷冻机）

现代的商业化冰淇淋冷冻机的操作原理与老式的手摇式冷冻机相同。家用设备中的制冷是由冰、水和盐的混合物提供的。盐将融化的冰的温度降低到水的冰点以下，从而使冰淇淋混合物冻结。冰淇淋混合物被放置在一个由冰和盐包围的圆筒中。用桨或搅拌装置不断地将冷冻的冰淇淋混合物从圆筒壁上刮取下来，与此同时将空气混入到混合物中。

现代批量制作的冰淇淋冷冻机的工作原理也是一样的，只不过是用电制冷装置代替了盐和冰进行冷冻。在立式批量制作的冰淇淋冷冻机中，圆筒是直立型的，与老式的手摇机器一样。这种类型的冷冻机混合进入的空气数量最少，其结果是低溢出率。卧式批量制作冰淇淋冷冻机采用卧式圆筒，混入了更多的空气，生产出溢出率超过100%的冰淇淋。根据不同的型号，卧式机冷冻冰淇淋的速度非常快，5分钟就可以制作出一批次6升以上的冰淇淋。

连续式冰淇淋冷冻机常用于大批量的冰淇淋操作。与一次生产一批次产品不同的是，混合物不断流入圆筒的一端，而冷冻好的产品则在另一端被挤压出来。这种机器每小时可以生产150～3000升或更多的冰淇淋。连续式冰淇淋冷冻机也会混入更多空气，其结果是冰淇淋有60%～140%的溢出率。

沙冰（雪葩、果汁冰糕）sorbet

产量：依据配方的用量变化而定。

原材料	重量
糖（见注释）	375 克
水	250 毫升
水果汁或果肉， 或其他风味原材料	（见各种变化）
水	（见各种变化）

注释： 包括玉米糖浆在内的糖，在一些沙冰里可以略微增加顺滑感。为了增加玉米糖浆，将糖的用量减少到 360 克，并且在糖浆原材料中，增加 60 克的玉米糖浆。

制作方法

1. 通过加热糖和第一份水使得糖融化开并制作成糖浆。冷却。
2. 如下面的各种变化中所示，制备所需要的调味原材料。如果需要额外的水，将其与调味原材料混合。
3. 将剩余的原材料与糖浆混合。如果可以的话，用比重计测定糖的浓度。混合物应该在16～18°Bé，或30～32.5°Bx。如果糖的浓度太低，多加入一点糖浆。如果浓度太高，多加入一点水稀释。
4. 冷冻好混合物，根据制造商的使用说明书，在冰淇淋冷冻机里进行冻结。

各种变化

下面沙冰的各种变化表明调味原材料的数量和在基本配方中所使用的额外的水分（原材料列表中的第三和第四种原材料）。原材料中特别的配制说明会被标出。如果没有被特别说明，只需遵循上面的基本步骤进行制作。注意，大多数水果沙冰需要使用过滤后的果泥，以达到最细滑的质地。这是指果肉被打碎成蓉泥状，然后用筛子过滤后的果泥。

柠檬或青柠檬风味沙冰 lemon or lime sorbet

原材料	重量
柠檬或青柠檬外层皮（擦碎）	8 克
柠檬或青柠檬汁	250 毫升
水	375 毫升

用糖浆将柠檬或青柠檬的外层皮煮好。冷却并过滤。

橙子或橘子风味沙冰 orange or tangerine sorbet

原材料	重量
橙子或橘子汁	625 毫升
水	125 毫升

覆盆子、草莓、蜜瓜或猕猴桃风味沙冰
raspberry, strawberry, melon or kiwi sorbet

原材料	重量
过滤好的水果蓉	875 克
水	不使用

在冻结前试尝一些混合物。有一些水果酸度较低，因此少量的柠檬汁就可以改善混合物的风味。

芒果风味沙冰 mango sorbet

原材料	重量
过滤好的芒果蓉	875 克
柠檬汁	60 毫升
水	250 毫升

菠萝风味沙冰 pineapple sorbet

原材料	重量
新鲜的菠萝块	750 克
水	375 毫升

用糖浆煮菠萝。冷却。将菠萝制成蓉泥，过筛。加入水。冻结。

蓝莓风味沙冰 blueberry sorbet

原材料	重量
蓝莓	1125 克
柠檬汁	60 毫升
肉桂粉	0.4 克（1 毫升）
水	不使用

用小火在糖浆中加热蓝莓、柠檬汁及肉桂粉，直到蓝莓成熟。用细网筛过滤。

香蕉百香果风味沙冰 banana passion fruit sorbet

原材料	重量
香蕉果肉（过滤）	375 克
百香果肉或汁（过滤）	500 克
水	不使用

大黄风味沙冰　rhubarb sorbet

原材料	重量
大黄	1000 克
水	500 毫升

将大黄切成 2.5 厘米的片。与糖浆和水在不锈钢酱汁锅内混合好。用小火加热烧开，煮至大黄成熟，需要加热 10 分钟。让混合物冷却，然后用细网筛过滤。不要挤压大黄片，但是让大黄在过滤器里静置 30 分钟，让所有的风味糖浆都滤净。这样做会保证糖浆的清澈。量取糖浆并加入足量的冷水至 625 毫升。冷冻糖浆。保留大黄用作其他用途（例如，加入适量的糖制成一种简单的糖煮大黄）。

白葡萄酒或香槟酒风味沙冰　white wine or champagne sorbet

原材料	重量
白葡萄酒或香槟酒	1.25 升
水	125 毫升

巧克力风味沙冰　chocolate sorbet

原材料	重量
可可粉	30 克
半甜巧克力	185 克

将糖浆中糖的数量减少至 185 克。将糖浆中的水增加 500 毫升。将可可粉加入到糖浆原材料里。当糖融化开之后，将糖浆从火上端离开，并让其略微冷却。融化开巧克力。小心地将糖浆拌入融化的巧克力中。用小火加热烧开，不停搅拌，并继续用小火加热 1~2 分钟，直到变得略微浓稠。冷却并冷冻。

马斯卡彭奶酪风味沙冰　mascarpone sorbet

原材料	重量
马斯卡彭奶酪	750 克
柠檬汁	45 毫升
水	300 毫升

要确保将混合物彻底冷冻，并且不要在冰淇淋冷冻机里放太长时间。在搅动冷冻机里过度搅拌会引起部分的乳脂分离并形成黄油结块。

蜂蜜冰淇淋　honey ice cream

产量：根据溢出率，可以制作出1升。

原材料	重量
牛奶	250 克
香草豆荚（割切开）	1 根
蜂蜜	130 克
蛋黄	120 克（6 个）
多脂奶油	250 克

制作方法

1. 将牛奶和香草豆荚加热到滚烫。
2. 将蜂蜜和蛋黄搅动至轻盈状，缓慢将热奶搅入进去。
3. 将混合物倒回锅里。用小火加热，不停搅拌，直到变得浓稠到能够覆盖住勺子背面的程度。将锅从火上端离开并冷却。从香草豆荚上将香草籽刮取下来，并加入到混合物里。冷冻。
4. 加入多脂奶油在冰淇淋冷冻机里冻结。

牛奶焦糖酱汁冰淇淋　duice de leche ice cream

产量：根据溢出率，可以制作出1750毫升。

原材料	重量
牛奶	750 克
牛奶焦糖酱汁	560 克（425 毫升）
多脂奶油	185 克
香草香精	1 克
盐	小许

制作方法

1. 将牛奶和牛奶焦糖酱汁一起加热至牛奶焦糖酱汁完全融化开。
2. 从火上端离开，并加入剩余的原材料。
3. 冷冻透。冷藏12小时对混合物进行熟化处理。
4. 在冰淇淋冷冻机里冻结。

苦味巧克力冰淇淋 bitter chocolate ice cream

产量：根据溢出率，可以制作出3升。

原材料	重量
蛋黄	250克（12个）
糖	190克
牛奶	1250毫升
糖	375克
苦甜巧克力	250克
可可粉（过筛）	250克
多脂奶油	500毫升

制作方法

1. 将蛋黄和第一份数量的糖在搅拌桶里混合好。打发至浓稠且轻盈的程度。
2. 将牛奶和第二份用量的糖在厚底酱汁锅里混合好。用小火加热烧开，搅拌至糖完全融化开。
3. 逐渐将牛奶搅打进蛋黄混合物里，置于热水槽中隔水加热，不停搅拌，直到混合物浓稠到足以覆盖到勺子的背面。立刻从火上端离开。让其冷却至微温的程度。
4. 融化开巧克力，并让其略微冷却。
5. 逐渐拌入卡仕达混合物。
6. 加入可可粉并用搅拌器搅打至彻底混合均匀。
7. 拌入多脂奶油。
8. 冷却混合物。冷藏12小时对混合物熟化。
9. 用冰淇淋冷冻机进行冷冻处理。

 ## 冷冻覆盆子风味酸奶 raspberry frozen yogurt

产量：根据溢出率，可以制作出1.5升。

原材料	重量
覆盆子（新鲜或冷冻的，未加糖）	500克
砂糖	250克
水	125克
原味低脂或全脂酸奶	375克

制作方法

1. 将覆盆子、糖及水一起放入食品加工机里，将覆盆子搅打呈蓉泥状，并且糖完全融化开。
2. 将混合物用一个细眼网筛挤压过滤，以除去籽。
3. 与酸奶混合，并搅拌至完全混合均匀。
4. 将混合物冷冻透。
5. 用冰淇淋冷冻机进行冻结加工。

🍦 开心果意式冰淇淋 pistachio gelato

产量：根据溢出率，可以制作出1250毫升。

原材料	重量
开心果（去壳，未加盐）	250 克
全脂牛奶	1 升
糖	220 克

A

B

C

制作方法

1. 将开心果研磨成细粉状，倒入盆里。

2. 将牛奶和糖在酱汁锅里混合好，加热烧开，搅拌至糖融化开。

3. 将牛奶倒入研磨好的开心果粉里，搅拌好。

4. 盖好并冷藏一晚。

5. 将开心果混合物用铺有多层纱布的过滤器或细眼网筛过滤（图A）。把纱布的边角收拢成一个袋子状，轻轻挤压，把剩下的液体从坚果粉中挤压出来（图B）。

6. 如果需要，可以再次冷冻液体，然后在冰淇淋冷冻机里进行冻结加工（图C）。

椰子风味沙冰 coconut sorbet

产量：根据溢出率，可以制作出850毫升。

原材料	重量
冷冻椰子果蓉（解冻）	480 克
（见"各种变化"中的内容）	
糖粉	100 克
鲜榨青柠檬汁	50 克
椰子风味朗姆酒	60 克

各种变化

在本配方中使用的椰子果蓉含有20%的糖。如果购买不到这种产品，可以使用罐头装、未加糖的椰奶，并调整用量如下所述：

原材料	重量
椰奶（罐头装，未加糖）	400 克
糖粉	180 克
青柠檬汁	50 克
椰子风味朗姆酒	60 克

制作方法

1. 将所有的原材料混合。
2. 用冰淇淋冷冻机进行冷冻加工处理。

苹果酒风味苹果沙冰 cider apple sorbet

产量：可以制作出700毫升。

原材料	重量
糖	135 克
水	120 克
烹调用苹果	200 克
苹果酒	165 克

制作方法

1. 将糖和水加热到糖融化开。
2. 将苹果去皮、去核并切碎。加入糖浆里并加热熬煮至成熟。
3. 加入苹果酒。放入搅拌机里搅打至细滑状。用细眼网筛过滤。
4. 冷却后在冰淇淋冷冻机里冷冻。

🍥 咖啡或浓缩咖啡风味格意式冰淇淋 coffee or espresso granite

产量：可以制作出1125毫升。

原材料	重量
糖	125 克
非常浓郁的咖啡，或现煮的浓缩咖啡	1 升

制作方法

1. 用咖啡将糖融化开。
2. 将咖啡倒入布菲盒或类似的锅里，并放入冰箱里冷冻。
3. 当咖啡边缘处开始结冰，搅拌，再放回到冰箱里冷冻。
4. 每间隔15分钟或20分钟，重复步骤3的制作过程，直到混合物如碎冰一样。在制作好后，它应该是完全结成冰，但是呈散碎状，否则在贮存时会冻结成大冰块。

意大利卡萨塔冰淇淋　cassata Italienne

原材料	重量
普通蛋白霜	90 克
香草冰淇淋	200 克
软化	
覆盆子果酱	50 克
覆盆子沙冰	200 克
总重量：	**540 克**

注释： 这里的制作步骤利用于 17 厘米 ×9 厘米的长方形（条状）模具。此配方可以根据任何大小或者形状的模具进行修改。

制作方法

1. 使用带有平口裱花嘴的裱花袋，将蛋白霜挤到铺有一张油纸的烤盘里，形状与模具顶部的长方形大小相同。温度120℃烘烤1小时，冷却。
2. 在模具里铺上保鲜膜。
3. 使用带有平口裱花嘴的裱花袋，将冰淇淋挤到模具的底部，并将表面涂抹光滑（使用裱花袋挤出冰淇淋可以使其更容易避免出现空气炮）。冷冻至变硬。
4. 将覆盆子果酱涂抹到冰淇淋上形成均匀的涂层。冷冻至变硬。
5. 将覆盆子沙冰挤到模具里，并将表面涂抹平整。
6. 将烘烤好并冷却后的蛋白霜摆放到沙冰的上面，并略微朝下按压。冷冻至变硬。
7. 脱模，除去保鲜膜，切成片后服务上桌。

制备冷冻甜品

通过搅拌冷冻的方式将空气混合到冰淇淋里，这对冰淇淋的质地非常重要。没有搅拌进空气，冰淇淋会变得硬质而厚重，并非细滑的乳脂状。在容器里冷冻而没有经过搅拌的静止冷冻甜品也必须将空气混入进去，以使它们柔软到可以食用的程度。在这种情况下，在冷冻之前，通过将打发好的奶油、蛋清或者两者兼有，搅拌进去，从而使空气融入进去。

因此，静止冰冻的甜品，与巴伐利亚奶油、慕斯和热的舒芙蕾等产品密切相关。这些产品都是通过加入打发好的奶油或鸡蛋泡沫来增加轻盈程度和体积的。事实上，许多用于这些产品的混合物也用来制作冷冻甜品。然而，由于冷冻的作用是稳定或凝固冷冻甜品，它们不用过多依赖于明胶或其他稳定剂。

冷冻甜品包括使用模具冷冻的邦贝冰淇淋、冷冻舒芙蕾和冷冻慕斯等。在以前的理论中，每种类型都有着不同的混合方式；但现在的实际操作中，许多种的这些混合方式都是可以互换的。

冷冻甜品中酒精的使用说明：这些甜品通常用利口酒和烈性酒来调味。然而，即使是少量的酒精也会使凝固点大大降低。如果发现利口酒风味的芭菲冻糕、邦贝冰淇淋和慕斯冷冻得不够坚硬，可以增加打发好的奶油。这将会提升凝固点。在以后的批次中，可以试着少使用酒精。

高浓度的糖分也能影响到冷冻。重要的是要避免在这些食物中使用太多的糖，以确保它们能正常冷冻。

芭菲冻糕和邦贝（炸弹）冰淇淋

正如在本章前面的内容里所提到的，在北美，"parfait（芭菲冻糕）"一词通常是指在又高又细的杯子里由分层冰淇淋组成的甜品。然而，最初的芭菲冻糕是一种甜品，静止冷冻在又高又细的模具里，脱模之后提供服务（冰淇淋芭菲冻糕之所以因此得名，是因为盛装冻糕的杯子形状与冻糕模具相似）。

用于芭菲冻糕的混合物包括三个要素：一是浓稠的甜味蛋黄泡沫，一是等量的打发好的奶油及风味调料。这种芭菲冻糕混合物又称"炸弹混合物"，因为它被用于制作一种称为邦贝（bombe，又称炸弹）的甜点，邦贝是最精致高雅的冷冻甜品之一。通常在脱模之后，会精雕细琢般地使用水果、打发好的奶油、精心制作的花色小糕点，以及其他装饰物等来进行装饰。它的制作方法是在冷冻好的模具里（通常为球形或圆顶形）铺上一层冰淇淋或者沙冰，然后将其冷冻至硬实。中间填充上风味相兼容的邦贝混合物，然后再次冷冻。用于制作冷冻慕斯的混合物也可以用来填入邦贝模具里，就像普通的冰淇淋或者沙冰一样，但特制的邦贝混合物是最常见的选择。

下面给出了两道制作邦贝混合物的配方。使用的原材料和最后制作成的作品几乎是相同的，但是所使用的技法却迥然不同。要注意用于第一种混合物的技法与用于制作法式奶油霜的技法相同。而第二道配方则需要使用一种具有一定强度系数的糖浆；这种糖浆的配方也会提供。

这里也介绍了装配邦贝冰淇淋的制作步骤，以及一系列经典的邦贝冰淇淋的描述。

🍦 基础邦贝冰淇淋混合物 I basic bombe mixture I

产量：可以制作1.4升。

原材料	重量
糖	180 克
水	60 克
蛋黄	120 克（5 个）
风味调料（见下面用于基础邦贝冰淇淋混合物 II 配方里"各种变化"中的内容）	
多脂奶油	480 毫升

制作方法

1. 在用大火加热的水里将糖融化开，并将混合物熬煮到115℃（详见前面章节中有关熬煮糖的相关信息）。
2. 在糖浆熬煮的过程中，将蛋黄打发（使用搅拌机的球形搅拌器配件）至轻盈并形成泡沫的程度。
3. 随着搅拌机的运行，将热的糖浆缓慢倒入蛋黄里。继续打发至混合物变凉。蛋黄混合物应该会非常浓稠且呈泡沫状。
4. 这种混合物在覆盖好并且冷藏的情况下，可以保存一周以上。当准备组装一道甜品时，按照以下步骤进行制作。
5. 将所需要的风味调料加入蛋黄混合物里。
6. 将奶油打发至形成湿性发泡的程度，不要打发至硬性发泡的程度。不要过度打发。
7. 将奶油叠拌进混合物基料里。将其倒入准备好的模具里，或其他容器里并将其冷冻至坚硬。

🍦 用于邦贝冰淇淋的糖浆 syrup for bombes

产量：可以制作1.5升。

原材料	重量
糖	1.5 千克
水	1 千克

注释： 这种浓缩型的简单糖浆常用于基础邦贝冰淇淋混合物 II 和冷冻慕斯 II 里。

制作方法

1. 将水和糖在酱汁锅里混合好。将混合物加热烧开，搅拌至糖完全融化开。
2. 将糖浆从火上端离开，并让其冷却。放入盖好盖的容器里贮存到冰箱里。

基础邦贝冰淇淋混合物 Ⅱ　basic bombe mixture Ⅱ

产量：可以制作1.4升。

原材料	重量
蛋黄	180克（9个）
用于邦贝冰淇淋的糖浆	180毫升
风味调料（见"各种变化"中的内容）	
多脂奶油	360毫升

制作方法

1. 在不锈钢盆里将蛋黄轻轻打发，然后逐渐加入糖浆搅打。
2. 将盆置于热水上，用一个球形搅拌器打发至浓稠并呈乳脂状。
3. 将混合物从热水中取出，置于冰块上，并继续打发至冷却。
4. 加入所需要的风味调料。
5. 打发奶油至形成湿性发泡的程度。不要打发过度。将其叠拌进蛋黄混合物里。
6. 将混合物倒入模具里或其他容器里。冷冻至变硬。

各种变化

要创作出不同风味的邦贝冰淇淋，可以将所建议使用的风味调料在上述两道配方里，在将打发好的奶油叠拌进去前，加入蛋黄混合物里。

香草风味　vanilla
加入15~22毫升的香草香精。

巧克力风味　chocolate
融化开60克的原味巧克力。拌入一点简单糖浆，制作成浓稠的酱汁。然后将其叠拌进蛋黄混合物里（要制作出更加浓郁的巧克力风味，可以融化开20~45克半甜巧克力和60克原味巧克力）。

利口酒风味　liqueur
加入30~45毫升或适量的所需要使用的利口酒或烈性酒，例如橙味利口酒、樱桃酒或朗姆酒等。

咖啡风味　coffee
加入用15毫升水，融化开的8克速溶咖啡。

果仁糖风味　praline
用少量水软化开75克果仁糖酱，加入蛋黄混合物里。

水果风味（覆盆子、草莓、杏、桃等）fruit (raspberry, strawberry, apricot, peach, etc.)
最多可以加入250克的水果果蓉。

加有水果的邦贝冰淇淋或芭菲冻糕 bombe or parfait with fruit
用水果蓉代替邦贝冰淇淋混合物里的风味调料，将切成小丁的固体水果加入原味或利口酒风味的邦贝冰淇淋混合物里。

加有坚果、海绵蛋糕或其他原材料的邦贝冰淇淋或芭菲冻糕 bombe or parfait with nuts, sponge cake, or other ingredients
除了水果以外的固体原材料也可以与原味或调味的邦贝冰淇淋混合物混合使用，包括切碎的坚果、杏仁蛋白饼干碎末、蜜饯栗子以及切成丁的海绵蛋糕或用利口酒湿润的手指饼干等。

制作步骤： 制作邦贝冰淇淋（炸弹冰淇淋）

1. 将邦贝冰淇淋模具放入冰箱里冷冻至一定程度。
2. 在模具里铺上一层略微软化后的冰淇淋，使用手将冰淇淋按压到模具的边上并使其光滑。在小号模具里，冰淇淋层应2厘米厚，对于大号模具，可以达4厘米厚。
   如果冰淇淋变得太软，以至于粘连到模具上，将其放入冰箱中冻硬，然后再次试着制作。
3. 将模具冷冻至冰淇淋层冻硬。
4. 在模具里填入邦贝冰淇淋混合物，盖好，并冷冻至坚硬。
5. 要脱模，将模具蘸入温水里几秒，将模具外侧的水分擦干，然后将邦贝冰淇淋扣到一个冷的餐盘里（注意：为了防止邦贝冰淇淋不在餐盘里滑动，可以把它放置在一片热那亚蛋糕上，热那亚蛋糕可作为它的底座）。
6. 使用打发好的奶油和适当的水果或者其他装饰物进行装饰。
7. 立刻服务上桌。可以切成块状或片状，使得所有切割好的份状都非常均匀。

经典邦贝冰淇淋风味精选

非洲邦贝冰淇淋

外层：巧克力冰淇淋
馅料：杏味邦贝冰淇淋混合物

阿依达邦贝冰淇淋

外层：草莓冰淇淋
馅料：樱桃酒风味邦贝冰淇淋混合物

布雷西林邦贝冰淇淋

外层：菠萝沙冰
馅料：用香草和朗姆酒调味，并混合菠萝丁的邦贝冰淇淋混合物。

卡迪纳尔邦贝冰淇淋锡兰

外层：覆盆子沙冰
馅料：果仁糖香草风味邦贝冰淇淋混合物

锡兰邦贝冰淇淋

外层：咖啡冰淇淋
馅料：朗姆酒风味邦贝冰淇淋混合物

葛蓓莉亚邦贝冰淇淋

外层：咖啡冰淇淋
馅料：用朗姆酒调味的邦贝冰淇淋混合物

外交官邦贝冰淇淋佛罗伦萨

外层：香草冰淇淋
馅料：用黑樱桃利口酒调味并混有蜜饯水果的邦贝冰淇淋混合物

佛罗伦萨邦贝冰淇淋

外层：覆盆子沙冰
馅料：果仁糖风味邦贝冰淇淋混合物

香草邦贝冰淇淋

外层：香草冰淇淋
馅料：用草莓果蓉调味，并混有整个草莓的邦贝冰淇淋混合物

摩尔达维亚邦贝冰淇淋

外层：菠萝沙冰
馅料：用橙味利口酒调味的邦贝冰淇淋混合物

苏丹邦贝冰淇淋

外层：巧克力冰淇淋
馅料：果仁糖邦贝冰淇淋混合物

什锦水果邦贝冰淇淋

外层：草莓冰淇淋或者沙冰
馅料：柠檬风味并混有蜜饯水果的邦贝冰淇淋混合物

拿波里卡萨塔

卡萨塔是意大利风格的邦贝冰淇淋，它铺有三层不同的冰淇淋，并填入混有各种原材料的意大利蛋白霜。最受欢迎的拿波里卡萨塔的制作方法如下所述：

1. 先在模具里铺上香草冰淇淋，然后是巧克力冰淇淋，最后是草莓冰淇淋。

2. 填入使用了香草、樱桃酒或者黑樱桃酒调味，并与等量的蜜饯混合的意大利蛋白霜。如果需要，可以在蛋白霜里加入少许打发好的奶油。

冷冻慕斯和冷冻的舒芙蕾

冷冻慕斯是一种轻质冷冻甜品。它们所含有打发好的奶油，因此，它们都有着相似的性质，但是它们的基料有几种不同的制作方法。这里包括了以下三种类型的制备方法：

- 用意大利蛋白霜为基料制作的慕斯。
- 以糖浆和水果为基料制作的慕斯。
- 以卡仕达酱为基料制作的慕斯。

用于邦贝冰淇淋和芭菲冻糕的混合物也可以用于制作慕斯。

供应慕斯最简单的方法是将混合物倒入份装的餐盘里并将其冷冻。混合物也可以倒入较大个头的各种形状的模具里。在脱模之后，将慕斯切割成份状的片，并用打发好的奶油和适当的水果、曲奇或者其他装饰物进行装饰。

冷冻的舒芙蕾是在舒芙蕾盘或者其他直边的餐具里冷冻而成的简单的慕斯或者邦贝混合物。一圈厚纸或者锡纸被称为颈圈，被捆绑在模具上，这可使舒芙蕾盘的边缘朝上延伸出5厘米或更高。将慕斯或者邦贝混合物倒入其中，直到它达到这条颈圈顶部的12毫米处。在甜品被冷冻之后，颈圈被移除。因此，甜品看起来就像一个已经在其焗盘里膨胀起来的热的舒芙蕾。

冷冻的舒芙蕾还可以加入其他食物，例如海绵蛋糕、手指饼干、烘烤的蛋白霜、水果等。可以将1/3的慕斯混合物倒入到准备好的盘里，在上面摆放上一片坚果风味蛋白霜，再倒入另外一层慕斯，再摆放上一片坚果风味蛋白霜，然后将慕斯混合物填满。这种技法也可以使用薄的分层海绵蛋糕。为了增加更多甜品种类，可以在每一片热那亚分层海绵蛋糕上放上一层水果，然后再填入更多的慕斯。

◆ 　复习要点　 ◆

◆ 基本（法式风格）的香草冰淇淋是怎么制作的？

◆ 沙冰是怎么制作的？

◆ 静止冷冻甜品是什么？举例说明它们是如何制作的。

◆ 邦贝冰淇淋是什么？它是怎么制作的？

🍦 冷冻慕斯 I（以蛋白霜为基料）frozen mousse I（meringue base）

产量：可以制作1.5升。

原材料	重量
意大利蛋白霜	
糖	250 克
水	60 毫升
蛋黄	125 克
风味调料（见注释内容）	
多脂奶油	375 毫升

注释： 合适的风味调料包括水果蓉泥、利口酒及巧克力等。最多使用 90 毫升的烈性酒（例如，白兰地或者黑朗姆酒等），或者 125 毫升的甜味利口酒。使用 125 克融化的未加糖巧克力，或者最多使用 250 克的浓稠水果蓉泥。在基本制作步骤后面的"各种变化"里，有建议使用的特制风味调料。

制作方法

1. 制作意大利蛋白霜：用水将糖融化开，并将糖浆加热烧开，熬煮到120℃。与此同时，将蛋清打发至形成湿性发泡的程度。继续打发的同时，将热的糖浆慢慢倒入蛋清里。继续打发蛋白霜，直到其完全冷却（除了加入利口酒调味以外——见步骤2）。

2. 将风味原材料搅入或者叠拌进入。如果使用的是融化的巧克力，或者是一种浓稠的水果蓉，先将少量的蛋白霜拌入风味原材料里，然后将其叠拌进剩余的蛋白霜里。如果使用的利口酒或者烈性酒，趁着蛋白霜还是温热的时候就加入进去，这样大多数的酒精就会蒸发掉。

3. 将奶油打发至湿性发泡的程度。叠拌进蛋白霜混合物里。冷冻。

各种变化

以下是冷冻慕斯中多种可取风味中的几种。

利口酒风味慕斯 liqueur mousse

用90毫升的白兰地、黑朗姆酒，或苹果白兰地酒，或用125毫升的甜味利口酒调味。

巧克力风味慕斯 chocolate mousse

融化开125克未加糖的巧克力。拌入少许用于制作邦贝冰淇淋的糖浆，以制作成一种浓稠的酱汁。将一些蛋白霜拌入混合物里，然后将巧克力混合物叠拌进剩余的蛋白霜里。

杏风味慕斯 apricot mousse

将188克的杏脯浸泡一晚，然后用小火加热至成熟。控干水分后用一台食物研磨机制成蓉泥。叠拌进蛋白霜里。如果需要，可以加入15毫升朗姆酒或者樱桃酒。

香蕉风味慕斯 banana mousse

将250克熟透的香蕉与15毫升柠檬汁一起制成果蓉。加入蛋白霜里。

柠檬风味慕斯 lemon mousse

将90毫升的柠檬汁和擦碎的1个柠檬的外层皮一起加入蛋白霜里。

栗子风味慕斯 chestnut mousse

将220克的栗子蓉泥通过将其余30毫升的黑朗姆酒一起搅打，使其软化至细滑状。将其加入蛋白霜里。

覆盆子或草莓慕斯 raspberry or strawberry mousse

将250克新鲜的或冷冻的（未加糖）覆盆子或草莓用网筛挤压过滤。加入蛋白霜里。

🍦 冷冻慕斯Ⅱ（以糖浆和水果为基料）frozen mousseⅡ（syrup and fruit base）

产量：可以制作1.25升。

原材料	重量
用于制作邦贝冰淇淋的糖浆	250 毫升
水果蓉	250 毫升
多脂奶油	500 毫升

制作方法

1. 将糖浆和水果蓉泥搅拌至完全混合均匀。
2. 将奶油打发至形成湿性发泡的程度。
3. 将奶油叠拌进糖浆混合物里。
4. 将混合物倒入模具里或者盘里并冷冻。

🍦 冷冻慕斯Ⅲ（以卡仕达酱为基料）frozen mousseⅢ（custard base）

产量：可以制作1.5升。

原材料	重量
蛋黄	150 克（7~8 个）
糖	250 克
牛奶	250 毫升
风味调料（见步骤6）	
多脂奶油	500 毫升

制作方法

1. 将蛋黄与一半的糖一起打发至轻盈且呈泡沫状。
2. 与此同时，将牛奶与剩余的糖一起加热烧开。
3. 将牛奶倒入蛋黄里，不停搅拌。
4. 将牛奶和鸡蛋混合物放置到一个热水槽里并加热，不停搅拌，直到混合物变得像英式奶油酱般浓稠。不要加热过度，否则卡仕达酱会凝结。
5. 将混合物冷却，然后将其在冰箱或冰块上冷却。
6. 加入所需要的风味调料。可以使用与冷冻慕斯Ⅰ中相同风味和数量的风味调料。
7. 打发奶油并将其叠拌进卡仕达酱混合物里。
8. 将慕斯倒入模具或盘里，并冷冻。

白巧克力芭菲冻糕配火焰樱桃（燃焰樱桃）white chocolate parfait with flambéed cherries

产量：可以制作10个芭菲冻糕，每个为95克。

原材料	重量
火焰樱桃	
新鲜樱桃（见注释）	300 克
糖	60 克
香草香精	2 克
波特酒	150 克
烘烤好的巧克力蛋白霜片（直径为6厘米）	10 克
萨芭雍	
糖	110 克
水	75 克
蛋黄	120 克
白巧克力（切碎）	150 克
多脂奶油	375 克
装饰物	
巧克力卷	根据需要
开心果	根据需要
芭菲冻糕混合物的总重量：	**775 克**

注释： 也可以使用糖水樱桃。莫利洛樱桃（格里奥特）尤其适合制作这道甜品。把樱桃沥干汁液，按照基本配方里的方法进行制作。

制作方法

1. 制备樱桃：将樱桃去核，并将其与糖一起放入锅中，用小火加热至液体开始从樱桃中渗出。继续加热到液体几乎全部被煮至浓稠。加入香草香精和波特酒。放到大火上加热，并引燃以燃烧酒精。继续加入，盖上部分的锅盖，用小火加热至汁液变得浓稠且呈糖浆状。捞出并控干樱桃，用于在步骤7中使用。保留好糖浆。

2. 将7厘米的环形模具摆放到托盘里。将一片烘烤好的巧克力蛋白霜摆放到每个模具的底部。

3. 要制作芭菲冻糕，需将糖在水里融化开，并加热烧开。

4. 将蛋黄打发至轻盈状，然后逐渐将热的糖浆打发进去。继续打发至变冷却。

5. 在热水槽里隔水加热融化开白巧克力。

6. 快速将巧克力搅拌进蛋黄萨芭雍里。不要过度搅拌，否则萨芭雍会塌陷下来。

7. 打发好奶油，并快速叠拌进去。

8. 不要有丝毫延迟，将其倒入模具里2/3满。在每一个模具上摆放6~8粒樱桃，将它们之中的一部分推入混合物里（保留剩余的樱桃和糖浆，用来配餐芭菲冻糕一起食用）。将芭菲冻糕混合物填满模具，并与表面齐平。冷冻至少1小时或直到冻硬。

9. 食用时，将模具略微加热后脱模并提起。在表面上用巧克力卷和开心果及几粒樱桃装饰。舀取一些樱桃糖浆浇淋到餐盘里，并摆放上几粒樱桃。

🌀 冷冻低脂覆盆子芭菲冻糕 iced low-fat raspberry parfait

产量：可以制作1.5升。

原材料	重量
意大利蛋白霜	
糖	100 克
水	65 克
蛋清	90 克
覆盆子（新鲜或冷冻）	200 克
原味低脂酸奶	200 克

各种变化

其他的水果蓉泥也可以用来替代覆盆子。

制作方法

1. 制作意大利蛋白霜：将糖在水里融化开，并加热至120℃。将蛋清打发至湿性发泡的程度。在持续打发的过程中，缓慢将热的糖浆倒入。继续打发至蛋白霜冷却下来。
2. 将覆盆子制成蓉泥，并将蓉泥从网筛里挤压过滤，以去掉籽。
3. 将酸奶搅打成细滑状，并拌入到覆盆子蓉泥里。
4. 将冷却后的蛋白霜，一次按照1/3的量叠拌进酸奶混合物里。
5. 倒入模具里并冷冻。

术语复习

ice cream 冰淇淋	sherbet 沙冰	granite 格兰尼特
parfait 芭菲冻糕	Philadelphia-style ice cream 费城风味冰激凌	bombe 邦贝冰激凌
ice 冰	overrun 溢出率	granité 格兰尼特
French-style ice cream 法国风味冰激凌		ice milk 冰牛奶
sundae 圣代	frozen mousse 冷冻慕斯	frozen soufflé 冷冻蛋奶酥
gelato 杰拉托	coupe 冰激凌杯	baked Alaska 烤阿拉斯加，火烧冰激凌
frozen yogurt 冷冻酸奶	sorbetto 沙冰	

复习题

1. 为什么冰淇淋和沙冰要在特制的冰箱里冷冻，在冷冻的过程中为什么要对产品进行搅拌？为什么冷冻慕斯和类似的甜品不需要采用特制冰箱冷冻？
2. 糖是如何影响冷冻甜品的冷冻特性的？
3. 酒精是如何影响冷冻甜品的冷冻特性的？
4. 静止冷冻甜品和巴伐利亚奶油有什么相似之处？
5. 描述烤阿拉斯加或舒芙蕾惊喜的制作步骤。
6. 描述邦贝冰淇淋基本的制作步骤。

21

水果甜品类

读完本章内容，你应该能够：

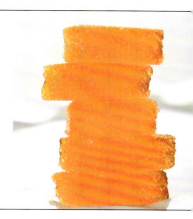

1. 加工处理新鲜水果，从精挑细选到制备工作，了解在甜品中如何使用，并计算出新鲜水果的净料量。
2. 制备各种水果甜品，包括煮水果和烩水果。

　　人们对低脂肪、低卡路里甜品的兴趣激发了对水果甜品类的关注，认为它可以替代更为香浓的糕点和蛋糕。当然，水果是许多糕点类、蛋糕类和酱汁类等的重要组成部分，许多水果甜品类含有大量的脂肪和糖，包括本章中的一些甜品也是如此。然而，顾客们往往认为这类甜品更加有益于健康，这可能在一定程度上解释了它们深受欢迎的原因。另一个因素是许多水果甜品类清新爽口，具有令人愉悦的风味。

　　前面的章节讨论过了水果派、油炸馅饼、糕点、果塔、蛋糕和酱汁。然而，许多其他类型的以水果为基料的甜品类并不完全适合这些类别。本章包含了一些具有代表性的食谱示例，当然，它们只是数百个水果甜品食谱中的一小部分。

新鲜水果的加工处理

水果与蔬菜的对比

在烹饪术语中，蔬菜是主要用于咸香风味菜肴类中的植物部分。植物部分包括根类、块茎类、茎类、叶类和果实类。从植物学的角度来说，果实是指植物上结出的种子。黄瓜、倭瓜、芸豆、茄子、秋葵、豌豆荚、鳄梨和辣椒都是果实，也都是蔬菜。这句话和说胡萝卜、防风草和萝卜既是根类，又是蔬菜并没有矛盾之处。

在烹饪术语中，水果是植物带有种子的部分，主要用于甜味菜肴中。在大多数情况下，食用的水果都是那些天然含糖量高的水果。然而，在自然界中，大多数水果都不是甜的，例如马利筋豆荚和多刺的牛蒡。很多在厨房里同样使用不甜的蔬菜。

运输和冷藏技术的进步使得新鲜水果在一年四季里都能够购买到。即使是热带异域水果在市场上也越来越常见。过去大多数新鲜水果只有在有限的季节里才能购买到。例如，草莓通常只在春季的一小段时间内应季供应。然而现在，在世界上的任何地方，几乎所有的农作物都是应季的，而且很容易将农作物运输到任何一个市场中。

然而，无限的可用性是一件好坏参半的事情。运输而来的过季水果质量可能不是最好的。此外，许多水果品种是为了运输而不是为了风味而培育的。因此，能够评价新鲜水果的质量是非常重要的。

成熟程度

评价水果质量的部分内容是判断它们的成熟程度。正如在成熟期和成熟度下栏中所解释的，一些水果在收获之后会继续成熟，因此厨师必须能够判断它们的成熟程度。而其他水果在成熟时收获，必须在变质之前立刻使用。

成熟程度是一个复杂的现象。有些水果比其他水果变化更大。主要有以下四种变化：

- **香气：**苦涩或者令人不愉快的气味逐渐消退，吸引人的香气逐渐形成。除了少数例外，这种情况只发生在收获之前。
- **甜味：**糖含量增加。有些糖分是植物在收获前所获得，有些由储存在水果中的淀粉被分解所产生。
- **多汁性与质地：**细胞壁会破裂开。这会释放出汁液，让水果变软。
- **颜色：**许多水果在未成熟时是绿色的，在成熟后，会变成红色、橙色、紫色或者其他的颜色。

一般来说，在水果成熟前不要冷藏水果。梨是个例外，梨可以在完全成熟前冷藏，以避免变得绵软。水果在成熟后进行冷藏可以减缓变质。完全成熟之后摘取的水果应在收货之后冷藏保存。

请熟悉下所列水果的相关信息，这些信息详细说明了常见水果所经历的变化。

成熟期和成熟度

成熟期的水果是已经完成其发育并在生理上有能力继续成熟过程的水果。成熟的水果是其质地和风味都达到了顶峰的水果，可以用来食用。换句话说，成熟期是指生物发育，成熟度是指食用质量。在其成熟期前就收获的水果不会变软，也不会发育出好的食用品质。另一方面，水果在收获时越成熟，它的潜在贮藏寿命就越短。因此，种植者在可能的情况下，会收获在成熟期但尚未成熟的水果。然而，正如表中所示，并非所有的水果在采摘后都能够成熟。

这些水果在采摘后成熟时，香气、甜度、多汁度、质地和颜色上发生了变化。

这些水果在采摘后成熟时，变得更甜、汁液更多、更加柔软，颜色也会发生变化。

这些水果不会变得更甜，但是它们能变得多汁和更加柔软，并且它们的颜色在它们被采摘后成熟的时候颜色会发生变化。

这些水果是完全成熟时收获的，并且在采摘之后不会进一步成熟。

鳄梨（通常作为蔬菜使用，而不在面包店里使用）

香蕉

苹果（仍然香脆，除非熟过了，但是不如未成熟的苹果那么硬）

猕猴桃

芒果

木瓜

梨

杏

蓝莓

无花果

蜜瓜（中空类型的）

油桃

百香果

桃

柿子

李子

浆果类（蓝莓除外）

柑橘类水果（西柚、橙子、橘子、柠檬、青柠檬、金橘）

樱桃

葡萄

菠萝

西瓜

加工处理的损失：计算净料量和所需要的数量

所有新鲜水果在使用前都必须进行清洗。在经过清洗后，几乎所有的水果都需要进一步的制备整理和修剪加工。有时制备工作非常简单，从葡萄茎上摘下葡萄，或摘下蓝莓的茎和叶子。在其他情况下，可能需要进一步修剪加工、去皮和切割。下一节描述了每种水果的基本制备工作。

因为部分水果可能会被去掉或丢弃，所以购买的数量和提供给顾客的数量是不一样的。水果的产出百分比表明，平均而言，在经过预制备后，制作出的准备用于加热烹调的水果能剩下多少AP（作为购买的重量），或EP（可食用的重量部分）。可以使用这个数字来做两个基本的计算。

1. 计算出净料量。例如：购买4.5千克猕猴桃。修剪加工后的净料为80%。可食用部分的重量是多少？

首先，通过将小数点向左移动两位，将百分比更改为小数。

$$80\% = 0.80$$

将小数点乘以所购买的重量得到可食用部分的重量。

$$4.5千克 \times 0.80 = 3.6千克$$

2. 计算出所需要的重量。例如：需要4.5千克可食用重量的猕猴桃（净料量）。需要多少未经过修剪加工的水果（毛重）？

将百分比更改为小数。

$$80\% = 0.80$$

将所需的可食用的重量部分除以这个数字就得到所购买的重量。

$$\frac{4.5千克}{0.80} = 5.6千克$$

评估与制备

本节总结了最常见的新鲜水果。重点是在购买它们时要寻找哪些品质，以及如何修剪加工并制备它们以供使用。此外，还包括某些进口水果的标识信息。几乎每个人都知道苹果、香蕉和草莓是什么，但不是每个人都能分辨出柿子或百香果。后文也给出了修剪加工这些水果后的净料量。

苹果

成熟期的苹果有果实的芳香，种子为棕色，质地比未成熟的苹果稍微软一些。熟过了的或者陈苹果会变软，有时会干瘪。要避免食用有瘀青、瑕疵、腐烂或粉状质地的苹果。夏季的品种（一直售卖到秋季）不易保存。秋天和冬天的品种保存良好，并且保质期更长。酸含量高的苹果通常比淡而无味的品种更适合用于烹饪。澳洲绿苹果和金冠苹果被广泛用于烹饪之中。

制备苹果，要将其洗净；如果需要的话，可以削去外皮。切割成四瓣并去掉苹果核，或保留整个的苹果，并用特制的取核工具去掉苹果核。使用不锈钢刀切割苹果，以避免苹果变色。去皮后，把苹果浸泡在柠檬汁溶液里（或者其他酸性水果果汁）或抗坏血酸溶液中，以防止苹果变色。

净料率：75%。

杏

只有在树上自然成熟的杏才有足够的风味，而且在冷藏的情况下只能保存一周或更短的时间。它们应为金黄色、硬实且饱满，不应呈糊状。要避免那些过于绵软、有瑕疵或腐烂的杏。

制备杏，要洗净，切成两半，去掉果核。大多数情况下都不需要去皮。

净料率：94%。

香蕉

应挑选饱满、光滑、没有伤痕或腐败痕迹的香蕉。所有的香蕉采摘时都是绿色的，不需要去避开未成熟的香蕉。但是，要避免购买熟过了的香蕉。

在常温下成熟3~5天；完全成熟的香蕉都是黄色的，带有小的棕色斑点，并且没有绿色。冷藏保存成熟的香蕉只会让外皮变黑，但不会让果肉变黑。剥去外皮并浸入到果汁里，防止褐变。

净料率：70%。

浆果类

浆果类包括黑莓、蓝莓、蔓越莓、黑醋栗、红醋栗、白醋栗、越橘、覆盆子和草莓。浆果应该完整、饱满、干净、带有明亮和成熟的色彩。要留意发霉或变质的浆果。纸盒上若有潮湿的地方表明浆果已经受损破裂。

在原包装容器中一直冷藏至使用时，以减少处理机会。除了蔓越莓，其他浆果都不易保存。挑选出变质的浆果和异物，用柔和的喷雾水清洗，并沥干水分。把草莓的茎和花萼去掉。装饰用的红醋栗通常留有茎部。浆果类要小心加工处理，以避免擦伤。

净料率：92%~95%。

樱桃

挑选饱满、结实、甜美、多汁的樱桃。红樱桃或黑樱桃应呈始终如一的深红色到几乎完全是黑色。

在原包装容器中一直冷藏到准备使用时。只在使用之前，除去茎并挑选出破损的樱桃。冲洗干净并沥干。用特制的去核工具进行去核。

净料率：82%（去核之后）。

椰子

摇晃椰子，确认里面有液体流动的声音；没有液

| 澳洲绿苹果 | 金冠苹果 | 罗马苹果 | 嘎拉苹果 | 麦金塔苹果 |

杏　　　　　　黑莓　　　　　　蓝莓　　　　　　小红莓

香蕉　　　　　　白醋栗　　　　　　树莓　　　　　　草莓

体的椰子是干瘪的。要避免有裂纹和"斑眼"湿润的椰子。

　　制备时，用冰锥或钉子刺穿出一个眼，并将椰汁控净。把椰子敲碎，将椰肉从椰壳里取出来（把椰壳放在175℃的烤箱里烘烤10～15分钟，更容易取出椰肉）。用去皮刀或削皮刀削掉棕色外皮。

　　净料率：50%。

无花果

　　卡利亚那无花果，又称士麦那无花果，是浅绿色的；黑色无花果和黑色西班牙无花果（又称棕色土耳其无花果）是紫色的。所有的无花果成熟后都是甜的，并且质地柔软细腻。它们应该饱满、柔软，没有腐烂或酸味。

　　冷藏保存（硬实、未成熟的无花果可以在室温下存放，摊开成一层，几天后会稍微成熟）。冲洗干净并控干，小心处理。剪去硬质的茎根端。

　　净料率：95%（去皮后为80%～85%）。

西柚

　　挑选对其大小而言沉重，并且果皮坚硬光滑的西柚，要避免蓬松、绵软的西柚和产量低、果皮厚的尖头西柚。切割一块并试尝甜味。

　　切割成瓣或者片时，用厨刀去皮，去掉所有白色的外皮。使用一把小刀从筋膜上分离出肉瓣。

　　净料率：45%～50%（没有筋膜的果肉）；40%～45%（西柚汁）。

樱桃　　　　　　椰子　　　　　　卡利亚纳无花果

黑色无花果　　　　　　西柚

西柚剥皮。

A	B	C	D
切掉西柚的两端，把它平放，使其稳定。沿着西柚的轮廓切去一段果皮。	要确保切得够深，足以去掉果皮，但不要切得太深，以免浪费果肉。	继续沿着西柚切割掉外皮，直到所有的外皮都被去掉。	将西柚切成片或者切成瓣（将剩余的果肉挤成汁）。

葡萄

挑选结实、成熟、颜色好看的整串葡萄。葡萄要牢牢地附着在葡萄茎上，摇晃时不能掉落下来。留意茎端腐烂或干枯的葡萄。

在原装容器中冷藏保存。清洗干净并控干。除无籽品种外，将其切成两半，用去皮刀的刀尖去掉葡萄籽。

净料率：90%。

葡萄

番石榴

番石榴有很多的品种。它们有圆形、椭圆形或梨形，带有芳香的果肉，可能呈绿色、粉红色、黄色、红色或白色。有些里面全是籽，有些几乎无籽。风味非常复杂，从甜味到酸味应有尽有。应选择带有浓郁香气的脆嫩的番石榴。

制备时，切割成两半，将果肉挖出。在很多情况下，果肉会被放入食品加工机或搅拌机中搅碎成蓉泥状，包括籽一起搅碎。或根据需要，切割成丁状或其他形状。

净料率：80%。

番石榴

猕猴桃

未成熟的猕猴桃非常坚硬；在成熟时，它们会变得稍微软一些，但不会明显地改变颜色。让它们在室温下自然成熟。要避免有碰伤或软斑的猕猴桃。

在制备时，削掉外皮。横切成片状。切割出带有光滑、圆形边缘的切片的对应方法：切除两端。将勺子从一端插入，滑动至皮下，扭转勺子使果肉完全与外皮脱离开。

净料率：80%。

猕猴桃

金橘

金橘看起来像娇小而拉长的橙子，大小与中等个头的橄榄相似。它的外皮和籽都可以食用。外皮是甜的，肉质和汁液是酸的。要避免绵软或干瘪的金橘。金橘保存良好，所以在市场上通常状况良好。

制备时，要洗净，沥干，并根据需要进行切割。

净料率：95% ~ 100%。

金橘

柠檬和青柠檬

挑选硬实、外皮光滑的果实。颜色各有不同：青柠檬也可以是黄色，而柠檬在外皮上则可以有一些绿色。

最常用到的青柠檬被称为波斯青柠檬，通常带有深绿色的外皮。基青柠檬要小得多，并且呈绿色或黄色。有一种特殊的柠檬称为梅耶柠檬，它的含糖量比普通柠檬要高，因此味道更甜。梅耶柠檬过去稀少，但现在已经很常见了。

进行制备时，可以切割成块状、片状或其他形状用作装饰，或者切割成两半用于榨汁。

净料率：40% ~ 45%（柠檬汁）。

柠檬

青柠檬

荔枝

荔枝与核桃或者乒乓球的大小相似。它粗糙的皮革状外壳呈红色到棕色不等，很容易就能剥去外皮露出里面芳香多汁的白色果肉，和不能食用的果核。应挑选颜色好、沉重且饱满的果实。

进行制备时，要剥去外皮，切成两半，去核。

净料率：50%。

荔枝

芒果

芒果主要有两种类型：一种是椭圆形，果皮从绿色、橙色到红色不等;另一种是"肾"形，成熟时果皮呈均衡的黄色。芒果有薄而坚韧的外皮和从黄色到橙黄色的果肉，多汁且芳香。果实应饱满且硬实，颜色清晰，无瑕疵。要避免如石头一样硬的芒果，因为它可能不能正常成熟。

让芒果在室温下自然成熟，直到稍微变软。去皮并从中间的果核上切下果肉；或者在剥皮前将芒果切成两半，使用薄刃的刀沿扁平的果核两侧进行切割。

净料率：75%。

芒果

瓜类

在挑选瓜类时要注意观察以下几个特征：

哈密瓜：茎端的疤痕光滑，无茎痕（这种瓜称为熟瓜，即在成熟后被采摘）。外皮呈黄色，带有一点绿色或者没有绿色。手感沉重，香气四溢。

蜜瓜：香味扑鼻；略微柔软，手感沉重，外皮呈乳白色到淡黄色，没有太多的绿色。较大个头的蜜瓜品质最佳。

克伦肖瓜，卡那里瓜，波斯瓜，卡那里瓜，桑塔瓜：手感沉重，带有一股浓郁的芳香，并在开花端略带柔软。

西瓜：底部呈黄色，质地硬实而匀称。个头大的西瓜有更好的成品率。表面柔软光滑；不太有光泽。在切割的时候，要寻找有坚硬的深褐色籽的西瓜，并且没有白心（硬质的白色条纹从西瓜中间横穿而过）。

制备空心的瓜类，将其洗净，切成两半，去掉瓜籽和筋膜。切成块状，并从瓜皮上将果肉切割下来，或者使用挖球器挖成球状。或用刀从整个的瓜上将果皮切割下来，与切割西柚的技法一样。切成两半，去籽，并根据需要切割好果肉。制备西瓜时，先洗净，切成两半或者切成块，可以用挖球器挖成球形，或者从瓜皮上将果肉切割下来并去掉瓜籽。

净料率：西瓜，45%；其他的瓜类，50%～55%。

油桃

详见桃和油桃中的内容。

哈密瓜

克伦肖瓜

蜜瓜

卡那里瓜

皮尔刮

西瓜

油桃

橙子和柑橘类（包括橘子）

挑选高质量的橙子，可以使用和西柚相同的指南。柑橘类可能会被认为比较松软，但就其体型而言，它们会更重。与众不同的品种包括血橙，有着深红色的果肉和汁液及浓郁的风味；塞维利亚橙，果肉酸而不甜。塞维利亚橙是制作柑橘果酱的宝贵原材料。

可以用手剥取橘子皮，将其分离成瓣状。要榨汁时，把橙子横切成两半，取橙瓣的方法见西柚中的内容。

净料率：*60%～67%*（不带筋膜的瓣）；*50%*（果汁）。

橙子

橘子

血橙

柑橘

木瓜

　　木瓜是梨形的热带水果，有着温和而香甜的风味，并略带花香。果肉呈黄色或粉红色，取决于品种而定，中间空腔里有着大量的圆形黑籽。木瓜的重量从每个500克以下至1千克以上不等。它们的皮在未成熟时是绿色的，成熟之后会变成黄色。为了获得最好的质量，选择硬实、匀称的木瓜，避免碰伤或腐坏的斑点。要避免深绿色的木瓜，因为它们可能没有成熟。

　　让木瓜在室温下自然成熟，直到略微柔软并几乎全部呈黄色，极少的绿色。洗净。纵长切割成两半，并挖出籽。根据需要可以去皮，或者把带籽的一半木瓜原样端上桌。

　　净料率：65%。

木瓜

百香果

　　百香果是如鸡蛋大小的热带水果，有棕紫色的果皮，在成熟之后会起皱（还有一种黄色外皮的品种）。在成熟时，它们大多数都是空心的，里面有汁液、籽和少量的果肉。这种酸味果汁有一种强烈的异国风味和香气，深受糕点厨师的青睐。挑选个头大且手感重的百香果。如果它们外皮是光滑的，让它们在室温下自然成熟，直到外皮起皱纹。

　　在使用时，将百香果切割成两半，注意不要丢失任何的汁液。挖出籽、汁液和果肉。百香果籽可以食用，所以不要丢弃。如果只需要使用百香果汁，可购买冷冻的果汁比新鲜的百香果更经济实惠。

　　净料率：40% ~ 45%。

百香果

桃和油桃

　　桃应该饱满而硬实，没有碰伤或瑕疵。避免深绿色的桃，它们没有生长成熟。避免在成熟之前就冷藏的桃，它们可能呈粉状。选择核肉分离品种的桃。粘核品种的桃需要更多劳力（它们主要用于制作罐头）。

　　让桃在室温下自然成熟，然后冷藏。桃去皮可以通过将桃在开水中余烫10 ~ 20秒，直到表皮容易剥落，然后放入冰水中冷却（除非需要，油桃不需要去皮）。将桃切割成两半，去核，放入果汁、糖浆或抗坏血酸溶液中以防止颜色变深。

　　净料率：75%。

桃

梨

　　梨应挑选整洁、硬实，并富有光泽，没有瑕疵或者碰伤的果实。生吃的梨应熟透且芳香。然而，梨一旦成熟，很可能会在一天内变成糊状，所以在成熟之后应立即冷藏。在用于烹调时，可选择稍微欠熟一点的梨，因为熟透的梨在经过加热后会变得太软。

　　制备梨，要洗净，去皮，切成两半或四半，然后去掉果核。为了防止梨变色，可以蘸取柠檬汁。

　　净料率：75%（去皮和去核后）。

梨

法国黄油梨

塞克尔梨

考密斯梨

斯塔克里姆森梨

佛洛尔梨

泰勒黄金梨

柿子

柿子是橙红色的果实，有两个品种可供选择。最常见的是八弥，形状与大橡子相似（每个250克）。它在未成熟时单宁含量极高，几乎不能食用，但成熟后会变成软的果冻状物质。成熟的柿子味甜、多汁、口感温和、风味浓郁。另一种是扶玉，个头较小，体态更丰满。它缺乏八弥柿中所含有的单宁，即使没有完全成熟也可以食用。应选用颜色鲜红饱满，并带有茎冠的柿子。

在室温下自然成熟直到非常柔软，然后冷藏保存。茎冠、籽，根据需要进行切割。

净料率：80%。

柿子

菠萝

挑选饱满、新鲜，色泽橙黄，香气浓郁，避免带有软斑、碰伤和深色水斑的菠萝。

在室温下保存1~2天，让一些酸味消失，然后冷藏。菠萝可以用多种方法来进行切割。可以切割成片状、块状及丁状，切掉顶部和底部，并从侧面切掉其粗糙的外皮，除掉所有的"斑眼"。纵长切成四块，切除中间的硬心。切割成片状，或者根据需要进行切割。

净料率：50%。

菠萝

李子

挑选饱满、硬实，但却不坚硬的李子，没有瘀斑或者瑕疵。
制备李子，要洗净，切成两半，去掉果核。
净料率：95%（只去掉果核）

深紫色的李子

红色李子

黑色脱核李子

圣罗莎李子

石榴

石榴是一种与大个头苹果大小相似的亚热带水果。它有一层干燥的红色外皮，里面包裹着大量的石榴籽。每粒籽都被小球体包裹，里面有鲜红多汁的果肉。石榴的主要用途是其红色、酸甜的汁液。它的籽和环绕着籽的果肉也可以用作甜品甚至肉类菜肴中诱人食欲的装饰。要寻找那些没有瘀斑，手感沉重的石榴。在挤压时，应该施加柔和的压力；如果施力太大，可能会被变得干瘪。

在制备时，轻轻划破外皮，而不要切割到里面的籽，然后小心地把水果瓣成几段。把籽从筋膜里分离出来。榨取石榴汁是非常困难的。有些方法会把石榴籽压碎，这样会使汁液变苦。为了制作出更好的石榴汁，可以使用以下方法：用手掌把整个石榴按压在工作台面上来回滚动，让石榴籽的液囊碎裂开。然后在石榴的侧面戳开一个孔洞，挤压出果汁。

净料率：55%。

石榴

刺梨或仙人掌梨

刺梨是桶形的水果，大约为一个大个头的鸡蛋大小。它们的外皮颜色从洋红色到绿红色不等，内部是亮丽的桃红色，海绵状的果肉带有黑色的籽。果肉甘甜而芳香，但味道温和。优质的果实是柔嫩的、没有呈糊状，外皮的颜色良好，没有褪色。应避免有腐烂斑点的刺梨。

如果刺梨非常坚硬，可使其在室温下自然成熟，然后冷藏保存。要记住，刺梨都是仙人掌的果实，刺都生长在外皮上。这些刺在运输前就被移除了，但可能会留下小的、难以看到的刺。为了避免被刺伤，在将其顶部和底部切掉时，要使用叉子插住它，叉稳后，用刀削掉它的外皮，在不接触它们的情况下把外皮扔掉。根据需要将果肉切开或切成片，或用网筛将其挤压成蓉泥状并去除籽。

净料率：70%。

刺梨

温柏

榅柏生长在温带气候条件下，曾经在欧洲和北美很受欢迎。许多被忽视的老榅柏树仍然存在于新英格兰和其他地方。其果实形似大的、黄色的、疙疙瘩瘩的梨，果皮光滑或略带绒毛。生的榅柏不可以食用，因为它又干又硬。当加热成熟后（通常在糖浆中炖熟或者煮熟），它就会变得芳香四溢、甜美可口，并且果肉变成淡淡的粉红色。榅柏很好保存。应挑选颜色好，没有瘀伤或者斑点的榅柏。

像苹果或梨一样切割、去皮、并去核，然后加热烹调。

净料率：75%。

温柏

大黄

大黄是一种茎类植物，不是一种果实，但它被当作水果来使用。要购买硬实、爽脆、鲜嫩、粗茎的大黄，而不要瘦细、干瘪的大黄。

在制备时，要把所有的叶子都剪掉，其带有毒性。如有必要，修剪掉根部的末端。如果需要，可以削掉外皮，如果外皮非常鲜嫩，也可以省略这一步骤。将大黄切成所需要的长度。

大黄

净料率：85% ~ 90%（不带叶子的大黄）。

杨桃

杨桃是一种富有光泽、椭圆形、纵长有着五个脊状隆起的黄色水果，所以当它被横切开时，会形成星状。杨桃香味扑鼻，口味有酸有甜，质感脆嫩。应挑选饱满硬实的杨桃，避免食用那些隆起部位变黄和有皱缩的杨桃。

洗净，横向切割成片状。

净料率：99%。

杨桃

水果利口酒和酒精类

种类繁多的含有酒精的饮料是从水果中蒸馏出来的，或者添加有水果调味的。其中许多都是在面包房里作为调味原材料使用的。我们在面包店使用的大部分酒类可以分为两类——白酒和利口酒。

白兰地，又称eaux-de-vie，在法语中是"生命之水"的意思。正统的白兰地，是从水果中蒸馏出来的，它们不需在木桶中陈酿，所以是透明和无色的。白兰地没有甜味，有清新的果香风味。面包店里最常见的这种类型的酒是kirsch（樱桃制成的酒，称为樱桃白兰地）。其他的类型包括poire（梨制成的酒），mirabelle（黄色李子制成的酒）和framboise（覆盆子制成的酒）。

利口酒，又称香甜酒，是用水果、香草或其他原材料调味的甜味酒精饮料。橙子味的利口酒，例如柑桂酒、君度酒和金万利酒，是面包店里最常用到的酒类。

水果甜点的制备

简单的水果沙拉和加热成熟的水果

在一顿丰盛的晚餐后，一块新鲜的水果可以成为清淡而爽口的甜品。然而，大多数就餐者更喜欢那些需要在厨房里多花费一点精力而制作出来的东西。新鲜的水果，例如浆果类，配上奶油或酱汁，如萨芭雍、英式奶油酱、库里等，通常能满足这些需求（详见第12章中甜品酱汁的选择中的相关内容）。一份制作简单的水果沙拉是一个很有吸引力的选择。在调味糖浆中腌制新鲜水果，将水果风味提升到了一个新的层次，也让糕点厨师可以利用精心切割的时令水果搭配出诱人食欲的组合。

水果甜品中一种简单而通用的类别是烩水果（糖煮水果，糖渍水果），可以定义为加热成熟的水果，通常是小的水果或切割好的水果，配在其原汁中供应。烩混合水果的用途非常广泛，因为它们可以根据需要进行调味和使用各种甜味原材料，并且所使用的水果组合是可以无限变化的。而加热的介质从清淡的糖浆到具有浓郁芳香风味的焦糖、蜂蜜或利口酒混合物不等。

新鲜水果沙拉和经过略微加热成熟的烩水果之间并没有明确无误的分界线。如果把煮开的糖浆浇淋到混合的水果上，而水果是腌制的且没有经过额外的加热，它可以被称为烩水果或者新鲜水果沙拉。

硬质的水果和水果脯混合物通常需要较长的加热时间，直到它们变得软嫩。在糖浆中加热较大块的、整个的水果通常不被称为烩水果，尽管加热的过程是一样的。葡萄酒煮梨是一道经典的甜品，至今仍深受欢迎。

本章中介绍了两种类型的烩水果。在食谱章节中的第一部分里包括将新鲜水果混合物在糖浆中略微加热作为甜品供应。在这一章中后面部分也介绍了更加香甜、风味更加浓郁的烩水果，它们不是单独供应的，而是作为酱汁、调味料及在糕点和其他制备工作中的原材料来使用的。

许多水果也可以经过煎炒后作为甜品食用。这个过程类似于炒蔬菜，只是要在锅里的水果和黄油里加入糖。当糖变成焦糖，并与水果中渗透出来的汁液结合在一起时，就会形成浓郁的酱汁，苹果、杏、香蕉、梨、桃、菠萝、李子和樱桃等特别适合这种做法。有关这类制作方法的例子，请参阅焦糖梨的食谱以及其后的"各种变化"中的内容。

传统的和特色的水果甜品

在这一章里还包括了精心挑选了传统类型和现代类型食谱。传统的北美甜点包括酥皮水果塔，它就像在大号烤盘里制作的水果塔，但却没有底部的酥皮；克里斯普脆饼，有点像酥皮水果塔，但是使用了颗粒顶料代替糕点酥皮；贝蒂蛋糕有着丰富的蛋糕屑和水果的交替层。这些家庭式的甜品，在大多数情况下很容易制作。

更难制备的是焦糖夏洛特梨，可能是这一章中最复杂的食谱了。在尝试制作这道甜品之前，可以回顾第19章中关于巴伐利亚奶油、慕斯和夏洛特的相关内容。

水果蜜饯、调味料及装饰品

最后，在这一章的最后部分也介绍了各种非甜品供应的产品，它们可作为其他菜肴的构成要素或者原材料。这些种类包括果酱和橘子酱，用作酱汁或装饰的甜味烩水果及一些特制的食品，如水果脆片、水果蓉泥和蜜饯柑橘类水果的外层皮，这些都能增加装盘甜品和花色小糕点的吸引力。

◆ **复习要点** ◆

◆ 当水果成熟时，它的香气、甜度、多汁度、质地和颜色都发生了怎样的变化？

◆ 水果采摘后会发生哪些变化？答案是否取决于特定的水果？

◆ 如果知道一个水果的净料率，如何计算所需要的净料和所需要的数量？

◆ 烩水果是什么？

◆ 下列哪些是北美传统的水果甜品：酥皮水果，克里斯普脆饼和贝蒂蛋糕？

煮水果（烩水果）poached fruit（fruit compote）

产量：加上糖浆，可以制作1.5千克。

原材料	重量
水	1升
糖（见注释）	0.5～0.75 千克
香草香精（见注释）	10 毫升
准备好的水果	1.5 千克

（分别见"各种变化"中的内容）

注释： 糖的用量取决于所希望的甜品的甜度和水果的天然甜度。可以用其他的风味调料来代替香草香精。一种比较流行的方法是在糖浆中加入 2 ～ 3 条柠檬皮和 30 毫升柠檬汁。

制作步骤

1. 将水和糖混合。加热烧开，搅拌至糖完全融化开。
2. 加入香草香精。
3. 将准备好的水果加入糖浆里，如果使用的是柔软的水果，可以将水果放入浅边锅里，并将糖浆浇淋到水果上。
4. 用小火缓慢加热在即将沸腾的状态，加热到水果刚好变得软嫩的程度。
5. 让水果在糖浆中冷却。冷却后，在糖浆中冷藏到需要使用时。

各种变化

煮苹果、梨或菠萝 poached apples, pears or pineapple

将水果去皮，切割成四瓣，去核。对于菠萝，可以切割成小块。按照基本食谱的步骤煮即可。

葡萄酒煮梨 pears in wine

使用佐餐红葡萄酒或者白葡萄酒代替水。去掉香草香精。在糖浆里加入1/2片柠檬。将梨去皮，但保持整梨。

煮蜜桃 poached peaches

将蜜桃在开水中焯几秒钟，然后剥去皮。切成两半，并去掉果核。与基本食谱中的步骤一样的煮蜜桃。

葡萄酒煮蜜桃 peaches in wine

将蜜桃同上述方法一样进行制备。与葡萄酒煮梨一样煮蜜桃，用柠檬增加糖浆的风味。

煮杏、李子或油桃 poached apricots, plums, or nectarines

将水果切割成两半，去掉果核（如果需要，油桃可以像桃一样的去皮）。按照基本食谱的制作步骤煮水果即可。

煮樱桃 poached cherries

使用樱桃去核器去掉樱桃核。按照基本食谱的制作步骤煮即可。

煮果脯 poached dried fruit

将果脯用水浸泡一晚。使用浸泡汁液来制作糖浆。按照基本食谱的制作步骤煮即可。在糖浆里加入30毫升的柠檬汁。

烩热带水果 tropical fruit compote

按照基本食谱的制作步骤制作糖浆。使用柠檬和橙子外层皮和香草香精调味，用白葡萄酒代替一半的水。制备混合水果中的猕猴桃，去皮，横切成片状；对于木瓜，去皮，去籽，切成细块状或片状；芒果，去皮，去核，切成片状；橙子切成块状；草莓，修整加工后切成两半。趁着糖浆还热的时候，浇淋到混合水果上。冷却，盖好，并冷藏一晚。如果喜欢的话，还可以在每份混合水果的上面加上烘烤过的或者没有烘烤过的椰丝。

新鲜水果沙拉 fresh fruit salad

这是一道没有经过加热的烩水果。按照基本食谱的步骤制作糖浆。让其完全冷却。制备好混合水果；将大个头的水果切成丁，或将它们切成一口即食大小的块状。将水果和冷却后的糖浆混合，使其在冰箱里静置几小时或一晚。

水果沙拉　fruit salad

产量：包括糖浆，可以制作1100克。

原材料	重量
苹果	1
梨	1
橙子	1
桃	1
草莓	10
覆盆子	10
红李子	1
百香果	1
糖	300 克
水	400 克
肉桂条	2
香草豆荚	1
香叶	2

制作步骤

1. 根据需要准备所有的水果（根据水果种类，分别洗净、去皮、去核、去籽等）。除百香果外，将所有的水果切割成较大的一口即食大小的块，并放入盆里备用。将百香果的果肉、果汁和籽加入盆里。
2. 将糖、水、肉桂条、香草豆荚及香叶一起用小火加热直到糖完全融化开。加热烧开。将锅从火上端离开，并浇淋到制备好的水果上。
3. 将混合水果浸入糖浆里并浸渍2～3小时。
4. 捞出控干后服务上桌，或者直接配一把漏眼勺服务上桌。如果需要，可以保留糖浆另作他用。

 ## 腌制热带水果　marinated tropical fruits

产量：包括糖浆，可以制作2千克。

原材料	重量
芒果	3
大菠萝	1
猕猴桃	5
水	200 克
糖	200 克
肉桂条	1
橙皮（条状）	8 克
柠檬	1/2
丁香（整粒）	4
薄荷枝	1
香草豆荚	1

制作步骤

1. 将水果去皮。将菠萝、芒果去核。切成大块（2.5厘米）放入锅里。
2. 将剩余的原材料一起混合，并加热烧开，搅拌使得糖融化开（如果需要，可以用一个纱布香料袋捆缚好香料，这样在供应前可以很容易取出来）。
3. 将烧开的糖浆倒在水果上，用一块圆形的油纸覆盖好，并用小火加热5分钟。冷却，然后在糖浆里冷藏保存。

冰镇夏日水果汤 chilled summer fruit soup

产量：可以制作1.5升。

原材料	重量
水	1250 毫升
糖	750 克
青柠檬汁	150 毫升
青柠檬外层皮（擦碎的）	8 克
草莓（切成片）	250 克
香蕉（切成片）	375 克
明胶	8 克
冷水	125 克
装饰物	根据需要

各种新鲜水果，例如草莓、
覆盆子、黑莓、李子、红醋栗、
蓝莓、猕猴桃等

制作步骤

1. 将糖和水在锅里混合。加热烧开，并搅拌使得糖融化开。

2. 加入青柠檬汁和青柠檬外层皮，草莓及香蕉。将锅从火上端离开，盖上盖，静置冷却到室温下。

3. 将汤汁用细网筛过滤。将液体控净，但是不要挤压固体水果，避免使汤汁变浑浊。

4. 用冷水将明胶泡软。将汤汁重新加热至刚好保持在沸点之下，加入明胶。搅拌至融化开。

5. 将汤汁冷却，然后将汤冷藏。明胶的用量刚好足以让汤汁有一点质感而不凝结。

6. 制备装饰所需要使用的水果。将小的浆果类整个留下，并将较大的水果根据需要进行切割。

7. 供应时，将汤舀取到汤盘里，并加入所需要的水果进行装饰。

焦糖煮梨 caramelized pears

产量：可以制作8份。

原材料	重量
梨（熟透）	8
黄油	60 克
砂糖	125 克

各种变化

用切成两半的梨代替切成四瓣的梨。供应时，将它们切面朝下摆放到一个餐盘里，横切成片状，呈扇形摆放或者将梨片层叠摆放。为了使表面更加焦糖化，在水果的表面撒上糖，然后在焗炉里焗至焦糖色，注意不要让糖焦煳。

下述的水果可以使用相同的基本方式进行制备。根据口味的需要和水果的甜度，调整黄油和糖的用量。

焦糖煮苹果 caramelized apples

将苹果去皮、去核，切成片。根据所需要的风味，使用白糖或者红糖，如果需要，可以使用肉桂和豆蔻、香草或柠檬外层皮进行调味。

焦糖煮蜜桃 caramelized peaches

将蜜桃焯水并去皮。切成两半，去掉果核。切成片或切成块。

焦糖煮菠萝 caramelized pineapple

去皮、横切成片，使用小号的圆形切割工具，从每一片菠萝上去掉果核。根据需要，可以使用白糖或者红糖。

焦糖煮香蕉 caramelized bananas

去皮；先横向切成两半，再纵长切成四瓣。使用红糖。因为香蕉只释出少量的汁液，可能需要加入橙汁或者菠萝汁。使用肉桂和豆蔻或者桂皮调味。

制作步骤

1. 将梨去皮、去核，并切成四瓣。
2. 在炒锅里加热黄油。加入梨和糖。用中大火加热。梨会释出汤汁，这些汤汁会与糖混合，从而形成糖浆。继续加热，翻动梨，并将糖浆浇淋到梨上，直到将糖浆焙浓，且梨呈淡焦糖色。糖浆变成浅棕色，不要试着将糖浆变成深棕色，否则水果会加热过度。
3. 趁热食用。可挖取一个小号的香草冰淇淋球。焦糖水果最常用来作为其他甜品的组成材料，也可以被用作咸香风味类菜肴，例如，猪肉和鸭肉的装饰。

苹果酥（苹果克里斯普脆饼）apple crisp

产量：可以制作1烤盘，30厘米x50厘米；48份，每份120克。

原材料	重量
苹果（去皮，切成片）	4000 克
糖	125 克
柠檬汁	60 毫升
黄油	500 克
红糖	750 克
肉桂粉	4 克
糕点粉	750 克

制作步骤

1. 用糖和柠檬汁轻拌苹果。均匀地铺撒到30厘米x50厘米烤盘里。
2. 将黄油、糖、肉桂粉及面粉一起摩擦至混合均匀，并呈颗粒状。
3. 将其均匀撒到苹果上。
4. 温度175℃烘烤45分钟，直到表面呈棕色，并且苹果成熟。

各种变化

蜜桃、樱桃或大黄酥 peach, cherry, or rhubarb crisp

用蜜桃、樱桃或大黄替代苹果。如果使用大黄，在步骤1中，将糖增加到375克。

酥皮水果派 fruit cobbler

产量：可以制作1烤盘，30厘米x50厘米；48份，每份150克。

原材料	重量
水果派馅料	5.5 ~ 7 千克
油酥派面团	1 千克

各种变化

可以使用饼干面团替代派面团。将面团擀开成5毫米厚，并切割成4厘米的圆形。将切割好的圆片摆放到水果馅料上。

制作步骤

1. 将水果馅料放入30厘米x50厘米的烤盘里。
2. 将糕点面团擀开成为适合烤盘表面的大小。摆放到馅料上，并将边缘处密封到烤盘里。在糕点面团上戳出几个小的孔洞，以便让蒸汽逸出。
3. 温度220℃烘烤30分钟，直到表面变成棕色。
4. 将甜品排成6行，每行8块的方式进行切割，或切割48份。可以趁热食用，或冷却后食用。

苹果贝蒂蛋糕 apple betty

产量：可以制作1烤盘，30厘米x50厘米；48份，每份120克。

原材料	重量
苹果（去皮，切成片状）	4000 克
糖	750 克
盐	7 克
豆蔻粉	2 克
柠檬外层皮（擦碎）	3 克
柠檬汁	60 毫升
黄色或白色蛋糕屑	1000 克
黄油（融化）	250 克

制作步骤

1. 将苹果、糖、盐、豆蔻粉、柠檬外层皮及柠檬汁放入盆里，轻轻搅拌混合。
2. 将1/3的苹果混合物均匀摊开放入涂抹有黄油的30厘米x50厘米烤盘里。
3. 上面撒上1/3的蛋糕屑。
4. 继续操作，直到所有的苹果和蛋糕屑都使用完毕。可制作出3层水果和3层蛋糕屑。
5. 将黄油均匀浇淋到表面上。
6. 温度175℃烘烤1小时，直到水果成熟。

 ## 苹果夏洛特 apple charlotte

产量：可以制作1个1升的模具。

原材料	重量
酸味苹果	900 克
黄油	30 克
柠檬外层皮（擦碎）	2 克
肉桂粉	0.4 克
杏果酱	60 克
糖	30～60 克
硬质白面包（修剪掉外皮）	12 片
黄油（融化）	110 克

注释： 苹果夏洛特通常情况下不能制作尺寸大于1升，否则在模后很有可能会倒塌。为了避免倒塌，把苹果混合物加热至非常浓稠的程度。确保面包是硬的；把夏洛特烤久一点，让面包变成均匀的棕色。

制作步骤

1. 将苹果去皮、去核，切成片状。将它们与黄油、柠檬外层皮及肉桂粉在又宽又浅的平底锅里混合。用中火加热至变软。用勺子轻轻按压苹果并继续加热至苹果形成浓稠的蓉泥（有小量的苹果块是可以接受的）。
2. 拌入杏果酱。根据苹果的甜度，加入适量的糖。
3. 在1升的夏洛特模具，或两个500毫升的夏洛特模具，或其他直边的模具里，按照下述方式制作：将面包片蘸取融化的黄油，并将蘸有黄油的一面紧贴铺到模具的内侧。模具的底边可以铺上一片圆形的面包片，或切成合适大小的V形块。将一半的面包片按照瓦片的叠放方式铺设到模具的内侧。
4. 填入苹果蓉泥，并在上面摆放好剩余的面包片。
5. 温度200℃烘烤30～40分钟。
6. 冷却20分钟，然后小心地脱模。可以趁热食用，或冷却后食用。

草莓罗曼诺夫 strawberries romanoff

产量：可以制作8～12份。

原材料	重量
草莓（新鲜）	2 升
橙汁	125 毫升
细砂糖	60 克
橙味利口酒（例如柑桂酒）	60 毫升
多脂奶油	400 毫升
细砂糖	20 克
味利口酒（例如柑桂酒）	20 毫升

各种变化

将一小勺橙味沙冰球放入每一个甜品盘里，并用腌制好的浆果类覆盖到上面。再如基本食谱中一样，覆盖上打发好的奶油。

制作步骤

1. 修剪掉草莓的茎和花萼。如果个头较大就切割成两半。
2. 将草莓与橙汁及第一份糖和利口酒混合好。静置1小时，冷藏。
3. 打发好奶油，以橙味利口酒调味，按照下文步骤进行制备。
4. 供应时，将草莓和汁液放入一个餐碗里，或者单份的甜品盘里。在装有一个星状裱花嘴的裱花袋里装入打发好的奶油。将奶油挤在草莓上进行装饰。将草莓完全覆盖住。

 焗浆果 gratin de fruits rouges（berry gratin）

产量：可以制作5份，每份150克。

原材料	重量
海绵分层蛋糕（见步骤1）	5
樱桃酒调味的甜品糖浆	根据需要
草莓	200 克
黑莓	100 克
覆盆子	100 克
红醋栗	75 克
萨芭雍	150 克
	（450 毫升）
覆盆子酱汁	100 克
额外用于装饰的水果	根据需要

制作步骤

1. 将12厘米的圆形蛋糕切割成6毫米厚（推荐使用海绵蛋糕卷 II，但是也可以使用热那亚蛋糕，或其他海绵蛋糕）。
2. 将圆形蛋糕片摆放到餐盘里。涂刷上糖浆。
3. 根据需要将水果清洗干净，并根据大小不同，将草莓切割成两半或者四瓣。将水果摆放到蛋糕上。
4. 使用勺子在水果上覆盖上一层至少3毫米厚的萨芭雍。
5. 放入焗炉里焗至浅棕色。
6. 沿着焗好的甜品，浇淋上一圈覆盆子酱汁，并立刻服务上桌。

🍥 焗覆盆子或者焗樱桃　raspberry or cherry gratin

每一份所需原材料	重量
热那亚分层蛋糕	
覆盆子或去核的甜樱桃	90克
糕点奶油酱	60克
打发好的奶油	30克
樱桃酒、橙味利口酒，或	适量
覆盆子，或樱桃白兰地	
杏仁片	7克
黄油（融化）	7克
细砂糖	

制作步骤

1. 选择浅边的焗盘或者其他耐热盘，大小足以将水果呈一浅层状盛放好。

2. 切割出一薄层的热那亚蛋糕（1厘米厚），覆盖到焗盘的底部。

3. 将水果摆放到热那亚蛋糕上面（如果需要，可以提前用水果白兰地或者利口酒及一点糖将水果腌制一段时间。控干，液体会在步骤4中使用到）。

4. 将糕点奶油酱、打发好的奶油及风味调料混合好。将混合物涂抹到水果上，完全覆盖好。

5. 将杏仁片和黄油混合，撒到糕点奶油酱上。在表面撒上大量细砂糖。

6. 放入焗炉里或者热烤箱的顶层，焗几分钟至表面呈棕色，趁热食用。

焗苹果 baked apples tatin-style

产量：6个苹果，每个130克。

原材料	重量
酥皮面团	150 克
馅料	
红糖	50 克
黄油	50 克
杏仁（切碎）	50 克
山核桃（切碎）	25 克
葡萄干	50 克
西梅（切碎）	50 克
阿马尼亚克酒或白兰地	15 克
肉桂粉	2 克
顶料	
糖	150 克
香草豆荚（见注释）	1/2
黄油	70 克
杏仁片（烤熟）	20 克
山核桃（切碎）	20 克
松子仁	20 克
葡萄干	20 克
开心果	20 克
绿苹果	6
黄油（融化）	50 克
英式奶油酱	300 克
卡巴度斯苹果酒	50 克

注释： 如果没有香草豆荚，可以在步骤 4 的焦糖里加入 1 克香草香精。

制作步骤

1. 将酥皮面团擀开至非常薄的程度。叠起并冷藏。切割出6个直径为11厘米的圆片形。放回到冰箱冷藏至需要时。

2. 将6个顶部直径为7～8厘米，或大到足以容纳一个苹果的布丁模具涂抹上黄油。放到一边备用。

3. 制备馅料：将黄油和糖一起打发。混入剩余的馅料。

4. 制备顶料：将糖加热至焦糖程度。将锅保持用中火加热，加入香草豆荚和黄油，不停搅拌，直到黄油与焦糖融合。将一点焦糖倒入布丁模具底部。使用焦糖总量的1/4。将剩余的顶料加入到剩余的焦糖里，保温。

5. 将苹果去皮、去核。涂刷上融化的黄油。

6. 将苹果摆放到布丁模具里，并在苹果核位置里面填入馅料混合物。按压好。

7. 用锡纸覆盖好，温度180℃烘烤至苹果开始变软，需要烘烤15分钟。从烤箱里取出，并让其略微冷却。

8. 将酥皮圆片分别覆盖到每一个苹果上，并朝四周按压好。

9. 温度200℃烘烤至酥皮面团呈棕色的程度。

10. 将英式奶油酱与卡巴度斯苹果酒混合均匀。用勺将这种酱汁浇入餐盘里。将苹果倒扣在酱汁里，让酥皮面团在底部。用勺舀取少量的顶料浇淋到苹果上。

索菲娅焦糖布丁　crème brulee Sophia

产量：可以制作6份。

原材料	重量
西柚	2
桃（新鲜或罐头装，控净汤汁并切碎）	250 克
糖	50 克
牛奶	280 克
多脂奶油	90 克
鸡蛋	150 克
蛋黄	40 克
糖	100 克
香草香精	2 克
桃杜松子酒	60 克
特细白砂糖	100 克

制作步骤

1. 将西柚切成瓣状。如果有任何一瓣西柚太厚，再将它们水平切割成两半。在吸油纸上控净汁液，直到触摸起来显得干燥。
2. 将桃肉与糖一起用小火加热至桃肉变软，然后制成蓉泥。将桃蓉泥分装入6个浅边的150毫升的焗盅里，将其在焗盅的底部均匀摊开。
3. 将牛奶和奶油加热到滚烫的程度。
4. 将鸡蛋、蛋黄及糖打发至轻盈的程度。加入一半热牛奶使其回温，然后将这一混合物搅拌着倒回剩余的牛奶混合物里。加入香草香精。
5. 用圆锥形细眼过滤器过滤。
6. 加入桃杜松子酒。将其小心倒入焗盅里，以免搅动桃蓉。
7. 摆放到热水槽里，温度100℃隔水烘烤至刚好凝固。
8. 完全冷却。
9. 将西柚瓣呈风车造型摆放到表面上。在供应时，撒上糖并用喷枪让表面的糖焦糖化。

 ### 波特酒烤无花果　figs in port wine

产量：根据无花果的大小不同，连酱汁可以制作600克。

原材料	重量
糖	100 克
黄油	40 克
红葡萄酒	80 克
波特酒	80 克
香草香精	2 克
黑醋栗果蓉	50 克
无花果（新鲜且完整）	8

制作步骤

1. 将糖加热至金色的焦糖状。
2. 将锅保持着用中火加热，加入黄油，并不时搅拌，直到黄油融合进焦糖里。
3. 加入红葡萄酒、波特酒及香草香精。用小火加热至焦糖完全融化开。
4. 加入黑醋栗果蓉，并加热煮至2/3的程度。
5. 将无花果硬质的茎根部修剪掉，并将其纵长切成两半。
6. 将无花果摆放到烤盘里，将焦糖葡萄酒糖浆浇淋到上面。
7. 温度180℃烘烤至无花果略微膨胀起来，需要烘烤10～20分钟，如果无花果不是十分成熟，需要烘烤更长的时间。
8. 将无花果连同酱汁一起供应。

焦糖梨夏洛特 caramelized pear charlotte

产量：可以制作3个夏洛特蛋糕，每个18厘米。

原材料	重量
焦糖梨	
糖	270 克
水	110 克
多脂奶油	310 克
香草豆荚（劈切开）（见注释）	1
梨（去皮，去核，并切成四瓣）	6
糖浆	
糖	60 克
水	60 克
威廉姆斯梨白兰地	100 克
装配材料	
年轮蛋糕	见步骤3
热那亚分层蛋糕	见步骤3
慕斯	
牛奶	220 克
蛋黄	90 克
糖	20 克
明胶（用水泡软）	14 克
焦糖梨里的焦糖	340 克
多脂奶油	650 克
淋面	
明胶	6 克
焦糖梨里的焦糖	120 克
葡萄糖浆	30 克
威廉姆斯梨白兰地	30 克
装饰物	
意大利蛋白霜	根据需要
巧克力卷	根据需要
红醋栗或其他的浆果类	根据需要
薄荷叶	根据需要

注释： 如果没有香草豆荚，可以在步骤 1 里，加入 2 克（1/2 茶勺）的香草香精。

制作步骤

1. 制作焦糖梨：使用糖和水制作成糖浆并加热至呈金色焦糖状。小心加入奶油和香草豆荚。均匀搅拌并用小火加热至焦糖完全融化开。加入梨。用圆形油纸覆盖好，用小火加热至梨成熟。捞出控净焦糖，保留好焦糖和梨。从香草豆荚上将香菜籽刮取下来，并加入到焦糖里。焦糖为360克。

2. 制作糖浆：将水和糖加热至糖融化开。将锅从火上端离开，并加入威廉姆斯梨白兰地。

3. 在3个18厘米的夏洛特环形模具里铺上年轮蛋糕。将环形模具摆放到蛋糕纸板上。从热那亚蛋糕上切割出6片薄片，在每个环形模具的底部摆放好1片（保留好其余的3片蛋糕在步骤8中使用）。在热那亚蛋糕上涂刷上糖浆。

4. 保留好3瓣梨用作装饰夏洛特，将剩余的梨切碎成小块状，保留好在切割梨的时候渗出的所有汁液。将这些汁液加入到焦糖里。将切碎的梨摆放到热那亚蛋糕片上。

5. 制作慕斯：将牛奶加热到滚烫的程度。将蛋黄和糖打发至轻盈状，然后将一半的牛奶搅打进去。再将这个混合物倒回锅里剩余的牛奶里，并加热至浓稠到足以覆盖过勺子背面的程度。

6. 加入明胶和2/3保留好的来自煮梨的焦糖。搅拌至明胶融化开。

7. 通过在冰块上搅拌使得混合物冷却。在其凝结前，将奶油打发至湿性发泡的程度，并叠拌进去。

8. 在环形模具里填入3/4满的慕斯混合物，并将表面涂抹平整。在上面摆放上一片热那亚蛋糕，并轻轻朝下按压。涂刷上糖浆。

9. 用剩余的慕斯填满环形模具，用抹刀将表面涂抹平整。冷冻至凝固。

10. 制作淋面：用冷水泡软明胶。将剩余的焦糖和葡萄糖浆一起加热。拌入明胶至融化开。加入威廉姆斯梨白兰地。略微冷却。

11. 将淋面用勺舀取浇淋到慕斯上，用抹刀涂抹光滑并冷冻。

12. 用喷枪略微加热夏洛特环形模具而将其抬起并移除。

13. 在表面，使用星状裱花嘴或平口裱花嘴挤出的几根涡卷形意大利蛋白霜线条，梨瓣摆成的扇面，一些巧克力卷，浆果以及薄荷叶等进行装饰。

香烤菠萝 spiced pineapple

产量：可以制作950克菠萝和酱汁。

原材料	重量
小菠萝（见注释）	4
糖	200 克
黄油	100 克
八角（整粒的）	2
丁香（整粒的）	2
肉桂条	2
朗姆酒	40 克
香草香精	2 克
多脂奶油	100 克

注释： 每个小菠萝的重量在 250 克，能够制作出大约 150 克左右的菠萝果肉。如果没有小菠萝，可以使用 600 克的去皮、去核的菠萝果肉代替，切成大块。

制作步骤

1. 将菠萝去皮、去核、去掉斑眼。
2. 将糖加热至金色的焦糖状。将锅保持用中火加热，加入黄油和香料。不停搅拌至黄油融合进入焦糖里（详见有关焦糖黄油信息中的相关内容）。
3. 将菠萝在焦糖中滚动以蘸上焦糖，并将菠萝摆放到烤盘里。
4. 在焦糖里加入朗姆酒和香草香精，并引燃。将混合物浇淋到菠萝上。
5. 温度180℃烘烤，不时将焦糖浇淋到菠萝上，直到菠萝成熟。需要烘烤35分钟。
6. 将菠萝切成片并趁热食用。将焦糖酱汁加热，加入奶油，并过滤。将酱汁浇淋到菠萝上。

 覆盆子果酱 raspberry jam

产量：可以制作480克。

原材料	重量	水果占100% %
糖	188 克	75
水	60 克	25
新鲜的覆盆子	250 克	100
葡萄糖浆	24 克	10
糖	36 克	15
果胶	20 克	8

各种变化

其他的软质水果也差不多可以用相同的方式进行制备。

制作方法

1. 将第一份糖和水放入锅里并加热至烧开，将糖融化开。
2. 加入覆盆子和葡萄糖浆。熬煮至水果碎裂开，并且汤汁变得浓稠。
3. 将果胶和剩余的糖混合。加入到加热好的水果里。搅拌均匀，并用小火继续加热3分钟。
4. 倒入干净的玻璃广口瓶里，并密封好。冷藏保存。

苹果果酱 apple marmalade

产量：可以制作1060克。

原材料	重量	水果占100% %
苹果（去皮，去核）	1000 克	100
水	125 克	12.5
糖	300 克	300

制作方法

1. 将苹果切碎。
2. 将所有的原材料放入锅里，用小火加热熬煮到非常软烂，呈蓉状的程度。
3. 用网筛挤压过筛，或用食物研磨机研磨碎。
4. 倒入干净的玻璃广口瓶里冷藏保存。

 ## 草莓果酱 strawberry marmalade

产量：可以制作400克。

原材料	重量	水果占100% %
草莓	250 克	100
糖	250 克	100
果胶	5 克	2
柠檬汁	15 克	3

制作方法

1. 如果草莓个头较大，将它们切成两半或四瓣。其他的保留整个的。
2. 将草莓和糖混合，冷藏一晚。
3. 将糖渍草莓用小火加热至软烂到蓉泥的程度。
4. 将锅从火上端离开。将果胶撒入水果上并拌入。将锅放回到火上并加热3~4分钟。
5. 加入柠檬汁并搅拌均匀。
6. 倒入干净的保留广口瓶里并密封好。
7. 冷藏保存。

 ## 焦糖杏 caramelized apricots

产量：可以制作300克。

原材料	重量
糖	100 克
水	25 克
蜂蜜	50 克
黄油	25 克
杏罐头（控净汤汁）	300 克

制作步骤

1. 将糖、水及蜂蜜混合，并加热至焦糖程度。
2. 将锅保持着用中火加热，加入黄油，并不停搅拌至黄油融合进糖浆里（详见有关焦糖黄油信息中的相关内容）。
3. 将杏加入到焦糖混合物里。加热至杏完全粘均匀焦糖。
4. 将杏从焦糖混合物里取出，并放入盘或烤盘里。用保鲜膜盖好后冷却。

烩李子 plum compote

产量：可以制作1000克。

原材料	重量
糖	200 克
黄油	50 克
八角（整粒）	2
香草豆荚（见注释）	1
红李子或黑李子（去核并切成 丁或四瓣）	1000 克
柠檬汁	30 克
柠檬外层皮（擦碎）	2 克
波特酒（温热）	50 克

注释： 如果需要，可以去掉香草豆荚，并在步骤4里小火加热水果时，加入5毫升的香草香精。

制作步骤

1. 将糖在厚底锅里融化开。加热至浅焦糖色。
2. 将锅从火上端离开；略微冷却。
3. 加入黄油、八角、李子、柠檬汁、柠檬外层皮、波特酒及香草豆荚。
4. 加热烧开，然后用小火加热煮浓。加热至水果变软，但还能保持完整的块状。冷却。

 ## 烩杏 apricot compote

产量：可以制作240克。

原材料	重量
糖	112 克
水	15 克
杏（新鲜或罐头装， 切成两半并去核）	125 克
果胶	10 克
葡萄糖浆	12 克

制作步骤

1. 将糖和水在锅里混合，并加热烧开，让糖融化并制成糖浆。加热到105℃。
2. 根据杏的大小不同，将半杏再切成两半或三瓣。加入到糖浆里。如果是新鲜的杏，再继续加热15~17分钟。如果杏是罐头装的，就加热3分钟。
3. 加入果胶和葡萄糖浆，并混合均匀。再继续加热3分钟。

各种变化

烩杏和杏仁 apricot and almond compote

原材料	重量
白杏仁（整粒）	50 克

将杏仁与果胶和葡萄糖浆同时加入杏里。

杏味果冻 apricot jellies（pate de fruits）

产量：可以制作720克。

原材料	重量
杏蓉	480 克
糖	60 克
果胶	12 克
糖	480 克
葡萄糖浆	90 克
柠檬汁	10 克
用于果冻的粘糖	根据需要

各种变化

其他水果或混合水果也可以用来代替杏。

制作步骤

1. 在半幅烤盘上，铺上硅胶烤垫或油纸。

2. 将杏蓉泥在锅里加热至烧开。

3. 将第一份糖和果胶混合，加入到水果蓉里。

4. 加热烧开，不时搅拌。

5. 加入一半剩余的糖。重新加热烧开，不时搅拌。

6. 加入剩余的糖和葡萄糖浆。重新加热，继续熬煮，不时搅拌，直到插入到混合物中间的高温温度计读数为107℃（注释：在搅拌时戴上手套有助于防止手接触到飞溅的热糖浆）。

7. 拌入柠檬汁。将锅从火上端离开，并让其静置到不再冒泡。

8. 将混合物倒入准备好的半幅烤盘里。

9. 静置一晚至凝固。

10. 在表面撒上糖，并将果冻倒出到切割台面上。切割成2.5厘米的方块形，或者所需要的任何大小。

11. 将切割好的果冻在糖里滚过，粘上糖。

术语复习

compote 糖渍水果　　　　　crisp 克里斯普脆饼　　　　　apple charlotte 苹果夏洛特

cobbler 酥皮水果派　　　　　betty 贝蒂蛋糕

复习题

1. 简单的描述下列的每一种水果：

   金橘　　　柿子

   荔枝　　　石榴

   芒果　　　刺梨（仙人球）

   木瓜　　　温柏

   百香果

2. 浆果类应该在交货后，或购买后尽可能快地从盛放它们的容器里取出来并洗净。请解释其原因。

3. 对于下列水果，描述如何挑选优质的产品。

   苹果　　　西柚

   杏　　　　葡萄

   香蕉　　　桃

   椰子　　　菠萝

4. 概括描述如何炒制一种水果来制成一道甜品。

5. 描述红酒煮梨的制作步骤。

22

盘式甜品

读完本章内容，你应该能够：

1. 描述策划出诱人食欲的装盘甜品思路理念的成因。
2. 拼摆出一盘美观、并配以适当酱汁和装饰的展示甜点，并评判出所装盘甜品的质量。

　　近年来，厨师们把更多的创造力投入在餐盘里食物的摆放中。这与几十年前有所不同，那时在环境优雅的餐厅里，大部分食物的装盘都是由餐厅的工作人员在客人的餐桌旁完成的。这一趋势同样延伸到甜品服务中。一块糕点或V形蛋糕曾经被单独摆放在小甜品盘里，而现在可能会摆放在大的餐盘里，配上酱汁及一种或多种装饰。

　　糕点厨师可能会把同样多的注意力放在装盘甜品的造型上，就像他们会把注意力放在用于展示柜台或零售柜台上的装饰蛋糕或装配的大型糕点一样。本章的目的是为单份甜品的装盘提供指导和建议，这些建议适用于本书中所介绍的甜品。

甜品装盘概述

甜品的装盘艺术是糕点厨师手艺中相当新颖的部分。正如引言中所提到的，过去，高级餐厅里供应的甜品都是在糕点车上呈现，并由餐厅工作人员装盘，或由餐厅的工作人员，有时是备餐间的厨师在厨房里进行非常简单的装盘，热的甜品，例如舒芙蕾，可能会由一线当班厨师制备。厨师长或厨师之一，也可能是备餐间的厨师，通常会制备其他甜品，或者从外面供应商处直接购买成品。如果餐厅雇用了一名糕点厨师，她或他仅仅只是厨师队伍中的一名默默无闻的成员。

近年来，情况与过去迥然不同。许多餐馆，不仅仅是最好的餐馆，甚至是邻街餐馆都会自豪地在菜单上展示他们糕点师的名字。甜品菜单可能会单独打印，与过去仅出现在主菜单的底部形成了鲜明对照。由知名糕点师所制作的甜品，被认为不仅能提高平均结账率，还能提升公众对餐厅和厨房创造力的关注，从而带来更多的客流量。

在短短几年时间里，装盘的风格发生了显而易见的变化。许多糕点师们是这一领域的先驱者，他们创建了复杂的甜品装配结构组件，让人印象深刻，外观美轮美奂，但食用起来却非常困难。食客们被其造型深深吸引，但他们发现为了开始能够吃到这些甜品，不得不把这些装配结构配件拆卸开。通常情况下，厨师们还会在餐盘边缘涂上酱汁，撒上可可粉或10倍糖，以增加装饰的复杂程度，而这些东西很可能会粘落在用餐者袖子上。渐渐地，糕点师们开始将注意力转移回风味上，他们发现不用去搭建高耸的造型就可以制作出外观和味道都非常棒的甜品。

在装盘风格发展中的一个重要因素是糕点厨师和热菜厨师作为一个团队一起工作的方式，以塑造出餐厅统一的的烹饪特色。甜品菜单被视为用餐体验的延续，而不再是餐后所附加的一道无关紧要的甜食。糕点厨师的工作与热的食物在装盘风格及原材料和风味方面进行相互补充和协调。

甜品装盘风格不断的变化和演变，要归功于富有创造力的糕点厨师们。关于如何成功的呈现装盘艺术有很多的观点，厨师们思考并讨论过，还写出了大量关于这个主题的文章。当然，在这其中存在着很多分歧。当厨师们努力去彰显个人风格来展示他们的才能时，便制作出了吸引并满足顾客需求的更加多样化的甜品。

因为糕点厨师们并不总能在如何呈现甜品的最佳方式上达成一致意见，所以不可能制定出一份固定不变的规则来遵循。但是我们可以讨论一些能够影响厨师们在形成决策时的想法，以及糕点厨师们在策划甜品菜单时所需要考虑到的因素。

甜品装盘展示的三个要素

要想让制作好的甜品看起来美轮美奂，就需要糕点师对所有工作都一丝不苟。要制作出引人入胜的装盘甜品，厨师应遵守三个基本原则。注意，只有第三条涉及实际的装盘设计问题。

1. **良好的基本烘焙和糕点制作技能**：一名糕点厨师没有掌握基本的技能和技法，就不能制作出高品质的甜品装盘。各个甜品组件必须恰如其分地制备。如果因为厨师没有掌握正确的酥皮包入技法，酥皮糕点没有层次分明而均匀的膨胀，如果因为不正确的混合方法而导致蛋糕层质地太差，如果一片蛋糕切割得参差不齐，如果酱汁质地较差，或者奶油打发过度并形成结块，那么再华丽的装盘构思也纠正不了这些错误。

2. **专业的工作习惯**：摆出诱人食欲的甜品装盘，在一定程度上要讲究整洁、细心和运用常识的能力。专业人士对他们的工作和所提供的食物感到自豪，对手艺感到自豪意味着厨师们关心他们的工作质量，不会给顾客提供他们不引以为傲的甜品。

3. **视觉感**：除保持整洁以外，给人留下深刻印象的甜品装盘取决于对所涉及的颜色、形状、质地及风味等方面均衡技法的透彻理解，而学习如何拼摆甜品、装饰并在餐盘内淋撒酱汁，以达到这种平衡是下一部分中的重点内容。

风味第一

"美观有余，风味不足"。这是人们不久前对一些常用于甜品装盘中复杂化的甜品装配结构组件所表达出的看法。当然，甜品的装盘会比热菜装盘更加容易展示。同样，甜品的外观是否赏心悦目也很关键。但更重要的是食物终究是食物。当顾客们拆除了餐盘里的结构配件并吃完这道甜品后，他们只会记住甜品的风味或者缺乏风味。装盘展示应该增强风味的体验，而不是对所缺乏的风味进行掩盖。

菜肴的风味始于原材料。无论是在烘焙还是在烹饪中，高品质的原材料都是不可替代的。要想从水果和其他易腐烂的原材料中获得最大的风味，要选择最新鲜的、当地生长的应季产品。这就意味着当某些高质量的食物过季后就会从甜品菜单上消失。厨师们从市场上最好的食物中获取灵感。例如，夏季里新收获的新鲜浆果让厨师们开始思考如何才能以最佳的效果在菜单里突出它们的特色。而在秋天，当地出产的苹果和梨就会以多种形式呈现在菜单里。

简单与复杂

经常在餐盘里提供最好和最新鲜的风味通常意味着能够意识到什么时候应该适可而止。顺其自然的甜品装盘通常比过分追求添加装饰元素会更难。一位糕点专家曾经写过，一名优秀的厨师可以用一个大桃子，制作出原汁原味的甜品并用它创作出独出心裁的作品。但是一名伟大的厨师会知道什么时候能够让桃子为自己代言。当使用最好的原材料时，通常简单的装盘会取得最佳效果，而添加的元素越复杂，就越会分散人们对风味的注意力。

这并不意味着甜品菜单里没有复杂的装盘甜品的位置。为顾客提供多样化的服务是一种很好的做法。此外，精心制作的甜品在餐厅里往往会吸引顾客的注意力，促进额外的销售，从而提升平均结账。但应该始终考虑清楚摆放在餐盘里的每个额外添加元素的功能和重要性。它是否能与菜品的其他部分相协调？是否能起到一定的作用，或者添加它只是因为可以这样做？即使是一个简单的装饰，例如薄荷枝，看起来在一些餐馆里的每道装盘甜品中都会出现，也不能不经思考地随意添加。薄荷是做什么用的？如果只是为了增加颜色，薄荷是必要的颜色吗？一些厨师认为餐盘里不应该摆放非食用的元素，是否认同这个观点不是最重要的，但是至少在装盘甜品上所展示的东西需要一个理由。

关于精致的甜品装盘展示的一个观点是，应该为顾客提供他们不能或可能不会在家里制备的甜品会对一些人来说这可能是适用的，但是很多人会首先对既熟悉又赏心悦目的食物更感兴趣。创意糕点厨师使用一种多样化的甜品菜单，可以找到满足这两种类型顾客的方法。即使是在呈现家庭风格的甜品时，厨师们也可以用装饰物或者酱汁添加一抹独具特色的装饰，同时保持甜品的主体清晰可辨。更加重要的是，他们可以把基础甜品制作得非常出色，以至于把顾客所熟悉的甜品提升到新的品质水准。

哪种甜品可能会更成功：一种是顾客觉得太漂亮而舍不得吃的，另一种是使顾客迫不及待地开始享用的？

在设计甜品装盘时，要考虑到的另外一个因素是厨房的功能。一名糕点厨师的工作时间因餐厅而异，但是多数情况下，他们很早开始工作，做完所有的烘焙工作后，在晚餐服务开始前就下班回家了。然后，甜品被厨房工作人员，甚至是餐厅工作人员装盘。如果糕点厨师的艺术设计太过于复杂，以至于其他工作人员无法进行正确的组装和制作，那么更简单一些的装盘展示或许会是更明智。

为顾客装盘

虽然大多数顾客们喜爱甜品，但并不是所有的顾客都会点选它们食用。糕点师应该做些什么来制作和呈现更多顾客愿意点餐的甜品？多样性是关键——为每位顾客都提供一些甜品。

相当多的就餐者在餐厅吃完一顿令人满意的饭菜后，会吃得太饱了，以至于无法再点选一大份丰盛的甜点；所以小份的甜食会受到他们的欢迎。在一般的餐厅里，也许有最多2/3的用餐者会点甜品，剩下的1/3，如果菜单上有清淡和爽口的甜品，其中一些人才会点选甜品。因此，当在策划多样性的菜单时，不要忽视更加清淡、装盘更加简单的甜品，以吸引胃口较小的用餐者。

以下为需要牢记的使用指南：

- 如果大多数装盘展示的甜品都是精心制作或比较复杂的，至少要包括1～2种简单舒适的甜品。
- 要考虑到就餐者的方便。不要把甜品制作成一种难以食用或者不适合食用的造型。
- 对于每次的装盘展示，选择足够大的餐盘，能够容纳下所摆放的甜品，而不会显得过度拥挤（但是又不能太大，以至于餐盘里的甜品看起来很稀疏）。除了看起来邋遢和不专业以外，甜品摆放到餐盘的边缘上，有掉落到顾客身上的风险。

满足顾客期望

设计甜品菜单的糕点厨师们必须面对这样一个事实，他们的想法可能比顾客所能接受的更富有创意。厨师们喜欢去实验，并去展示他们的新思路，而顾客们往往不太喜欢实验品，反而更加喜欢熟悉的食物。人们所熟悉的经典甜品售卖得非常好，但厨师们有时会厌倦一遍又一遍地制作他们的畅销款。另一方面，超现代的甜品风格对厨师极具吸引力，但可能不太受一些顾客的欢迎。

可以通过给顾客提供所期望的甜品来避免其中的这些问题，并在此基础上用自己的风格使甜品更具个性化，比如特别设计的摆放方式，与众不同的酱汁，或者标志性的装饰和配饰等。

在菜单中实话实说，这样人们就知道期待的是什么。不要试图为了发挥创造性而天马行空般地使用菜单术语，这样会使顾客感到困惑或失望。例如，一名厨师可能喜欢重塑经典的法式苹果塔，虽然具备基本

的风味——酥脆的糕点面团和焦糖苹果，但以现代的方式呈现，也许在香酥的长方形油酥面团上摆放上一块长方形的焦糖苹果冻，上面再摆放上一勺绿苹果沙冰球，在餐盘里重重地涂刷上焦糖酱汁，并撒上生的苹果丁。这也许会是一道非常美观的甜品，但它不是法式苹果塔。如果在菜单上这样称呼它，不管它有多好，一些顾客可能并不会满意。

● **复习要点** ●

◆ 甜品装盘展示的三个要素是什么？

◆ 风味在装盘设计中的作用是什么？

◆ 在设计一道甜品时，应该考虑哪些因素，以提高舒适度，满足顾客的期望？

实用性甜品装盘指南

面包师的艺术包括两个阶段：第一，烹调和烘烤面团、面糊、馅料、奶油及酱汁；第二，将这些组件装配成最后的成品甜品和糕点。例如，在第17章中介绍了如何把各种各样烘烤好的蛋糕和酥皮糕点、糖霜、慕斯、水果及馅料等制作成诱人食欲，有时令人眼花缭乱的蛋糕。

同样的原理也适用于甜品装盘的展示。一道装盘的甜品是一种或多种组件的组合。对于大多数甜品来说，所有的组件都是提前准备好的。然而，装盘甜品本身，却是在最后一刻装配起来的。所有在本书中讨论过的组件，包括蛋白霜、慕斯、冰淇淋和沙冰、曲奇、酥皮、海绵蛋糕和其他分层蛋糕、糕点奶油酱和甜点酱汁，都可以用来制作成一种凌驾于各部分总和之上的装盘展示。当然，这意味着，为了制作出成功的装盘甜品，首先必须学会如何去制备这些组件。

甜品组件间的平衡

装盘甜品的基本要素如下：

- 主要产品
- 次要产品和装饰物
- 酱汁

在传统烹饪中，次要产品或者辅助产品被称为装饰品。然而，如今许多糕点厨师都避免使用这个词，因为它让人联想到简单的添加物，比如薄荷枝。在现代装盘中，辅助物品起着更加重要的作用。

术语装饰一词常指主要目的是用于装饰的小的食品。然而，精心挑选的装饰物品还有其他的功能：为装盘甜品增添了重要的风味，并强调了质感。

以其最简单的形式，一道甜品可以是一份单一的主要产品，例如一片蛋糕或一块果塔不加任何装饰地摆放在餐盘里。更常见的是，添加其他产品来增强风味、质地和视觉效果。在某些情况下，一道装盘甜品可能有两个或两个以上的主要产品。次要产品强化了主要产品，并增加了对比性。

当决定了在餐盘里摆放什么甜品后应该考虑甜品中每一种成分的五个特点。前三个特点与口味和口感有关，是最重要的特点：

- 风味
- 质地
- 温度

另外两个是视觉要素：

- 色彩
- 造型

风味应该相互强化或者相互补充，例如焦糖酱汁可以搭配焗焦糖水果；或者提供令人愉悦的对比，比如舒缓的英式奶油酱搭配略带酸味的水果。为了确保做到这一点，可以先分别品尝一些成分，然后作为一个整体来评估它们的风味，并确保它们作为一种组合发挥作用。

寻找令人愉悦的质地和温度。如果主要产品非常柔软，例如慕斯或冰淇淋，可以添加像小块的曲奇、焦糖坚果这类酥脆又松脆的食品，以增加质感的对比。温度对比也可以给人带来惊喜，比如一勺冰淇淋球和一份温热的水果塔搭配。

从视觉上看，各种颜色和形状可能会很吸引人，但要注意不要包含得太多，否则会给人带来一种混乱的印象。不要强迫给每个餐盘都增加色彩。棕色也是一种不错的颜色，一个精心制备的甜品摆放在几抹棕

色里看起来会非常开胃。例如，一份甘美的焦糖风味法式苹果挞，只需很少或根本不需要装饰就能诱人食欲。

造型也可以在很多方面有所不同，比如使用不同形状的模具来制作成型的甜品，使用不同的切割模具来制作蛋糕和类似的甜品，使用各种模板来制作瓦片饼形状的装饰等。此外，各种形状的餐盘可以用来增强甜品的整体展示效果。

次要产品和装饰物

也有许多装盘展示的甜品通过添加一个或多个产品来增强顾客对它们的好感度。但是在添加任何装饰物之前，需要考虑单独摆盘的甜品效果是否会更好。一道简单的、不加任何装饰的装盘甜品通常是家庭风格的甜品所需要的；又如优雅的糕点或蛋糕，它们本身就非常漂亮，不需要添加任何元素。

对于许多糕点、蛋糕和其他甜品来说，水果是一种最好的搭配。几乎所有新鲜或加热成熟后的水果都可以使用。根据大小和形状不同，它们可以整个（例如浆果类）使用，或切割成片状、V形块状等形状（例如苹果、梨、菠萝、芒果、猕猴桃及桃等水果）。

冰淇淋和沙冰在装盘甜品中可以提供温度和质地这两方面的对比。对于像塔派这样的家常甜品，通常会搭配一个使用标准冰淇淋勺挖取的冰淇淋。为了更优雅地进行展示，冰淇淋通常被塑形为一个小椭圆状的丸子造型。要想塑形成丸子造型，首先要确保冰淇淋或者沙冰回温到柔软并可以加工操作的程度。使用一把蘸过水的汤勺，挖取一勺冷冻的甜品。用第二把汤勺，把第一个勺子里的冰淇淋挖出来。这样冰淇淋就会形成一个规整的，大约是勺子大小的椭圆形。如果有必要，可以用第一把勺子重复挖取动作，使椭圆形冰淇淋更加规整。或者，使用一把椭圆形的冰淇淋勺或汤勺，简单地将勺从冰淇淋的表面上划过。如果冰淇淋的温度合适，它会卷曲成完美的丸子状冰淇淋。

打发好的奶油使用裱花袋挤出，或使用勺子涂抹，是许多甜品的经典装饰方法（打发好的奶油也可以被认为是一种酱汁，而不是一种装饰）。

一小块或者两块曲奇（干性的花色小糕点）能给柔软的甜品，例如慕斯、巴伐利亚奶油及冰淇淋等带来质感上的对比。

水果脆片或薄片常被用来装饰相应风味的水果甜品。它们不仅提供了一种质地上的对比，而且还通过提供主要产品风味上的变化来增加所感兴趣的风味。例如，一片或者多片苹果脆片可以为一盘配有苹果沙冰的烤苹果增强风味。

种类繁多的巧克力装饰，包括刨花、卷、模板造型和挤出的花边图案，都可以和各种甜品搭配，不仅仅是巧克力甜点（装饰性巧克力作品会在第23章中进行讨论）。

由泡芙面团制作而成的网格造型被用在了装饰有百香果切片的夏洛特蛋糕里。这个装饰是这样制作的：

在一张油纸上画出网格造型图案，然后把油纸翻过来（画出的网格造型图案清晰可辨）。使用一个圆形纸锥，在画好的轮廓线上挤出泡芙面团。必要时，可以用小刀的刀尖将连接点变得规整。温度190℃烘烤至金黄色。泡芙面糊不仅可以用来制作网格形状的装饰，也可以用来制作成许多其他形状的装饰品。

模板面糊或瓦片面糊可以像泡芙面糊一样挤成设计好的图案，然后烘烤至酥脆的程度。或使用曲奇造型的模板法制作成带有装饰效果的华夫饼，用来装饰盛放在餐盘里的甜品。记住，瓦片面糊可以趁热弯曲成各种装饰性的曲线造型。

螺旋糖、棉花糖和其他形式的装饰糖作品，以及焦糖或烘烤过的坚果，是用来对甜品进行适当装饰的另外一些配饰品。有关糖艺作品会在第25章中进行讨论。

这些仅仅是一些最简单的和最常用的装饰物品。至于更多构思巧妙的装盘样式，也可以将小份的糕点和糖果，采用一种更大份尺寸的方式作为主要产品独立摆放到餐盘里，例如，一份冷冻的菠萝慕斯蛋糕点缀以油炸菠萝派，或巧克力果塔伴以一份小号的覆盆子焦糖布丁。在这样的装盘展示中，就很难确定哪个是主要产品，哪个是次要产品。然而，在通常情况下，其中一个产品占主导地位，其他的产品则扮演配角。这样可能的搭配组合是永无止境的。

总之，在策划甜品装盘展示时，一定要记住以下通用理念：

- 每个装配组件都应该有一个目的。不要仅仅为了使餐盘更饱满而添加元素。限制使用主要用于装饰目的的食物。
- 组件或者元素可以通过互补或对比而相互作用。
- 当元素形成对比时，确保它们相互之间的平衡。例如，当用酸味水果酱汁来平衡一份浓郁的慕斯时，一定要确保酱汁不会太酸或风味太过于浓郁，以至于遮盖了慕斯的风味。

最后一点：人们可能会被平衡的概念冲昏头脑。没有必要在每一个柔软的甜品上都用酥脆的东西进行装饰，或者在每一个热的甜品上都用凉的东西来进行对比。有些时候顾客更喜欢一份简单、不加修饰的冰淇淋，或者简单的一份温热的苹果派。

淋汁

甜品酱汁提升了甜品的风味和外观，就像咸香风味的酱汁提高了肉类、鱼类和蔬菜类的风味和外观一样。最受欢迎和最实用的甜品酱汁在第12章中已经讨论过。英式奶油酱的各种变化、巧克力酱汁、焦糖酱汁及多种水果酱汁或甜味水果蓉都是最常用的。这些酱汁几乎可以与所有的甜品形成互补。

除了一些家庭风格的甜品和冷冻甜品以外，酱汁通常不会浇淋在甜品上，因为这样会完全掩盖甜品，破坏其外观。酱汁的装饰线条可以用裱花袋或者挤瓶挤出在甜品的表面上，而不会遮盖住甜品。然而，在大多数情况下，酱汁是用来对餐盘进行装饰而不是装饰甜品。有许多不同风格的装盘酱汁可供选择。

将一摊酱汁倒在餐盘里，称为注入。尽管今天，在餐盘里浇淋一摊酱汁看起来很过时，但对于一些传统的甜品来说，这仍然是一个非常实用的技巧。

通过使用对比色的酱汁，用牙签或刀的刀尖将两种酱汁混合或调和进行装饰加工，这样会使得餐盘更具有吸引力。要想让这种方法奏效，两种酱汁的重量和浓稠程度都必须相似。

对于许多甜品来说，在餐盘里浇淋上较少的一摊酱汁，比在整个餐盘里都浇淋上酱汁更加恰到好处，因为这样可以避免甜品粘染上了太多的酱汁。

浇淋在餐盘里的一摊酱汁可以有各种变化技法，例如，描绘轮廓线，借助一个图案造型，将巧克力挤出到餐盘上并让其凝固，然后可以用五颜六色的酱汁填入这些空隙里。

使用挤瓶来挤出多种形式的点、线、曲线和条纹状的酱汁也非常实用。裱花袋可以用同样的方式操作使用，但挤瓶更适用于更多的液体酱汁。只需要使用一把勺子就可以在餐盘里淋洒上任意形状的酱汁。将酱汁加入餐盘里的其他技法还包括在餐盘里淋撒上少量的酱汁，然后使用毛刷、抹刀或勺子背面制作出条纹状造型。

除了这里的图例之外，下一节的甜品照片也会展示其他酱汁的使用技法。

适配甜品装盘的样式

通过精心设计餐盘布局，厨师几乎可以将各种甜点的创意应用到装盘样式中，以适应餐厅和顾客的期望。客人在休闲的邻家餐厅里最有可能期盼的是随意或家常的甜品，而一些高端餐厅以其创意、现代烹饪而闻名，客人会更加期待富有创意和精致优雅的装盘甜品。

下面将举例说明同一道甜品如何能够以不同的样式进行展示。

一道甜品的四种装盘设计方法

面包布丁通常情况下是一种在许多餐馆里非常受欢迎的休闲式甜品。像在下文的食谱里，将巧克力加入面包布丁中，为这道经典的甜品增添了丰富的口感和另外一种风味。一些"装盘构图"或者示意图展示了为什么这道甜品可以被设计成不同的装盘方式。此外，插图显示了在装盘构图的帮助下制作出的实际装盘效果。

版本1，巧克力面包布丁

如果在家里制作这道甜品，或许只需要用勺子挖取一份放到碗里，上桌。然而，即使在最随意的餐馆里，也可以多花点心思来装盘展示以提升甜品。一个建议是把布丁切成方块形，摆放到小甜点盘或者浅碗的中间，上面装饰上一团打发好的奶油或一小勺冰淇淋球，在底部周围用勺浇淋上一圈英式奶油酱或巧克力酱汁（见插图所示）。

注意，在这道甜品的装盘中几乎没有质感的对

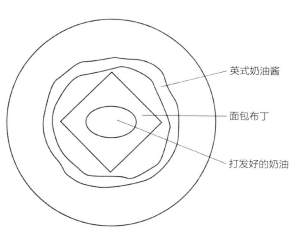

英式奶油酱

面包布丁

打发好的奶油

版本1，巧克力面包布丁

巧克力克雷默和覆盆子 chocolate cremeux and raspberries

组成部分

新鲜覆盆子

巧克力克雷默

覆盆子库里

打发好的奶油

巧克力卷和巧克力刨花

颗粒顶料（使用烤盘烘烤好并冷却）

覆盆子沙冰

制作步骤

1. 将3粒覆盆子放入小号玻璃杯里。

2. 制备巧克力克雷默，并填入玻璃杯里到2/3满的高度。冷冻至凝固。

3. 在玻璃杯里的巧克力克雷默上加入3毫米厚的覆盆子库里。用打发好的奶油挤出的一朵玫瑰花饰和一粒覆盆子及巧克力卷装饰。

4. 将玻璃杯摆放到长方形餐盘的左侧位置处。

5. 在餐盘的右侧，从左到右撒上一道条形的颗粒顶料。

6. 将一个沙冰丸子或小的沙冰球摆放到颗粒顶料上。

蜜桃风味拿破仑蛋糕 peach napoleon

组成部分

用于制作拿破仑蛋糕的3块费罗酥皮，其中一块是焦糖型

糕点奶油酱（用意大利杏仁酒调味）

焦糖桃片

清焦糖酱汁

蜜桃味冰淇淋

制作步骤

1. 将一块费罗酥皮摆放到餐盘中间的一侧。上面摆放焦糖桃片。
2. 使用带有星状裱花嘴的裱花袋，将糕点奶油酱挤到桃片上。也可以在桃片上放一小勺糕点奶油酱，用勺子背面轻轻涂抹到桃片的中间。
3. 在上面摆放上另外一块费罗酥皮，再加上桃片和糕点奶油酱。
4. 最上面摆放焦糖费罗酥皮。
5. 沿着蜜桃风味拿破仑蛋糕，淋撒上一圈焦糖酱汁。
6. 在蜜桃风味拿破仑蛋糕的旁边摆放一个冰淇淋丸。立刻服务上桌。

各种变化

可以使用焦糖冰淇淋、肉桂冰淇淋，或使用意大利杏仁酒调味的打发好的奶油等来代替蜜桃风味冰淇淋。

 焦糖布丁配蜜瓜 crème brulee with melon

组成部分

焦糖布丁，使用浅方盘制作

猫舌饼干，或类似的长而薄的香酥曲奇

各种小蜜瓜球

制作步骤

1. 将焦糖布丁盘摆放到餐盘里，呈45°角摆放。
2. 将两块曲奇靠在焦糖布丁盘的后角处摆放好。
3. 将几粒蜜瓜球摆放到曲奇的前面。

俄式蛋糕配蜂蜜冰淇淋 Russian cake with honey ice cream

组成部分

俄式蛋糕（没有装饰）
巧克力酱汁
蜂蜜冰淇淋
使用瓦片面糊烘烤而成的弯曲状
的条
烘烤好的杏仁片
糖粉

制作步骤

1. 制备表面没有挤上奶油糖霜和杏仁的俄式蛋糕。切割成2厘米宽、15厘米长的条形蛋糕。
2. 在一个方形餐盘的对角线位置上，将巧克力酱汁从前到后挤出两条线条造型。
3. 将蛋糕片横摆在餐盘中间靠后一点的巧克力酱汁线条上。
4. 将一个冰淇淋丸摆放到蛋糕的左侧。将瓦片条斜着靠在冰淇淋上。
5. 将一些烘烤好的杏仁片摆放到餐盘前面右侧位置，并略微撒上一些糖粉。

百香果夏洛特 passion fruit charlotte

组成部分

百香果夏洛特
烩金橘
红醋栗
用泡芙面团制作的网格状造型
英式奶油酱
糖粉

制作步骤

1. 将一块V形的夏洛特蛋糕摆放到餐盘的后部。
2. 将一勺的烩金橘摆放到夏洛特蛋糕的前面，并用红醋栗或其他的小红色浆果装饰，以增加色彩。
3. 在烩金橘的前面撑起一片泡芙网格造型，让其靠在V形的夏洛特蛋糕上。
4. 用勺将一点英式奶油酱以装饰性的方式淋撒在餐盘内。
5. 在泡芙网格上撒上糖粉。

蜜桃风味拿破仑蛋糕 peach napoleon

组成部分

用于制作拿破仑蛋糕的3块费罗酥皮，其中一块是焦糖型

糕点奶油酱（用意大利杏仁酒调味）

焦糖桃片

清焦糖酱汁

蜜桃味冰淇淋

制作步骤

1. 将一块费罗酥皮摆放到餐盘中间的一侧。上面摆放焦糖桃片。

2. 使用带有星状裱花嘴的裱花袋，将糕点奶油酱挤到桃片上。也可以在桃片上放一小勺糕点奶油酱，用勺子背面轻轻涂抹到桃片的中间。

3. 在上面摆放上另外一块费罗酥皮，再加上桃片和糕点奶油酱。

4. 最上面摆放焦糖费罗酥皮。

5. 沿着蜜桃风味拿破仑蛋糕，淋撒上一圈焦糖酱汁。

6. 在蜜桃风味拿破仑蛋糕的旁边摆放一个冰淇淋丸。立刻服务上桌。

各种变化

可以使用焦糖冰淇淋、肉桂冰淇淋，或使用意大利杏仁酒调味的打发好的奶油等来代替蜜桃风味冰淇淋。

 焦糖布丁配蜜瓜 crème brulee with melon

组成部分

焦糖布丁，使用浅方盘制作

猫舌饼干，或类似的长而薄的香酥曲奇

各种小蜜瓜球

制作步骤

1. 将焦糖布丁盘摆放到餐盘里，呈45°角摆放。

2. 将两块曲奇靠在焦糖布丁盘的后角处摆放好。

3. 将几粒蜜瓜球摆放到曲奇的前面。

布里欧夹馅苹果配浆果 apple-filled brioche with berries

组成部分

布里欧

苹果酱汁

糕点奶油慕斯琳

英式奶油酱

各种新鲜的浆果

蜜饯橙子外层皮

制作步骤

1. 将布里欧的顶部切开。将底部的布里欧挖空并放入烤箱里略微烘烤。

2. 制作出一种带有甜味且不太酸的苹果酱汁，用香草调味至浓郁。让其略显粗糙；不要用食物研磨机搅打。

3. 在烘烤好的布里欧的底部舀入一点糕点奶油慕斯琳。填入几乎全满的苹果酱汁。使用带有星状裱花嘴的裱花袋在上面再挤入一点糕点奶油慕斯琳。将上部的布里欧盖上。

4. 将填好馅料的布里欧摆放到方形盘或者圆形盘的左侧。

5. 将新鲜的浆果摆放到布里欧的右边。

6. 在浆果和布里欧的前面舀入一小滩英式奶油酱。

7. 在布里欧上撒上几根细的蜜饯橙子外层皮条。

冰镇夏日水果汤配草莓沙冰 chilled summer fruit soup with strawberry sorbet

组成部分

瓦片面糊
冰镇夏日水果汤
擦碎的青柠檬外层皮
草莓沙冰

制作步骤

1. 使用瓦片面糊，制作出2.5厘米宽，长度足以横摆在汤盘边缘上的薄饼条。
2. 将汤盛入浅边汤盘里。
3. 在汤面上撒上少许擦碎的青柠檬外层皮。
4. 将一条薄饼横着摆放到汤盘上，其两端搭在汤盘的两侧盘边上。
5. 将挖取的一个小的沙冰球，或沙冰丸摆放到薄饼条的中间位置处。
6. 立刻服务上桌。

各种变化

可以使用另外一种适合的水果沙冰来代替草莓沙冰，例如覆盆子沙冰、芒果沙冰或菠萝沙冰等。

俄式蛋糕配蜂蜜冰淇淋 Russian cake with honey ice cream

组成部分

俄式蛋糕（没有装饰）

巧克力酱汁

蜂蜜冰淇淋

使用瓦片面糊烘烤而成的弯曲状的条

烘烤好的杏仁片

糖粉

制作步骤

1. 制备表面没有挤上奶油糖霜和杏仁的俄式蛋糕。切割成2厘米宽、15厘米长的条形蛋糕。

2. 在一个方形餐盘的对角线位置上，将巧克力酱汁从前到后挤出两条线条造型。

3. 将蛋糕片横摆在餐盘中间靠后一点的巧克力酱汁线条上。

4. 将一个冰淇淋丸摆放到蛋糕的左侧。将瓦片条斜着靠在冰淇淋上。

5. 将一些烘烤好的杏仁片摆放到餐盘前面右侧位置，并略微撒上一些糖粉。

 百香果夏洛特 passion fruit charlotte

组成部分

百香果夏洛特

烩金橘

红醋栗

用泡芙面团制作的网格状造型

英式奶油酱

糖粉

制作步骤

1. 将一块V形的夏洛特蛋糕摆放到餐盘的后部。

2. 将一勺的烩金橘摆放到夏洛特蛋糕的前面，并用红醋栗或其他的小红色浆果装饰，以增加色彩。

3. 在烩金橘的前面撑起一片泡芙网格造型，让其靠在V形的夏洛特蛋糕上。

4. 用勺将一点英式奶油酱以装饰性的方式淋撒在餐盘内。

5. 在泡芙网格上撒上糖粉。

香料红糖蛋糕配焦糖苹果 spice cake with caramelized apples

组成部分

香料红糖蛋糕（以大片蛋糕的方式烘烤）

焦糖苹果（在放入到焦糖里之前，先将苹果切成中等大小的丁状）

英式奶油酱（使用一半的牛奶和一半的多脂奶油制成）

苹果薄脆片

制作步骤

1. 将一块方形香料蛋糕摆放到甜品盘的中间位置处。
2. 上面摆放上焦糖苹果。
3. 在蛋糕的周围，舀上一大摊英式奶油酱。如果需要，还可以在蛋糕上淋撒上一点英式奶油酱。
4. 在大摊的英式奶油酱上，撒上几粒焦糖苹果丁。
5. 在蛋糕上面的焦糖苹果丁里，插入一片苹果薄脆片，让其朝上直立。

冰冻低脂覆盆子芭菲冻糕配杏仁马卡龙 iced low-fat raspberry parfait with almond macarons

组成部分

冰冻低脂覆盆子芭菲冻糕

意大利蛋白霜

覆盆子酱汁

新鲜的覆盆子和其他浆果类

马卡龙

制作步骤

1. 在铺有保鲜膜的凹槽状模具里冷冻芭菲冻糕（形状见图示）。
2. 将芭菲冻糕脱模到托盘里，并去掉保鲜膜。使用装有星状裱花嘴的裱花袋，在芭菲冻糕的表面和侧面都挤上意大利蛋白霜。使用喷枪将其轻轻喷成棕色。
3. 将芭菲冻糕切割成3~4厘米的厚片，摆放到餐盘的一侧。将一勺覆盆子酱汁呈半月形的浇淋到餐盘内的另一侧。在酱汁上摆放一串的水果和2~3块马卡龙。

萨伐仑松饼配浆果 savarin with berries

组成部分

萨伐仑松饼（小号，单份大小）

新鲜的浆果类

萨芭雍

开心果

佛罗伦萨风味干果曲奇（只使用前文"各种变化"中切碎的杏仁制作）

制作步骤

1. 将萨伐仑松饼摆放到圆形餐盘的左边位置处。

2. 在萨伐仑松饼的右侧舀入一小滩的萨芭雍。

3. 在萨伐仑松饼的中间摆满浆果。

4. 在餐盘的右侧再摆放一些浆果，并撒上开心果。

5. 将佛罗伦萨风味干果曲奇掰开成V型块状，并将其插入萨伐仑松饼里。

🍰 布朗尼樱桃奶酪蛋糕冰淇淋三明治 brownie cherry cheesecake ice cream sandwich

组成部分

2块5厘米的奶油奶酪布朗尼蛋糕

45~60克奶油奶酪冰淇淋

30克樱桃派馅料打发好的奶油

巧克力刨片或其他巧克力装饰插件

制作步骤

1. 将一块布朗尼蛋糕摆放到餐盘略微偏离中心的位置。上面放上整理平整的冰淇淋。

2. 在上面摆放第二块布朗尼蛋糕。

3. 紧挨着布朗尼三明治舀入一勺的樱桃派馅料。

4. 用打发好的奶油和巧克力插件装饰。

🍰 蒸巧克力杏仁布丁配果仁糖冰淇淋 steamed chocolate almond pudding with praline ice cream

组成部分

蒸巧克力杏仁风味布丁

巧克力酱汁

牛轧糖碎

果仁糖风味冰淇淋

制作步骤

1. 将布丁脱模，摆放到圆形餐盘的中间略微偏右的位置。

2. 将巧克力酱汁呈装饰性曲线造型浇淋到餐盘的前部。

3. 在布丁的左侧摆放上一小堆牛轧糖碎。在果仁糖上摆放上一个冰淇淋丸。

三色水果沙冰 trio of fruit sorbets

组成部分

三种对比色的水果蓉酱汁（例如覆盆子、猕猴桃及芒果等）

瓦片面糊（烘烤成长而薄的条状）

三种对比色的水果沙冰（例如蓝莓、柠檬及覆盆子等）

制作步骤

1. 在长方形餐盘的左侧放入一种酱汁，用毛刷或小的曲柄抹刀将酱汁朝餐盘的另外一侧涂抹出一道条纹状造型。
2. 将两条细长的瓦片条摆放到酱汁上，间隔1厘米，并略微偏离开。
3. 使用挤瓶将第二种酱汁在餐盘的前靠右侧位置挤出一排小圆点。
4. 使用同样的方法，在餐盘的后靠左侧位置，用第三种酱汁挤出一排小圆点。
5. 在瓦片条上，将三种颜色的沙冰丸各自摆放上一个。

油炸苹果派配马斯卡彭奶酪沙冰 apple fritters with mascarpone sorbet

组成部分

油炸苹果派（用切成两半的苹果再切成片制作而成）

覆盆子酱汁

苹果薄脆片

马斯卡彭奶酪沙冰

生的绿苹果（切成小丁，浸入混合有柠檬汁的水里，并控干，以防止变成棕色）

制作步骤

1. 将一小滩覆盆子酱汁浇淋到长方形餐盘的右侧位置。使用勺子的背面，将酱汁朝左侧略微划动，让大部分的酱汁保持不动。
2. 将四个油炸苹果派摆放到酱汁上。
3. 在餐盘左侧，摆放一片苹果薄脆片，在其摆放一个沙冰球。
4. 在沙冰和油炸苹果派的前面，撒上一行苹果丁。

🍰 天使蛋糕配烩李子和马斯卡彭奶酪冰沙 angel food cake with plum compote and mascarpone sorbet

组成部分

天使蛋糕面糊

烩李子

佛罗伦萨风味干果曲奇，或杏仁瓦片（制作成6厘米的圆形，并保持平整）

马斯卡彭奶酪沙冰

制作步骤

1. 将蛋糕面糊用6厘米的环形模具烘烤。冷却，并从模具中取出。
2. 将烩李子舀入甜品盘里。
3. 将一个圆形蛋糕摆放到甜品盘中间的烩李子上。
4. 上面摆放佛罗伦萨风味干果曲奇或杏仁瓦片。
5. 将一个小沙冰球摆放到曲奇上。

🍰 意式奶油冻配焦糖和新鲜浆果 panna cotta with caramel and fresh berries

组成部分

网状焦糖

意式奶油冻

清焦糖酱汁

各种新鲜的浆果

制作步骤

1. 制备焦糖装饰：将焦糖在硅胶烤垫或涂抹有油的烤盘上淋撒出所需要的形状或造型。让其冷却并变硬。
2. 将一份意式奶油冻脱模到宽边汤盘里或其他褐色的餐盘里。
3. 在意式奶油冻四周舀入一点焦糖酱汁。
4. 在焦糖酱汁上面，围绕着意式奶油冻，摆放好各种浆果。
5. 在上桌服务前再在上面立刻装饰焦糖饰物。不要让其竖起，否则焦糖饰物会在来自甜品中的水分里融化。

覆盆子千层酥 raspberry millefeuille

组成部分

杏仁瓦片面糊

新鲜覆盆子

打发好的奶油（用橙味利口酒调味）

糖粉（可选）

覆盆子酱汁

用于裱花的奶油霜（可选）

制作步骤

1. 烘烤出直径7厘米的瓦片饼，使其保持平整；不要将它们弯曲或形成模塑造型。

2. 将一片瓦片饼摆放到餐盘的中间位置处。沿着瓦片饼的外侧边缘，摆放一圈浆果。使用裱花袋，在浆果圈中间的空间里挤出打发好的调味奶油。

3. 上面再覆盖第二片瓦片饼，并重复摆放浆果和挤出奶油的操作步骤。

4. 如果需要的话，在第三片瓦片饼上多撒一些糖粉，小心地将其摆放到甜品的最上面。

5. 在餐盘里，沿着千层酥糕点的四周舀入一圈覆盆子酱汁。如果需要，可以利用挤出的奶油酱汁，将覆盆子酱汁画出大理石花纹造型。趁着瓦片饼酥脆时，立刻服务上桌。

各种变化

可以使用一勺覆盆子或橙味沙冰装饰。

法式面包圈配菠萝 french doughnuts with pineapple

组成部分

2个法式面包圈

糖粉

60克椰子风味沙冰

烘烤好的椰丝

焯过水的菠萝叶（可选）

80克烩菠萝金橘

开心果

红醋栗

制作步骤

1. 在法式面包圈上撒上薄薄一层糖粉。

2. 将一个面包圈摆放到餐盘的一侧位置。上面舀上一勺沙冰，然后再摆放上第二个面包圈。

3. 在面包圈四周撒上一点烘烤好的椰丝，如果需要的话，可以用焯过水的菠萝叶进行装饰。

4. 将烩菠萝金橘盛入餐盘的另一侧，并用少许开心果和红醋栗装饰。

煎法式哈拉面包片配奶酪蛋糕冰淇淋 French-toasted challah with cheesecake ice cream

组成部分

哈拉面包（用面包模具烘烤而不是编成辫子造型）

用于煎面包片的鸡蛋糊（打散的鸡蛋、牛奶，少许糖、肉桂粉的混合物）

打发好的奶油

美尔巴酱汁

奶酪蛋糕风味冰淇淋

烘烤好的杏仁（切碎）

制作步骤

1. 将面包切成片，浸入鸡蛋糊里，并用黄油煎成金黄色。切成规整的三角形。

2. 在方形餐盘的右前方，放入美尔巴酱汁，用毛刷或小的曲柄抹刀将酱汁向对角方向呈条纹状的涂抹过去。

3. 沿着餐盘的后部位置处，竖着摆放3片三角形的煎面包片。

4. 使用装有星状裱花嘴的裱花袋，在煎面包片的后面挤出一排打发好的奶油。

5. 在餐盘右下角的美尔巴酱汁上撒上一些切碎的、烘烤好的杏仁（为了将冰淇淋固定住），再在上面放一勺冰淇淋球。

6. 在餐盘的左下角1/4处，与酱汁条纹平行的地方，撒上一行切碎的、烘烤好的杏仁。

香烤菠萝配椰子风味沙冰 spiced pineapple with coconut sorbet

组成部分

瓦片面糊

细椰丝

香烤菠萝

椰子风味沙冰

开心果

松子仁

石榴籽

烘烤好的椰丝

制作步骤

1. 将瓦片面糊烘烤成细长的三角造型。烘烤前，在面糊上撒上椰丝。烘烤好后，将其弯曲成曲线的造型。

2. 如果是提前制作好的香烤菠萝，将其重新加热，最后在酱汁中加入奶油，与基本食谱的制作方法一样。将其过滤，保留好香料。将菠萝切成片，然后再切成四瓣。

3. 在圆形餐盘的左侧，从前到后，舀入长方形的酱汁。

4. 在酱汁上重叠着摆放好五片菠萝。

5. 将一片椰丝瓦片摆放到餐盘的右侧，将其宽阔的一端搁在餐盘上（如果有必要，在瓦片的底部放上一点酱汁，以防止它滑动）。

6. 将一个沙冰丸摆放到瓦片的底部上。

7. 在餐盘里撒上少量开心果、松子仁及石榴籽。

8. 最后在餐盘里撒上烘烤好的椰丝。

金融家咖啡馆糕点配巧克力酱汁和冰冻卡布奇诺 financiers with chocolate sauce and frozen cappuccino

组成部分

咖啡风味邦贝冰淇淋混合物
打发好的奶油
肉桂粉
巧克力酱汁
金融家咖啡馆糕点

制作步骤

1. 制备邦贝冰淇淋混合物并装入到小的玻璃杯里冷冻，将杯子装满到离杯口12毫米的位置处。

2. 在服务上桌时，在杯子里装满到杯口的打发好的奶油，并在表面撒上一点肉桂粉。

3. 在方形餐盘左前角放入巧克力酱汁，使用勺子背面，将酱汁在餐盘的前部位置处，以弧形的造型涂抹开。

4. 将三块金融家咖啡馆糕点摆放到餐盘的右侧位置。

5. 将冷冻咖啡风味邦贝冰淇淋摆放到餐盘的左侧，巧克力酱汁的后面位置。

黑醋栗风味夏洛特 charlotte au cassis

组成部分

黑醋栗风味夏洛特
巧克力扇面插件
新鲜浆果
蜜饯橙子外层皮
薄荷
尚提妮奶油
酱汁（详见步骤4中的内容）

制作步骤

1. 将V形夏洛特蛋糕摆放到餐盘的靠后位置。

2. 在夏洛特蛋糕的前面，摆放上一块巧克力扇面插件，并填入浆果。用几根蜜饯橙子外层皮和一小枝薄荷装饰。

3. 制作出一个尚提妮奶油丸，并将其摆放到巧克力扇面插件的旁边。同样也可以使用星状裱花嘴挤出一朵玫瑰花饰造型。

4. 用勺子在餐盘周围舀上一圈酱汁，然后用一种对比色的酱汁在上面涂抹出大理石状的花纹造型（图示中的酱汁是来自烩金橘中的糖浆和覆盆子库里）。

林茨酥饼配浆果 linzer shortcake with berries

组成部分

林茨面团

新鲜的覆盆子或覆盆子、黑莓及草莓的混合物

简单糖浆

糖粉

尚提妮奶油

青柠檬外层皮（擦碎）

碾碎的牛轧糖

制作步骤

1. 使用林茨面团制作小的酥饼曲奇。将其擀薄，切成4厘米的方形，烘烤至酥脆（注：面团非常柔软，很难擀薄，因此要确保面团的温度不高，并使用大量的面粉做面扑，或者在两张油纸中间将其擀开）。完全冷却。

2. 如果使用的是草莓，将它们切成四瓣或者切成块状。将所有的浆果放入盆里，并加入足够没过它们的简单糖浆。冷藏几小时或一晚。

3. 在曲奇上撒上薄薄的一层糖粉。

4. 在甜品盘或者浅边汤碗里，舀入一些浆果和一点糖浆。

5. 将1块酥饼曲奇摆放到浆果的中间位置处。可以使用裱花袋或勺子，将一团尚提妮奶油放入曲奇上。用第二块和其余的曲奇和尚提妮奶油重复此操作。可以将曲奇像拿破仑蛋糕一样朝上摞起来，或靠着第一块曲奇，倾斜着摆放好。上面摆放好第四块曲奇，但是在其表面不要有奶油。

6. 如果需要，用筛子在餐盘上方轻轻敲打一两下，在甜品上撒上非常薄的一层糖粉，注意不要将糖粉撒到餐盘的边缘上。

7. 撒上浆果和青柠檬外层皮。

8. 最后再撒上一点碾碎的牛轧糖。

煮梨配蜜糖果仁酥皮和马斯卡彭奶酪 poached pear with baklava and mascarpone cream

组成部分

白葡萄酒煮整梨（配一些煮梨的糖浆）

马斯卡彭奶酪
鲜奶油
糖粉
蜜糖果仁酥皮
开心果或核桃仁（大体切碎）
肉桂粉

制作步骤

1. 使用挖球器，从开花的一端取出梨核，注意要保留整个梨的完整。从梨的底部切下薄薄一片，使它能够直立起来。
2. 将煮梨糖浆煮至变得浓稠并呈糖浆状。
3. 将等量的马斯卡彭奶酪和鲜奶油混合。加入糖粉使其略带甜味。打发至硬性发泡的程度。
4. 使用裱花袋，煎打发好的马斯卡彭奶酪填入梨里。
5. 将梨直立在甜品盘里。
6. 把一个三角形的蜜糖果仁酥皮斜靠在梨上，注意不要让酥皮散开。同样的，也可以简单地将蜜糖果仁酥皮挨着梨摆放好。
7. 在梨的周围，淋撒上少量的鲜奶油和少量的煮梨糖浆。
8. 撒上切碎的坚果及少许的肉桂粉。

术语复习

garnish 装饰品
décor 装饰

quenelle 椭圆形丸子造型
flooding 注入

outlining 轮廓线

复习题

1. 讨论原材料的质量如何影响装盘甜品的展示。
2. 解释简单的装盘展示与复杂的装盘展示相比的优点和缺点。
3. 一道装盘甜品的三个基本要素是什么？是否有必要在每个装盘甜品展示中都包含这三个元素？
4. 甜品中的每个成分都可以说具有五个特征。它们是什么？哪些是视觉特征，哪些是风味或口感特征？在设计装盘甜品时，举例说明如何平衡这些特征。
5. 什么是冰淇淋丸？描述如何制作它们。
6. 列出可用于一道甜品中，用来作为次要产品或装饰的四类产品的名称。
7. 描述将酱汁应用到餐盘里的技法。

23

巧克力

读完本章内容，你应该能够：

1. 调温考维曲巧克力。
2. 使用调温后的巧克力塑形。
3. 创作出各种各样的巧克力装饰插件。
4. 制作巧克力松露和其他巧克力糖果，包括各种蘸取巧克力的甜食。

　　巧克力不仅是世界上最受欢迎的糖果之一，也是装饰工作中极好的装饰材料，不论是用于甜品的简单装饰还是精心制作的展示甜品。许多糕点大师们以制作巧克力作品为长，并因其富有想象力和精湛技艺的作品而远近闻名。

　　由于巧克力的构成，使其很难加工处理。它对温度和湿度非常敏感。正确的融化和冷却需要精确的温度控制。除非要添加液体，否则巧克力必须防止水分。仅一滴水就会破坏其质地，使其不能用于蘸取或者塑形。

　　本章提供了精制巧克力作品的入门介绍。讨论了加工处理巧克力的基本原理，以及简单的装饰作品和巧克力塑形的制作步骤。本章的最后，对巧克力糖果也进行了简要介绍。

巧克力制作和调温

巧克力的历史

可可树起源于西半球，在从南美洲北部到墨西哥南部的热带气候条件下生长。早在欧洲人发现美洲之前，包括玛雅人和阿兹特克人在内的土著居民就用可可豆酿造出了一种苦味的饮料，他们还学会了将其发酵并进行干燥处理。这些饮料，可能是热饮，通常用辣椒、香草和其他原材料进行调味。

可可树在有限的区域里生长，所以可可豆荚被珍视并成为贸易对象。它们不仅被当作货币使用，在宗教仪式中也深受重视。

起初，西班牙征服者们不喜欢当地人用可可豆酿造的苦味的黑色饮料，但他们很快就学会了欣赏这种饮料，并在16世纪时开始将可可豆带回欧洲。一开始，可可的供应有限，但是到了18世纪，可可已经传遍了欧洲的大部分地区，并仍然主要被用作饮料，但欧洲人发现加糖后他们更喜欢。可可也被用作药物和烹饪香料。

在19世纪初期，荷兰化学家兼巧克力制造商科恩拉德·约翰内斯·霍登开发出了一种方法，利用强力压滤机从生可可中除去大部分可可脂。他还发现，用碱加工可可会产生一种颜色较深的可可，味道较温和。这种"荷兰法"工艺流程至今仍用于制作一些可可。

霍登的发明促进了现代巧克力制造业的发展，并将巧克力的使用范围从饮料扩展到糖果。制造商们发现，将可可脂放回到可可粉中，可以制成光滑的糊糊，并硬化成块状。1842年，吉百利兄弟（乔治和理查德）开始在英国销售块状巧克力。在19世纪80年代，瑞士的鲁道夫·林德发明了精磨精炼法（在文本中有描述），以制作出一种更加细滑的产品。大约在同一时间段，另一位瑞士人——丹尼尔·彼得通过将奶粉加入巧克力酱中，制作出了牛奶巧克力（奶粉是亨利·雀巢发明的）。

巧克力是由一种称为可可的热带树的种子制成，更确切地说，是可可树。就像咖啡一样，可可的质量对生长条件非常敏感，所以最好的种植地区出产的可可价格最高。可可树结出巨大的豆荚，里面满是可可豆的种子。收获豆荚后，迅速将豆子取出，让它们发酵，直到失去大部分水分。有几种方法可以做到这一点，但传统的方法是将它们铺在几层香蕉叶之间，放置几天，经常翻动，使它们均匀发酵。

在发酵的过程中发生的化学变化使可可豆从黄色变成棕色，并开始形成风味。发酵后的可可豆继续露天晒干，因为它们仍然含有大量的水分。然后，晒干的可可豆就会被运往加工厂。一棵树只能产出500克到1千克干的可可豆。

可可加工厂将干燥后的可可豆进行彻底清洗，然后将其烘烤。可可豆的真正风味是在烘烤的过程中形成的，因此烘烤的温度和程度是影响成品巧克力质量的重要因素。经过烘烤之后，可可豆被碎裂开，并将外壳去掉。由此产生的可可碎粒称为可可粒。可可粒中含有超过50%的脂肪，以可可脂的形式存在，并且水分的含量很少。

将可可粒研磨成糊糊状，并将可可脂从细胞壁中释放出来。这种糊糊被称为巧克力酒或可可浆，是巧克力产品的基础材料。当巧克力酒冷却后，它会凝结成一个硬块（巧克力酒中不含有酒精，它的名字有误导性）。

生产过程的下一个阶段是将可可粉从可可脂里分离出来。这是通过强力的液压机将融化的可可脂挤压出去，留下硬块，然后将其研磨成可可粉。同时，可可脂被提纯以除去异味和颜色。

为了制作出巧克力，可可粉要与糖混合，而牛奶巧克力则要与牛奶固体混合。这些原材料被磨碎并混合在一起。这时关键的制作步骤称为精磨精炼。这是一个两阶段的过程，首先除去额外的水分并提炼风味。在精磨精炼的第二个阶段，再加入可可脂，液浆被磨碎，搅拌数小时甚至数天的时间，以形成一种细腻光滑的质地。精磨精炼在降低巧克力的黏度方面也起着重要作用。一般来说，更高质量、更昂贵的巧克力，其优异的质地来自于较长时间的混合搅拌。最后，液体巧克力被调温，如下所述，并被模压成块状作为考维曲巧克力出售。

考维曲巧克力

在第4章中介绍了巧克力的基本类型，可回顾其中关于考维曲巧克力和涂层巧克力或烘焙巧克力的区别的内容。真正的考维曲巧克力，又称糖果商巧克力，含有可可脂，不含有其他脂肪。涂层巧克力是用其他脂肪代替部分或大部分可可脂的巧克力，以使其更容易进行加工处理并降低成本。本章将完全关注考维曲巧克力。

黑考维曲巧克力由以下成分构成：

- 总可可固体
  - 脱脂可可固体
  - 可可脂
- 糖

此外，它也可能含有少量的香草（一种调味剂）和卵磷脂（一种乳化剂）。在一块专业的考维曲巧克力的包装上可能会看到一系列的数字，例如：65/35/38。前两个数字是指总可可固体与糖的比例，即65%的可可固体与35%的糖，最后一个数字是总脂肪含量，是决定巧克力黏度或稠度的一个因素。脂肪含量越高，巧克力融化之后就越薄。考维曲巧克力必须含有至少31%的可可脂。

可可固体和糖的数量决定了黑考维曲巧克力是被称为半甜、苦甜或超苦甜。可可总固体含量越高，含糖量越低。半甜考维曲巧克力含有50%～60%可可固体。含有更多可可固体（因此糖相对减少）的巧克力被称为苦甜巧克力和超苦甜巧克力。实际可可含量最高的百分比在85%左右。

制备巧克力的工具。顺时针方向从左上角开始：带有纹路的刮板，木纹工具，制作松露和小块巧克力的模具，蘸取叉，用于纹理造型的塑料垫，用于抛光模具和塑料胶片的脱脂棉，以及用于制作较大块巧克力的物美价廉的工具。

除了可可固体和糖以外，牛奶考维曲巧克力还含有牛奶固体。它通常含有36%的可可固体和不超过55%的糖。从工艺上来说，白考维曲巧克力不能被称为巧克力，因为它不含有脱脂可可固体，只有可可脂、糖、牛奶固体和调味料。

在本章中，术语考维曲（couverture）单独使用时是指黑巧克力。使用牛奶考维曲巧克力或者白考维曲巧克力时会特别做出说明。

调温（回温）

对于大多数巧克力作品来说，在简单融化时，考维曲巧克力将无法妥善处理。它将花费很长的时间凝固，并且在凝固之后也不会有理想的光泽和恰当的质地。为蘸取、涂覆、塑形和其他目的而制备考维曲巧克力的过程称为调温。

调温的原因可以解释如下：当融化后的可可脂冷却并凝固时，它可以形成六种不同的晶体。其中有些晶体在低温下可以融化，有一些则在高温下融化（参见可可脂晶体的融点侧边栏中的内容）。融点最高的两种形式，即 V 和 VI 晶体，被认为是稳定性的，而其他四种晶体（从 I 到 IV）则是不稳定性的，因为它们太容易融化。优质的巧克力作品取决于含有许多稳定性晶体的巧克力。这些高融点的晶体给高品质的巧克力带来了光泽度和"脆折感"（高品质的巧克力经过适当的调温和冷却之后会形成一种整洁而锐利的断裂层）。

如果巧克力中含有太多的不稳定晶体，它凝结的就会很缓慢，表面就会暗淡无光，露出可可脂的条纹，质地就会很差，易碎。调温不充分或者没有经过调温的巧克力表面发白的涂层称为布鲁姆（bloom）。

巧克力融化和调温的实际过程包括以下三个步骤。这三个阶段中的每一个合适的温度都取决于巧克力的类型和它的确切成分。下面的巧克力调温临界温度表指出了适合基本巧克力类型的温度范围。制造商或供应商应该能够标示出适合其每种产品的确切温度。

1. 融化：将巧克力放置到锅里或盆里，放到热水中隔水加热使其融化。它不能被直接加热，因为加热很容易破坏巧克力的质地和风味。在巧克力融化的过程中应不断搅拌。巧克力必须达到一个足够高的温度，以便将所有的脂肪完全融化开，包括高融点脂肪。请参考下表。

可可脂结晶的融点

结晶形式	融点
I	17℃
II	21℃
III	26℃
IV	28℃
V	34℃
VI	36℃

调温的目的是让融化的巧克力形成许多稳定的晶体（主要是形式 V）和一些不稳定的晶体。当巧克力经过调温之后，首先形成稳定的晶体。搅拌巧克力将这些晶体与巧克力浆混合，会导致形成更多的稳定的晶体。在经过适当调温的融化的巧克力中，许多高融点稳定的晶体均匀的分布在整个巧克力浆中。因此，当巧克力冷却后并具有一种良好的晶体结构时，会迅速凝固。

β6晶体

科技已经简化了复杂的巧克力调温的过程。现在市面上可以购买到了，β6晶体是可可脂晶体中最稳定的形式。只需将晶体加入到融化后的考维曲巧克力中，糕点师就可以快速轻松地调温巧克力。使用β6晶体调温的基本制作过程由三个步骤组成：

1. 将融化后的考维曲巧克力升温到35℃。
2. 加入等同于1%巧克力重量的β6晶体（例如，对于3千克的巧克力，需要30克的β6晶体）。搅拌均匀，以确保彻底融为一体。
3. 静置10分钟。考维曲巧克力就已经调温好了。

巧克力调温的临界温度			
过程	考维曲黑巧克力	考维曲牛奶巧克力	考维曲白巧克力
融化	46~49℃	43~46℃	43~45℃
预结晶（冷却过程）27~29℃	26~28℃	26~28℃	
复温	31~32℃	30~31℃	29~30℃

2. **冷却或预结晶**：当巧克力融化开后，将它从热水里取出。冷却全部或部分的巧克力直到它变稠和变成糊状。此时，就形成了许多稳定的脂肪晶体。在这个过程中，搅拌巧克力，这样晶体就会均匀地分布在整个巧克力浆中。

3. **重新加热**：当巧克力太稠，不适合用来蘸取、塑形或者大多数的其他用途时，可以在使用前稍微加热。把它放在温水上隔水加热搅拌，直到它的温度和稠度适合使用。正确的复温将温度提高到形式

IV晶体的融点以上。此时，所有不稳定的晶体都融化了，巧克力中只含有稳定的晶体。

复温必须小心操作。不要让巧克力温度超过所建议的温度。如果发生这种情况，过多稳定的V晶体会融化，巧克力就不能再进行调温，使其必须要重复整个过程。如果巧克力在适当的温度下太过于浓稠，可以加入一点融化的可可脂代替加热使变稀薄。

制造商和大型加工厂使用精确的恒温控制设备自动将巧克力调至所需的确切温度。然而，在糕饼店

里，还有另外两种方法可以用来调温少量的考维曲巧克力。第一种方法是大理石台冷却法（tablage），这种方法操作起来非常快速，也是最流行的方法之一。第二种方法是播种法（seeding）。这两种方法在巧克力的调温制作步骤中都有描述。

一旦巧克力经过调温，就可以进行塑形、蘸取和其他的操作。下面的章节简要概述了各种巧克力作品制作的步骤。

在使用经过调温后的巧克力操作之前，要确保工作区域的温度在19～25℃。如果温度较低，巧克力会定型过快，难以进行加工处理。如果温度较高，巧克力会花很长时间凝固；此外，用于调温的大理石板和许多其他巧克力制品会因为温度过高而无法使用某些技法。

制作步骤：巧克力调温

方法1：大理石台冷却法

注意： 在整个制作过程中的所有阶段里，不要让丝毫的水分接触到巧克力。

1. 使用厚重的刀，将巧克力切碎成小块状（如果使用片状的巧克力，而没有使用块状的巧克力，可忽略此步骤）。将切好的小块巧克力放入干燥的不锈钢盆里。

2. 将不锈钢盆置于温水上隔水加热。不时搅拌巧克力，让其均匀融化。

3. 继续搅拌，直到巧克力完全融化开，并到达了适当的温度（如同巧克力调温的临界温度表中所示的温度）。

4. 将盆从水里取出。将盆底上的所有水迹都擦拭干净，以避免接触到巧克力。

5. 将2/3的巧克力倒入大理石台面上（图A）。使用金属刮板或抹刀，将巧克力涂抹开，然后快速刮回到一起，继续搅拌巧克力，让它冷却均匀（图B）。

6. 当巧克力冷却到了适当的温度（26～29℃），它会变得黏稠且呈糊状。快速把它刮回到盆里，与剩下的融化的巧克力放到一起（图C）。

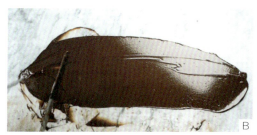

A

7. 搅拌，并在热水上隔水加热，将巧克力加热到合适的温度（29～32℃，这取决于巧克力的类型）。不要将其加热到所建议的温度以上。巧克力现在可以使用了。

制作步骤的各种变化

可以不像步骤5中把巧克力倒在大理石板上操作，有些厨师更加喜欢把整个盆置于到冷水上，并搅拌到巧克力冷却到合适的温度。然后按照步骤7重新加热巧克力。这种方法可能不会制作出一种好的调温巧克力，并且它增加了水分进入巧克力的风险。然而，它有速度快的优势。

方法2：播种法或者注射法

1. 将所需要融化的巧克力切碎成小块状，如同方法1中所示。

2. 把一块经过调温处理的巧克力切成细丝或刨花，并放置在一边备用。

3. 如同方法1一样融化开切碎的巧克力小块。

4. 将融化后的巧克力从水里取出。拌入一些刨花巧克力。

5. 当这些刨花巧克力几乎全部融化开，再加入一点刨花巧克力。继续加入并搅拌，直到融化的巧克力冷却到适当的调温点。不要过快地加入刨花巧克力，否则它们不会全部融化开。

6. 如同方法1中一样，复温（重新加热）巧克力。

◆ **复习要点** ◆

◆ 黑考维曲巧克力的成分是什么？牛奶考维曲巧克力呢？白考维曲巧克力呢？

◆ 调温是什么？为什么它是必需的？

◆ 两种巧克力调温方法中的步骤是什么？

塑形巧克力

给巧克力塑形是可能的。因为巧克力在凝固的时候会收缩。因此，它会脱离开模具，可以很容易地取出来。用于巧克力的模具是由金属或塑料制成的。它们必须保持清洁和干燥，内部必须富有光泽，没有划痕。如果里面带有划痕，巧克力就会粘连在上面。

为了确保模具是完全清洁和光滑的，要用干净的纱布或脱脂棉将模具的内部表面擦亮。在给巧克力塑形之前，确保它们完全干燥。

本节介绍中空巧克力塑形的制作步骤。大型中空塑形巧克力常作为展台的构件，而较小的塑形用于装饰作品以及糖果中（例如复活节的巧克力兔子）。塑形巧克力松露和其他填有馅料的糖果的制作步骤包含在这一章的最后一部分内容里。

巧克力蛋的塑形是比较简单的塑形制作之一。它也可以用来说明在其他塑形类型中所使用的技法。巧克力蛋的塑形制作步骤中详细介绍了两种方法。接下来是对其他类型的塑形以及如何使用它们的一般性描述。

这些制作步骤解释了塑形单色巧克力的方法，也可以使用巧克力的对比色来制作出装饰性的效果。通过在模具内部用一种颜色的巧克力进行装饰，然后再覆盖上另外一种颜色的巧克力可以呈现。使用和下面所讨论的巧克力模板中所述的相同的技法。

两部分式模具常用于制作中空（空心）巧克力产品。有两种类型：全封闭式模具和开底式模具。使用这两种模具的第一步是用软刷在里侧的表面涂上一层薄的调温过的巧克力。这一步通常会被省略，但本书还是建议这样做，因为这样可以消除可能破坏巧克力表面的小气泡。当巧克力凝固但还没有硬实时，继续按照下列制作步骤之一进行。

要使用两部分式的开底式模具，把两个部分夹在一起。把调温过的巧克力从底部开口处倒入，直到模具几乎满。用一根木棍轻敲模具，以释放出气泡。过一会后，在巧克力锅的上方，将模具倒过来，倒出巧克力，就会留下一层覆盖在模具上的巧克力。将模具底部开口处朝下，摆放在一张油纸上。多余的融化的巧克力会从模具里面流出，封住开口处。将填充好的模具放在阴凉处直至凝固，然后打开模具取出巧克力。

如果使用塑料模具便可以很容易看到巧克力何时凝固并从模具上脱落。而对于金属模具，需要让模具放置足够长的时间，直到确定巧克力已经凝固。

要使用全封闭式的模具，需要向一半的模具中倒入足够的经过调温处理的巧克力，以完全覆盖两个一半的模具内部。把第二个一半的模具放到上面，并将其固定到位。把模具反复倒转几次，让模具的里面完全覆盖住巧克力。在翻转模具的过程中释放气泡。让巧克力静置至凝固，然后脱模。

制作步骤： 塑形巧克力蛋

方法1

1. 用纱布或脱脂棉将模具的内侧擦拭光亮。

2. 使用整洁、干燥的毛刷，在模具的内侧涂刷上调温后的巧克力。要确保巧克力完全、均匀地覆盖模具内侧。

3. 让模具静置至巧克力部分凝固。巧克力应牢固但不坚硬。

4. 使用金属刮板，从模具的顶部将多余巧克力刮掉，这样半个蛋形的巧克力就有了光滑、锐利的边缘。

5. 将模具在凉爽处静置至巧克力完全凝固并变硬。

6. 将模具翻转过来，并轻轻敲打以将蛋脱模。为了避免在富有光泽的脱模后的巧克力蛋上留下手指印的痕迹，脱模处理时，要戴上一次性塑料手套。

7. 将两半的巧克力蛋粘到一起，制作成一个完整的空心的蛋。可以使用以下两种方法中的一种：

- 用一个填入调温后巧克力的圆形纸锥，在其中半个的边缘上挤出一条细线状的巧克力，然后把两半按压到一起。

- 将其中半个巧克力蛋开口的一面朝下放在一个温热的烤盘上，让边缘稍微融化一下，然后把两半固定到一起。

8. 用小刀的刀尖切除掉多余的巧克力。

方法2

1. 用纱布或者脱脂棉将模具的内侧擦拭光亮。

2. 在模具里填入调温后的巧克力，直到从表面流淌出来。

3. 在盛有调温后的巧克力容器的上方，将巧克力模具倒过来，倒出多余的巧克力，只在模具内部留下一层巧克力。

4. 将模具倒扣在摆放有油纸或干净的烤盘上的两根棍上，让多余的巧克力滴落下来。

5. 继续按照方法1中的步骤3进行制作。

巧克力装饰

调温后的巧克力可以用来制成丰富的用于蛋糕、糕点及各种食物上的装饰插件。这里描述了其中最流行的一些。

巧克力切割插件

要制作出巧克力切割插件，先用纱布或脱脂棉将一片塑料胶片擦亮。将调温后的巧克力倒在塑料胶片上，并用抹刀涂抹成薄薄的一层。让巧克力静置，直到它开始黏稠并开始凝结，但是还不是太硬的程度。用锋利的小刀直接在塑料胶片上切割；或使用一把略微加热过的金属切割器切割出所需要的形状。此时，不要试图取下这些插件。让其静置到巧克力变硬，并且塑料胶片很容易从巧克力上脱落为止。

为了达到装饰效果，可以在塑料胶片上涂上两种颜色的巧克力，制作出吸引人的图案造型。以下是一些最简单和最流行的技法：

- 轻弹或飞溅上一种颜色的巧克力条纹，例如白色的考维曲巧克力。使巧克力凝固定型，然后在塑料胶片上覆盖上一层对比色的巧克力。

- 使用圆形纸锥，用一种颜色的巧克力挤出细条纹状的格子图案。让巧克力凝固，然后在塑料胶片上覆盖上一层对比色的巧克力。

- 使用一个圆形纸锥，间隔着挤出大堆的巧克力。使巧克力凝固，然后在塑料胶片上覆盖上一层对比色的巧克力。

- 涂抹一种颜色的巧克力，然后用梳形刮板刮取巧克力，使用和制作带状海绵蛋糕相同的技法。然后覆盖上另外一种颜色的巧克力。

- 使用巧克力转印纸，这是商业化制造的、带有设计图案的塑料胶片。与普通的塑料胶片使用方法相同，确保凸起或有纹理的一面——带有设计图案的一面面朝上。当巧克力凝固，去掉塑料胶片之后，图案就会留在巧克力上。也可以定制转印纸，上面印有公司名称或者徽标（在下一节中，会使用一张转印纸来说明这个制作步骤）

- 制作大理石花纹的巧克力，可以在调温后的黑考维曲巧克力里加入一点调温后的白巧克力，并混合到白巧克力刚好在黑巧克力中显示出条纹状（见图示）。然后覆盖到塑料胶片上。

将黑考维曲巧克力和白考维曲巧克力非常轻柔地混合成大理石花纹状。

将一些巧克力倒入塑料胶片上。

抬起塑料胶片，左右倾斜，让巧克力覆盖到整个塑料胶片上。

当巧克力变得浓稠，并且凝固但不坚硬时，用锋利的刀或者切割器切割出所需形状。

带有白色条纹的黑巧克力碎块，大理石花纹的白巧克力和牛奶巧克力插件。

卷曲状巧克力插件

上一节中介绍了普通的巧克力薄片型插件。通过将插件卷曲起来，可以让巧克力装饰更具视觉冲击力。下面是制作步骤。

1. 将一张转印纸粗糙的一面朝上，摆放到工作台面上（最好是大理石台面上）。
2. 涂抹上一层调温后的巧克力（图A）。

3. 当巧克力凝结，但还没有变硬的时候，切割成三角形或者是其他所需形状（图B）。
4. 在巧克力上铺上一张油纸，然后沿对角线卷起来（图C）。
5. 把卷好的巧克力摆放在一个弯曲状的模具里，使巧克力变硬时能固定住（图D）。
6. 当巧克力变硬后，去掉塑料胶片（图E），并小心地把切好的插件部分分离开（图F）。

A

B

C

D

E

F

巧克力条

条形巧克力有很多用途，比如用于展示品中的彩带和蝴蝶结，用于夏洛特蛋糕模具的内衬等。用调温后的巧克力涂抹一条塑料胶片，与涂抹一大张的塑料胶片的制作步骤相类似，如下所述。

1. 使用抹刀将巧克力在条形塑料胶片上均匀地涂抹一层。

2. 然后小心地抬起条形塑料胶片，用手指沿其边缘移动，以除去多余的巧克力，做出一个规整的直边。

巧克力条可以用两种颜色的巧克力图案来装饰，使用与上一页相同的技法。另一种制作出木纹外观图案的技法，需要使用特制的工具。

1. 在塑料胶片上浇淋上一点调温后的黑巧克力（图Z），并使用抹刀将巧克力涂抹成薄层，覆盖到条形塑料胶片上（图B）。

2. 用木纹工具顺着木条的纵长刮下去，前后晃动，形成木纹图案（图C）。静置几分钟使巧克力凝固。

3. 在条形塑料胶片上涂抹一层调温后的白巧克力。

4. 拿起条形塑料胶片，并用手指沿着两边滑去多余的巧克力（图E）。塑料胶片的一面会显示出图案（图F）。

5. 将条形塑料胶片放入环形模具里，并让其凝固定型（图G）。这里展示的模具是用来制作朱莉安娜蛋糕的。要制作出一个可以独自站立的巧克力圈，可以把巧克力涂得厚一点，这样巧克力圈会更结实。

A

B

C

D

E

F

G

巧克力蝴蝶结

要制作巧克力蝴蝶结，将条形塑料胶片切割成所需尺寸大小。涂抹好调温后的巧克力，可以是单一颜色，也可以是两种颜色的图案造型。先让巧克力变得浓稠，并且有部分凝固，然后弯曲成泪滴状，用回形针将塑料胶片两端固定在一起。如果有必要，可以使用圆形纸锥在巧克力两端的连接处挤入一些调温后的巧克力，以将接缝处加固。让其凝固直到变硬。

在巧克力完全凝固后（图A），从蝴蝶结上将塑料胶片揭下来。把两端切成尖头，这样它们就能在盒子上拼在一起（图B）。为了保持蝴蝶结位置

A

固定，可以使用一个圆形纸锥，挤出一点调温后的巧克力（图C）。把蝴蝶结摆放到位。保持稳定，直到巧克力凝固（图D）。

将巧克力条制作成泪滴状（像蝴蝶结，但是更大

一些），可以用来作为展示甜品的装盘，例如巧克力慕斯。将雨滴状巧克力摆放到餐盘上，并用裱花袋将慕斯填入其中。

条形卷曲巧克力

前面几节讲述的巧克力条是下面更高级技法的基础。这一过程从涂抹有调温后巧克力的塑料胶片条开始，但使用糖霜梳刮出一个丝带状的条形，并扭成一个装饰性的卷曲状。

1. 在塑料胶片上涂抹上一层巧克力（图A）。
2. 使用糖霜梳沿胶片纵长刮过去（图B）。
3. 使用填有调温后巧克力的圆形纸锥，如图所

示，挤出小圆点形巧克力将巧克力线连接起来。
4. 小心地抬起塑料胶片并将其扭曲成一个螺旋状（图D）。放入弯曲形的模具里，使巧克力变硬并能牢稳地固定住。
5. 当巧克力变硬后，从塑料胶片上脱离开（图E）。
6. 去掉多余的部分，以制作出所需的卷曲状巧克力（图F）。

巧克力卷和巧克力刨花

融化后的巧克力可以用来制作这些装饰，调温后的巧克力也可以，但不是必需的。要制作巧克力卷，将巧克力在大理石台面上涂抹成一个长条形。使巧克力凝固。巧克力应完全定型，但是还没有到变硬和变

脆的程度。如果巧克力变得太硬，通过手掌轻轻摩擦使其略微回暖。用金属刮刀向前推，这样巧克力就会在金属边缘前卷起来（图A）。

要制作卷曲状巧克力和巧克力刨花，使用刀尖（图B）在巧克力条上刻画出划痕，然后使用刀将巧克力刮取成卷曲状巧克力（图C）。

软条形巧克力和扇面巧克力

　　本节中所描述的巧克力条是用来包裹蛋糕和糕点的（请参阅果仁糖蛋糕及树叶蛋糕）。巧克力扇面常被用作各种蛋糕和糕点的装饰。就像巧克力条一样，巧克力不需要在这个制作过程中进行调温处理。可以使用融化的、未经调温的巧克力，从而使巧克力变得更加柔软。

　　将干净的半幅烤盘在160℃的烤箱里加热4分钟。使用干净且平整的烤盘，最好是只用于制作巧克力的烤盘。烤盘应是温热，不要太热，避免难以加工操作（加热烤盘的目的是能在上面涂上一层薄薄的巧克力，但是，要注意不要让烤盘太热。有些厨师更喜欢用冷的烤盘）。将烤盘倒扣过来，把融化的巧克力在烤盘底部涂抹上薄而均匀的一层。让其静置至巧克力看起来变得浓稠，然后冷藏至凝固。从冰箱中取出，使其回温至室温。

　　要制作巧克力条，将刮板推向托盘，另一只手在刮板铲起巧克力条时将其提起（图A）。轻轻地拿着这块巧克力（图B）。在覆盖到蛋糕的侧面之后（图C），铲取更多的巧克力条用于蛋糕的表面（图D）。在蛋糕表面将巧克力条摆放好（图E）。最后用盘起的一条巧克力条装饰蛋糕（图F）。尽量少触碰巧克力，以防止其融化（图G）（图中的蛋糕是树叶蛋糕）。

　　要制作巧克力扇面，与巧克力条一样刮取巧克力，只是需要使用拇指压住刮刀的一个角（图H），这样巧克力条就会在一边簇拥或聚集到一起。必要时仔细整理扇面的这些褶皱或者折痕（图I）。

巧克力花瓣

与软条形巧克力和扇面巧克力一样，巧克力花瓣是通过将巧克力从平面上刮取下来制成的。但是，在这种情况下，刮取工具是圆形切割模具。以下是制作步骤：

1. 在大理石台面上或其他平整的工作台面上涂抹上一层薄薄的巧克力（图A）。
2. 当巧克力凝固，但还没有变硬和变脆时，如图所示握住圆形切割模具的底边（图B），通过向自己的方向拉动模具，将花瓣卷曲起来。
3. 制作好的杯状的花瓣（图C）可以用于各种各样的装饰目的（详见花斑蛋糕卷举例说明）。

A B C

挤出的巧克力

如第17章中所述，利用圆形纸锥，经过调温处理的巧克力可以制成用于蛋糕、糕点和其他甜品的装饰品。装饰品可以直接挤到甜品或在油纸上挤出小的图案造型，并使其变硬。它们凝固后，装饰物就可以从油纸上取下来，并摆放到甜品上。通过这种方式，装饰物可以在空闲时间制作好，并储存至需要使用的时候。

普通的经过调温处理的巧克力可以用来制作成精致的小装饰品，与用于花色小糕点的装饰一样，但对于大多数其他使用裱花袋挤出的装饰来说，它就太细了。要制作出能够挤出使用的巧克力，可在经过调温的巧克力中加入少量温热的简单糖浆，这会使巧克力立刻变稠，不停搅拌，慢慢加入更多的糖浆，直到巧克力变得稀稠到可以挤出来的程度。

塑形巧克力

塑形巧克力是一种厚的膏状物，可以用手工揉捏成各种形状，与使用杏仁膏相似。将融化后的巧克力与其一半重量的、已经加热到巧克力温度的葡萄糖浆（玉米糖浆）混合，放在密封的容器中，静置1小时或更长时间。把混合物揉成可加工操作的膏状。

喷雾（喷射）巧克力

使用标准的巧克力喷雾器（巧克力喷枪）来喷洒液体巧克力。巧克力喷雾会在蛋糕、糕点和展示品上形成一层天鹅绒般的涂层。

为了让巧克力能够通过喷雾器喷出，用融化的可可脂稀释巧克力。按重量计算，通常的比例按重量是两份考维曲巧克力对应一份可可脂。

巧克力松露和糖果

巧克力松露因其与黑松露相似而得名。黑松露是一种芳香浓郁的地下菌类，深受美食家们的喜爱。

以其最简单的形式来说，巧克力松露就是巧克力甘纳许球，巧克力甘纳许是巧克力和奶油制成的黏稠状混合物，在第12章中介绍过。甘纳许不仅可以用黑巧克力制作，也可以用牛奶巧克力和白考维曲巧克力制作。还可以添加许多种类的调味料和其他原材料，以制作出种类繁多的糖果。

制作巧克力松露的最简单、流行的方法是将甘纳许球简单地覆盖上可可粉。这种技法在这一节中的第一道食谱，黑巧克力松露中使用。

对于更精致的展示效果，巧克力松露可以通过蘸取或塑形的方式涂上巧克力。

蘸取巧克力

对于糖果制造者来说，蘸取和塑形糖果的技法是最基本的。有两种用来蘸取小的，像松露、其他糖果和坚果等的基本制作步骤。

第一种方法是将食物逐一摆放到调温后的巧克力里。使用蘸取叉子叉住，将它们翻转过来以完全蘸均

巧克力喷雾器用于在甜品上使用模板喷出图案造型

匀巧克力，然后将其取出。在盆边轻轻敲打叉住巧克力的叉子，使涂层更加均匀。在盆的边缘上抹掉叉子底部多余的巧克力，然后将其摆放到油纸上。要在巧克力上做出标记，用蘸取叉轻轻触碰其顶部。每种蘸取叉都会留下自己独特的图案造型，所以可以用不同的图案来标记不同的风味。让其静置至变硬。

第二种方法是手工蘸取。要用手工蘸取普通的松露，在油纸上挤出球形的甘纳许（图A）。戴上塑料手套，用少许玉米淀粉将松露滚成圆形（图B）。仍然戴塑料手套，通过手工将它们在调温后的巧克力中滚动（图C），在松露上蘸上一层薄的调温后的巧克力。然后倒入可可粉中（图D）。用蘸取叉从可可粉中取出，放入网筛中以除去多余的可可粉（图E）。

使用模具成型填馅巧克力

用于制作单个糖果的小模具可以内衬巧克力，使用与较大的模具相同的技法。上述两种方法中的任何一种都可以应用于小型糖果模具中。

（1）在模具的内侧涂刷上调温后的巧克力，以覆盖上一层均匀的巧克力；（2）将调温后的巧克力倒入模具里，然后将巧克力倒出，留下一层覆盖到模具上的巧克力。

这一节中所描述的制作步骤使用第二种技法。

在填入模具里之前，应使用几种技法中的任何一种来装饰它们。例如：

- 在模具内侧喷上着色的可可脂（见下述制作步骤中的图示）。
- 在模具内侧淋撒对比色鲜明的调温后的巧克力条

痕。在模具里覆盖上巧克力之前先使其凝固。
- 使用一个圆形纸锥，用调温后的对比色巧克力在模具里挤出细线条，并让其凝固。

在模具的内侧涂刷上巧克力。

- 在模具的内侧涂刷上一种非常浅的对比色的调温后的巧克力，以制作出大理石花纹，或带有斑点的效果。使其凝固。

在这些技法中的每一项完成后，在继续进行下一个步骤前，必须刮去或擦去在模具平整的表面上所残留的巧克力。

整个制作步骤如下所述：

1. 用纱布或者脱脂棉仔细擦拭模具的内侧，以确保它们干净且光滑。

2. 在模具内侧轻轻喷上彩色的可可脂（图A）。

3. 用热的干毛巾擦拭模具的平面，以去掉模具内侧以外的所有可可脂。

4. 在模具中填入经过调温后的巧克力（图B）。使用曲柄抹刀涂抹巧克力，以确保所有的模具都填满了巧克力（图C）。

5. 从模具的平面上将多余的巧克力刮除掉（图D）。

6. 用刮刀的手柄轻敲模具，以除去所有可能损坏最后成品巧克力外观的气泡（图E）。

7. 将模具翻转过来，将巧克力倒入盛放调温后的巧克力的盆里，在模具内侧留下一层薄薄的巧克力（图F）。

8. 使用刮板再一次刮掉模具表面上多余的巧克力（图G）。

9. 将油纸摆放到平坦的工作台面上，然后把模具倒扣在油纸上。这可以让所有多余的巧克力流出，而不是沉淀到模具的底部。在巧克力凝固前，将模具从油纸上拿起，再将模具平整表面上的巧克力刮掉。

10. 让模具在凉爽的地方静置至巧克力变硬。

11. 使用圆形纸锥或装有细眼裱花嘴的裱花袋，在模具里填入甘纳许或其他所需馅料（图H）。不要填得太满，需要留些空间给最后一层表面上的巧克力。填入得太满就无法把巧克力密封好。

12. 静置至甘纳许变硬。根据馅料的不同，这可能需要24小时。如果需要，用一张油纸将模具轻轻盖好，以保护它们不受污染。不要包裹得太紧。

13. 在馅料上涂抹上调温后的巧克力以密封住巧克力（图I）。

14. 将一片塑料胶片摆放到模具上（图J）。

15. 用擀面杖从塑料胶片上擀过去，以让巧克力的底部平整，并且从巧克力的底部上去掉多余的巧克力（图K）。

16. 让其彻底变硬（除非工作区域非常凉爽，或许需要冷冻巧克力让其变硬）。通过将模具在油纸上翻扣过来，并轻轻拍打，将最后制作好的巧克力脱模（图L）。巧克力应非常容易脱落下来。

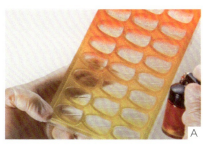

◆ 复习要点 ◆

◆ 塑形巧克力时使用什么技法？

◆ 制作简单的巧克力装饰物：插件，条形，卷形，卷曲形以及扇面形时，使用什么制作步骤？

◆ 制作巧克力松露，并通过蘸取或者塑形覆盖上巧克力时，使用什么技法？

黑巧克力松露 dark chocolate truffles

产量：可以制作75个松露，每个10克。

原材料	重量
甘纳许	
多脂奶油	225 克
香草香精	2.5 克
黑考维曲巧克力（切碎）	500 克
黄油	60 克
涂层	
可可粉	根据需要

制作步骤

1. 将奶油和香草香精加热至微开。
2. 倒入到盆里的巧克力里，搅拌至巧克力完全融化，并混合均匀。将混合物冷却到触摸起来刚好略微温热的程度。
3. 拌入黄油，直至黄油融化并完全混入。
4. 让混合物静置至开始变得浓稠，然后将其装入带有中号平口裱花嘴的裱花袋里。
5. 将混合物在油纸上挤成小的堆状，每个10毫升，冷冻至变硬。
6. 戴上一次性手套，逐一将小堆甘纳许在手掌中滚动，将其滚圆；将它们放入可可粉中。
7. 将松露从可可粉里取出，在网筛中晃动，以去掉多余的可可粉。

 ## 香蕉松露 banana truffles

产量：可以制作120 个松露，每个9克。

原材料	重量
甘纳许馅料	
香蕉果肉	150 克
朗姆酒	20 克
多脂奶油	100 克
黄油	20 克
蜂蜜	100 克
牛奶考维曲巧克力	125 克
黑巧克力	100 克
涂层（见注释）	
黑考维曲巧克力（调温）	200 克
白考维曲巧克力（调温）	600 克

注释： 用于涂层所需要的巧克力用量是大概数量。因为塑形步骤中需要使用足够的巧克力，所以必须比实际使用的巧克力要多调温一些巧克力。

制作步骤

1. 将香蕉与朗姆酒一起制成蓉泥至细滑状。
2. 将奶油、黄油及蜂蜜加热烧开。从火上端离开。
3. 将牛奶和黑巧克力融化，并拌入到奶油混合物里。
4. 拌入香蕉蓉泥。冷却酱汁。
5. 通过用纱布或者脱脂棉擦亮硬质（树脂）巧克力模具的方式进行制备。
6. 在模具的内侧涂刷上一层非常浅的调温后的黑色巧克力，以制作出大理石花纹的效果。让其凝固。
7. 按照"使用模具成型填馅巧克力"中所述的制作步骤4～10，用白考维曲巧克力覆盖模具。
8. 将甘纳许混合物装入带有小号的平口裱花嘴的裱花袋里，并填入模具里2/3满。
9. 按照"使用模具成型填馅巧克力"制作步骤13～16，密封并完成模具塑形的制作。

橙味松露 orange truffles

产量：可以制作120 个松露，每个9克。

原材料	重量
多脂奶油	120 克
橙汁（过滤以去掉所有的果肉）	30 克
橙味利口酒	90 克
黄油	60 克
蛋黄	50 克
糖	50 克
黑巧克力（切碎）	215 克
涂层（见注释）	
黑考维曲巧克力（调温）	600 克

注释： 用于涂层所需要的巧克力用量是大概的数量。因为塑形步骤中需要使用足够的巧克力，所以必须比实际使用的巧克力要多调温一些巧克力。

制作步骤

1. 将奶油、橙汁、利口酒及黄油在混合，并加热烧开。
2. 将蛋黄与糖一起打发至轻盈状。
3. 逐渐将热的液体搅打进蛋黄混合物里。
4. 将这种混合物重新加热，并快速加热至微开，然后从火上端离开。
5. 将液体过滤到盆里切碎的巧克力中。搅拌至所有的巧克力融化，并且混合物混合均匀。
6. 让混合物静置至开始变得浓稠。根据室温的不同，这个过程可能需要1小时或更长时间。如果需要，混合物可以短暂冷冻，但是不要让其变得太硬。然后将其装入带有中号平口裱花嘴的裱花袋里。
7. 将混合物在油纸上，挤成小堆状，每个10毫升。冷冻至凝固。
8. 逐一将甘纳许在手掌滚动，滚圆。将它们放回油纸上。
9. 以两种方法中的一种来覆盖松露：
   - 将它们一次几个地丢入调温后的巧克力盆里，用浸取叉取出，并摆放到铺在烤盘里的油纸上。
   - 戴上一次性塑料手套，将调温后的巧克力在手掌中滚动，然后将其摆放到铺有油纸的烤盘里。静置至巧克力完全凝固。

 ## 费列罗巧克力配杏仁 rocher with almonds

原材料	重量
黑巧克力	100 克
果仁糖膏	150 克
冰淇淋威化饼（压碎成细粒状）	50 克
黑巧克力	150 克
杏仁（烘烤好，切碎）	25 克
总重量：	**475 克**

制作步骤

1. 将第一份用量的黑巧克力在热水槽里隔水加热融化开。
2. 加入果仁糖膏并快速混合均匀。
3. 加入华夫饼碎并混合均匀。
4. 在混合物开始变得浓稠，但开始凝固前，使用勺子挖取12克放入铺有油纸的烤盘里。如果需要，用手掌将它们揉搓成圆形。
5. 让其在室温下凝固，需要2~3小时。
6. 将剩余的巧克力调温处理，并加入切碎的杏仁。
7. 将每个圆形巧克力浸入调温后的巧克力中，并使用浸取叉取出。
8. 摆放到铺有油纸的烤盘里，并让其变硬。

柠檬风味松露 lemon truffles

产量：可以制作110 个松露，每个14克。

原材料	重量
甘纳许馅料	
牛奶	125 克
多脂奶油	125 克
葡萄糖浆	50 克
白考维曲巧克力（切碎）	500 克
柠檬汁	100 克
涂层（见注释）	
白考维曲巧克力（调温）	800 克

注释： 用于涂层所需要的巧克力用量是大概数量。因为塑形和浸取的步骤中需要使用足够的巧克力，所以必须比实际使用的巧克力要多调温一些巧克力。

制作步骤

1. 将牛奶、奶油及葡萄糖浆加热至混合物温热的程度，并且葡萄糖浆融化开。

2. 加入白考维曲巧克力，并搅拌至巧克力融化，并与奶油混合物混合均匀。

3. 拌入柠檬汁。

4. 让混合物完全冷却。将甘纳许装入带有小号的平口裱花嘴的裱花袋里。

5. 通过用纱布或脱脂棉将半球形松露树脂模具擦亮，将其制备好。

6. 将调温后的白巧克力，按照"使用模具成型填馅巧克力"中步骤4～10的制作步骤，覆盖到模具内侧里。

7. 将甘纳许馅料填满模具，脱模。对于每一个松露，将2个半球形模具按压到一起，以制作成一个圆球形松露。

8. 浸入白巧克力中，用浸取叉取出，并摆放到网架上。要制作出带有纹理的表面，让其凝固一会，然后在网架上滚动，使松露有一层带刺的涂层。让其完全变硬，然后从网架上取下。

可以替代的制作步骤

使用制作好的巧克力外壳。使用带有小号平口裱花嘴的裱花袋，挤入馅料，并将开口处用圆形纸锥挤出的调温后的考维曲巧克力密封。然后按照上面的基本制作步骤进行浸取。

玛斯克汀松露 muscadines

产量：可以制作45 个松露，每个10克。

原材料	重量
甘纳许	
牛奶考维曲巧克力	200 克
果仁糖膏	30 克
开水	30 克
黄油（软化）	20 克
橙味利口酒（例如君度酒）	30 克
涂层（见注释）	
糖粉	根据需要
牛奶考维曲巧克力	250 克
可可脂（融化）	100 克

注释： 用于涂层所需要的巧克力用量是大概数量。因为塑形和浸取的步骤中需要使用足够的巧克力，所以必须比实际使用的巧克力要多调温一些巧克力。

制作步骤

1. 将第一份巧克力融化开并拌入果仁糖膏。
2. 加入水并搅拌至混合均匀。
3. 将黄油和利口酒搅拌进去。在冰水槽上冰镇至混合物变得足够浓稠到能够定形。
4. 装入带有大号星状裱花嘴（开口处1厘米宽）的裱花袋里。在铺有油纸的烤盘里，挤出长条形状。将长条切割成4厘米长，冷冻。
5. 将糖粉过筛到烤盘里，直到有1厘米的厚度。
6. 将牛奶巧克力调温处理，并拌入可可脂。
7. 将每一个冷却好的甘纳许块浸入巧克力中，用浸取叉取出，并抖落掉多余的巧克力，放入糖粉中。晃动烤盘让巧克力蘸均匀糖粉。凝固后取出。

术语复习

chocolate 巧克力　　　　conching 混合搅拌　　　　　　dark couverture 黑考维曲巧克力

bloom 布鲁姆，指调温不充分或没有经过调温的巧克力，其表面的涂层会发白

cocoa bean 可可豆　　　　couverture考维曲巧克力

milk chocolate couverture 牛奶考维曲巧克力　　　　tablage 大理石台冷却法

cocoa butter 可可脂　　　coating chocolate 涂层巧克力　　white couverture 白考维曲巧克力

seeding 播种法　　　　　chocolate liquor 可可浆　　　　baking chocolate 烘焙巧克力

dark chocolate 黑巧克力　chocolate truffle 巧克力松露　　cocoa mass 可可浆

confectioners's chocolates 糖果商巧克力　　　　tempering调温

复习题

1. 为什么制作巧克力塑形作品时需要对巧克力进行调温处理？
2. 简要介绍两种巧克力调温的方法。
3. 如果经过调温后的巧克力处于塑形的正确温度，但是太浓稠，该如何将它变稀薄？
4. 为什么白巧克力是一个不准确的说法？
5. 为什么巧克力模具在使用之前要用脱脂棉擦亮？
6. 描述一种塑形巧克力蛋的制作步骤。
7. 描述五种用两种颜色的巧克力插件制作装饰图案的技法。
8. 描述制作巧克力扇面的步骤，从融化的巧克力开始。
9. 巧克力松露是什么，尽可能给出完整回答，描述各种类型和形式的松露。

24

杏仁膏、糖霜花饰和牛轧糖

读完本章内容，你应该能够：

1. 对杏仁膏加工处理，包括制作杏仁膏以及使用杏仁膏塑形成各种装饰品。
2. 制备糖霜花饰，并制作成各种装饰品。
3. 制备牛轧糖，并制作成简单的装饰品。

在本章和下一章中将给糕点师介绍使用糖和其他材料制作各种装饰品的技艺。虽然制作它们的所有原材料都是可食用的，并且它们中的很多都是用来装饰蛋糕和其他甜品的，但是在多数情况下，它们依旧是作为展示品，如甜品自助餐台上的装饰品，并非用来直接食用的。

在酒店、其他餐饮服务业及零售企业里，使用这样的展示品进行营销活动。它们的作用是将顾客的注意力吸引到糕点师的技能和工艺上，从而间接地带来更高的甜品销售额。也许更加重要的是，从糕点师的角度来看，这是一个令人愉悦的展示自身创造性技能的窗口。

制作步骤： 制作一个杏仁膏橙子

1. 将杏仁膏揉搓成圆形小球造型（图A）。
2. 使用杏仁膏塑形工具，在小球上按压出类似桔梗根部的凹痕（图B）。

制作步骤： 制作杏仁膏康乃馨

1. 在工作台面上，将一条杏仁膏按压平整，直到其边缘像纸张一样薄。用刀尖将边缘处按压成羽毛状（图A）。
2. 把刀插在杏仁膏下面滑动，使其与工作台面松脱开。把它堆集成康乃馨的形状（图B）。

制作步骤： 制作杏仁膏玫瑰花

1. 将球形杏仁膏揉搓成圆锥形，作为玫瑰花的基座。

2. 在底座上，连同锥尖的一端朝上，将其塑成球形，作为花朵的中心。

3. 要制作花瓣，揉搓出一根圆柱形杏仁膏，并切割成均等的小块状。将这些小块按压成小圆片形。

4. 使用勺子的背面，运用圆周运动的方式，将小圆片的边缘按压至纸张的厚度，使其变得平整。

5. 沿着基座缠绕花瓣，留出一边，这样第二片花瓣可以插在其下面。

6. 依附上第二片花瓣。

7. 以相同的方式继续增加花瓣，直到制作的玫瑰花达到了所需大小。使用锋利的刀，将玫瑰花从底座上切割下来。

• 复习要点 •

◆ 杏仁膏是什么，如何制作杏仁膏？

◆ 在使用杏仁膏时，要遵守什么使用指南以保持其颜色并保持其湿润？

◆ 制作简单的杏仁膏水果和花卉时，使用的是什么技法？

其他的装饰物

用杏仁膏制作的物品的种类变化仅受限于糕点师的想象力和聪明才智。胡萝卜、芦笋、马铃薯和豆荚里的豌豆等蔬菜也可以用与水果一样的方式进行制作。杏仁膏雪人和冬青树叶通常用来装饰圣诞老人。狗、猪和青蛙等动物也非常受欢迎。眼睛、鼻子和舌头等容貌类装饰可以用皇家糖霜、巧克力或风登糖来搭配制作。

用于糖霜花饰上巧克力画的框架一般都是用杏仁膏制作的。把杏仁膏揉制成粗细完全均匀的长圆条，然后把它们缠绕在糖霜花饰模板上。利用各种各样的杏仁膏镊子和塑形工具，让杏仁膏的纹理看起来像一个精雕细琢后的框架。用喷枪非常小心地将凸起的细节喷涂成深色，以突出这些细节。

糖霜花饰

糖霜花饰（pastillage）是一种用来塑形装饰物的糖膏。与杏仁膏和其他塑形用的膏糊不同，它并不常见，过去主要是用来食用的。干燥后，糖霜花饰如熟石膏一样坚硬、易碎，几乎没有味道。如今它主要用于制作展示品，如甜品自助餐台上的装饰品，或用来制作盛放花色小糕点和糖果的小篮子或小盒子。糖霜花饰通常是纯白色的，但也可以使用柔和的颜色上色。

糖霜花饰工具：棱纹擀面杖、模具及切割器。

这里给出的是一个既简单又流行的配方，使用现成的原材料：糖粉、玉米淀粉（作为干燥剂）、水、酒石酸（帮助保持洁白程度）及明胶（作为硬化剂和稳定剂）。糖霜花饰有时被称为干佩斯（gum paste），这个词在用植物胶（通常为黄蓍胶）代替明胶时更正确（请参阅干佩斯侧边栏中的内容）。

糖霜花饰的制作和加工使用

在糖霜花饰的制作过程中必须采取许多与制作杏仁膏时相同的预防措施。要想保持纯白色，小心翼翼是必不可少的。要确保所有的器具都非常干净，使用不锈钢盆，而不使用铝盆搅拌（铝会使材料呈灰色）。同样，工作台面、擀面杖和模具必须清洁、干燥。

糖霜花饰比杏仁膏干燥得更快，结皮也更快，所以必须要一直保持覆盖。在使用糖霜花饰时，将未使用的部分放到盆里，用湿布覆盖好。快速操作，不要停顿，直到产品成型并准备进行干燥处理。

大多数的糖霜花饰是使用擀成薄片的糖霜花饰膏，在造型图案纸样的帮助下切割成一定形状的。这些切割好的造型是平整的，或沿着模具弯曲成型的，并让其干燥，然后用皇家糖霜将它们粘合到一起。

大理石台面是擀开糖霜花饰的理想选择，因为它能使糖霜花饰膏的表面更加光滑。用玉米淀粉撒在工作台面上。注意不要使用过多的淀粉，以保持糖霜花饰不会粘连到一起。过多的淀粉会使糖霜花饰的表面迅速干燥，导致其结壳和开裂。

要制作出最吸引人的精致造型，糖霜花饰膏应擀开得非常薄（3毫米厚）。厚的糖霜花饰片会使装饰造型看起来笨重。应事先准备好造型图案的纸样，以便一旦将糖霜花饰擀好，就可以把纸样铺到上面。然后用锋利的刀或切割器利索而准确地进行切割。

对于塑形造型时要使用的模具，应清洁、干燥，并撒上玉米淀粉。例如，要制作出一个碗状的糖霜花饰造型，可以利用另一个碗的外侧，将碗倒扣放在工作台面上，当成模具，小心地将糖霜花饰片贴合到模具上，用手轻轻地将其塑形成模具的形状。

当糖霜花饰变得部分干燥和坚硬时，把它翻过来，让其底部变干。继续不时地一遍一遍地翻动，使其均匀的干燥。干燥不均匀的糖霜花饰往往会卷曲起来或扭曲变形。干燥时间取决于图案造型的大小和厚度，可能需要12小时到几天不等。

可以用特细的砂纸轻轻打磨干燥后的糖霜花饰，直到它变得非常光滑。这也有助于将切割出来的边缘部分变得平滑。最后，使用皇家糖霜作为胶剂将各个造型配件组装起来。如果需要，只需使用少量的糖霜，所有多出来的糖霜很可能会被从接缝处挤压出来，从而破坏造型产品的外观形象。

在接下来的两页图示里，这里所讨论的大部分的步骤，从糖霜花饰的制作步骤到创作出一个展示品所运用的技法都将进行说明。在附带的照片中，糕点厨师正在制作和装配下图所示的展示品组件。使用喷雾器给花朵喷上色。

纯白色、表面光滑的糖霜花饰的另外一个优点是可以作为使用巧克力绘画的理想画布。要想用这种方式使用它，首先要制作出圆形、椭圆形或长方形的糖霜花饰插件，让其变干燥，然后用砂纸打磨平滑。使用画笔，用融化的无糖巧克力在上面画出一幅画。用不同比例的融化的可可脂稀释巧克力，创作出或浅或深的色调。要想获得精致的细节，可以用尖细的木签，在巧克力上蚀刻出线条。在巧克力凝固后，可以用杏仁膏框来完成这幅画的制作。

干佩斯

术语干佩斯和糖霜花饰有时可以互换使用，它们的外观虽然相似，但它们却是略有不同的产品。干佩斯是由黄蓍胶制成的。因为这种胶成本较高，所以对于大片的装饰或者大量使用的作品来说，干佩斯不如糖霜花饰实用。此外，干佩斯的干燥速度要比糖霜花饰慢得多，当在完成一个展示作品，时间是一个重要因素的时候，使用干佩斯就不太方便。

干佩斯的慢干属性有时候同样也是一个重要的优点。因为它不像糖霜花饰那样快速干燥或者形成硬皮，所以当在制作一个需要很长时间才能成型的精细而复杂的造型时，它是一个明智的选择。因为它更柔韧，可以擀得更薄，可以用来制作更精致的造型。

对于那些有兴趣比较干佩斯和糖霜花饰的读者，可以参考后文的配方。

🌸 糖霜花饰 pastillage

原材料	重量	糖占100% %
明胶	12 克	1.25
冷水	140 克	14
糖粉（10x）	1000 克	100
玉米淀粉	125 克	12.5
酒石酸	1 克	0.1
总重量：	**1278 克**	**127%**

制作方法

1. 将明胶拌入水里。静置5分钟，加热至明胶融化。
2. 将糖粉、淀粉及酒石酸一起过筛。
3. 将明胶混合物倒入不锈钢搅拌桶里。在搅拌机上安装和面钩配件。
4. 随着搅拌机的低速运转，以明胶混合物刚好所能吸收的速度加入大部分的糖粉混合物，保留一点糖粉混合物，以防止混合物必须调整时所需。混合成光滑、柔韧性的膏状。与硬实的面团的软硬程度相似。如果太过湿润，可以加入部分或者全部所剩余的糖粉混合物。
5. 糖霜花饰膏要始终保持覆盖好。

用于创作这个糖霜花饰展示品的技法有插图示例。

制作技法： 使用糖霜花饰创作出展示品

这里所表明的技法是用来创作出前文"糖霜花饰"照片中的展示品。

1. 在一个工作台面上，最好是大理石台面上擀开糖霜花饰。撒上少许玉米淀粉。

2. 检查厚薄程度。

3. 先将擀开的糖霜花饰卷到擀面杖上再提起。一定要扫掉多余的玉米淀粉。

4. 使用带有棱纹的擀面杖，擀压出带有纹理的表面。

5. 切割出所需形状。在一个托盘里操作，可以从工作台面上移开这些插件进行干燥而不用干扰它们。

6. 可以使用刀具随意切割出一些造型。

7. 使用小型切割模具，切割出额外的装饰插件。

8. 使用一个环形模具，测量出要用来制作成盒子侧面的长条的宽度。

9. 切割出一条糖霜花饰，并摆放到环形模具的内侧。修剪掉两端，这样结合处就会完美无缺。

10. 从上面切割掉多余的部分。

11. 叶片和花瓣，切割出合适的形状。

12. 将切割好的形状放入叶模中按压好。

13. 将花瓣放入垫有方形油纸的模具里以防粘连到模具上。

14. 要制作出花朵的花心，将圆球形糖霜花饰在网筛上挤压。

15. 将花心摆放到位。

16. 要使用这种类型的切割工具/切割模具，摆放好一片糖霜花饰，压入模具里，然后按压弹簧柱塞将其推出。

17. 至于盒子的腿，将圆球形糖霜花饰按压进巧克力模具里。用刮板从模具上刮过，以去掉多余的部分，并让表面变得平整。

18. 糖霜花饰干燥后，用细砂纸进行打磨，以达到表面光滑。

19. 用皇家糖霜将插件造型固定好。

20. 将干燥后的表面固定到盒子上，表面使用棱纹擀面杖擀压出纹理造型。

21. 将侧面插件造型固定到位。

22. 通过将皇家糖霜调色并使用圆形纸锥挤出的方式，制作装饰性的网状花边造型。

牛轧糖

牛轧糖是一种由焦糖和杏仁制成的糖果（杏仁是传统材料，但有时也会使用其他切片的坚果类）。它看起来有点像花生糖，但因为有切片杏仁而更吸引人。焦糖应该是清澈的琥珀色，而不浑浊。糖在热的时候非常柔软且具有柔韧性，所以它可以被切割，并塑形，制作成装饰品。

制作和成型

如下文配方所示，加热制作牛轧糖涉及两个相对简单的步骤：将糖熬煮成焦糖，以及加入杏仁。葡萄糖浆可以转化一部分的糖，从而防止产生不必要的结晶。有时也会使用酒石酸或者柠檬汁来代替葡萄糖浆。

牛轧糖可以被切割成许多形状，并且经常会使用手工切割。如果展示插件需要精确的形状，那么最好是在油纸上剪出图案造型的纸样。在开始制作牛轧糖之前，准备好所有的纸样。然后把它们摆放在大片的牛轧糖上面，以引导后续工作。

当牛轧糖制作好后，将其倒入硅胶烤垫或者涂抹有油的托盘里，或者大理石台面上。牛轧糖会迅速冷却，所以必须快速操作。当牛轧糖片开始凝固，用抹刀将其翻面，使其均匀冷却。准备好纸样。用涂抹有油的擀面杖把牛轧糖片擀压平整，使其厚度均匀。把纸样摆放到牛轧糖片上，用涂抹有油的重刀快速切割出各种造型。涂了油的表面可以防止各种造型粘连到一起，但是不要把它们朝下按压，或者将它们在牛轧糖片上停留太长时间。

提前准备好涂抹上少量的模具油。例如，要制作一个牛轧糖造型的碗，可以使用倒扣在工作台面上的不锈钢碗的底部，并涂刷上油。将柔软的、切割好的牛轧糖铺到碗上，并小心地将其按压成型。

如果牛轧糖在塑形前冷却下来了并变硬，将其摆放到涂抹有油的烤盘里，放入热烤箱里一小会儿，使其软化。可以通过将它们紧挨着摆放到一起的加热方法，将两片牛轧糖粘连到一起。

但是要记住，每加热一次牛轧糖，它就会变暗一点。在一件展品中，太多暗色调的牛轧糖会使其外观逊色。

当塑好形的牛轧糖插件冷却下来并变硬后，可以根据需要，利用皇家糖霜或者熬煮到190℃的热糖浆将它们粘合到一起。牛轧糖插件造型上也可以使用皇家糖霜进行装饰。

牛轧糖的其他用途

与其他装饰性的材料不同，例如糖霜花饰等，牛轧糖是一种美味的糖果。薄薄的牛轧糖片可以切割成富有想象力的工作造型，并用来装饰蛋糕和其他甜品。

硬质的牛轧糖可以碎裂开，并像切碎的坚果一样，用来遮饰蛋糕的侧面。牛轧糖细粉过筛或研磨成糊状，可以成为奶油和糖霜的一种风味极佳的调味料。这种产品类似于果仁糖膏，只是果仁糖通常来说会含有榛子。

◆ 复习要点 ◆

◆ 糖霜花饰是什么？如何制作而成的？

◆ 在制作和加工处理糖霜花饰时，应遵循什么指南？

◆ 牛轧糖是什么，如何制作而成，且如何加工处理？

制作技法： 牛轧糖的加工处理

1. 将热的牛轧糖混合物倒入硅胶烤垫上。

2. 使用抹刀或双手（戴着胶皮手套），在它
   冷却时，将混合物反复折叠，使它均匀
   冷却。

3. 趁其仍然热并且柔软时，将牛轧糖用擀面杖
   擀开至所需厚度。

4. 这里展示的牛轧糖是打算作为一个展示品的
   基座。它是在涂抹有少许油的蛋糕模具里塑
   形的。

5. 使用厨刀修剪掉多余的部分。

6. 将擀开成为薄片的牛轧糖切割成用于装饰蛋
   糕（例如巴西利亚蛋糕的表层）以及糕点所
   需形状。

7. 趁热将造型插件弯曲成所需形状，或重新加
   热至具有柔韧性。

牛轧糖 nougatine

产量：可以制作1220克。

原材料	重量	糖占100%％
杏仁片	375 克	50
糖	750 克	100
葡萄糖浆	300 克	40
水	200 克	27

制作方法

1. 将杏仁片放入160℃烤箱里加热，不时搅动，至呈浅金黄色。
2. 将水、糖及葡萄糖浆加热到金色的焦糖色。
3. 将杏仁一次性全部加入焦糖里，并小心混合。不要过度混合，否则杏仁会碎裂成小粒状。
4. 将混合物倒入涂抹有油的烤盘或硅胶烤垫上。
5. 将牛轧糖小批量摊开，并使用一根金属擀面杖擀开至层次均匀状。
6. 在靠近烤箱门处加工处理牛轧糖，这样做可以保持其具有更长时间的柔韧性。牛轧糖不应粘连到擀面杖或者工作台面上。如果粘连了，在继续加工制作前让其略微冷却，然后放回到烤箱里，达到正确的可以加工的程度。
7. 在重新经过温和的加热后，可以再次用来修剪成型，但要注意，一旦牛轧糖的颜色变深，杏仁碎成细末状，牛轧糖就不要再使用了。

术语复习

marzipan 杏仁膏　　　　gumpaste 干佩斯　　　　pastillage 糖霜花饰　　　　nougatine 牛轧糖

复习题

1. 搅拌杏仁膏时要采取什么预防措施才能保持其颜色？
2. 假设想用点缀着粉色圆点的白色杏仁膏覆盖一个草莓馅的瑞士蛋糕卷，应怎么去制作杏仁膏片？
3. 描述制作一朵杏仁膏康乃馨的过程。
4. 采用什么步骤来确保糖霜花饰正确的干燥？
5. 如何将干燥的糖霜花饰粘连到一起？
6. 描述牛轧糖的切割和成型过程。
7. 剩下的牛轧糖边角料有些什么用途？

25

糖艺

读完本章内容，你应该能够：

1. 用正确的方法熬煮糖浆，用于制作糖艺作品。
2. 制作棉花糖（糖丝）、糖笼和倒糖（铸形糖，塑形糖）。
3. 制备拉糖，制作简单的用拉糖和吹糖工艺制成的糖饰品。
4. 制备基本的熬煮糖制成的糖果。

许多糕点师都认为糖艺作品是他们装饰艺术的巅峰之作。其中一个原因肯定是所制成的巧夺天工的拉糖和吹糖作品具有晶莹剔透的美，在吹糖制成的花瓶里插满了五颜六色的糖花，大朵的糖花如瀑布般从婚礼蛋糕的侧面倾泻而下；又或是糖艺花篮里装满糖艺水果，摆放在包裹着糖艺彩带和蝴蝶结的糖艺底座上。

另一个原因，是制作装饰糖艺作品的难度。精通这门艺术需要敬业奉献和大量时间，以及数年的练习和研究，掌握这门艺术的厨师应该得到与他们的成就相对应的尊重。当学生们看到可能得到的结果时，他们往往会不可抗拒地去学习这些技法。

这一章会对糖艺工作进行介绍，从比较简单的制作棉花糖和糖笼的技法开始，接着是难度比较大的制作拉糖和吹糖的步骤。在本章的后面部分将介绍益寿糖，这是现在流行用来制作装饰作品的可替代糖。本章最后部分介绍了基于熬煮糖制成的糖果。

熬煮糖浆（用于糖艺作品）

本书在第12章里解释过了用于各种甜品的糖浆熬煮的过程。当糖浆熬煮到几乎所有的水分都蒸发时，糖冷却后就变成了固体。在这个过程中，可以将糖熬煮到149℃或更高的温度，并趁热塑形，使糖能够用来制作装饰物。

如第4章所述糖在含有酸的糖浆中煮沸后，会发生一种化学变化，称为转化，即一个双糖分子（蔗糖）与一个水分子结合，形成两个单糖分子（葡萄糖和果糖）。转化糖，不会形成结晶，而普通的蔗糖（砂糖）很容易结晶。糖的转化量取决于酸的含量。这个原理应用于风登糖糖霜的制作：在糖浆中加入适量的酒石酸或葡萄糖浆，产生大量极细的糖晶体，使风登糖呈现出纯白色泽。

这种技法也用于本节中所讨论的制糖工作，特别是拉糖。如果使用了太多的酒石酸或葡萄糖浆，太多的糖就会被转化，导致糖在加工操作时太软且太黏，冷却时也不会变硬。如果没有加入足够的酒石酸或葡萄糖浆，糖被转化的就会很少，糖会变硬，使其难以加工操作，也容易破碎。

只要控制在一定范围内，酒石酸或葡萄糖浆的确切用量很大程度上取决于糕点师或糖果商的喜好。一些设计师喜欢用较硬的糖，而另一些人则喜欢用较软的糖。因此，很多配方都有"各种变化"。也可以用自己喜欢的配方来代替这本书的配方。

糖浆熬煮的温度也非常重要。温度越高，糖就会越硬。本书中推荐的温度是155～160℃，图中所示的拉糖和吹糖的实际温度是160℃。其他书中所使用的温度可能会略有不同，因为所有厨师都有自己所偏爱的制作步骤。

将糖加热到更高的温度会使其变得更硬并且更脆，因此也更难以加工操作。加热到较低的温度会使糖变得更软，更容易加工操作，但是在潮湿的气候条件下，糖块可能就不会那么坚挺了。没有经验的厨师或许可以从温度范围的较低温度开始，在掌握更加熟练地加工处理糖艺作品的能力之前，不用去担心保持

住它们作品的质量。

关于温度和酒石酸的添加，还有两点必须要注意。首先，经过熬煮之后的转化糖比纯蔗糖褪色更快，因此，要在熬煮过程接近尾声时再加入酸性物质。在本书的食谱里，应用中大火迅速煮开，慢火煮开会让糖浆有更多的时间变色，并且糖浆也不会成为清澈的白色。

如果在熬煮糖浆的过程中要加入颜色（用于倒糖或者拉糖），应在加热的中途，125℃时加入。如果颜色加入得太早，它有更多的褪色时间，所以必须尽早加入，足以将酒精或水分熬煮掉。

在本章中，每种技法使用的糖浆略有不同。按照每一节中的具体食谱，记住以下使用指南：

1. 使用纯白砂糖。把砂糖过筛，除去在储存过程中可能落入其中的所有杂质。

2. 将糖和水放入干净的厚底锅中。用小火加热并搅拌，直到糖完全融化开。

3. 待糖融化开之后，把火调到中大火加热，不要再继续搅拌。为了防止结晶，用干净的糕点刷蘸上热水刷掉锅边上的糖晶体。不要让糕点刷触碰锅里的糖浆。

4. 一定要使用高温温度计。

5. 按食谱中规定的温度加入色素和酒石酸溶液。

6. 不要在酸性溶液中使用液体色素。为了达到最好的效果，使用粉末状的色素，并将它们用少量的水或酒精溶解开。也可以使用高质量的色膏。

棉花糖，焦糖装饰和倒糖

棉花糖

棉花糖是一团线状或发丝状的糖，用来装饰蛋糕和展示品。圣奥诺雷蛋糕通常使用棉花糖做装饰。

棉花糖应该在需要使用之前才制作，因为它不易保存，会逐渐从大气中吸收水分，并变得黏稠。最终，这些被吸收的水分导致糖溶解。

通过在桌子的边缘支起一根涂抹有少许油的木棍或擀面杖，使它水平朝外伸出桌子边缘30～60厘米来准备好工作区域。在下面的地板上铺上足够多的纸，以收集滴落的糖浆。要制作出糖丝，需要一把剪掉末端的搅拌器。

用于糖艺的工具。最上面：糖艺灯。底部，从左到右：高温温度计，胶皮手套，叶形模具，吹糖气囊，用于制作棉花糖的剪掉末端的搅拌器。

制作步骤： 制作棉花糖

1. 熬制糖浆。当达到正确的温度时，将锅从火上端离开，静置几分钟，直到略微冷却并变得浓稠。

2. 将去掉头部的搅拌器蘸入糖浆里，轻轻拍打去掉多余的糖浆。将搅拌器在木棒上方用力地来回挥动，这样糖就会以细而长的丝线状被甩离出去。

3. 重复此操作步骤，直到木棍上所挂上的棉花糖的数量达到所需程度。小心地将成团的棉花糖从木棍上取下来。

4. 将糖丝缠绕起来，或者根据需要塑形后用于装饰。

5. 如果糖浆冷却过度，以至于无法拉丝，只需用小火重新加热即可。

焦糖笼和其他的形状

焦糖笼是使用焦糖制成的精致、丝带状的圆顶形糖。它们的装饰效果令人印象深刻并且高贵典雅。糖笼可以制作得大到足以覆盖整个蛋糕、邦贝冰淇淋蛋糕、巴伐利亚奶油及其他的甜品，也可以制作成小到足以装饰单份的甜品。

所需尺寸的盆可以用作大型糖笼的模具。汤勺通常用于小的、单份的糖笼。在汤勺的底部或其他模具上涂上少许油，这样当糖变硬时就可以将其取下来。

制作步骤： 制作焦糖笼

1. 熬制糖浆。使用高温温度计进行测温，以确定糖浆熬煮的阶段是最准确的方法。

2. 将糖浆略微冷却。用一只手握稳模具，用一把勺子蘸取糖浆随意地在模具上淋撒上丝线状造型，转动模具，在模具所有的侧面上都淋撒上一些糖浆。

3. 修剪掉多余的糖丝，让糖冷却至变硬，并小心地提起。

其他形状的糖可以通过将糖用裱花袋挤出或淋撒到硅胶烤垫或是涂抹有油的工作表面上的方法制作成型。要制作出精细而均匀的糖丝，可以使用圆形纸锥。如配方中的制作步骤所述。戴上胶皮手套以保护手不会受到糖浆热量的烫伤。对于看起来更加粗粉或者更加随性的做法，可以用勺子蘸入糖浆里，然后淋撒到硅胶烤垫上，意式奶油冻上面的焦糖装饰造型就是这样制作出来的。

螺旋状的糖可以给一些装盘甜品带来优雅的装饰效果。它们是使用制作螺旋状糖的步骤制成的。

制作步骤： 制作螺旋状的糖

1. 按照制作焦糖笼的方法制作糖浆。
2. 将一根热糖浆条绕在涂有少许油的铅笔或细木棍上。
3. 当糖变硬后，从铅笔上将螺旋状的糖滑脱下来。

🧁 拉糖和吹糖 pulled sugar and blown sugar

产量：可以制作1200克。

原材料	重量	糖占100% %
糖	1000 克	100
水	300 克	30
葡萄糖浆	200 克	20
食用色素	根据需要	按国家标准
酒石酸溶液 （见注释）	8 滴（按国家 标准添加）	

注释： 要制备酒石酸溶液，使用等量的酒石酸和水。将水加热烧开，从火上端离开，并加入酒石酸。让其冷却。

制作方法

1. 用糖、水及葡萄糖浆制作糖浆。

2. 加热熬煮到125℃；如果需要的话，加入色素（色素也可以在步骤5中，当将糖倒出后加入）。

3. 继续加热熬煮到135℃，加入酒石酸溶液。

4. 继续加热熬煮。当温度达到160℃，或者达到所需要的最终温度，将锅底快速浸入冷水里以阻止糖浆继续加热。从冷水里取出，静置2～3分钟，让其略微变稠。

5. 将糖浆倒入硅胶烤垫上或涂抹有油的大理石台面上。如果在步骤2中没有加入色素，可以在此时加入。

6. 让其略微冷却；但是在糖外部四周开始变硬之前，将边缘处的糖浆折叠到中间。重复此操作步骤，直到糖块可以从台面上提起来。

7. 将糖拉伸开，并将其折叠回原来的位置，重复这样的操作，直到混合物变凉，在拉伸时会发出轻微噼啪声或咔嗒声。当糖过于冷却时，不要试图把它拉出来，因为它会开始形成结晶。用厨用剪刀将糖剪切成小块，然后把它们摆放在糖艺灯下，使它们保持可操作的温度。每次只拉伸折叠一块糖，这样它们的质地和温度就会一致。经过12～20次的折叠后，糖就会呈现出丝绸或珍珠般的外观。不要拉伸太多的次数，否则糖就会失去珍珠般的外观，变得不那么富有光泽。

8. 塑形成吹糖或拉糖的装饰品。

丝带（彩带）

一个单一颜色的糖丝带就是把一块糖拉伸成一条薄的丝带形状。这听起来很简单，但是制作出一条厚度和宽度完全均匀的纤薄而精致的丝带，并且要确保糖块是受热均匀的，所有部分的丝带的拉伸力度都是相同的，需要大量的练习和技巧的运用。

要制作出一条两种颜色的丝带，先用两块对比色的糖。把它们塑形成同样大小和形状的条状。把它们紧挨着摆放好，并一起按压，然后把它们拉伸成一条丝带。要制作出多重的条纹，当两条彩色条纹部分拉伸开时，将其切割成两半。把这两半丝带紧挨着并排摆放到一起，这样就有了四个交替的条纹。最后把它们拉伸成缎带形状（可以用同样的技法制作出三种或三种以上颜色的彩色丝带）。

要制作蝴蝶结，使用厨用剪刀剪下一段丝带，并将其弯曲成一个环形。把每个环形彩带的一端放在酒精灯火焰上加热，使糖变软，然后把加热的一端都按压到一起。

制作步骤：制作拉糖

1. 将熬煮好的糖倒入硅胶烤垫上。

2. 如果需要使用一种颜色，并且没有在熬煮的过程中加入，此时可以用滴管加入色素。

3. 当糖冷却下来，将边缘处朝中间折叠过去，这样就会均匀的冷却。

4. 当色素混合进入后，拿起糖块，开始将其拉伸和折叠。

5. 拉伸和折叠糖块，直到其带有了丝绸般的或者珍珠般的外观，并且伸拉开时，会发出轻微的噼啪声。

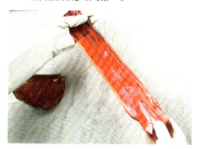

6. 在使用时，为了让它们保持在适当的温度下，要将糖块储存在糖艺灯下。

糖艺灯

糖艺灯只是一个简单的红外热灯泡的固定装置，通常是250瓦。灯罩是连在一个细长、可弯曲的灯杆上，这样就可以让糕点师调整热源和摆放在硅胶烤垫上的糖之间的距离。

为了便于使用，用于拉伸或吹糖的糖必须温热到足够柔韧的程度。一般来说，拉伸的温度在38~55℃，而吹糖的温度要高达80℃，这在一定程度上取决于厨师的喜好。由于灯的热量主要是从顶部加热糖，所以糖必须勤翻动、折叠以使其受热均匀。

让糖块在糖艺灯下松弛，直到表面带有光泽，看起来几乎是呈液体状。然后轻轻把糖拉伸成一个长方形，并将两端朝里折叠过去，让它们在中间对齐（或简单对折）。注意在折叠的糖层之间不要把气泡按压到里面。重复折叠几次，直到糖受热均匀而柔软。

当用一块糖制作装饰品时，要将剩余的糖块在灯下反复翻动，使它们保持受热均匀并柔软。

制作步骤： 制作拉糖丝带

1. 将选定颜色的糖制作成大小相同的条状，紧挨着摆放到糖艺灯下。

2. 拉伸或者拽拉到开始形成丝带状。

3. 将丝带折叠至两端并排挨在一起，用涂抹有油的厨用剪刀剪成两半。

4. 重复拉伸和紧挨着剪断的过程，直到丝带达到所需造型和宽度。

5. 在糖变硬之前，把它折起来，让它看起来像一条微微起皱的缎带。

6. 将丝带用涂抹有少许油的厨用剪刀剪至所需长度。

花朵和树叶

用于制作简单的花朵的基本技法，在制作拉糖百合花的步骤中有详细的介绍，其中插图说明了百合花和树叶的制作过程。注意在树叶上按压出筋脉纹理的模具。如果没有这样的模具，可以用刀背按压刻划出筋脉的图案。

另一种流行的使用拉糖制作的花是玫瑰花。玫瑰花瓣的制作方法与制作百合花瓣的基本技法相同，只不过要将花瓣拉伸成圆形，而不是拉长。把第一片花瓣卷成紧密的圆锥形。然后在中间的圆锥形周围卷上更多的花瓣，与制作杏仁膏玫瑰花一样。让外层的花瓣比里层的稍微大一点，把边缘卷起来，看起来像真正的玫瑰花瓣一样。

另一种方法是先制作好所有的花瓣，而不将它们组装起来。然后在酒精灯的火焰上加热花瓣的底部边缘，让它们粘在一起，然后组装成花朵。

要制作出一根能承受花朵重量的茎，可以用一根结实的铁丝穿过温热的拉糖，直到将其完全包裹住。趁着糖还柔软的时候，把包住的铁丝弯曲成所需要的形状。

制作步骤： 制作一朵拉糖百合花

1. 将拉好的糖球的一侧拽拉出薄薄的边缘。

2. 抓住这个薄的边缘，并朝外拉，制作成带尖的花瓣状。

3. 用涂抹有油的厨用剪刀剪断花瓣。重复这个制作步骤，制作出更多的花瓣。

4. 将这些花瓣贴合到一起形成百合花的造型。

5. 要制作百合花的内部（花心），把糖拉伸成细丝状。

6. 如图所示，将两段糖丝折叠起来，然后插入花里。

7. 要制作树叶，与制作花瓣一样拉糖，但是把这些糖片拽得宽一些，像树叶一样。

8. 将拽好的糖片，摆放到半个叶模里。

9. 用另外一半的叶模按压糖片，以按压出树叶的筋膜纹理。最后制作好花朵。

简易花篮

做简易的花篮，可以用擀面杖把一块拉糖擀成薄片，在涂抹有油的碗或者大的罐头盒上将其模压成型，与成型牛轧糖一样。也可以连接上一个把手。

编织花篮

在编织的拉糖花篮中装满展示拉糖花卉或水果是令人印象深刻的一件展示作品。要制作编织花篮，需要在一块板形基座上钻出一些奇数数量的孔洞。这些孔洞应间隔均匀，并形成圆形、椭圆形或正方形等。另外，还需要一些木钉，可以松散地插入这些孔洞里。钻取这些孔洞时要呈一定的角度，这样木钉就会向外倾斜。这使得花篮的上面比下面更宽。

在编织花篮之前，先将木钉和基座涂上少量的油。然后，取一块柔软的球形拉糖，并开始从球上拽拉出一根绳状的糖或把拉糖球揉搓成糖绳状。从一根木钉的内侧边缘处开始，沿着这些木钉将糖绳编进编出，在编织的过程中拽拉出更多的糖绳。注意要保持所拽拉出来的糖绳的粗细均匀。继续将糖绳缠绕到木钉上，直到花篮达到所需的高度。

再制作与木钉相同大小和数量的拉糖钉。逐一将木钉拔出来，并用拉糖钉替换它们。如果需要，用热刀或者厨用剪刀修剪拉糖钉的顶部。

接下来，用倒糖或用擀面杖擀开的拉糖为花篮塑形出一个底座。用热的糖浆将底座粘到花篮上。

要完成顶部和底部的边缘处的制作，将两根拉糖绳扭到一起制作成一根糖绳。将糖绳缠绕在篮子的顶部和底部边缘，并将两端密封到一起。用粗大的糖绳制作出一个花篮的把手，然后在花篮把手上缠绕上一根糖绳。

吹糖

中空的糖水果和其他物品是以与吹玻璃相似的方式从拉糖吹出来的。传统上，糖是用嘴从一根管子中吹出的，许多厨师仍然喜欢这种方法。然而今天，吹管和挤压气囊的使用已经变得非常普遍，使得这项工作变得容易了一些。特别是对于初学者来说，这种吹管比用嘴吹的吹管更容易控制。

糖艺造型的形状取决于它如何被操控、使用和支撑，以及它如何被冷却或加热。要制作出圆形的物体，如苹果，要把吹管和糖以一定的角度朝上举起，这样糖的重量就不会将其拉长。对于长而薄的物体，比如香蕉，在吹糖时要轻轻地将糖拉伸。

如果吹糖的一侧变得太薄了，可以用电风扇把那一侧吹得稍微冷却，直到它变硬。通过观看演示和不断练习，可以学会控制作品各个侧面的温度，以便塑形成所需要的造型。最好的吹糖作品有一层薄薄的、精致的糖壁，四周的厚度都非常均匀。

至于更加复杂的吹糖作品，例如动物、小鸟及

在组装之前的部分糖艺展示插件

糖艺展示插件制作完成之后的成品

鱼等，可以通过练习而制成。例如，要制作一只长颈鸟，首先将糖吹成花瓶的形状，然后把颈部拉伸出来，形成鸟的长颈。动物的头部和身体部分可以分开吹制，依附的部分，例如翅膀和羽毛，可以用拉糖分别制成。

当吹好的糖变硬后，可以加入更多的颜色，让水果看起来更加逼真。如果作品是使用带有颜色的拉糖吹制的，或只需要使用画笔添加几笔高光和色斑。另一种方法是用未着色的糖来吹制，然后用喷雾器来添加颜色的层次，以产生出更加协调的效果。如果制作得巧妙，可以让水果看起来更加自然。喷洒色素时，将粉末状色素溶解在酒精中。如果一个作品适合使用暗淡而不带有光泽的表面，可以在完成后的作品上撒上玉米淀粉。

用于吹糖的制作步骤图例说明了吹糖水果的主要制作步骤。

制作步骤：吹糖

1. 在一块热的拉糖上制作出一个凹陷形，然后将吹管的末端插入。

2. 用力将糖块挤压到吹管上以密封好。

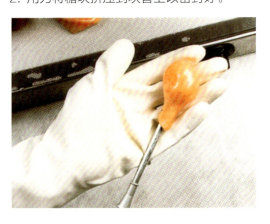

3. 要制作梨，慢慢给糖球充气，在其吹胀的过程中塑形成水果状。

4. 继续充气，并用手指塑形。当达到了所需要的造型和大小时，使用电风扇使糖变硬。

5. 在火焰上加热吹管，将吹好的梨从吹管上拉拽下来。用手指塑形成梨把的末端。

6. 以相类似的方法塑形其他的水果，例如香蕉。

7. 塑形苹果如图所示。

8. 这些最后制作好的水果用喷雾器喷上色，并用一根小的画笔进行高光处理。

◆ 复习要点 ◆

◆ 制作拉糖和用它来制作拉糖和吹糖作品的步骤是什么？

◆ 用拉糖来制作丝带、花朵和树叶使用什么技法？

◆ 制作吹糖的基本步骤是什么？

使用益寿糖（艾素糖）

益寿糖产品已经成为糕点厨师作为糖的流行替代品，用于倒糖、拉糖及吹糖块。益寿糖从空气中吸收水分的程度更低，所以使用益寿糖制作的成品可以保存更长时间，并保持干燥。此外，益寿糖不易结晶，所以它比糖更清澈。使用益寿堂制成的铸形糖片可以像玻璃一样清晰透明。事实上，在使用益寿糖时，不需要像糖一样，加入葡萄糖浆或酒石酸来防止其结晶。

益寿糖（除了成本较高之外）的一个缺点是它的工作温度（当拉糖或吹糖时，糖必须达到的温度）比糖稍高一些，所以对初学者来说它可能不是最好的练习材料。然而，除了温度差异以外，益寿堂的处理方式和糖很像，所以很多指导教师建议那些第一次拉糖的人先使用糖进行练习，直到他们适应了这个技法，他们就可以把这些技能应用到益寿糖上。

制备益寿糖的使用指南将有助于将其用于装饰工作的益寿糖进行准备。益寿糖准备好后，可以将其倒在硅胶烤垫上，并且像拉糖一样进行加工处理。或将其倒进模具里，像倒糖、铸形糖一样处理。

使用指南： 制备益寿糖

1. 益寿糖可以干燥的形式直接加热融化，但是其工作温度会比与水一起加热熬煮的温度高出一些。这就是为什么许多糕点师喜欢将其与水混合加热后使用。每使用1千克的益寿糖要加入125克水。在厚底不锈钢锅里混合至混合物如同湿润的沙子一样。

2. 建议使用蒸馏水，因为其基本不会让益寿糖变色。

3. 将混合物一直加热熬煮到168℃。在加热熬煮的第一阶段，用一个蘸过水的毛刷将锅壁上的糖刷掉，与加热熬煮糖一样。

4. 一旦达到了所需温度，立刻将锅底浸入冷水里5秒钟以阻止益寿糖的继续加热，并保持温度不再升高。

5. 当益寿糖已经冷却到154℃时，可以加入任何所需要的颜色。将色素滴落到热的益寿糖表面，并略微搅动，直到气泡消失，以将水分挥发掉。然后将色素彻底搅拌均匀。

6. 将锅放入预热至149℃的烤箱里，直到益寿糖完全清澈，并没有气泡，这会需要15分钟。

7. 益寿糖变得清澈后，立刻将其倒入模具里直到变硬，或者将其倒入硅胶烤垫上，与拉糖一样进行加工处理。

8. 熬煮好的益寿糖可以储存在密封的容器里，以防止其吸收水分。若要长期储存，可在容器里放入食品级的干燥剂料包会有助于吸收所有的水分。

9. 要重新融化开储存的，可将熬煮好的益寿糖放入不锈钢锅里，并放入149℃的烤箱里，直到融化开。或者在微波炉里用中等功率加热融化。每隔5分钟停止微波炉加热，并搅拌益寿糖，这样其受热就会均匀。

用熬煮好的糖制作糖果

除巧克力以外，大部分老式糖果都是基于一种熬煮过的糖溶液制作而成的。在第12章和本章的背景材料为制作接下来的食谱做了准备。特别需要的话，可回顾在第12章中所解释的关于熬煮糖浆的相关信息，包括避免结晶的步骤等。

硬糖是一种调味糖浆，熬煮到硬裂阶段。注意，其食谱和拉糖的配方是一样的，只是添加了调味料。花式糖果，例如彩带，可以用拉制糖的步骤来制作。简单的糖果也可以通过食谱中的步骤6来制作。然后用擀面杖把糖擀成均匀的厚度，再用涂抹有油的刀切割成小方块形。

太妃糖和第12章中所介绍的黄油焦糖本质上是一样的，外加了调味料和其他原材料，使它转化成为了一种美味的糖果。要注意，太妃糖食谱的核心——糖和黄油，与黄油焦糖食谱相同。

花生糖是一种类似太妃糖的糖果，但是使用更少的黄油，加入了大量的花生。软质焦糖也是以类似的方式制作的，不同的是糖浆是用奶油或牛奶代替水制作而成，而且糖果是在较低的温度下熬煮的，这样很少有水分被熬煮掉，所以糖果是软质的而不是硬的。

最后，经典、老式的法奇软糖也应该被理解为一种使用熬煮过的糖制成的糖果，而不是作为巧克力糖果。虽然巧克力经常被用作调味料，但也可以使用其他的调味料。法奇软糖的基本制作步骤与制作风登糖糖霜类似：将熬煮好的糖浆冷却到合适的温度，然后搅动到形成非常精细的晶体。回顾可浇淋风登糖的食谱，并与在这里所给出的法奇软糖食谱相互比较。这两种制作步骤的临界点都是糖浆所要冷却到的温度。如果仍然是在温度太热的情况下搅拌或搅动，晶体就会过大，质地就会呈颗粒状。

◆ 复习要点 ◆

◆ 当使用益寿糖来制作拉糖作品时，应遵循什么使用指南？

◆ 太妃糖、花生糖和软质焦糖在哪些方面相似？又在哪些方面不同？

◆ 为什么法奇软糖被认为是一种基本的使用熬煮过的糖制成的糖果，而不是巧克力糖果？

花生糖 peanut brittle

产量：可以制作2125克。

原材料	重量	糖占100% %
砂糖	1000 克	100
葡萄糖浆或	720 克	72
玉米糖浆		
水	380 克	38
生花生（见注释）	750 克	75
黄油	55 克	5.5
香草香精	10 克	1
盐	6 克	0.6
小苏打	10 克	1

注释： 如果没有生花生，可以使用未加盐的、烘烤好的花生，并将它们在倒出到大理石台面前再加入到糖浆里。

制作方法

1. 在大理石台面上涂抹上少许的油。
2. 将糖、玉米糖浆及水在厚底酱汁锅里混合好，加热烧开，将糖融化开，并制作成糖浆。
3. 加热熬煮糖浆，直到温度达到了121℃。
4. 加入花生和黄油。
5. 继续加热熬煮到混合物达到155℃。不时轻轻搅拌，以防止锅底焦煳。
6. 将锅从火上端离开。拌入香草香精、盐及小苏打。务必谨慎，因为热的糖浆上会升起一会的泡沫。
7. 将糖浆倒入到大理石台面上。
8. 糖浆会比花生朝外流淌得更远。 要确保坚果呈均匀分布状，使用涂抹有油的抹刀，小心翼翼地将一部分的花生朝外侧的糖浆处涂抹过去。
9. 制作更纤薄、纹理更细腻的糖果可选步骤：在这一步骤中戴上乳胶手套来保护双手。当糖浆冷却到可以用抹刀将边缘部分挑起时，用戴着手套的双手小心地抬起边缘部分的糖浆，向外拉伸，以拉拽糖果，让糖果在坚果之间变得更薄。两名或多名操作者站在大理石工作台面相对位置处同时操作时最为简单。因为它冷却和硬化的非常迅速。小心不要触碰到任何热糖。当糖果变硬时，从边缘掰下一些，继续拉伸剩下的花生糖。
10. 完全冷却并保存在密封容器中。

 ## 软质焦糖 soft caramels

产量：可以制作1.5千克。

原材料	重量	糖占100% %
多脂奶油	1.5 升	200
砂糖	750 克	100
葡萄糖浆或玉米糖浆	200 克	27
盐	4 克	0.6
黄油	200 克	27
香草香精	15 毫升	2

各种变化

巧克力焦糖 chocolate caramels
将黄油拌入后，加入100克的融化的原味巧克力。

坚果焦糖 nut caramels
在将加热制作好的混合物倒入到油纸上前，拌入300克切碎的核桃仁或山核桃仁。

制作方法

1. 将油纸铺到大理石台面或其他工作台面上。 将涂抹有油的焦糖尺子摆放到油纸上成为30厘米x40厘米的长方形。
2. 将奶油、糖及糖浆放入厚底酱汁锅里。加热烧开，搅拌至糖融化开。
3. 将火调成小火并加热，搅拌，直到混合物达到110℃。
4. 加入黄油和香草香精。继续用小火加热，不时搅拌，直到混合物的温度达到118℃。
5. 将混合物倒入制备好的油纸上。让其完全冷却。
6. 完全冷却后，切成2.5厘米的方块，或其他所需形状。
7. 如果需要，可以将冷却后的焦糖蘸上调温后的巧克力。

焦糖的质地

在小范围内，软质焦糖的质地就可能从柔软到坚硬，但仍然有嚼劲。在加热熬煮的过程中，为了测试焦糖的质地，可以将少量的焦糖滴入冷水中，然后检测冷却后焦糖的质地。它应该形成一个柔软但牢固到足以保持住形状的程度。如果太软，就再继续熬煮得久一点。如果太硬，向混合物中加入少许水，然后再次进行测试。

 ## 巧克力法奇软糖 chocolate fudge

产量：不加入核桃仁，可以制作1375克。

原材料	重量	糖占100%%
砂糖	1000 克	100
牛奶	375 克	37.5
葡萄糖浆或玉米糖浆	125 克	12.5
黄油	125 克	12.5
原味巧克力（切成细末）	155 克	15.5
盐	3 克	0.3
香草香精	15 克	1.5
核桃仁［切碎（可选）］	200 克	20

各种变化

香草风味法奇软糖 vanilla fudge
去掉巧克力。

红糖法奇软糖 brown sugar fudge
使用红糖代替白糖。在加热熬煮的第一阶段，糖的酸性会使牛奶凝结，但这不会危及到最终的产品。

花生黄油法奇软糖 peanut butter fudge
去掉巧克力，并在步骤5中加入25%（250克）的花生酱来代替巧克力。

制作方法

1. 在23厘米的方形烤盘里铺上锡纸。
2. 将糖、牛奶及糖浆放入厚底酱汁锅里。加热烧开，不时搅拌，直到糖融化开。
3. 继续用中火加热熬煮混合物，直到温度达到110℃。在熬煮的过程只能轻轻、缓慢搅拌混合物，以防止锅底烧焦。
4. 加入黄油，并轻缓搅拌至混合均匀。
5. 加入巧克力、盐及香草香精。搅拌至巧克力融化开并混合均匀。
6. 继续加热熬煮，非常轻缓地搅拌，直到混合物的温度达到113℃。
7. 倒到大理石台面上。冷却，不要搅动，直到温度达到43℃。
8. 当法奇软糖已经达到了合适的温度，使用刮板或者金属抹刀将其混合到一起，直到变得浓稠，并且变得基本上没有光泽。如果使用坚果，在此时将它们加入。
9. 趁着混合物仍然非常柔软时，快速将法奇软糖放入到制备好的烤盘里，让其完全冷却。
10. 当冷却后，完全覆盖好，并让其在室温下静置一晚。熟化或成熟期会改善质地。
11. 切割成所需要大小的方块形。

术语复习

inversion 转化	sugar cage 焦糖笼	cast sugar 铸形糖	pulled sugar 拉糖
spun sugar 棉花糖	poured sugar 倒糖	isomalt 益寿糖	blown sugar 吹糖

复习题

1. 当熬煮用于拉糖的糖时，为什么快速熬煮非常重要？
2. 描述制作棉花糖的步骤（假设已经把糖浆熬煮好了）。
3. 当在熬煮用于拉糖的糖浆时，解释最终加热温度的重要性。
4. 讨论酒石酸在拉糖生产过程中的作用。在讨论中包括添加的时间和使用的总数量。
5. 描述使用两种对比色的糖，制作一条拉糖丝带的步骤。
6. 如果将拉糖提前制作好并储存好，要使其具有可操作性，必须怎样操作？

26

特殊膳食烘焙食品

读完本章内容，你应该能够：

1. 描述与烘焙食品和甜品有关的营养方面的问题。
2. 描述与烘焙食品和甜品有关的过敏症和食物不耐症问题。
3. 使用原材料功能方面的知识，描述如何减少或去掉烘焙配方中的脂肪、糖、麸质、乳制品和鸡蛋等原材料。

　　什么是"有益健康" 的食品？首先，这种食品一定不能对人体造成伤害。鉴于我们对食物过敏意识的日益增强，某些食物对某些人来说是完全安全的，但对其中一种或者多种原材料过敏的人来说就不是健康食品。第二，食物必须有助于我们的健康。也许有人会说，即使是没有任何营养价值、高脂肪和高糖分的香浓甜品，仅仅因为它的美味和满足感，也能帮助我们得到美好的情绪。大多数糕点师可能会同意这种说法。然而，当我们说一种食物是有益健康的时候，通常是指它的营养价值高，并且来自脂肪和糖的热量低。

　　人们有时会说，面包师做的是"脂肪生意"，因为他们制作的产品脂肪含量很高。这并不是完全正确的，面包店的许多重要产品都是低脂肪或无脂肪的，从法式面包到烩水果和蛋白霜。尽管如此，其他产品，如糕点和曲奇，除了热量以外，确实是高脂肪，低营养成分较多。为了解决这个问题，许多糕点厨师都在尝试开发更加健康的食品。更重要的是，由于过敏反应可能是致命的，厨师、面包师和糕点厨师们也在通过生产为顾客提供既美味又安全的食品来应对食物过敏症带来的问题。

食品营养的热点

饮食与健康越来越多地出现在新闻中。不断上升的肥胖率经常成为新闻头条。越来越多的人患有食物过敏。饮食引起的健康问题增加了医疗保健的费用。人们似乎常常因为太害怕食物带来的副作用而无法享受美味。与此同时，我们对餐厅和面包店的喜爱程度也在持续增长。人们想要品尝那些他们可以享受的，并且健康的美味佳肴。

饮食方面的问题可以分为两大类：关于营养方面的，以及关于食物过敏与不耐症方面的。拥有良好的营养意味着要摄入多种多样的食物种类，包括人体所必需的维生素、矿物质、蛋白质和其他的营养物质。与此同时，这意味着要限制大量有害食物的摄入。控制体重增加需要限制卡路里，特别是来自脂肪和糖的卡路里。术语"空热量"是指每卡路里提供的营养很少的食物。高营养密度食物是指每卡路里的营养含量很高的食物。水果、蔬菜和全谷物类都是高营养密度食物的代表，而精制糖和面粉的营养密度较低。

对于顾客来说，富有营养的食物是随机可选的。即使是那些通常会选择营养食物的人们也可以享用一份香浓的糕点或一片白面包而不是全谷物制品。作为均衡饮食的一部分，享受有限的甜食可以带来享用美食的乐趣，但不一定会有不良影响。然而，对于食物过敏的人来说，选择正确的食物可能是一个生死攸关的问题。过敏反应的范围从不适到严重的疾病甚至死亡，所以解决这些问题对所有的餐饮服务工作者来说都是非常重要的。

在本章里，我们将营养问题和过敏问题分开讨论，因为在面包房里它们需要采用不同的方法来寻找替代品。在探讨了主要的所规定的饮食议题之后，我们审核了为满足特殊需要而修改配方的方法。本章结尾以一组精挑细选的配方举例说明了满足特殊饮食需要的方法。这些配方是使用的本章所概述的技法而研发出来的。

特定膳食的烘焙是一个广泛而复杂的主题，它包含了许多子主题，如无麸质烘焙和用糖替代品的烘焙等。在许多书籍中都已经阐述了每一个子主题，所以这一章中的内容只是简单地对它们进行介绍，有助于熟悉主要的问题和设计适于限制饮食的配方的一般步骤。特别是，发现许多关于不同的膳食目的的配方。

面包房里的营养

在准备营养丰富的食物时，面包师或糕点师的角色各不相同，这取决于他或她在所属行业中所从事的工作。当然，学校、医院和养老院的食品服务必须策划出以满足基本的营养需求的菜单。这些机构通常需要一名合格的营养师。另一方面，零售面包师和餐厅的糕点厨师的主要职责是制备用于售卖的各种和美味可口的美食。对他们来说，在这些他们所提供的美食中加入更健康的配料通常是件有价值的事情，虽然许多顾客还是会更喜欢巧克力慕斯而不是烩水果。

满足营养关注点有两个方面：（1）提供所需要的营养；（2）避免不需要的营养。营养物质是生物体运作或生长所必需的物质。为了方便进行讨论，我们将营养素分为两类：

营养素能提供能量：脂肪、碳水化合物和蛋白质（需要注意的是，蛋白质可以为人体提供能量，但它们更重要的功能是提供所有细胞的基本组成部分。请参阅侧边栏中的基本营养素回顾中的内容）。

新陈代谢或身体基本机能所需要的营养物质，包括维生素、矿物质和水。

健康均衡的饮食是指以适当的用量包括了所有的营养物质，其中任何一种都不过多或过少。对很多人来说，平衡饮食意味着摄入更多的维生素和矿物质（营养素新陈代谢）和更少的脂肪和碳水化合物（能量营养素）。

增加满足人体所需营养成分

面包店里的食物只占正常饮食中相对较小的一部分。因此，人体不需要甜品、糕点和面包提供超过这小部分的每日必需营养素。

尽管如此，面包师还是可以采取一些措施，让顾客可以有机会去选择含有更多维生素、矿物质和纤维素（详见纤维素侧边栏中的内容）的食品。面包店原材料中的维生素和矿物质来源是全谷物类、水果类和坚果类。面包师有办法将这些原材料结合到一起，让顾客去选择更富有营养的面包和甜品。例如：

- 用全麦面粉代替面团和面糊中的部分面粉。每千克更换125克通常只对面团的形成造成很小的影响。可以替换比这更多的比例，但是面包或其他产品可能会更重。
- 用另外一种谷物制成的全麦面粉，例如燕麦、大麦、荞麦、大豆或小米，也可以用小麦胚芽、麦麸、燕麦麸等谷物产品替代部分面粉。对于酵母面包，可能需要使用高面筋的小麦粉来弥补其他谷物中所缺乏的面筋。

- 在面团中加入少量的亚麻籽粉，可以提供有益的纤维素和脂肪酸。
- 用亚麻籽、燕麦片、葵花籽和其他的谷物类和种子类做面包、小面包和速发面包的顶料。
- 寻找更多的全谷物和混合谷物面包配方。本书中有几个配方可供参考，书店、图书馆和网上也可以寻找到更多的配方。
- 在面团配方里加入少量的坚果粉，并在松饼和糕点中加入切碎的坚果。
- 在面包和其他的烘焙产品里加入葡萄干和其他的果脯（详见无花果榛子面包中的内容）。
- 提供更多用水果制成的甜品，例如烩水果和水果酱汁等。

纤维素

术语纤维素是指一组不能被人体吸收和利用的复合碳水化合物。因此，纤维素不能为人体提供热量或营养物质。然而，纤维素对于肠道的正常功能和消除体内废物是非常重要的。此外，有证据表明，充足的膳食纤维有助于预防某些癌症，并有助于降低血液中的胆固醇。水果和蔬菜（特别是生的）以及全谷物等可以提供膳食纤维。

必需营养素

碳水化合物是人体中最重要的食物能量来源。这些化合物由碳原子的长链组成，碳原子的两侧附着氧原子和氢原子。淀粉和糖是最重要的膳食碳水化合物。

脂肪以高度集中的形式向身体提供能量。此外，一些脂肪酸对调节身体的某些机能是必需的。第三，脂肪是脂溶性维生素的载体。

蛋白质是人体生长、构建身体组织和基本身体机能所必需的。如果饮食中没有足够的碳水化合物和脂肪，它们也可以用来提供能量。

维生素在食物中的含量非常低，但它们对调节身体机能是必不可少的。与蛋白质、脂肪和碳水化合物不同，它们不提供能量，但为了让能量在体内被充分利用，它们中的一些必须存在。水溶性维生素（B族维生素和维生素C）不能在人体内储存，所以必须每天消耗。脂溶性维生素（维生素A、维生素D、维生素E及维生素K）可以在体内储存，但随着时间的推移，摄入的总量必须要足够。

矿物质与维生素一样，也是少量摄入的，对调节人体的某些机能是必不可少的。主要矿物质包括钙、氯、镁、磷、硫、钠和钾。微量矿物质，摄入的量更少，包括铬、铜、铁、锌和碘。在所有这些矿物质中，钠——食盐中主要的矿物质，如果大量摄入，会导致高血压。

水不能够提供能量，但是没有它人体就不能正常工作。成年人体内50%～60%的重量是水。

卡和千卡

在科学术语中，把1千克水的温度提高1℃所需要的热量称为1千卡（1kcal）；当写作小写"c"，术语卡路里是指一种能量测量单位，只有它的千分之一——使1克水升温1℃所需的热量。

然而，在讨论营养时，"卡路里"通常会用来代替千卡。只要记住，当看到与食物有关的卡路里（或千卡）时，真正的含义就是热量。

减少不良营养成分

减少营养物质与增加营养的想法似乎是矛盾的，但事实是，许多人摄入了太多以脂肪、糖和淀粉的形式产生的能量营养物质。其结果是，许多人患上了肥胖症、心脏病、糖尿病和其他与饮食有关的疾病。对于面包师来说，这是一个很难处理的问题，因为这些成分，尤其是淀粉，是面包师的日常用料。对于消费者来说，减少脂肪、淀粉和糖摄入的最好方法之一就是对面包和甜品避而不见，或者至少减少对它们的消费。不过，面包师可以采取一些措施，让有健康意识的消费者更容易做出选择。为了理解如何处理这个问题，有必要简要回顾一下能量营养素以及与其相关的问题。

卡路里与体重增加

卡路里（更准确地说是千卡，请参阅卡路里和千卡边栏中的内容）是能量计量单位。它的定义是使1千克水升温1℃所需要的热量。

卡路里是用来衡量通过某些食物提供了多少人体机能所需要的热量。碳水化合物、蛋白质和脂肪可以被人体用来提供热量。

- 1克碳水化合物可以提供4卡路里热量。
- 1克蛋白质可以提供4卡路里热量。
- 1克脂肪可以提供9卡路里热量。

卡路里的摄入、体育活动和体重的增加或减少之间有直接的联系。简单地说，如果人体摄入的卡路里比消耗的多，体重就会增加。如果摄入的卡路里比消耗的少，体重就会减轻，世界上被医学认可的所有减肥策划和流行趋势都可以简单地这样描述。换句话说，减肥有可能只通过摄入更少的卡路里，通过运动燃烧更多的卡路里，或者两者兼有而做到。

脂肪

如上述列表所示，脂肪是能量的一种浓缩形式，每克脂肪所提供的热量是碳水化合物和蛋白质的2倍多。这表明减少饮食中的脂肪是一种有效的减肥饮食方法。然而，一定要记住，有一些脂肪在饮食中是必需的，既可以调节人体的某些机能，也可以携带脂溶性维生素。

脂肪可分为饱和脂肪、单不饱和脂肪和多不饱和脂肪。饱和脂肪在室温下是固体。动物产品如蛋和乳制品，肉类、家禽，以及鱼和固体起酥油是饱和脂肪的主要来源。热带油脂，如椰子油和棕榈仁油也富含饱和脂肪。健康专家认为，食用大量的这些脂肪会明显导致心脏病和其他健康问题。

多不饱和脂肪和单不饱和脂肪在室温下是液态的。虽然摄入过多的任何一种脂肪都是不健康的，但人们认为这些脂肪要比饱和脂肪更健康。多不饱和脂肪存在于植物油中，如玉米油、红花油和菜籽油等。橄榄油和菜籽油中含有大量单不饱和脂肪。最近的研究表明，单不饱和脂肪实际上可以降低体内最有害的几种胆固醇的水平。这两种不饱和脂肪也存在于其他植物产品中，包括全谷物、坚果和一些水果和蔬菜之中。

一类特别受关注的饱和脂肪是反式脂肪。这些脂肪只少量存在于自然界中。我们饮食中的大多数反式脂肪是经过氢化过程的人造脂肪。氢化脂肪是通过向脂肪分子中添加氢原子而从液体变成固体的脂肪。这一过程用于制造固体起酥油和人造黄油等产品。反式脂肪之所以令人担忧，是因为它们限制了人体清除堆积在动脉壁上的胆固醇的能力。

脂肪是脂类化合物的成员之一。在人体内发现的另一种脂类化合物是胆固醇，这是一种与心脏病密切相关的脂类物质，因为它会聚集在动脉壁上，阻碍血液向心脏和其他重要器官流动。它只存在于动物产品中，在蛋黄、乳脂及肝脏和大脑等动物器官中的含量特别高。人体可以自行制造胆固醇，所以血液中的胆固醇不一定都来自于食物。虽然有些胆固醇是身体机能所必需的，但它并不被认为是营养物质，因为人体能够制造出所需的所有胆固醇。专家们普遍认为，饮食中的胆固醇越低越好。

糖类与淀粉类

糖是简单碳水化合物。单糖，如葡萄糖，是含有6个碳原子的小化合物。蔗糖是一种较大的糖分子，有12个碳原子。糖存在于甜食中，水果和蔬菜中也有少量的糖。

淀粉是复合碳水化合物，由单糖的长链结合在一起。它们存在于谷物、面包和豆类以及许多蔬菜和水果中。

大多数权威人士相信复合碳水化合物，尤其是那些来自全谷物和未经过加工的食物的碳水化合物，比简单碳水化合物对人体健康更好。这其中部分原因是因为淀粉类食物也有很多其他的营养成分，而甜食几乎没有其他营养成分。此外，有证据表明，饮食中大量的糖可能会导致心脏和循环系统疾病。单糖和精制淀粉是无营养热量的主要来源。

许多消费者确信，蜂蜜、粗糖和其他一些甜味剂比精制白糖更有营养。这些产品确实含有一些有益的矿物质和其他营养成分，但含量很低。它们的主要成分还是糖。用其中一种代替白糖并不会减少配方中碳水化合物的含量。

钠

如上所述，饮食中过量的钠与高血压密切相关，所以高血压患者通常被建议减少钠的摄入量。盐是饮食中钠的主要来源。然而，人体的大部分盐摄入量并非来自烘焙食品和甜品，而是来自主菜、配菜和含盐的零食。对于无盐饮食的人来说，减少或不食用甜点和糕点中的盐可能是明智的，而且这只会对风味产生很小的影响。然而，对大多数人来说，这种变化对他们钠的总摄入量只有很小的影响。另外，在降低酵母面包的含盐量时也要小心，因为盐的功能之一就是调节酵母的活性。

素食

素食是指完全或主要由植物性食物组成的饮食。人们追求素食有种种原因：比如涉及营养与健康、伦理标准、道德、宗教或文化信仰等。

素食有不同类型。纯素饮食是最严格的，它只包括植物产品，所有的动物产品，包括乳制品和蛋类，都是禁止食用的。

乳素食者除了食用植物产品外，还食用乳制品，但他们不会食用其他的动物产品。蛋类素食者除了食用植物制品之外还食用鸡蛋。乳蛋素食者食用乳制品、蛋制品以及植物制品。

对于面包师或糕点师来说，素食者关心的主要原材料有以下几种：

- 乳制品，包括牛奶、奶油、黄油及奶酪，绝对不能包含在提供给纯素食者的产品中。它们可以被乳素食者和乳蛋素食者接受。
- 蛋类不能包含在提供给纯素食者的产品中，虽然蛋类素食者和乳蛋类素食者可以食用。
- 蜂蜜不应该用在提供给纯素食者的烘焙食品和甜品中，因为它是一种动物性产品。
- 精制糖对素食主义者来说是一个问题。因为一些蔗糖是用动物的骨炭精制而成的，许多素食主义者为了安全起见，避免使用所有精制糖。如果能向顾客保证糖是用甜菜制成，而不是用骨炭精制而成，一些素食者可能会愿意食用。更安全的方法是用红枣糖或枫糖代替。这些产品赋予了一种独特的风味，然而，它们比精制白糖更贵。此外，应避免使用任何制备好的含糖原材料，因为无法确定这些糖的来源。
- 明胶是一种动物制品，所以素食产品中不能使用明胶。琼脂是一种用海藻制成的胶状产品，可以用来代替明胶。

• **复习要点** •

◆ 术语无热量和营养密度是什么意思？它们之间有什么联系？

◆ 六种必需营养素是什么，它们的作用是什么？

◆ 什么技法可以用在烘焙食品中添加所需要的营养成分？

◆ 可以减少什么营养素来制作更健康的美食？

◆ 素食主要有哪些类型？

食物过敏与不耐症

过敏源是任何能引发过敏反应的物质。许多食物，包括面包店使用的许多原材料，都是潜在过敏源。根据卫生机构报告，每年有越来越多的人被诊断为食物过敏，所以这是一个日益严重的世界性问题。

食物过敏是一种由免疫系统引发的对食物的异常反应。换句话说，身体的免疫系统错误地认为某种食物是有害的，并做出反应来保护人体。这种反应包括可能产生实际上对身体有害的化学物质，有时甚至是致命的。免疫系统突然的、严重的过敏反应被称为过敏性反应。

能够引起过敏性反应最常见的食物是花生、坚果、鸡蛋、鱼、贝类海鲜、牛奶、大豆和小麦等。请注意，除了鱼和贝类海鲜以外，所有这些产品都可以在面包店里寻找到。小麦、牛奶和鸡蛋是面包师的主要原材料。

食物过敏与食物不耐症是不同的。食物不耐症是指一个人在食用了某种特定食物后可能会胀气和腹胀，但这种反应与免疫系统无关。例如，乳糖不耐受症患者体内缺乏一种能够帮助他们消化乳糖的酶。这些人在食用乳制品时可能会产生胀气和腹痛。为了便于讨论，我们将食物过敏与食物不耐症一起进行探讨，因为它们都涉及受到影响的顾客必须要避免的食物。

在餐饮服务企业和零售面包店里，在制备食品和给顾客提供服务时，必须采取预防措施。下面是你应该采取的几个步骤。

食品制备

1. 对员工进行培训，让其明确知道能够引起过敏反应的原材料。

2. 理解厨房中所使用的所有制备好的食物上的原材料标签。

3. 不要随意或未经过通知就替换原材料。

4. 避免交叉污染。例如，如果一种"安全"的食物是在没有经过充分清洁的操作台面上制备的，而操作台面上有用于较早制备的食物上的花生碎末，则可能导致过敏反应。理想的情况是，配备一个单独的操作台区域，专门为过敏患者制备食物。

餐饮服务

1. 服务和销售人员应该完全了解所有菜单上食品所使用的原材料，并准备好回答有关原材料的问题或向知道答案的员工请教。

2. 对顾客的问题要保持敏感，如果有人问是否使用了某一种原材料时，要弄清楚顾客是否有过敏症。如果不能肯定回答顾客的问题，就承认这一点，并准备好提出其他可供替换的选择。

在面包店所使用的原材料里，坚果、麸质、乳制品、豆制品和鸡蛋是食物过敏与不耐症患者都应主要避免的食材。本书在这个清单上还加入了酒精，它不是过敏原，但对有些人来说必须完全避免。

坚果类

花生和坚果，如核桃、杏仁、巴西坚果和山核桃，是最强烈的过敏原。在美国，每年有150～200人死于食物过敏，其中很多都是由它们造成的（请注意，花生不是真正的坚果，而是豆类，如豌豆和黄豆，所以过敏原理有所不同）。即使是微量的这些坚果，比如遗落在工作台面上的花生碎末，也会引发过敏反应。唯一可以采取的安全措施是完全避免。例如，在烘烤食品或甜品中不添加坚果是远远不够的。确保产品不含坚果的最可靠的方法是在单独的制备区域里使用完全专属的设备来制备不含坚果的产品。

幸运的是，对于面包师或糕点师来说，坚果并不是大多数烘焙食品的关键原材料。大多数的配方并不需要使用坚果，从那些需要使用坚果的配方中剔除它们并不困难，或者用类似的配制代替，例如，用普通的蛋白霜片代替坚果风味蛋白霜或使用普通的油酥面团代替林茨面团。

麸质

麸质过敏是一种遗传性疾病，在这种疾病中肠道无法处理麸质蛋白质（参见"麸质过敏症"下栏中的内容）。症状可能会很严重，而且无法治愈。唯一的补救办法是完全避免麸质。

对面包师来说困难之处在于麸质是面包和许多其他烘焙食品的支柱，也是面粉的组成部分，而面粉是面包师的主要原料。此外，麸质蛋白质也存在于黑麦、大麦、斯佩尔特小麦和燕麦中。

解决办法是使用无麸质面粉烘焙各种产品，包括大米、小米、荞麦和藜麦粉等；马铃薯淀粉、玉米淀粉、玉米粉、来自鹰嘴豆和其他豆类的面粉等。麸质蛋白质的结构构造特性必须由其他成分提供，如鸡蛋蛋白质和植物胶等。然而，这些成分的作用方式与麸质不同，所以产品的质地会有所不同。面团弹性减少，烘烤好的食物比使用小麦面粉烘烤的同类食物更容易碎裂开。

乳糖不耐症和牛奶过敏

乳糖，是一种存在于乳制品中的单糖。有些人无法消化乳糖，喝牛奶或食用含有乳糖的产品会导致肠道不适、胀气、腹胀等症状。因为乳糖不是烘烤食品

麸质过敏症

乳糜泻（celiac disease）是一种免疫系统疾病。当患有这种疾病的人摄入麸质蛋白质时，麸质蛋白质会损害小肠内壁。因此，身体吸收其他营养的能力就会降低。这种疾病有多种多样的症状，包括贫血、疲乏、肠道疼痛和营养不良，这使得医生很难诊断。直到最近，这种疾病才被更多人认知，但可能仍有许多不知不觉中患有这种疾病的人。

的重要成分，所以在大多数的配方中，可以很容易地使用不含乳糖的牛奶和其他不含乳糖的乳制品来代替。也可以使用其他奶的替代品，如豆奶等。

牛奶过敏是免疫系统对牛奶蛋白质的反应，而不是对乳糖的反应。这种过敏症在婴幼儿中相当常见，但大多数儿童长大后就会好起来。这种过敏症在成人中并不常见。患有此病症的人通常必须避免所有的乳制品。

大豆

豆制品中含有至少15种蛋白质，目前还不清楚过敏反应是由这些蛋白质中的一种或多种引起的，还是由大豆中的其他成分引起的。大量的预制食品中都含有豆制品，所以有必要仔细阅读成分标签。乳化剂卵磷脂就是其中之一，它被用在许多产品中，包括巧克力，但不能确定它是否从大豆中提取。和乳糖一样，豆制品在大多数面包店配方中并不是必需的原材料，所以避免使用它们相对比较容易，只要面包师注意原材料标签即可。

蛋类

与牛奶过敏一样，鸡蛋过敏主要影响婴幼儿和儿童，大多数人在5岁左右就能克服这种过敏。然而，它也会影响一些成年人，他们可能会有胃痉挛、皮疹、咳嗽和哮喘等反应，也有可能在某些情况下引发严重的过敏反应。过敏反应是由鸡蛋中的一种或多种蛋白质引起的。一些人对蛋清蛋白质过敏，而另一些人对蛋黄蛋白质有反应。

因为许多常见的鸡蛋替代品都是用蛋清制成的，这些产品不能作为烘烤的原材料提供给过敏患者。另一方面，无蛋的鸡蛋替代品不含蛋制品。它们是由面粉或其他淀粉，加上蔬菜胶和稳定剂，有时还有大豆蛋白制成的。它们只能用于烘烤食品中，即在面团和面糊中使用，而不适合用于卡仕达酱或者早餐鸡蛋的制备中。

酒精

与之前讨论过的其他食物制品不同，酒精不是过敏原，但患有酒精中毒的人必须避免它。微量的酒精存在于面包店或糕点部门中的许多产品里。酒精是酵母发酵的副产品，新鲜出炉的面包中也含有酒精，但酒精含量很少，一般不会造成问题。当面包冷却并储存时，几乎所有的酒精都被蒸发掉了。

少量的利口酒可以用来给甜品糖浆调味，这些糖浆是用来润湿蛋糕的，每一份的量通常是很少的。但是，如果甜品中含有大量的酒精，要提前告知顾客。在某些情况下，仅仅是酒精饮料的味道，即使酒精已经被蒸发，也会引发不良反应。

◆　复习要点　◆

◆　食物过敏和食物不耐症有什么区别？
◆　最重要的食物过敏与不耐症是什么？

特殊营养需求配方

本章到目前为止，已经重点介绍了烘焙配方和甜品的原材料或成分为了适应特殊的饮食需要进行的修改，以及有些顾客可能需要或希望避免使用这些原材料的原因。从这些信息中可以清楚地看出，特定饮食的烘焙没有单一的解决方案。例如，关于增加维生素和矿物质的讨论是建议在烘焙食品中加入坚果以增加营养。然而，关于过敏源的讨论表明，有些顾客必须完全避免食用坚果。同样，对于乳糖不耐症患者来说，豆奶作为一种原材料可以用来代替牛奶，但这种替代会使产品不适合大豆过敏的人食用。

换句话说，有许多方法可以满足特殊的需求，但每一种方法都针对特定的问题。没有哪一种方法适合所有的问题或者所有的顾客。

原材料的功能

无论修改烘焙配方中的一种原材料以减少脂肪或热量或是减少一种过敏原，首先必须了解配方中这种原材料的作用。

修改一种原材料的三种方法是剔除它、减少它，或使用另外一种原材料代替它。

如果某一种原材料在配方中没有主要的结构生成或风味功能，排除该种原材料可能是最好的方法。例如，在布朗尼蛋糕或曲奇配方中去掉切碎的坚果并不会影响面团或面糊，所以这一步很容易做到。

比较成功的方法可能是减少一种原材料的数量，即使这种减少会使最终产品产生细微的变化。例如，一些快速面包配方中的脂肪含量很高。也许在这些配方中，脂肪可以被减少，从而制作出更健康的产品，

黄原胶

比糖甜600倍。用于烘焙时，它与麦芽糊精膨化剂混合，使其具有与等量糖相同的甜味和质地。这种产品称为蔗糖素粒。在塔派、曲奇、快速面包、甜品酱汁和卡仕达酱中，可以使用等量的蔗糖素代替配方中的糖（每250毫升/杯的蔗糖素粒中含有96卡路里，主要来自于膨松剂，而相同体积的砂糖含有770卡路里）。

然而，蔗糖素粒并没有很好的乳化能力，它无助于产生褐变，也无助于质地的提升，它不能像糖一样改善所保持的质量。当这些功能占据主导地位时，通常的方法是用蔗糖素粒代替配方中一半的糖，从而减少一半来自糖的热量。市面上的面包师混合糖，即是由一半蔗糖素粒和一半的糖相混合，这是切实可行的，但最划算的还是自己来混合。

请注意，当用蔗糖素粒来代替糖时，必须用等体积，而不是等重量的，因为蔗糖素粒比糖轻得多。240毫升（一杯）蔗糖素粒重25克。

当在烘烤中使用蔗糖素时，要仔细监测产品的成熟程度。不能依赖通常的外壳褐变量作为成熟程度的标志，因为产品不会和平时一样的褐变。

益寿糖（异麦芽酮糖醇）是糖的另外一种替代品，在第25章中关于装饰糖作品中讨论过。它是白色的，呈颗粒状，可以用来代替同等重量的普通糖。益寿糖的热量只有糖的一半，但它的甜度也只有糖的一半，所以它不是所有配方中糖的合适替代品。此外，它不容易消化，有些人食用之后会引起肠道不适和腹胀。

面筋

也许对面包师来说最大的挑战是制作没有面筋的烘焙食品。面筋是小麦粉中的一种成分，也是大多数烘焙食品的主要结构成分。

大部分烘焙食品都是由小麦粉制成的。简单地通过使用其他面粉和淀粉来代替小麦粉，就可以复制出这种结构形成的功能。然而，面筋蛋白质的结构构建功能较难复制（可回顾前面章节关于面筋的形成和功能中的内容）。不含面筋的烘焙食品必须含有其他有助于构造食物结构的原材料，否则食物会变得非常易碎，无法粘合到一起，或者无法涨发。对于某些食物，如某些快速面包，鸡蛋蛋白质可以提供必要的结构。

植物胶，包括果胶，也可以被用来提供必要的结构。果胶是果冻、蜜饯和果泥的组成部分。将这些添加到无麸质的快速面包和其他面糊中可以改善其结构和质地。粉末状的植物胶可以用于同样的目的，而不会增加水果产品的甜味和风味。黄原胶也许是无麸质烘焙中最有用的食用胶。

有一些淀粉，例如玉米淀粉，也可以部分弥补面筋的缺乏。例如，糊化的玉米淀粉会形成一种牢固的凝胶，可以改善一些烘焙食品的结构。

通常情况下，多种面粉搭配到一起使用的效果要比使用单一品种效果好。要记住，每一种原材料吸收的水分都不一样，这也就意味着需要预先做一些实验，在配方中进行替换时需要调整液体的用量。以下面粉和淀粉可以用来制作无麸质的烘焙食品。

苋菜粉*

竹芋粉

荞麦粉

鹰嘴豆（鸡豆）粉

蚕豆粉

鹰嘴豆粉蚕豆混合粉

玉米面

玉米粉（像玉米粉，但是质地更细腻）

玉米淀粉

小米粉*

坚果粉（当担心坚果过敏时，不适合使用）

马铃薯淀粉

藜麦面粉*

米粉

高粱面粉

大豆粉

木薯粉和淀粉

*代表这些食品原材料在加工和运输的过程中有时候会受到小麦的侵染，需要谨慎对待。

在这些原材料中，米粉、马铃薯淀粉、木薯淀粉和玉米淀粉是特别实用的，因为它们本身的风味相对较少，因此最接近小麦粉的风味。

商业化生产的无麸质混合用料也可用于各种用途。例如，一种商业化生产的披萨面团混合用料就包含了米粉、马铃薯淀粉、玉米淀粉、结晶蜂蜜、瓜尔胶和盐。

下面所列出的谷物类和其他原材料中含有面筋蛋白，所以不适合用于无麸质饮食里：

大麦

卡姆小麦

麦芽（由大麦制成）

燕麦

大米花（可以在加工小麦的设备里进行加工）

黑麦

粗粒小麦粉

斯佩尔特小麦（法罗小麦）

黑小麦

小麦

无麸质食品，即使添加了构成结构的原材料，与由小麦粉制成的类似食品一定也会有非常明显的不同质地。面筋的强度和弹性是其他原材料所不能比拟的。一般来说，无麸质烘焙好的食品更容易碎裂开或呈颗粒状的质地。

乳制品

烘焙配方中的乳制品原材料经过修改，可以达到两个目标之一：减少全脂乳制品中的脂肪和热量，或使产品中不含有乳糖和过敏源。

在许多的配方中，全脂牛奶可以用低脂或脱脂牛奶代替，而不会明显改变成品的特色。然而，如果牛奶中的脂肪是烘焙食物的重要组成部分，可能需要根据在这一节中所讨论的脂肪中的内容，做出一些调整来进行补偿。在一些配方中，低脂和无脂酸奶油可以代替普通的酸奶油，而无脂酸奶通常可以用来代替酸奶油。

乳糖不耐症和牛奶过敏需要不同的处理方法，通常是完全除掉所有的乳制品原材料。另一方面，牛奶过敏涉及乳制品中的蛋白质。许多不含乳糖的乳制品，包括液态奶，都是可以购买到的，可以供乳糖不耐症患者食用。然而，不含乳糖并不等同于不含乳制品。对牛奶过敏的人们来说，不能消费不含乳糖的牛奶。

有许多种类的牛奶替代品都可以在大多数的配方中代替牛奶，使产品适合于任何对牛奶过敏或乳糖不耐症的人。

豆浆可能是人们最熟悉的，虽然它不适合大豆过敏的人。其他商业上可以买得到的牛奶替代品是由大米、杏仁、藜麦、马铃薯、芝麻和椰子（与其他产品不同的是，椰奶的脂肪含量高达17%甚至更多）制成的。其中一些有粉状的也有液体的形式。

不含乳制品的人造黄油几乎可以在任何配方中代替黄油。然而，要仔细阅读使用标签，因为许多人造黄油含有牛奶蛋白质。标记着parve（不含肉或奶的）或pareve的人造黄油里不含有乳制品。

蛋类

蛋黄中含有脂肪和胆固醇，而蛋清中则不含有脂肪。如果目标是减少脂肪和胆固醇，当鸡蛋用作黏合剂时，可以使用蛋清来代替面团和面糊中相等重量的整个鸡蛋。

当蛋清泡沫被用来作为发酵剂时，蛋清泡沫通常可以用来代替整个的鸡蛋泡沫。当然，当鸡蛋是一种烘烤食品中的主要构建成分时，使用蛋清泡沫来代替整个鸡蛋会在产品中引起太大的变化。例如，如果在热那亚海绵蛋糕配方中用蛋清来替代全蛋的话，制作出的产品将不再是热那亚蛋糕，而更像是天使蛋糕。

其他的淀粉类、胶质和蛋白质可以替换鸡蛋来代替它们的黏合力。亚麻籽粉中富含胶质和可溶性纤维，是一种非常实用的鸡蛋替代品。使用时，将配方中的每120克面粉与15毫升亚麻籽粉相混合。木薯粉和竹薯粉也可以使用同样的方法进行混合。或在面糊配方中试着用同样重量的豆腐泥或香蕉蓉来代替鸡蛋（豆腐是一种豆制品，对大豆过敏的人不能食用）。

配方举例

由于作家、出版商、营养学家和厨师们已经意识到了与烘焙和甜品有关的饮食问题，现在有很多书籍都有专门针对各种饮食的配方，从低脂、无糖、无麸质，到不含乳糖和其他过敏源的饮食配方。更多的配方可以从网上或者任何一个书店里找到。

本章内容的目的是解释修改烘焙配方饮食方面的原因，并概述可以用来调整配方以满足这些特定饮食需求的技法。这些内容并不是一个全面的膳食配方集锦。尽管如此，对一些配方进行检验还是有必要的，这些配方是通过应用本章中第一部分内容里所讨论的原则而研发的，包括无麸质配方、低脂版本的高脂烘焙食品、无糖配方和无乳糖配方等。

◆ 复习要点 ◆

- ◆ 烘焙原材料按其结构功能分为哪四类？每一类中最重要的原材料是什么？
- ◆ 有什么方法可以减少配方中脂肪用量？
- ◆ 有什么方法可以减少配方中糖的用量？
- ◆ 有什么方法可以从配方中除去面筋？
- ◆ 有什么方法可以从配方中除去乳制品和鸡蛋？

🍥 低脂苹果蜂蜜松饼 low-fat apple honey muffins

原材料	重量	百分比/%
全麦面粉	340 克	75
燕麦粉	110 克	25
泡打粉	30 克	6
肉桂粉	3 克	0.6
小豆蔻粉	1 克（2 毫升）	0.2
苹果酱（原味）	560 克	125
蜂蜜	280 克	62.5
蛋清（打散）	110 克	25
葡萄干	170 克	38
总重量：	**1604 克**	**357%**

制作方法

混合

采用松饼法。

1. 将面粉、泡打粉及豆蔻粉一起过筛。
2. 将苹果酱、蜂蜜及蛋清混合。
3. 将液体原材料加入干性原材料里，并搅拌至刚好混合好。
4. 拌入葡萄干。

装入模具

使用松饼纸杯，将其放入松饼模具里，或在模具里喷入不粘材料。在模具里装入1/2～2/3满。准确的重量要根据模具的大小而定。平均大小是小号松饼模具使用60克，中号松饼模具使用110克，而大号松饼模具使用140～170克的馅料。

烘烤

温度190℃烘烤20分钟，具体的时间根据大小不同而定。

低脂杂粮黑面包 low-fat multigrain brown bread

原材料	重量	百分比/%
全麦面粉	200 克	44
玉米面	110 克	25
黑麦面粉	85 克	19
燕麦粉	55 克	12
小苏打	18 克	4
姜粉	4 克（10 毫升）	0.9
豆蔻粉	2 克（5 毫升）	0.45
肉桂粉	1.8 克（5 毫升）	0.4
低脂脱脂乳	450 克	100
糖蜜	170 克	38
李子蓉（见注释）	225 克	50
蛋清（略微打散）	85 克	19
总重量：	**1405 克**	**313%**

注释： 如果没有李子蓉，将去核后的话梅用足量覆盖过话梅的热水浸泡，然后用食品加工机将话梅搅打成蓉状。

制作方法

混合

采用松饼法。

1. 将面粉、小苏打及香料一起过筛。
2. 将脱脂乳、糖蜜，李子蓉及蛋清混合。
3. 将液体原材料加入干性原材料里，并搅拌至刚好混合好。

装入模具

在22厘米×11厘米的面包模具里喷入不粘材料。每一个模具称取700克的面糊。

烘烤

温度190℃烘烤50分钟。

低脂巧克力派 low-fat chocolate pie

产量：可以制作1个23厘米的巧克力派。

原材料	重量
脱脂牛奶	500 毫升
糖	60 克
玉米淀粉	60 克
糖	75 克
可可粉	30 克
脱脂牛奶	250 毫升
香草香精	7 毫升
23厘米低脂全麦面粉饼干派外壳	2

各种变化

低脂巧克力布丁 low-fat chocolate pudding

将玉米淀粉减少到45克。如同基本配方一样进行制备，去掉派外壳。

制作方法

1. 将第一份牛奶和糖在酱汁锅混合。加热至将糖融化，将液体刚好烧开。
2. 将玉米淀粉、糖及可可粉一起过筛到盆里。逐渐将第二份（冷的）牛奶拌入，制作成一个光滑的、没有斑块的混合物。
3. 逐渐将步骤1中的热奶拌入进去。
4. 将混合物倒回到酱汁锅里，并用中火加热至烧开，不时搅拌。
5. 当混合物烧开后，将锅从火上端离开，将锅放入冰水槽里。不时搅拌，将混合物冷却到微温的程度。
6. 拌入香草香精。
7. 将混合物倒入准备好的派外壳里。
8. 冷冻至凉透并凝固定型。

低脂全麦面粉饼干派皮 low-fat graham cracker pie shell

产量：可以制作1个23厘米的派外壳。

原材料	重量
全麦面粉饼干碎末	125 克
覆盆子果酱	55 克

制作方法

1. 在食品加工机里或装有桨状搅拌器配件的搅拌机里，将饼干碎末和果酱搅拌至混合均匀且呈颗粒状。
2. 在23厘米的派模具里喷入不粘材料。
3. 将搅拌好的饼干颗粒放入派模具里。将它们均匀地按压到模具的底边和侧面处。混合物具有黏性，所以可能需要佩戴一次性手套操作。或根据需要，用餐勺的背面蘸上糖进行按压，以防止饼干碎末粘在勺子上面。
4. 温度175℃烘烤10分钟。
5. 在填入馅料之前彻底冷却透。

无糖柠檬曲奇 no-sugar-added lemon cookies

原材料	重量	百分比/%
黄油（软化）	225 克	50
蔗糖素（颗粒状）	36 克	8
盐	3.5 克	0.8
柠檬外层皮（擦碎）	55 克	12
鸡蛋	85 克	19
香草香精	10 克	2.4
糕点粉	450 克	100
泡打粉	11 克	2.5
总重量：	**834 克**	**185%**

各种变化

无糖肉桂粉风味曲奇 no-sugar-added cinnamon cookies

去掉柠檬外层皮。加入1%（4.5克/5毫升）肉桂粉。

制作方法

混合

采用乳化法。

1. 将黄油、蔗糖素、盐及柠檬外层皮放入搅拌机的搅拌桶里，安装桨状搅拌器配件。打发至轻盈状，根据需要将搅拌桶壁上的混合物刮取到搅拌桶里，以确保所有的原材料被混合均匀（注释：这种混合物不会有如打发的黄油和糖一样好的效果）。
2. 一次一点地加入鸡蛋；每一次加入后搅拌至完全吸收再加入更多的鸡蛋。
3. 将香草香精拌入混合好。
4. 将面粉和泡打粉一起过筛。加入搅拌桶里，并以低速混合至均匀而细滑。

整理成型

采用冰箱法。

1. 将面团分割成每份230克重。
2. 将每一份面团揉搓成2.5厘米粗的圆柱体。分别用保鲜膜密封好，放入冰箱冷藏几小时或一晚。
3. 切割成6毫米厚的片。在铺有油纸的烤盘里烘烤。

烘烤

温度160℃烘烤10分钟。

🧁 少糖香料苹果蛋糕 reduced-sugar apple spice cake

原材料	重量	百分比/%
糕点粉	500 克	100
蔗糖素（颗粒状）	40 克	8
小苏打	15 克	3
泡打粉	5 克	1
盐	5 克	1
肉桂粉	2.5 克	0.5
姜粉	1.5 克	0.3
丁香粉	1.5 克	0.3
豆蔻粉	1 克	0.2
苹果酱（原味）	625 克	125
糖蜜	360 克	72
植物油	95 克	19
鸡蛋（打散，或液体鸡蛋替代品）	30	
总重量：	**1641 克**	**368%**

注释： 配方被称为"少糖"而不是"不加糖"，是因为糖蜜中的含糖量，没有加入其他的糖。

制作方法

混合
采用松饼法。
1. 将干性原材料一起过筛。
2. 将苹果酱、糖蜜、油及鸡蛋混合，搅拌至完全混合均匀。
3. 将干性原材料加入液体里并搅拌至刚好呈细滑状。

称取和烘烤
参阅高油脂蛋糕的重量要求。当给定一个重量范围时，使用该范围内较低的重量。使用表中所示的温度。

🧁 无麸质巧克力蛋糕 gluten free chocolate cake

原材料	重量	百分比/%
黄油	240 克	80
糖	420 克	140
苦甜巧克力（融化）	120 克	40
鸡蛋	200 克	67
大米粉	195 克	65
马铃薯淀粉	75 克	25
木薯粉	30 克	10
黄原胶	4.8 克	1.6
小苏打	7.8 克	2.5
泡打粉	5.4 克	1.8
盐	5.4 克	1.8
脱脂乳	240 克	80
水	120 克	40
香草香精	5 克	1.7
总重量：	**1668 克**	**556%**

制作方法

混合
采用乳化法。

称取和烘烤
请将模具多涂抹一些黄油并撒上面粉（使用无麸质谷物的粉类，例如大米粉等），或在模具里铺上油纸。蛋糕非常柔软，甚至在冷却后，如果不能非常容易地从模具里取出，蛋糕就会断裂开。当搭配和涂抹糖霜时，小心拿取切成片状的蛋糕。

无麸质酵母面包 gluten free yeast bread

原材料	重量	百分比/%
大米粉	500 克	67
马铃薯淀粉	95 克	12.5
玉米淀粉	60 克	8
木薯粉	95 克	12.5
糖	30 克	4
脱脂奶固形物（或代乳粉）	75 克	10
黄原胶	15 克	2
盐	15 克	2
速溶酵母	15 克	2
黄油或人造黄油（融化）	60 克	8
温水	875 克	117
蒸馏白醋	10 克	1.4
蛋清（略微搅打）	190 克	25
总重量：	**2035 克**	**271%**

制作方法

混合

1. 将干性原材料过筛（图A）到安装有桨状搅拌器配件的搅拌机的搅拌桶里。以低速搅打至原材料混合均匀。

2. 随着搅拌机低速运转，将融化的黄油（图B）、水（图C）以及醋缓慢加入。搅拌至原材料混合均匀。

3. 加入蛋清。将机器用高速搅打3分钟。注意将混合物搅打至形成面糊状，而不是面团（图D）。

装入模具、醒发及烘烤

注意这种面糊不像普通的酵母面团那样需要醒发的时间。

1. 在面包模具里涂抹上油并撒上米粉。

2. 在模具里填入一半满的面糊。

3. 醒发至体积增至2倍大。

4. 温度200℃烘烤50分钟。烘烤的时间根据面包的大小具体而定。

A

B

C

D

无麸质巧克力粒曲奇 gluten free chocolate chip cookies

原材料	重量	百分比/%
黄油或人造黄油	150 克	50
砂糖	120 克	40
红糖	120 克	40
盐	4 克	1.25
鸡蛋	90 克	30
香草香精	5 克	1.6
玉米淀粉	105 克	35
木薯粉	105 克	35
鹰嘴豆粉	60 克	20
大米粉	30 克	10
小苏打	4 克	1.25
黄原胶	1.5 克	0.5
巧克力粒	210 克	70
总重量：	**1004 克**	**334%**

制作方法

混合

采用乳化法。

1. 将黄油、糖及盐一起打发至轻盈状。
2. 一次一点地加入鸡蛋，等到每次加入的鸡蛋吸收完后再次加入。
3. 加入香草香精。
4. 将干性原材料过筛，或混合并混到打发好的混合物里。
5. 拌入巧克力粒。

制作成型

采用堆积法。将每份22克的混合物堆积到铺有油纸的烤盘里。

烘烤

温度175℃烘烤12分钟。

无麸质布朗尼蛋糕 gluten free brownies

原材料	重量	百分比/%
原味巧克力	335 克	75
黄油	675 克	150
鸡蛋	525 克	117
糖	1050 克	233
盐	7 克	1.5
香草香精	30 克	6
大米粉	284 克	63
马铃薯淀粉	112 克	25
木薯粉	54 克	12
黄原胶	7 克	1.5
核桃仁或山核桃仁（切碎）（可选）	338 克	75
总重量：	**3420 克**	**759%**

制作方法

混合

1. 将巧克力和黄油一起在双层锅里隔水加热至融化。让混合物冷却到室温下。
2. 将鸡蛋、糖、盐及香草香精一起搅拌至混合均匀，但不要打发起泡沫。
3. 混入到巧克力混合物里。
4. 将干性原材料一起过筛，叠拌进巧克力混合物里。
5. 将坚果叠拌进去，如果担心坚果过敏可忽略此步。

装入模具

将浅边烤盘或其他的烤盘涂抹上油脂，并撒上大米粉。将面糊倒入烤盘里。一份配方足以装满一个全尺寸的烤盘，两个半幅的烤盘，四个23厘米×23厘米的烤盘，六个23厘米或20厘米的方形烤盘。

烘烤

温度165℃烘烤45～50分钟。

无乳糖焦糖布丁 lactose-free crème caramel

产量：可以制作12份，每份150克。

原材料	重量
糖	375 克
水	60 毫升
鸡蛋	500 克
糖	250 克
盐	2.5 克
香草香精	15 毫升
豆浆（见注释）	1250 毫升

注释： 对于大豆过敏，可以使用前文中所列出的另一种牛奶替代品来代替豆浆。

制作方法

1. 将第一份糖与水一起加热至变成焦糖（详见糖的加热烹调一节中的内容）。
2. 将热的糖浆倒入12个180毫升的卡仕达焗盅的底部（要确保焗盅在倒入糖浆前是干净和干燥的）。冷却。
3. 将鸡蛋、糖、盐及香草香精在搅拌盆里混合。彻底混合均匀，但是不要打发。
4. 将豆浆在隔水加热锅或用小火加热的锅里烫热。
5. 逐渐将豆浆倒入鸡蛋混合物里，不停搅拌。
6. 从液体的表面上撇去所有的浮沫。
7. 将倒有焦糖的焗盅摆放到烤盘里。
8. 小心地将卡仕达混合物倒入焗盅里。
9. 将烤盘放入烤箱里，在烤盘里的焗盅四周倒入足量的开水，达到卡仕达混合物的高度。
10. 温度165℃烘烤至凝固定型，烘烤45分钟。
11. 将卡仕达小心地从烤箱里取出，冷却。盖好并冷藏至少12小时，让焦糖有时间融化掉一部分，并形成酱汁。
12. 服务上桌前，小心地将焦糖布丁脱模到餐盘里。

无乳糖芒果椰子冰淇淋 lactose-free mago coconut ice cream

产量：可以制作3升，具体根据超出部分而定。

原材料	重量
蛋黄	125 克（6 个）
糖	375 克
第一份椰奶	250 毫升
第二份椰奶	1250 毫升
芒果蓉泥	750 克
青柠檬汁	90 毫升
糖	90 克

制作方法

1. 将蛋黄、糖及第一份的椰奶放入搅拌盆里。搅打至细滑状并混合均匀。
2. 将剩余的椰奶烫热并逐渐搅打进鸡蛋混合物里。
3. 隔水加热，不停搅打，直到混合物浓稠到足以覆盖到勺子的背面。立刻从热水中取出，并放置到冰水槽里，以阻止继续加热（详见制备英式奶油酱指南中的内容）。
4. 将混合物彻底冻透。冷藏一晚。
5. 将芒果蓉、青柠檬汁及糖完全混合均匀。冷冻几小时或一晚。
6. 将卡仕达混合物和芒果蓉混合。在冰淇淋模具中进行冷冻。

术语复习

empty calorie 空热量

anaphylaxis 过敏性反应

cholesterol 胆固醇

calorie 卡路里

fiber 纤维素

lactose 乳糖

ovo-vegetarian 蛋类素食者

monounsaturated fat 单不饱和脂肪

sucralose 蔗糖素

allergen 过敏源

vitamin 维生素

nutrient density 营养密度

food intolerance 食物不耐受症

vegan 纯素饮食

saturated fat 饱和脂肪

carbohydrate 碳水化合物

lecithin 卵磷脂

protein 蛋白质

lipid 脂类

mineral 矿物质

nutrient 营养，养分，营养物质

celiac disease 麸质过敏症

lacto-vegetarian 乳素食者

polyunsaturated fat 多不饱和脂肪

fat 脂肪

lacto-ovo-vegetarian 蛋奶素食者

trans fat 反式脂肪

复习题

1. 描述五种增加酵母发酵面包中维生素、矿物质和膳食纤维含量的方法。

2. 判断题：用蜂蜜代替松饼配方中的糖会使松饼更富有营养。解释其中原因。

3. 在一个欢迎宴会上，一位客人告诉服务员，她对坚果过敏，不能吃作为甜品的蛋糕，那是一块用巧克力糖霜装饰着核桃瓣的白色蛋糕。服务员从蛋糕上取下坚果，并把它端给顾客。这是正确的做法吗？解释答案。

4. 以下哪一种原材料可以用来为麸质过敏症患者制作曲奇：大麦面粉、黑麦面粉、全麦面粉、斯佩尔特面粉、燕麦面粉？

5. 列出并描述三种修改一道配方中某一种原材料或原材料数量的基本方法，以使配方适合特殊的饮食需要。

6. 当想要剔除某种顾客会过敏的原材料时，解释为什么了解这种原材料在烘焙配方中的作用是非常重要的。

7. 如果减少了松饼配方中的黄油含量，为什么避免过度搅拌特别重要？

附 录

1

大量测量值

 硬面包卷 hard rolls

原材料	重量
面包粉	2500 克
水	1480 克
速溶酵母	45 克
盐	55 克
糖	55 克
起酥油	55 克
蛋清	55 克
总重量：	**4245 克**

 维也纳面包 Vienna bread

原材料	重量
面包粉	2500 克
水	1480 克
速溶酵母	45 克
盐	55 克
糖	75 克
枫叶糖浆	25 克
油	100 克
鸡蛋	100 克
总重量：	**4355 克**

 意大利面包 Italian bread

原材料	重量
面包粉	3000 克
水	1840 克
速溶酵母	45 克
盐	60 克
枫叶糖浆	15 克
总重量：	**4951 克**

各种变化

全麦意大利面包 whole wheat Italian bread
在上述配方中使用下述比例的面粉。

原材料	重量
全麦面粉	1300 克
面包粉	1700 克

将水增加到63%～65%，以让麸皮能吸收更多的水分。搅拌8分钟。

法棍面包 baguette

原材料	重量
面包粉	3000 克
盐	60 克
速溶酵母	24 克
水	1950 克
总重量：	**5034 克**

🌸 法式面包（直面团法）French bread（straight dough）

原材料	重量
面包粉	3000 克
水	1920 克
速溶酵母	27 克
盐	60 克
枫叶糖浆	15 克
糖	50 克
起酥油	50 克
总重量：	**5122 克**

各种变化

全麦法式面包 whole wheat French bread

在上述配方中使用下述比例的面粉。

原材料	重量
全麦面粉	1300 克
面包粉	1700 克

将水增加到63%~64%，以让麸皮能吸收更多的水分。搅拌8分钟。

🌸 法式面包（中种发酵法）French bread（sponge）

原材料	重量
中种发酵	
面包粉	1000 克
水	1000 克
速溶酵母	20 克
枫叶糖浆	30 克
面团	
面包粉	2000 克
水	1000 克
盐	60 克
总重量：	**5102 克**

各种变化

乡村风格法式面包 country-style French bread

在上述配方的面团阶段里使用下述比例的面粉和水。

原材料	重量
次级面粉或面包粉	740 克
全麦面粉	1260 克
水	1040 克

将面团塑形成为圆形。

🌸 古巴面包 Cuban bread

原材料	重量
面包粉	3000 克
水	1860 克
速溶酵母	45 克
盐	60 克
糖	120 克
总重量：	**5085 克**

🌸 夏巴塔面包（拖鞋面包）ciabatta

原材料	重量
中种发酵	
面包粉	1800 克
水	1920 克
速溶酵母	37 克
初榨橄榄油	80 克
面团	
盐	60 克
面包粉	880 克
总重量：	**4777 克**

使用模具烘烤的白面包
white pan bread

原材料	重量
面包粉	2000 克
水	1200 克
速溶酵母	40 克
盐	50 克
糖	75 克
脱脂乳固形物	100 克
起酥油	75 克
总重量：	**3540 克**

各种变化

全麦面包 whole wheat bread
在上述配方里使用下述比例的面粉。

原材料	重量
面包粉	800 克
全麦面粉	1200 克

 ## 白面包（中种发酵法）
white pan bread（sponge）

原材料	重量
中种发酵	
面粉	2000 克
水	1350 克
速溶酵母	24 克
枫叶糖浆	15 克
面团	
面粉	1000 克
水	450 克
盐	60 克
脱脂乳固形物	90 克
糖	150 克
起酥油	90 克
总重量：	**5229 克**

 ## 软面包卷 soft rolls

原材料	重量
面包粉	2500 克
水	1500 克
速溶酵母	48 克
盐	50 克
糖	240 克
脱脂乳固形物	120 克
起酥油	120 克
黄油	120 克
总重量：	**4698 克**

鸡蛋面包和面包卷
egg bread and rolls

原材料	重量
面包粉	2500 克
水	1250 克
速溶酵母	48 克
盐	50 克
糖	240 克
脱脂乳固形物	120 克
起酥油	120 克
黄油	120 克
鸡蛋	240 克
总重量：	**4688 克**

 ## 全麦面包 whole wheat bread

原材料	重量
全麦面粉	3000 克
水	2070 克
速溶酵母	45 克
糖	60 克
枫叶糖浆	60 克
脱脂乳固形物	90 克
起酥油	120 克
黄油	120 克
盐	60 克
总重量：	**5505 克**

哈拉面包 challah

原材料	重量
面包粉	2000 克
水	800 克
速溶酵母	40 克
蛋黄	400 克
糖	150 克
枫叶糖浆	10 克
盐	38 克
植物油	250 克
总重量:	**3688 克**

 ## 牛奶面包 milk bread（pain au lait）

原材料	重量
面包粉	3000 克
糖	300 克
盐	60 克
速溶酵母	30 克
鸡蛋	300 克
牛奶	1500 克
黄油或人造黄油	450 克
枫叶糖浆	30 克
总重量:	**5670 克**

美式轻质黑麦面包和面包卷
light American rye bread and rolls

原材料	重量
轻质黑麦面粉	1000 克
面包粉或面粉	1500 克
水	1500 克
速溶酵母	30 克
盐	45 克
起酥油	60 克
糖蜜或枫叶糖浆	60 克
葛缕子（可选）	30 克
黑麦香精	30 克
总重量:	**4255 克**

洋葱黑麦面包 onion rye

原材料	重量
轻质黑麦面粉	700 克
面粉	1300 克
水	1200 克
速溶酵母	25 克
脱水洋葱（称取重量后用水浸泡，并捞出控净水分）	100 克
盐	40 克
葛缕子	25 克
黑麦香精	25 克
麦芽糖浆	50 克
总重量:	**3465 克**

各种变化

洋葱裸麦粉粗面包（没有酸味）onion pumpernickel（nonsour）

在上述配方里使用下述比例的面粉。

原材料	重量
裸麦粉	400 克
中号黑麦面粉	300 克
次级面粉	1300 克

面团可以用焦糖色或者可可粉上色

基本的酵母酵头（比加酵头）
basic yeast starter（biga）

原材料	重量
面包粉	1800 克
水	1080 克
速溶酵母	2 克
总重量:	**2882 克**

橄榄面包 olive bread

原材料	重量
面包粉	1800 克
全麦面粉	240 克
黑麦面粉	360 克
速溶酵母	12 克
水	1480 克
盐	50 克
橄榄油	120 克
基础酵母酵头或发酵好的面团	240 克
去核黑橄榄（整个或切成两半）	720 克
总重量：	**5022 克**

松脆饼 crumpets

原材料	重量
温水	1650 克
速溶酵母	30 克
面包粉	1500 克
盐	30 克
糖	10 克
小苏打	4.5 克
冷水	420 克
总重量：	**3644 克**

甜面包卷面团 sweet roll dough

原材料	重量
黄油，人造黄油或起酥油	400 克
糖	400 克
盐	40 克
脱脂乳固形物	100 克
鸡蛋	300 克
面包粉	1600 克
蛋糕粉	400 克
耐渗透速溶酵母	40 克
水	800 克
总重量：	**4080 克**

富糖面团 rich sweet dough

原材料	重量
牛奶（烫热并冷却）	800 克
耐渗透速溶酵母	40 克
面包粉	1000 克
黄油	800 克
糖	400 克
盐	40 克
鸡蛋	500 克
面包粉	1000 克
总重量：	**4580 克**

各种变化

圣多伦圣诞面包 stollen

原材料	重量
杏仁香精	10 克
柠檬皮（擦碎）	10 克
香草香精	10 克
葡萄干（浅色，深色，或两者混合）	600 克
糖渍混合水果	700 克

在黄油和糖的混合阶段，将杏仁香精、柠檬皮及香草香精加入。将葡萄干和糖渍混合水果揉入面团里。

巴布卡面包 babka

原材料	重量
香草香精	10 克
小豆蔻粉	5 克
葡萄干	400 克

在混合阶段时，将香草香精和小豆蔻粉加入到黄油里。将葡萄干揉入面团里。

热十字面包 hot cross buns

原材料	重量
甜面包卷面团	5000 克
葡萄干	1250 克
金色葡萄干	625 克
混合蜜饯水果皮（切丁）	300 克
多香果粉	10 克
总重量：	**7185 克**

巴巴/萨伐仑松饼面团

baba/savarin dough

原材料	重量
牛奶（烫热并冷却）	480 克
速溶酵母	30 克
面包粉	300 克
鸡蛋	600 克
面包粉	900 克
糖	30 克
盐	24 克
黄油（融化）	500 克
总重量：	**2864 克**

 ## 布里欧面包 brioche

原材料	重量
牛奶（烫热并冷却）	250 克
耐渗透速溶酵母	20 克
面包粉	250 克
鸡蛋	600 克
面包粉	950 克
糖	60 克
盐	24 克
黄油（软化）	720 克
总重量：	**2874 克**

丹麦面包面团（布里欧面包类型）

Danish pastry dough（brioche-style）

原材料	重量
牛奶	675 克
鲜酵母	120 克
面包粉	2400 克
鸡蛋	300 克
黄油（融化）	150 克
盐	30 克
糖	150 克
牛奶	225 克
黄油（软化）	1500 克
总重量：	**5550 克**

牛角面包 croissants

原材料	重量
牛奶	900 克
糖	60 克
盐	30 克
黄油（软化）	160 克
面包粉	1600 克
速溶酵母	22 克
黄油	900 克
总重量：	**3672 克**

丹麦面包 Danish pastry

原材料	重量
黄油	250 克
糖	300 克
脱脂乳固形物	100 克
盐	40 克
黄油（软化）	160 克
小豆蔻粉或桂皮粉（可选）	4 克
鸡蛋	400 克
蛋黄	100 克
面包粉	1600 克
蛋糕粉	400 克
耐渗透速溶酵母	40 克
水	800 克
黄油（包入用）	1000 克
总重量：	**5034 克**

 ## 肉桂糖 cinnamon sugar

原材料	重量
糖	1000 克
肉桂粉	60 克
总重量：	**1060 克**

蔓越莓圆形司康饼

cranberry drop scones

原材料	重量
黄油	560 克
糖	470 克
盐	22 克
蛋黄	120 克
糕点粉	2250 克
泡打粉	112 克
牛奶	1300 克
蔓越莓果脯	380 克
总重量：	**5214 克**

巧克力蛋糕面包圈

chocolate cake doughnuts

原材料	重量
起酥油	180 克
糖	500 克
盐	15 克
脱脂乳固形物	90 克
香草香精	30 克
鸡蛋	180 克
蛋黄	60 克
蛋糕粉	1500 克
面包粉	500 克
可可粉	155 克
泡打粉	60 克
小苏打	13 克
水	1060 克
总重量：	**4343 克**

香浓香草风味面包圈

rich vanilla spice doughnuts

原材料	重量
面包粉	750 克
蛋糕粉	750 克
泡打粉	45 克
豆蔻粉	12 克
肉桂粉	4 克
盐	18 克
鸡蛋	310 克
蛋黄	60 克
糖	630 克
牛奶	600 克
香草香精	45 克
水	1060 克
黄油（融化）	190 克
总重量：	**3414 克**

油炸果派面糊 I fritter batter I

原材料	重量
糕点粉	1000 克
糖	60 克
盐	15 克
泡打粉	15 克
鸡蛋（打散）	500 克
牛奶	900 克
油	60 克
香草香精	10 克
总重量：	**2560 克**

油炸果派面糊 Ⅱ fritter batter Ⅱ

原材料	重量
面包粉	750 克
蛋糕粉	250 克
盐	15 克
糖	30 克
牛奶	1125 克
蛋黄（打散）	125 克
油	125 克
蛋清	250 克
总重量：	**2670 克**

法式面包圈（油炸果派舒芙蕾）

French doughnuts（beignets souffles）

原材料	重量
牛奶	750 克
黄油	300 克
盐	15 克
糖	15 克
面包粉	450 克
鸡蛋	600 克
总重量：	**2130 克**

嘉年华油炸果派

beignets de carnival

原材料	重量
面包粉	600 克
糖	45 克
盐	15 克
蛋黄	180 克
淡奶油	180 克
樱桃酒	45 克
玫瑰水	30 克
总重量：	**1095 克**

维也纳面包 viennoise

原材料	重量
布里欧面包面团	2400 克
蛋液	根据需要
红醋栗果冻	400 克

卡诺里卷 cannoli shells

原材料	重量
面包粉	700 克
糕点粉	700 克
糖	120 克
盐	4 克
黄油	240 克
鸡蛋（打散）	200 克
干白葡萄酒或马萨拉白葡萄酒	500 克
总重量：	**2464 克**

里科塔乳清奶酪馅料

ricotta cannoli filling

原材料	重量
里科塔乳清奶酪	2000 克
糖粉	1000 克
肉桂香精	30 克
蜜饯柠檬，蜜饯柑橘皮或蜜饯南瓜（切成细粒）	180 克
甜味巧克力（切成细末，或小粒状）	120 克
总重量：	**3530 克**

香草风味糖浆 vanilla syrup

原材料	重量
水	800 克
糖	720 克
香草豆荚（劈切开）	2
总重量：	**1520 克（1300 毫升）**

卡仕达酱派馅料 custard pie filling

产量：可以制作3.7千克。

五个20厘米派；

四个23厘米派；

三个25厘米派。

原材料	重量
鸡蛋	900 克
糖	450 克
盐	5 克
香草香精	30 毫升
牛奶	2400 毫升
豆蔻粉	2~3 克

新鲜苹果派馅料 Ⅰ

fresh apple pie filling Ⅰ

产量：可以制作5300克。

六个20厘米派；

五个23厘米派；

四个25厘米派。

原材料	重量
苹果（去皮并切成片）	4500 克
黄油	150 克
糖	450 克
冷水	300 克
玉米淀粉	120 克
或改性淀粉（糯玉米）	75 克
糖	500 克
盐	5 克
肉桂粉	5 克
豆蔻粉	2.5 克
柠檬汁	50 克
黄油	35 克

各种变化

新鲜苹果派馅料Ⅱ fresh apple pie filling Ⅱ

原材料	重量
水	500 克

去掉第一份黄油。取而代之的是将苹果在水里，与第一份糖小火加热，如同基本的熬煮水果的方法一样，使用上面列出的水的数量。

苹果和姜塔派馅料 apple ginger pie filling

原材料	重量
姜粉	2.5 克
蜜饯姜（切成细粒）	100 克

如同新鲜苹果馅料Ⅰ或者Ⅱ一样的制备，但是去掉肉桂粉，并用姜粉和蜜饯姜代替。

苹果核桃仁派馅料 apple walnut pie filling

原材料	重量
切碎的核桃仁	375 克

将核桃仁混入新鲜苹果馅料Ⅰ或者Ⅱ中。

大黄派馅料 rhubarb pie filling

原材料	重量
新鲜大黄	3200 克

将大黄切成2.5厘米大小的块，用来代替苹果。去掉肉桂粉、豆蔻粉及柠檬汁。

山核桃派馅料 pecan pie filling

产量：可以制作3.3千克馅料，加上570克的山核桃。

五个20厘米派；

四个23厘米派；

三个25厘米派。

原材料	重量
砂糖	800 克
黄油	230 克
盐	6 克
鸡蛋	800 克
深色玉米糖浆	1400 克
香草香精	30 克
山核桃	570 克

南瓜派馅料 I   pumpkin pie filling I

产量：可以制作8干克。

十个20厘米派；

八个23厘米派；

六个25厘米派。

原材料	重量
南瓜泥（1罐10号或4罐2.5号罐头）	3000 克
糕点粉	120 克
肉桂粉	15 克
豆蔻粉	2 克
姜粉	2 克
丁香粉	1 克
盐	15 克
红糖	1150 克
鸡蛋	1200 克
玉米糖浆或一半玉米糖浆和一半糖蜜	240 克
牛奶	2400 毫升

墨西哥青柠檬派馅料

key lime pie filling

产量：可以制作2520克。

五个20厘米派；

四个23厘米派；

三个25厘米派。

原材料	重量
蛋黄（巴氏消毒）	320 克
黄油	230 克
甜炼乳	1600 克
鲜榨墨西哥青柠檬汁	600 克

香草风味奶油派馅料

vanilla cream pie filling

产量：可以制作2.25升或3.1干克。

五个20厘米派；

四个23厘米派；

三个25厘米派。

原材料	重量
牛奶	2000 毫升
糖	250 克
蛋黄	180 克
鸡蛋	240 克
玉米淀粉	150 克
糖	250 克
黄油	125 克
香草香精	30 毫升

各种变化

巧克力奶油派馅料 I   chocolate cream pie filling I

原材料	重量
原味巧克力	125 克
半甜巧克力	125 克

将原味巧克力和半甜巧克力一起融化开，并搅拌混入到热的香草奶油馅料里。

巧克力奶油派馅料 II   chocolate cream pie filling II

原材料	重量
牛奶	1750 毫升
糖	250 克
蛋黄	180 克
鸡蛋	240 克
冷牛奶	250 克
玉米淀粉	150 克
可可粉	90 克
糖	250 克
黄油	125 克
香草香精	30 毫升

在这道配方的变化里，使用可可粉代替巧克力。可可粉与玉米淀粉一起过筛。鸡蛋的分量中必须要包括一部分的牛奶，以提供足够的液体，使淀粉和可可粉成为糊状。按照基本配方中的制作步骤进行操作，但是要使用上述原材料。

红糖奶油派馅料 butterscotch cream pie filling

原材料	重量
红糖	1000 克
黄油	300 克

将红糖和黄油混合。小火加热，搅拌至黄油融化开，并且原材料混合均匀。按照基本的香草奶油馅料配方进行制备，但去掉所有的糖，并将淀粉增加到180克。在步骤5中，当混合物烧开后，逐渐加入红糖混合物。与基本配方一样完成制作。

柠檬风味派馅料 lemon pie filling

原材料	重量
水	1750 毫升
糖	800 克
蛋黄	300 克
玉米淀粉	180 克
糖	150 克
盐	2 克
柠檬外层皮（擦碎）	20 克
黄油	125 克
柠檬汁	360 毫升

按照制作香草奶油馅料的步骤进行制作，但是使用上述的原材料。注意柠檬汁要在馅料变稠后再加入。

🌸 南瓜戚风派馅料

pumpkin chiffon pie filling

产量： 可以制作3.4千克。

六个20厘米派；

五个23厘米派；

四个25厘米派。

▶ ──────────────────── ◀

原材料	重量
南瓜泥	1200 克
红糖	600 克
牛奶	350 克
蛋黄	350 克
盐	5 克
肉桂粉	7 克
豆蔻粉	4 克
姜粉	2 克
明胶	30 克
冷水	240 毫升
蛋清（巴氏消毒）	450 克
糖	450 克

各种变化

南瓜奶油戚风派馅料 pumpkin cream chiffon pie filling

要制作出奶油味道更加浓郁的馅料，将蛋清减少至350克。将500毫升的多脂奶油打发好并叠拌进制作好的蛋白霜里。

🌸 草莓派馅料

strawberry rhubarb pie filling

产量： 可以制作3360克。

五个20厘米派；

四个23厘米派；

三个25厘米派。

▶ ──────────────────── ◀

原材料	重量
大黄（新鲜或冷冻的，切成2.5厘米的块状）	1200 克
糖	720 克
水	240 克
蛋黄	160 克
多脂奶油	240 克
玉米淀粉	90 克
新鲜草莓去掉花萼并切成四瓣	1000 克

草莓戚风派馅料

strawberry chiffon pie filling

产量：可以制作3千克。

六个20厘米派；

五个23厘米派；

四个25厘米派。

原材料	重量
冷冻的加糖草莓	1800 克
盐	5 克
玉米淀粉	30 克
冷水	120 毫升
明胶	30 克
冷水	240 毫升
柠檬汁	30 毫升
蛋清（巴氏消毒）	450 克
糖	350 克

各种变化

草莓奶油戚风派馅料 strawberry cream chiffon pie filling

要制作出奶油味道更加浓郁的馅料，将蛋清减少至350克。将500毫升的多脂奶油打发好并叠拌进制作好的蛋白霜里。

覆盆子戚风派馅料 raspberry chiffon pie filling
在基本配方里，用覆盆子代替草莓。

菠萝戚风派馅料 pineapple chiffon pie filling
使用1.4千克切碎的菠萝。将沥出的菠萝汁与另外500毫升的菠萝汁混合，加入240克的糖。

巧克力戚风派馅料

chocolate chiffon pie filling

产量：可以制作3.2千克。

六个20厘米派；

五个23厘米派；

四个25厘米派；

原材料	重量
原味巧克力	300 克
水	750 毫升
蛋黄	450 克
糖	450 克
明胶	30 克
冷水	240 毫升
蛋清（巴氏消毒）	580 克
糖	700 克

各种变化

巧克力奶油戚风派馅料 chocolate cream chiffon pie filling

要制作出奶油味道更加浓郁的馅料，将蛋清减少至450克。将500毫升的多脂奶油打发好并叠拌进制作好的蛋白霜里。

柠檬戚风派馅料柠檬

chiffon pie filling

产量：可以制作3.2千克。

六个20厘米派；

五个23厘米派；

四个25厘米派。

原材料	重量
水	750 毫升
糖	240 克
蛋黄	350 克
冷水	120 毫升
玉米淀粉	90 克
糖	240 克
柠檬外层皮（擦碎）	15 克
明胶	30 克
冷水	250 毫升
柠檬汁	350 毫升
蛋清（巴氏消毒）	450 克
糖	450 克

各种变化

青柠檬戚风派馅料 lime chiffon pie filling
用青柠檬汁和青柠檬外层皮代替柠檬汁和柠檬外层皮。

橙味戚风派馅料 orange chiffon pie filling
对下述原材料做出调整：在步骤1里，使用橙汁代替水。去掉第一份240克的糖。用橙外层皮代替柠檬外层皮。将柠檬汁减少到120毫升。

布里歇香酥派面团 **pate brisee**

原材料	重量
糕点粉	800 克
盐	20 克
糖	20 克
黄油（冷冻）	400 克
鸡蛋	260 克
水	40 克
香草香精	8 滴
柠檬外层皮（擦碎）	8 克
总重量：	**1548 克**

油酥面团 **pate sablee**

原材料	重量
黄油（软化）	600 克
糖粉	300 克
盐	3 克
柠檬外层皮（擦碎）	4 克
香草香精	8 滴
鸡蛋（打散）	100 克
糕点粉	900 克
总重量：	**1907 克**

各种变化

巧克力油酥面团 chocolate pate sable

原材料	重量
黄油	600 克
糖粉	300 克
柠檬外层皮（擦碎）	8 克
鸡蛋（打散）	200 克
糕点粉	700 克
可可粉	120 克

用上述原材料替代，并按照基本步骤进行制作。将面粉和可可粉一起过筛。

甜酥派面团 **pate sucree**

原材料	重量
黄油（软化）	432 克
糖粉	264 克
盐	4 克
柠檬外层皮（擦碎）	4 克
香草香精	8 滴
鸡蛋（打散）	200 克
糕点粉	800 克
总重量：	**1704 克**

油酥面团 I short dough I

原材料	重量
黄油或黄油与起酥油	1000 克
糖	375 克
盐	8 克
鸡蛋	280 克
糕点粉	1500 克
总重量：	**3163 克**

杏仁油酥面团 almond short dough

原材料	重量
黄油	800 克
糖	600 克
盐	10 克
杏仁粉	500 克
鸡蛋	165 克
香草香精	5 克
糕点粉	1000 克
总重量：	**3080 克**

各种变化

林茨面团 I Lizner dough I

原材料	重量
肉桂粉	5 克
豆蔻粉	1 克

使用榛子粉、杏仁粉或两者的混合物。在步骤1中，与肉桂粉、豆蔻粉以及盐一起混合均匀。

油酥面团 II short dough II

原材料	重量
黄油	600 克
糖	400 克
盐	8 克
香草香精	8 克
杏仁粉	125 克
鸡蛋	200 克
糕点粉	1000 克
总重量：	**2336 克**

经典的酥皮糕点（千层酥皮）classic puff pastry（pate feuilletee classique）

原材料	重量
面包粉	1500 克
盐	30 克
黄油（融化）	225 克
水	750 克
黄油（用于包入）	900 克
总重量：	**3405 克**

常用酥皮糕点面团 ordinary puff pastry

原材料	重量
面包粉	1500 克
蛋糕粉	500 克
黄油（软化）	225 克
盐	30 克
冷水	1125 克
黄油	2000 克
面包粉	250 克
总重量：	**5655 克**

杏仁蛋白霜 almond meringues

原材料	重量
蛋清	500 克
细砂糖	500 克
杏仁粉	500 克
总重量：	**1500 克**

赛克赛 succes

原材料	重量
蛋清	540 克
砂糖	360 克
杏仁粉	360 克
糖粉	360 克
蛋糕粉	90 克
总重量：	**1710 克**

 ## 黄油蛋糕 yellow butter cake

原材料	重量
黄油	1440 克
糖	1566 克
盐	14 克
鸡蛋	900 克
蛋糕粉	1800 克
泡打粉	72 克
牛奶	1800 克
香草香精	30 克
总重量：	**7622 克**

各种变化

专属糖料 pan spread

制作一整个烤盘的用量：

原材料	重量
红糖	450 克
砂糖	170 克
玉米糖浆或蜂蜜	120 克
水	（根据需要）

将前三种原材料一起打发。然后用水稀释到可以涂抹的浓稠程度。

 ## 巧克力黄油蛋糕
chocolate butter cake

原材料	重量
黄油	1125 克
糖	187 克
盐	22 克
原味巧克力（融化）	750 克
鸡蛋	1000 克
蛋糕粉	1500 克
泡打粉	60 克
牛奶	1725 克
香草香精	30 克
总重量：	**8087 克**

萨赫混合蛋糕Ⅱ sacher mix Ⅱ

原材料	重量
黄油（软化）	400 克
细砂糖	330 克
蛋黄	360 克
蛋清	540 克
细砂糖	180 克
蛋糕粉	120 克
可可粉	120 克
杏仁粉（烘烤好）	165 克
总重量：	**2215 克**

 ## 白蛋糕 white cake

原材料	重量
蛋糕粉	1500 克
泡打粉	90 克
盐	30 克
乳化起酥油	750 克
糖	1875 克
脱脂牛奶	1500 克
香草香精	20 克
杏仁香精	10 克
蛋清	1000 克
总重量：	**6775 克**

魔鬼蛋糕 devil's food cake

原材料	重量
蛋糕粉	1500 克
可可粉	250 克
盐	30 克
泡打粉	45 克
小苏打	30 克
乳化起酥油	870 克
糖	2000 克
脱脂牛奶	1750 克
香草香精	20 克
蛋清	1000 克
总重量：	**7495 克**

 ## 热那亚慕斯琳蛋糕
genoise mousseline

原材料	重量
鸡蛋	900 克
蛋黄	120 克（6 个）
糖	540 克
蛋糕粉（过筛）	540 克
总重量：	**2100 克**

 ## 牛奶和黄油海绵蛋糕
milk and butter sponge

原材料	重量
糖	1250 克
鸡蛋	750 克
蛋黄	250 克
盐	15 克
蛋糕粉	1000 克
泡打粉	30 克
脱脂牛奶	500 克
黄油	250 克
香草香精	30 克
总重量：	**4075 克**

 ## 乔孔达海绵蛋糕（乔孔达饼干）
Joconde sponge cake（biscuit joconde）

原材料	重量
杏仁粉	340 克
糖粉	300 克
蛋糕粉	100 克
鸡蛋	480 克
蛋清	320 克
糖	40 克
黄油（融化）	120 克
总重量：	**1700 克**

 ## 玛乔莲海绵蛋糕
marjolaine sponge cake

原材料	重量
糖粉	360 克
杏仁粉	360 克
蛋黄	300 克
蛋清	630 克
糖	270 克
糕点粉（过筛）	270 克
总重量：	**2190 克**

 ## 榛子海绵蛋糕 hazelnut sponge cake

原材料	重量
黄油（软化）	400 克
糖	330 克
蛋黄	360 克
蛋清	540 克
糖	180 克
蛋糕粉	120 克
可可粉	120 克
榛子粉（烘烤过的）	165 克
总重量：	**2215 克**

巧克力杏仁海绵蛋糕

almond chocolate sponge cake

原材料	重量
杏仁膏	390 克
蛋黄	240 克
蛋清	360 克
糖	150 克
蛋糕粉	120 克
可可粉	120 克
黄油（融化）	120 克
总重量：	**1500 克**

巧克力分层海绵蛋糕

chocolate spongelayers

原材料	重量
蛋清	600 克
糖	480 克
蛋黄	400 克
蛋糕粉	400 克
可可粉	120 克
总重量：	**2000 克**

巧克力丝绒蛋糕

chocolate velvet cake（moelleux）

原材料	重量
杏仁酱	225 克
糖粉	150 克
蛋黄	180 克
蛋清	180 克
糖	75 克
蛋糕粉	120 克
可可粉	30 克
黄油（融化，用于烘烤）	60 克
杏仁（切碎）	90 克
总重量：	**1020 克**

柠檬风味玛德琳蛋糕

lemon madeleines

原材料	重量
黄油	450 克
糖	420 克
蜂蜜	72 克
盐	1.2 克
柠檬外层皮（擦碎）	30 克
鸡蛋	495 克
糕点粉	450 克
泡打粉	11.5 克
总重量：	**1929 克**

各种变化

巧克力和橙味玛德琳蛋糕 *chocolate and orange madeleines*

原材料	重量
黄油	495 克
糖	420 克
蜂蜜	72 克
盐	1.2 克
橙子外层皮（擦碎）	30 克
鸡蛋	495 克
糕点粉	315 克
可可粉	105 克
泡打粉	15 克

按照基本配方进行制作，但是根据上述列表更改原材料的用量。

奶油糖霜 simple buttercream

原材料	重量
黄油	1000 克
起酥油	500 克
糖粉	2500 克
蛋清（巴氏消毒）	160 克
柠檬汁	10 克
香草香精	15 克
水（可选）	125 克
总重量：	**4310 克**

意大利奶油糖霜（意式奶油糖霜）
Italian buttercream

产量：可以制作3400克。

原材料	重量
意大利蛋白霜	
糖	1000 克
水	250 毫升
蛋清	500 克
黄油	1500 克
乳化起酥油	250 克
柠檬汁	10 毫升
香草香精	15 毫升

 ## 法式奶油糖霜 French buttercream

产量：可以制作 2750克。

原材料	重量
糖	1000 克
水	250 毫升
蛋黄	375 克
黄油（软化）	1250 克
香草香精	15 毫升

果仁糖奶油糖霜 praline buttercream

产量：可以制作1650克。

原材料	重量
水	120 克
糖	360 克
蛋黄	300 克
黄油（软化）	540 克
果仁糖膏	450 克

 ## 浅色果仁糖奶油 light Praline cream

原材料	重量
黄油（软化）	1000 克
果仁糖膏	500 克
干邑白兰地	200 克
意大利蛋白霜	1700 克
总重量：	**3400 克**

 ## 焦糖奶油糖霜 caramel buttercream

产量：可以制作 2000克。

原材料	重量
水	100 克
糖	740 克
水	200 克
多脂奶油	140 克
咖啡香精	20 克
蛋黄	240 克
黄油（软化）	760 克

 ## 香草风味奶油 vanilla cream

原材料	重量
糕点奶油酱	1125 克
明胶	15 克
朗姆酒	50 克
黄油（软化）	500 克
总重量：	**1690 克**

平面型糖霜（流淌型糖霜）flat icing

原材料	重量
糖粉	2000 克
热水	375 毫升
玉米糖浆	125 克
香草香精	15 克
总重量：	**2500 克**

🌸 可可果冻 cocoa jelly

原材料	重量
水	450 克
风登糖	675 克
葡萄糖浆	225 克
明胶	30 克
可可粉	135 克
总重量：	**1515 克**

🌸 歌剧院蛋糕亮光剂 opera glaze

原材料	重量
涂层巧克力	750 克
半甜或苦甜考维曲巧克力	300 克
花生油	120 克
总重量：	**1170 克**

各种变化

如果单独使用考维曲巧克力来代替部分涂层巧克力和部分的考维曲巧克力，那么要增加油的数量，以便使糖霜有适当的质地，可以更容易用蛋糕刀切割开。

原材料	重量
黑考维曲巧克力	1050 克
花生油	180 克

🌸 咖啡大理石花纹淋面

coffee marble glaze

产量：可以制作 1000克。

原材料	重量
明胶	24 克
水	750 克
糖	120 克
葡萄糖浆	120 克
香草豆荚（劈切开）	2 个
咖啡利口酒	60 克
咖啡香精	30 克

🌸 钻石曲奇 diamonds

原材料	重量
黄油（切成小粒）	560 克
蛋糕粉	800 克
糖粉	240 克
盐	4 克
橙子外层皮（擦碎）	8 克
香草香精（用于蘸糖）	8 克
冰糖	200 克
总重量：	**1620 克**

🌸 杏仁风味瓦片 almond tuiles I

原材料	重量
黄油	360 克
糖粉	480 克
蛋清	360 克
蛋糕粉	420 克
装饰物	
杏仁片	300 克
总重量：	**1620 克**

🌸 浓缩咖啡风味脆饼

espresso biscotti

原材料	重量
黄油	360 克
糖	540 克
盐	18 克
鸡蛋	300 克
热水	45 克
速溶浓缩咖啡粉	18 克
糕点粉	900 克
泡打粉	24 克
杏仁	315 克
总重量：	**2520 克**

巧克力山核桃风味脆饼
chocolate pecan biscotti

原材料	重量
黄油	360 克
糖	540 克
盐	9 克
橙子外层皮（擦碎）	9 克
鸡蛋	300 克
水	180 克
香草香精	15 克
糕点粉	900 克
可可粉	135 克
泡打粉	24 克
小苏打	8 克
山核桃粒	180 克
小巧克力粒	180 克
总重量：	**2840 克**

 ## 香浓布朗尼蛋糕 rich brownies

产量：一个大的配方（4652克）。

可以制作出全尺寸烤盘（46 厘米×66 厘米）的布朗尼蛋糕，两个半幅烤盘的布朗尼蛋糕，四个23 厘米×23 厘米烤盘，或六个23 厘米方形烤盘的布朗尼蛋糕。

原材料	重量
原味巧克力	225 克
苦甜巧克力	560 克
黄油	1125 克
鸡蛋	790 克
糖	1015 克
盐	7 克
香草香精	30 毫升
面包粉	450 克
核桃仁或山核桃仁（切碎）	450 克
总重量：	**4652 克**

各种变化

原材料	重量
泡打粉	11 克

要制作出更像蛋糕一样的布朗尼，将上述用量的泡打粉在步骤4中，与面粉一起过筛。

 ## 奶油奶酪布朗尼蛋糕
cream cheese brownies

产量：一个大的配方（5600克）。

可以制作出全尺寸烤盘（46 厘米×66 厘米）的布朗尼蛋糕，两个半幅烤盘的布朗尼蛋糕，四个23 厘米×23 厘米烤盘，或六个23 厘米方形烤盘的布朗尼蛋糕。

原材料	重量
奶油奶酪	900 克
糖	225 克
香草香精	7 毫升
蛋黄	80 克
香浓布朗尼蛋糕面糊（见上面配方）	4650 克
不使用核桃仁（一个配方的用量）	
总重量：	**5862 克**

 ## 圣诞布丁 Christmas pudding

原材料	重量
黑色葡萄干	100 克
浅色葡萄干	100 克
无核葡萄干	100 克
枣（切成丁）	500 克
杏仁（切碎）	375 克
蜜饯橙皮（切成细末）	250 克
蜜饯柠檬皮（切成细末）	250 克
白兰地	750 毫升
面包粉	500 克
肉桂粉	4 克
豆蔻粉	1 克
桂皮粉	1 克
姜粉	1 克
丁香粉	1 克
盐	15 克
牛肉板油（切成细末）	750 克
红糖	500 克
鸡蛋	500 克
新鲜面包屑	250 克
糖蜜	60 克
总重量：	**7700 克**

蒸蓝莓布丁
steamed blueberry pudding

原材料	重量
红糖	625 克
黄油	250 克
盐	3 克
肉桂粉	5 克
鸡蛋	250 克
面包粉	125 克
泡打粉	22 克
干燥的面包屑	625 克
牛奶	500 克
蓝莓（新鲜或冷冻的，不加糖）	500 克
总重量：	2905 克

 ## 奶油奶酪巴伐利亚
cream cheese bavarian

产量：可以制作6.5升。

原材料	重量
奶油奶酪	1500 克
糖	500 克
盐	15 克
柠檬外层皮（擦碎）	4 克
橙子外层皮（擦碎）	2.5 克
香草香精	8 克
柠檬汁	125 克
明胶	30 克
冷水	250 克
多脂奶油	2000 毫升
总重量：	4434 克

 ## 覆盆子果酱 raspberry jam

产量：可以制作1900克。

原材料	重量
糖	750 克
水	250 克
覆盆子（新鲜的）	1000 克
葡萄糖浆	100 克
糖	150 克
果胶	80 克

 ## 苹果果酱 apple marmalade

产量：可以制作4240克。

原材料	重量
苹果（去皮并去核）	4000 克
水	500 克
糖	1200 克

 ## 草莓果酱 strawberry marmalade

产量：可以制作1600克。

原材料	重量
草莓	1000 克
糖	1000 克
果胶	20 克
柠檬汁	30 克

 ## 焦糖杏 caramelized apricots

产量：可以制作1200克。

原材料	重量
糖	400 克
水	100 克
蜂蜜	200 克
黄油	100 克
罐头杏（控净汁液）	1200 克

烩杏 apricots compote

产量：可以制作960克。

原材料	重量
糖	450 克
水	60 克
杏（新鲜或罐头装的切成两半，并去核）	500 克
果胶	40 克
葡萄糖浆	50 克

各种变化

烩杏和杏仁 apricots and almond compote

原材料	重量
整粒杏仁	200 克

在加入果胶和葡萄糖浆的同时，将杏仁加入。

 ## 费列罗巧克力配杏仁

rocher with almonds

原材料	重量
黑巧克力	450 克
果仁糖膏	675 克
冰淇淋威化饼（掰碎）	225 克
黑巧克力	675 克
杏仁（烘烤好，并切碎）	112 克
总重量：	**2137 克**

 ## 烩菠萝金橘

pineapple kumquat compote

产量：可以制作1080克。

原材料	重量
糖	450 克
水	60 克
香草豆荚	1
葡萄糖浆	48 克
罐头菠萝（控净汤汁并切丁）	500 克
金橘（切片）并焯水	200 克
开心果	40 克

各种变化

烩金橘 kumquat compote

原材料	重量
糖	450 克
水	60 克
葡萄糖浆	48 克
金橘（切成两半或切成片并焯水）	500 克
开心果	80 克

按照基本配方的步骤进行制作，但是去掉菠萝和香草豆荚，并根据上述列表进行调整。

 ## 干佩斯 gum paste

原材料	重量
糖粉	1250 克
黄蓍胶	30 克
水	190 毫升
葡萄糖浆	60 克
糖粉	250 克
总重量：	**1780 克**

1. 将糖粉过筛到盆里。
2. 加入黄蓍胶并搅拌均匀。
3. 加入水和葡萄糖浆。搅拌至细滑状。
4. 将混合物倒在工作台面上。用剩余的糖揉制，或加入足够的糖粉制作成一个光滑而坚硬的面团。
5. 将干佩斯揉成圆柱形。涂抹薄薄的一层酥油（防止干燥），并用保鲜膜包紧。静置一晚。

公制换算公式

重量

1盎司=28.35克

1克=0.035盎司

1磅=454克

1千克=2.2磅

体积

1液体盎司=29.57毫升

1毫升=0.034液体盎司

1杯=237毫升

1夸脱=946毫升

1升=33.8液体盎司

长度

1英寸=25.4毫米

1厘米=0.39英寸

1米=39.4英寸

温度

要将华氏温度换算成摄氏温度：减去32，然后乘以5/9。

例如： 将140℉换算成摄氏温度。

140-32=108

108×5/9=60℃

要将摄氏温度换算成华氏温度：乘以9/5，然后加上32。

例如： 将150℃换算成摄氏温度。

150×9/5=270

270+32=302℉

注释： 在本书中配方里的公制计量单位与相应的美国计量单位不相等。

附 录

3

普通分数与小数换算

分数	四舍五入至小数点后 3 位	四舍五入至小数点后 2 位
5/6	0.833	0.83
4/5	0.800	0.80
3/4	0.750	0.75
2/3	0.667	0.67
5/8	0.625	0.63
3/5	0.600	0.60
1/2	0.500	0.50
1/3	0.333	0.33
1/4	0.250	0.25
1/5	0.200	0.20
1/6	0.167	0.17
1/8	0.125	0.13
1/10	0.100	0.10
1/12	0.083	0.08
1/16	0.063	0.06
1/25	0.040	0.04

干性食物等同于的近似体积

下述的等量换算只是大概的平均值。实际上的重量差别很大。要准确测量，需要称量所有的原材料。

按照通常的做法，这个图表中的体积计量是用普通分数，而不是小数来表示的。

面包粉，过筛

1磅=4杯

1杯=4盎司

面包粉，没有过筛

1磅=3 1/3杯

1杯=4.75盎司

蛋糕粉，过筛

1磅=4.25杯

1杯=3.75盎司

蛋糕粉，没有过筛

1磅=3.5杯

1杯=4.5盎司

砂糖

1磅=2.25杯

1杯=7盎司

糖粉，过筛

1磅=4杯

1杯=4盎司

糖粉，没有过筛

1磅=3.5杯

1杯=4.5盎司

玉米淀粉，过筛

1磅=4杯

1杯=4盎司

1盎司=4汤勺=1/4杯

1汤勺=0.25盎司

玉米淀粉，没有过筛

1磅=3.5杯

1杯=4.5盎司

1盎司= 3.5汤勺

1汤勺=0.29盎司

可可粉，没有过筛

1磅=5杯

1杯=3.2盎司

1盎司=5汤勺

1汤勺=0.2盎司

明胶，原味

1盎司=3汤勺

0.25盎司=2.25茶勺

1汤勺=0.33盎司

1茶勺=0.11盎司

小苏打

1盎司=5.25茶勺

0.25盎司=1 1/3茶勺

1汤勺=0.57盎司

1茶勺=0.19盎司

泡打粉（磷酸盐型和硫酸铝钠型）

1盎司=2汤勺

0.25盎司=1.5茶勺

1汤勺=0.5盎司

1茶勺=0.17盎司

酒石酸

1盎司=4汤勺

0.25盎司=1汤勺

1茶勺=0.08盎司

盐

1盎司=4.5茶勺

0.25盎司=1.25茶勺

1茶勺=0.2盎司

粉状香料

1盎司=14茶勺

0.25盎司=3.5茶勺

1茶勺=0.07盎司

擦碎的柠檬外层皮

1盎司=4汤勺

1茶勺=0.08盎司

酵母面团的温度计算

在第7章里，给出了一个简单的公式来计算为混合面团所规定的温度所需要的正确的水的温度。这个公式对于大多数小批量制作的直面面团来说是行之有效的。然而，有时可能需要其他的计算方式。这里进行详细说明。

机械的摩擦力

机器的摩擦力取决于很多因素，包括搅拌机的类型，面团的数量，面团的硬度及搅拌的时间等。假定每一个批次的面团大小不变，则可以确定所制备的每一次面团的摩擦力。

冰的计算

如果自来水温度比制作面团所需要的水温要高，可以用碎冰来将水冷却。用一个简单的公式来计算需要碎冰的量。

这个公式是基于融化一磅冰需要144英热单位（BTU）热能的实际情况。BTU（英国热量单位，British Thermal Unit）是使一磅水升温1℉所需要的热量。因此，融化一磅冰需要144英热单位，而将一磅融化的冰从32°加热到33℉只需要1英热单位。

可以直接使用下面的公式，而不需要理解它是如何推导出来的。然而，对于那些想要知道公式从何而来的人来说，可以根据公式和运算举例解释。这个公式比其他地方所能看到的公式更加准确。许多其他的公式考虑了融化冰所需要的热能，但没有考虑到融化的冰也被加热到最终的水温这一事实。

另外，冰块也是面团中所使用的水的一部分。

操作步骤： 确定机器的摩擦力

1. 制备一个批次的面团，首先测量好室温、面粉温度及水温。将这三个数值相加。
2. 测量从搅拌机中取出来的面团温度。将这个数字乘以3。
3. 用步骤2得出的结果减去步骤1的结果，即机器的摩擦力。
4. 使用这个系数来计算后续批次的面团所需水温。

例如： 室温=72℉

面粉温度=65℉

水温=75℉

面团温度=77℉

1. 72+65+75=212
2. 77×3=231
3. 231～212=19

机器摩擦力=19℉

操作步骤：确定所需要的冰的重量

1. 测量自来水的温度。从自来水的温度中减去面团所需的水温。这个数值就是所需的降温量。

自来水温度－所需要的水温=降低的温度量

2. 用下面的公式计算所需要冰的重量。

$$冰的重量 = \frac{水的总重量 \times 降低的温度量}{自来水的温度+112}$$

水的总重量是面团配方中所需要使用的水的重量。

3. 从水的总重量中减去冰的重量就得到自来水的重量。

水的总重量－冰的重量=自来水的重量

例如：要制作一个批次的面包，需要16磅的58℉的水。自来水温度是65℉。需要多少自来水？并且需要使用多少冰块？

$$冰块重量 = \frac{16磅 \times (65 \sim 58)}{65+112} = \frac{16磅 \times 7}{177}$$

$$= \frac{112磅}{177} = 0.63磅 = 10盎司$$

自来水的重量=16磅－10盎司=15磅6盎司
需要10盎司的冰块，加上15磅6盎司的自来水。

确定所需要冰块重量的公式是基于一个事实:将冰提高到所需的水的温度所需的英热单位数等于自来水冷却到所需温度时所损失的英热单位数。

这可以表示为：

将冰融化的英热单位数量
加热融化的冰的英热单位数量 } =被自来水所损失的英热单位数量
所需的温度

要记住，正如前面所解释的一样，融化1磅冰需要144英热单位，将1磅水加热1℉需要1英热单位。

因此，上述方程式中的三个英热单位值均可用数学方式来表示：

融化冰的英热单位=冰的重量（用英镑表示）×144

$$把融化的冰加热到一定温度的英热单位 = \frac{冰的重量 \times 温度}{上升的度数}$$

或

冰的重量×（所需要的温度-32℉）

被自来水失去的英热单位 = 自来水的重量×所降低的温度

或

（总的水量－冰）×（自来水的温度-所需要的温度）

为了使计算更易于读取，采用以下缩写。然后将它们代入基本方程式中，并进一步从算术上进行简化。

I =冰的重量

W =自来水的重量

$W+I$ =配方里所需要的总水量

T =自来水的温度

D =所需要的温度

将冰融化的英热单位数量
加热融化的冰的英热单位数量 } = 被自来水所损失的英热单位数量
所需的温度

$$(I \times 144) + (I \times (D-32)) = [(W+I) - I] \times (T-D)$$

$$I \times (144+D-32) = [(W+I) \times (T-D) - (I \times (T-D)]$$

$$[(I \times (144+D-32)] + [(I \times (T-D)] = [(W+I) \times (T-D)]$$

$$I \times (144+D-32+T-D) = [(W+I) \times (T-D)]$$

$$I \times (112+T) = [(W+I) \times (T-D)]$$

$$I = \frac{(W+I) \times (T-D)}{112+T}$$

$$冰的重量 = \frac{总的水量 \times 降低的温度}{自来水的温度+112}$$

蛋类的安全使用

蛋制品，包括完整、干净、未破壳的鸡蛋，有时会受到肠炎沙门氏菌的污染，因此是食源性疾病的一个潜在来源。蛋制品应根据第2章所述的潜在危险食品的使用指南进行处理、储存、加热成熟和冷却。

以下的使用指南主要适用于新鲜的带壳蛋。特别要注意的是，为了安全起见，新鲜的鸡蛋必须煮到蛋黄和蛋清完全凝固为止。对于含有生鸡蛋或未煮熟的鸡蛋菜肴，一定要使用巴氏消毒的蛋制品。

储存

- 根据美国农业部和美国食品安全检验局要求，带壳蛋和液体蛋（从蛋壳里取出的蛋）的贮存温度为4.4℃或更低，不能冷冻。
- 带壳蛋要原壳贮存。
- 贮存鸡蛋要远离带有强烈气味的食物（例如鱼、苹果、卷心菜或洋葱等）。
- 循环使用——先进/先出。

处理

- 一定要使用肥皂和温水洗手。
- 只取出需要立即使用数量的鸡蛋。不要把成板的（成盘的）鸡蛋堆在铁扒炉或炉灶附近。
- 只使用干净、未破壳的鸡蛋。
- 鸡蛋在使用前不应该被清洗；它们在包装前经过了清洗和消毒。
- 使用清洁、消毒过的用具和设备。
- 一定不要把蛋壳和鸡蛋内部物质混在一起。
- 不要重复使用盛有生鸡蛋混合物的容器（混合机、搅拌盆、搅拌机）。再次使用前应将容器彻底清洁和消毒。
- 不要把鸡蛋类菜肴放在室温下超过1小时（包括制备和服务的时间）。

制备指南

为了确保食品安全，全鸡蛋应该加热到蛋清和蛋黄都凝固。含有鸡蛋的菜肴，包括乳蛋饼和砂锅菜，应该加热到内部温度达到71℃。炒蛋需要加热到全部凝固，没有可见的液体蛋残留。蛋清在62~65℃会凝结，而蛋黄在65~70℃会凝结。因此，没有必要为了杀死可能存在的细菌，把鸡蛋加热成老韧的橡胶状。

- 一个好的做法就是将全鸡蛋加热到蛋清和蛋黄完全凝固（定型）。
- 根据服务上桌的速度，以不大于3升为标准小批量炒鸡蛋，直到鸡蛋全部凝固，没有可见的液体鸡蛋剩余。
- 不要将鸡蛋放在一起，即在加热成熟前或成熟后将大量鸡蛋打碎放在一起的做法大大增加了细菌生长和污染的风险。
- 不要将鸡蛋或盛放有鸡蛋的餐盘在室温下放置超过1小时的时间（包括制备和服务的时间）。
- 对于孕妇、老年人、婴幼儿或患者，蛋类菜肴应该彻底加热成熟。高危人群应避免食用生的或未加热成熟的鸡蛋。巴氏消毒的蛋制品对这些人群是一个低风险的选择。
- 冷的蛋类菜肴要保持在4℃以下。
- 热的蛋类菜肴要保持在60℃以上。不要在自助餐台上放置热的蛋类菜肴超过1小时。
- 把鸡蛋和鸡蛋菜肴放到保温桌前一定要加热成熟。
- 不要将已经放置在保温锅里的鸡蛋和刚制作好的一个批次的鸡蛋混合。一定要使用新的保温锅。
- 不要将生鸡蛋混合物加入到在保温锅里已经加热成熟的另一批次的炒鸡蛋里。
- 在冷藏大量的富含鸡蛋的热菜或剩菜时，把菜肴分装到几个浅的盛器里，这样可以迅速冷却。